新世纪电气及自动化类规划系列教材

工程电路分析

主　编　孙宪君
参　编　孙正风　焦玉成　王　欣
主　审　黄锦安

东南大学出版社

内 容 提 要

本书根据国家工科电工课程教学指导委员会制定的高等工业学校电路课程教学的基本要求编写，全书执行了国家关于量与单位的最新标准。

全书共分10章，内容有电路与电路定律、电阻电路的等效变换分析、电路的分析、电路定理、运算放大器、动态电路的时域分析、正弦电流电路基础、正弦稳态电路、含耦合电感电路、三相电路。每章前有基本要求，便于读者了解该章主要内容与理论重点；在大部分节后配有习题，有助于读者掌握该节基本理论；每章后有归纳小结，有助于读者掌握该章基本理论；同时在每章后配有综合型习题，有助于读者掌握该章基本理论，提高综合能力。

本书可以作为普通高等学校、民办大学、职业技术学院电气工程与自动化方向专业电路、电路基础、电路分析基础等课程的教材，也可以作为采用国家教育部高等教育司推荐的英文原版教材——(美)William H. Hayt, Jr. 等著“Engineering Circuit Analysis”(工程电路分析)的电路双语教学的辅助教材，也可供有关科技人员参考。

图书在版编目(CIP)数据

工程电路分析/孙宪君主编. —南京：东南大学出版社，2007.10（2013.7重印）
（新世纪电气及自动化类规划系列教材）
ISBN 978-7-5641-0944-8

Ⅰ.工… Ⅱ.孙… Ⅲ.工程电路分析—高等学校—教材 Ⅳ.TM133

中国版本图书馆 CIP 数据核字（2007）第142784号

工程电路分析

出版发行	东南大学出版社
出 版 人	江汉
社　　址	南京市四牌楼2号
邮　　编	210096
电　　话	025—83792954
电　　邮	zhu_min_seu@163.com
经　　销	江苏省新华书店
印　　刷	兴化市印刷有限责任公司
开　　本	787 mm×1092 mm　1/16
印　　张	19.5
字　　数	480千字
书　　号	ISBN 978-7-5641-0944-8/TM·8
印　　次	2013年7月第2次印刷
版　　次	2007年11月第1版
印　　数	4001—5000
定　　价	34.00元

（凡因印装质量问题，请与我社读者服务部联系。电话：025-83792328）

新世纪电气及自动化类规划
系列教材编委会

前　言

根据国家教育部电工课程教学指导委员会制定的高等工业学校电路课程教学的基本要求，编写了《工程电路分析》。本教材的特色简明、扼要，仅包括三大部分理论内容：电阻电路的分析、动态电路的时域分析、正弦稳态电路分析。这是考虑电路、信号与系统、自动控制原理等专业基础课程内容的整合与优化的需要，也是满足理论教学时数减少与提高实践教学时数的需要。同时本教材内容突出电路基本理论，力求少而精、由浅入深、循序渐进、紧密联系专业知识、夯实专业基础。每章的习题在每节内容后给出一些应用本节教学理论就能完成的比较简单的习题及其答案，目的是使学生熟练掌握与正确应用本节电路基本理论进行电路分析与计算。每章内容教学后给出本章内容的归纳与小结，突出基本理论与分析方法；后又给出一些综合应用本章教学理论才能完成的一些综合性习题，目的是使学生熟练掌握与巩固本章电路基本理论、进行综合性电路分析与计算、提高综合应用的能力。本教材从应用型本科教学的特点出发，可以作为电路教学用书，也可以作为电路双语教学（采用国家教育部高等教育司推荐的英文原版教材——（美）William H. Hayt，Jr. 等著“Engineering Circuit Analysis”（工程电路分析））的辅助用书。

在编写本教材的过程中，编者总结了多年电路教学实践经验，参考了国内相关院校出版的有关电路方面的教材，注意对传统内容、基本内容与新内容的协调，力图突出简明与重点、力争培养学生的自学能力，以提高学生的综合能力。

参加本书编写工作的有：三江学院电气工程系孙宪君（第 1～第 3 章）；泰州科技学院孙正风（第 8～第 10 章），三江学院电气工程系王欣（第 4～第 6 章）和焦玉成（第 7 章、第 11 章、第 12 章）。

全书由孙宪君教授统稿。南京理工大学自动化学院 1009 教研室黄锦安教授仔细审阅了全书，并提出许多宝贵意见，在此表示深切谢意。

限于编者水平，本教材肯定存在许多不足与错误之处，希望读者给予批评指正。（南京三江学院电气与自动化工程学院孙宪君。邮编：210012）

编　者

2007 年 6 月

目　录

1　电路与电路定律 …………………………………………………… (1)
1.1　电路与电路模型 …………………………………………………… (1)
1.2　电路分析的基本物理量 …………………………………………… (2)
1.2.1　电荷 …………………………………………………………… (2)
1.2.2　电流 …………………………………………………………… (2)
1.2.3　电流参考方向 ………………………………………………… (3)
1.2.4　电压 …………………………………………………………… (3)
1.2.5　电压参考极性 ………………………………………………… (3)
1.2.6　关联参考方向 ………………………………………………… (3)
1.2.7　功率 …………………………………………………………… (4)
1.2.8　能量 …………………………………………………………… (5)
1.3　独立源 …………………………………………………………… (6)
1.3.1　独立电压源 …………………………………………………… (6)
1.3.2　实际电压源 …………………………………………………… (6)
1.3.3　独立电流源 …………………………………………………… (7)
1.3.4　实际电流源 …………………………………………………… (8)
1.4　受控源 …………………………………………………………… (8)
1.4.1　电压控制电压源 ……………………………………………… (8)
1.4.2　电流控制电压源 ……………………………………………… (9)
1.4.3　电压控制电流源 ……………………………………………… (9)
1.4.4　电流控制电流源 ……………………………………………… (9)
1.5　电阻与欧姆定律 ………………………………………………… (10)
1.5.1　线性电阻与非线性电阻 ……………………………………… (10)
1.5.2　欧姆定律 ……………………………………………………… (11)
1.6　基尔霍夫电流定律与电压定律 ………………………………… (12)
1.6.1　几个术语 ……………………………………………………… (12)
1.6.2　基尔霍夫电流定律 …………………………………………… (13)
1.6.3　基尔霍夫电压定律 …………………………………………… (14)
1.7　小结 ……………………………………………………………… (16)
习题 1 ……………………………………………………………………… (17)

2 电阻电路等效变换分析 …… (24)
2.1 等效与等效变换 …… (24)
2.2 电阻串联与并联 …… (25)
2.2.1 电阻串联 …… (25)
2.2.2 电阻并联 …… (25)
2.2.3 电阻混联 …… (26)
2.3 分压与分流 …… (28)
2.3.1 分压 …… (28)
2.3.2 分流 …… (28)
2.4 电阻 Y—△等效变换 …… (29)
2.5 独立源串联与并联 …… (31)
2.5.1 电压源串联 …… (31)
2.5.2 电压源并联 …… (31)
2.5.3 电流源并联 …… (32)
2.5.4 电流源串联 …… (32)
2.5.5 电压源与支路并联 …… (33)
2.5.6 电流源与支路串联 …… (33)
2.6 实际电压源与实际电流源等效变换 …… (34)
2.7 含受控源电路分析 …… (38)
2.7.1 应用欧姆定律、KCL 与 KVL 分析含受控源电路 …… (38)
2.7.2 应用等效变换方法分析含受控源电路 …… (39)
2.8 小结 …… (41)
习题 2 …… (42)
3 线性电路一般分析 …… (49)
3.1 支路电流法 …… (49)
3.2 结点电压法 …… (51)
3.3 网孔电流法 …… (57)
3.4 结点法与网孔法比较 …… (62)
3.5 小结 …… (65)
习题 3 …… (66)
4 线性电路定理 …… (71)
4.1 叠加定理 …… (71)
4.2 戴维南定理与诺顿定理 …… (75)
4.3 最大功率传输 …… (83)
4.4 小结 …… (84)
习题 4 …… (85)

5 运算放大器 …… (89)
5.1 理想运算放大器 …… (89)
5.2 级联 …… (93)
5.3 实际考虑 …… (94)
5.3.1 实际运算放大器的电路模型 …… (94)
5.3.2 理想运算放大器法则的推导 …… (94)
5.3.3 共模抑制与负反馈 …… (94)
5.3.4 饱和 …… (95)
5.4 小结 …… (96)
习题5 …… (96)
6 一阶电路时域分析 …… (99)
6.1 电容与电感元件 …… (99)
6.1.1 电容元件 …… (99)
6.1.2 电感元件 …… (100)
6.2 含电容的运算放大器电路 …… (102)
6.3 一阶电路零输入响应 …… (103)
6.3.1 换路定则与初始条件 …… (103)
6.3.2 RC 电路零输入响应 …… (106)
6.3.3 RL 电路零输入响应 …… (108)
6.4 一阶电路零状态响应 …… (112)
6.4.1 RC 电路零状态响应 …… (112)
6.4.2 RL 电路的零状态响应 …… (113)
6.5 一阶电路完全响应 …… (116)
6.6 一阶电路三要素法 …… (117)
6.7 阶跃函数与阶跃响应 …… (123)
6.7.1 单位阶跃函数 …… (123)
6.7.2 单位阶跃响应 …… (125)
6.8 小结 …… (128)
习题6 …… (129)
7 二阶电路时域分析 …… (134)
7.1 RLC 并联电路零输入响应 …… (134)
7.1.1 RLC 并联电路零输入响应 …… (134)
7.1.2 RLC 并联电路的过阻尼响应 …… (135)
7.1.3 LC 并联电路的临界阻尼响应 …… (137)
7.1.4 RLC 并联电路的欠阻尼响应 …… (138)
7.1.5 无损耗 LC 电路 …… (140)
7.2 RLC 串联电路零输入响应 …… (141)
7.3 二阶电路完全响应 …… (143)

7.4 小结 …… (144)
习题 7 …… (144)
8 正弦电流电路分析基础 …… (148)
8.1 正弦量 …… (148)
8.2 正弦量的有效值 …… (151)
8.3 正弦量的相量表示 …… (152)
8.3.1 正弦稳态电路的时域分析 …… (152)
8.3.2 相量法 …… (153)
8.4 R、L 与 C 的相量形式伏安关系 …… (155)
8.4.1 电阻元件 …… (156)
8.4.2 电感元件 …… (156)
8.4.3 电容元件 …… (157)
8.5 KCL 与 KVL 相量形式 …… (159)
8.5.1 KCL 相量形式 …… (159)
8.5.2 KVL 相量形式 …… (159)
8.6 小结 …… (160)
习题 8 …… (161)
9 正弦稳态电路分析 …… (164)
9.1 阻抗与导纳 …… (164)
9.1.1 阻抗 …… (164)
9.1.2 导纳 …… (167)
9.2 简单正弦稳态电路分析 …… (168)
9.3 正弦稳态电路一般分析 …… (171)
9.3.1 结点和网孔分析法 …… (171)
9.3.2 叠加定理和戴维南定理 …… (173)
9.4 相量图 …… (176)
9.5 正弦稳态电路功率 …… (178)
9.5.1 瞬时功率 …… (178)
9.5.2 平均功率 …… (180)
9.5.3 无功功率 …… (183)
9.5.4 视在功率与功率因数 …… (183)
9.5.5 复功率 …… (185)
9.6 频率响应 …… (186)
9.6.1 串联谐振 …… (187)
9.6.2 并联谐振 …… (190)
9.6.3 其他谐振 …… (193)
9.7 小结 …… (199)
习题 9 …… (200)

10 磁耦合电路 …… (206)
10.1 自感与互感 …… (206)
10.1.1 自感 …… (206)
10.1.2 互感 …… (206)
10.2 含耦合电感电路分析 …… (208)
10.2.1 含耦合电感电路的一般分析 …… (208)
10.2.2 去耦等效变换 …… (210)
10.3 线性变压器 …… (215)
10.4 理想变压器 …… (219)
10.5 小结 …… (221)
习题10 …… (223)
11 三相电路 …… (228)
11.1 三相电源 …… (228)
11.1.1 Y接三相电源 …… (228)
11.1.2 △接三相电源 …… (231)
11.2 Y接负载三相电路 …… (232)
11.2.1 Y接对称负载三相电路 …… (232)
11.2.2 Y接不对称负载三相电路 …… (234)
11.3 △接负载三相电路 …… (235)
11.3.1 △接对称负载三相电路 …… (235)
11.3.2 △接不对称负载三相电路 …… (236)
11.4 三相电路的功率及其测量 …… (238)
11.4.1 三相电路功率 …… (238)
11.4.2 瓦特表及其应用 …… (240)
11.5 小结 …… (242)
习题11 …… (244)
12 二端口网络 …… (248)
12.1 一端口与二端口 …… (248)
12.1.1 一端口 …… (248)
12.1.2 二端口 …… (249)
12.2 二端口的导纳参数 …… (250)
12.2.1 导纳参数方程 …… (250)
12.2.2 实验法确定 y 参数 …… (250)
12.2.3 列写端口方程确定 y 参数 …… (252)
12.2.4 y 参数等效电路 …… (252)
12.2.5 二端口并联 …… (254)
12.3 二端口的阻抗参数 …… (255)
12.3.1 阻抗参数方程 …… (255)

12.3.2 开路实验法确定 z 参数 …… (256)
12.3.3 列写端口方程确定 z 参数 …… (257)
12.3.4 z 参数等效电路 …… (258)
12.3.5 二端口串联 …… (259)
12.4 二端口的混合参数 …… (260)
12.4.1 混合参数方程 …… (260)
12.4.2 h 参数的确定 …… (261)
12.4.3 h 参数等效电路 …… (264)
12.5 二端口的传输参数 …… (265)
12.5.1 传输参数方程 …… (265)
12.5.2 传输参数的确定 …… (265)
12.5.3 二端口级联 …… (267)
12.6 端接二端口 …… (269)
12.6.1 二端口的输入阻抗 …… (269)
12.6.2 二端口的输出阻抗 …… (269)
12.6.3 二端口的特性阻抗 …… (270)
12.7 二端口参数之间换算 …… (274)
12.8 小结 …… (276)
习题 12 …… (278)

附录 …… (283)
附录 A 美《Engineering Circuit Analysis, Sixth Edition》(工程电路分析,第六版)目录 …… (283)
附录 B 国际制基本单位表与部分国际制词冠 …… (289)

习题答案 …… (290)
参考文献 …… (299)

1　电路与电路定律

基本要求：

(1)了解电路的组成与作用。

(2)掌握电压与电流参考方向的概念。

(3)掌握理想电路元件(电阻、独立源与受控源)的伏安方程及其功率计算。

(4)熟练掌握与应用 KCL 与 KVL。

1.1　电路与电路模型

电路(Circuit)是电气工程类专业大学生的第一门专业技术基础课。电路课程主要研究线性电路分析(包含电阻性电路分析、动态电路时域分析与正弦稳态电路分析)的基本理论、基本定律与定理、计算方法，是研究分析与解决实际工程问题的有力工具。通过本课程的学习，将为学习后续课程(例如信号与系统、电磁场、电机及其控制、电力电子学等)建立必要的理论基础。而且大学生毕业后走向社会，将致力于解决社会经济与工程问题，为此，必须具有多种技能，其中一种技能就是电路分析知识。

实际电路由具体的元器件组成，以实现电能的传输与转换、信号的传递与处理等。电路中提供电能的元器件称为电源(Source)，用电的元器件称为负载(Load)，还有起控制或连接作用的其他元器件。实际电路一般都不是线性的，但是在有限范围内，大多数电路的性状呈现近似线性。线性电路分析问题比非线性电路分析问题容易得多，因此，我们经常寻找适宜的精确的方法去近似解决实际问题。这样做，一方面是提高分析速度，另一方面是提供决定实际电路性能的关键基础，本教材的电路均为对实际电路的线性近似，在广泛的实际应用中，还是比较适宜与精确的。当然，实际问题精确度的要求越高，非线性模型越适宜，求解的复杂度就越高。

线性电路分析分为三大类：电阻性电路分析、时域分析、频域分析。电阻性电路分析是学习电路分析的基础。当电路中包含电容和电感元件时，由于这些元件的伏安关系是微分或积分关系，因此，动态电路的分析一般要通过求解电路的微分方程得到时域分析解。尽管电阻性电路分析方法可以应用于动态电路的分析，但是动态电路的时域分析还是比较麻烦的。频域分析是解决上述问题的简捷、有效的方法，把微分方程转换为容易处理的代数方程。

为了简化工程电路分析与计算，在一定的条件下，把实际电路器件视为理想电路元件处理。电阻 R(电导 G)元件表征消耗电能的电阻器、灯泡等实际电路器件。电感元件 L 表征存储磁场能量的电感线圈等。电容元件 C 表征存储电场能量的电容器等。有源元件分为独立电源(包括电压源与电流源)与非独立电源(又称为受控源)。由理想电路元件组成的电路称为电路模型(Modcl)。本教材介绍的电路及其分析就是电路模型及其分析与计算。

电路理论是研究电路分析与电路设计的一门基础工程学科,包括电路分析与电路设计。电路分析一般是已知电路结构与元件参量,求解由输入(或激励)产生的输出(或响应),或者求解网络特性参数或网络函数输出(或响应)。电路设计一般是已知电路的激励和响应,设计电路结构和选择电路元件参量,满足指定的要求条件。电路设计方法分为传统的电路设计方法与计算机辅助电路设计方法。根据应用计算工具的不同,可以把电路分析分为手算电路分析与计算机辅助电路分析两大类。手算电路分析就是人们利用笔与纸,根据条件,应用电路分析基本理论与方法对电路进行分析与计算。因此,只能对简单的、支路数目不大的电路进行手算。计算机辅助电路分析(Computer-Aided Circuit Analysis,CAA)就是借助计算机完成有关电路的分析与计算任务。由于计算机具有计算速度快、内存容量大、处理能力强等优点,可以担任对大规模电路分析的智能工具。传统的电路设计方法一般是电路设计者根据掌握的相关资料和自身设计经验,利用相关的图表、公式和计算尺、计算器之类计算工具完成电路设计,因此,只能对一些比较简单的电路进行分析与设计,不适宜大规模电路的分析与设计。随着社会主义经济建设的飞跃发展、科学与技术的突飞猛进,大规模集成电路和计算机的日新月异地发展,必须应用计算机辅助电路分析与设计,才能高质量、周期比较短地完成大规模集成电路、超大规模集成电路的分析与设计。计算机辅助电路设计(Computer-Aided Circuit Design,CAD)就是借助计算机完成有关电路的设计任务。

本教材目标在集中研究电路分析,以提高学生对电路分析的能力。

1.2 电路分析的基本物理量

电路分析的基本物理量是电荷、电流、电压、功率与能量,当这些物理量为恒定量(不随时间变化)时,分别用大写字母 Q、I、U、P、W 表示;当这些物理量随时间变化时,分别用小写字母 q、i、u、p、w 表示。

1.2.1 电荷

电荷(Charge)守恒是电路分析的基本概念,我们既不能创造电荷,也不能消灭电荷。电荷分为正电荷与负电荷两大类,原子中的电子是负电荷,而质子带正电荷。由国际单位制得到电荷的单位是库仑(C)。

1.2.2 电流

电流(Current)是电路分析的重要的基本物理量。电荷的定向运动形成电流,电流与电荷之间的关系是

$$i=\mathrm{d}q/\mathrm{d}t \tag{1.2.1}$$

习惯上,规定正电荷移动的方向是电流的正方向。其实,我们知道导线中电流是电子运动形成的,电流方向是负电荷移动的方向。

如果电流的大小与方向均不随时间变化,称为恒定电流,简称直流(Direct Current,dc 或 DC),用符号 I 表示。如果电流的大小与方向均随时间变化,称为交变电流,简称交流(Alternating Current,ac 或 AC),用符号 i 表示。

电流的单位是安(A),较大的单位是千安(1 kA=10^3 A);较小的单位有毫安(1 mA=10^{-3} A)与微安(1 μA=10^{-6} A)。

1.2.3 电流参考方向

为了判断复杂电路中电流的正方向,引入电流参考方向(Reference Direction)概念。电流的参考方向是任意选定的方向,用箭头方向表示,如图 1.2.1 所示。

指定电流的参考方向是把电流看成代数量,规定:当 $i>0$时,电流参考方向与其正方向一致;当 $i<0$ 时,电流参考方向与其正方向相反。

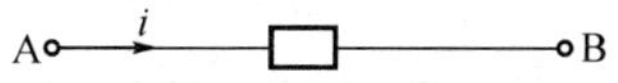

图 1.2.1 电流的参考方向

虽然电流参考方向不一定就是电流的正方向,但是,可以应用电流参考方向与电流的正负数值相结合来表示电流的正方向。例如在图 1.2.1 所示电流参考方向向右,如果 $i=5$ A,说明电流大小为 5 A,电流的正方向与电流参考方向一致;如果 $i=-5$ A,说明电流大小为 5 A,电流的正方向与电流参考方向相反。

1.2.4 电压

电路元件端点之间的电压(Voltage)是电荷(电流)流过该元件时吸收或释放能量的体现。当电流由元件的 A 端流入,从 B 端流出时,如果该元件吸收(释放)能量,我们称元件 A 端(B 端)为高电位(正极),元件 B 端(A 端)为低电位(负极)。

电压单位是伏(V),较大的单位是千伏(1 kV=10^3 V);较小的单位是毫伏(1 mV=10^{-3} V)与微伏(1 μV=10^{-6} V)。

1.2.5 电压参考极性

为了判断复杂电路中电压的极性(正方向),引入电压参考极性(方向)概念。电压的参考极性是任意选定的,标定方式用“+”号表示高电位,用“−”号表示低电位;或用箭头方向表示电压降低方向,如图 1.2.2 所示。规定:当 $u>0$ 时,电压参考极性与实际极性一致;当$u<0$时,电压参考极性与实际极性相反。有时电压的参考极性也用双下标字母表示电压降低方向,例如,图 1.2.2 中电压 u_{AB}的电压参考极性是由 A 端指向 B 端。

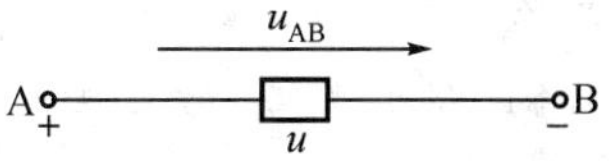

图 1.2.2 电压的参考极性

虽然电压参考极性不一定就是电压的真实极性,但是,我们可以应用电压参考极性与电压的正负数值相结合来表示电压的真实极性。例如在图 1.2.2 所示电压参考极性下,如果 $u_{AB}=10$ V,说明电压的大小为 10 V,电压的真实极性与参考极性一致,即元件 A 端电压高于 B 端电压 10 V;如果 $u_{AB}=-10$ V,说明电压的大小为 10 V,电压的真实极性与电压参考极性相反,元件 B 端电压高于 A 端电压 10 V。

1.2.6 关联参考方向

如果元件电流与电压的参考方向一致,称为关联参考方向(Associated Reference),如图 1.2.3 所示;如果元件的电流与电压的参考方向相反,则称为非关联参考方向。

在电路分析与计算时,首先必须标出电流与电压的参考方向(如果采用关联参考方向,则可以只标出电流参考方向或电压的参考极性)；然后进行分析与计算。根据电流(电压)的参考方向与电流(电压)数值的正与负就能确定电流(电压)的大小及其正方向。不标出电流(电压)的参考方向，电流(电压)数值的正与负就没有什么意义。

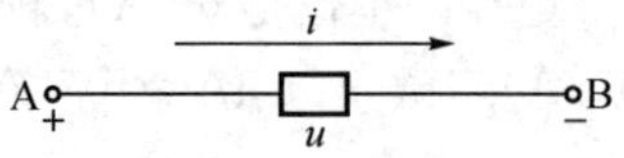

图 1.2.3　关联参考方向

1.2.7　功率

在图 1.2.3 中，若 u 与 i 为关联参考方向，功率

$$p=+ui \tag{1.2.2}$$

表示元件吸收功率。若 $p>0$，该元件是负载(Load)；若 $p<0$，该元件转借功率 $|p|$，是电源(*Source*)。

若 u 与 i 为非关联参考方向，功率

$$p=-ui \tag{1.2.3}$$

表示元件输出功率。若 $p>0$，该元件是负载；若 $p<0$，该元件是电源。

在应用式(1.2.2)或式(1.2.3)计算元件功率时，要注意两套正负号：第一套正负号是应用式(1.2.2)还是应用式(1.2.3)，即元件电压 u 与电流 i 乘积"ui"前面是加"＋"号还是加"－"号，取决于元件电压与电流的参考方向是否为关联参考方向，如果是关联参考方向，则元件电压 u 与电流 i 乘积"ui"前面加"＋"号；否则在"ui"前面加"－"号。第二套正负号是元件自身的电压 u 与电流 i 数值的正或负。这两套正负号不要混淆。

功率的单位是瓦(W)，功率较大的单位是 1 kW(千瓦)$=10^3$ W、1 MW(兆瓦)$=10^6$ W，功率较小的单位是 1 mW(毫瓦)$=10^{-3}$ W、1 μW(微瓦)$=10^{-6}$ W。

【例 1.2.1】 电路如图 1.2.4 所示，已知 $u_1=1$ V，$i_1=2$ A；$u_2=-3$ V，$i_2=1$ A；$u_3=8$ V，$i_3=-1$ A；$u_4=-4$ V，$u_5=7$ V，$u_6=-3$ V。求各电路元件的功率，并指明是吸收还是发出功率。

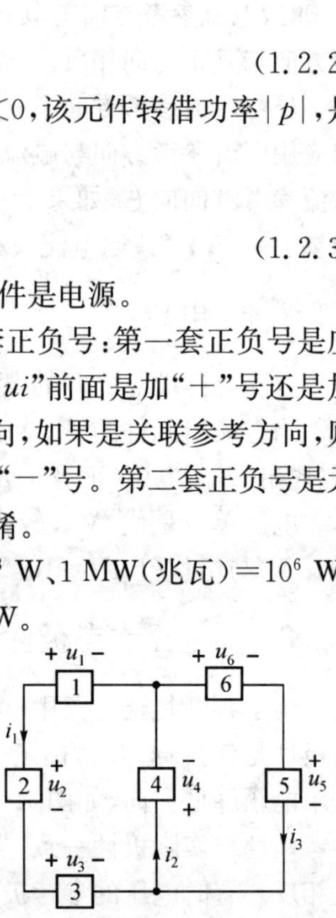

图 1.2.4　例 1.2.1 电路

解：对于 1 号元件，电压与电流为非关联参考方向，因此 1 号元件表现功率为：

$$p_1=-u_1i_1=(-1)\times2=-2\text{ W}$$

(说明 1 号元件产生(输出)功率 2 W)

对于 2 号元件，电压与电流为关联参考方向，因此 2 号元件的表现功率为：

$$p_2=u_2i_1=(-3)\times2=-6\text{ W}$$　(说明 2 号元件输出功率 6 W)

对于 3 号元件，电压与电流为关联参考方向，因此 3 号元件吸收功率为：

$$p_3=u_3i_1=(-8)\times(-2)=16\text{ W}$$　(说明 3 号元件吸收功率 16 W)

对于 4 号元件，电压与电流为关联参考方向，因此 4 号元件吸收功率为：

$$p_4=u_4i_2=(-4)\times1=-4\text{ W}$$　(说明 4 号元件输出功率 4 W)

对于 5 号元件，电压与电流为非关联参考方向，因此 5 号元件吸收功率为：

$$p_5=u_5i_3=+7\times(-1)=-7\text{ W}$$　(说明 5 号元件表现功率 7 W)

对于 6 号元件，电压与电流为关联参考方向，因此 6 号元件吸收功率为：

$$p_6=u_6i_3=(-3)\times(-1)=3\text{ W}$$　(说明 6 号元件吸收功率 3 W)

根据能量守恒，电路元件产生的功率之和等于元件吸收的功率之和。本例中元件 1、元件 2、元件 4 与元件 5 产生的功率之和为 19 W，而元件 3 与元件 6 吸收的功率之和为 19 W，说明计算结果正确。今后，我们可以应用此法检查计算结果是否正确。

元件功率计算的另外一种方法是：在关联参考方向下，电压与电流的乘积"ui"为元件吸收的功率；在非关联参考方向下，电压与电流的乘积"ui"为元件产生的功率。例如，在图 1.2.4 所示的例 1.2.1 电路中，1 号元件的电压与电流为非关联参考方向，其电压与电流的乘积"ui"为：$u_1i_1=(1)\times(2)=2$ W，即 1 号元件产生功率为 2 W。

【例 1.2.2】 计算如图 1.2.5 所示电流源在下述两种情况下的功率。

第一种情况：$u=5$ V，$i=2$ A；第二种情况：$u=-5$ V，$i=2$ A。

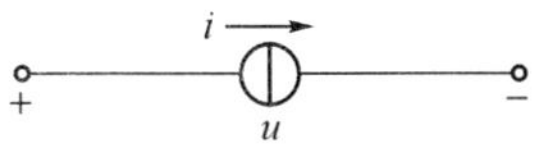

图 1.2.5 例 1.2.2 电路

解：图 1.2.5 所示电流源为电压与电流关联参考方向，因此电流源吸收功率为 $p=+ui$

第一种情况下，电流源吸收功率为

$$p=+ui=(+5)\times(2)=10\ \text{W}$$

说明此 2 A 电流源吸收功率 10 W，在此电路中，该电流源是负载，不是电源。

第二种情况下，电流源吸收功率为 $p=+ui=+(-5)\times(2)=-10$ W

此 2 A 电流源吸收功率 −10 W，说明它向外提供功率 10 W，在此电路中，该电流源是电源，不是负载。

通过本例可以看出：电路中具有电源符号的元件不一定是起电源作用，也可能是负载。

在电气工程中，电压、电流与功率的基本单位是伏(V)、安(A)与瓦(W)，但是，在实际应用时，会遇到比较大或比较小的单位，常用于电路分析的单位之间换算系数如表 1.1.1 所示：

表 1.1.1 单位换算系数

所表示的因数	名　称	符　号
10^{9}	吉	G
10^{6}	兆	M
10^{3}	千	k
10^{-3}	毫	m
10^{-6}	微	μ
10^{-9}	纳	n
10^{-12}	皮	p

1.2.8 能量

能量(Energy)也是电路分析中一个重要的物理量。在关联参考方向下，电路元件从 0 到 t 的时间间隔，吸收的电能为

$$W=\int_0^t p(t)\mathrm{d}t \tag{1.2.4}$$

当功率的单位是瓦(W)，时间的单位是秒(s)，电能的单位是焦耳(J)，简称焦。

即 $$1\ \text{J}=1\ \text{W}\cdot\text{s}$$

电能的较大的单位是千瓦时(kW·h)，又称为度。

与之相关的单位还有：$1\ \text{kW}\cdot\text{h}=36\times10^{5}\ \text{J}(=3.6\times10^{6}\text{J})=3.6\ \text{MJ}$

1.3 独立源

独立源分为(理想)电压源与(理想)电流源,我们可以应用元件的电压一电流关系来描述独立源的特性。电压源的电压与流过它的电流无关,而电流源的电流与其端电压无关,故称它们为独立电源。还有另外一类电源,它们的电压或电流与电路其他部分的电压或电流有关,因此,把这类电源称为非独立电源,又称为受控源。一般把独立源与受控源称为有源元件,而把电阻、电容、电感称为无源元件。本节讨论独立源,下节讨论受控源。

1.3.1 独立电压源

独立电压源(Independent Voltage Sources)又称为理想电压源(Ideal Voltage Sources),其电路符号如图 1.3.1 所示。

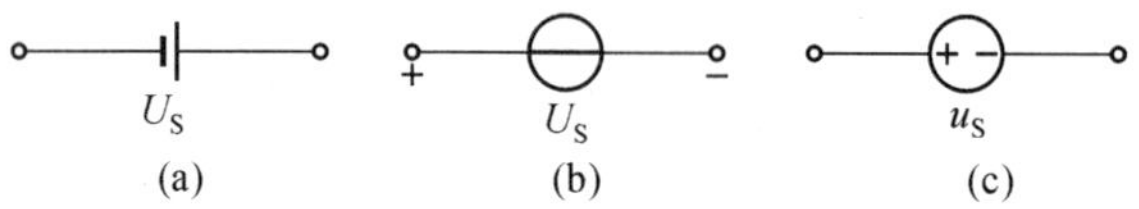

图 1.3.1 理想电压源的电路符号

图 1.3.1(a)电路符号专门用来表示诸如干电池与蓄电池之类的直流电压源;图 1.3.1(b)是国内一般用来表示直流电压源(标记 U_S)或其他电压源(标记 $u_S(t)$)的电路符号;图1.3.1(c)是英文原版教材采用的表示电压源的电路符号。独立电压源具有下述三个特点:

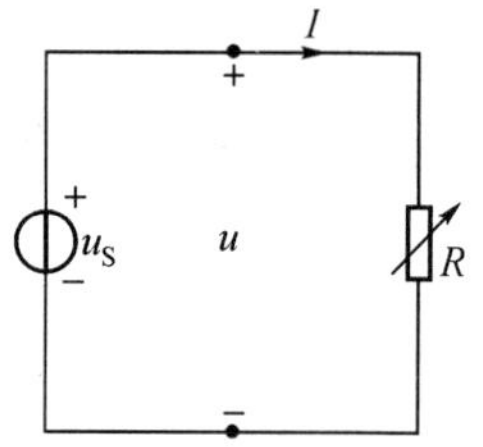

图 1.3.2 含理想电压源的电路

(1)输出电压恒定,和外电路无关。

例如在图 1.3.2 所示电路中,不论电流 I 大与小,正与负,电压源电压 $U=U_S$ 固定不变,与电流 I 无关。

(2)流过独立电压源的电流由外电路决定。

例如在图 1.3.2 所示电路中,电流 $I=u_S/R$,u_S 固定不变,当改变电压源所连接的电阻 R 的电阻值时,电流随之改变;即独立电压源的电流由其连接的外电路决定。

(3)独立电压源可以开路,但是不允许短路。

当独立电压源开路时,电流 $I=0$,电压 $U=U_S$ 不变;当独立电压源短路时,$U=0$,而 U_S 不变,于是 $U\neq U_S$,与第一个特性相矛盾,因此,独立电压源不允许短路。

直流电压源的伏安特性曲线如图 1.3.3 所示。

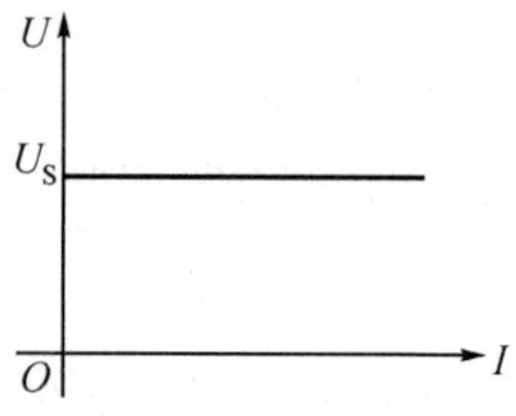

图 1.3.3 直流电压源的伏安特性曲线

1.3.2 实际电压源

实际电压源(Practice Voltage Sources)存在内阻,一般其阻值很小,其电路模型用理想电压源串联电阻 R_S 表示,(见图 1.3.4(a));实际电压源的伏安特性曲线如图 1.3.4(b)所示。

实际电压源的电压与电流关系为

$$u=u_S-R_Si \tag{1.3.1}$$

实际电压源有以下三种状态：

(1)工作状态：$u=u_S-R_S i$；$\begin{cases} i>0\text{ 时}, u<u_S, \text{实际电压源为外电路的电源；} \\ i<0\text{ 时}, u>u_S, \text{实际电压源为外电路的负载。} \end{cases}$

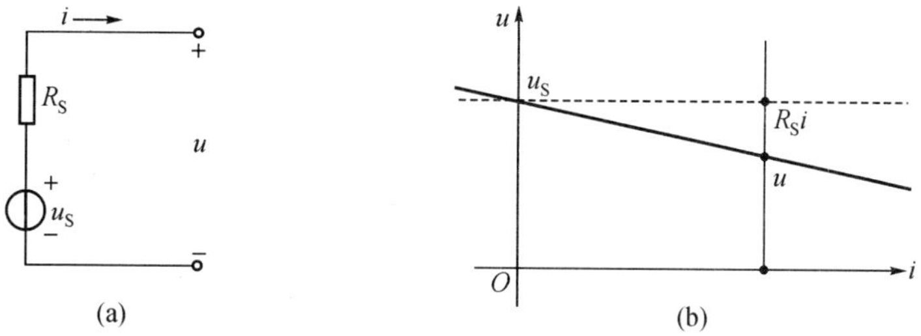

图 1.3.4　实际电压源的电路模型及其伏安特性曲线

(2)开路状态：$i=0$，$u_{oc}=u_S$，u_{oc}为开路电压。

(3)短路状态：$u=0$，$i_{sc}=u_S/R_S$，i_{sc}为短路电流。

1.3.3　独立电流源

独立电流源(Independent Current Source)又称为理想电流源(Ideal Current Source)，其电路符号如图 1.3.5 所示。图 1.3.5(a)是国内一般采用的表示电流源的电路符号；图 1.3.5(b)是英文原版教材采用的表示电流源的电路符号。

图 1.3.5　理想电流源的电路符号

独立电流源具有下述三个特点：

(1)输出电流恒定，与所连接的外电路无关。

例如，如图 1.3.6 所示的电路，电路电流恒等于电流源电流，即 $I=I_S$ 固定不变，无论电阻的阻值是大还是小。

(2)独立电流源的端电压由其所连接的外电路确定。

例如，如图 1.3.6 所示的电路，有 $U=RI=RI_S$，当 R 改变时，端电压 U 随之改变。

(3)独立电流源可以短路，但是不允许开路。

当独立电流源短路时，电路电流仍为 $I=I_S$ 不变，电压 $U=0$；但是，当独立电流源开路时，$I=0$，使得其第一个特性输出电流恒定($I=I_S$)不成立，因此，独立电流源不允许开路。直流电流源的伏安特性曲线如图 1.3.7 所示。

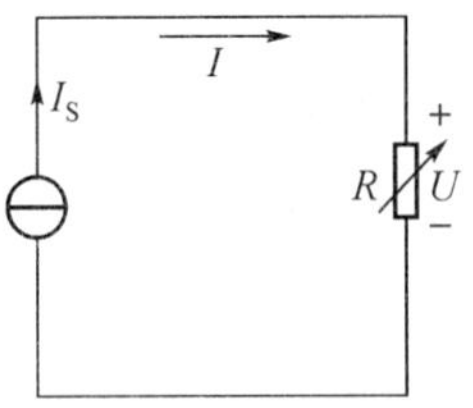

图 1.3.6　理想电流源连接外电路

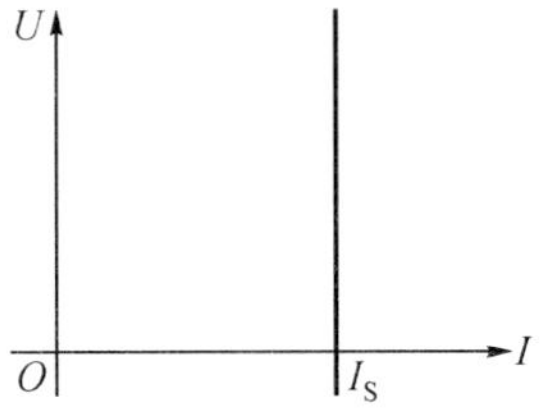

图 1.3.7　理想电流源的伏安特性曲线

1.3.4　实际电流源

实际电流源(Practice Current Source)存在内阻,其电路模型为理想电流源并联电阻构成,如图 1.3.8(a)所示,其伏安特性曲线如图 1.3.8(b)所示。

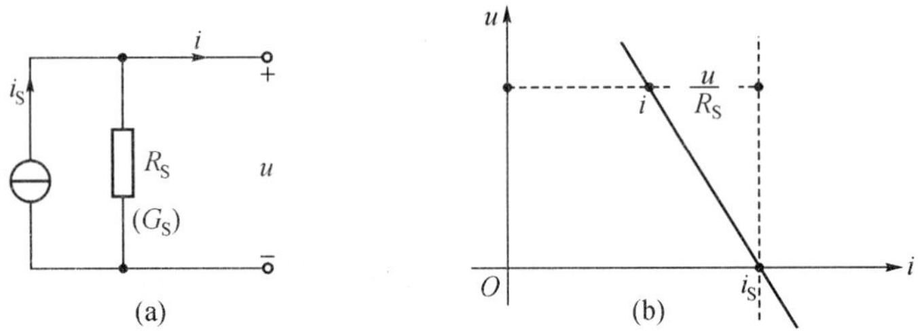

图 1.3.8　实际电流源的电路模型与伏安特性

实际电流源电路的电压—电流关系为

$$i=i_S-u/R_S=i_S-G_S u \tag{1.3.2}$$

实际电流源有以下三种状态:

(1)工作状态:$i=i_S-u/R_S$;$\begin{cases} u>0\text{ 时},i<i_S,\text{该实际电流源为外电路的电源;} \\ u<0\text{ 时},i>i_S,\text{该实际电流源为外电路的负载。} \end{cases}$

(2)短路状态:$u=0$,$i_{sc}=i_S$,i_{sc}为短路电流。

(3)开路状态:$i=0$,$u_{oc}=R_S i_S$,u_{oc}为开路电压。

1.4　受控源

在电路分析中,非独立电源(Dependent Source)又称为受控源(Controlled Source),是重要的电路元件,用来作为一些电子器件(例如晶体管与运算放大器)电路模型的组成部分,其特点是非独立电压源的电压受电路中其他支路的电压或电流的控制;非独立电流源的电流受电路中其他支路的电压或电流的控制。非独立电源的作用是用来表示一个支路电压(或电流)受到另一个支路电压(或电流)的控制关系。

非独立电源分为电压控制电压源(VCVS)、电流控制电压源(CCVS)、电压控制电流源(VCCS)、电流控制电流源(CCCS)。

1.4.1　电压控制电压源

电压控制电压源的电路符号如图 1.4.1 所示。

其中

$$u_2=\mu u_1 \tag{1.4.1}$$

式(1.4.1)中 $\mu=u_2/u_1$ 称为电压变化。

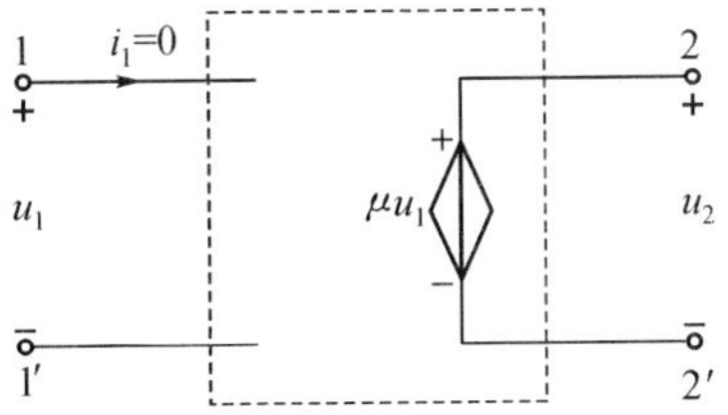

图 1.4.1　VCVS

1.4.2　电流控制电压源

电流控制电压源的电路符号如图 1.4.2 所示。

其中

$$u_2=r i_1 \tag{1.4.2}$$

式(1.4.2)中 $r=u_2/i_1$ 称为控制系数,具有电阻单位。

1.4.3　电压控制电流源

电压控制电流源的电路符号如图 1.4.3 所示。

其中

$$i_2=g u_1 \tag{1.4.3}$$

式(1.4.3)中 $g=i_2/u_1$ 称为控制系数,具有电导单位。

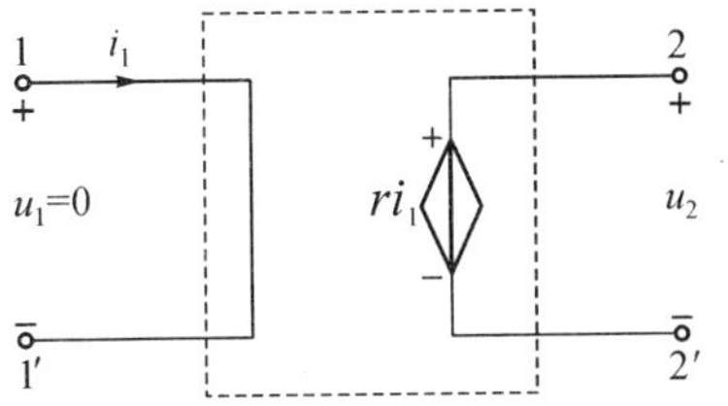

图 1.4.2　CCVS

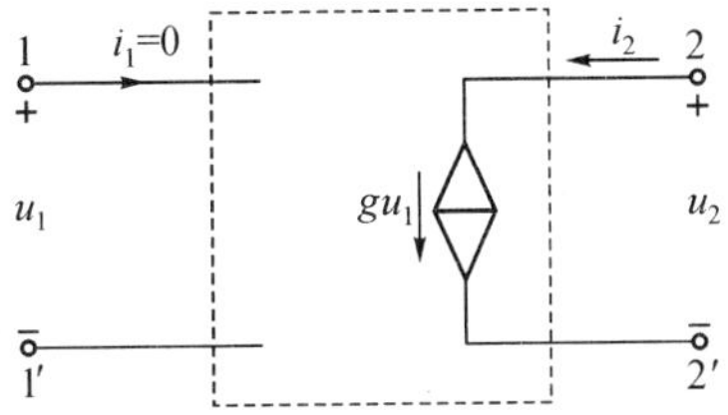

图 1.4.3　VCCS

1.4.4　电流控制电流源

电流控制电流源的电路符号如图 1.4.4 所示。

其中

$$i_2=\beta i_1 \tag{1.4.4}$$

式(1.4.4)中 $\beta=i_2/i_1$ 称为电流变比。

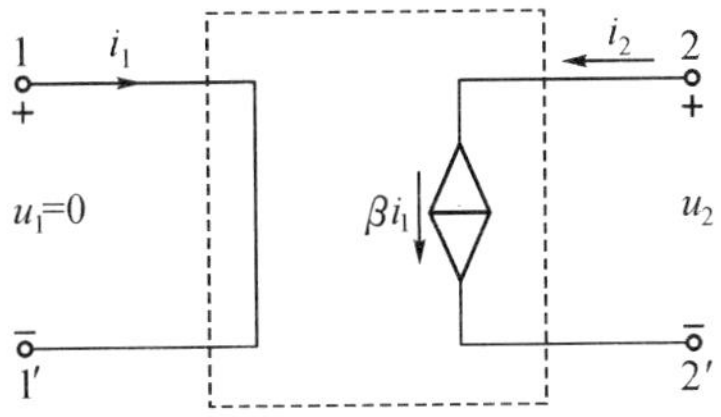

图 1.4.4　CCCS

如图 1.4.1～图 1.4.4 所示的四种受控源的电路符号均为菱形,以示与独立源相区别,一般把受控源看作四端元件,1－1′端子支路称为控制量支路,2－2′端子支路称为受控源支路。当控制系数 μ、r、g、β 是常数时,称此受控源为线性受控源。本教材只讨论线性受控源,因此,一般不加“线性”两字。

受控源经常用来作为一些电子器件电路模型的组成部分,例如电子技术中的重要电路元件晶体管的简化电路模型如图 1.4.5 所示。

如图 1.4.5(a)所示为晶体管的电路符号,如图 1.4.5(b)所示为晶体管简化电路模型,在此模型中,R_b 用来描述晶体管基极 b 与发射极 e 之间的输入电阻。电压源电压 U_{sb}用来描述晶体管死区电压,当 b 与 e 之间电压大于 U_{sb}时,晶体管才完全进入放大状态,对于硅管 U_{sb}约为 0.6～0.7 V,对于锗管 U_{sb}约为 0.2～0.3 V。电流控制电流源 $i_c=\beta i_b$ 用来描述晶体管电流放大作用,β 称为电流放大系数。

独立源是电路的“激励”(Excitation),在其独立作用下电路产生“响应”(Response)。受控源只是反映两条支路之间的耦合、变换、控制、放大等关系,不是电路的“激励”,因此,受控

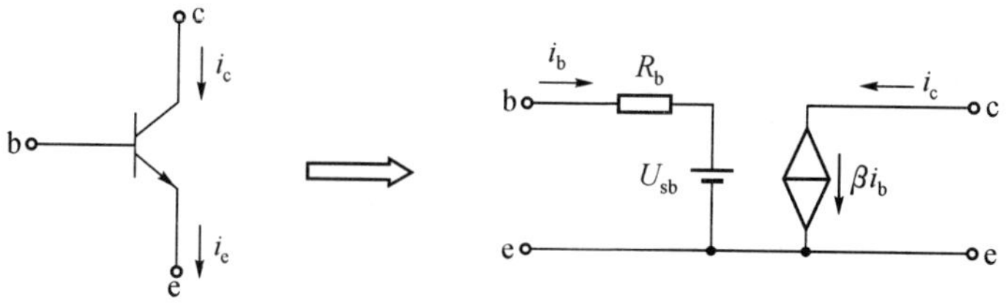

(a)晶体管电路符号　　(b)晶体管简化电路模型

图 1.4.5　晶体管电路符号及其简化电路模型

源不能独立地作用产生“响应”。但是,受控电压源与独立电压源比较,均有输出电压的性能;受控电流源与独立电流源比较,均有输出电流的性能。因此,在电路分析中,有时把受控源看成“电源”,而在求等效电阻时,又不能把它们看成“电源”而置“零”,要把它们看成电阻保留在电路中。换言之,受控源具有电源性和电阻性,不同的分析问题,要用不同的处理方法。在电路分析中,受控源是重要的电路元件,也是学习的难点,要特别注意。

1.5　电阻与欧姆定律

1.5.1　线性电阻与非线性电阻

线性电阻元件(Linear Resistor)两端的电压与电流成正比,其电路图形符号及其伏安特性分别如图 1.5.1(a)、(b)所示。线性电阻的伏安特性曲线为 $u-i$ 平面上的一条过原点的直线,其电阻值可以用这条直线的斜率来确定,线性电阻的 R 是常数。

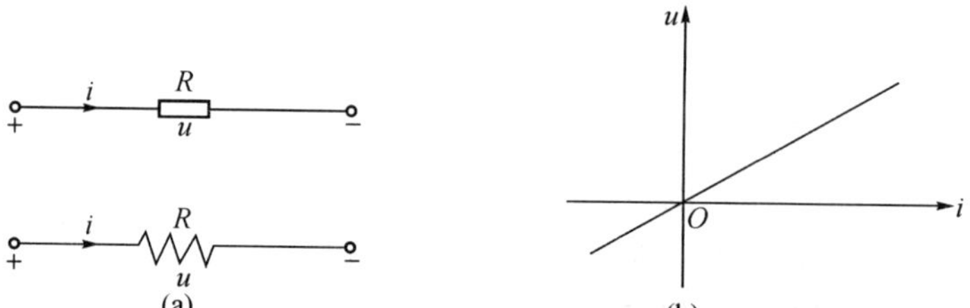

(a)　　(b)

图 1.5.1　线性电阻元件及其伏安特性

不符合线性电阻元件 $u-i$ 特性的电阻元件称为非线性电阻元件(non-Linear Resistor),其伏安特性在 $u-i$ 平面上不是一条过原点的直线,而是一条曲线或折线,例如隧道二极管的伏安特性如图 1.5.2 所示。

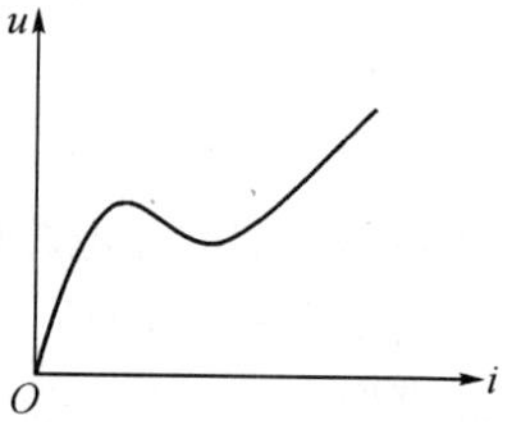

图 1.5.2　隧道二极管的伏安特性

比较线性电阻与非线性电阻的伏安特性曲线可以发现:线性电阻的伏安特性曲线为 $u-i$ 平面上的一条过原点的直线,而且对称于坐标原点,说明线性电阻 $u-i$ 特性在不同方向的电压或电流条件下是一样的,称为双向性(Bilateral)。非线性电阻的伏安特性曲线为 $u-i$ 平面上的一条过原点的曲线或折线,不是直线,而且不对称于坐标原点,说明非线性电阻伏安特性在不同方向的电压或电流条件下是不一样的,不具有双向性。

1.5.2　欧姆定律

欧姆定律(Ohm's Law)是电路分析的基本定律之一,其内容为:

任何时刻线性电阻两端的电压与通过它的电流成正比。

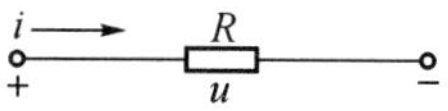

图 1.5.3　线性电阻

在如图 1.5.3 所示的关联参考方向下,欧姆定律的表达式为

$$u=Ri \tag{1.5.1}$$

或

$$i=Gu \tag{1.5.2}$$

式(1.5.1)与式(1.5.2)中 R、G 分别是线性电阻元件的电阻(Resistance)与电导(Conductance),均为正值实常数,R 与 G 都是线性电阻元件的参数(Parameter),$G=1/R$,R 的单位是欧姆(Ω),G 的单位是西门子(S)。

注意:当线性电阻元件的电压与电流为非关联参考方向时,欧姆定律的表达式为

$$u=-Ri \tag{1.5.3}$$

或

$$i=-Gu \tag{1.5.4}$$

在应用欧姆定律时,一定要注意线性电阻元件的电压与电流的参考方向,不能混淆应用式(1.5.1)、式(1.5.3),也不能不管电压与电流的参考方向如何,一概通用式(1.5.1),否则在电路分析计算元件功率时将会出现错误。

线性电阻吸收功率为

$$p=ui=Ri^2=u^2/R\geqslant 0 \tag{1.5.5}$$

式(1.5.5)说明电阻元件是耗能元件,它吸收功率、消耗电能,把电能转变为热能。为了保证电阻元件正常工作,不仅要标明其电阻值,还要标明其额定功率值。

【例 1.5.1】　含有受控电流源的电阻电路如图 1.5.4 所示,如果独立电压源 $u_S=10$ V,求电压 u_1、u_2 与 u_3 以及每个元件的功率。

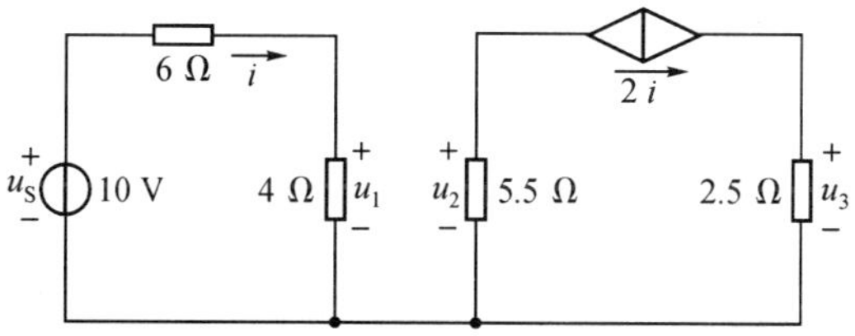

图 1.5.4　例 1.5.1 电路

解:如图 1.5.4 所示的电阻电路中既有独立电压源又有受控电流源。

对于左回路:$i=10/(6+4)=1$ A

根据欧姆定律:$u_1=4i=4$ V

对于右回路,受控电流源电流:$2i=2$ A

根据欧姆定律:$u_2=-5.5\times 2i=-11$ V(注意电压与电流为非关联参考方向)

$u_3=2.5\times 2i=5$ V

对于电压源,电压与电流为非关联参考方向,它发出功率为:

$$p_S=u_S i=10\times 1=10\text{ W}$$

电路中电阻,均为耗能元件,吸收功率。

对于 6 Ω 电阻,吸收功率 $p_{6\,\Omega}=6i^2=6\times 1^2=6$ W

对于 4 Ω 电阻，吸收功率 $p_{4\Omega}=4i^2=4\times1^2=4$ W

对于 5.5 Ω 电阻，吸收功率 $p_{5.5\Omega}=5.5\times(2i)^2=5.5\times2^2=22$ W

对于 2.5 Ω 电阻，吸收功率 $p_{2.5\Omega}=2.5\times(2i)^2=2.5\times2^2=10$ W

现在，所有电阻吸收的功率为 6+4+22+10=42 W，而电压源发出功率为 10 W，根据功率守衡我们知道受控电流源一定需发出功率：42−10=32 W，即右回路电阻吸收的功率由该受控电流源提供，它起着电源作用。

1.6　基尔霍夫电流定律与电压定律

在电路分析中，经常应用元件性质约束与电路拓扑约束两种约束(Constraint)。欧姆定律所描述线性电阻的端电压与流过该电阻电流的关系，属于元件性质约束。本节研究两个重要的电路定律：基尔霍夫电流定律(KCL)与基尔霍夫电压定律(KVL)，这两个定律是形成电路分析方法的基础，属于电路拓扑约束。

根据电路的几何尺寸与其工作信号波长的关系，一般把电路分为两大类：集总参数电路(Lumped-parameter Circuit)与分布参数电路(Distributed-parameter Circuit)。当电路的几何尺寸远小于其工作信号波长时的电路称为集总参数电路。集总参数电路由集总参数元件组成，而集总参数元件是那些电磁过程全部集中于其内部的理想元件，其特点是电路中任意两个端点之间的电压与流入任一电路元件端点的电流是完全确定的，与电路元件的几何尺寸和空间位置无关。不满足电路的几何尺寸远小于其工作信号波长条件的电路称为分布参数电路。本教材只讨论理想的集总参数元件(简称元件)与集总参数电路(简称电路)。

1.6.1　几个术语

1) 支路(Branche)与结点(Node)

本教材把一个二端元件看成一条支路，于是，每个电路元件的端点就是结点，结点就是两条或两条以上支路的公共连接点。

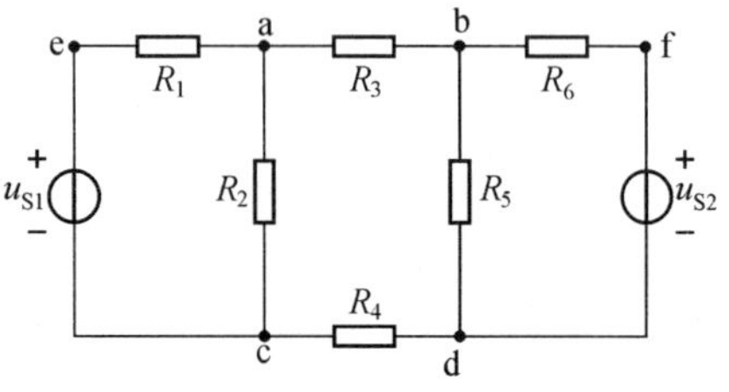

图 1.6.1　电阻电路

对于如图 1.6.1 所示电路，若把每个电路元件看成一条支路，则该电路中有 8 个电路元件，有 8 个支路；若把电路元件的端点定义为结点，则该电路中 a、b、c、d、e、f 都是结点，共有 6 个结点。

为了简化电路分析，可减少电路的结点与支路数目，也可以定义支路为一段无分支的、流过同一个电流的电路，于是，结点定义为 3 个或 3 个以上支路的公共连接点。

由此，如图 1.6.1 所示电路，根据第二种定义，则该电路中 a、b、c、d 是结点，而 e、f 不是结点；支路数目也由原来的 8 个支路减少为 6 个支路。

2) 路径(Path)

路径是从电路中某一结点到另一结点经过的支路与结点的集合。例如，如图 1.6.1 所示电路中，由结点 a 到结点 b 的路径有四个：a−R_3−b；a−R_2−c−R_4−d−R_5−b；a−R_1−e−u_{S1}−c−R_4−d−R_5−b；a−R_2−c−R_4−d−u_{S2}−f−R_6−b。

3）回路（Loop）与网孔（Mesh）

回路是电路中的任一闭合路径，即出发结点与终止结点为同一个结点的路径。

例如图 1.6.1 所示电路中，闭合路径 a—e—c—a；a—c—d—b—a；a—e—c—d—b—a 都是回路。

网孔是内部不包含支路的回路，也可以说网孔是内部不包含回路的回路。因此，网孔是回路，但回路不一定是网孔。例如图 1.6.1 所示电路中，回路 a—e—c—a 与 a—c—d—b—a 是网孔，而回路 a—e—c—d—b—a 不是网孔，其内部包含 R_2 支路。

1.6.2 基尔霍夫电流定律

基尔霍夫电流定律（Kirchhoff's Current Law，KCL）。KCL 描述电路中流入（流出）同一个结点的电流之间的关系，其内容为：任一时刻，流出集总参数电路中任一结点的电流代数和恒为零。KCL 表达式为

$$\sum i_k = 0 \tag{1.6.1}$$

规定流出结点的电流取正号，流入结点的电流取负号。

KCL 定律内容的另外两种阐述方式为：

任一时刻，流入集总参数电路中任一结点的电流代数和恒为零。

$$\sum i_k = 0 \tag{1.6.2}$$

规定流入结点的电流取正号，流出结点的电流取负号。

任一时刻，流入集总参数电路中任一结点的电流之和等于流出该结点的电流之和。

$$\sum i_k = \sum i_j \tag{1.6.3}$$

规定流入结点的电流 i_k 取正号相加等于流出结点的电流 i_j 取正号相加。

例如，对于如图 1.6.2 所示电路，

（1）根据 KCL 表达式（1.6.1）：$-i_1+i_2+i_3-i_4+i_5=0$

（2）根据 KCL 表达式（1.6.2）：$+i_1-i_2-i_3+i_4-i_5=0$

（3）根据 KCL 表达式（1.6.3）：$i_1+i_4=i_2+i_3+i_5$

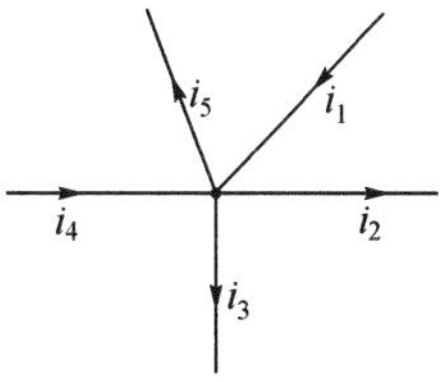

图 1.6.2 说明 KCL 的电路

KCL 的实质是电荷在结点处，既不能积累，也不能减少。同时，可以把 KCL 推广到包含几个结点的封闭面，称其为超结点（Supernode）。

【例 1.6.1】 图 1.6.3 电路中，已知电流 $i_1=-1$ A，$i_2=2$ A，求电流 i_3。

解：我们可以把三个电阻构成的那部分电路看成超结点，则有：$i_1+i_2+i_3=0$；$i_3=-(i_1+i_2)=-(-1+2)=-1$ A。

$i_3=-1$ A，说明 i_3 的大小为 1 A，正方向与参考方向相反，即流出接点 c。如果对图电路中各结点列写 KCL 方程，经过整理，也会得到同样结论。分别对接点 a、b、列写 KCL 方程，得到 $i_1=i_4+i_6$；$i_2=-i_4+i_5$；$i_3=-i_5-i_6$。

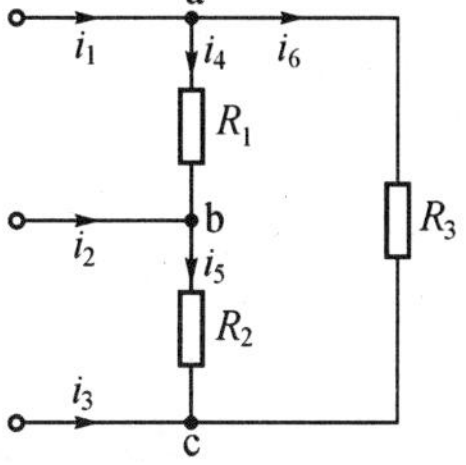

图 1.6.3 说明 KCL 推广的电路

把上述三个方程相加，得到 $i_1+i_2+i_3=0$，于是 $i_3=-(i_1+i_2)=-1$ A。

显然第二种方法不如第一种方法简捷。

注意：在列写 KCL 方程过程中，有两套正负符号，不能混淆。

第一套正负符号是 KCL 方程中每个电流项前面的正负号，只由电流参考方向决定。如果约定流出结点的电流前面取正号，则流入结点的电流前面取负号。与电流的数值大小、正负无关。

第二套正负符号是电流本身数值的正负号，在列写 KCL 方程后再代入。

【例 1.6.2】 已知图 1.6.3 电路中电流 $i_1=1$ A，$i_2=-2$ A，重新计算电流 i_3。

解：由电路图中电流参考方向得知，i_1、i_2、i_3 的参考方向均为流入三个电阻构成的广义结点，因此，$i_1+i_2+i_3=0$。

得出

$$i_3=-i_1-i_2=-(1)-(-2)=1\ \text{A}$$

说明电流 i_3 的大小为 1 A，正方向与参考方向一致，即流入结点 C。

1.6.3　基尔霍夫电压定律

基尔霍夫电压定律(Kirchhoff's Voltage Law，KVL)，KVL 描述电路中绕行同一个回路一周的电压之间的关系，其内容为：

任一时刻，沿集中参数电路的任一回路绕行一周，各电压降的代数和恒为零。

KVL 表达式为

$$\sum u_k=0 \tag{1.6.4}$$

例如电路如图 1.6.4 所示，首先指定回路绕行方向为顺时针，然后查看各电压的参考方向与回路绕行方向是否一致，如果电压参考方向与回路绕行方向一致，为电压降，前面取正号；否则取负号。得到

$$u_1-u_2-u_3+u_4=0$$

KVL 的实质是电位单值性，即绕行回路一周必然进入与离开组成该回路的每个结点各一次。而电压是两个结点电位之差，因此，绕行回路一周，电压降的代数和必为零。

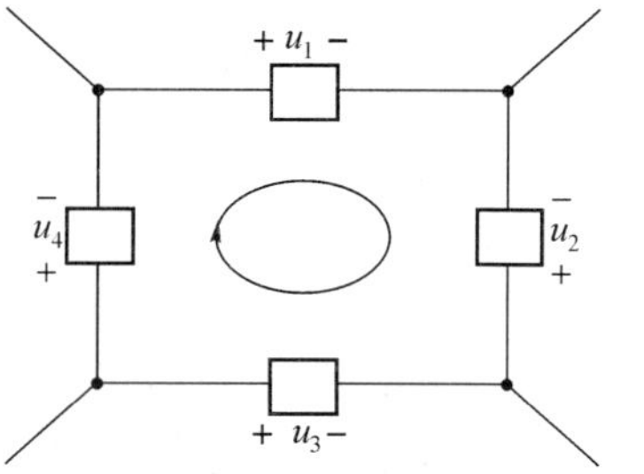

图 1.6.4　说明 KVL 的电路

推广：KVL 可以由闭合路径推广到假想回路。

如图 1.6.5 电路所示回路是假想回路，该回路并非完全由电路元件组成。

但是，KVL 成立，有

$$u-u_S+R_Si=0$$

由上式得到

$$i=(u_S-u)/R_S \tag{1.6.5}$$

一般称上式为有源支路欧姆定律表达式。

注意：列写这类假想回路的 KVL 方程时，千万不能丢掉电压 u，也不能认为 $u=0$。

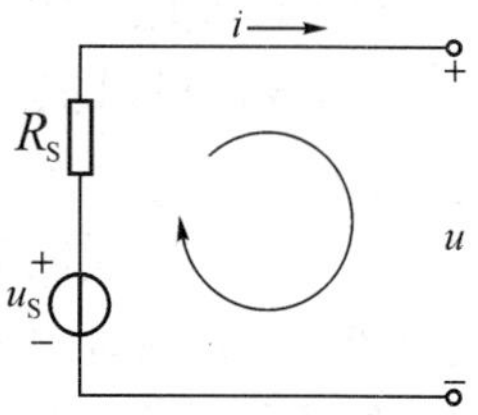

图 1.6.5　假想回路

【例 1.6.3】 电路如图 1.6.6 所示，已知电压 $u=4.9$ V，求电压 u_S。

解：根据欧姆定律，得到 $0.98i=u/2.5=4.9/2.5=1.96$。

因此， $i=1.96/0.98=2\ \text{A}$

顺时针方向绕行图中左网孔一周，应用 KCL，列写 KVL 方程：$6i+0.1(i-0.98i)-u_S=0$

因此， $u_S=6.002i=6.002\times2=12.004\ \text{V}$

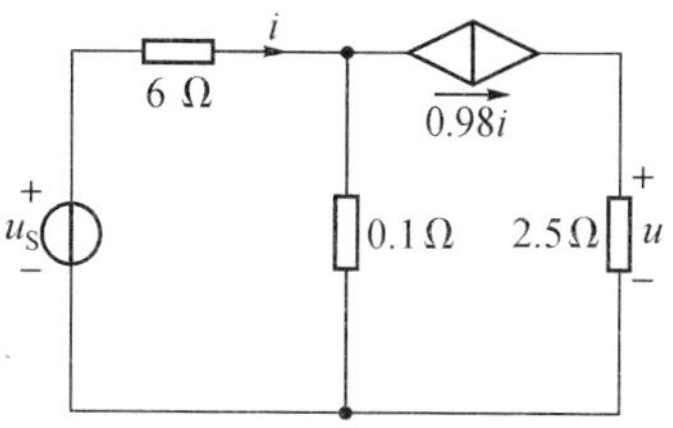

图 1.6.6 例 1.6.3 电路

通过例 1.6.3 可以看出：欧姆定律、KCL 与 KVL 是电路分析的三个基本定律，一定要熟练掌握定律的内容及其应用。

注意：在列写 KVL 方程过程中，有两套正负号，不能混淆。

第一套正负号是 KVL 方程中电压项前面的正负号，由电压参考方向决定。当电压参考方向与回路绕行方向一致时，该电压项前面取正号，否则取负号；而与电压数值的大小、正负无关。

第二套正负号是电压本身数值的正负号，在列写 KVL 方程后，再代入此数值。

【例 1.6.4】 电路如图 1.6.7 所示，已知 $R_1=10\ \text{k}\Omega$，$R_2=2\ \text{k}\Omega$，电流 $i_1=2\ \text{mA}$，求支路与电流 i_2、i_3 与电压 u_S。

解：对电路中左网孔列写 KVL 方程，得到：$R_1i_1+10-u_S=0$。

于是 $u_S=R_1i_1+10=10\times2+10=30\ \text{V}$

对电路中右网孔列写 KVL 方程，得到：$-5i_1+R_2i_2-10=0$。

于是 $i_2=(10+5i_1)/R_2=(10+5\times2)/2=10\ \text{mA}$

对电路中结点 a 列写 KCL 方程，得到：$i_1-i_2-i_3=0$。

于是 $i_3=i_1-i_2=2-10=-8\ \text{mA}$

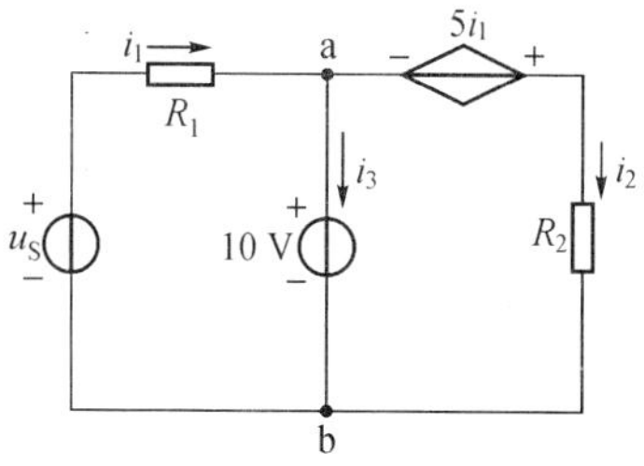

图 1.6.7 例 1.6.4 电路

单回路电路(Single-Loop Circuit)就是只有一个回路的电路，因此，组成单回路电路中的各个元件流过同一个电流，这些电路元件均为串联。

对单回路电路的分析，可以首先设单回路电流及其参考方向，然后根据元件伏安关系与 KVL 方程进行分析。现举例说明单回路电路分析过程。

【例 1.6.5】 单回路电路如图 1.6.8 所示，求电流 I 和每个电压源提供的功率。

解：首先设单回路电流 i 及其参考方向如图所示；然后，顺时针方向绕行此单回路一周，列写 KVL 方程，得到

$$(6+5+4)i+5-20=0$$

解得 $i=1\ \text{A}$

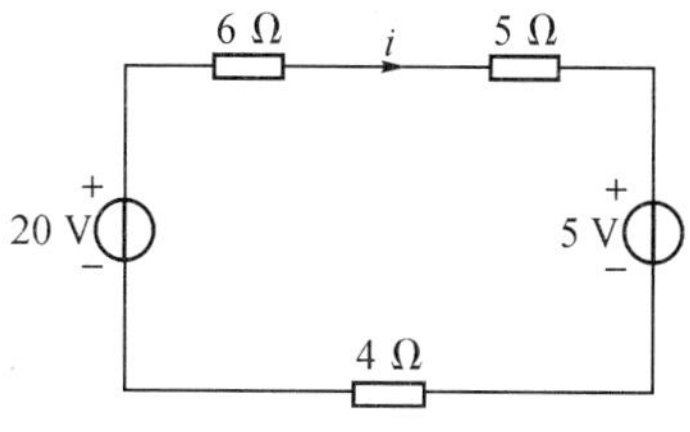

图 1.6.8 例 1.6.5 电路

对于 20 V 电压源，电压与电流为非关联参考方向，因此，该电压源提供功率为 $P_{20\text{V}}=20i=20\times1=20\ \text{W}$

对于 5 V 电压源，电压与电流为关联参考方向，因此，该电压源提供功率为 $P_{5\text{V}}=-5i=-5\times1=-5\ \text{W}$

通过分析与计算，我们知道，在此单回路电路中，20 V 电压源向外提供 20 W 功率，是电源；而 5 V 电压源实际吸收了 5 W 功率，不是电源，是负载。6 Ω、5 Ω 和 4 Ω 三个电阻均为耗能的负载，分别吸收 $1^2\times6=6\ \text{W}$、$1^2\times5=5\ \text{W}$ 和 $1^2\times4=4\ \text{W}$ 功率。20 V 电压源向外源

提供 20 W 功率与四个负载吸收的功率(5＋6＋5＋4＝)20 W 相平衡。

单结点对电路(Single Node－pair Circuit)就是只有两个结点的电路,因此,组成单结点对电路的元件端电压为同一个电压,这些电路元件均为并联。

对单结点对电路的分析,可以首先设结点对电压及其参考极性,然后根据元件伏安关系与 KCL 方程进行分析,求解得到结点对电压,则连接在这两个结点之间的元件的电流便可迎刃而解。下面通过举例说明单结点对电路分析过程。

【例 1.6.6】 单结点对电路如图 1.6.9 所示,求电压 u 和每个电流源提供的功率。

解:首先设电路结点对电压 u 及其参考方向如图示。

然后,对电路上面结点列写 KCL 方程

得到
$$-20+u/10+u/5+5=0$$

解得
$$u=50\ \text{V}$$

对于 20 A 电流源,电压与电流为非关联参考方向,因此,该电流源提供功率为

$$P_{20\ \text{A}}=20u=20\times50=1\ 000\ \text{W}$$

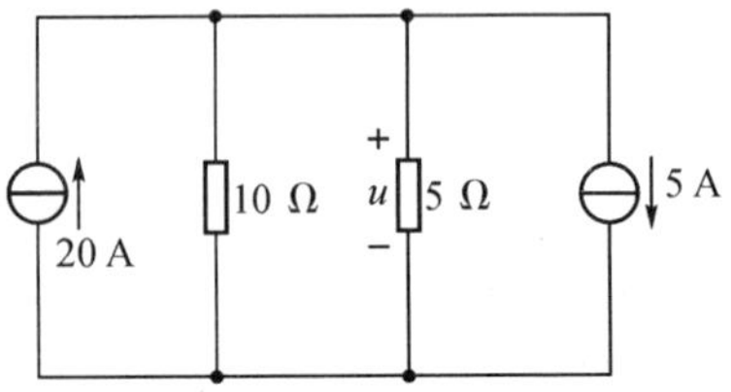

图 1.6.9　例 1.6.6 电路

对于 5 A 电流源,电压与电流为关联参考方向,因此,该电流源提供功率为

$$P_{5\ \text{A}}=-5u=5\times50=-250\ \text{W}$$

通过分析与计算,我们知道在此单结点对电路中,只要 20 A 电流源向外提供1 000 W功率,是电源;而 5 A 电流源吸收 250 W 功率,不是电源,是 20 A 电流源的负载。电路中10 Ω、5 Ω 电阻均为耗能的负载,分别吸收 $50^2/10=250$ W 和 $50^2/5=500$ W 功率。

1.7　小结

(1)电路(Circuit)是电气工程类专业大学生的第一门专业技术基础课。电路课程主要研究线性电路分析(包含电阻性电路分析、动态电路时域分析与正弦稳态电路分析)的基本理论、基本定律与定理、计算方法,是研究分析与解决实际工程问题的有力工具。

(2)实际电路由具体的元器件组成,实现电能的传输与转换、信号的传递与处理等。电路中提供电能的元器件称为电源(Source),而所用电元器件称为负载(Load),还有起控制或连接作用的其他元器件。

(3)电路模型(Model)由理想电路元件组成,本教材介绍的电路及其分析就是电路模型及其分析与计算,目的是在保证一定精度要求下简化工程电路的分析与计算。电路分析一般是已知电路结构与元件参量,求解由输入(或激励)产生的输出(或响应),或者求解网络特性参数或网络函数输出(或响应)。

(4)电路分析的基本物理量是电荷、电流、电压、功率与能量。为了判断电路中电流与电压的正方向,引入参考方向(Reference Direction)概念。参考方向是任意选定的,指定参考方向后,规定:当 $i>0(u>0)$时,电流(电压)参考方向与其正方向一致;当 $i<0(u<0)$时,电流(电压)参考方向与其正方向相反。在电路分析与计算时,首先标出电流与电压的参考方向(建议采用关联参考方向,只标出电流参考方向或电压的参考极性);然后进行分析与计算。根据电流(电压)的参考方向与电流(电压)数值的正与负就能确定电流(电压)的大小及其正方向。不标出电流(电压)的参考方向,电流(电压)数值的正与负就无意义。

(5)关联参考方向下,元件吸收功率(Power)的计算公式为:$p=+ui$。

非关联参考方向下,元件吸收功率的计算公式为:$p=-ui$。

(6)独立源(Independent Sources)包括独立电压源与独立电流源。独立电压(电流)源具有三大特点:(1)输出电压(电流)恒定,和外电路无关;(2)独立电压(电流)源的电流(电压)由外电路决定;(3)独立电压源(电流)可以开路(短路),但是不允许短路(开路)。实际电压(电流)源的电路模型是独立电压(电流)源串联(并联)电阻。

(7)受控源只是反映两条支路之间的耦合、变换、控制、放大等关系,不是电路的"激励",因此,受控源不能独立地作用产生"响应"。但是,受控源与独立源比较,有输出电压或电流的性能。不同的分析问题,要用不同的方法处理受控源。

(8)欧姆定律(Ohm's Law)是电路分析的基本定律之一,其内容为:任何时刻线性电阻两端的电压与通过它的电流成正比。在关联参考方向下,欧姆定律的表达式为 $u=Ri$ 或 $i=Gu$;在非关联参考方向下,欧姆定律的表达式为 $u=-Ri$ 或 $i=-Gu$。电阻元件是耗能元件,它吸收功率、消耗电能,把电能转变为热能。电阻吸收功率的计算公式为:$p=ui=Ri^2=u^2/R$。

(9)基尔霍夫电流定律(Kirchhoff's Current Law,KCL),其内容为:任一时刻,流出集总参数电路中任一结点的电流代数和恒为零。KCL 表达式为:$\sum i_k=0$。

(10)基尔霍夫电压定律(Kirchhoff's Voltage Law,KVL),其内容为:任一时刻,沿集总参数电路的任一回路一周,各电压降的代数和恒为零。KVL 表达式为:$\sum u_k=0$。

习　题　1

1-2-1　根据如图 1-2-1 所示参考方向与数值计算其功率,并说明是吸收还是发出功率。

图 1-2-1(a)　$i=2$ mA,$u=5$ V;

图 1-2-1(b)　$i=2\sin 100t$ mA,$u=5\sin 100t$ V;

图 1-2-1(c)　$i=-2$ mA,$u=5$ V;

图 1-2-1(d)　$i=2$ mA,$u=5$ V。

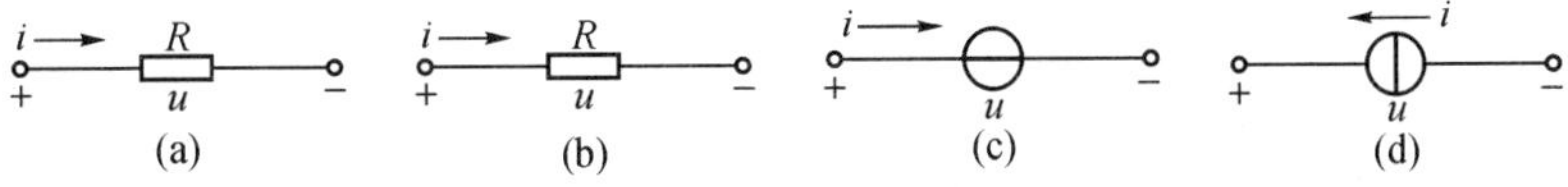

图 1-2-1　习题 1-2-1 电路

1-2-2　如图 1-2-2(a)所示电路中元件吸收功率 10 W,$i_a=1$ A,求其电压 u_a;

如图 1-2-2(b)所示电路中元件吸收功率−10 W,$u_b=10$ V,求其电流 i_b;

如图 1-2-2(c)所示电路中元件发出功率−10 W,$u_c=10$ V,求其电流 i_c;

如图 1-2-2(d)所示电路中元件发出功率 10 W,$u_d=-10$ V,求其电流 i_d。

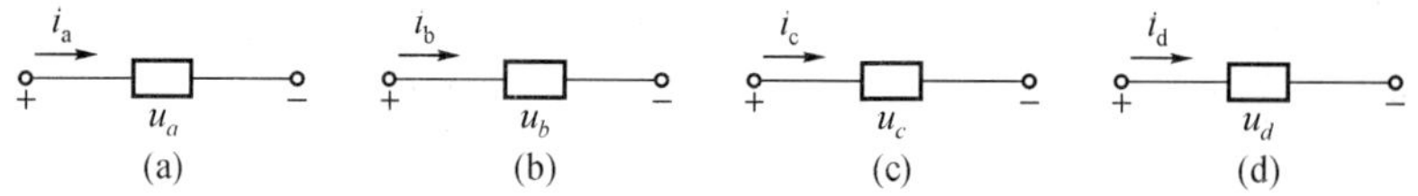

图 1-2-2　习题 1-2-2 电路

1-2-3　电路如图 1-2-3 所示，已知元件 A 吸收功率 20 W，求元件 B 的功率，并说明是吸收功率还是发出功率。

1-2-4　试校核图 1-2-4 电路所得解答是否满足功率平衡。

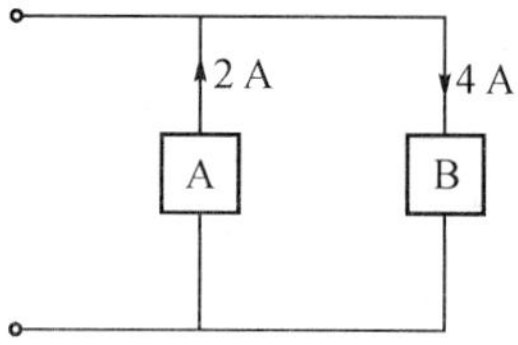

图 1-2-3　习题 1-2-3 电路

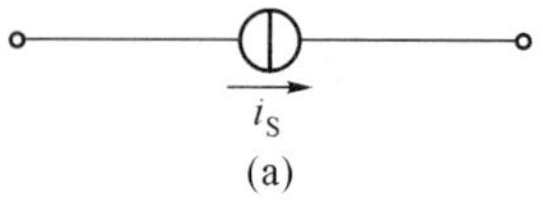

图 1-2-4　习题 1-2-4 电路

1-3-1　图 1-3-1 中 0.1 A 理想电流源在半分钟吸收能量 120 J，确定元件 A 是电源还是负载？是什么元件？计算其发出的功率。

1-3-2　电路如图 1-3-2 所示，试计算 5 V 电压源发出的功率。

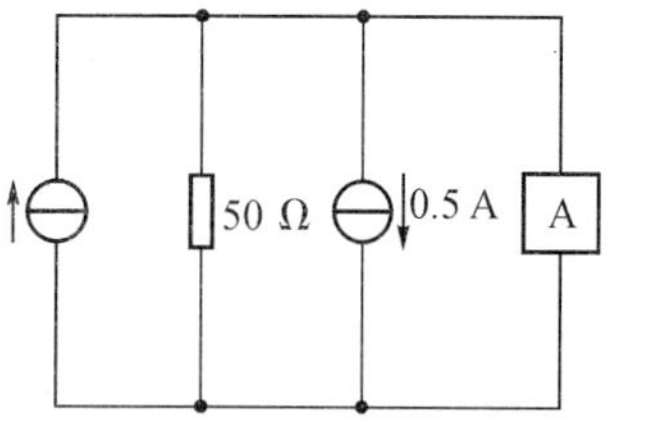

图 1-3-1　习题 1-3-1 电路

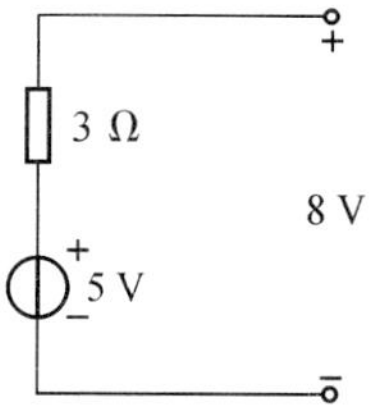

图 1-3-2　习题 1-3-2 电路

1-4-1　电路如图 1-4-1 所示，确定受控源是电源还是负载并计算 R 值。

1-4-2　电路如图 1-4-2 所示，计算各元件的功率。

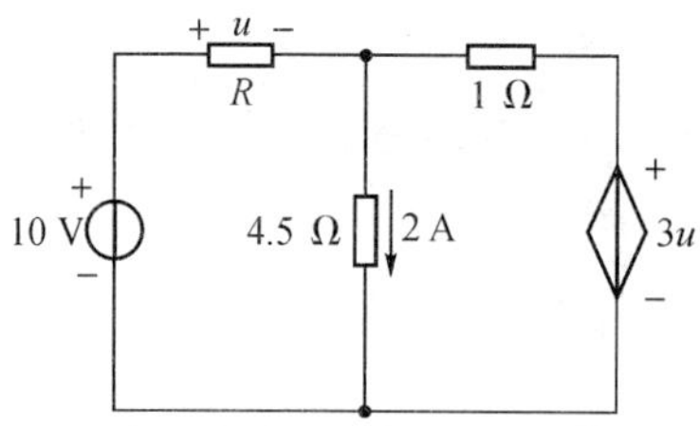

图 1-4-1　习题 1-4-1 电路

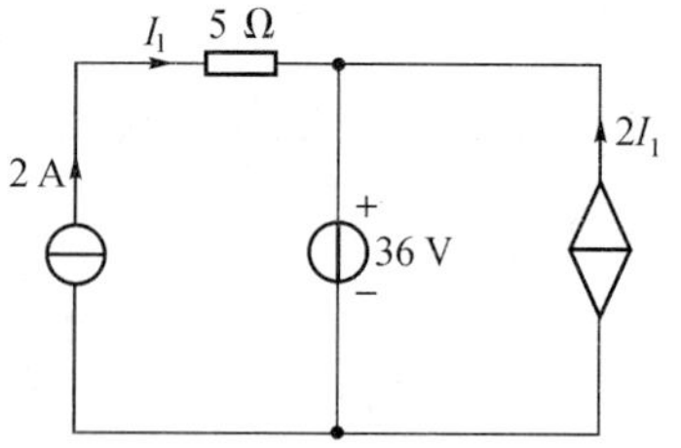

图 1-4-2　习题 1-4-2 电路

1-5-1　计算如图 1-5-1 所示电路中电压 u 与电流 i。

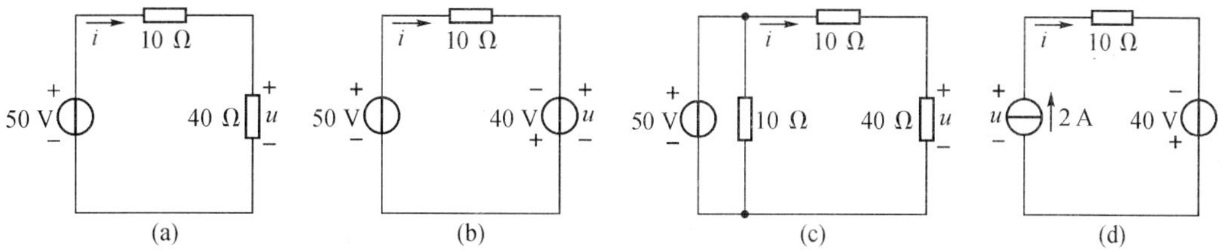

图 1-5-1　习题 1-5-1 电路

1-5-2　电路如图 1-5-2 所示，当 R 减小时，U_1、U_2、U_3 将如何变化？

1-6-1　应用 KCL 计算如图 1-6-1 所示电路中未知支路电流。

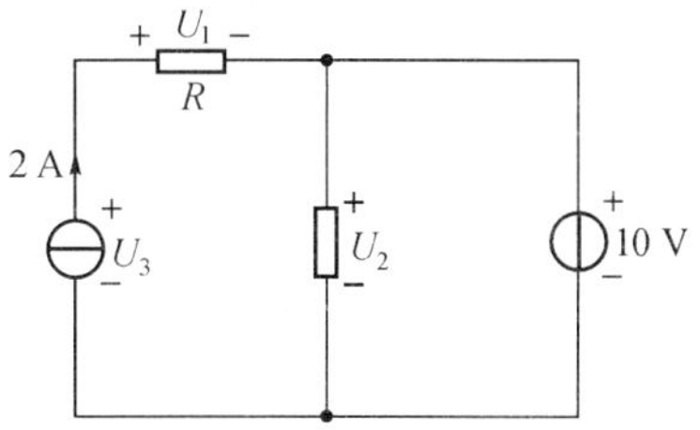

图 1-5-2　习题 1-5-2 电路

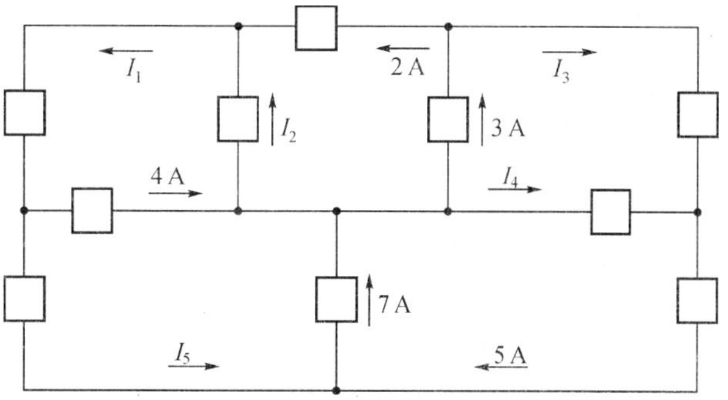

图 1-6-1　习题 1-6-1 电路

1-6-2　应用 KVL 计算如图 1-6-2 所示电路中电压 u_1、u_2 与 u_3。

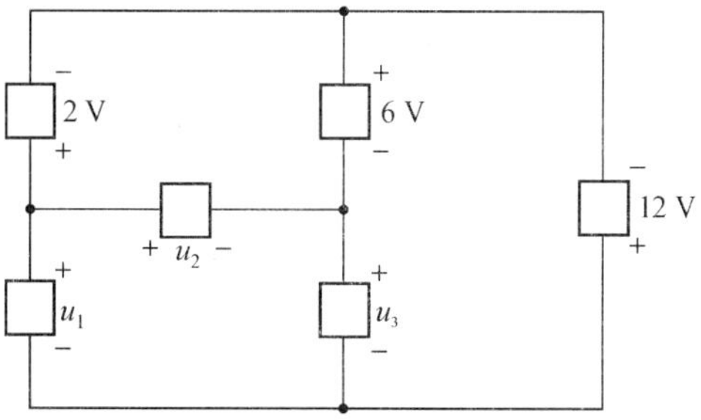

图 1-6-2　习题 1-6-2 电路

1-6-3　如图 1-6-3 所示电路中，已知 O 点的 KCL 方程为 $-i_1+i_2-i_3=0$，试标出 i_2 和 i_3 的参考方向。

1-6-4　如图 1-6-4 所示电路中，$U_{ab}=-10\ \text{V}$，$U_S=5\ \text{V}$，R 吸收的功率为 15 W，求 $R=?$

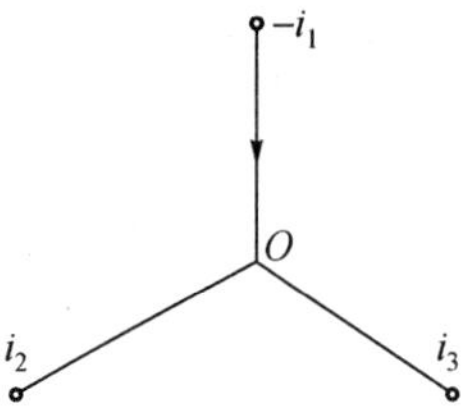

图 1-6-3　习题 1-6-3 电路

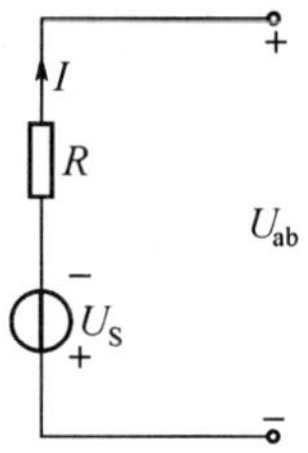

图 1-6-4　习题 1-6-4 电路

1-8-1　计算如图 1-8-1 所示电路中电压 u_S 与电流 i。

1-8-2　应用 KCL、KVL 与欧姆定律计算如图 1-8-2 所示电路中电压 u_1、u_2 与 u_3。

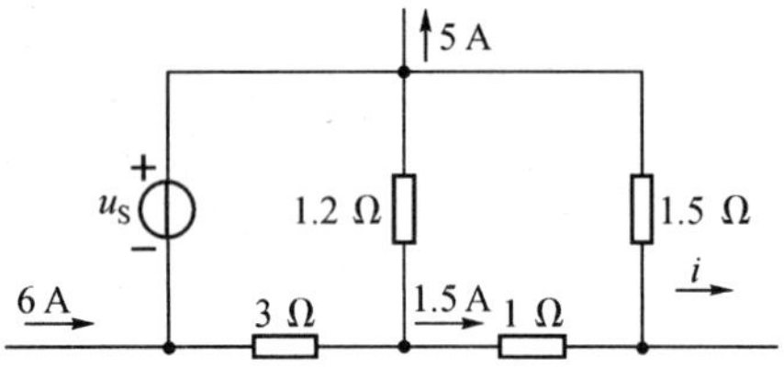

图 1-8-1　习题 1-8-1 电路

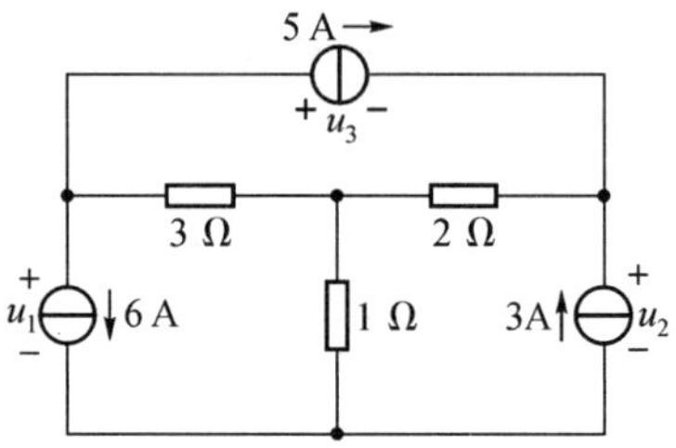

图 1-8-2　习题 1-8-2 电路

1-8-3　计算如图 1-8-3 所示电路中电压 u_S、u_1 与电流 i_1。

1-8-4　计算如图 1-8-4 所示电路中电流 i、电压 u、每个电源发出的功率与每个电阻吸收的功率。

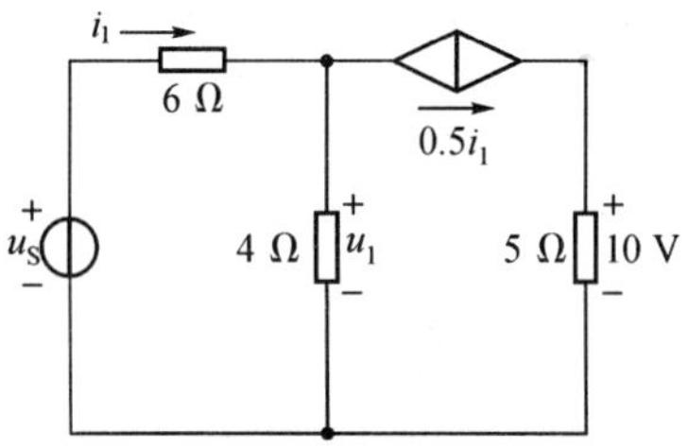

图 1-8-3　习题 1-8-3 电路

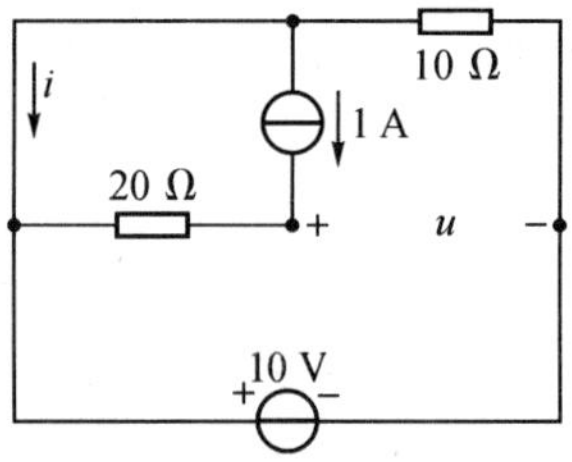

图 1-8-4　习题 1-8-4 电路

1-8-5　如图 1-8-5 所示电路中，$i_1=0.8$ A，$i_2=1$ A，计算电压源电压 u_S 与电阻 R 以及电压源发出的功率和每个电阻吸收的功率。

1-8-6　如图 1-8-6 所示电路中，$u_S=54$ V，计算每个独立源和受控源发出的功率以及每个电阻吸收的功率。

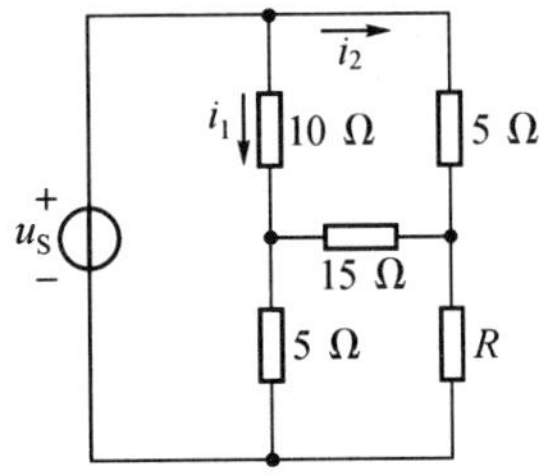

图 1-8-5　习题 1-8-5 电路

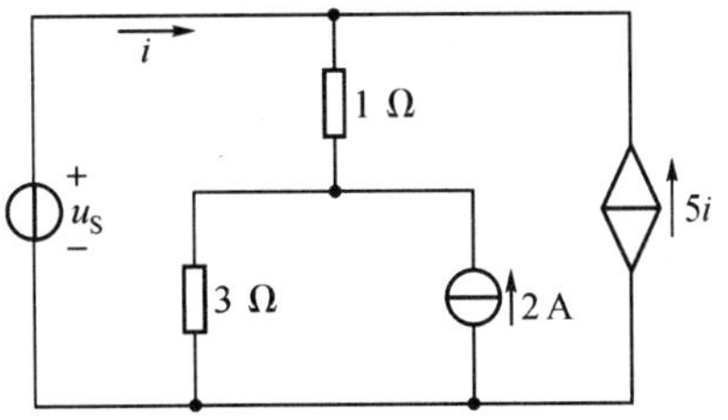

图 1-8-6　习题 1-8-6 电路

1-8-7　电路如图 1-8-7 所示。

(1)应用 KCL 确定电流 i_5；

(2)应用 KVL 确定电压 u_4 与 u_5；

(3)计算每个元件吸收的功率；

(4)电路中哪个元件是电源?

1-8-8　如图 1-8-8 所示电路中 $i=2$ A，求 R。

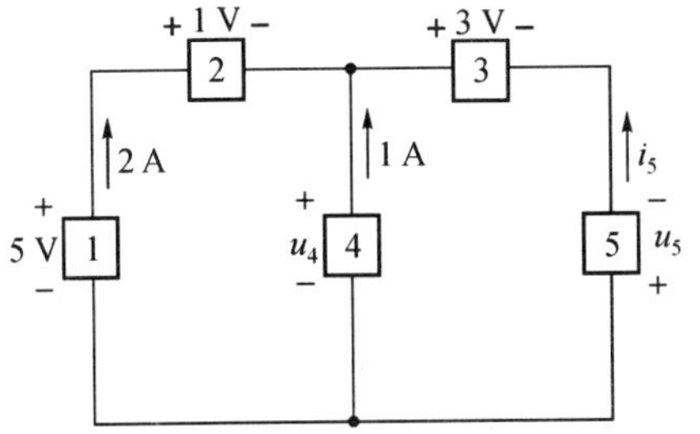

图 1-8-7　习题 1-8-7 电路

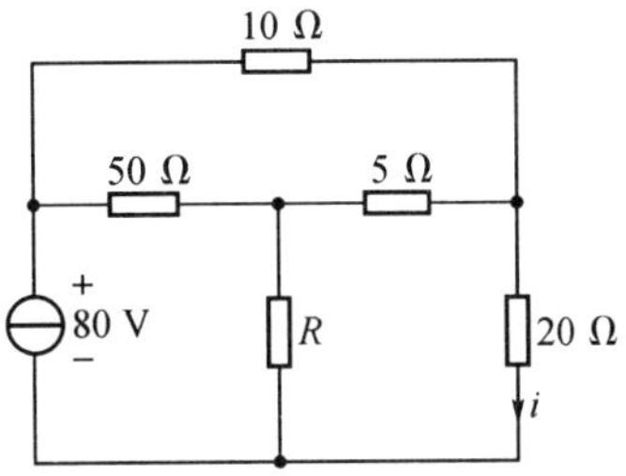

图 1-8-8　习题 1-8-8 电路

1-8-9　计算如图 1-8-9 所示电路中 R 和 i。

1-8-10　计算如图 1-8-10 所示电路中 U。若 3 A 电流源换成 5 A 电流源，重新求解。

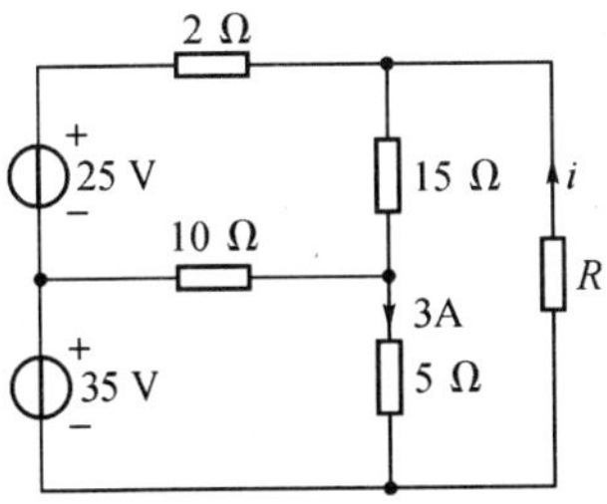

图 1-8-9　习题 1-8-9 电路

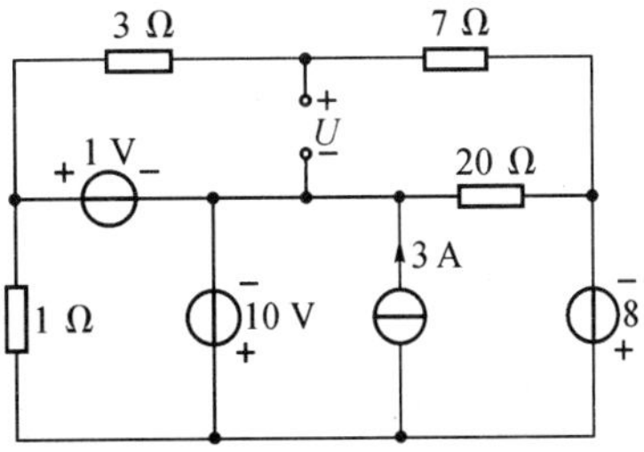

图 1-8-10　习题 1-8-10 电路

1-8-11　计算如图 1-8-11 所示电路中的 I_0。

1-8-12　计算如图 1-8-12 所示电路中 I_1、I_2 和 I_3。

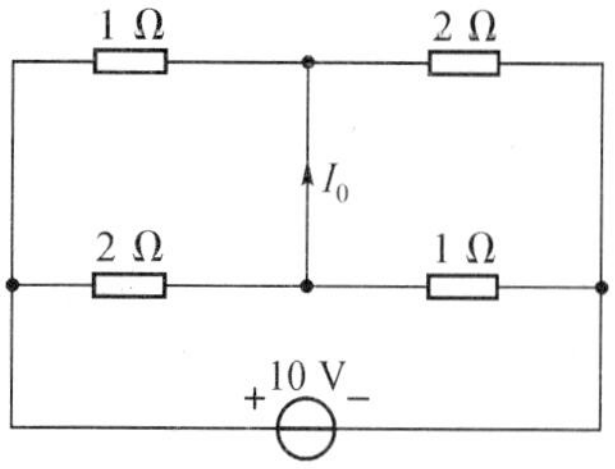

图 1-8-11　习题 1-8-11 电路

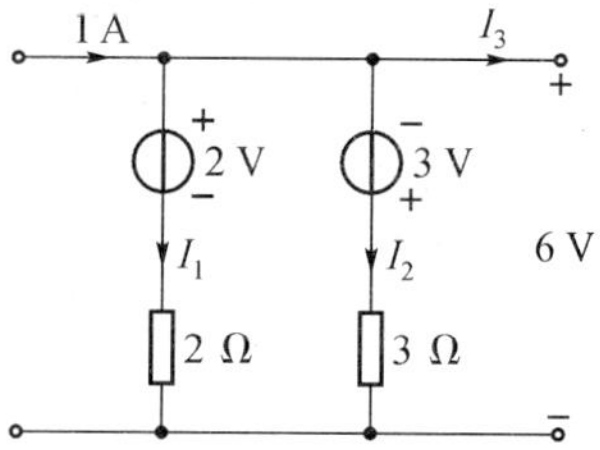

图 1-8-12　习题 1-8-12 电路

1-8-13　如图 1-8-13 所示电路中，要使 2 V 电压源发出的功率为 0，试求 U_S 的值。

1-8-14　如图 1-8-14 所示电路中，欲使 2 Ω 电阻吸收的功率为 4 Ω 电阻吸收功率的 2 倍，电压源 U_S 为何值。

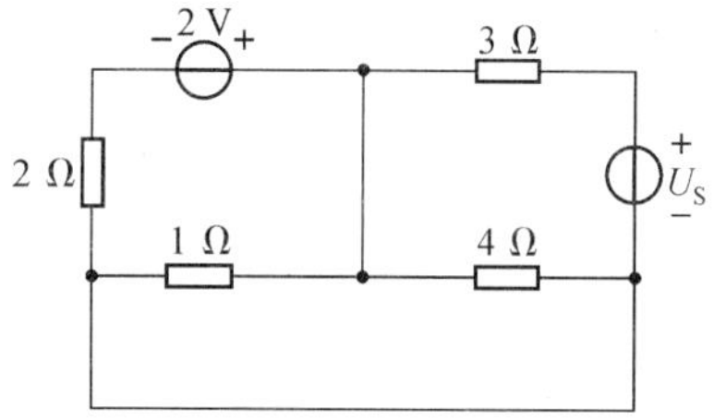

图 1-8-13　习题 1-8-13 电路

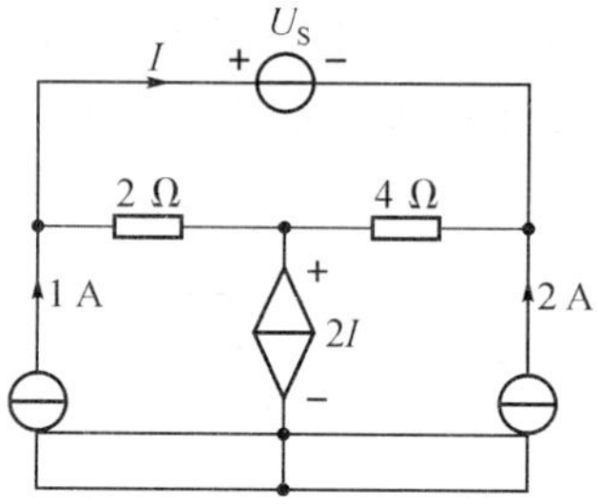

图 1-8-14　习题 1-8-14 电路

1-8-15　如图 1-8-15 所示，求电压 U。

1-8-16　试求图 1-8-16 电路中控制量 I_1 和 U。

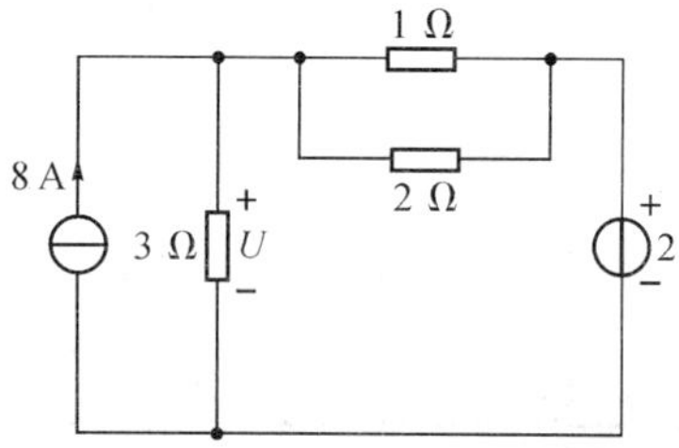

图 1-8-15　习题 1-8-15 电路

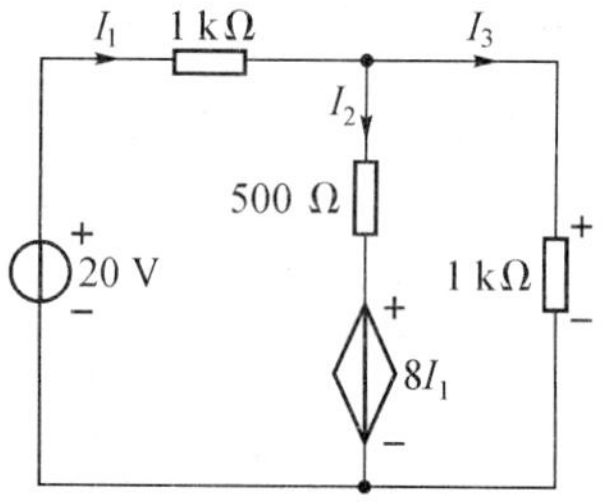

图 1-8-16　习题 1-8-16 电路

1-8-17　试求如图 1-8-17 所示电路中，当 u_O 等于 5 V 时的 u_1 和 u_S。

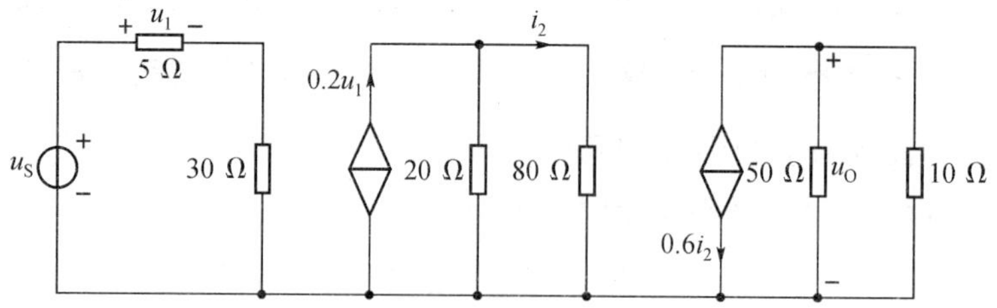

图 1-8-17　习题 1-8-17 电路

1-8-18　电路如图1-8-18所示，计算 I_1、I_2。

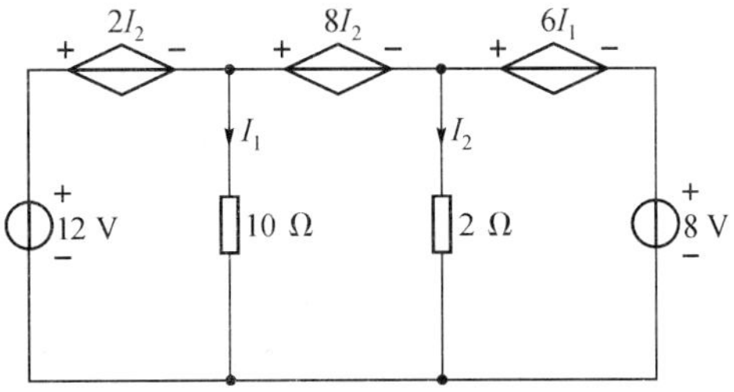

图1-8-18　习题1-8-18电路

1-8-19　如图1-8-19所示电路中，$5I$ 受控电压源发出的功率。

1-8-20　求如图1-8-20所示电路中，已知电阻消耗的总功率为6 W，试确定各支路电流及 U_S 值($U_S>0$)。

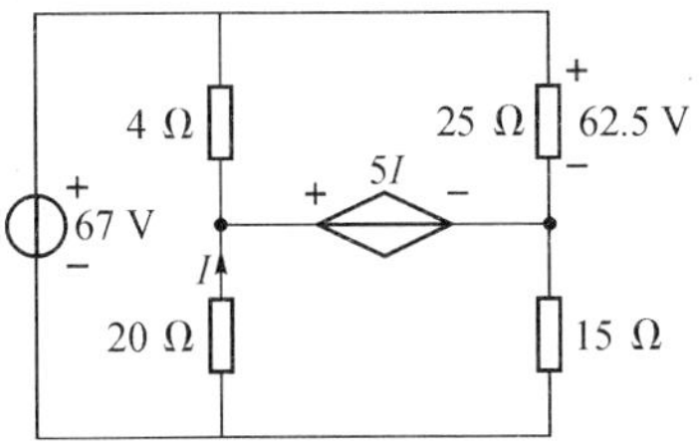

图1-8-19　习题1-8-19电路

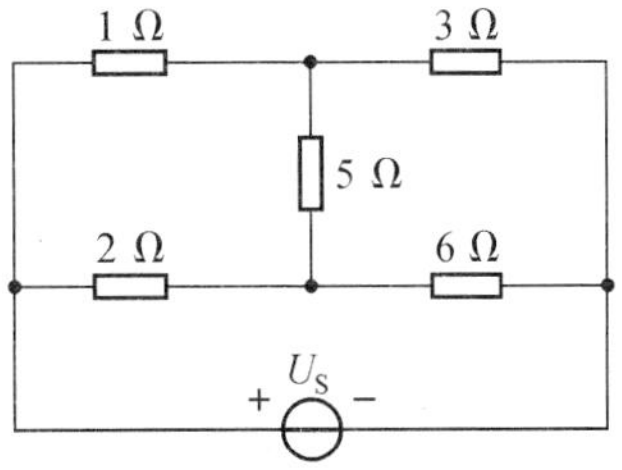

图1-8-20　习题1-8-20电路

2 电阻电路等效变换分析

基本要求：

(1)理解等效概念。

(2 熟练掌握电阻串联等效电阻以及电阻串联分压的计算。

(3)熟练掌握电阻并联等效电阻以及电阻并联分流的计算。

(4)能够应用电阻 Y—△等效变换。

(5)熟练掌握理想电压源串联与理想电流源并联等效变换。

(6)熟练掌握实际理想电压源与实际电流源之间的等效变换。

(7)掌握受控源在等效变换中的处理方法。

2.1 等效与等效变换

如图 2.1.1 所示两个二端网络 N_1 和 N_2 在与任意一个相同的外部电路连接时，它们端口的电压、电流关系完全相同，即 $u_1=u_2$，$i_1=i_2$，则称 N_1 和 N_2 为相互等效(Equivaletion)。

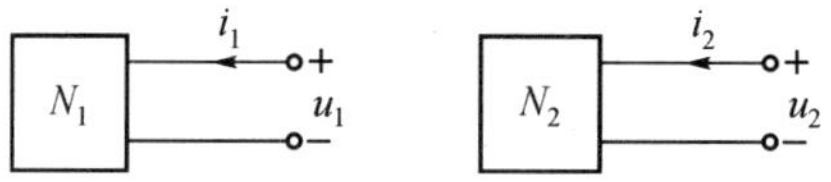

图 2.1.1 二端网络 N_1 和 N_2

等效的两个二端电路端口伏安关系完全相同，但是，并不要求这两个等效二端电路的内部结构完全相同，只要求对于任意一个外电路而言，这两个等效二端电路对其具有相同的作用，换言之，在连接同一个外电路时，这两个等效二端电路具有相同的端口电压与端口电流，即对外等效。根据等效概念，我们可以用一个结构简单的二端电路等效替代一个内部结构比较复杂的二端电路，简化电路分析与计算。把内部结构比较复杂的二端电路等效为结构简单的二端电路的过程与方法，一般称为等效变换(Equivalent Transformation)。

具有三个以及三个以上端钮的电路(网络)称为多端电路(网络)。等效与等效变换概念可以推广到多端电路，即两个多端电路对应端口的电压一电流关系相同，则两个等效多端电路对于任意相同的一个外电路的作用相同。

线性电路的分析方法一般有三大类：等效变换分析法；一般分析法；应用电路定理分析法。在本章，我们将讨论如何应用等效变换分析法对简单的电阻电路进行分析与计算。一般分析法与应用电路定理分析法将分别在第 3 章与第 4 章讨论。

2.2　电阻串联与并联

2.2.1　电阻串联

几个电阻顺序连接，流过同一个电流，我们称此种电阻连接方式为电阻串联（Resistors in Series），如图 2.2.1(a)所示。

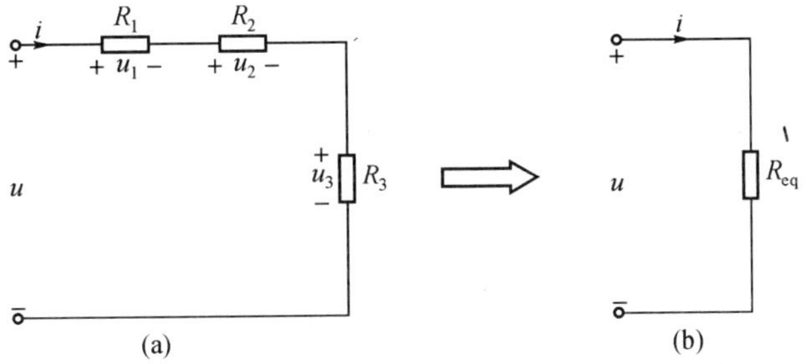

图 2.2.1　电阻串联及其等效电阻

根据 KVL，得到

$$u=R_1i+R_2i+R_3i=(R_1+R_2+R_3)i \tag{2.2.1}$$

如果图 2.2.1(a)与(b)电路端口处的电压与电流分别对应相同，我们称之为等效。

对于图 2.2.1(b)电路，根据欧姆定律，有

$$u=R_{eq}i \tag{2.2.2}$$

比较式(2.2.1)与式(2.2.2)，得到

$$R_{eq}=R_1+R_2+R_3 \tag{2.2.3}$$

式中，R_{eq}称为等效电阻。

结论：串联电阻的等效电阻等于所串联的电阻的阻值之和。

如图 2.2.1(a)所示串联的每个电阻吸收的功率分别等于

$$p_1=R_1i^2,p_2=R_2i^2,p_3=R_3i^2$$

如图 2.2.1(b)所示电阻 R_{eq}吸收的功率等于

$$p=R_{eq}i^2=(R_1+R_2+R_3)i^2=p_1+p_2+p_3 \tag{2.2.4}$$

结论：串联电阻的等效电阻吸收的功率等于各串联电阻吸收的功率之和。

2.2.2　电阻并联

几个电阻并列连接，承受同一个电压的连接方式称为电阻并联（Resistors in Parallel），如图 2.2.2(a)所示。

对图 2.2.2(a)电路列写 KCL 方程，得到

$$i=u/R_1+u/R_2+u/R_3 \tag{2.2.5}$$

对图 2.2.2(b)等效电路列写 KCL 方程，得到

$$i=u/R_{eq} \tag{2.2.6}$$

比较式(2.2.5)与式(2.2.6)，得到

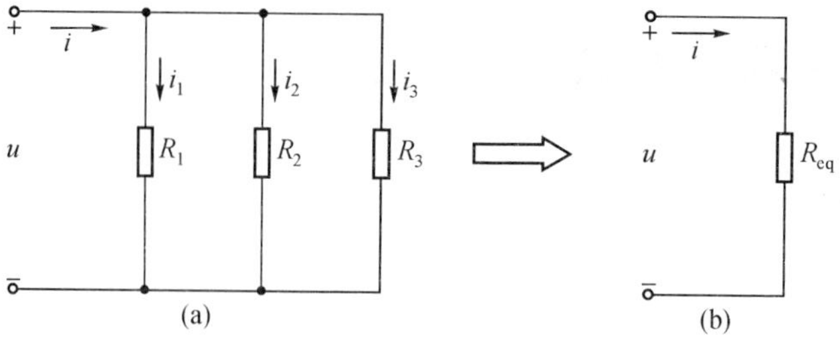

图 2.2.2　电阻的并联及其等效电阻

$$1/R_{eq}=1/R_1+1/R_2+1/R_3 \qquad (2.2.7)$$

结论:并联电阻的等效电阻的倒数等于各并联电阻的倒数之和。

对于两个电阻 R_1 与 R_2 的并联的等效电阻 R_{eq} 为

$$R_{eq}=R_1R_2/(R_1+R_2) \qquad (2.2.8)$$

如果用电导表示式(2.2.7),得到

$$G_{eq}=G_1+G_2+G_3 \qquad (2.2.9)$$

结论:并联电阻的等效电导 G_{eq} 等于并联的各电阻的电导值之和。

对于图 2.2.2(a)电路,我们同样可以推导出并联的每个电阻吸收的功率之和等于图 2.2.2(b)等效电路中等效电阻吸收的功率,即

$$P=u^2/R_{eq}=u^2/R_1+u^2/R_2+u^2/R_3=P_1+P_2+P_3 \qquad (2.2.10)$$

结论:并联电阻的等效电阻吸收的功率等于各并联电阻吸收的功率之和。

2.2.3　电阻混联

既有电阻串联又有电阻并联的连接称为电阻的混联,如图 2.2.3(a)、(b)所示两个电路。

在求如图 2.2.3(a)所示电路等效电阻时,必须首先计算 R_1 与 R_2 串联阻值,然后再计算此串联阻值与 R_3 的并联电阻值,故称如图 2.2.3(a)所示电路为串并联电阻电路,其等效电阻为

$$R_{eq}=\frac{(R_1+R_2)R_3}{R_1+R_2+R_3}$$

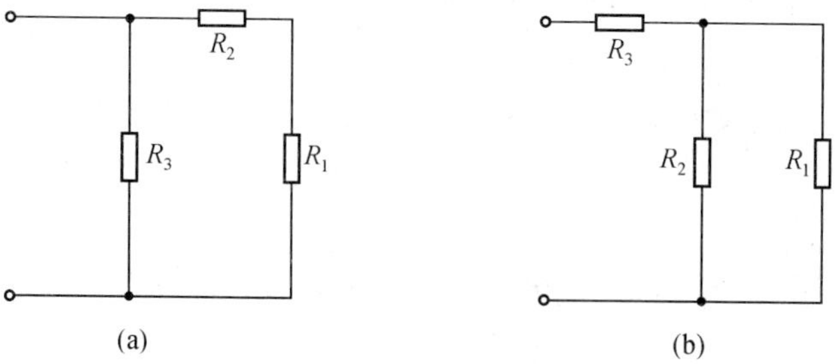

图 2.2.3　电阻混联电路

在求如图 2.2.3(b)所示电路的等效电阻时,必须首先计算 R_1 与 R_2 的并联阻值,然后再计算此并联阻值与 R_3 的串联电阻值,故称如图 2.2.3(b)所示电路为并串联电阻电路,其等效电阻为

$$R_{eq}=\frac{R_1R_2}{R_1+R_2}+R_3$$

【例 2.2.1】 求如图 2.2.4 所示电路的等效电阻 R_{ab}。

解:方法 1 当电路中出现短路线时,可以在不改变电阻连接关系的前提下,将电路进行整理,重新画出,如图 2.2.5 所示。

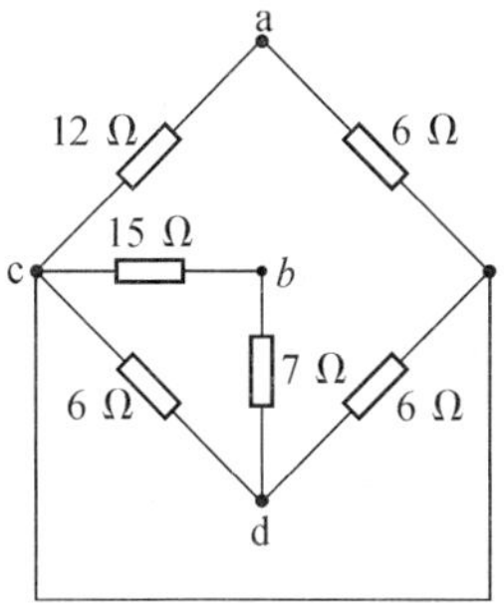

图 2.2.4 例 2.2.1 电路

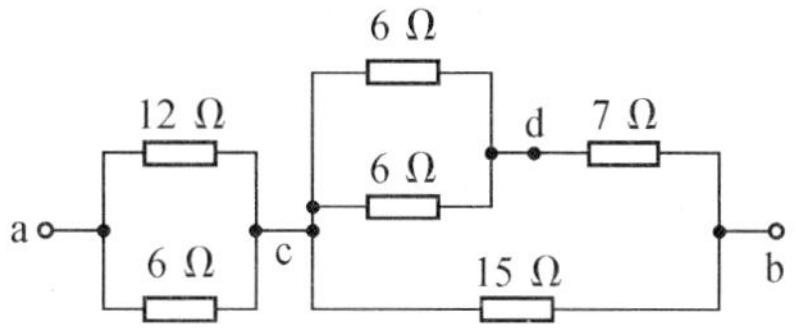

图 2.2.5 图 2.2.4 电路的重新整理与绘画

根据如图 2.2.5 所示电路,便比较容易地判断出电阻的串并联关系,而求得到其等效电阻值:

$$R_{ab}=(12//6)+[((6//6)+7)//15]=4+6=10\ \Omega$$

注意:上式中"//"表示电阻并联。

方法 2 当电路中出现短路线时,我们还可以用同号编号法进行分析,即把相同短路线连接的不同结点写成相同的编号,例如图 2.2.4 中编号 c。于是,很容易地判断出直接连接在 a、c 之间的电阻为并联,即连接在 a、c 之间的 12 Ω 与 6 Ω 电阻为并联;直接连接在 d、c 之间的电阻为并联,即连接在 d、c 之间的两个 6 Ω 电阻为并联;经过等效简化后就比较容易地进行分析了。

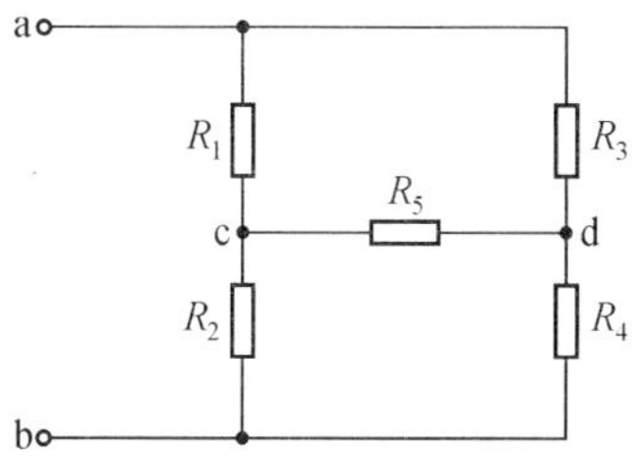

图 2.2.6 电阻电桥电路

在电路分析时,有时会遇到桥式电路(Bridge Circuit)。桥式电路的特点是具有四个结点,每个结点联接三条支路。平衡电阻电桥电路对于电路等效简化,起着重要作用。例如图 2.2.6 所示电阻电路为电桥电路。

当 $R_1R_4=R_2R_3$ 时,电阻电桥平衡;否则为不平衡。当电阻电桥平衡时,可以证明,当电桥电路端点 a 与 b 之间施加电压时,中间桥臂电阻 R_5 中电流等于零,故可以断路处理;R_5 中电流等于零,c 与 d 之间电压等于零,因此,也可以短路处理。

【例 2.2.2】 求图 2.2.7 所示电路的等效电阻 R_{ab}。

解:例 2.2.2 电路为电阻电桥电路,从结点 c 与 d 向右看,是一个平衡电阻电桥,故可以把中间桥臂 1 Ω 电阻断开,得到等效电阻 $R_{cd}=(5+4)//(5+4)=4.5\ \Omega$。

重新整理与绘画电路,得到如图 2.2.8 所示电路。从结点 a 与 b 向右看,又有一个平衡电阻电桥,故可以把中间桥臂 $R_{cd}=4.5\ \Omega$ 的电阻断开,形成三个电阻支路(7 Ω、14 Ω 与 7 Ω)并联,于是,等效电阻为:$1/R_{ab}=1/7+1/14+1/7=5/14$,$R_{ab}=14/5=2.8\ \Omega$。

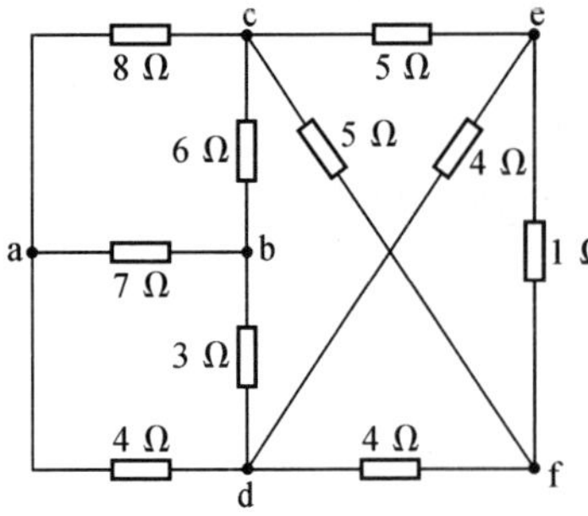

图 2.2.7　电阻电桥电路

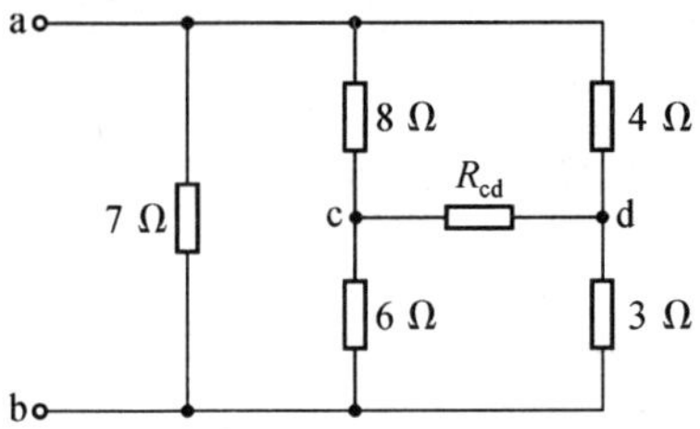

图 2.2.8　图 2.2.7 电阻电桥的重新整理

2.3　分压与分流

2.3.1　分压

几个电阻串联时，如果知道每个串联电阻的电阻值与该支路的电压值，便能得到每个串联电阻分配到的电压，称为电压分配，简称分压(Voltage Division)。

设 n 个电阻串联支路如图 2.3.1 所示，等效电阻为 R_{eq}，支路电压为 u。

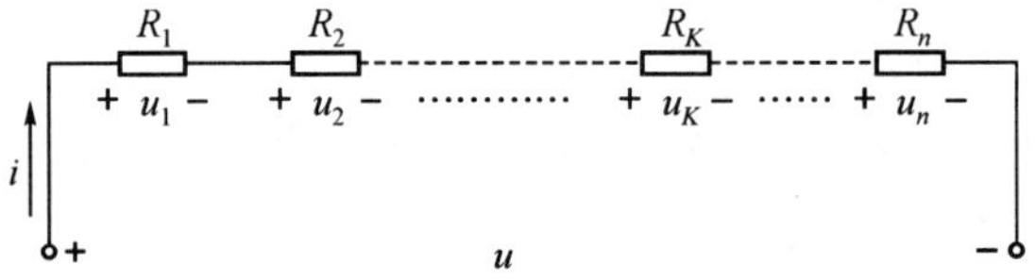

图 2.3.1　串联电阻与分压

串联电阻 R_K 得到的分配电压值(简称分压值)为

$$u_k=(R_k/R_{eq})u \tag{2.3.1}$$

式中，比值 R_k/R_{eq} 称为分压比。

显然，串联电阻中电阻值越大(小)的电阻，其分配的电压越高(低)。

2.3.2　分流

几个电阻并联时，如果知道并联电阻的电阻值(电导值)与该支路总电流值，便能得到每个并联电阻分配到的电流，称为电流分配，简称分流(Current Division)。

设 n 个电阻(电导)并联支路如图 2.3.2 所示，等效电导为 G_{eq}，支路总电流为 i。

并联电阻 $R_k(G_k=1/R_k)$ 分配电流为

$$i_k=(G_k/G_{eq})i \tag{2.3.2}$$

式中，比值 G_k/G_{eq} 称为分流比。

显然，并联电阻中电阻值越大(小)的电阻，其分配的电流越小(大)。

对于如图 2.3.3 所示的两个电阻 R_1 与 R_2 并联，则分流公式为

$$i_1=[R_2/(R_1+R_2)]I \tag{2.3.3}$$

$$i_2=[R_1/(R_1+R_2)]I \tag{2.3.4}$$

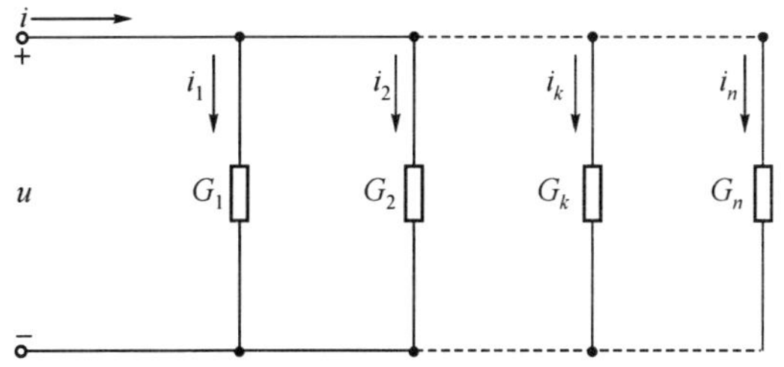

图 2.3.2　电阻并联与分流

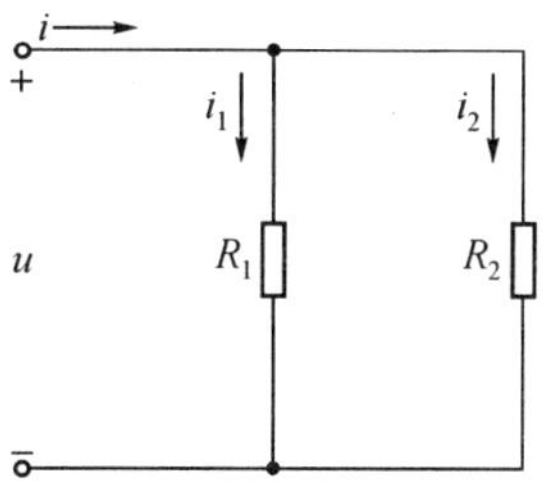

图 2.3.3　两个电阻并联

【例 2.3.1】 指针式三用表测量直流电流的原理电路如图2.3.4所示，设电流表指针满偏电流 $I_g=40\ \mu A$，表头与调零电阻的总电阻 $R_g=1\ 984\ \Omega$，计算分流电阻 R_1、R_2、R_3 的各个阻值。

解：电流表工作在 5 mA 量程时，把开关 S 拨在 5 mA 端，令 $I=5$ mA，分流 $I_g=40\ \mu A$。应用分流时，各并联电阻两端的电压相等原理得到

$$R_g I_g=(I-I_g)(R_1+R_2+R_3)$$

即

$$1\ 984\times 40=(5\times 10^3-40)(R_1+R_2+R_3)$$

解得

$$R_1+R_2+R_3=16\ \Omega$$

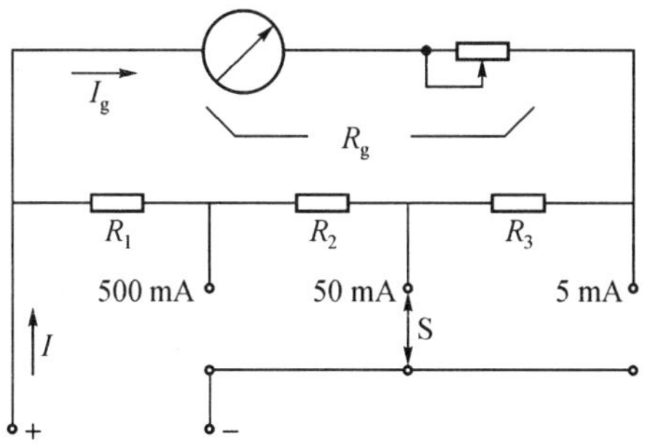

图 2.3.4　三用表测量直流电流的原理电路

电流表工作在 50 mA 量程时，把开关 S 拨在 50 mA 端，令 $I=50$ mA，分流 $I_g=40\ \mu A$，同理得到：

$$(R_g+R_3)I_g=(I-I_g)(R_1+R_2)$$

即

$$(1\ 984+R_3)\times 40=(50\times 10^3-40)(R_1+R_2)$$

解得

$$R_1+R_2=1.6\ \Omega$$

电流表工作在 500 mA 量程时，把开关 S 打在 500 mA 端，令 $I=500$ mA，分流 $I_g=40\ \mu A$。同理得到：

$$(R_g+R_2+R_3)I_g=(I-I_g)(R_1)$$

即

$$(1\ 984+R_2+R_3)\times 40=(500\times 10^3-40)(R_1)$$

解得

$$R_1=0.16\ \Omega。$$

因此

$$R_2=1.6-0.16=1.44\ \Omega,$$

$$R_3=16-1.6=14.4\ \Omega。$$

2.4　电阻 Y—△等效变换

在电路分析中，经常遇到电阻△连接电路与电阻 Y 连接电路。电阻△连接电路如图

2.4.1(a)所示，电阻 Y 连接电路如图 2.4.1(b)所示。根据等效概念，如果电阻△连接电路与电阻阻 Y 连接电路对应端电压相同、对应端电流相同时，则称这两个三端网络对外互为等效，一般称为三端网络等效或电阻的 Y—△等效变换(Delta－Wye Conversion)。

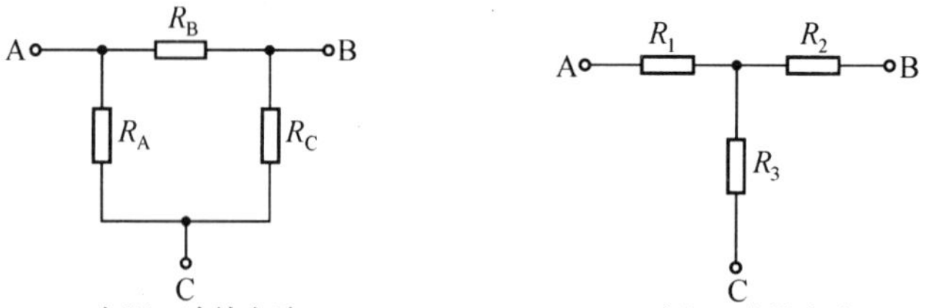

(a)电阻△连接电路　　(b)电阻Y连接电路

图 2.4.1　Y—△等效变换

等效变换公式

为了便于记忆，把如图 2.4.1(a)与(b)所示的电阻△连接与电阻 Y 连接电路合画为图 2.4.2 所示电路。

根据等效概念，我们得到

$$R_A//(R_B+R_C)=R_1+R_2$$

$$R_B//(R_C+R_A)=R_3+R_1$$

$$R_C//(R_A+R_B)=R_2+R_3$$

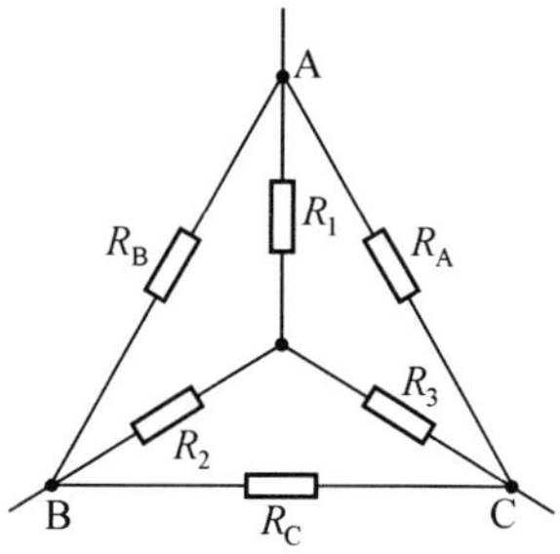

图 2.4.2　Y—△等效变换电路

如果已经知道△连接电路中电阻 R_A、R_B、R_C，则等效 Y 连接电路中电阻为

令　$$\triangle=R_A+R_B+R_C \tag{2.4.1}$$

则　$$R_1=R_A R_B/\triangle \tag{2.4.2}$$

$$R_2=R_BR_C/\triangle \tag{2.4.3}$$

$$R_3=R_CR_A/\triangle \tag{2.4.4}$$

即：分母为△形中三个电阻之和，分子为△形中与之对应相邻的两个电阻之乘积。

如果 $R_A=R_B=R_C=R_\triangle$，则 $R_1=R_2=R_3=R_Y=R_\triangle/3$

如果已经知道 Y 连接电路中电阻 R_1、R_2、R_3 的值，则等效△连接电路中电阻值为

令　$$\triangle=R_1 R_2+R_2R_3+R_3R_1 \tag{2.4.5}$$

则　$$R_A=\triangle/R_2 \tag{2.4.6}$$

$$R_B=\triangle/R_3 \tag{2.4.7}$$

$$R_C=\triangle/R_1 \tag{2.4.8}$$

即：分子为 Y 形电阻值的两两乘积之和，分母为 Y 形与之对应的对面电阻的阻值。

如果 $R_1=R_2=R_3=R_Y$，则 $R_A=R_B=R_C=R_\triangle=3R_Y$。

在应用电阻三角形接法与星形接法之间的等效变换时，最好选择三个电阻值相同的电路进行等效变换，这样，等效变换过程简捷，$R_\triangle=3R_Y$，$R_Y=R_\triangle/3$。

【例 2.4.1】　电路如图 2.4.3 所示，求等效电阻 R_{ab}。

解：本例电路中有几种可供选择的△连接与 Y 连接之间等效变换方案，其中星形接法的三个均为 1 Ω 电阻等效变换为三角形接法的三个 3 Ω 电阻，最为简捷。等效变换结果如图

2.4.4 所示。

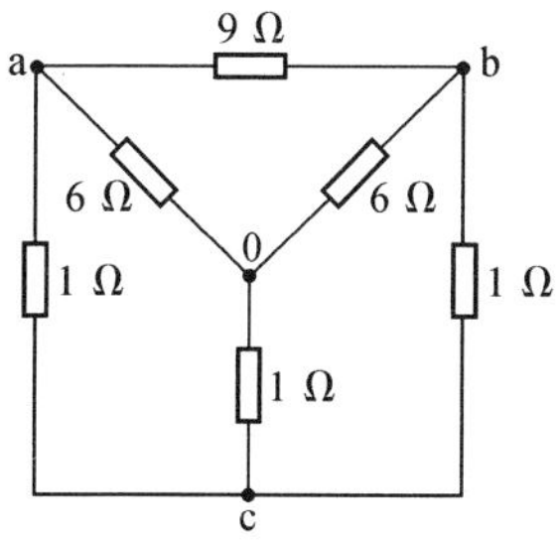

图 2.4.3　例 2.4.1 电路

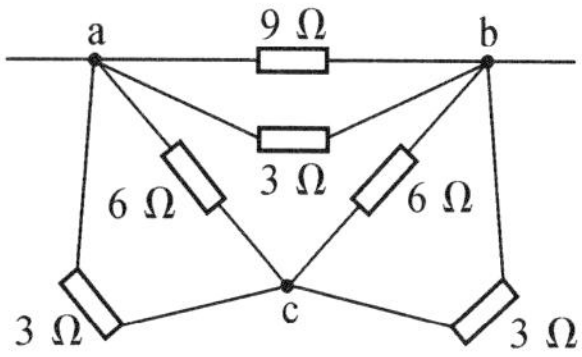

图 2.4.4　图 2.4.3 的等效电路图

对如图 2.4.4 所示电阻电路，可以应用电阻串联与并联等效变换得到等效电阻。

$R_{ab}=9//3//[(3//6)+(3//6)]=9//3//4=36/25\ \Omega=1.44\ \Omega$

2.5　独立源串联与并联

当二端网络内部不含独立电源时，称为无源二端网络，对外等效为一个电阻；当二端网络内部含独立电源时，称为有源二端网络，一般情况下对外等效为一个电阻串联一个电压源或者一个电阻并联一个电流源。这里要强调等效是对外电路而言，对内电路并非等效。本节讨论独立电源的串联与并联的等效变换。

2.5.1　电压源串联

几个电压源串联(Voltage Source in Series)，如图 2.5.1(a)所示。

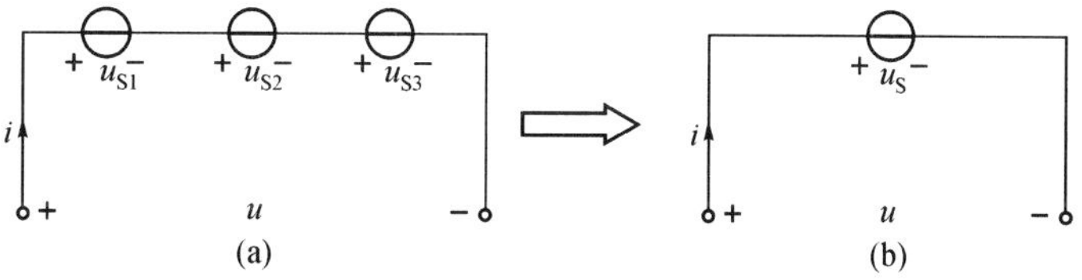

图 2.5.1　串联电压源对外等效一个电压源

根据 KVL，我们得到

$$u=u_{S1}+u_{S2}+u_{S3}$$

根据等效观念，如果图 2.5.1(a)所示电路与图 2.5.1(b)所示电路等效，则

$$u=u_S=u_{S1}+u_{S2}+u_{S3}$$

结论：几个电压源串联对外可用一个电压源等效，等效电压源电压等于串联电压源电压的代数和，表达式为

$$u=u_S=\sum u_{Sk} \tag{2.5.1}$$

注意：当 u_{Sk} 方向与 u_S 方向一致时，其前面取正号；否则取负号。

2.5.2　电压源并联

几个电压源并联(Voltage Source in Parallel)是有条件的，要求它们的极性要相同，电压数值要相同，否则不可以并联。满足上述条件的并联电压源，对外等效时，就用其中一个电压源即可，如图 2.5.2 所示，其中 $u_{S1}=u_{S2}=u_S$。

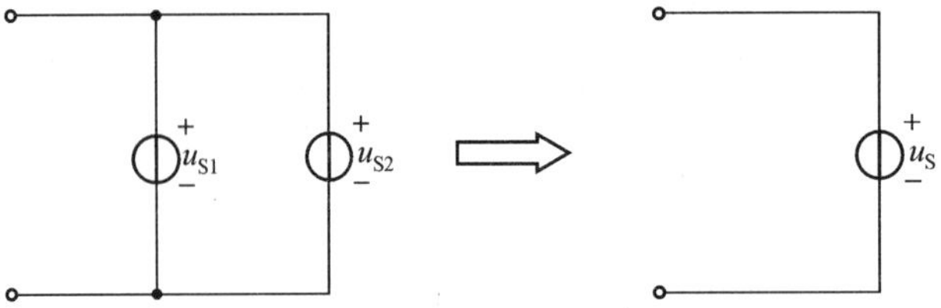

图 2.5.2　电压源并联对外等效一个电压源

2.5.3　电流源并联

几个电流源并联(Current Source in Parallel)如图 2.5.3(a)所示，承受同一个电压，$i=i_{S1}-i_{S2}$；对外等效时可用一个等效电流源，如图 2.5.3(b)所示，$i=i_S=i_{S1}-i_{S2}$。

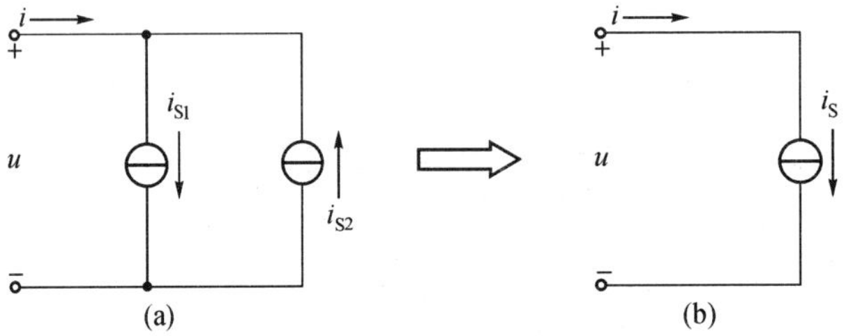

图 2.5.3　电流源并联对外等效一个电流源

结论：电流源并联对外等效一个等效电流源，其电流等于并联电流源电流的代数和，即

$$i_S=\sum i_{Sk} \tag{2.5.2}$$

注意：当 i_{Sk} 方向与 i_S 方向一致时，其前面取正号，否则取负号。

2.5.4　电流源串联

几个电流源串联(Current Source in Series)是有条件的，要求它们的方向相同、数值相同；否则，不可以串联。满足串联条件的电流源串联时，对外等效就用其中一个电流源即可，如图 2.5.4 所示，图中 $i_{S1}=i_{S2}=i_S$。

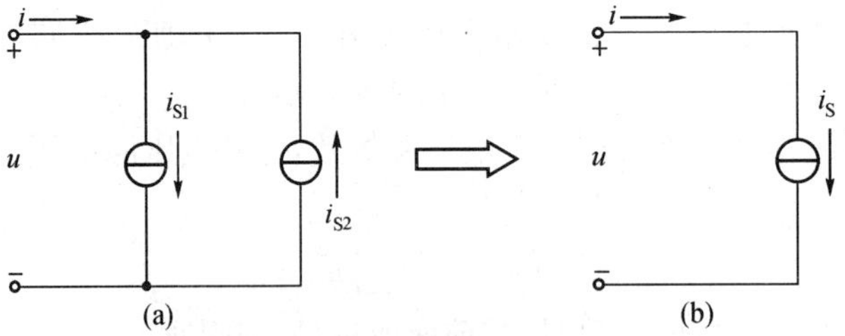

图 2.5.4　电流源串联

2.5.5 电压源与支路并联

当一个电压源与支路并联时，无论该支路是什么元件或由什么元件组成，对外电路分析时，可以把并联支路开路处理，只保留电压源，如图 2.5.5 所示，电压源并联就属于这种情况。

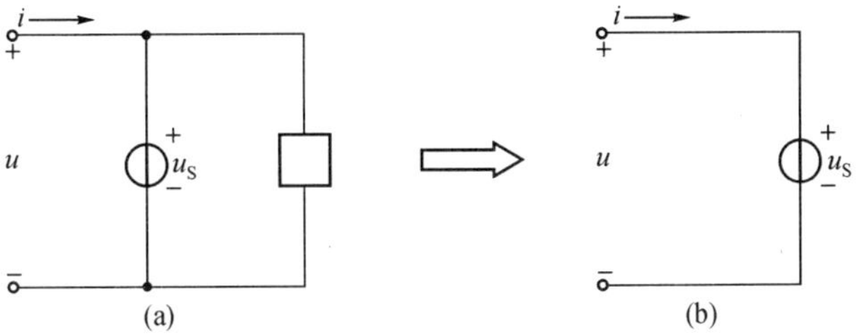

图 2.5.5 电压源与支路并联

注意：图 2.5.5(a)中流过电压源的电流不是图 2.5.5(b)中电流 i。如果要求计算流过电压源的电流，必须根据图 2.5.5(a)电路进行分析与计算。

2.5.6 电流源与支路串联

当一个电流源与支路串联时，无论该支路是什么元件或由什么元件组成，对外电路分析时，可以把串联支路短路处理，只保留电流源，如图 2.5.6 所示，电流源串联就属于这种情况。

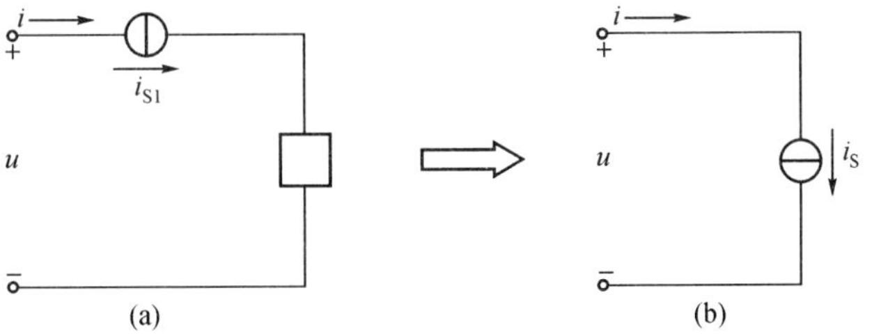

图 2.5.6 电流源与支路串联

同样要注意：图 2.5.6(a)中电流源的电压不是图 2.5.6(b)中电压 u。如果要求计算电流源的电压，必须根据图 2.5.6(a)电路进行分析与计算。

【例 2.5.1】 讨论如图 2.5.7(a)与(b)所示电路中电源的工作状态。

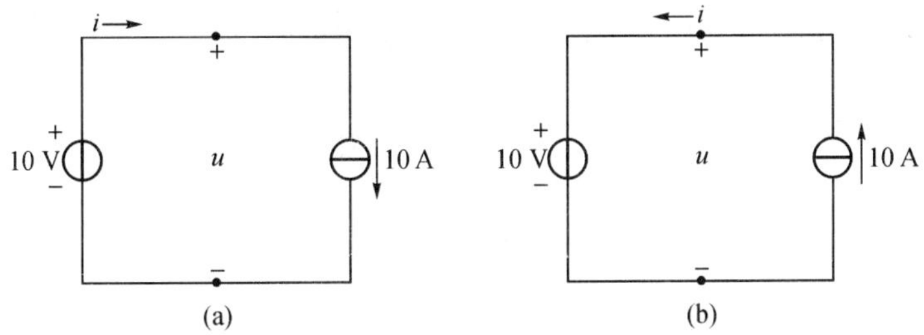

图 2.5.7 例 2.5.1 电路

解：如图 2.5.7(a)与(b)所示电路可以说是电压源与电流源串联的单回路电路，也可以说是电压源与电流源并联的单结点对电路。

对于如图 2.5.7(a)所示电路，$u=10$ V、$i=10$ A。10 V 电压源向外提供电流 $i=10$ A，其电压与电流的参考方向非关联，因此，10 V 电压源向外提供功率 $P_{10\,\text{V}}=ui=100$ W，是电源；于是，该电路中 10 A 电流源是 10 V 电压源的负载，吸收功率 100 W。

对于如图 2.5.7(b)所示电路，$u=10$ V、$i=10$ A。向外提供电流 $i=10$ A，其电压与电流的参考方向非关联，因此，10 A 电流源向外提供功率 $P_{10\,\text{V}}=ui=100$ W，是电源；于是该电路中 10 V 电压源是负载，吸收功率 100 W。

【例 2.5.2】 讨论如图 2.5.8(a)与(b)所示电路中电源的工作状态。

解：图 2.5.8(a)电路中三个元件并联，是单结点对电路；图 2.5.8(b)电路中三个元件串联，是单回路电路。

对于如图 2.5.7(a)所示电路，$u=10$ V，$i=10+10/10=11$ A，注意 10 V 电压源向外提供电流 $i=11$ A，不是 10 A，其电压与电流的参考方向非关联，因此，10 V 电压源向外提供功率 $P_{10\,\text{V}}=ui=110$ W，是电源。该电路中 10 Ω 电阻是负载，吸收功率 $P_{10\,\Omega}=u^2/10=10$ W。10 A电流源的电压与电流参考方向是关联的，吸收功率 $P_{10\,\text{A}}=10u=100$ W，是 10 V 电压源的负载。

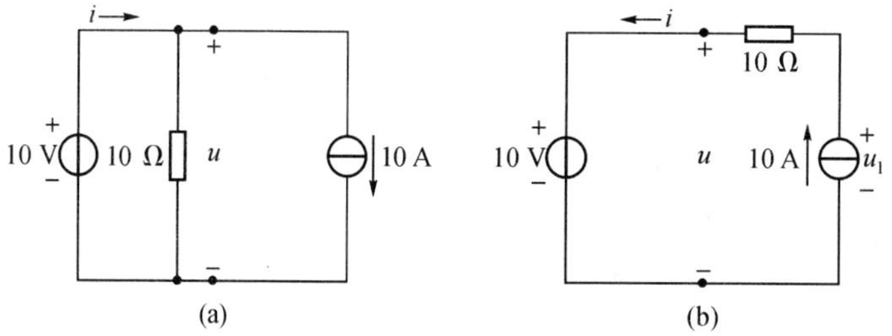

图 2.5.8　例 2.5.2 电路

对于如图 2.5.8(b)所示电路，$u=10$ V，$i=10$ A。10 V 电压源的电压与电流的参考方向是关联的，因此，10 V 电压源吸收功率 $P_{10\,\text{V}}=ui=100$ W，是负载。该电路中 10 Ω 电阻是负载，吸收功率 $P_{10\,\Omega}=10i^2=1\ 000$ W。注意 10 A 电流源的电压 u_1 不等于 10 V，可以根据 KVL 得到，$u_1=10i+u=110$ V，其电压与电流的参考方向非关联，因此，10 A 电流源向外提供功率 $P_{10\,\text{A}}=u_1 i=1\ 100$ W，是电源。

2.6　实际电压源与实际电流源等效变换

实际电压源(Practical voltage Source)与实际电流源(Practical Current Source)的电路模型分别如图 2.6.1(a)与(b)所示。

实际电压源端口电压—电流之间关系为

$$u=u_S-R_S i \tag{2.6.1}$$

实际电流源端口电压—电流之间关系为

$$u'=(i_S-i')R'_S \tag{2.6.2}$$

比较上述两个电压—电流之间关系式(2.6.1)与式(2.6.2)，得到实际电压源与实际电

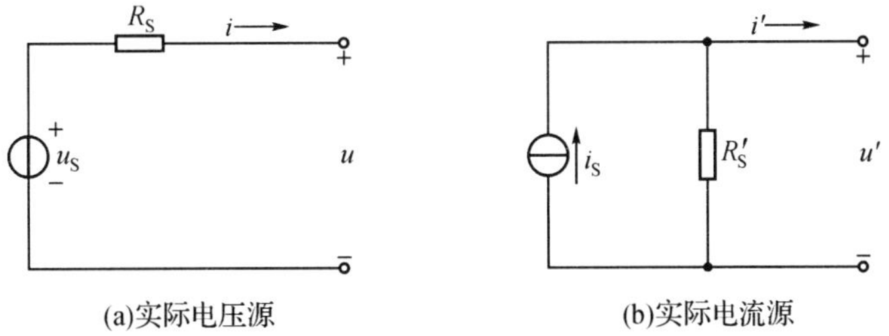

图 2.6.1 实际电源电路模型

流源之间等效变换的条件。当由实际电压源等效变换为实际电流源时

$$i_S=u_S/R_S \tag{2.6.3}$$

$$R'_S=R_S \tag{2.6.4}$$

当由实际电流源等效变换为实际电压源时

$$u_S=R'_Si_S \tag{2.6.5}$$

$$R_S=R'_S \tag{2.6.6}$$

注意:(1)等效是对电路外部而言,对电路内部不等效。例如开路时,实际电压源的内阻无电流通过,不消耗功率;而实际电流源的内阻有电流通过,消耗功率。

(2)实际电压源与实际电流源之间等效变换时,必须同时满足两个条件,式(2.6.3)与式(2.6.4)或者式(2.6.5)与式(2.6.6)。

(3)实际电压源等效变换为实际电流源时,电流源电流的方向指向电压源正极性端;实际电流等效变换为实际电压源时,实际电压源电压的正极性端位于电流源电流参考方向的箭头指向端,等效电阻与参考方向无关。

(4)电压源与实际电流源的电路模型不同,实际电压源为理想电压源串联电阻,而实际电流源为理想电流源并联电阻,不能统一也不能混淆。

如图 2.6.2 所示理想电压源并联元件电路的等效变换,给出一个正确的变换与一个错误的变换。要特别注意,这个错误的变换结果是初学电路者比较容易犯的错误。

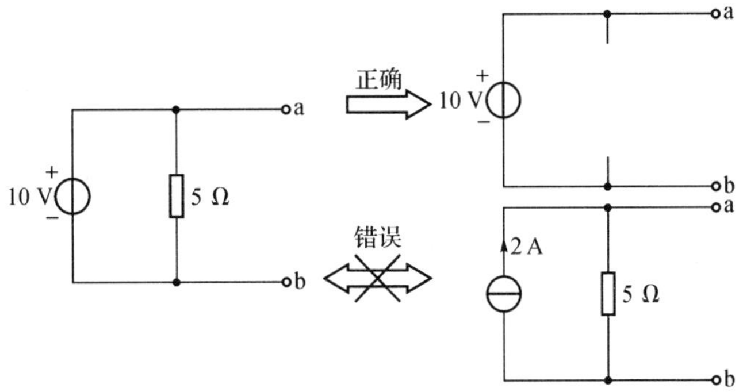

图 2.6.2 理想电压源并联的元件电路的等效变换

如图 2.6.3 所示理想电流源串联的元件电路的等效变换,给出一个正确的变换与一个错误的变换结果。同样要特别注意,错误的变换结果是初学电路者比较容易出现的情况。

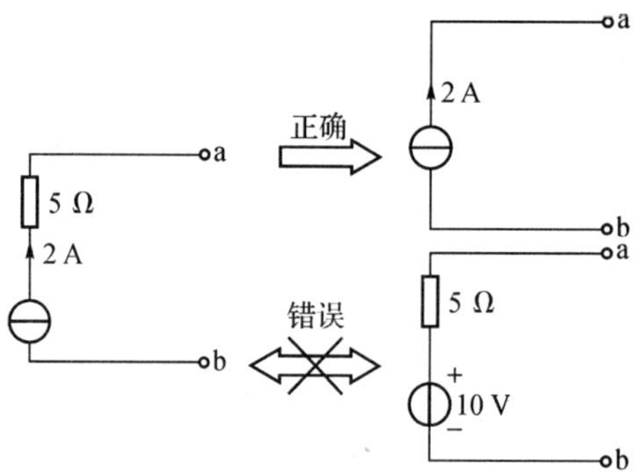

图 2.6.3　理想电流源串联的元件电路的等效变换

【例 2.6.1】 运用等效变换方法，计算图 2.6.4 所示电路中电压 u。

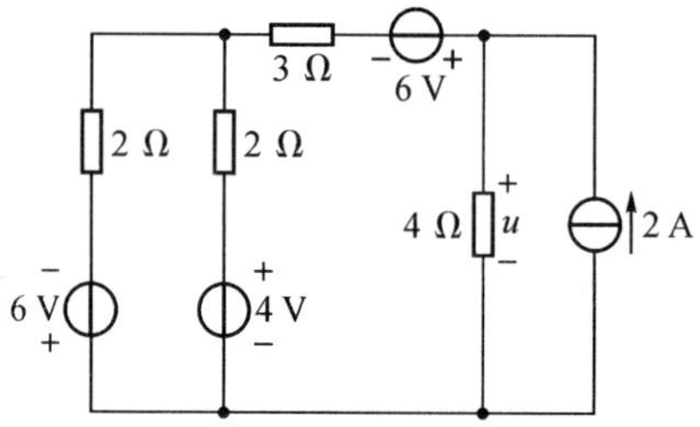

图 2.6.4　例 2.6.1 电路

解：等效变换过程如图 2.6.5 所示。

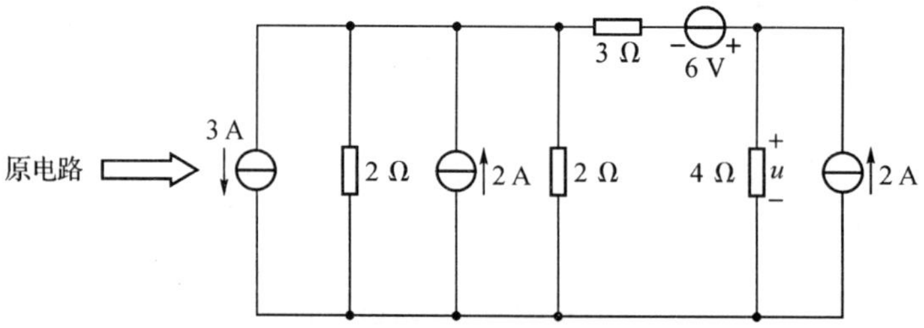

(a)实际电压源等效变换为实际电流源

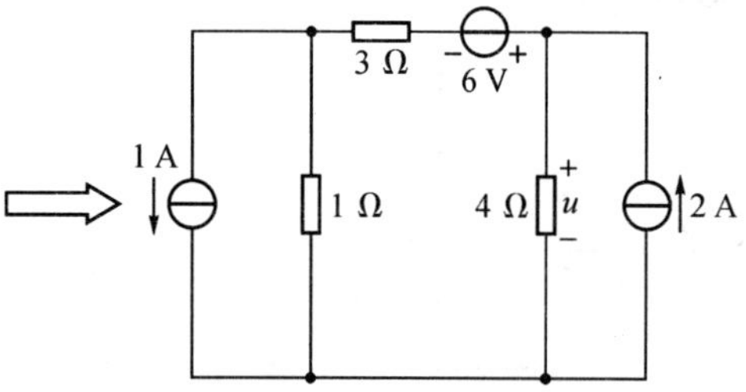

(b)并联实际电流源的等效变换

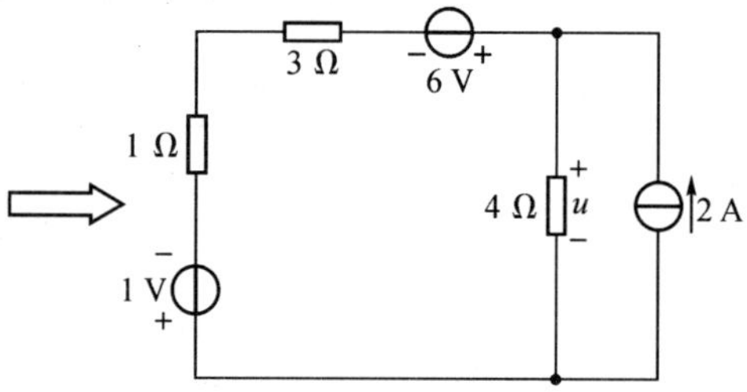

(c)实际电流源等效变换为实际电压源

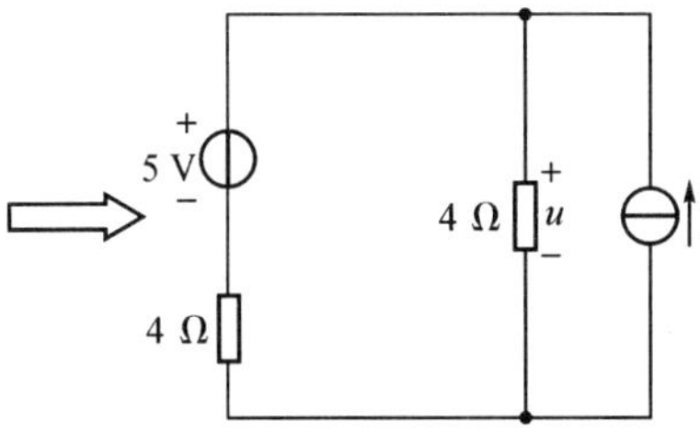

(d)串联实际电压源的等效变换

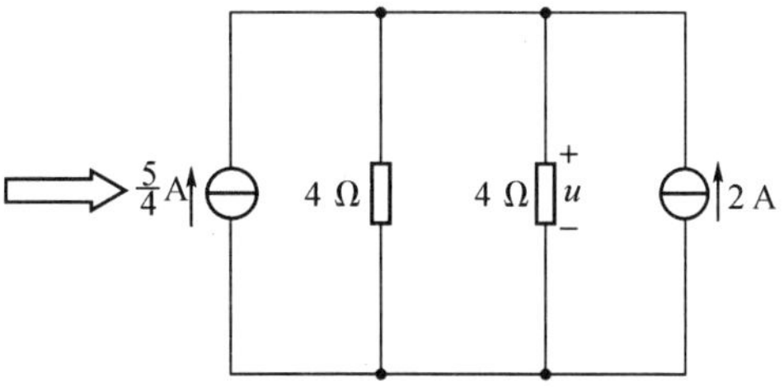

(e)实际电压源等效变换为实际电流源

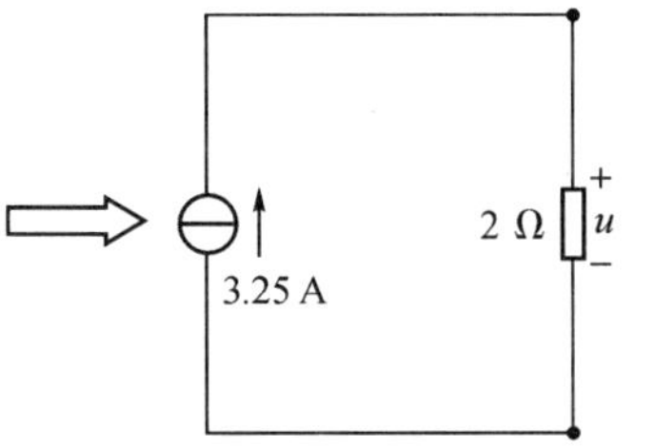

(f)并联实际电流源的等效变换

图 2.6.5　等效变换过程图示说明

根据如图 2.6.5(f)所示最简单电路计算电压

$$u=3.25\times 2=6.5\ \text{V}$$

【例 2.6.2】 应用等效变换方法，计算如图 2.6.6 所示电路中电流 I。

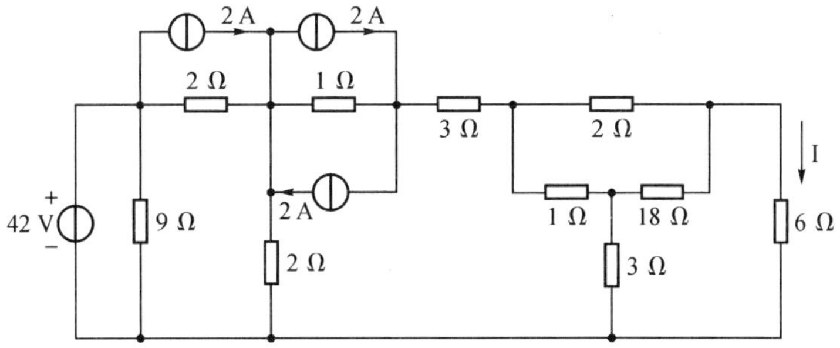

图 2.6.6　例 2.6.2 电路

解： 等效变换过程如图 2.6.7(a)～(f)所示。

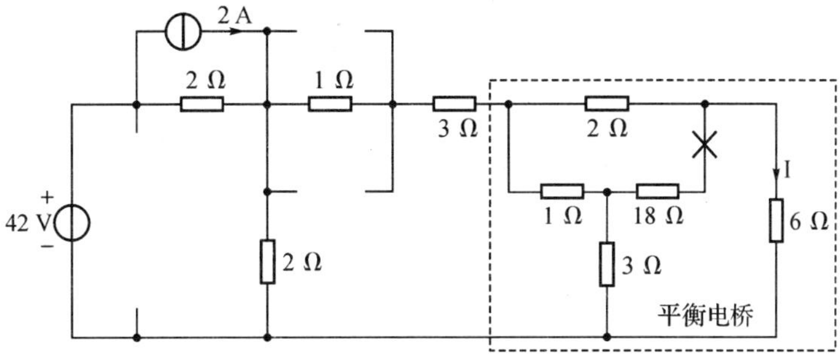

(a)

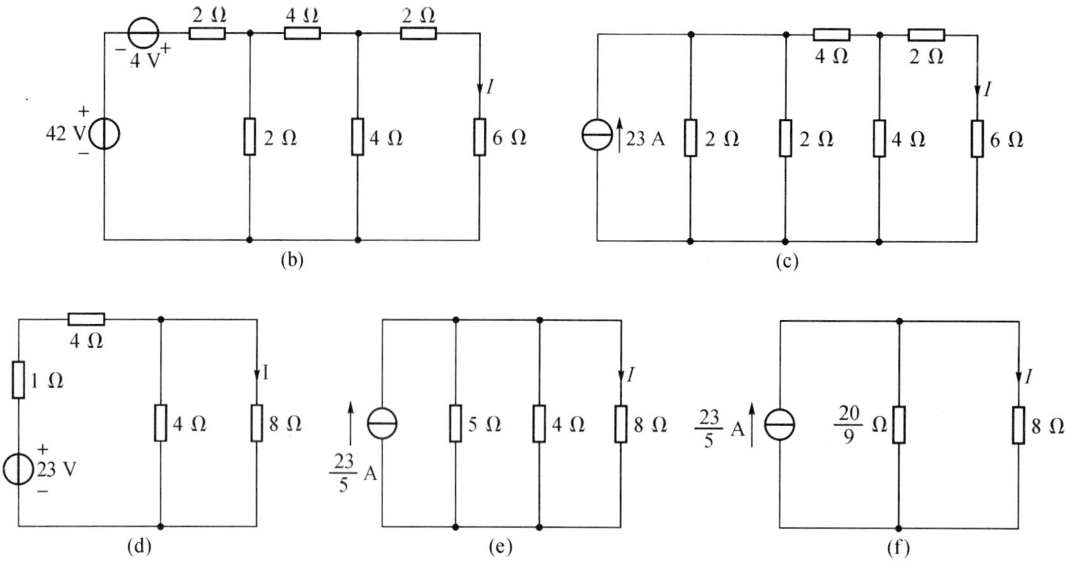

图 2.6.7　例 2.6.2 电路等效变换过程

对图 2.6.7(f)电路应用电流分流公式，得到

$$I=(20/9)\times(23/5)/(20/9+8)\approx 1\ \text{A}$$

2.7　含受控源电路分析

对含受控源的电路进行分析与计算时，要注意受控源的电源性与电阻性。本节主要介绍如何应用欧姆定律、KCL 与 KVL 分析含受控源电路，如何应用等效变换方法分析含受控源电路。

2.7.1　应用欧姆定律、KCL 与 KVL 分析含受控源电路

对含受控源的电路进行分析与计算时，主要依据是欧姆定律、KCL 与 KVL。在列写有关方程时，把含受控源视为电源，同时要保留其控制关系，这是应用欧姆定律、KCL 与 KVL 分析含受控源电路的基本原则。下面通过举例进行说明。

【例 2.7.1】 计算如图 2.7.1 所示含受控源电路的电压 u、电压源与受控源的功率。

解：如图 2.7.1 所示电路含有一个电压控制电流源 $2u$，控制量是 2 Ω 电阻电压 u，也就是说，当控制电压 $u=1$ V 时，电压控制电流源电流 $2u=2$ A；当控制电压 $u=5$ V 时，电压控制电流源电流 $2u=10$ A。因此说，受控源不是独立源，但是，具有电源的作用。

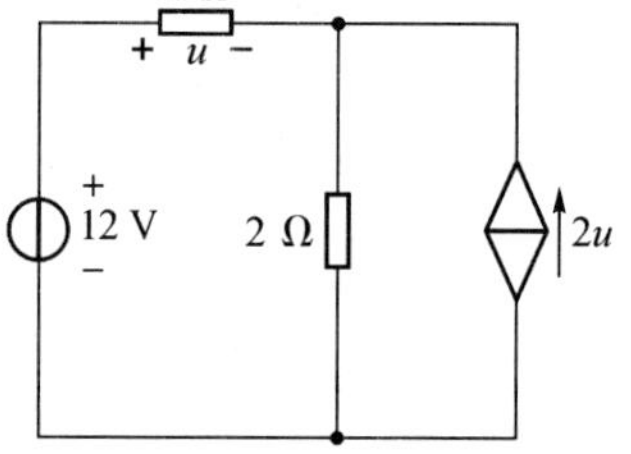

图 2.7.1　例 2.7.1 电路

根据欧姆定律知道：控制量所在的 2 Ω 电阻电流为$u/2=0.5u$。根据 KCL 知道另外一个 2 Ω 电阻电流为 $0.5u+2u=2.5u$。对电路中左网孔列写 KVL 方程，得到

$$u+2(2.5u)-12=0$$

解此方程得到 $u=2$ V，因此电压控制电流源电流 $2u=4$ A。

电压控制电流源 $2u$ 的端电压为不是控制电压 u 所在的 2 Ω 电阻的电压，根据 KVL 得到此电压（上面"＋"极性）等于 $12-u=10$ V，因此电压控制电流源 $2u$ 向外发出功率为

$$P_{2u}=10\times(2u)=10\times4=40\ \text{W}$$

在此电路中，12 V 电压源向外发出功率为

$$P_{12\,\text{V}}=12\times(u/2)=12\ \text{W}$$

两个 2 Ω 电阻为负载，共吸收功率为

$$P=2\times(u/2)^2+2\times(2.5u)^2=2\times1^2+2\times5^2=52\ \text{W}$$

【例 2.7.2】 计算如图 2.7.2 所示含受控源电路的等效电阻 R_{eq}。

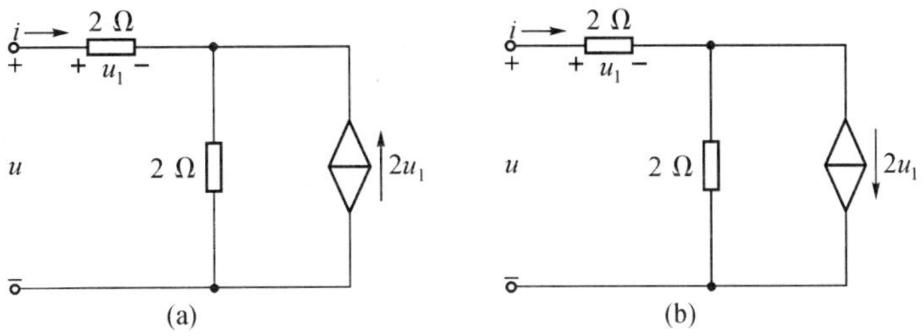

图 2.7.2 例 2.7.2 电路

解：如图 2.7.2 所示二端电路内部不含独立源，由受控源与电阻构成。无源二端电路对外等效为电阻，通常称为输入电阻 R_{in}，定义为

$$R_{eq}=R_{in}=u/i \tag{2.7.1}$$

当二端电路只由电阻（电阻值大于或等于零）构成时，其等效电阻必然大于或等于零，绝不可能为负值；而当电路中出现受控源时，其等效电阻可能有三种情况：大于零；等于零；小于零。

对于图 2.7.2(a)所示电路，根据欧姆定律，有

$$u_1=2i \tag{2.7.2}$$

列写 KVL 方程，得到：

$$u=u_1+2(i+2u_1)=2i+5u_1 \tag{2.7.3}$$

把式(2.7.2)代入式(2.7.3)，得到：$u=2i+5\times2i=12i$

因此，$R_{eq}=R_{in}=u/i=12$ Ω。

对于本例图(b)所示电路，只图(a)所示电路中受控电流源电流方向变相反了。根据欧姆定律，有

$$u_1=2i \tag{2.7.4}$$

列写 KVL 方程，得到：

$$u=u_1+2(i-2u_1)=2i-3u_1 \tag{2.7.5}$$

把式(2.7.4)代入式(2.7.5)，得到：$u=2i-3\times2i=-4i$

$$R_{eq}=R_{in}=u/i=-4\ \Omega$$

等效电阻小于零，因此，如图 2.7.2(b)所示电路可以作为负电阻变换器电路模型。

2.7.2 应用等效变换方法分析含受控源电路

前面介绍的有关独立电压源与独立电流源的等效变换方法同样适用于受控源。对受控源进行等效变换可以简化电路分析，但是，应该注意：在等效变换过程中必须保证控制量完整，不被改变。也就是说，在等效变换过程中受控源支路可以参加等效变换，而控制支路一

般不宜参加等效变换。例如图 2.7.3(a)所示的 VCVS 可以等效变换为如图 2.7.3(b)所示的 VCCS,控制系数由 μ 变为 μ/R,而控制量 u_1 不变。

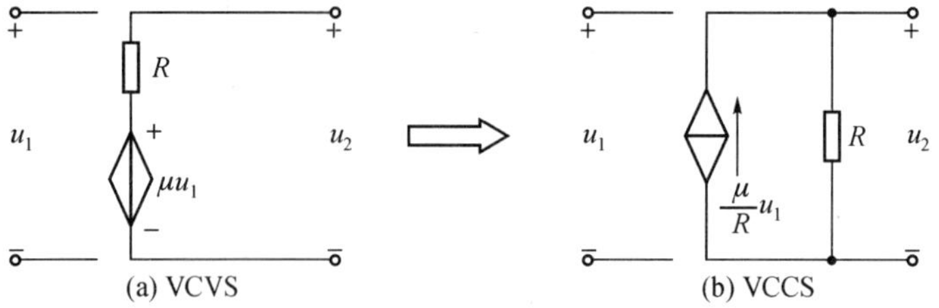

图 2.7.3

【例 2.7.2】 应用等效变换方法计算如图 2.7.4(a)与(b)所示含受控源电路的等效电阻 R_{eq}。

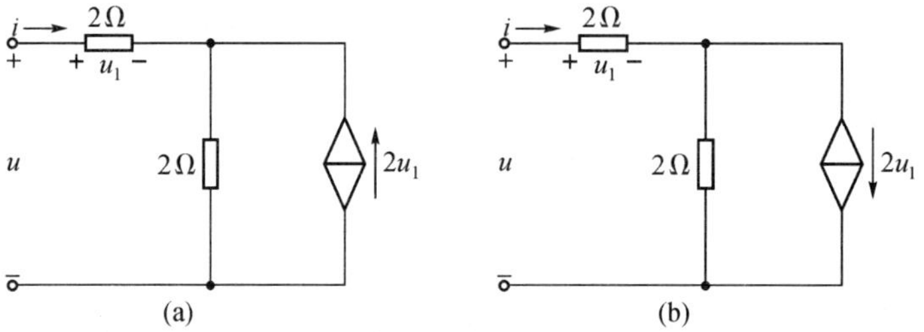

图 2.7.4 例 2.7.3 电路

解:可以仿照独立电流源并联电阻支路等效变换为独立电压源串联电阻支路的方式,把如图 2.7.4(a)与(b)所示电路中含 VCCS 并联电阻支路等效变换为 VCVS 串联电阻支路,使电路变为单回路电路,等效变换结果分别如图 2.7.5(a)与(b)所示。

对如图 2.7.5(a)所示单一回路电路列写 KVL 方程,得到:$u=u_1+2i+4u_1=5u_1+2i$

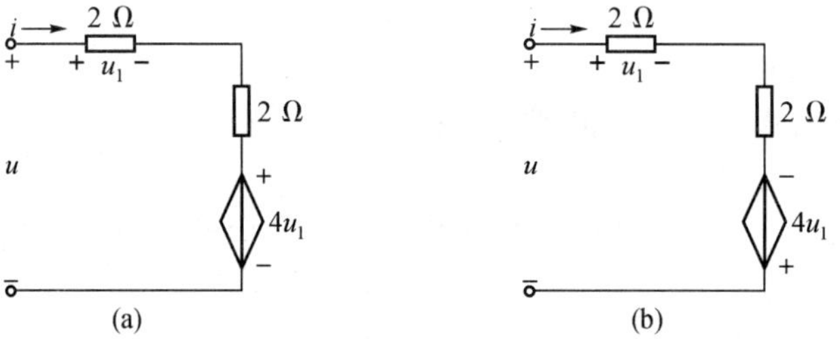

图 2.7.5 受控源等效变换

根据欧姆定律,有 $u_1=2i$,把此式代入上式,得到:$u=5\times(2i)+2i=12i$

等效电阻 $$R_{eq}=u/i=12\ \Omega$$

对如图 2.7.5(b)所示单一回路电路列写 KVL 方程,得到:

$$u=u_1+2i-4u_1=2i-3u_1=2i-3\times(2i)=-4i$$

等效电阻 $$R_{eq}=u/i=-4\ \Omega$$

强调:应用等效变换方法分析含受控源电路时,在等效变换过程中控制变量支路一般不要参加变换,保留在电路中不动,避免控制变量被消除。

【例 2.7.4】 运用等效变换方法,计算如图 2.7.6 所示含受控源电路中电流 I。

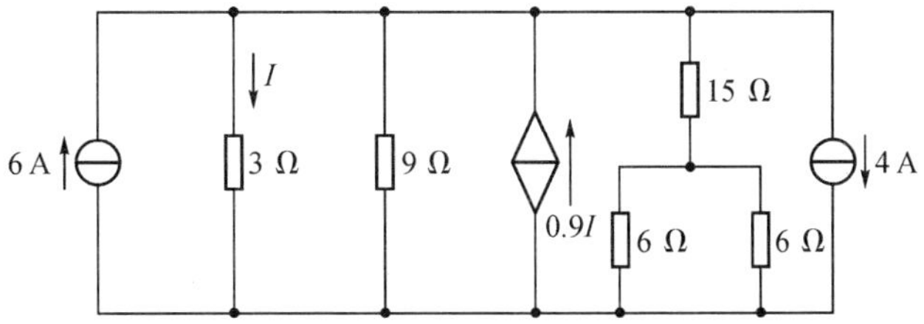

图 2.7.6 例 2.7.4 电路

解:除了控制量 I 所在 3 Ω 电阻支路外,其余四个电阻可以进行等效变换为一个等效电阻,其值为[9//(15+6//6)=]6 Ω 电阻;两个电流源等效为一个电流源,其电流为 2 A,方向向上,等效变换结果如图 2.7.7 所示。

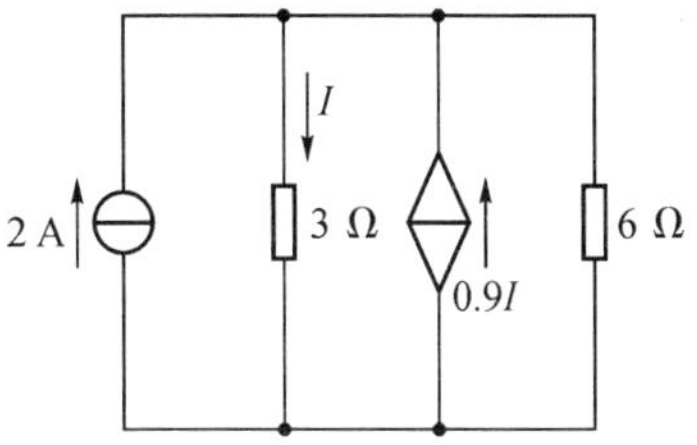

图 2.7.7 等效电路

为了计算电流 I,可以把图 2.7.7 所示等效电路中 2 A 独立电流源并联 $0.9I$ 受控电流源等效为一个电流源,其值为$(2+0.9I)$,方向向上。然后,应用电流分流公式,得到:$I=[6/(3+6)](2+0.9I)=4/3+0.6I$

解得 $$I=(4/3)/(1-0.6)=10/3\ \text{A}$$

为了计算电流 I,也可以对图 2.7.7 所示等效电路直接列写以电流 I 为变量的 KCL 方程:$I+(3I)/6=2+0.9I$。解得:$I=10/3\ \text{A}$

2.8 小结

(1)如果两个二端网络 N_1 和 N_2 在与任意一个相同的外部电路连接时,它们端口的电压、电流关系完全相同,则称 N_1 和 N_2 为相互等效,等效是对电路外部而言。等效变换可以简化电路及其分析,是电路分析的一个重要方法。

(2)顺序连接、流过同一个电流的几个电阻的连接方式称为电阻串联。串联电阻的等效电阻等于串联电阻的阻值之和;串联电阻的等效电阻吸收的功率等于各串联电阻吸收的功率之和;串联电阻 R_k 分配电压为 $u_k=(R_k/R_{eq})u$,比值 R_k/R_{eq} 称为分压比,电阻值越大分压越大。

(3)并列连接、承受同一个电压的几个电阻的连接方式称为电阻并联。并联电阻的等效电阻的倒数等于各并联电阻的倒数之和;并联电阻的等效电阻吸收的功率等于各并联电阻吸收的功率之和;并联电阻 $R_k(G_k=1/R_k)$分配电流为 $i_k=(G_k/G_{eq})i$,比值 G_k/G_{eq} 称为分流比,电阻值越大分流越小。

(4)当电阻电桥平衡时,中间桥臂电阻可以断路处理,也可以短路处理。因此,平衡电阻电桥电路对于电路等效简化,起着重要作用。

(5)已知△连接电阻值,则等效 Y 连接电阻值等于:

分母为△形中三个电阻之和,分子为△形中与之对应相邻的两个电阻之乘积如果△连接电阻值相等，则等效 Y 连接电阻值也相等，$R_Y=R_\triangle/3$。

(6)已知 Y 连接电阻值，则等效△连接电阻值等于：

分子为 Y 形电阻的两两乘积之和，分母为 Y 形与之对应的对面电阻。

如果 Y 连接电阻值相等，则等效△连接电阻值也相等，$R_\triangle=3R_Y$。

(7)电压源串联对外等效为一个电压源，该电压源电压等于串联电压源电压的代数和，表达式为

$$u=u_S=\sum u_{Sk}$$

注意：当 u_{Sk} 方向与 u_S 方向一致时，其前面取正号；否则取负号。

(8)电压源并联要求其极性相同、电压值相同，否则不可以并联。电压源并联时对外等效用其中一个电压源即可。

(9)电流源并联时对外等效为一个电流源，该电流源电流等于并联电流源电流的代数和，即

$$i_S=\sum i_{Sk}$$

注意：当 i_{Sk} 方向与 i_S 方向一致时，其前面取正号，否则取负号。

(10)电流源串联要求其方向相同、电流值相同，否则，不可以串联。电流源串联时对外等效用其中一个电流源即可。

(11)电压源与支路并联时，无论该支路是什么元件或由什么元件组成，对外电路分析时，可以把并联支路开路处理，只保留电压源。

(12)电流源与支路串联时，无论该支路是什么元件或由什么元件组成，对外电路分析时，可以把串联支路短路处理，只保留电流源。

(13)实际电压源等效变换实际电流源之间时，必须同时满足两个条件：

$$i_S=u_S/R_S \quad 与 \quad R'_S=R_S$$

实际电压源等效变换为实际电流源时，电流源电流的方向指向电压源正极性端。

(14)实际电流源等效变换为实际电压源时，必须同时满足两个条件：

$$u_S=R'_S i_S \quad 与 \quad R_S=R'_S$$

实际电流源等效变换为实际电压源时，实际电压源电压的正极性端位于电流源电流参考方向的箭头指向端。

(15)对含受控源的电路进行分析时，要注意受控源的电源性与电阻性。可以应用欧姆定律、KCL 与 KVL 分析含受控源电路，在列写有关方程时，要把含受控源视为电源，同时要保留其控制关系，这是基本原则。

对含受控源的电路进行分析时，也可以应用等效变换方法。有关独立电压源与独立电流源的等效变换方法同样适用于受控源，但是，应该注意：在等效变换过程中必须保证控制量完整，不被改变。也就是说，在等效变换过程中受控源支路可以参加等效变换，而控制支路一般不宜参加等效变换。

习　题　2

2-2-1　计算如图 2-2-1 所示电路的等效电阻 R_{ab}。

2-2-2　计算如图 2-2-2 所示电路在开关打开与闭合时的等效电阻 R_{ab}。

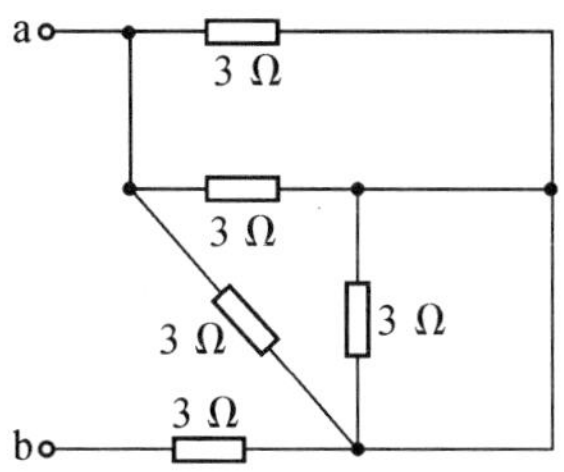

图 2-2-1　习题 2-2-1 电路

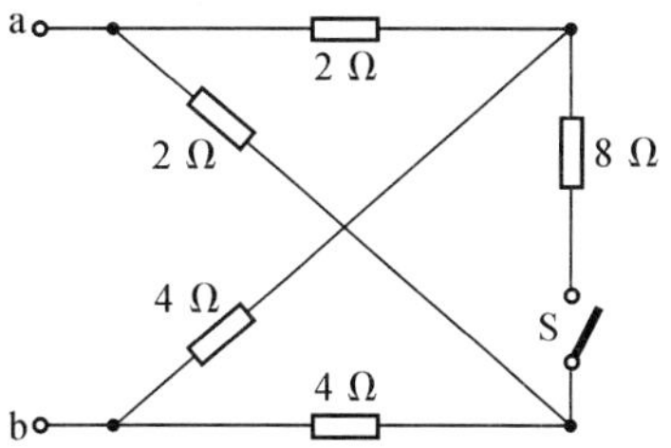

图 2-2-2　习题 2-2-2 电路

2-2-3　计算如图 2-2-3 所示电路的等效电阻 R_{ab}。

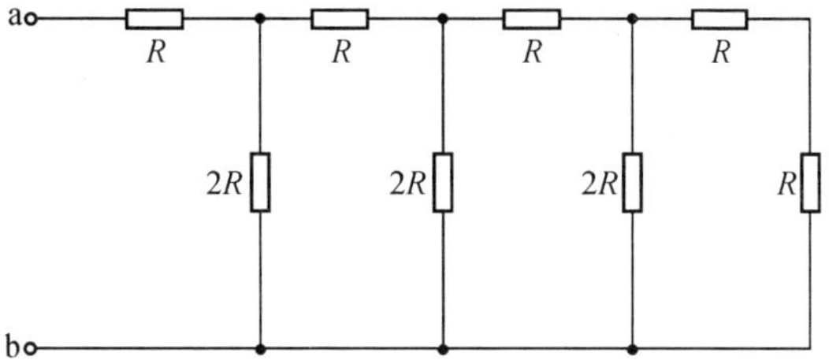

图 2-2-2　习题 2-2-3 电路

2-3-1　应用分流与分压公式计算电压 u_1、u_2、u_3、u_4 与最后电压值 u 之间关系，并总结其规律。

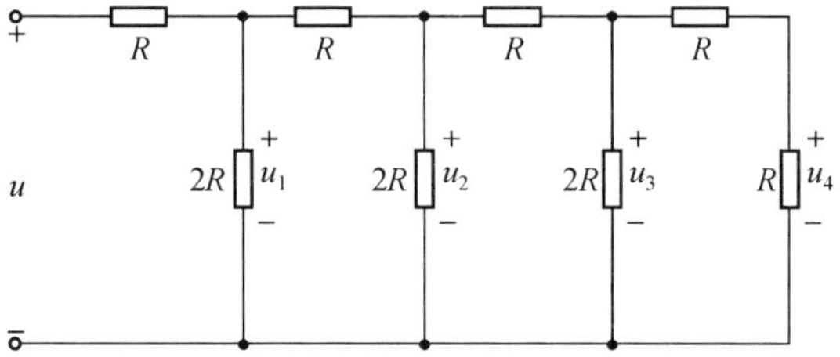

图 2-3-1　习题 2-3-1 电路

2-5-1　计算如图 2-5-1 所示电路中电流 i、i_1 与电压 u 值，并讨论 10 Ω 电阻关联 10 V 电压源对计算 i、i_1 与 u 的影响。

2-5-2　计算如图 2-5-2 所示电路中电流 i、i_1 与电压 u、u_1，并讨论 10 Ω 电阻串联 10 A 电流源对计算 i、i_1 与 u 的影响。

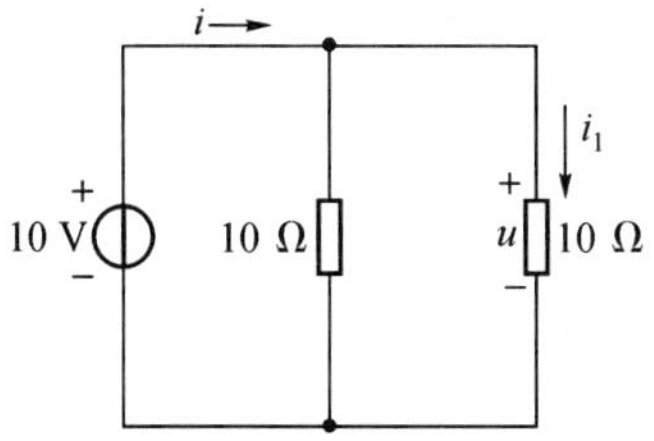

图 2-5-1　习题 2-5-1 电路

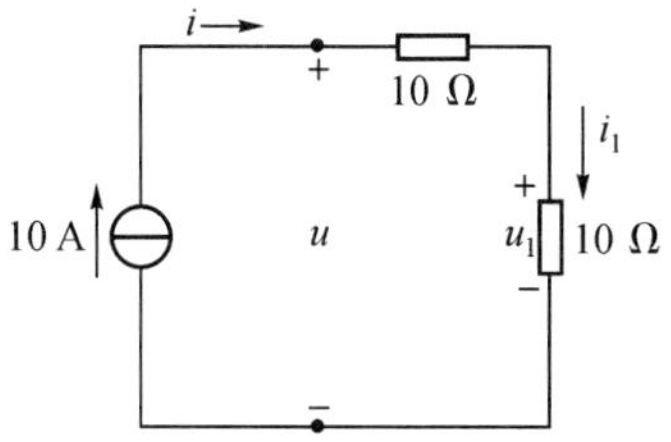

图 2-5-2　习题 2-5-2 电路

2-6-1 计算如图 2-6-1 所示各电路中的电压 u 值与电流 i 值。

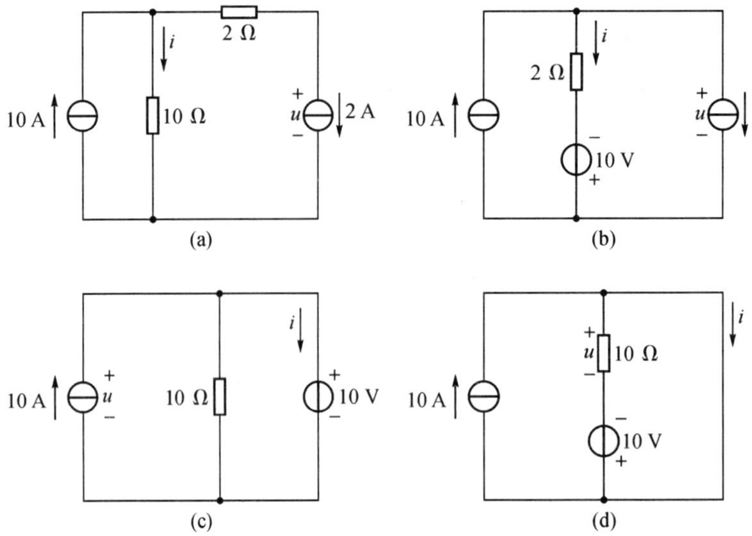

图 2-6-1 习题 2-6-1 电路

2-7-1 分别计算如图 2-7-1 所示含受控源电路在 $\beta=1$,$\beta=3$,$\beta=5$ 三种情况下的等效电阻 R_{ab} 值。

2-9-1 计算如图 2-9-1 所示电路等效电阻值 R_{ab},已知 $R_1=9\ \Omega$,$R_2=8\ \Omega$,$R_3=7\ \Omega$,$R_4=3\ \Omega$,$R_5=2\ \Omega$。

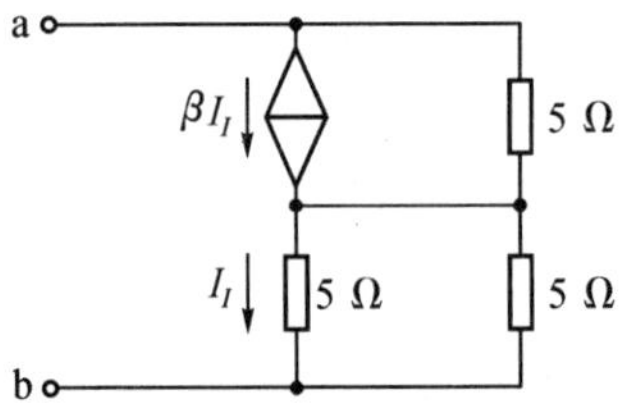

图 2-7-1 习题 2-7-1 电路

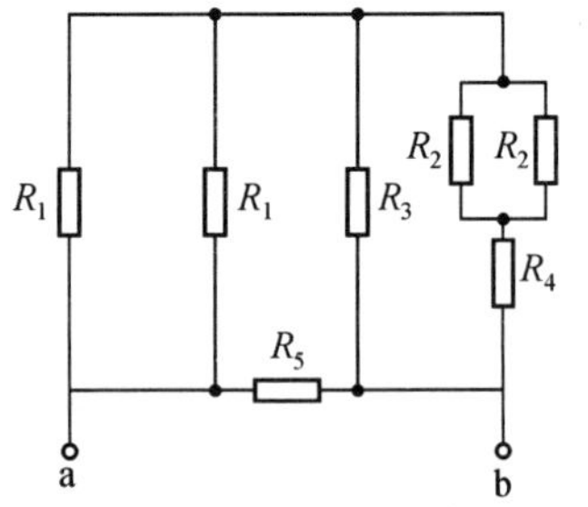

图 2-9-1 习题 2-9-1 电路

2-9-2 计算如图 2-9-2 所示电路等效电阻 R_{ab},已知 $R_1=20\ \Omega$,$R_2=12\ \Omega$,$R_3=10\ \Omega$,$R_4=6\ \Omega$,$R_5=2\ \Omega$。

2-9-3 计算如图 2-9-3 所示电路等效电阻 R_{ab},已知 $R=1\ \Omega$。

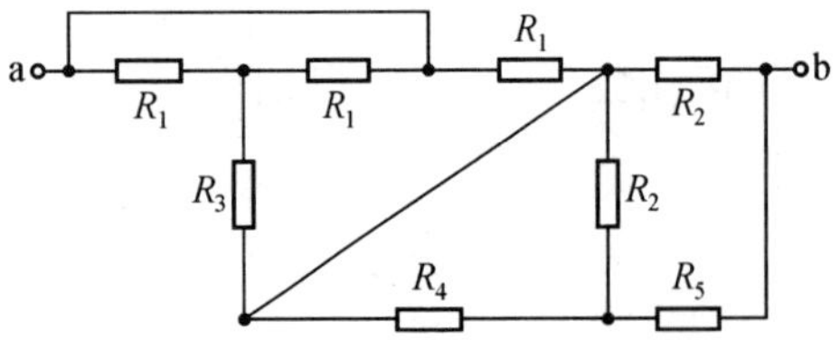

图 2-9-2 习题 2-9-2 电路

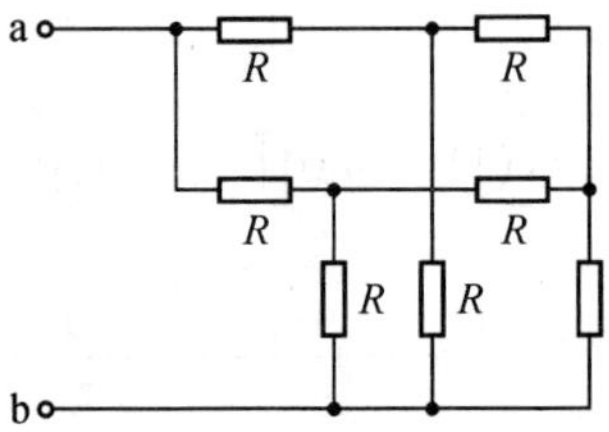

图 2-9-3 习题 2-9-3 电路

2-9-4 计算如图 2-9-4 所示电桥电路的等效电阻 R_{ab} 与电流 I，已知 $R_1=36\ \Omega$，$R_2=6\ \Omega$，$R_3=9\ \Omega$，$R_4=1\ \Omega$。

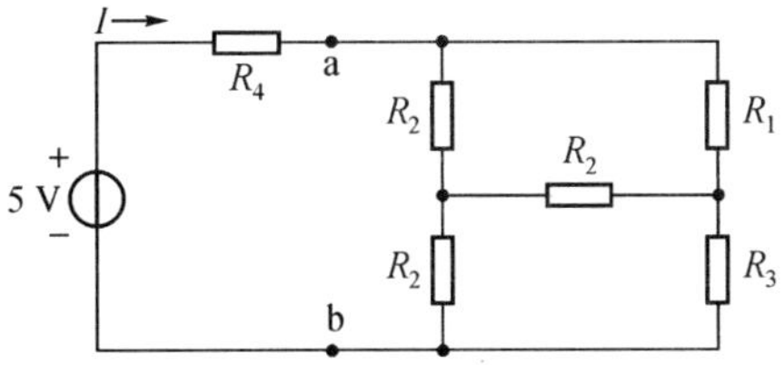

图 2-9-4 习题 2-9-4 电路

2-9-5 计算如图 2-9-5 所示含受控源电路的等效电阻 R_{ab}。已知 $R_1=3\ \Omega$，$R_2=6\ \Omega$。

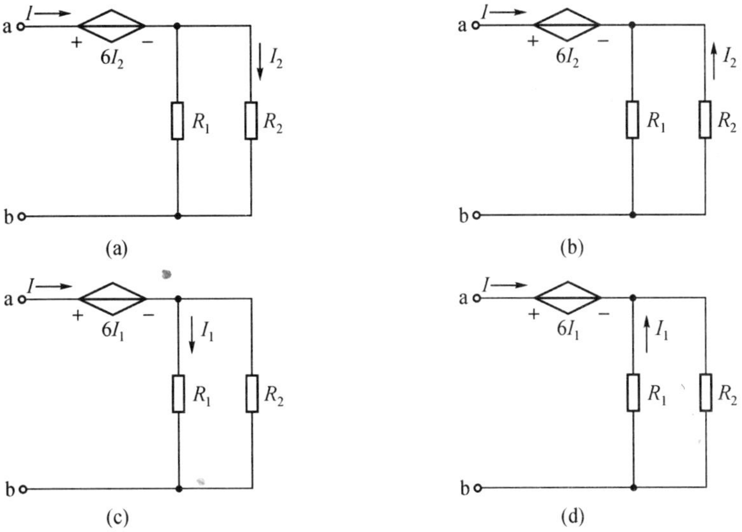

图 2-9-5 习题 2-9-5 电路

2-9-6 直流电流表原理线路如图 2-9-6 所示，已知表头满偏电流 $I_g=500\ \mu A$，表头电阻 $R_g=200\ \Omega$，要求设计电流测量量程分别为 1 mA、5 mA、10 mA 与 50 mA。计算分流电阻 R_1、R_2、R_3 与 R_4。

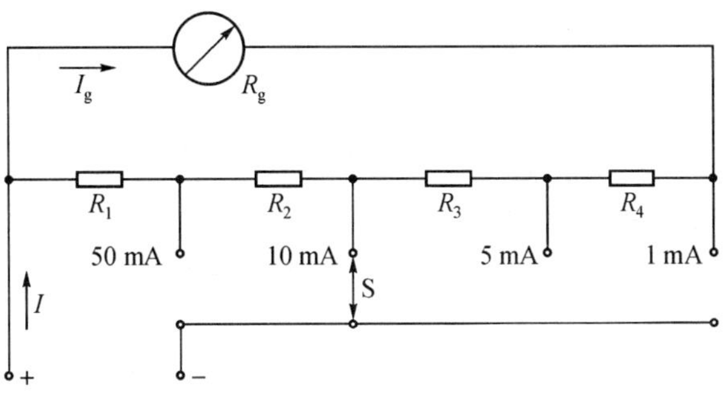

图 2-9-6 习题 2-9-6 电路

2-9-7 直流电压表原理线路如图 2-9-7 所示，已知表头满偏电流 $I_g=100\ \mu A$，表头电阻

$R_g=1\,000\ \Omega$，要求设计电压测量量程分别为 2.5 V、50 V、250 V 与 500 V。计算分压电阻 R_1、R_2、R_3 与 R_4。

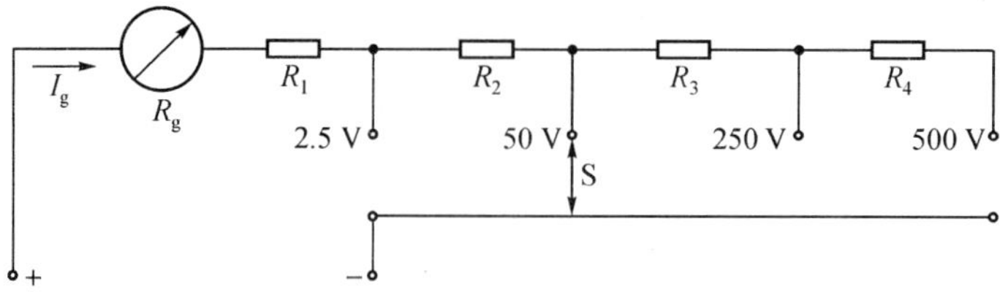

图 2-9-7　习题 2-9-7 电路

2-9-8　列写如图 2-9-8 所示电路端口伏安关系式并求其最简单的等效电路。

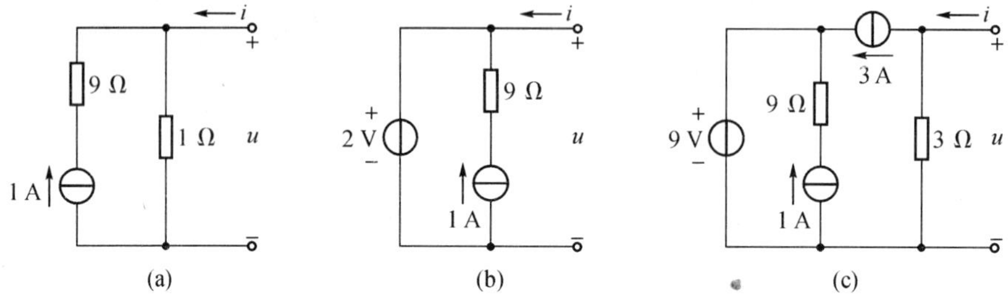

图 2-9-8　习题 2-9-8 电路

2-9-9　列写如图 2-9-9 所示电路端口伏安关系式，并求其最简单的等效电路。

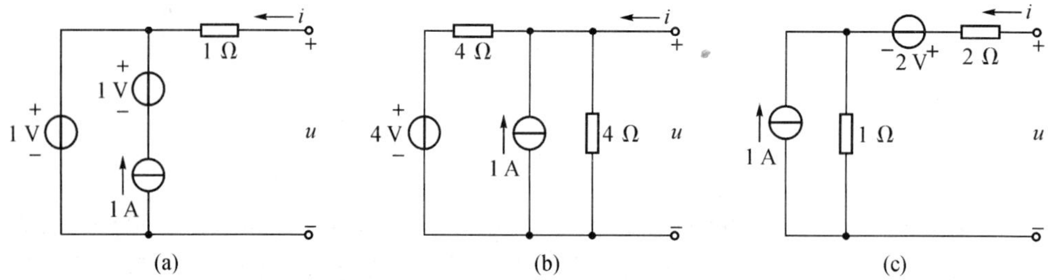

图 2-9-9　习题 2-9-9 电路

2-9-10　应用等效变换方法计算如图 2-9-10 所示电桥电路在开关 S 打开与闭合两种情况下的电压 u 与电流 i 值。

2-9-11　求如图 2-9-11 所示含受控源电路的最简单的等效电路。

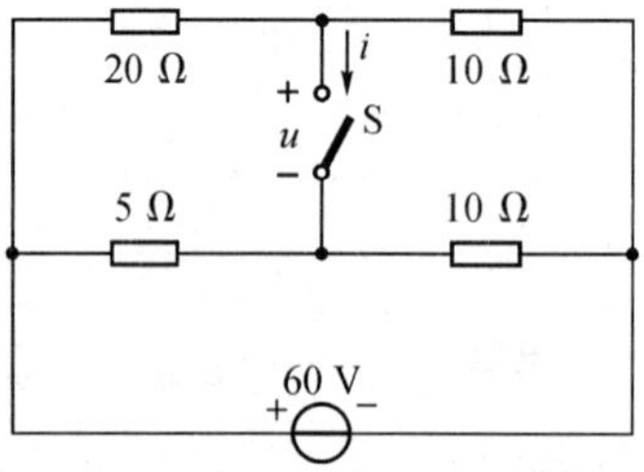

图 2-9-10　习题 2-9-10 电路

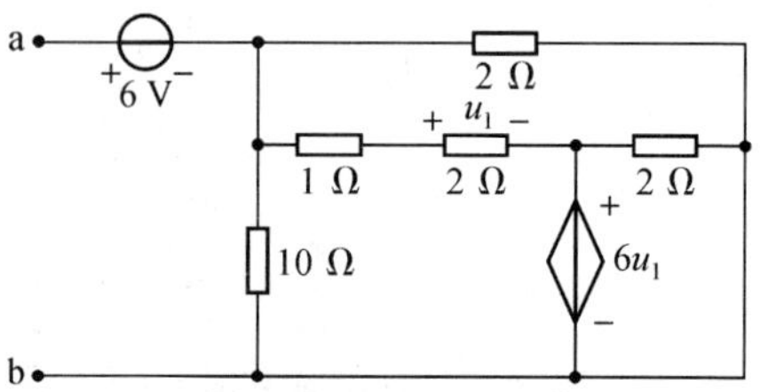

图 2-9-11　习题 2-9-11 电路

2-9-12 在图 2-9-12(a)电路中，$u_{S1}=24$ V，$u_{S2}=6$ V，$R_1=12\ \Omega$，$R_2=6\ \Omega$，$R_3=2\ \Omega$。图(b)为经电源变换后的等效电路。

(1)求等效电路的 i_S 和 R_{eq}；

(2)根据等效电路求 R_3 中电流和消耗功率；

(3)分别在图(a)、(b)中求出 R_1、R_2、R_3 消耗的功率；

(4)试问 u_{S1}、u_{S2} 电压源发出的功率是否等于 i_S 电流源发出的功率？R_1、R_2 消耗的功率是否等于 R_3 消耗的功率？为什么？

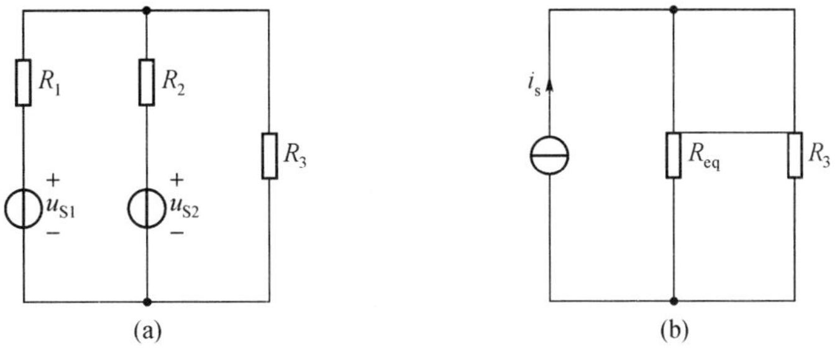

图 2-9-12 习题 2-9-12 电路

2-9-13 有一如图 2-9-13 所示网络，$R_2R_5=R_3R_4$，假定输入电压为 u_S，试求电压 u_o。

2-9-14 用电压源与电流源等效变换的方法计算图 2-9-14 中电阻的电流 I。

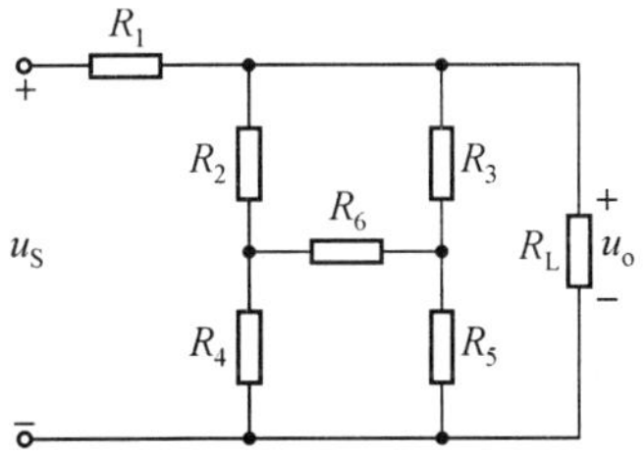

图 2-9-13 习题 2-9-13 电路

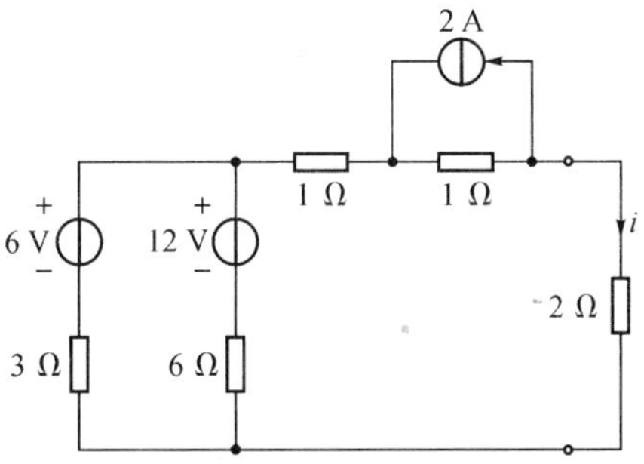

图 2-9-14 习题 2-9-14 电路

2-9-15 利用电源的等效变换，求如图 2-9-15 所示电路中电压比$\dfrac{u_o}{u_S}$。已知 $R_1=R_2=2\ \Omega$，$R_3=R_4=1\ \Omega$。

2-9-16 如图 2-9-16 所示电路，已知受控源吸收功率为 18 W，求电流源 I_S。

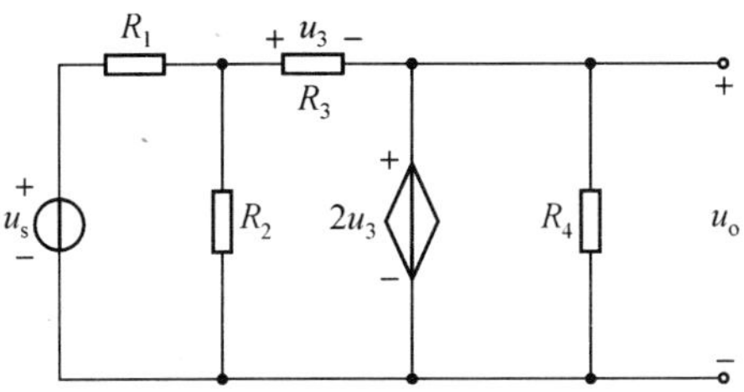

图 2-9-15 习题 2-9-15 电路

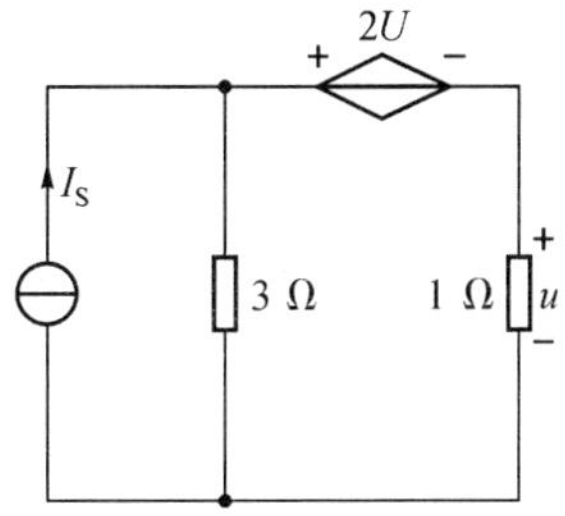

图 2-9-16 习题 2-9-16 电路

2－9－17　求图 2－9－17(a)和(b)的输入电阻 R_{ab}。

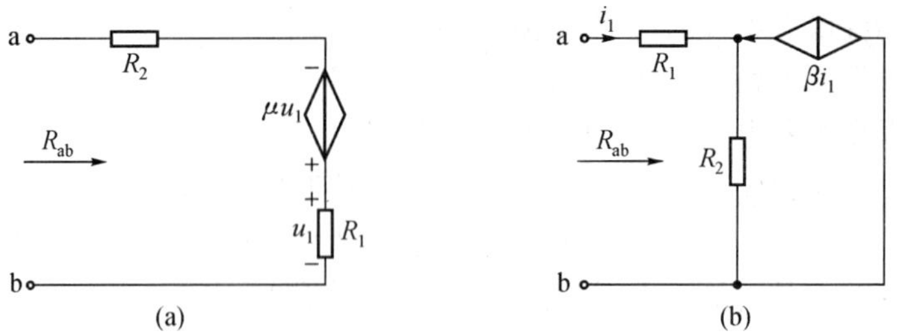

图 2－9－17　习题 2－9－17 电路

2－9－18　如图 2－9－18 所示电路的 u_o/u_S 值，设已知：$R_1=R_2=2\ \Omega$，$R_3=R_4=1\ \Omega$。

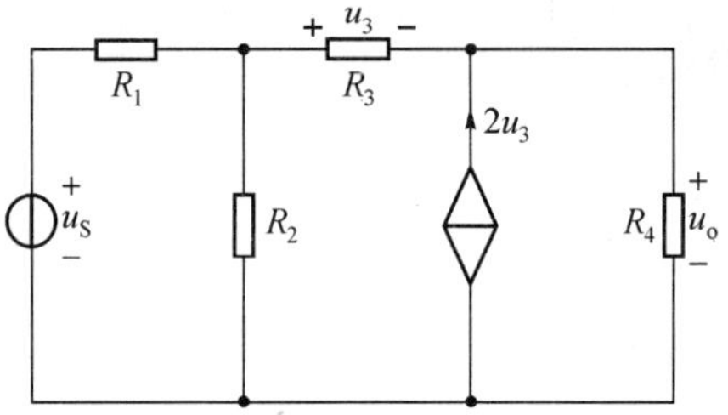

图 2－9－18　习题 2－9－18 电路

2－9－19　求如图 2－9－19 所示电路的输入电阻 R_{in}，其中全部电阻均为 1 Ω。

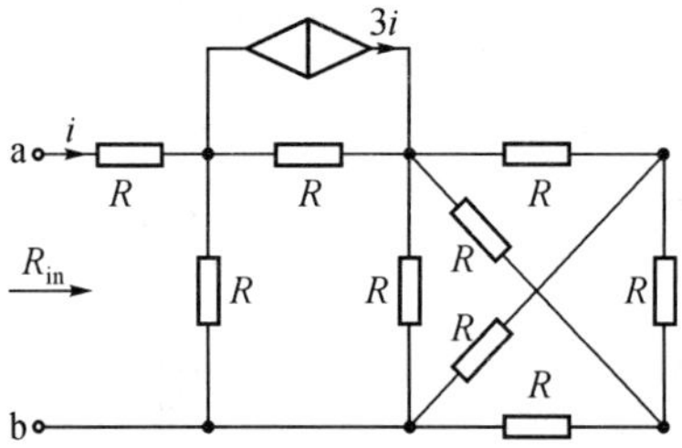

图 2－9－19　习题 2－9－19 电路

3 线性电路一般分析

> **基本要求：**
> (1)理解并掌握支路电流法。
> (2)熟练掌握结点分析法。
> (3)熟练掌握网孔分析法。

3.1 支路电流法

支路法基于 KCL 与 KVL，包括支路电流法与支路电压法。一般经常应用支路电流法。

支路电流法(Branch Current Analysis)是以支路电流为求解变量，首先根据 KCL、KVL 列写支路电流方程，然后进行求解。对于笔加纸式手算，支路电流法一般比较适宜支路少的电路分析。

参考图 3.1.1 所示电路，讨论支路法。我们令流过同一个电流的一段电路为一条支路，三条或三条以上支路相交点为结点，则该电路的支路数 $b=6$、结点数 $n=4$。设电阻 R_1、R_2、R_3、R_4、R_5、R_6 阻值与电压源 U_{S_1}、U_{S_2}、U_{S_3} 的电压均为已知，试求解各支路的电流与各电阻的电压降。

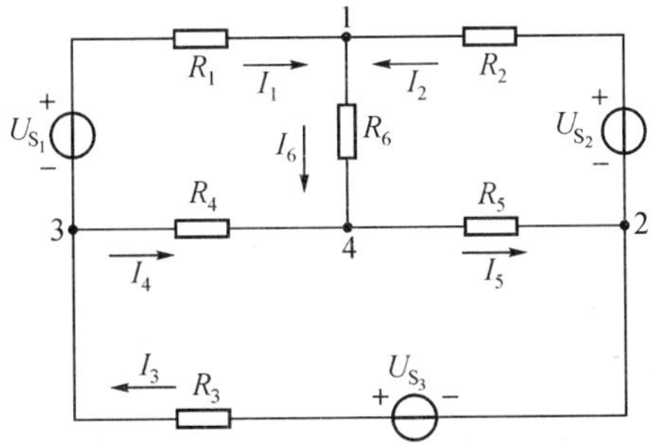

图 3.1.1 讨论支路电流法参考电路

首先，任意地标定各支路电流的编号及其参考方向，如图 3.1.1 所示。

然后，列写独立的 KCL 方程($n-1=$)3 个(n 为结点数)，如下：

结点 1 $$I_1+I_2-I_6=0 \tag{3.1.1}$$

结点 2 $$-I_2-I_3+I_5=0 \tag{3.1.2}$$

结点 3 $$-I_1+I_3-I_4=0 \tag{3.1.3}$$

注意：第 4 个结点的 KCL 方程不独立。

再列写($b-(n-1)=$)3 个 KVL 方程(其中 b 为支路数)

上左网孔： $U_1+U_6-U_4=0$ (3.1.4)

上右网孔： $U_2+U_6+U_5=0$ (3.1.5)

下网孔： $U_3+U_4+U_5=0$ (3.1.6)

再列写 $b=6$ 个支路的伏安关系方程(简称 VCR)

$$U_1=R_1I_1-U_{S_1} \quad (3.1.7)$$

$$U_2=R_2I_2-U_{S_2} \quad (3.1.8)$$

$$U_3=R_3I_3-U_{S_3} \quad (3.1.9)$$

$$U_4=R_4I_4 \quad (3.1.10)$$

$$U_5=R_5I_5 \quad (3.1.11)$$

$$U_6=R_6I_6 \quad (3.1.12)$$

最后求解上述 $2b=12$ 个方程，解得 6 条支路电流 I_1、I_2、I_3、I_4、I_5、I_6 与 6 条支路的电压 U_1、U_2、U_3、U_4、U_5、U_6，故此法又称为 $2b$ 方程法。

如果把$(b-(n-1))$个 KVL 方程中各支路电压用支路电流表示，则

图 3.1.1 上半部左网孔： $R_1I_1-U_{S_1}+R_6I_6-R_4I_4=0$ (3.1.13)

图 3.1.1 上半部右网孔： $R_2I_2-U_{S_2}+R_5I_5+R_6I_6=0$ (3.1.14)

图 3.1.1 下半部网孔： $R_3I_3-U_{S_3}+R_4I_4+R_5I_5=0$ (3.1.15)

于是上述$(b-(n-1))$个用支路电流表示的 KVL 方程加上$(n-1)$个 KCL 方程，得到只含 b 个支路电流的 b 个方程。对于本例，得到 6 个支路电流方程，即

结点 1 $I_1+I_2-I_6=0$

结点 2 $-I_2-I_3+I_5=0$

结点 3 $-I_1+I_3-I_4=0$

图 3.1.1 上半部左网孔： $R_1I_1-U_{S1}+R_6I_6-R_4I_4=0$

图 3.1.1 上半部右网孔： $R_2I_2-U_{S2}+R_5I_5+R_6I_6=0$

图 3.1.1 下半部网孔： $R_3I_3-U_{S3}+R_4I_4+R_5I_5=0$

联立求解这 6 个方程，便可解得 6 个支路电流 I_1、I_2、I_3、I_4、I_5、I_6，故把此法称为支路电流法。

如果把$(n-1)$个 KCL 方程中 6 个支路电流用支路电压表示，加上$(b-(n-1))$个 KVL 方程，便得到含 6 个支路电压的 6 个方程。联立求解这 6 个方程，即可解得这 6 个支路电压，故把此法称为支路电压法。

比较 $2b$ 方程法、支路电流法与支路电压法，一般多应用支路电流法。首先应用支路电流法解得 b 个支路电流，可以通过支路电流表示或计算 b 个支路的电压与功率，也可以表示或计算电路中每个元件的电流、电压与功率。

【例 3.1.1】 应用支路电流法计算如图 3.1.2 所示电路中的电流 I_1、I_2、I_3。

解：本例电路比较简单，可以应用支路电流法计算 b 个支路电流，具体步骤如下：

(1)明确该电路支路数 $b=3$，结点数 $n=2$。标定各支路电流的编号 I_1、I_2、I_3 及其参考方向如图 3.1.2 所示。

(2)列写 KCL 方程$(n-1)=1$ 个，$-I_1+I_2+I_3=0$。

(3)列写 KVL 方程$(b-(n-1))=2$ 个，$6I_1+0I_2+3I_3=42$；$0I_1+4I_2-3I_3=10$。

(4)联立求解上述 3 个方程，解得 3 条支路电流：

$$I_1=\begin{vmatrix}0&1&1\\42&0&3\\10&4&-3\end{vmatrix}\Bigg/\begin{vmatrix}-1&1&1\\6&0&3\\0&4&-3\end{vmatrix}=324/54=6\text{ A}$$

$$I_2=\begin{vmatrix}-1&0&1\\6&42&3\\0&10&-3\end{vmatrix}\Bigg/\begin{vmatrix}-1&1&1\\6&0&3\\0&4&-3\end{vmatrix}=216/54=4\text{ A}$$

$$I_3=I_1-I_2=6-4=2\text{ A}$$

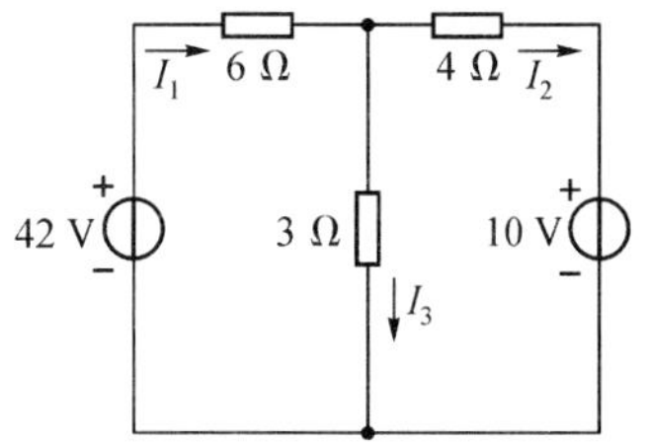

图 3.1.2　例 3.1.1 电路

通过上例分析可以看出，支路电流法就是 KCL、KVL 与欧姆定律的具体综合应用。

3.2　结点电压法

1）结点电压(Node Voltage)

当电路中无接地点时，可以任意选择电路中某一结点作为参考结点，并设参考结点电压为零；其余结点称为独立结点，独立结点相对参考结点的电压称为结点电压。结点电压的参考方向均以独立结点为正极性，以参考结点为负极性。例如图 3.2.1 所示的电路，如果选择结点 4 为参考结点，则其余三个独立结点电压分别为 U_{n1}、U_{n2}、U_{n3}。

结点电压具有两大特点，第一个特点是独立性，即结点电压自动满足 KVL，相互独立；第二个特点是完备性，可以用结点电压表示电路中任意支路电压。

2）结点法(Node Analysis)

结点电压法是以独立结点的结点电压作为求解变量。首先根据 KCL 列出关于结点电压的电路方程，然后进行求解结点电压方程的一种电路分析方法，简称结点法。

参考如图 3.2.1 所示的电路，讨论结点法的基本内容。

如图 3.2.1 所示电路具有结点数 $n=4$，我们选取结点 4 为参考点，则结点电压分别为 U_{n1}、U_{n2}、U_{n3}。

用结点电压表示各支路电流，得到

$$I_1=G_1(U_{n1}-U_{n2})\tag{3.2.1}$$

$$I_2=G_2(U_{n2}-0)\tag{3.2.2}$$

$$I_3=G_3(U_{n3}-U_{n_2})\tag{3.2.3}$$

$$I_4=G_4(U_{n3}-0)\tag{3.2.4}$$

$$I_5=G_5(U_{n1}-U_{n3})\tag{3.2.5}$$

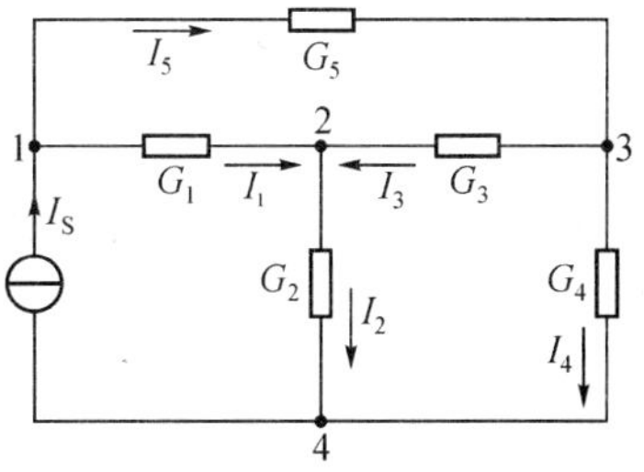

图 3.2.1　说明结点电压法的电路

列写 KCL 方程

对于结点 1，有：　$I_1+I_5-I_S=0$　(3.2.6)

对于结点 2，有：　$-I_1+I_2-I_3=0$　(3.2.7)

对于结点 3，有：　$I_3+I_4-I_5=0$　(3.2.8)

代入用结点电压表示的各支路电流，得到

即

$$G_1(U_{n1}-U_{n2})+G_5(U_{n1}-U_{n3})-I_5=0\tag{3.2.9}$$

$$-G_1(U_{n1}-U_{n2})+G_2U_{n2}+G_3(U_{n2}-U_{n3})=0\tag{3.2.10}$$

$$-G_3(U_{n2}-U_{n3})+G_4U_{n3}G_5(U_{n1}-U_{n3}) \tag{3.2.11}$$

把上述方程进行整理并写成的矩阵形式如下：

$$\begin{bmatrix} G_1+G_5 & -G_1 & -G_5 \\ -G_1 & G_1+G_2+G_3 & -G_3 \\ -G_5 & -G_3 & G_3+G_4+G_5 \end{bmatrix}\begin{bmatrix} U_{n1} \\ U_{n2} \\ U_{n3} \end{bmatrix}=\begin{bmatrix} I_S \\ 0 \\ 0 \end{bmatrix} \tag{3.2.12}$$

根据以上分析，我们知道具有三个独立结点电路的结点电压方程一般形式为

$$\begin{bmatrix} G_{11} & G_{12} & G_{13} \\ G_{21} & G_{22} & G_{23} \\ G_{31} & G_{32} & G_{33} \end{bmatrix}\begin{bmatrix} U_{n1} \\ U_{n2} \\ U_{n3} \end{bmatrix}=\begin{bmatrix} I_{S_{11}} \\ I_{S_{22}} \\ I_{S_{33}} \end{bmatrix} \tag{3.2.13}$$

式中：$G_{ij}(i=j)$——自电导，为连接到第 i 号结点的各支路电导之和，恒为正值；

$G_{ij}(i\neq j)$——互电导，为连接于结点 i 与 j 之间支路上的电导之和，恒为负值。如果结点 i 与 j 之间无互电导，则 $G_{ij}=0$；

I_{Sii}——流入第 i 号结点的各电流源的电流代数和，流入结点的各电流源的电流取正号，流出结点的各电流源的电流取负号。

联立求解上述$(n-1)$结点电压方程，便得到$(n-1)$结点电压。

根据电路分析要求，可以应用得到的结点电压进行电路支路电流与电压的计算。

综上所述，可以得到应用结点电压法的一般步骤：

(1)任意选择参考结点，并对各结点编号；

(2)应用观察法得到结点电压方程中自电导、互电导与流入结点的电流源电流代数和；

(3)整理并列写结点电压方程；

(4)求解结点电压方程，得到结点电压；

(5)根据要求，进一步分析与计算电路中电流、电压与功率。

下面举例说明应用结点电压法如何进行电路分析。

【例 3.2.1】 电路如图 3.2.2 所示，如果选择 0 号结点为参考结点，即可应用结点法计算各结点电压与每个元件的功率。

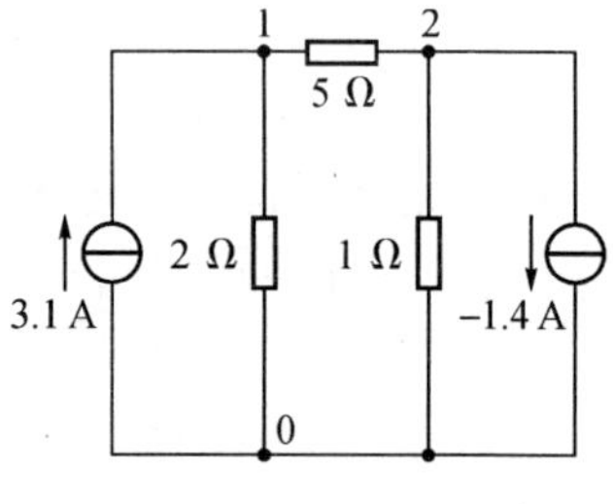

图 3.2.2　例 3.2.1 电路

解：(1)已经选择 0 号结点为参考结点，则待求结点电压为 U_{n1} 与 U_{n2}。

(2)自电导　$G_{11}=1/2+1/5=0.7\ \text{S}$

$G_{22}=1/1+1/5=1.2\ \text{S}$

互电导　$G_{12}=G_{21}=-1/5=-0.2\ \text{S}$

流入结点 1 的电流源电流代数和为　$I_{S11}=3.1\ \text{A}$

流入结点 2 的电流源电流代数和为　$I_{S22}=-(-1.4)=1.4\ \text{A}$

(3)列写并整理结点电压方程，得到结点电压方程的矩阵形式如下：

$$\begin{bmatrix} 0.7 & -0.2 \\ -0.2 & 1.2 \end{bmatrix}\begin{bmatrix} U_{n1} \\ U_{n2} \end{bmatrix}=\begin{bmatrix} 3.1 \\ 1.4 \end{bmatrix}$$

(4)求解结点电压方程。

我们应用行列式法进行计算，

$$\Delta=\begin{vmatrix}0.7 & -0.2\\ -0.2 & 1.2\end{vmatrix}=0.8$$

$$\Delta_1=\begin{vmatrix}3.1 & -0.2\\ 1.4 & 1.2\end{vmatrix}=4$$

$$\Delta_2=\begin{vmatrix}0.7 & 3.1\\ -0.2 & 1.4\end{vmatrix}=1.6$$

解得结点电压

$$U_{n1}=\Delta_1/\Delta=4/0.8=5\ \text{V}$$

$$U_{n2}=\Delta_2/\Delta=1.6/0.8=2\ \text{V}$$

(5)我们进一步知道：

①3.1 A 电流源与 2 Ω 电阻的端电压：$U_{n1}=5$ V，而 1.4 A 电流源与 1 Ω 电阻的端电压：$U_{n2}=2$ V，5 Ω 电阻的端电压：$U_{n1}-U_{n2}=5-2=3$ V。因此，3.1 A 电流源提供功率：$P_{3.1\,A}=(5)(3.1)=15.5$ W。

②2 Ω 电阻吸收功率：$P_{2\,\Omega}=(5)^2/2=12.5$ W。

③−1.4 A 电流源提供功率：$P_{1.4\,A}=-(2)(-1.4)=2.8$ W。

④1 Ω 电阻吸收功率：$P_{1\,\Omega}=(2)^2/1=4$ W。

⑤5 Ω 电阻吸收功率：$P_{5\,\Omega}=(3)^2/5=1.8$ W。

通过上例讨论，我们可以看出：结点法具有建立结点电压方程的规律性强、便于记忆的特点，可以通过直接观察法列写结点电压方程。当电路中不含受控源之类耦合元件时，结点电压方程的系数矩阵是一个对称矩阵。对于只含电流源与电阻电路的结点法，可以按照上述基本步骤进行电路分析。

下面，我们讨论几种特殊情况的处理。

第一种情况　电路中含有实际独立电压源。

在这种情况下，一般首先作等效变换，把实际电压源等效变换为实际电流源；然后再进行结点法分析，以例 3.2.2 进行说明。

【例 3.2.2】 计算如图 3.2.3(a)所示电路中电压 u 与 6 Ω 电阻吸收功率。

解：首先，把实际电压源等效变换为实际电流源，得到如图 3.2.3(b)所示电路。

然后，对如图 3.2.3(b)所示电路进行结点电压分析。我们选择结点 2 为参考结点，于是结点 1 电压 u_{n1} 便是所求电压 u。列写电路的结点电压方程如下：

$$(1/6+1/3+1/4)u_{n1}=42/6-10/4$$

求解结点电压方程，得到：　　$u=u_{n1}=6$ V

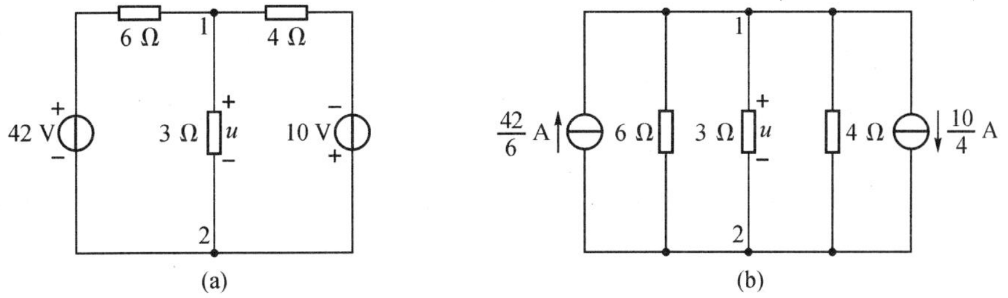

图 3.2.3　例 3.2.2 电路

为了计算 6 Ω 电阻吸收的功率,必须计算其电流或电压。注意,利用图 3.2.3(b)等效电路计算的电压 $u=u_{n1}=6\ V$ 并非是 6 Ω 电阻的电压,要返回到图 3.2.3(a)电路计算 6 Ω 电阻的电压为 $42-u=42-6=36\ V$。

因此,6 Ω 电阻吸收的功率为 $P_{6\Omega}=(36)^2/6=6\ W$。

第二种情况　电路中含一个理想电压源支路。

对于如图 3.2.4 所示含理想电压源支路电路,可以按照下述步骤进行分析。

(1)取电压源负极性端(结点 4)为参考点,于是结点 1 电压为已知:$U_{n1}=U_S$。

(2)对其余独立结点利用直接观察法列写结点 2 与结点 3 电压方程:

$$-G_1U_{n1}+(G_1+G_2+G_3)U_{n2}-G_3U_{n3}=0$$
$$-G_5U_{n1}-G_3U_{n2}+(G_2+G_3+G_4)U_{n3}=0$$

(3)求解上述方程,便得到结点 2 与结点 3 的电压。

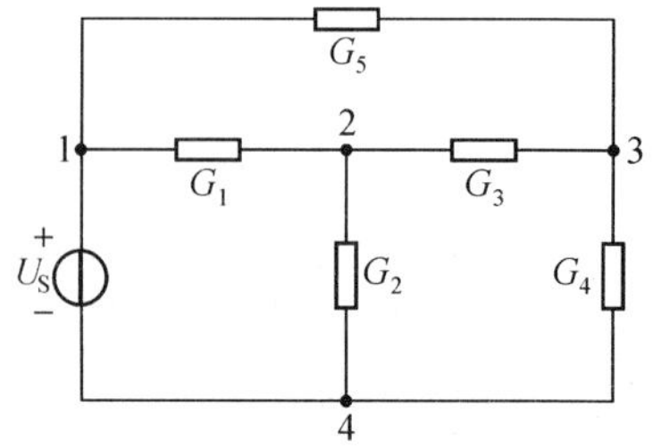

图 3.2.4　含理想电压源支路电路

如果电路中参考点已经指定,不能任意选择,可以参考下面介绍的处理方法进行电路分析。

第三种情况　含多个不具有公共端点的理想电压源。

例如对于如图 3.2.5 所示含多个不具有公共端点的理想电压源支路的电路进行分析。

(1)选取适宜的参考结点。如果选择结点 4 为参考点,即令其电压 $U_{n4}=0$,则结点 1 电压 $U_{n1}=U_{S1}$ 成为已知,但是 U_{S2} 无法如此处理。如果选择结点 3 为参考点,即令$U_{n3}=0$,则结点 2 电压 $U_{n2}=U_{S2}$成为 已知,但是 U_{S1} 无法如此处理,两个电压源无法同时兼顾。只能选择其一。我们选择结点 4 为参考点,即令 $U_{n4}=0$,则结点 1 电压

$$U_{n1}=U_{S1}$$

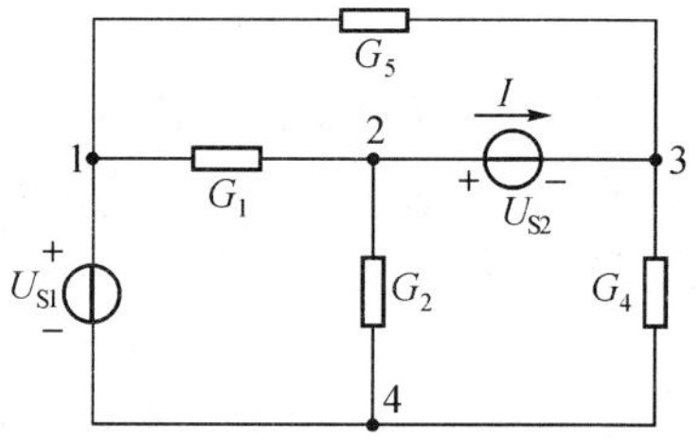

图 3.2.5　含多个不具有公共端点的理想电压源支路的电路

(2)把 U_{S2} 电压源看成电流源处理,设其电流为 I,标出其参考方向如图 3.2.5 所示,利用直接观察法形成结点 2 与 3 方程

$$-G_1U_{n1}+(G_1+G_2)U_{n2}+I=0$$
$$-G_5U_{n1}-I+(G_4+G_5)U_{n3}=0$$

(3)上述 3 个方程中含有四个未知量:三个结点电压,一个电流 I,需要补充约束方程:

$$U_{n2}-U_{n3}=U_{S2}$$

(4)联立求解上述四个方程,解得结点电压 U_{n2}、U_{n3} 与电流 I。

当然,也可以选择结点 3 为参考点,则 $U_{n3}=0$,$U_{n2}=U_{S3}$。设 U_{S1} 电压源电流为 I,形成结点 1 与 4 的结点电压方程,然后补充约束方程 $U_{n1}-U_{n4}=U_{S1}$,留给读者做练习。

还可以采用超结点(Supernode)概念进行分析。

超结点就是包含理想电压源支路的两个或两个以上结点的封闭面。参考图 3.2.5 电路,把它重新画成如图 3.2.6(a)所示电路。

在上面我们介绍了一种方法,首先把电压源看成电流源,并标记电流及其参考方向,得到结点电压方程:

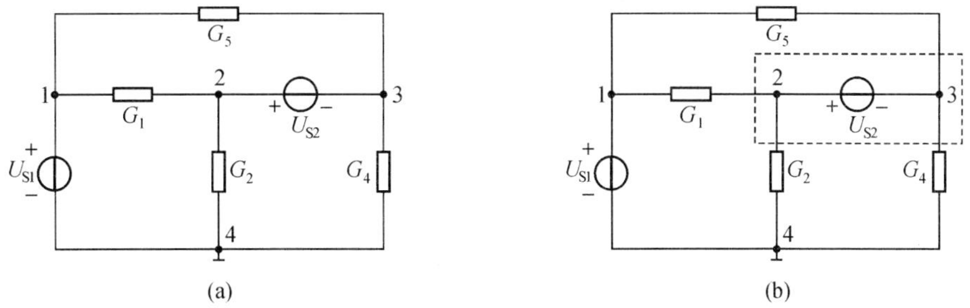

图 3.2.6 含超级结点的电路

$$U_{n1}=U_S \tag{3.2.14}$$

$$-G_1U_{n1}+(G_1+G_2)U_{n2}+I=0 \tag{3.2.15}$$

$$-G_5U_{n1}-I+(G_4+G_5)U_{n3}=0 \tag{3.2.16}$$

补充约束方程：

$$U_{n2}-U_{n3}=U_{S3} \tag{3.2.17}$$

如果我们把式(3.2.15)与式(3.2.16)相加，便得到如图 3.2.6(b)所示包含结点 2 与 3 的超结点电路的结点电压方程：

$$-(G_1+G_5)U_{n1}+(G_1+G_2)U_{n2}+(G_4+G_5)U_{n3}=0 \tag{3.2.18}$$

于是，结点电压方程数目由四个减少为三个：

$$U_{n1}=U_{St}$$

$$-(G_1+G_5)U_{n1}+(G_1+G_2)U_{n2}+(G_4+G_5)U_{n3}=0$$

$$U_{n2}-U_{n3}=U_{S2}$$

这是处理含电压源支路的一种巧妙方法，首先把电压源支路的两个结点看成一个“超结点”，列写该结点方程，然后再补充超结点包含的两个结点电压之差等于电压源电压即可。

【例 3.2.2】 计算如图 3.2.7(a)所示电路中各结点电压。

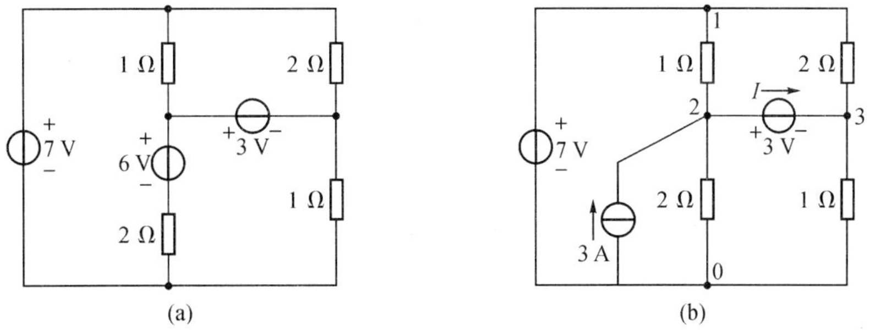

图 3.2.7 例 3.2.2 电路

解：首先选择参考结点并标出独立结点编号。我们选择参考结点编号为“0”，独立结点编号为 1、2、3；把 2 Ω 电阻串联 6 V 电压源等效变换为 2 Ω 电阻并联 3 A 电流源，把 3 V 电压源看成电流源，标出电流 I(见图 3.2.7(b))。对如图 3.2.7(b)所示电路列写结点电压方程：

$$U_{n1}=7\ \text{V}$$

$$-U_{n1}+(1+1/2)U_{n2}=6/2-I$$

$$-(1/2)U_{n1}+(1+1/2)U_{n3}=+I$$

上面三个方程含四个未知量，需要补充约束方程：

$$U_{n2}-U_{n3}=3$$

联立求解上述四个方程，解得：

$$U_{n1}=7\ \text{V}$$

$$U_{n2}=6\ \text{V}$$

$$U_{n3}=3\ \text{V}$$

第四种情况　电路中含电流源串联电阻。

例如如图 3.2.8 所示电路，电流源 I_S 串联电阻 R_3。

方法 1　最简捷的方法是应用等效概念，把与电流源串联的电阻短路，然后列写结点电压方程：

$$\left(\frac{1}{R_1}+\frac{1}{R_2}\right)U_n=\frac{U_S}{R_1}+I_S$$

注意：得到的结点电压 U_n 并非电流源 I_S 的端电压 U，要计算此电压时，必须根据原来电路进行计算，即图 3.2.8 电路中电流源 I_S 的端电压为 $U=U_n+I_SR_3$。

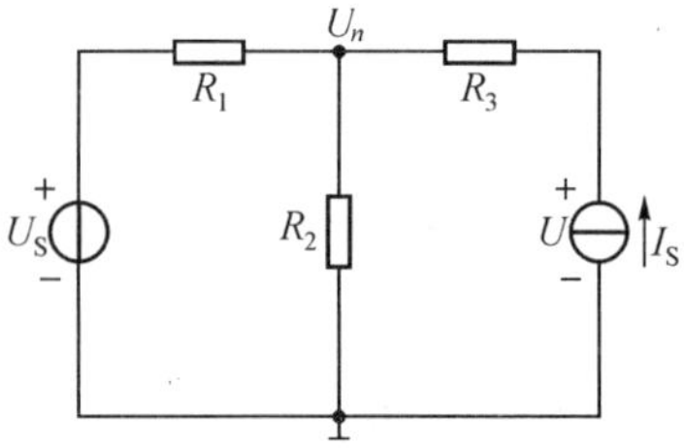

图 3.2.8　含电流源串联电阻电路

方法 2　把电流源与串联电阻的公共端点作为结点处理，然后列写结点电压方程。

例如图 3.2.8 所示电路，我们可以增加结点 2，如图 3.2.9 所示。

列写结点电压方程，得到：$(1/R_1+1/R_2+1/R_3)U_{n1}-1/R_3U_{n2}=U_S/R_1$；$-U_{n1}/R_3+U_{n2}/R_3=I_S$。如果把上面两个方程相加，得到：$(1/R_1+1/R_2)U_n=U_S/R_1+I_S$。即为方法 1 处理的结点电压方程。

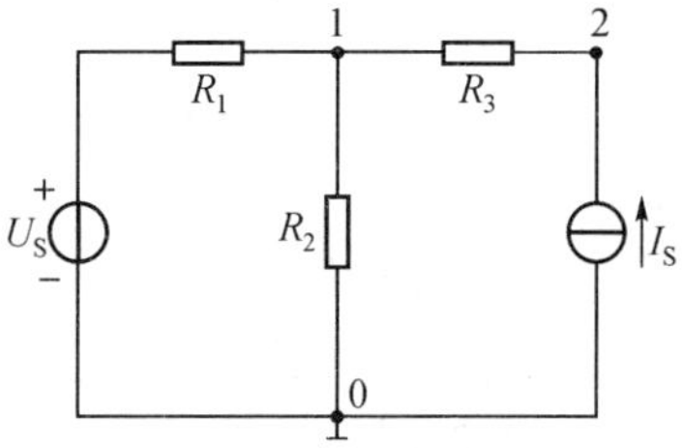

图 3.2.9　增加结点 2

显然，方法 1 比方法 2 简捷；方法 2 的处理结果虽然使电路结点数目增加，但是步骤清楚；而方法 1 处理不当容易出现错误，应用时要谨慎。

第五种情况　电路中含非独立电源。

原则上，首先把非独立电压源“看成”独立电压源，即把非独立电流源“看成”独立电流源，把非独立电压源“看成”独立电压源，按照上述讨论的规律列写电路的结点电压方程；然后补充非独立电源的控制量应用结点电压表示的方程；最后进行整理与求解。

例如如图 3.2.10 所示电路，含有一个 VCCS，已知电路元件参数，如何列写电路的结点电压方程？在这种情况下，基本分析步骤不变，如下所述：

(1)选取参考结点。

(2)将受控电流源源“当作”独立电流源处理，利用直接观察法列写结点电压方程：

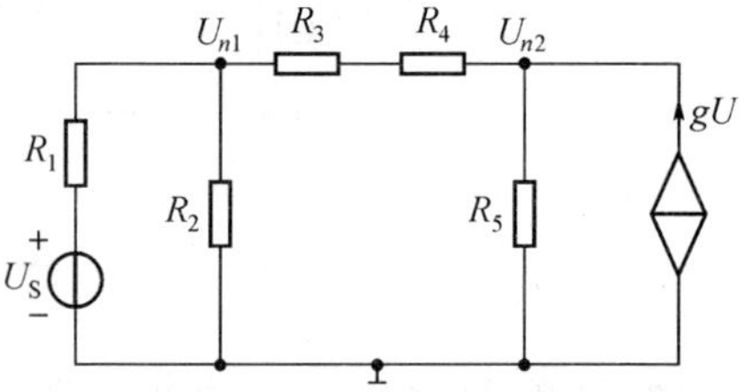

图 3.2.10　含受控源电路

$$\left(\frac{1}{R_1}+\frac{1}{R_2}+\frac{1}{R_3+R_4}\right)U_{n1}-\frac{1}{R_3+R_4}U_{n2}=\frac{U_S}{R_1}$$

$$-\frac{1}{R_3+R_4}U_{n1}+\left(\frac{1}{R_3+R_4}+\frac{1}{R_5}\right)U_{n2}=gU$$

注意：此时结点电压方程的系数矩阵还是对称的。

(3)将受控电流源的控制量 U 用结点电压表示：

$$U=\frac{U_{n1}-U_{n2}}{R_3+R_4}R_3$$

(4)进行整理,得到结点电压方程:

$$(\frac{1}{R_1}+\frac{1}{R_2}+\frac{1}{R_3+R_4})U_{n1}-\frac{1}{R_3+R_4}U_{n2}=\frac{U_S}{R_1}$$

$$-(\frac{gR_3+1}{R_3+R_4})U_{n1}+(\frac{gR_3+1}{R_3+R_4}+\frac{1}{R_5})U_{n2}=0$$

注意:一般情况下,$G_{12}\neq G_{21}$,此时结点电压方程的系数矩阵不再对称。

【例 3.2.3】 计算如图 3.2.11 所示电路中各结点电压。

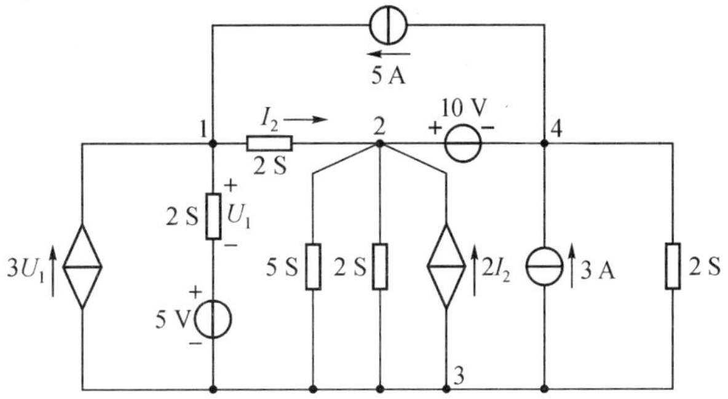

图 3.2.11 例 3.2.3 电路

解:一般选择连接支路数比较多的结点作为参考结点,但是,本电路中只含一条电压源支路,如果选择结点 4 为参考结点,则结点 2 电压变为已知,即 $U_{n2}=10$ V。未知结点电压只有结点 1 与结点 3 电压,因此,只需要对结点 1 与结点 3 列写两个结点电压方程。

首先把受控电流源看成独立电流源,得到结点电压方程:

对于结点 1 $(2+2)U_{n1}-2U_{n2}-2U_{n3}=5+3U_1+5\times2$

对于结点 2 $U_{n2}=10$

对于结点 3 $-2U_{n1}-(5+2)U_{n2}+(5+2+2+2)U_{n3}=-3-5\times2-3U_1-2I_2$

上述三个方程中含五个未知量,必须补充受控电流源控制量与结点电压关系方程:

$$U_1=U_{n1}-U_{n3}-5$$

$$I_2=2(U_{n1}-U_{n2})$$

对上述五个方程进行整理,得到: $U_{n1}+U_{n3}=20$

$$5U_{n1}+8U_{n3}=112$$

联立求解上述两个方程,得到: $U_{n1}=16$ V

$$U_{n2}=10\text{ V}$$

$$U_{n3}=4\text{ V}$$

3.3 网孔电流法

1) 网孔电流(Mesh Current)

网孔电流是假想沿着电路中网孔边界流动的电流。例如如图 3.3.1 所示电路中闭合虚线所示的电流 I_{M1}、I_{M2}、I_{M3}称为网孔电流。网孔电流有两个特点:独立性与完备性。独立性表现在网孔电流自动满足 KCL,相互独立;完备性表现在电路中所有支路电流与支路电压都可以用网孔电流表示。

对于一个结点数为 n、支路数为 b 的平面电路,其网孔数为$(b-n+1)$,即平面电路的网孔电流数为$(b-n+1)$，网孔电流方程数为$(b-n+1)$。

2）网孔法(Mesh Analysis)

网孔电流法是以网孔电流作为求解独立变量，首先根据KVL列写关于网孔电流的电路方程，然后进行联立求解的方法，简称网孔法。下面以如图3.3.1所示电路为例，说明应用网孔法进行电路分析的步骤。首先标出网孔电流的编号并指定其参考方向(推荐一律为顺时针方向)。于是各支路电流可以应用网孔电流来表示：

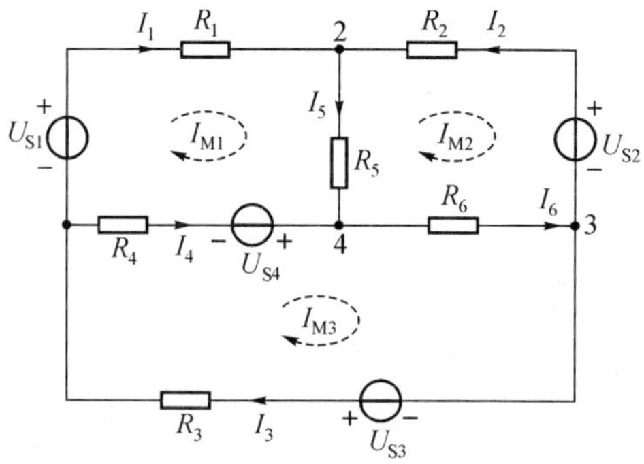

图3.3.1　网孔电流

$$I_1=I_{M1} \tag{3.3.1}$$

$$I_2=-I_{M2} \tag{3.3.2}$$

$$I_3=I_{M3} \tag{3.3.3}$$

$$I_4=-I_{M1}+I_{M3} \tag{3.3.4}$$

$$I_5=I_{M1}-I_{M2} \tag{3.3.5}$$

$$I_6=-I_{M2}+I_{M3} \tag{3.3.6}$$

然后以网孔电流参考方向作为绕行方向，列写KVL方程，得到

$$R_1I_1+R_5I_5+U_{S4}-R_4I_4-U_{S1}=0 \tag{3.3.7}$$

$$-R_2I_2+U_{S2}-R_6I_6-R_5I_5=0 \tag{3.3.8}$$

$$R_3I_3+R_4I_4-U_{S4}+R_6I_6=0 \tag{3.3.9}$$

把应用网孔电流表示的支路电流代入上述三个方程，得到关于网孔电流的KVL方程。

$$\begin{cases}R_1I_{M1}+R_5(I_{M1}-I_{M2})+U_{S4}-R_4(I_{M3}-I_{M1})-U_{S1}=0\\-R_2I_{M2}+U_{S2}-R_6(I_{M3}-I_{M2})-R_5(I_{M1}-I_{M2})=0\\R_4(I_{M3}-I_{M1})-U_{s4}+R_6(I_{M3}-I_{M2})-U_{S3}+R_3I_{M3}=0\end{cases} \tag{3.3.10}$$

进行整理，得到

$$\begin{cases}(R_1+R_5+R_4)I_{M1}-R_5I_{M2}-R_4I_{M3}=U_{S1}-U_{S4}\\-R_5I_{M1}+(R_2+R_5+R_6)I_{M2}-R_6I_{M3}=-U_{S2}\\(-R_4I_{M1}-R_6I_{M2})+(R_3+R_4+R_6)I_{M3}=U_{S3}+U_{S4}\end{cases} \tag{3.3.11}$$

写成矩阵形式：

$$\begin{bmatrix}R_1+R_4+R_5 & -R_5 & -R_4\\-R_5 & R_2+R_5+R_6 & -R_6\\-R_4 & -R_6 & R_3+R_4+R_6\end{bmatrix}\begin{bmatrix}I_{M1}\\I_{M2}\\I_{M3}\end{bmatrix}=\begin{bmatrix}U_{S1}-U_{S4}\\-U_{S2}\\U_{S3}+U_{S4}\end{bmatrix} \tag{3.3.12}$$

因此，对于含有三个网孔电路的网孔电流方程的一般形式为

$$\begin{bmatrix}R_{11} & R_{12} & R_{13}\\R_{21} & R_{22} & R_{23}\\R_{31} & R_{32} & R_{33}\end{bmatrix}\begin{bmatrix}I_{M1}\\I_{M2}\\I_{M3}\end{bmatrix}=\begin{bmatrix}U_{S11}\\U_{S22}\\U_{S33}\end{bmatrix} \tag{3.3.13}$$

式中，$R_{ij}(i=j)$称为自电阻，为第i号网孔中各支路的电阻之和，恒为正值。

$R_{ij}(i\neq j)$称为互电阻，为第i号与第j号网孔之间公共支路的电阻之和，其值可正、可负、可零；当相邻网孔电流在公共支路上流向一致时互电阻为正，不一致时互电阻为负；如果

第 i 号与第 j 号网孔之间无公共支路电阻，则互电阻为零。因此，如果标出网孔电流参考方向均为顺时针或均为逆时针，则互电阻或为负或为零，规律性增强。不含受控源的电路系数矩阵为对称阵。

U_{Sji} 为第 i 号网孔的等效电压源，其值为该网孔中各支路电压源电压值的代数和，当电压源方向与绕行方向一致时其电压值取负，不一致时其电压值取正。

联立并求解方程式(3.3.12)或式(3.3.13)，便得到网孔电流 I_{M1}、I_{M2}、I_{M3}。把解得的网孔电流代入式(3.3.1)～式(3.3.6)便得到各支路电流。

我们可以把上述规律应用于一般电路分析。应用网孔法进行电路分析，可以归纳为下述四个步骤进行分析：①选取各网孔电流绕行方向；②利用直接观察法形成网孔电流方程；③求解方程；④进一步电路分析。

下面以图 3.3.1 为例进行说明。

【例 3.3.1】 应用网孔法计算如图 3.3.2 所示电路中各网孔电流与 3 Ω 电阻吸收的功率。

解：(1)如图 3.3.2 所示电路含 2 个网孔，其网孔电流及其参考方向如图所示。

(2)利用直接观察法形成网孔电流方程：

$$(6+3)I_{M1}-(3)I_{M2}=42$$
$$-(3)I_{M1}+(3+4)I_{M2}=10$$

(3)求解方程，得到：$I_{M1}=6\ \text{A}$；$I_{M2}=4\ \text{A}$

3 Ω 电阻吸收的功率：$P_{3\Omega}=(I_{M1}-I_{M2})^2\times 3=(6-4)^2\times 3=12\ \text{W}$

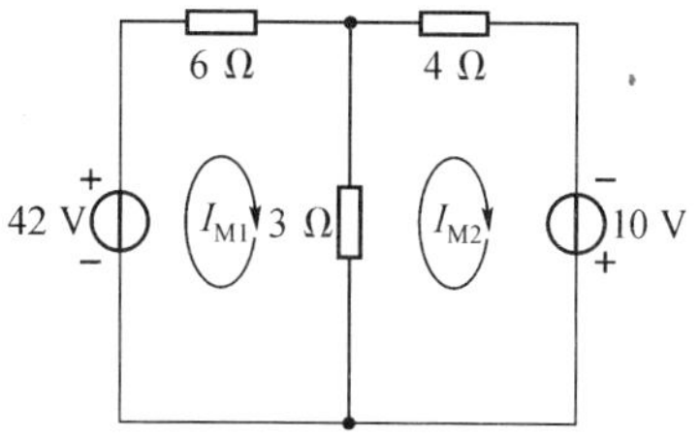

图 3.3.2　例 3.3.1 电路

下面我们讨论几种特殊情况的处理。

第一种情况　电路中含电流源支路，而且该电流源支路不为其他网孔公用。

例如在如图 3.3.3 所示电路中，理想电流源 I_S 位于电路中右网孔边缘支路，不为左网孔公用。可以按照下述步骤进行：

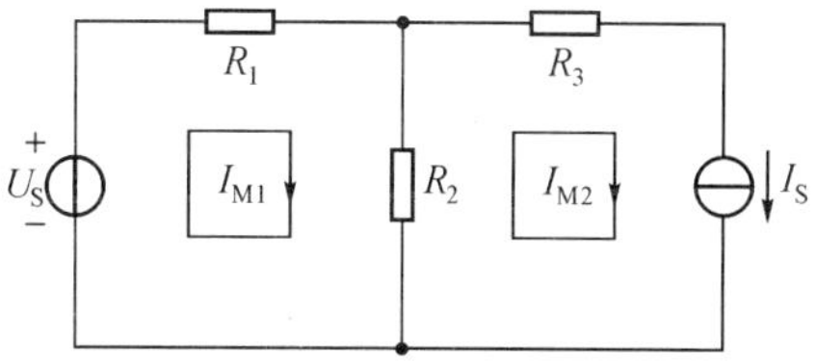

图 3.3.3　含理想电流源电路 1

(1)取网孔电流绕行方向，其中含理想电流源支路的网孔电流便为已知：

$$I_{M2}=I_S$$

(2)根据直接观察法对其余网孔列写方程：

$$(R_1+R_2)I_{M1}-R_2I_{M2}=U_S$$

(3)求解上述两个方程得到两个网孔电流。

第二种情况　电路中含电流源支路，且位于电路中网孔公共支路处。

例如图 3.3.4 所示电路，电流源 I_S 位于网孔 1 与网孔 2 的公共支路处。

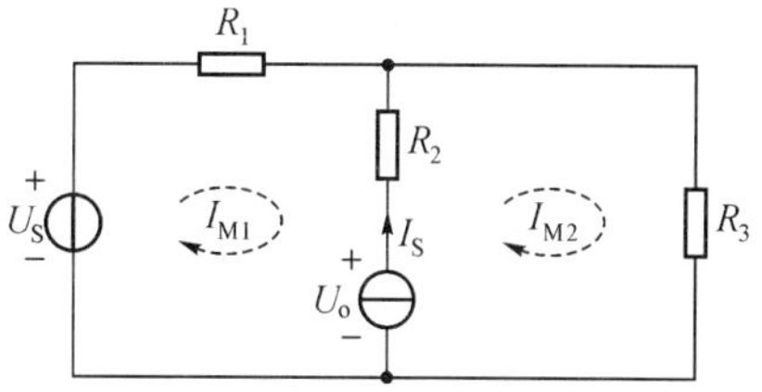

图 3.3.4　含理想电流源电路 2

对这类电路的处理方法一般有三个。

方法 1　基本思想是首先把此电流源当作电压

源处理，标出电压参考极性，然后列写网孔电流方程，最后补充此电流源电流与网孔电流的关系式。

具体步骤如下：

(1)选取网孔电流绕行方向，设电流源电压为U_0，标出电压参考极性如图 3.3.4 所示。

(2)利用直接观察法列写网孔电流方程：

$$(R_1+R_2)I_{M1}-R_2I_{M2}+U_0=U_S$$
$$-R_2I_{M1}+(R_2+R_3)I_{M2}-U_0=0$$

(3)上述两个方程中含三个待求量，需要补充一个方程：电流源电流与网孔电流的关系

$$I_{M2}-I_{M1}=I_S$$

(4)联立求解上述三个方程，得到网孔电流与电流源电压。

方法 2　应用回路电流法。

回路电流(Loop Currents)是在一个回路中连续流动的假想电流，以回路电流作为独立变量进行电路分析的方法称为回路法(Loop Analysis)。网孔法适宜平面电路，而回路法无此要求，即回路法适用平面电路，也适用非平面电路，特别适宜那些含多个理想电流源支路的电路分析。一个具有 b 条支路和 n 个结点的电路，其独立回路(即回路电流)数为$(b-n+1)$。例如图 3.3.3 所示含理想电流源电路，如果采用回路电流进行分析，可以选择回路电流及其方向如图 3.3.5 所示。

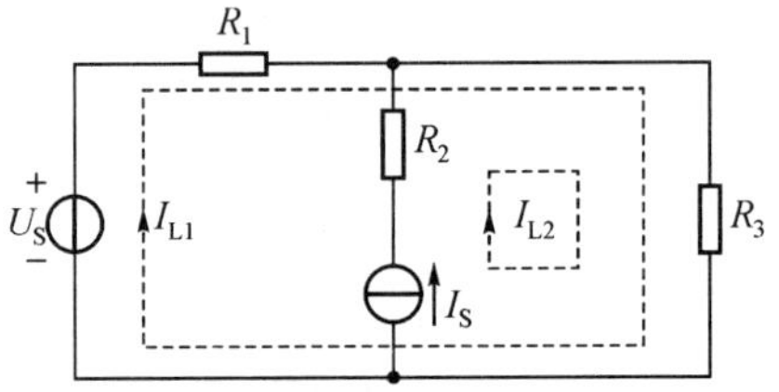

图 3.3.5　说明回路电流法的电路

于是，比较容易地列写出回路电流方程：

$$(R_1+R_3)I_{L1}+R_3I_{L2}=U_S$$
$$I_{L2}=I_S$$

回路电流法在处理含理想电流源支路的基本思想是使每个回路中只含一个理想电流源，从而使该回路电流等于该回路含有的那个理想电流源的电流。

本教材不讨论回路法，对回路法感兴趣的同学，可以阅读有关参考书。

应用方法 1 得到的方程为

$$(R_1+R_2)I_{M1}-R_2I_{M2}+U=U_S$$
$$-R_2I_{M1}+(R_2+R_3)I_{M2}-U=0$$
$$I_{M2}-I_{M1}=I_S$$

如果把前两个方程相加便得到方法 2 的第 1 个回路电流方程，此回路是包含一个电流源的网孔，又称为“超网孔”。

方法 3　把电路整理，使电流源成为只是一个网孔的组成元件。例如把图 3.3.6 电路中电阻 R_3 支路移位到电路中央，而把电流源支路移位到电路右网孔，得到电路如图 3.3.4 所示，然后应用方法 1 进行分析。

第三种情况　电路中含受控源。

基本思想是首先把受控源当作独立源处理，然后列写网孔电流方程；接着把受控源的控制变量用网孔电流表示；最后进行方程整理与求解。

下面以如图 3.3.6 所示电路为例，说明电路中含受控源时如何应用网孔法进行电路分析。

如图 3.3.6 所示电路中，含有一个电流控制电压源，首先把它当作电压源处理，列写网孔电流方程，然后把控制变量 I 用网孔电流表示。

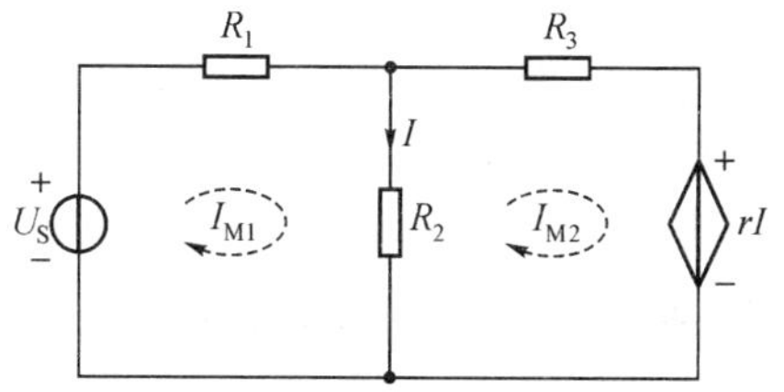

图 3.3.6 含受控源电路的网孔法分析

具体步骤如下：

(1)选取网孔电流方向。

(2)将受控电压源当作独立电压源处理，利用直接观察法列写网孔电流方程：

$$(R_1+R_2)I_{M1}-R_2I_{M2}=U_S$$

$$-R_2I_{M1}+(R_2+R_3)I_{M2}=-rI$$

注意:此时网孔电流方程的系数矩阵是对称的。

(3)将受控电压源的控制量 I 用网孔电流表示：

$$I=I_{M1}-I_{M2}$$

(4)整理并求解：

$$(R_1+R_2)I_{M1}-R_2I_{M2}=U_S$$

$$(r-R_2)I_{M1}+(R_2+R_3-r)I_{M2}=0$$

注意:整理后网孔电流方程的系数矩阵一般是不对称的，$R_{12}\neq R_{21}$。

结论:当电路中含受控源时，一般 $R_{ij}\neq R_{ji}$，方程的系数矩阵不对称。

【例 3.3.2】 应用网孔法计算如图 3.3.7 所示电路中 u、i 与受控源发出的功率 P。

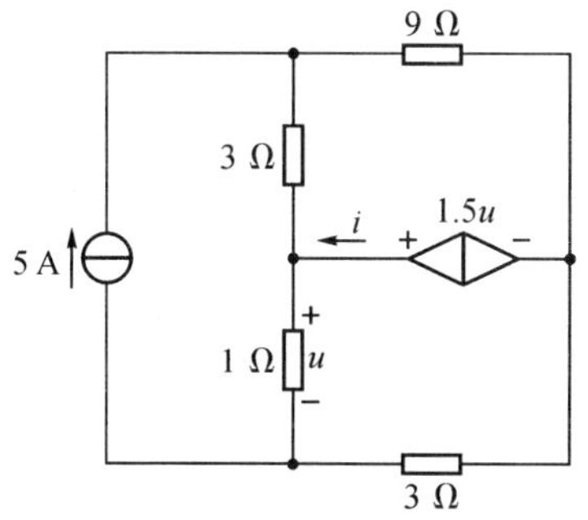

图 3.3.7 例 3.3.2 电路

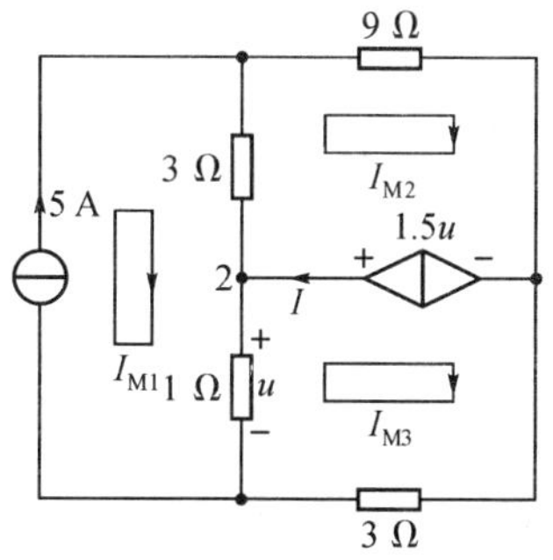

图 3.3.8 网孔电流及其参考方向

解:应用网孔法进行分析与计算，标出网孔电流及其参考方向如图 3.3.8 所示。

列写网孔电流方程如下：

$$I_{M1}=5$$

$$-3I_{M1}+(3+9)I_{M2}=1.5\,U$$

$$-1I_{M1}+(3+1)I_{M3}=-1.5\,U$$

补充方程：

$$U=(5-I_{M3})\times 1=5-I_{M3}$$

解得

$$I_{M2}=2\text{ A}$$

$$I_{M3}=-1\text{ A}$$

$$i=I_{M2}-I_{M3}=2-(-1)=3\text{ A}$$

$$U=5-I_{M3}=5-3=2\text{ V}$$

因此，受控源发出的功率为

$$P=1.5\,U\times I=1.5\times 2\times 3=9\text{ W}$$

注意:不能认为本例电路为平衡电桥电路,电流 $I=0$,受控源发出的功率为 $P=0$。平衡电桥只是相对不含受控源电阻电路而言。

3.4　结点法与网孔法比较

当电路是非平面电路时,只能应用结点法进行电路分析,不能选择网孔法进行电路分析,也就是说,网孔法只适宜于平面电路分析。

当电路是平面电路时,选择结点法还是网孔法?一般考虑电路结构与元件性质再做决定。对于笔加纸式的手算,列写的方程数愈多,计算工作量就愈大。因此,当独立结点数$(n-1)$小于网孔数$(b-n+1)$时,选择结点法比较适宜;反之,选择网孔法比较适宜。一般讲,电路的结点数要比网孔数少,电路分析选择结点法为宜,而且,应用结点法时,列写结点方程的规律性要比网孔法强。但是,选择结点法进行电路分析时,要注意对只含电压源支路、电流源与电阻串联支路等特殊情况的处理。

【例 3.4.1】 电路如图 3.4.1 所示,已知元件参数,列写网孔电流和结点电压方程。

解:(1)列写网孔电流方程。该电路是平面电路,具有 3 个网孔。首先标出网孔电流 I_{M1}、I_{M2}、I_{M3} 及其参考方向如图所示;注意电流源 I_{S4} 支路为网孔 2 与 3 的公共支路,首先设其电压为 U,把它看成电压为 U 的电压源,然后列写网孔电流方程:

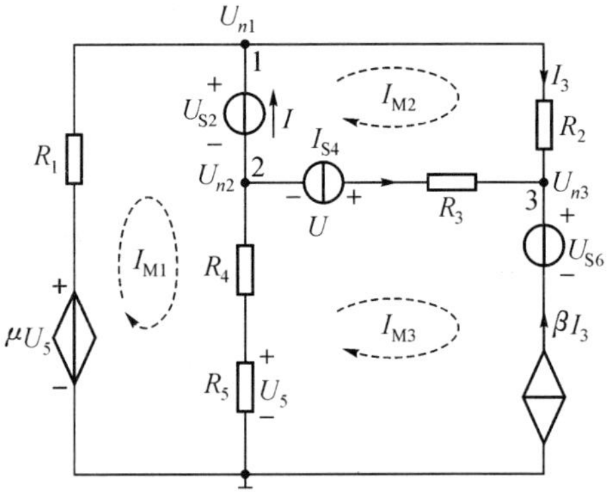

图 3.4.1　例 3.4.1 电路

$$(R_1+R_4+R_5)I_{M1}-(R_4+R_5)I_{M3}=-U_{S2}+\mu U_5$$

$$(R_2+R_3)I_{M2}-R_3I_{M3}+U=U_{S2}$$

$$I_{M3}=-\beta I_3$$

上述三个方程中含有 6 个未知量:I_{M1}、I_{M2}、I_{M3}、U_5、I_3、U 需要补充三个方程,可以利用电流源 I_{S4} 与网孔电流的关系,还有控制量 U_5、I_3 用网孔电流表示,得到三个方程:

$$I_{M3}-I_{M2}=I_{S4}$$

$$U_5=R_5(I_{M1}-I_{M3})$$

$$I_3=I_{M2}$$

对上述方程进行整理,得到网孔电流方程:

$$(R_1+R_4+R_5-\mu R_5)I_{M1}-(R_4+R_5+\mu R_5)I_{M3}=-U_{S2}$$

$$I_{M3}-I_{M2}=I_{S4}$$

$$\beta I_{M2}+I_{M3}=0$$

(2)列写结点电压方程。首先选择电压参考结点,如图 3.4.1 所示。观察本电路,得知:本电路具有三个独立结点;一个电流源 I_{S4} 串联电阻 R_3,列写结点电压方程时,把 R_3 短路处理;一个受控电流源 βI_3 串联电压源,列写结点电压方程时把受控电流源 βI_3 当成独立电流源,并把串联的电压源短路处理;一个电压源 U_{S2} 连接在结点 1 与 2 之间,把它当成独立电流源,设其电流为 I,参考方向标记在图中。做好以上特殊处理之后,可以列写结点电压方程:

$$\left(\frac{1}{R_1}+\frac{1}{R_2}\right)U_{n1}-\frac{1}{R_2}U_{n3}-I=\frac{\mu U_5}{R_1}$$

$$\frac{1}{R_4+R_5}U_{n2}-I=I_{S4}$$

$$-\frac{1}{R_2}U_{n1}+\frac{1}{R_2}U_{n3}=I_{S4}+\beta I_3$$

上述三个方程中含有 6 个未知量:U_{n1}、U_{n2}、U_{n3}、I、I_3、U_5,需要补充三个方程,这可以利用电压源 U_{S2} 与结点电压的关系,还有控制量 U_5、I_3 用结点电压表示,得到三个方程:

$$U_{n1}-U_{n2}=U_{S2}$$

$$I_3=\frac{U_{n1}-U_{n3}}{R_2}$$

$$U_5=\frac{R_5}{R_4+R_5}U_{n2}$$

对上述方程进行整理,得到结点电压方程:

$$U_{n1}-U_{n2}=U_{S2}$$

$$-\left(\frac{1}{R_1}+\frac{\beta}{R_2}\right)U_{n1}+\left(\frac{1}{R_2}+\frac{\beta}{R_2}\right)U_{n3}=I_{S4}$$

$$\left(\frac{1}{R_1}+\frac{1}{R_2}\right)U_{n1}+\left(\frac{1}{R_4+R_5}-\frac{\mu R_5}{R_1(R_4+R_5)}\right)U_{n2}-\frac{1}{R_2}U_{n3}=I_{S4}$$

【例 3.4.2】 电路如图 3.4.2 所示,求电流 I。

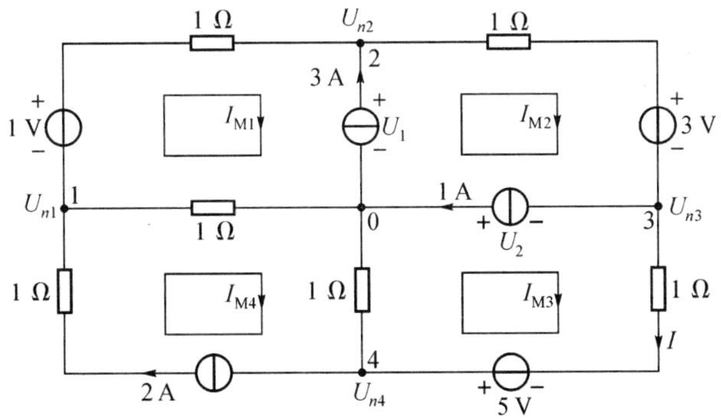

图 3.4.2 例 3.4.2 电路

解:分析:本电路是平面电路,含 4 个网孔与 4 个独立结点。

(1)如果采用结点法进行分析,需要列写 4 个结点电压方程,注意对 2 A 电流源串联的 1 Ω电阻要短路处理。解出结点电压 U_{n3} 与 U_{n4} 后,电流 $I=(U_{n3}-U_{n4}+5)/1$。

根据上述思想,我们列写结点电压方程:

$$(1+1)U_{n1}-(1)U_{n2}-(0)U_{n3}-(0)U_{n4}=2-1/1$$
$$-(1)U_{n1}+(1+1)U_{n2}-(1)U_{n3}-(0)U_{n4}=1/1+3-3/1$$
$$-(0)U_{n1}-(1)U_{n2}+(1+1)U_{n3}-(1)U_{n4}=-1-5/1+3/1$$
$$-(0)U_{n1}-(0)U_{n2}-(1)U_{n3}+(1+1)U_{n4}=-2+5/1$$

整理为矩阵形式:

$$\begin{bmatrix} 2 & -1 & 0 & 0 \\ -1 & 2 & -1 & 0 \\ 0 & -1 & 2 & -1 \\ 0 & 0 & -1 & 2 \end{bmatrix}\begin{bmatrix} U_{n1} \\ U_{n2} \\ U_{n3} \\ U_{n4} \end{bmatrix}=\begin{bmatrix} 1 \\ 1 \\ -3 \\ 3 \end{bmatrix}$$

采用高斯消去法进行求解如下：

$$\left[\begin{array}{cccc:c} 2 & -1 & 0 & 0 & 1 \\ -1 & 2 & -1 & 0 & 1 \\ 0 & -1 & 2 & -1 & -3 \\ 0 & 0 & -1 & 2 & 3 \end{array}\right]\Rightarrow\left[\begin{array}{cccc:c} 1 & -1/2 & 0 & 0 & 1/2 \\ -1 & 2 & -1 & 0 & 1 \\ 0 & -1 & 2 & -1 & -3 \\ 0 & 0 & -1 & 2 & 3 \end{array}\right]\Rightarrow$$

$$\left[\begin{array}{cccc:c} 1 & -1/2 & 0 & 0 & 1/2 \\ 0 & 3/2 & -1 & 0 & 3/2 \\ 0 & 1 & 2 & 1 & -3 \\ 0 & 0 & 1 & 2 & 3 \end{array}\right]\Rightarrow\left[\begin{array}{cccc:c} 1 & -1/2 & 0 & 0 & 1/2 \\ 0 & 1 & -2/3 & 0 & 1 \\ 0 & -1 & 2 & -1 & -3 \\ 0 & 0 & -1 & 2 & 3 \end{array}\right]\Rightarrow$$

$$\left[\begin{array}{cccc:c} 1 & -1/2 & 0 & 0 & 1/2 \\ 0 & 1 & -2/3 & 0 & 1 \\ 0 & 0 & 4/3 & -1 & -2 \\ 0 & 0 & -1 & 2 & 3 \end{array}\right]\Rightarrow\left[\begin{array}{cccc:c} 1 & -1/2 & 0 & 0 & 1/2 \\ 0 & 1 & -2/3 & 0 & 1 \\ 0 & 0 & 1 & -3/4 & -3/2 \\ 0 & 0 & -1 & 2 & 3 \end{array}\right]\Rightarrow$$

$$\left[\begin{array}{cccc:c} 1 & -1/2 & 0 & 0 & 1/2 \\ 0 & 1 & -2/3 & 0 & 1 \\ 0 & 0 & 1 & -3/4 & -3/2 \\ 0 & 0 & 0 & 5/4 & 3/2 \end{array}\right]\Rightarrow\left[\begin{array}{cccc:c} 1 & -1/2 & 0 & 0 & 1/2 \\ 0 & 1 & -2/3 & 0 & 1 \\ 0 & 0 & 1 & -3/4 & -3/2 \\ 0 & 0 & 0 & 1 & 6/5 \end{array}\right]$$

解得

$$U_{n4}=6/5\ \text{V}=1.2\ \text{V}$$

$$U_{n3}=(3/4)U_{n4}-3/2=(3/4)(6/5)-3/2$$

$$=9/10-3/2=-6/10\ \text{V}=-0.6\ \text{V}$$

因此

$$I=(U_{n3}-U_{n4}+5)/1=(-0.6-1.2+5)/1=3.2\ \text{A}$$

(2)如果采用网孔法进行分析，需要列写 4 个网孔电流方程。我们选择 4 个网孔电流 I_{M1}、I_{M2}、I_{M3}、I_{M4}，其顺时针参考方向如图 3.4.2 所示。注意 3 A 与 1 A 电流源分别位于网孔 1 与 2、网孔 2 与 3 的公共支路上，故首先把它当成电压源处理，令其电压方便为 U_1 与 U_2，参考极性如图 3.4.2 所示。这样处理后，可以列写网孔电流方程，再补充 3 A 电流源与网孔电流关系，即可解得 I_{M4}，$I=I_{M4}$。

根据上述思想，我们列写网孔电流方程：

$$(1+1)I_{M1}-(0)I_{M2}-(0)I_{M3}-(1)I_{M4}=1-U_{n1}$$

$$-(0)I_{M1}-(1)I_{M2}-(0)I_{M3}-(0)I_{M4}=3+U_1+U_{n2}$$

$$-(0)I_{M1}-(0)I_{M2}-(1+1)I_{M3}-(1)I_{M4}=5-U_{n2}$$

$$I_{M4}=2$$

补充方程：

$$-I_{M1}+I_{M2}=3$$

$$-I_{M2}+I_{M3}=1$$

对上述方程进行整理，

解得 $$I_{M4}=3.2\ \text{A}$$
因此 $$I=I_{M4}=3.2\ \text{A}$$

3.5 小结

(1)支路电流法是以支路电流为求解变量,根据 KCL、KVL 列写支路电流方程进行求解的电路分析方法,一般比较适宜支路少的电路分析。对于 n 个结点、b 条支路的电路,需要列写$(n-1)$个 KCL 方程与$(b-(n-1))$个 KVL 方程。

(2)如果选择结点分析法,首先确定一个结点为参考点,然后标出独立结点电压 U_{n1}、U_{n2}、…、$U_{n(n-1)}$。每个独立结点电压是相对参考点的电压。

具有三个独立结点电路的结点电压方程一般形式为

$$\begin{bmatrix} G_{11} & G_{12} & G_{13} \\ G_{21} & G_{22} & G_{23} \\ G_{31} & G_{32} & G_{33} \end{bmatrix} \begin{bmatrix} U_{n1} \\ U_{n2} \\ U_{n3} \end{bmatrix} = \begin{bmatrix} I_{S11} \\ I_{S22} \\ I_{S33} \end{bmatrix}$$

式中,$G_{ij}(i=j)$称为第 i 号结点的自电导,恒为正值;$G_{ij}(i\neq j)$称为第 i 号与第 j 号结点的互电导,其值可负、可零。如果第 i 号与第 j 号网孔之间有公共支路电阻,则互电导等于该电阻的倒数取负值,如果第 i 号与第 j 号网孔之间无公共支路电阻,则互电导为零。I_{Sii} 为流入第 i 号结点的各电流源的电流代数和,流入结点的各电流源的电流取正号,流出结点的各电流源的电流取负号。

结点分析法规律性强,便于记忆与应用,可以直接通过视察列写结点电压方程。注意几种特殊情况的处理方法。

(3)如果选择网孔分析法,首先要确定该网络是否是平面网络,如果是平面网络,才能应用网孔分析法。然后对每个网孔标出顺时针方向的网孔电流 I_{M1}、I_{M2}、…、I_{MM}。

对于含有三个网孔电路的网孔电流方程的一般形式为

$$\begin{bmatrix} R_{11} & R_{12} & R_{13} \\ R_{21} & R_{22} & R_{23} \\ R_{31} & R_{32} & R_{33} \end{bmatrix} \begin{bmatrix} I_{M1} \\ I_{M2} \\ I_{M3} \end{bmatrix} = \begin{bmatrix} U_{S11} \\ U_{S22} \\ U_{S33} \end{bmatrix}$$

式中,$R_{ij}(i=j)$称为第 i 号网孔的自电阻,恒为正值。$R_{ij}(i\neq j)$称为第 i 号与第 j 号网孔的互电阻值,其值可正、可负、可零;当相邻网孔电流在公共支路上流向一致时互电阻值为正,不一致时互电阻值为负;如果第 i 号与第 j 号网孔之间无公共支路电阻,则互电阻值为零。因此,如果标出网孔电流参考方向均为顺时针或均为逆时针,则互电阻值或为负或为零,规律性增强。

网孔分析法规律性也很强,便于记忆与应用,可以直接通过观察列写结点电压方程。注意几种特殊情况的处理方法。

(4)对于平面电路,可以应用结点电压法,也可以应用网孔电流法进行分析与计算。电路的结点数越少,则结点电压法需要的方程数越少;同样,电路的网孔数越少,则网孔电流法需要的方程数也越少。

习　题　3

3-1-1　应用支路电流法计算如图 3-1-1 所示电路中电流 I_1、I_2、I_3。

3-2-1　应用结点电压法计算如图 3-2-1 所示电路中各结点电压与各电流源发出的功率。

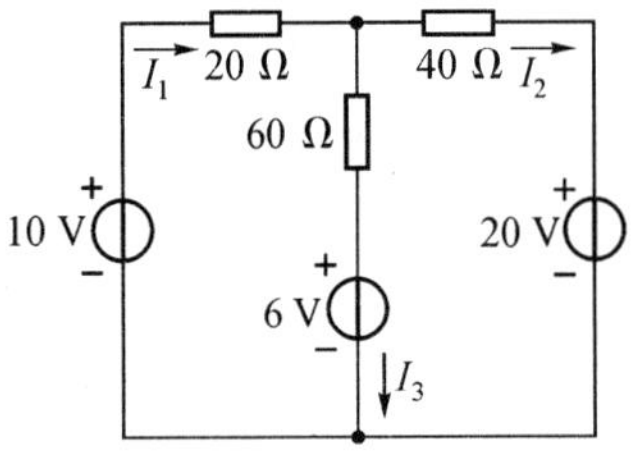

图 3-1-1　习题 3-1-1 电路

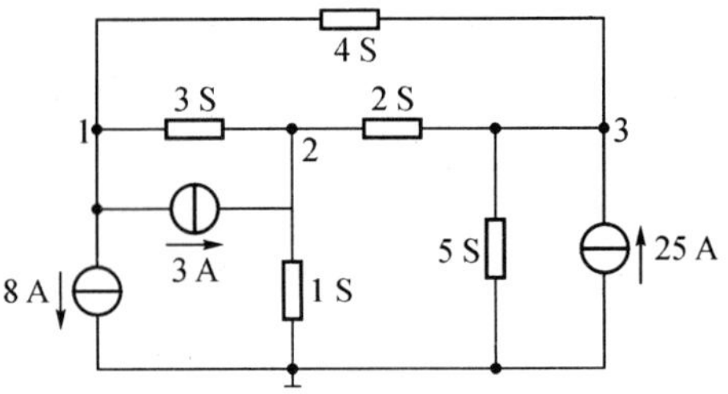

图 3-2-1　习题 3-2-1 电路

3-3-1　应用网孔电流法计算如图 3-3-1 所示电路的各支路电流与每个电压源发出功率。

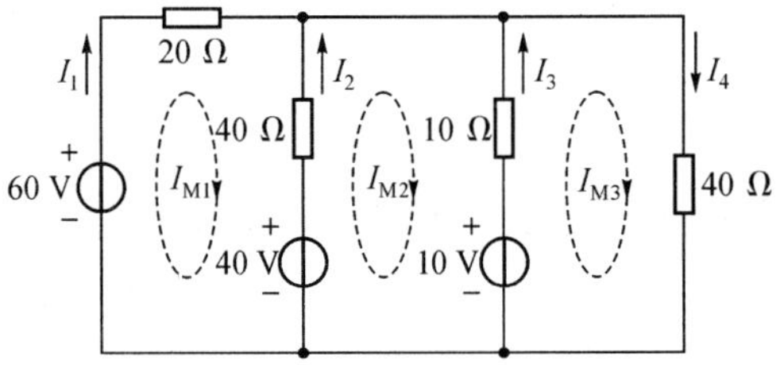

图 3-3-1　习题 3-3-1 电路

3-4-1　电路如图 3-4-1 所示。

(1)列写结点电压方程计算电流 I_1、I_2、I_3；

(2)列写网孔电流方程计算电流 I_1、I_2、I_3。

3-6-1　如图 3-6-1 所示电路，已知：$R_1=8\ \Omega$，$R_2=6\ \Omega$，$R_3=20\ \Omega$，$U_{S4}=10$ V，$U_{S5}=18$ V，$U_{S6}=4$ V，试求各支路中的电流和电压。

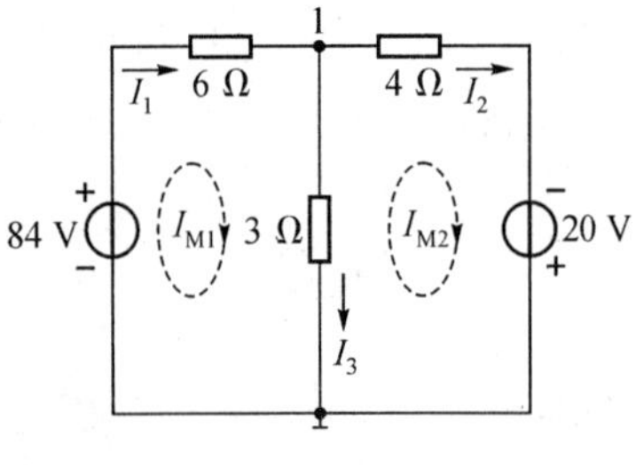

图 3-4-1　习题 3-4-1 电路

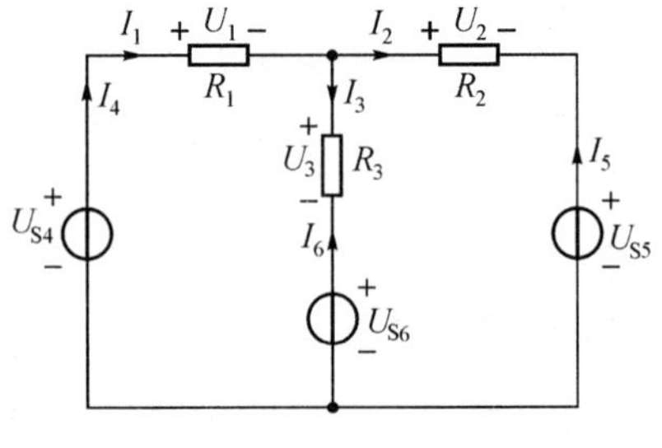

图 3-6-1　习题 3-6-1 电路

3-6-2　如图 3-6-2 所示电路中，$R_1=R_2=10\ \Omega$，$R_3=4\ \Omega$，$R_4=R_5=80\ \Omega$，$R_6=2\ \Omega$，$U_{S3}=20$ V，$U_{S6}=40$ V，用支路电流法求解 I_5。

3－6－3 电路如图 3－6－3 所示，(1)用结点电压法求 u_1、u_2；(2)计算 6 Ω 电阻吸收的功率。

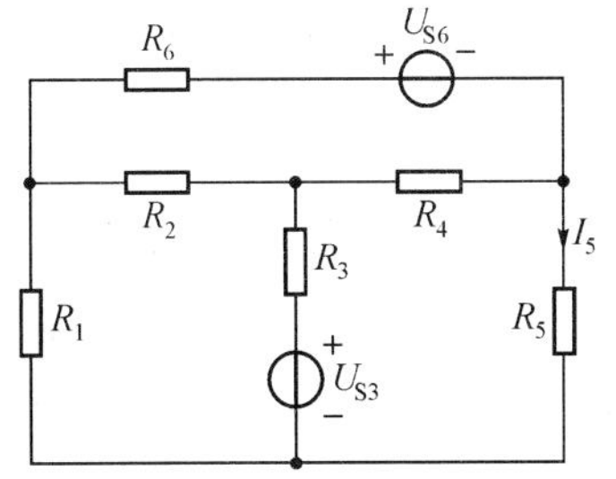

图 3－6－2 习题 3－6－2 电路

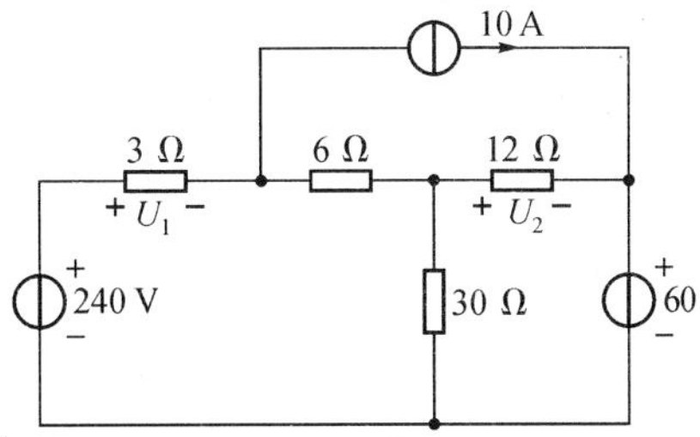

图 3－6－3 习题 3－6－3 电路

3－6－4 如图 3－6－4 所示电路，用结点电压法求解 U_{S2}，使 $U_1=0$。

3－6－5 用回路电流法求解如图 3－6－5 所示电路中电压 U。

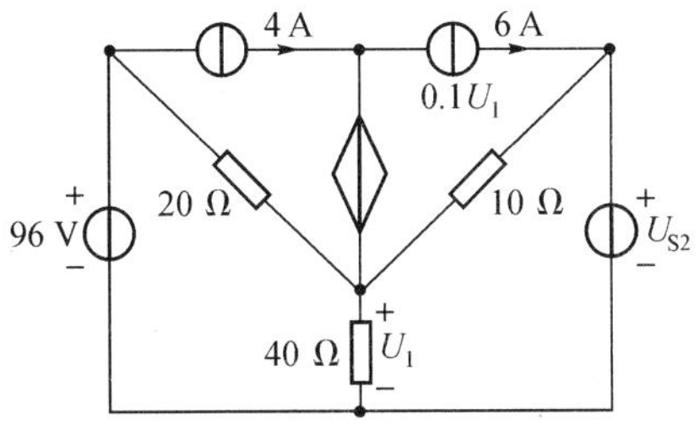

图 3－6－4 习题 3－6－4 电路

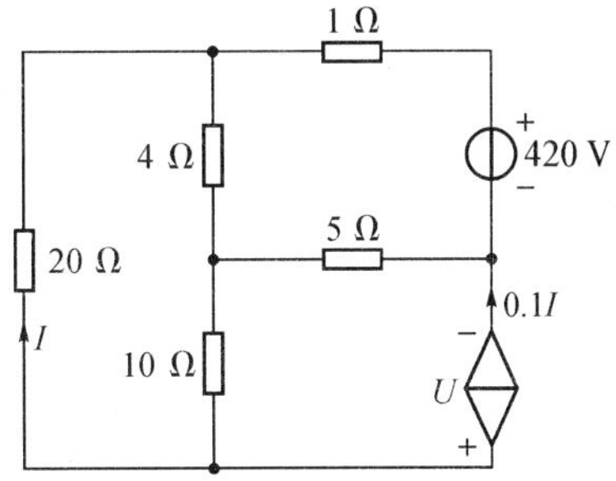

图 3－6－5 习题 3－6－5 电路

3－6－6 如图 3－6－6 所示电路，用结点电压法求 u_1 及可控电流源所提供的功率。

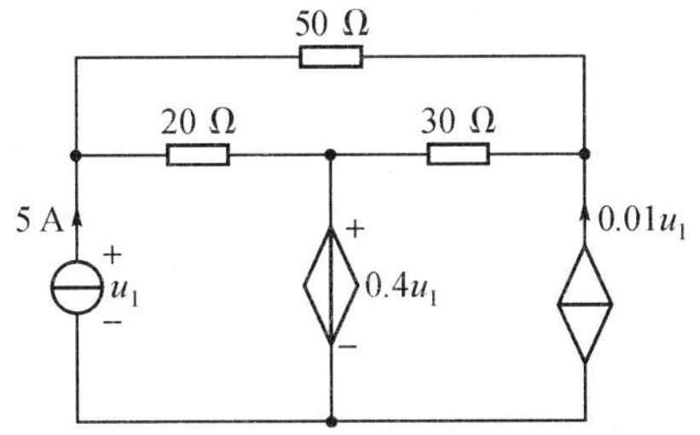

图 3－6－6 习题 3－6－6 电路

3－6－7 列出如图 3－6－7(a)、(b)所示的电路的结点电压方程。

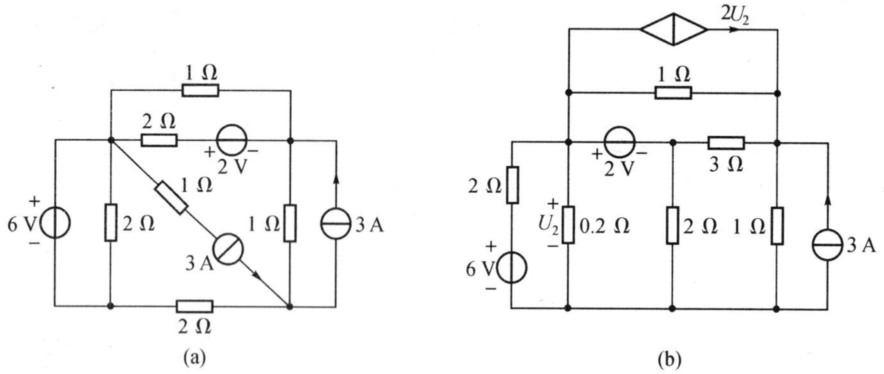

图 3-6-7　习题 3-6-7 电路

3-6-8　试列出如图 3-6-8 所示电路的回路电流方程式。

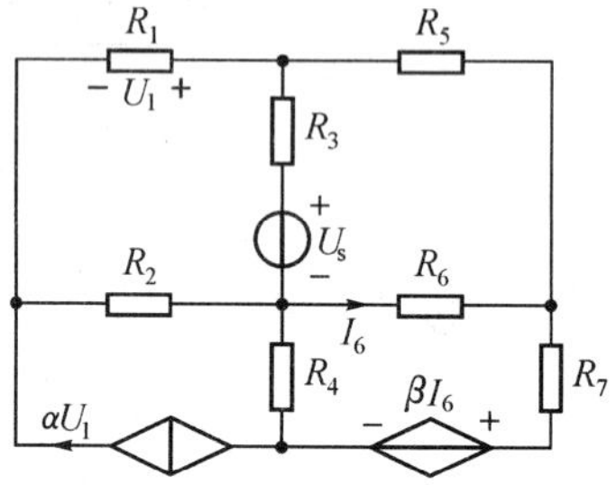

图 3-6-8　习题 3-6-8 电路

3-6-9　用结点电压法求解如图 3-6-9 所示电路中各支路电流。

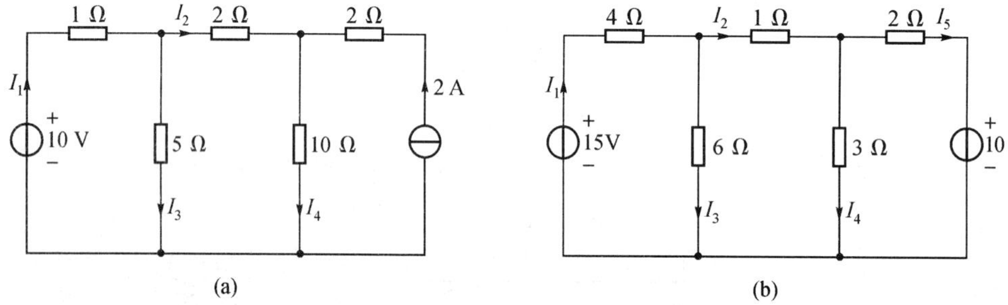

图 3-6-9　习题 3-6-9 电路

3-6-10　用回路电流法求如图 3-6-10 所示的电路 I。

3-6-11　(1)电路如图 3-6-11 所示，若使回路电流 $I_1=15$ mA 时，则 R_1 应取值多少；(2)R_1 是否为唯一解，试说明。

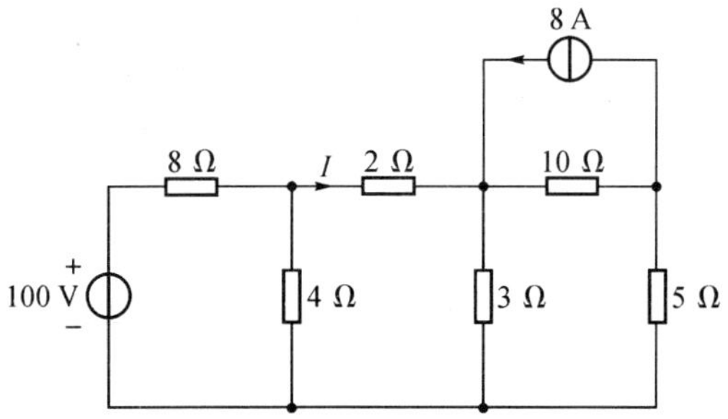

图 3-6-10　习题 3-6-10 电路

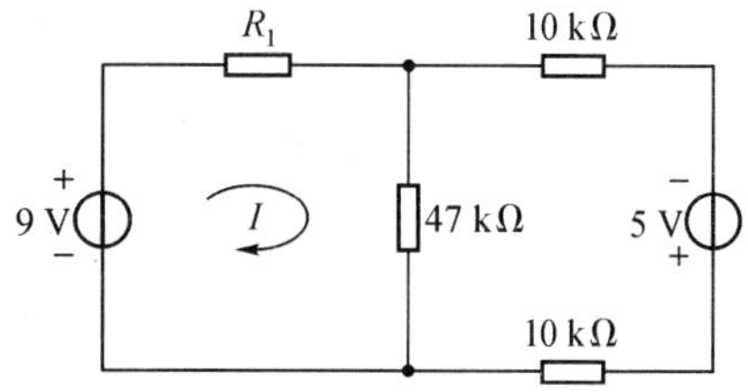

图 3-6-11　习题 3-6-11 电路

3-6-12　用结点电压法分析如图 3-6-12 所示电路，求电流 I_1。

3-6-13　求图 3-6-13 中 2 A 电流源提供的功率。

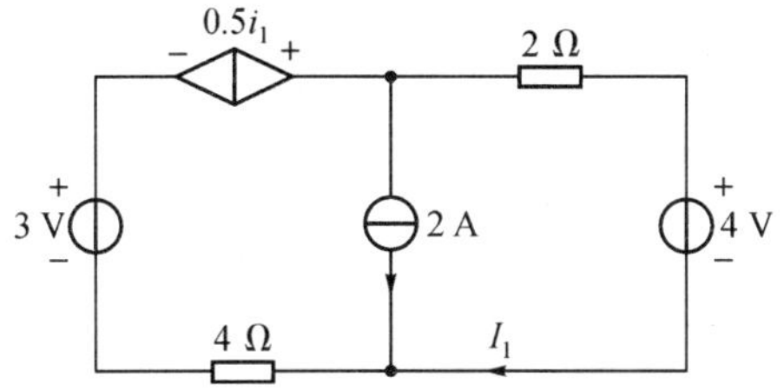

图 3-6-12　习题 3-6-12 电路

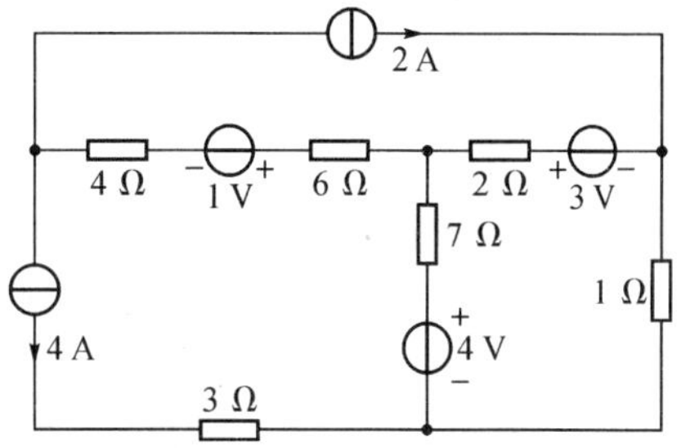

图 3-6-13　习题 3-6-13 电路

3-6-14　如图 3-6-14 所示电路中电源为无伴电压源，用结点电压法求解电流 I_S 和 I_o。

3-6-15　试求如图 3-6-15 所示电路中流过 10 Ω 和 6 Ω 电阻的电流值。

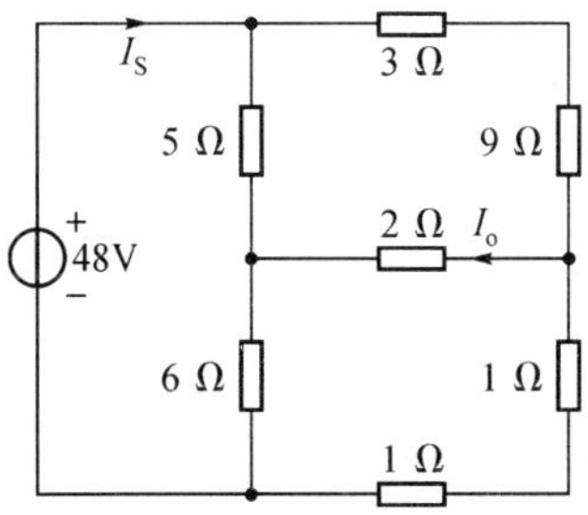

图 3-6-14　习题 3-6-14 电路

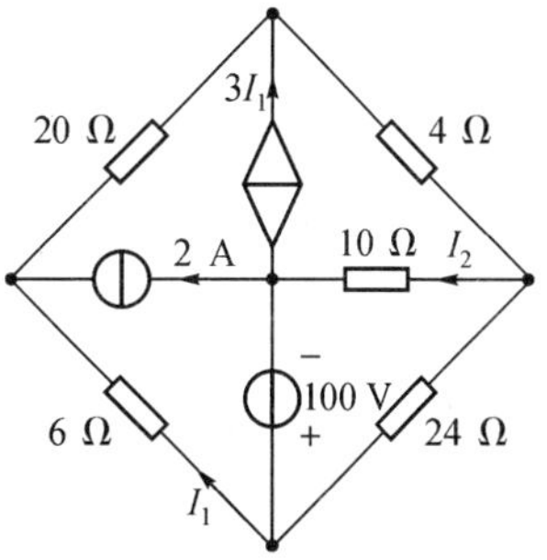

图 3-6-15　习题 3-6-15 电路

3-6-16　电路如图 3-6-16 所示，求 I 和 U。

3-6-17　求如图 3-6-17 所示电路中电阻值为 2.5 Ω 电阻两端的电压值。

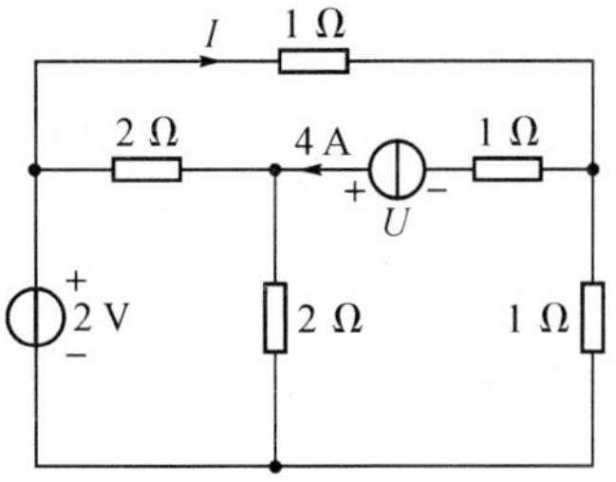

图 3-6-16　习题 3-6-16 电路

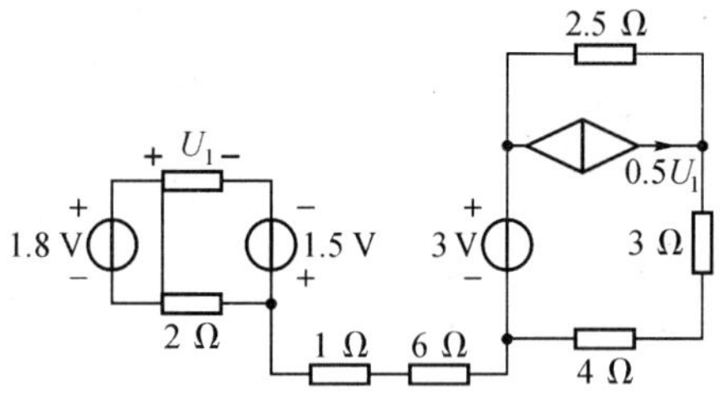

图 3-6-17　习题 3-6-17 电路

3-6-18　用回路电流法求解如图 3-6-18 所示电路中的 U_1 值。

3-6-19　用结点电压分别求出如图 3-6-19 所示电路中两独立电流源发出的功率。

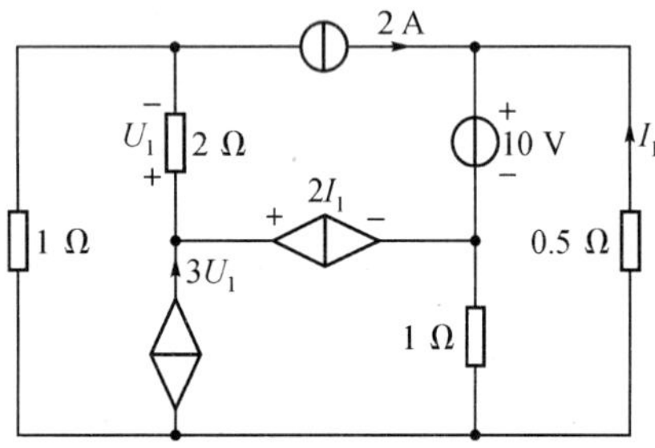

图 3-6-18　习题 3-6-18 电路

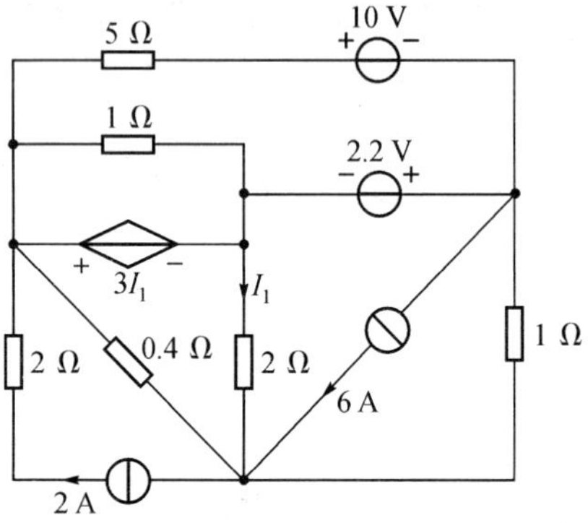

图 3-6-19　习题 3-6-19 电路

4 线性电路定理

基本要求：

(1)熟练掌握与正确应用叠加定理进行电路分析。

(2)熟练掌握与正确应用戴维南(诺顿)定理进行电路分析。

(3)正确计算负载电阻值，以获得最大传输功率。

应用支路电流法、结点电压法、网孔电流法对电路进行全面分析，以求得电路中每个支路(元件)的电流、电压与功率。如果我们只想对电路中某一部分电路或某一个支路进行分析，上述一般分析方法就显得工作量大，而且也不够简捷。本章学习的叠加定理、戴维南定理、诺顿定理为解决这类问题提供了比较简捷的途径。

4.1 叠加定理

叠加定理(Superposition)反映了线性电路的基本性质，是线性电路的重要定理，是分析线性电路的基础。

叠加定理内容：对于多个独立电源共同作用的线性电路，某条支路电压或支路电流等于每个独立源单独作用时在该支路产生的电压或电流分量的叠加。

叠加定理的证明可以参考有关电路教材。下面举例说明任何应用叠加定理进行电路分析与计算。

【例 4.1.1】 应用叠加原理计算如图 4.1.1 所示电路中 3 Ω 电阻支路的电流 I 及其吸收的功率。

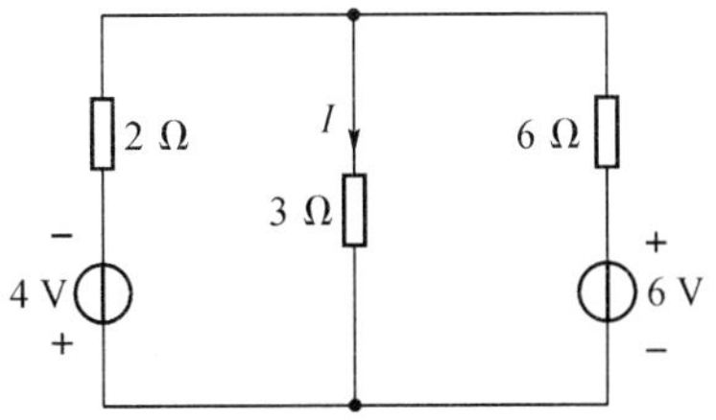

图 4.1.1 例 4.1.1 电路

解：本电路中有两个独立电压源，分别单独作用时的等效电路如图 4.1.2(a)、(b)所示。

对于如图 4.1.2(a)所示 4 V 电压源单独作用电路，解得

$I'=[-4/(2+3//6)][6/(3+6)]=-2/3\ \text{A}$

此时 3 Ω 电阻吸收的功率为

$$P'=3\times(-2/3)^2=4/3\ \text{W}$$

对于如图 4.1.2(b)所示 6 V 电压源单独作用电路，解得

$$I''=[6/(6+3//2)][2/(3+2)]=1/3\ \text{A}$$

此时 3 Ω 电阻吸收的功率为

$$P''=3\times(1/3)^2=1/3\ \text{W}$$

对于如图 4.1.1 所示两个电压源共同作用电路，根据叠加定理有

$$I=I'+I''=(-2/3)+(1/3)=-1/3\ \text{A}$$

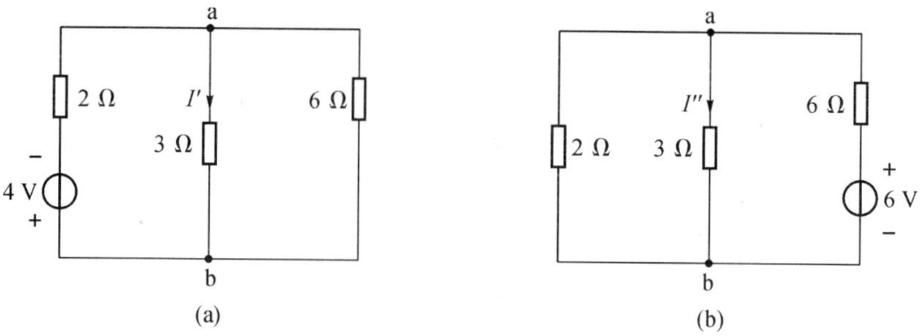

图 4.1.2　例 4.1.1 的等效电路

3 Ω 电阻吸收的功率为

$$P=3\times(-1/3)^2=1/3\ \text{W}\neq P'+P''=5/3\ \text{W}$$

应用叠加定理要注意以下几点：

(1)叠加定理只适用于线性电路分析，计算电压与电流；不适宜直接应用叠加定理计算功率。

(2)某个独立电源单独作用时，其余不作用的独立电源均置“零”，即理想电压源“短路”，理想电流源“断路”。

(3)当每个独立源作用时，受控源均需保留在电路中，不可以单独作用。

(4)叠加不是相加，而是代数和，即响应分量参考方向与响应参考方向一致时间前面取正号，否则取负号。

【例 4.1.2】　如图 4.1.3 所示电路，已知 $R_1=R_3=R_5=60\ \Omega$，$R_2=R_4=80\ \Omega$，$R_6=10\ \Omega$，$U_{S5}=44$ V，$U_{S6}=70$ V，求电流 I_5 与 I_6。

解：U_{S5} 单独作用时，等效电路如图 4.1.4 所示。

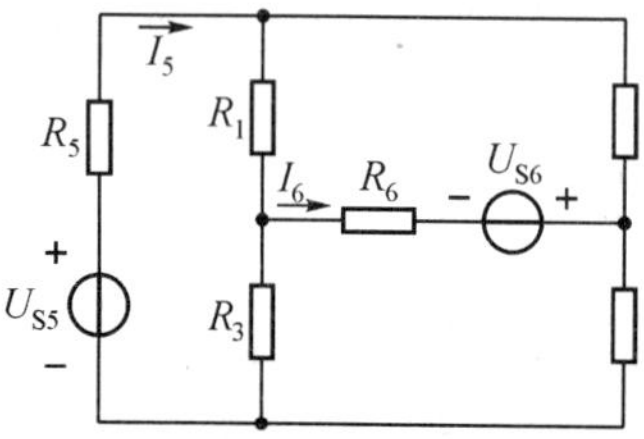

图 4.1.3　例 4.1.2 电路

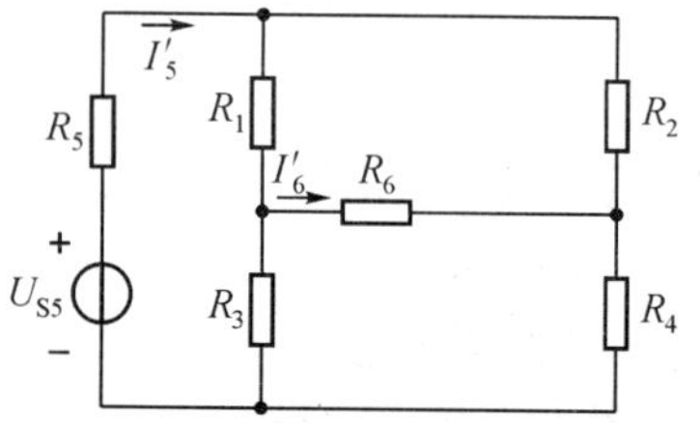

图 4.1.4　U_{S5} 单独作用时等效电路

由于 $R_1R_4=R_2R_3$，说明电桥平衡，因此，可以把 R_6 支路开路，得到

$$I'_6=0,\ I'_5=\frac{44}{(120\times180)/(120+180)+60}=\frac{1}{3}\ \text{A}$$

U_{S6} 单独作用时，等效电路如图 4.1.5 所示。

由于 $R_1R_4=R_2R_3$，说明电桥平衡，因此，可以把 R_5 支路开路，得到

$$I''_5=0,\ I''_6=70/(30+40+10)=7/8\ \text{A}$$

当 U_{S5} 与 U_{S6} 共同作用时，

$$I_5=I'_5+I''_5=1/3+0=1/3\ \text{A}$$

$$I_6=I'_6+I''_6=0+7/8=7/8\ \text{A}$$

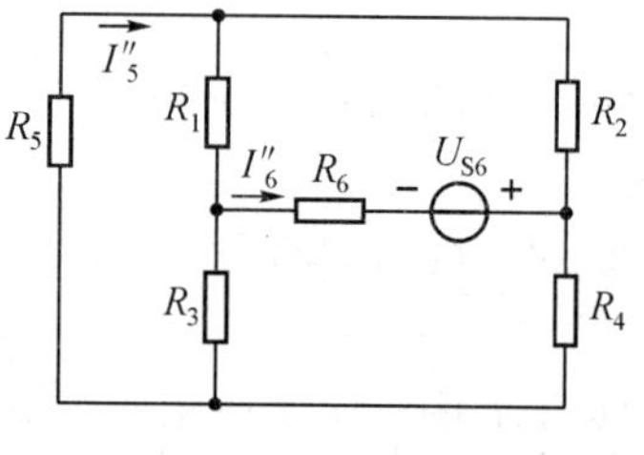

图 4.1.5　U_{S6} 单独作用时等效电路

可见，此类问题应用叠加定理进行分析时，步骤多一些，但是，比较简捷、有效。

【例 4.1.3】 含受控源电路如图 4.1.6 所示，试用叠加法求 U 和 I_x。

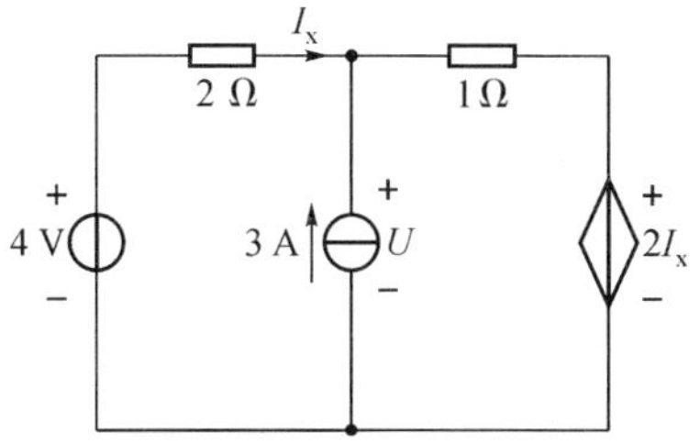

图 4.1.6 例 4.1.3 电路

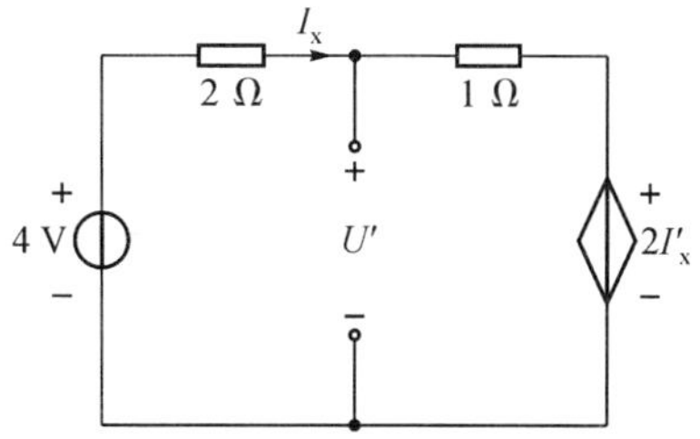

图 4.1.7 4 V 电压源单独作用时电路

解：本电路中有两个独立电压源，首先令 4 V 电压源单独作用，等效电路如图 4.1.7 所示，注意 3 A 电流源不作用，置"0"而开路。

计算响应分量如下：

应用 KVL 得到
$$3I'_x+2I'_x=4$$
解得
$$I'_x=2\ \text{A}$$
于是
$$U'=3I'_x=6\ \text{V}$$

然后令 3 A 电流源单独作用，等效电路如图 4.1.8 所示，注意 4 V 电压源不作用，置"0"而短路。

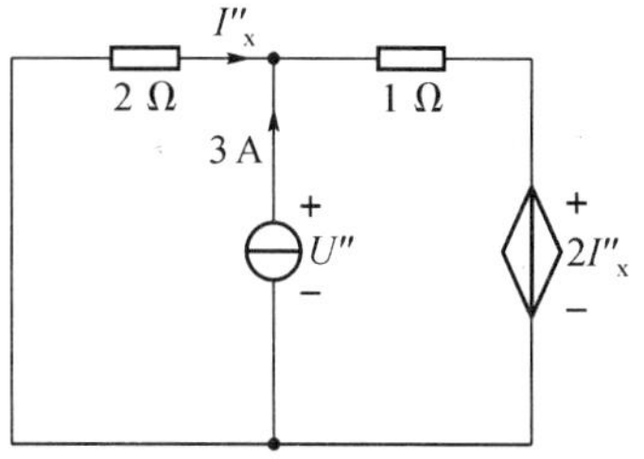

图 4.1.8 3 A 电流源单独作用时电路

计算响应分量如下：

应用结点电流法，列方程：
$$(1/2+1)U''=3+2I''_x$$
$$I''_x=-U''/2$$
解得
$$U''=1.2\ \text{V}$$
$$I''_x=-0.6\ \text{A}$$

最后进行响应分量叠加，得到 4 V 电压源和 3 A 电流源共同作用时的响应
$$U=U'+U''=7.2\ \text{V}$$
$$I_x=I'_x+I''_x=1.4\ \text{A}$$

注意：应用叠加定理进行电路分析时，受控源不能当独立源处理，受控源犹如电阻始终保留在电路中。

【例 4.1.4】 电路如图 4.1.9 所示，已知当 3 A 电流源移去时，2 A 电流源所产生的功率为 28 W，$U_3=8$ V。又知当 2 A 电流源移去时，3 A 电流源产生的功率为 54 W，$U_2=12$ V。计算当两个电流源共同作用时各自产生的功率。

图 4.1.9 例 4.1.4 电路

解：两个电流源共同作用时，计算每个电源发出功率的关键是求出每个电流源的端电压。如何求得端电压？所给的电路与前面章节的电路存在明显差别，没有给出电路具体结构与元件参数，因此无法列写结点电压方程或网孔电流方程进行求

解。此时叠加定理提供了分析方法。

当 2 A 电流源单独作用时，电路如图 4.1.10 所示。

根据已知条件，我们得到：$U'_2=\frac{28}{2}=14\ \text{V}$

$$U'_3=8\ \text{V}$$

当 3 A 电流源单独作用时，电路如图 4.1.11 所示。

根据已知条件，我们得到：$U''_2=12\ \text{V}$

$$U''_3=\frac{54}{3}=18\ \text{V}$$

因此，当两个电流源共同作用时，

$$U_2=U'_2+U''_4=14+12=26\ \text{V}$$

$$U_3=U'_3+U''_3=8+18=26\ \text{V}$$

于是，2 A 电流源产生的功率为　$P_{2A}=26\times2=52\ \text{W}$

3 A 电流源产生的功率为　$P_{3A}=26\times3=78\ \text{W}$

图 4.1.10　2 A 电流源单独作用时电路

图 4.1.11　3 A 电流源单独作用时电路

【例 4.1.5】　电路如图 4.1.12 所示。

(1)设 N 中仅含线性电阻，当 $I_{S1}=8$ A 与 $I_{S2}=12$ A 时，测得 $U_x=80$ V，当 $I_{S1}=-8$ A、$I_{S2}=4$ A 时测得 $U_x=0$ V。求当 $I_{S1}=I_{S2}=20$ A 时，U_x 为多少？

(2)如果 N 中含一个独立源，其他元件为线性电阻，当 $I_{S1}=I_{S2}$ 时，测得 $U_x=-40$ V，上述(1)中数据仍有效。求当 $I_{S1}=I_{S2}=20$ A 时，U_x 为多少？

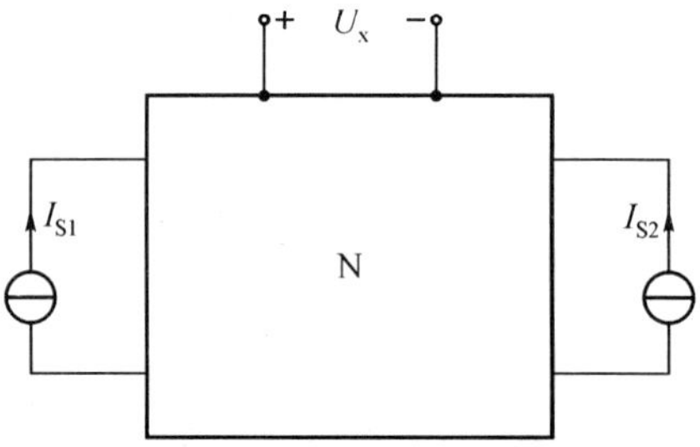

图 4.1.12　例 4.1.5 电路

解：(1)由题意可知 U_x 是 I_{S1} 和 I_{S2} 共同作用的响应，因此 U_x 可以表示为

$$U_x=U'_x+U''_x=aI_{S1}+bI_{S2}$$

式中，aI_{S1} 是 I_{S1} 单独作用时的分量 U'_x；bI_{S2} 是 I_{S2} 单独作用的分量 U''_x。

根据已知条件，可以得到方程组：

$$80=a8+b12$$

$$0=a(-8)+b4$$

解得　$a=2.5$，$b=5$。

因此，$U_x=2.5I_{S1}+5I_{S2}$。

当 $I_{S1}=I_{S2}=20$ A 时，

$$U_x=2.5\times20+5\times20=150\ \text{V}$$

(2)N 中含有一个独立源，根据叠加定理，有

$$U_x = aI_{S1} + bI_{S2} + U'''_x$$

当 $I_{S1} = I_{S2}$ 时，$U_x = U'''_x = -40$ V

因此，$U_x = aI_{S1} + bI_{S2} - 40$

把(1)的条件数据代入上式，得到：

$$80 = a8 + b12 - 40$$

$$0 = a(-8) + b4 - 40$$

解得 $a=0$，$b=10$。

因此，我们得到：$U_x = 10I_{S2} - 40$。当 $I_{S1} = I_{S2} = 20$ A 时，$U_x = 160$ V。

4.2 戴维南定理与诺顿定理

戴维南定理（Thevenin's Theorem）与诺顿定理（Norton's Theorem）是电路分析的两个重要定理。

戴维南定理（见图 4.2.1）：任一含源线性二端网络 N 可以用电压源串联电阻支路（也称为戴维南支路）对外部等效，其中电压源电压 U_{th} 等于该含源二端网络端口处的开路电压 U_{OC}，电阻 R_{th} 等于该含源二端网络中所有独立源置零时的无源线性二端网络 N_0 端口处看进去的等效电阻 R_{eq}。

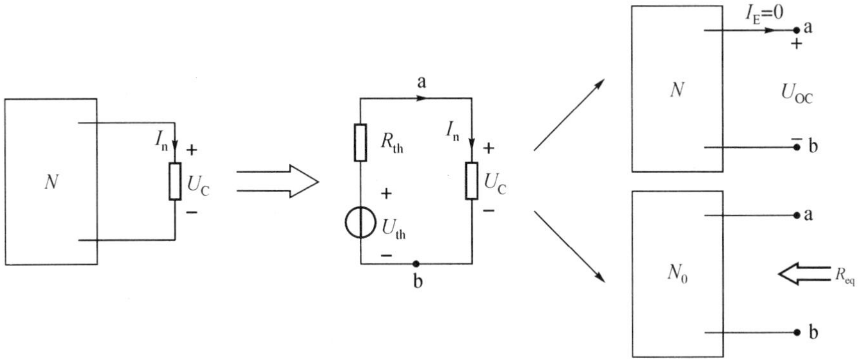

图 4.2.1 戴维南定理的图示说明

戴维南定理的诺顿定理（见图 4.2.2）：任一含源线性二端网络 N 可以用电流源并联的电阻支路（也称为诺顿支路）对外部等效，其中电流源的电流 I_N 等于该含源线性二端网络端口处的短路电流 I_{SC}，电阻 R_N 等于该含源线性二端网络中所有独立源置零时的无源线性二端网络 N_0 端口处看进去的等效电阻 R_{eq}。

由第 2 章等效变换理论得知：如果电压源 U_{th} 串联电阻 R_{th} 支路（即戴维南支路）与电流源 I_N 并联电阻 R_N 支路（即诺顿支路）对外相互等效，则

$$U_{th} = R_N I_N, R_{th} = R_N$$

$$I_N = U_{th}/R_{th}, R_N = R_{th}$$

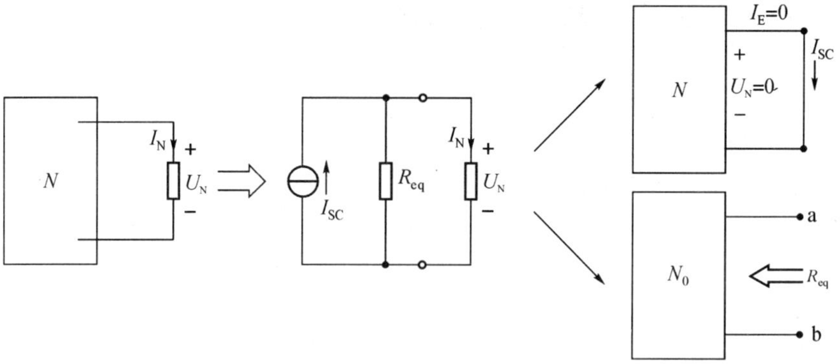

图 4.2.2　诺顿定理的图示说明

【例 4.2.1】 应用戴维南定理计算如图 4.2.3 所示电路的电流 I。

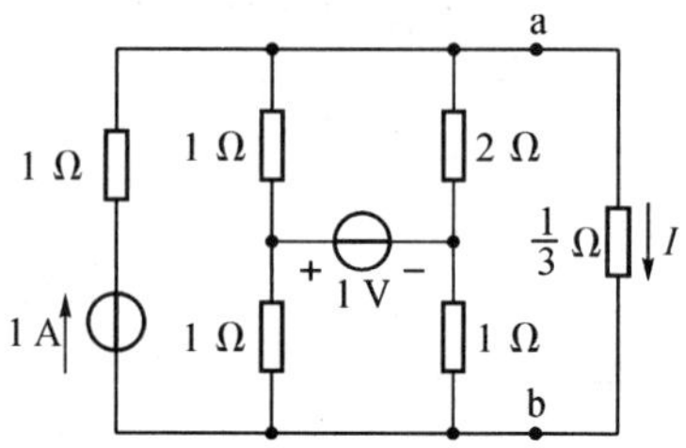

图 4.2.3　例 4.2.1 电路

解:应用戴维南定理进行电路分析,主要是计算戴维南支路的两个参数:U_{th}与 R_{th},也就是计算含源二端网络端口处的开路电压 U_{OC}与该含源二端网络中所有独立源置零时由端口处看进去的等效电阻 R_{eq}。

(1)计算开路电压 U_{OC}

把要求计算电流 I 的支路断开,如图 4.2.4 所示。

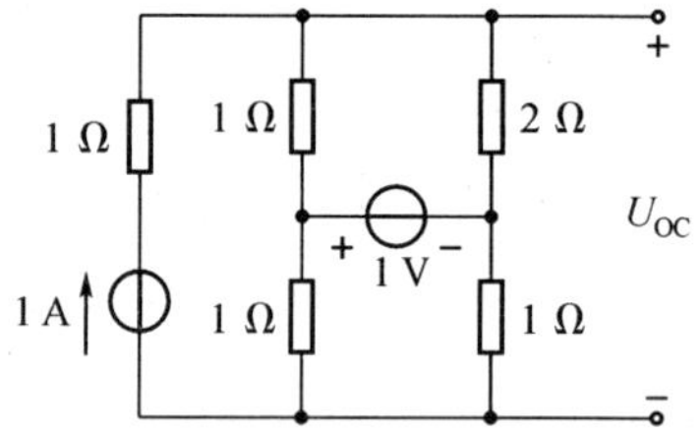

图 4.2.4　计算开路电压电路

开路电压 U_{OC}就是电路中 a、b 两点之间的电压,可以应用前面介绍的支路法、网孔法、结点法、叠加定理等进行计算,哪种方法较为简捷?需要考虑电路分析的具体情况。对于本例问题,如果应用叠加法进行分析,比较简捷,因为求解过程中只涉及到常用的分压、分流关系,无需列写电路方程与求解方程。

①令 1 V 电压源单独作用,电路如图 4.2.5 所示。

利用分压公式,得到

$$U'_{OC}=2/3-1/2=1/6\ \text{V}$$

②令 1 A 电流源单独作用,电路如图 4.2.6 所示。

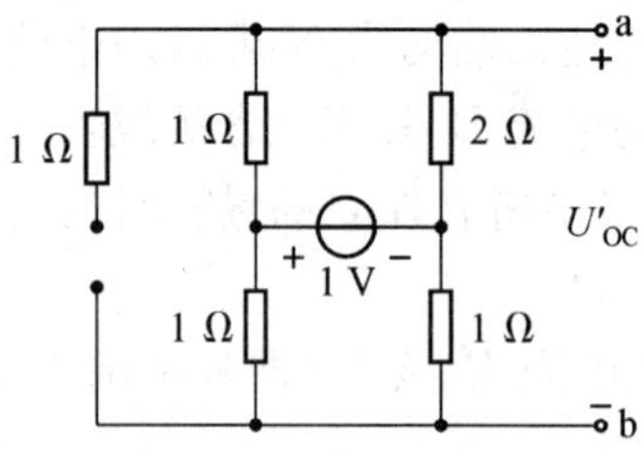

图 4.2.5　1 V 电压源单独作用电路

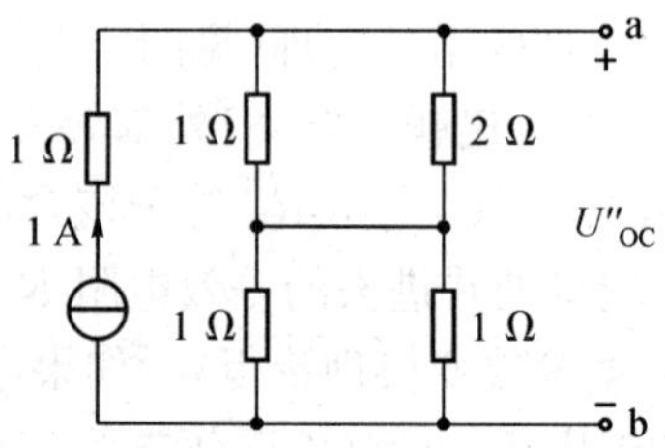

图 4.2.6　1 A 电流源单独作用电路

利用分流公式,得到

$$U''_{OC}=2\times1/3+1/2\times1=7/6\ \text{V}$$

③当 1 V 电压源和 1 A 电流源共同作用时,应用叠加定理,得到

$$U_{OC}=U'_{OC}+U''_{OC}=4/3\ \text{V}$$

(2)求等效电阻 R_{eq}

令图 4.2.4 所示电路中独立源为零，即令 1 V 电压源短路、1 A 电流源开路，得到一端口无源电阻电路如图 4.2.7 所示。

应用电阻串联与并联简化公式，比较容易地得到等效电阻 R_{eq}。

$$R_{eq}=1//2+1//1=2/3+1/2=7/6\Omega$$

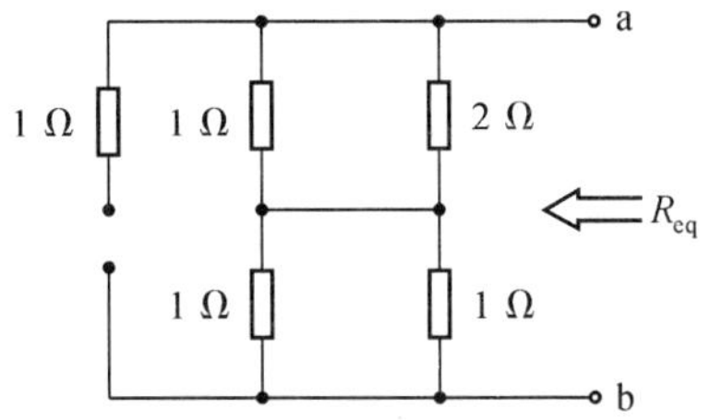

图 4.2.7　无源电阻电路

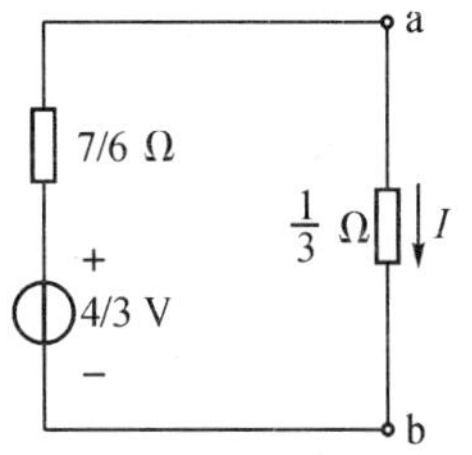

图 4.2.8　等效电路

(3)得到等效电路

根据图 4.2.8 所示等效电路，比较容易计算电流 I。

$$I=(4/3)/(7/6+1/3)=1/2\ \text{A}=0.5\ \text{A}$$

【例 4.2.2】 求如图 4.2.9 所示电路的戴维南等效电路。

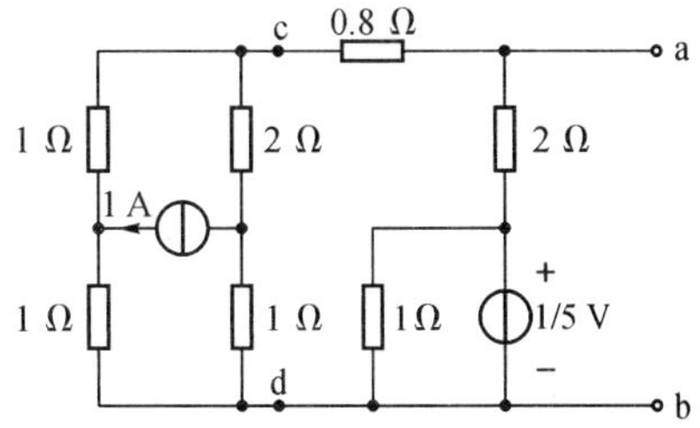

图 4.2.9　例 4.2.2 电路

解：在求戴维南等效电路过程中，可以根据电路具体情况，把原电路分成几个部分，目的在于能够比较简捷地分别求出各部分电路的戴维南等效电路；然后求出整个电路的戴维南等效电路。观察本例电路，我们可以将原电路分成左右两个部分电路，先求出 cd 的左侧部分电路的戴维南等效电路，然后求出 cd 的右侧部分电路的戴维南等效电路，最后，再求出整个电路的戴维南等效电路。

(1)图 4.2.9 电路的 cd 左侧部分电路如图 4.2.10(a)所示。

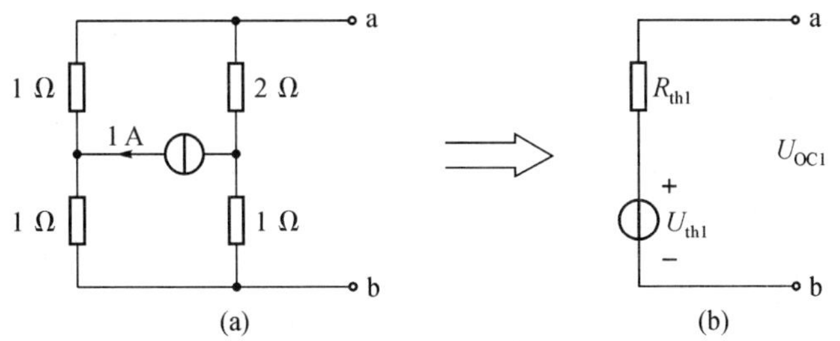

图 4.2.10　图 4.2.9 电路的左面部分电路(a)及其等效电路(b)

应用分流公式，得到开路电压

$$U_{th1}=U_{OC1}=(2/5)\times 2-(3/5)\times 1=1/5\ \text{V}$$

把 1 A 电流源开路，得到如图 4.2.10(b)所示的等效电路。其中等效电阻

$$R_{th1}=R_{eq1}=(1+1)//(2+1)=6/5\ \Omega$$

图 4.2.9 电路的右侧部分电路如图 4.2.11 所示。

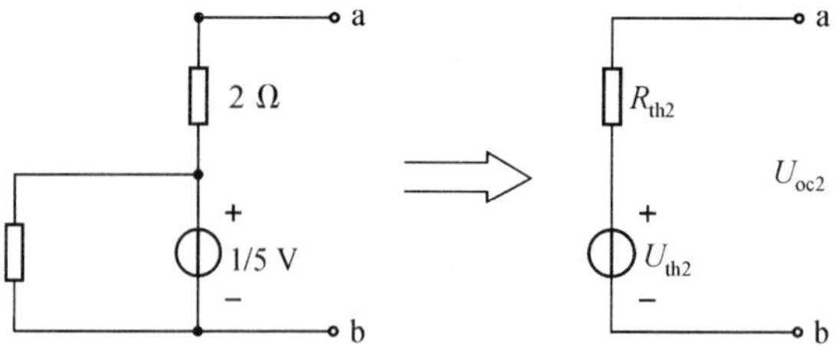

图 4.2.11　图 4.2.9 电路的右面部分电路(a)及其等效电路(b)

很容易地得到开路电压

$$U_{th2}=U_{OC2}=1/5\ V$$

把 1/5 V 电压源短路，得到等效电阻

$$R_{th2}=R_{eq2}=2\ \Omega$$

于是，原电路的等效电路图 4.2.12(a)所示。

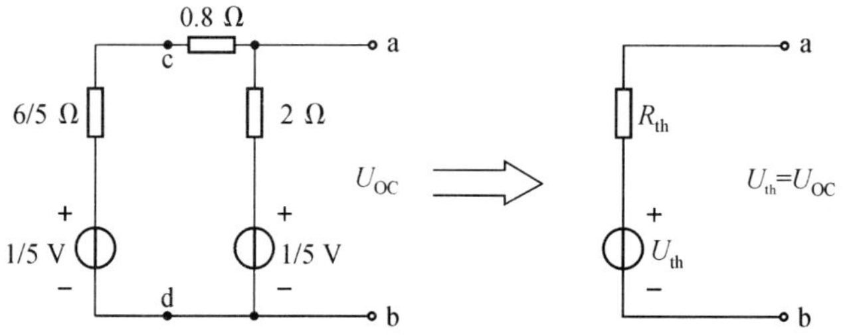

图 4.2.12　等效电路

进一步等效简化，得到如图 4.2.12(b)所示戴维南等效电路，计算过程如下。

计算开路电压为

$$U_{OC}=U_{th}=[(1/5-1/5)/(6/5+0.8+2)]\times 2+1/5=1/5=0.2\ V$$

把两个电压源均短路，计算等效电阻为

$$R_{eq}=R_{th}=(6/5+0.8)//2=2//2=1\ \ \Omega$$

下面，对求解等效电阻的一般方法进行总结。

(1)电阻串联、并联法

如果电路只由电阻构成，可以直接应用电阻串联、并联进行化简，获得等效电阻。

(2)电阻△—Y 等效变换

如果无法用电阻串、并联化简时，可以采用电阻△—Y 等效变换途径把电路中的电阻接线方式改成为简单的串联或并联电路，以获得等效电阻，使电路结构简化。

(3)外加激励法

此法是在计算等效电阻的无源电阻电路端口施加理想电压源或理想电流源，如图 4.2.13(a)、(b)所示，注意端口电压与电流对电路方向取关联参考方向。

测得端口电压与电流后，根据欧姆定律关系，就可算出等效电阻值，也就是等于端口电压与电流之比值，即

$$R_{eq}=U/I \tag{4.2.1}$$

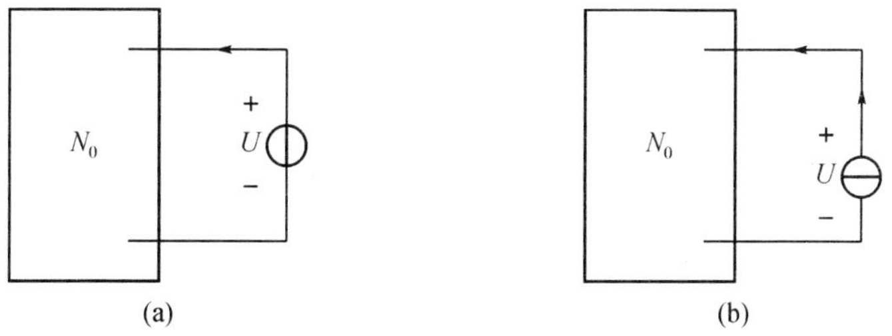

图 4.2.13　外加激励法计算等效电阻

①如果施加 1 V 理想电压源，即如图 4.2.13(a)所示电路中 $U=1$ V，则端口电流值便是等效电阻的阻值的倒数：

$$R_{eq}=1/I \tag{4.2.2}$$

②如果施加 1 A 理想电流源，即如图 4.2.13(b)所示电路中 $I=1$ A，则端口电压值便是等效电阻阻值：

$$R_{eq}=U \tag{4.2.3}$$

外加激励法一般适宜于含受控源电阻电路计算等效电阻。

(4)开路短路法

此法是首先计算待求等效电阻的有源电路端口处的开路电压，然后计算该有源电路端口处的短路电流，于是等效电阻值就等于此开路电压与短路电流之比值：

$$R_{eq}=U_{OC}/I_{SC} \tag{4.2.4}$$

注意：开路电压与短路电流的参考方向对于从有源电路的端口向外电路看，是取关联参考方向，如图 4.2.14 所示。

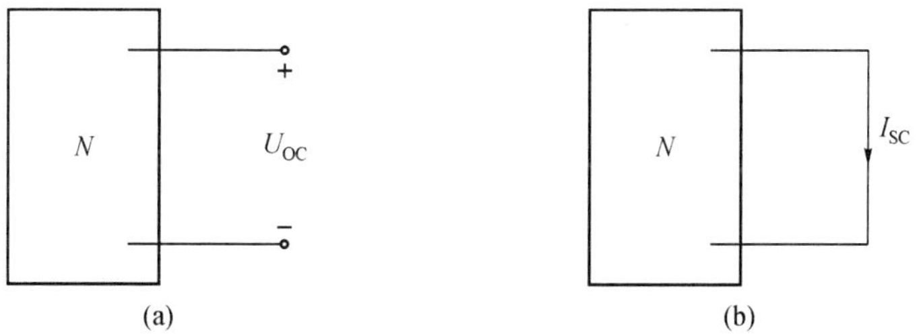

图 4.2.14　开路短路法计算等效电阻的电路图

应用戴维南定理分析含受控源的电路：

应用戴维南定理分析含受控源的电路时，被等效电路的内部受控源的控制量可以是端口电压 U 或端口电流 I，但是，被等效电路内部受控源的控制量不能是被等效电路连接的外电路内部的支路电压或电流；同样，外电路内部的受控源的控制量也不能是被等效电路内部的支路电压或电流。

【例 4.2.3】　电路如图 4.2.15 所示，应用戴维南定理计算电压 U。

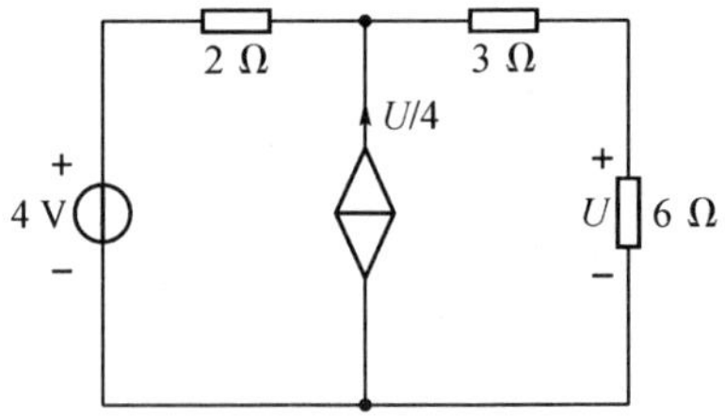

图 4.2.15　例 4.2.3 电路

解：(1)求 U_{OC}

将 6 Ω 电阻支路断开如图 4.2.16(a)所示，计算开路电压。

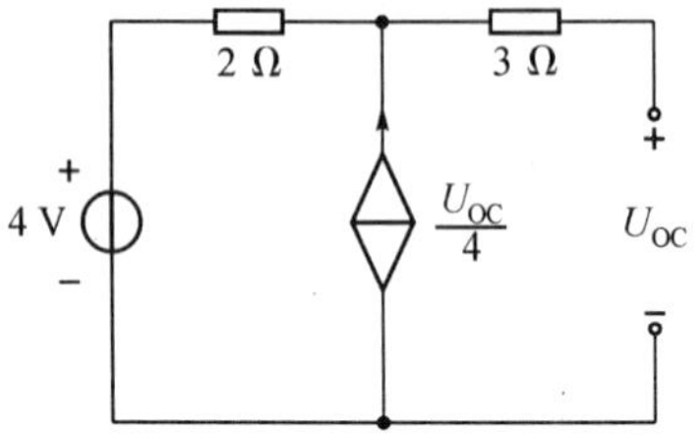

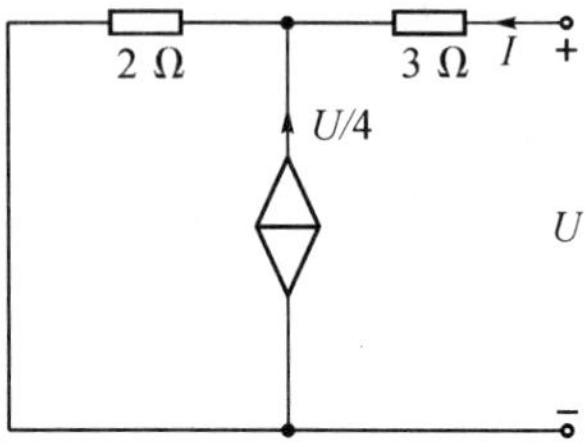

图 4.2.16　3Ω 无电流流过，受控电流源的端电压就是 U_{OC} 对左侧回路

注意，此时开路电压为控制量，列写 KVL 方程，得到

$$U_{OC}=2\times\frac{U_{OC}}{4}+4$$

解得

$$U_{OC}=8\ \text{V}$$

(2)求 R_{eq}

本例电路中含受控源，应用激励法计算等效电阻。在端口处标出电压 U 与电流 I，如图 4.2.16(b)所示。列写 KVL 方程，得到

$$U=3I+2\left(I+\frac{U}{4}\right)$$

$$\frac{U}{2}=5I$$

等效电阻为

$$R_{eq}=\frac{U}{I}=10\ \Omega$$

也可以应用开路－短路法求等效电阻。

本例已经得到开路电压 $U_{OC}=8$ V，为了得到短路电流，把端口短路，如图 4.2.17(a)所示。

由于端口短路，受控源的控制量 $U=0$，因此，受控源电流 $U/4=0$，该支路相当开路。于是，

$$I_{SC}=\frac{4}{2+3}=0.8\ \text{A}$$

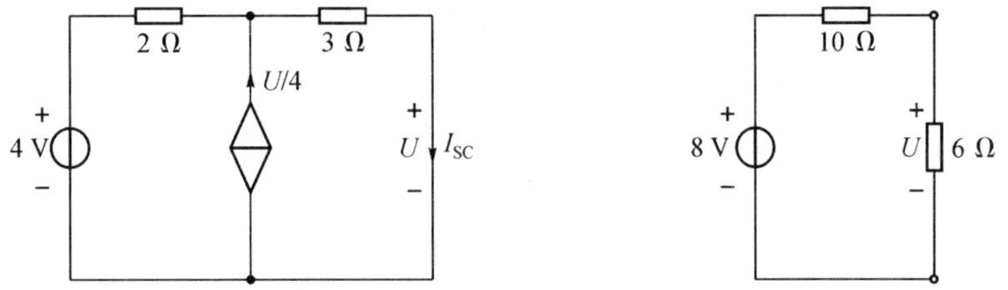

(a)计算短路电流电路　　(b)戴维南等效电路

图 4.2.17　端口短路电路

等效电阻为

$$R_{eq}=\frac{U_{OC}}{I_{SC}}=\frac{8}{0.8}=10\ \Omega$$

(3)作出戴维南等效电路,如图 4.2.17(b)所示,计算电压 U

$$U=\frac{6}{10+6}\times 8=3\ \text{V}$$

为了获得戴维南等效电路,对于比较简单的含受控源的电路,还可以应用方程法(或称为 $U-I$ 关系法)。例如,对于如图 4.2.15 所示例 4.2.3 电路,将 6 Ω 电阻支路断开,在端口处标明电压 U 与电流 I,如图 4.2.18(a)所示。

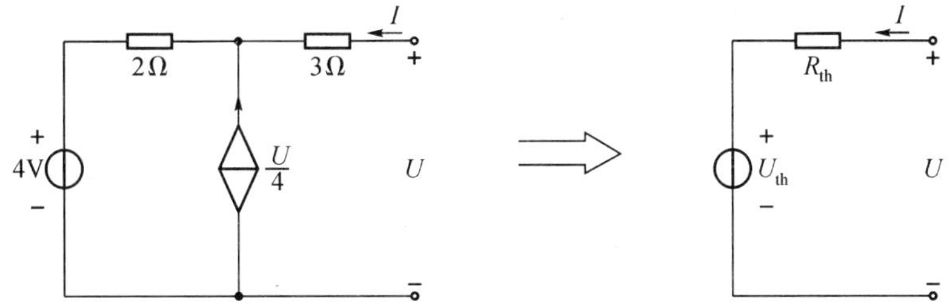

(a)方程法获得戴维南等效电路　　(b)戴维南等效电路

图 4.2.18　端口处标明电压 U 与电流 I

写出电路端口处的电压与电流的关系

$$U=3I+(I+U/4)\times 2+4=5I+U/2+4$$

整理得到

$$U=10I+8$$

图 4.2.18(b)戴维南等效电路的端口处的电压与电流的关系为

$$U=R_{th}I+U_{th}$$

与 $U=10I+8$ 作比较,得到

$$R_{th}=10\ \Omega$$

$$U_{th}=8\ \text{V}。$$

【例 4.2.4】 求如图 4.2.19 所示电路的最简单的等效电路。

解:这是一个比较简单的含受控源的电路,可以应用方程法直接获得等效电路。

绕电路的外回路一周,列写 KVL 方程,得到:

$$U=2+2I+2(I+2I)-2=8I$$

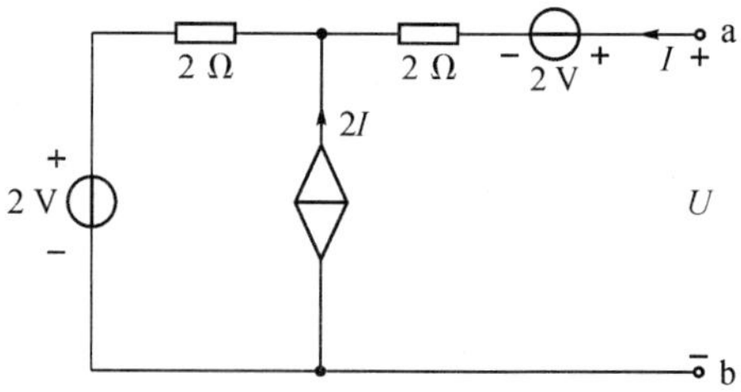

图 4.2.19　例 4.2.3 电路

戴维南等效电路的端口处的电压与电流的关系为

$$U=R_{th}I+U_{th}$$

进行比较，得到：

$$R_{th}=R_{eq}=8\ \Omega$$

$$U_{th}=U_{OC}=0\ \text{V}$$

获得戴维南或诺顿等效电路的方法。

设电路如图 4.2.20 所示，现在欲求网络 A 的戴维南或诺顿等效电路。

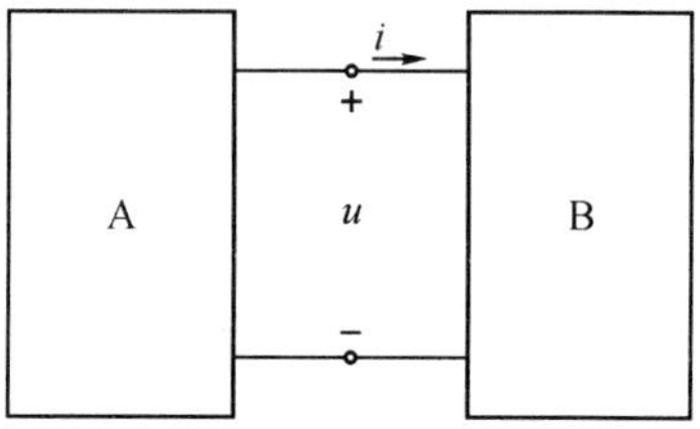

图 4.2.20　两个二端网络连接

我们用在前面研究的几种方法。

第一类情况：网络 A 中只含独立源与电阻。

为了得到网络 A 的戴维南等效电路，必须计算当电流 $i=0$ 时的开路电压 u_{oc} 与令网络 A 中独立源置零时的等效电阻 R_{th}。为了得到网络 A 的诺顿等效电路，必须计算当电压 $u=0$ 时的短路电流 i_{sc} 与令网络 A 中独立源置零时的等效电阻 R_N；或者计算网络 A 的开路电压 u_{oc} 与短路电流 i_{sc}，于是等效电阻 $R_{th}=R_N=u_{oc}/i_{sc}$。

第二类情况：网络 A 中含独立源、受控源与电阻。

此类情况下，由于网络 A 中出现受控源，不能直接地、比较容易地得到等效电阻 R_{th} 或者 R_N，因此经常采用计算网络 A 的开路电压 u_{oc} 与短路电流 i_{sc}，然后计算等效电阻

$$R_{th}=R_N=u_{oc}/i_{sc}$$

第三类情况：网络 A 中只含受控源与电阻。

此类情况下，网络 A 的戴维南或者诺顿等效电路均为不含独立源的等效电阻 R_{th} 或者 R_N，一般采用激励法。可以用 $i=i_S=1$ A 的电流源替代网络 B，然后计算端口电压 u，于是等效电阻 $R_{th}=u$。当然也可以用 $u=u_S=1$ V 的电压源替代网络 B，然后计算端口电流 i，于是等效电阻 $R_{th}=1/i$。另外，还有三种方法可以应用于上述三种情况的任何一种。

方法 1：用一个电压源 $u=u_S$ 替代网络 B，然后计算端口电流 i，把方程列写为 $u_S=ai+b$ 的形式，于是 $a=R_{th}$，$b=u_{th}$，即得到戴维南等效电路。

方法 2：用一个电流源 $i=i_S$ 替代网络 B，然后计算端口电压 u，把方程列写为 $u=ai_S+b$ 的形式，于是 $a=R_{th}$，$b=u_{th}$，即得到戴维南等效电路。

方法 3：在端口处标出电压 u 与电流 i。对网络 A 列写端口电压—电流关系方程，整理为 $u=ai+b$ 的形式，于是 $a=R_{th}$，$b=u_{th}$，即得到戴维南等效电路。

在应用戴维南定理与诺顿定理时，如果寻找网络 A 的戴维南等效电路或者诺顿等效电

路，要求网络 A 必须是线性网络，而网络 B 可以是线性网络，也可以是非线性网络。了解这点，对电路分析，尤其是对非线性电路分析，很有好处。

4.3 最大功率传输

设含源线性二端网络 N 外接负载电阻 R_L，如图 4.3.1(a)所示。该含源线性二端网络 N 可以用戴维南电路对外部负载电阻等效，如图 4.3.1(b)所示，其中等效电源 U_{th} 发出的功率将被等效电阻 R_{th} 与负载电阻 R_L 吸收。电子技术中，在信号源一定条件下希望负载电阻获得的功率越大越好，这就是最大功率传输(Maxmum Power Transfer)。因此，提出问题：在电源电压及其内阻一定前提下，负载电阻为何值，才能获得最大功率？负载电阻获得的最大功率等于多少？

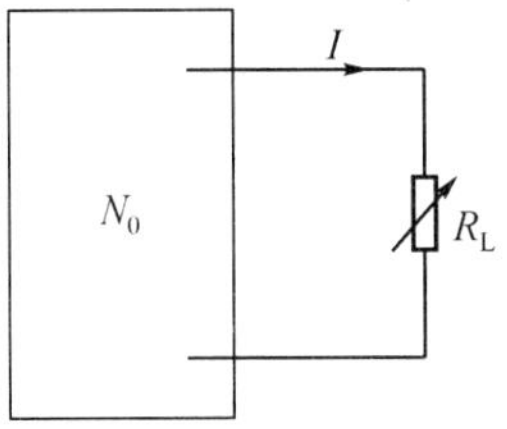

(a)二端网络外接负载电阻

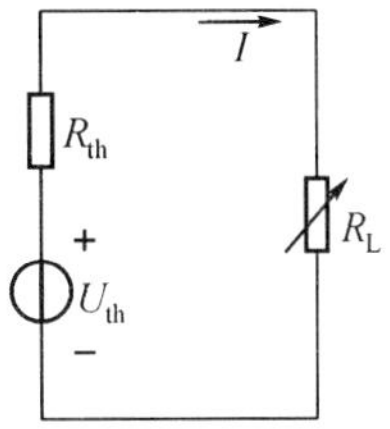

(b)戴维南电路

图 4.3.1 说明最大功率传输电路

根据如图 4.3.1(b)所示电路，我们知道负载电阻的电流与吸收的功率为

$$I=\frac{U_{OC}}{R_{eq}+R_L} \tag{4.3.1}$$

$$P_L=R_L I^2 \tag{4.3.2}$$

$$P_L=\frac{R_L U_{OC}^2}{(R_{eq}+R_L)^2} \tag{4.3.3}$$

在等效电压源电压与等效电阻固定条件下，负载电阻吸收的功率是负载电阻的函数。利用数学知识：

$$\frac{dP_L}{dR_L}=\frac{(R_{eq}+R_L)^2U_{OC}^2-2R_L(R_{eq}+R_L)U_{OC}^2}{(R_{eq}+R_L)^4}=\frac{R_{eq}-R_L}{(R_{eq}+R_L)^3}U_{OC}^2 \tag{4.3.4}$$

令

$$\frac{dP_L}{dR_L}=0 \tag{4.3.5}$$

得到

$$R_L=R_{eq} \tag{4.3.6}$$

结论：当负载电阻 R_L 与戴维南等效电阻 R_{eq} 相等时，负载电阻可从含源线性二端网络获得最大功率；此时最大功率为：

$$P_{max}=\frac{U_{OC}^2}{4R_{eq}} \tag{4.3.7}$$

戴维南等效电路中电压源 U_{OC} 的效率为

$$\eta=\frac{负载所获功率}{U_{OC}所产生的功率}=\frac{R_L I^2}{(R_{eq}+R_L)I^2}=\frac{1}{2}=50\% \tag{4.3.8}$$

一般称这种情况为电阻匹配。

当电阻匹配时，等效电源 U_{OC} 的效率只达 50%，这是因为等效电源 U_{OC} 所产生的功率有一半损耗在等效电阻 R_{eq} 上，另一半提供给负载。在电力系统中，这是绝对不允许的。在电力系统中，通常取 $R_L \gg R_{eq}$，使电源内阻消耗的功率尽量少，使电源的效率尽量高，即电源向负载提供的功率尽量大。

注意：可调负载电阻 R_L 获得最大功率的条件为 $R_L = R_{eq}$，这是在 R_{eq} 固定不变的前提下，调节负载电阻 R_L，使得 $R_L = R_{eq}$，才使负载电阻 R_L 获最得大功率。而不是调节 R_{eq}，使得 $R_{eq} = R_L$，才使负载电阻 R_L 获最得大功率。这是两个不同的概念，不要混淆。

【例 4.3.1】 电路如图 4.3.2 所示。(1)如果电阻 $R=6\ \Omega$，求其获得的功率；(2)如果电阻 R 的阻值可以改变，求电阻 R 为何值时，它能获得最大功率，并计算此最大功率。

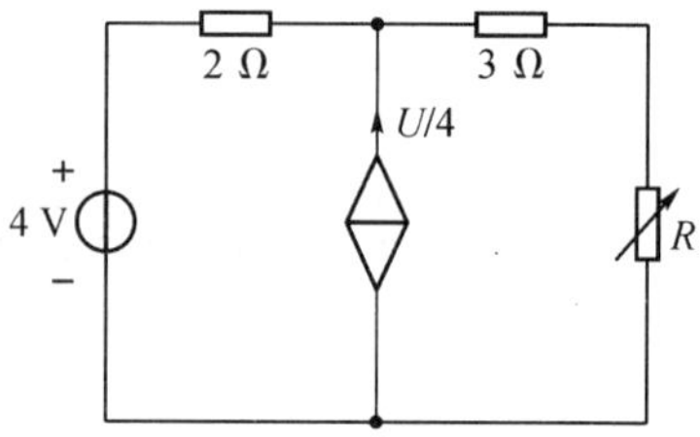

图 4.3.2　例 4.3.1 电路

解：(1)参考例 4.2.3 得到戴维南等效电路，其中

$$U_{th} = 8\ \text{V}$$

$$R_{th} = 10\ \Omega$$

因此，当 $R=6\ \Omega$ 时，它获得的功率为

$$P_{6\Omega} = [8/(10+6)]^2 \times 6 = 1.5\ \text{W}$$

(2)如果电阻 R 的阻值可以改变，根据最大功率传输条件，得到

$$R = R_{th} = 10\ \Omega$$

此时，电阻 R 获得最大功率为

$$P_{max} = U_{th}^2/(4R_{th}) = 8^2/(4\times 10) = 1.6\ \text{W}$$

4.4　小结

(1)叠加定理是线性电路的重要定理，通常应用叠加定理确定每个独立电源对某一具体响应的单独贡献。叠加定理的内容是线性电路的响应等于每个独立电源单独作用产生的响应的叠加。应用叠加定理进行电路分析时要注意叠加定理只适用于线性电路分析与计算电压与电流；不适宜直接应用叠加定理计算功率；不作用的理想电压源“短路”，不作用的理想电流源“断路”；受控源均需保留在电路中，不可以单独作用；叠加不是相加，而是代数和，当响应分量参考方向与响应参考方向一致时其前面取正号，否则取负号。

(2)戴维南定理与诺顿定理是线性电路的重要定理，其内容是任一含源线性二端网络可以用戴维南支路(或诺顿支路)对外部等效，戴维南支路是一个电阻串联一个独立电压源；而诺顿支路是一个电阻并联一个独立电流源。独立电压源电压等于该含源二端网络端口处的开路电压，独立电流源电流等于该含源二端网络端口处的短路电流；电阻等于该含源二端网络中所有独立源置零时的无源线性二端网络端口处看进去的等效电阻。

应用等效变换可以把一个戴维南支路变换为一个诺顿支路，反之亦然。

应用戴维南定理(诺顿定理)分析电路的主要步骤是计算含源线性二端网络端口处开路电压(短路电流)与该含源二端网络中所有独立源置零时的无源线性二端网络端口处等效电阻。获得等效电阻的方法很多，选择什么方法取决于网络结构与网络中是否含有受控源。

(3)当含源线性二端网络连接的负载电阻与该网络的等效电阻匹配时，出现最大功率传输。设含源线性二端网络用戴维南支路(电阻 R_{th} 串联独立电压源 U_{th})等效替代，则当负载

电阻 R 等于 R_{th} 时，负载电阻获得最大功率

$$P_{max}=U_{th}^2/(4R_{th})。$$

习　题　4

4-1-1　电路如图 4-1-1 所示，应用叠加定理计算支路电流 I_1 与 I_2。

4-1-2　电路如图 4-1-2 所示，应用叠加定理计算支路电流 i 与电压 u。

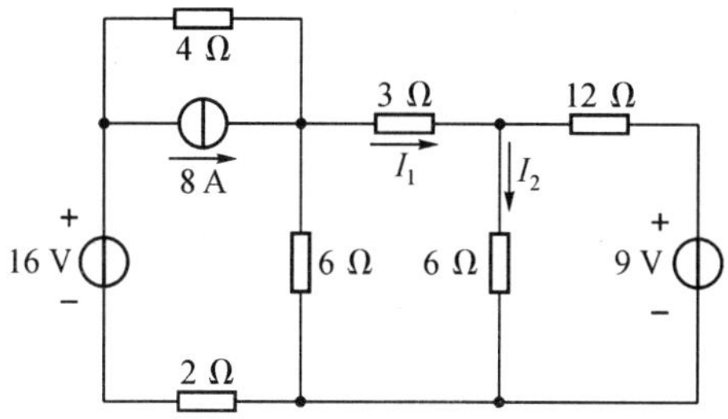

图 4-1-1　习题 4-1-1 电路

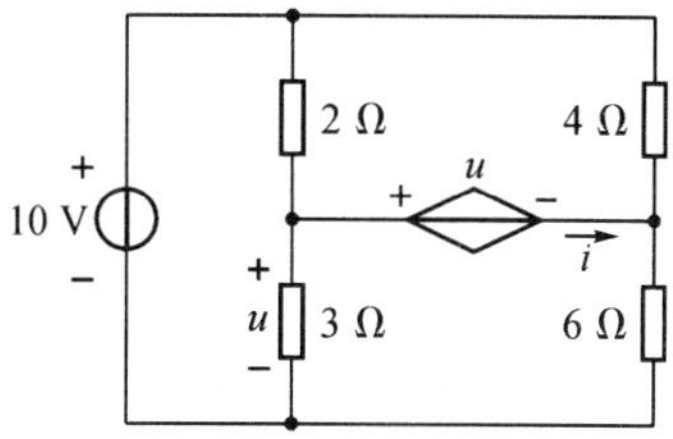

图 4-1-2　习题 4-1-2 电路

4-1-3　电路如图 4-1-3 所示，应用叠加定理计算 2 A 电流源和受控电流源的端电压 u_1、u_2。

4-3-1　电路如图 4-1-3 所示。

1. 如果电阻 $R=2\ \Omega$，求其获得的功率；
2. 如果电阻 R 的阻值可以改变，求电阻 R 为何值时，它才能获得最大功率？此最大功率等于多少？

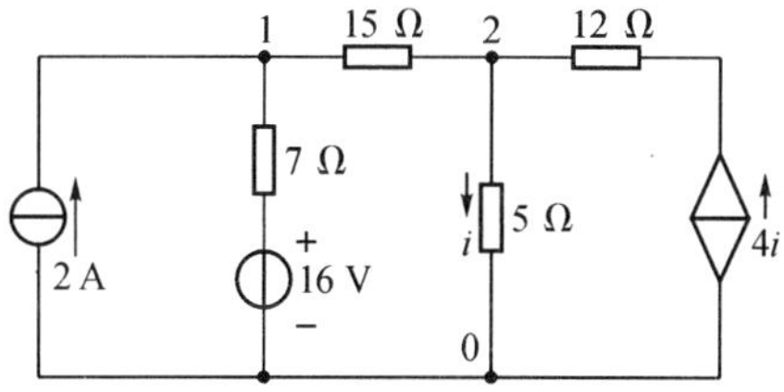

图 4-1-3　习题 4-1-3 电路

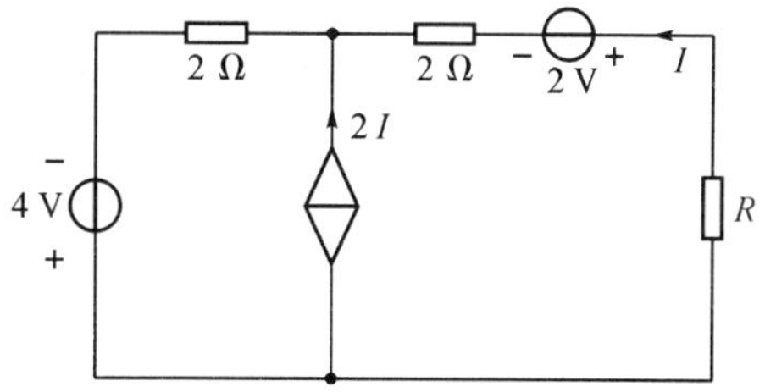

图 4-3-1　习题 4-3-1 电路

4-5-1　利用叠加定理求如图 4-5-1 所示电路中的电流 i 和电压 u。

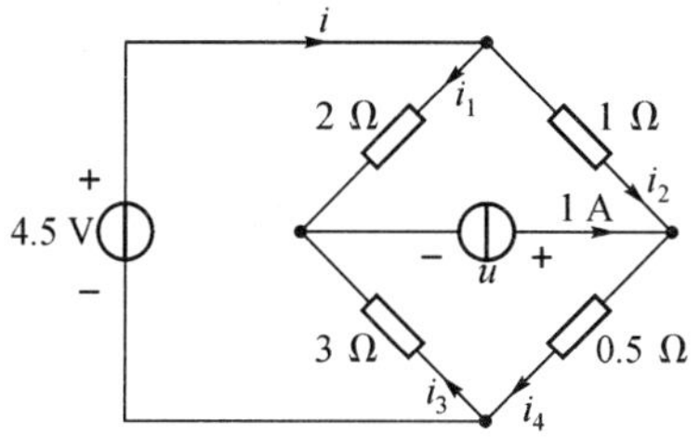

图 4-5-1　习题 4-5-1 电路

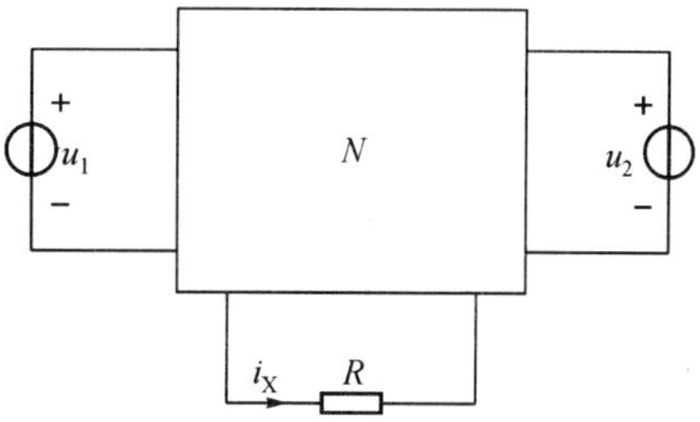

图 4-5-2　习题 4-5-2 电路

4-5-2　电路如图 4-5-2 所示。(1) N 仅由线性电阻组成，当 $u_1=2$ V，$u_2=3$ V 时，$i_x=20$ A；当 $u_1=-2$ V，$u_2=1$ V 时，$i_x=0$，求 $u_1=u_2=5$ V 时，i_x 为何值？(2) N 中接

入独立源，当 $u_1=u_2=0$ 时，$i_x=-10$ A，且(1)的条件仍然适用，再求 $u_1=u_2=5$ V 时，i_x 为何值？

4－5－3　试用叠加定理求如图 4－5－3 所示电路中电流 I 和电压 U_1。

4－5－4　电路如图 4－5－4 所示。试用叠加定理求支路电流 i_x。

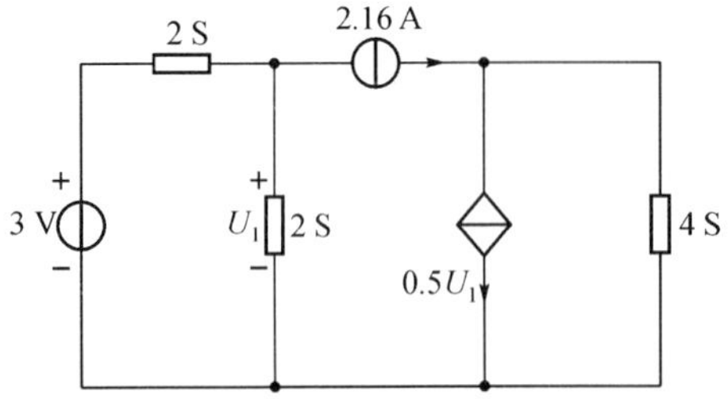

图 4－5－3　习题 4－5－3 电路

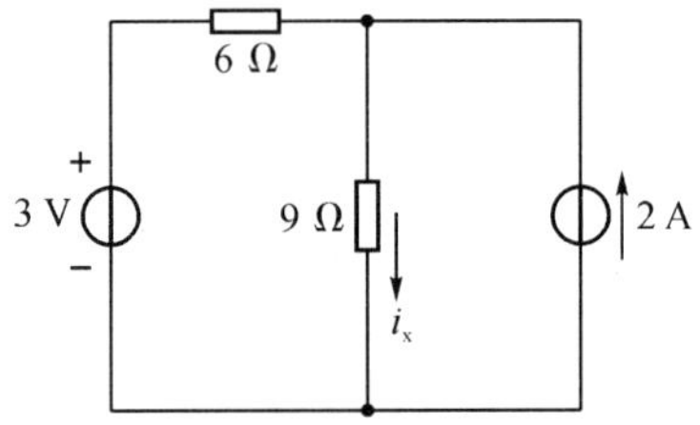

图 4－5－4　习题 4－5－4 电路

4－5－5　电路如图 4－5－5 所示。试用叠加定理求支路电流 i_1。

4－5－5　电路如图 4－5－6 所示。利用戴维南定理求 R_L 的左边部分电路的戴维南等效支路。

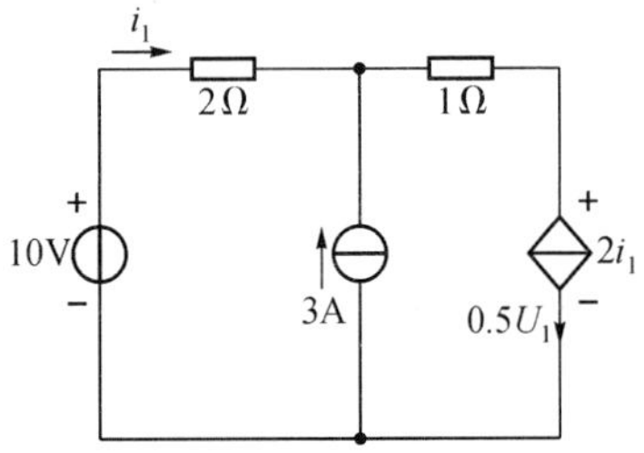

图 4－5－5　习题 4－5－5 电路

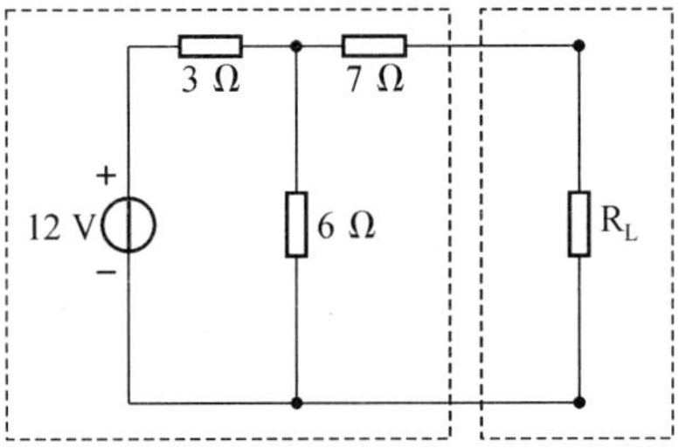

图 4－5－6　习题 4－5－6 电路

4－5－7　利用叠加定理求如图 4－5－7 所示电路中 i_x。

4－5－8　利用叠加定理求如图 4－5－8 所示电路中 i_x，u_x。

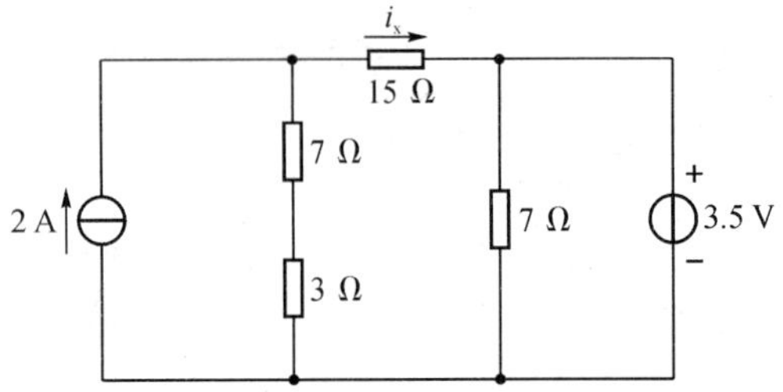

图 4－5－7　习题 4－5－7 电路

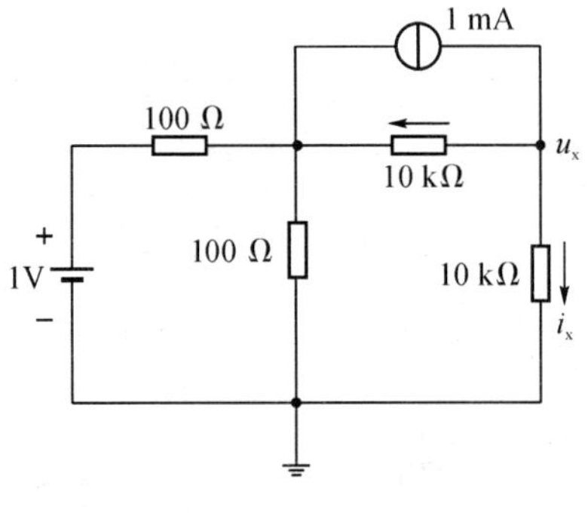

图 4－5－8　习题 4－5－8 电路

4－5－9　求如图 4－5－9 所示电路中通过 3 Ω 电阻的电流 I。

4－5－10　如图 4－5－10 所示电路中，已知 $U=6.25-2I$，求 U_x 和 R_x。

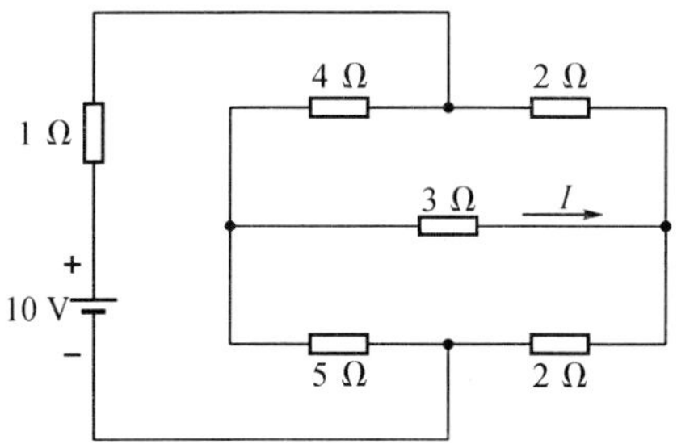

图 4-5-9 习题 4-5-9 电路

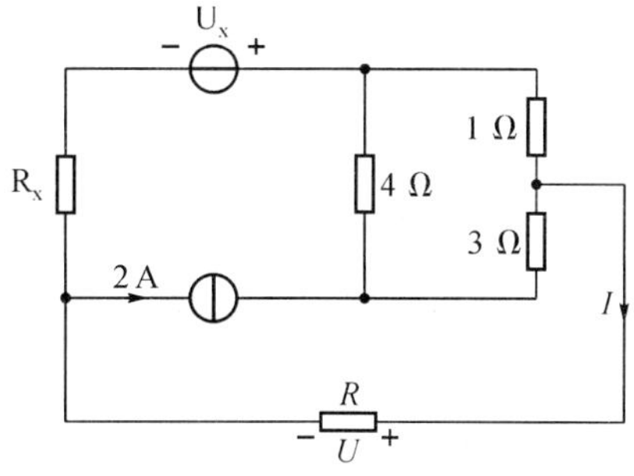

图 4-5-10 习题 4-5-10 电路

4-5-11 用戴维南定理求如图 4-5-11 所示电路中,20 kΩ 电阻中电流及 a 点电位 U_a。

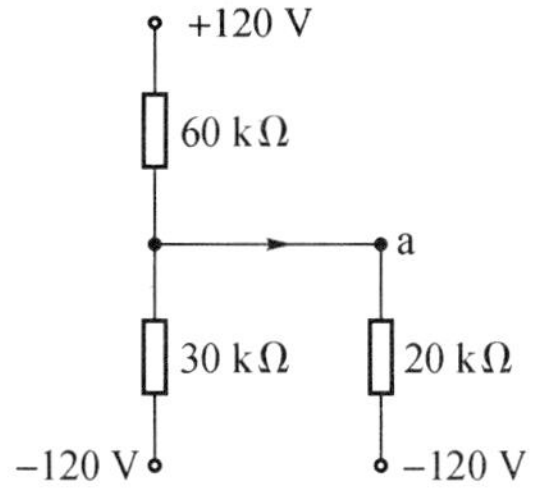

图 4-5-11 习题 4-5-11 电路

4-5-12 如图 4-5-12(a)所示电路。输入电压为 20 V,$U_2=12.5$ V,若将网络 N 短路,如图 4-5-12(b)所示,短路电流 $I=10$ mA,试求网络 N 在 AB 端的戴维南等效电路。

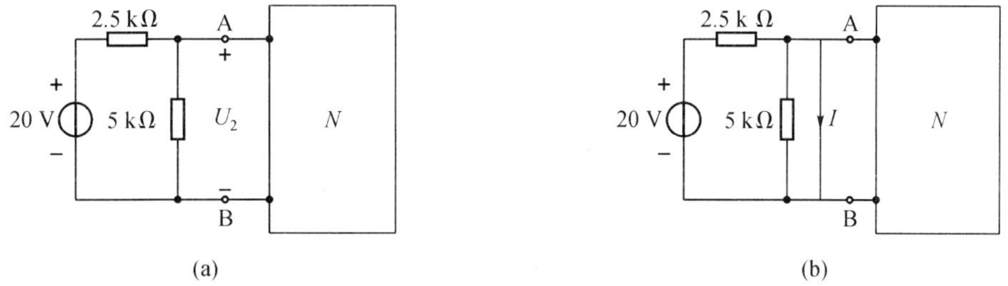

图 4-5-12 习题 4-5-12 电路

4-5-13 求如图 4-5-13 所示网络的诺顿等效电路。

4-5-14 确定如图 4-5-14 所示网络的戴维南和诺顿等效电路。

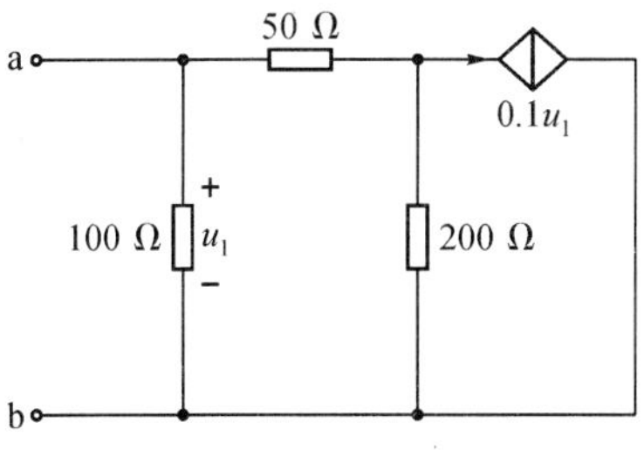

图 4-5-13 习题 4-5-13 电路

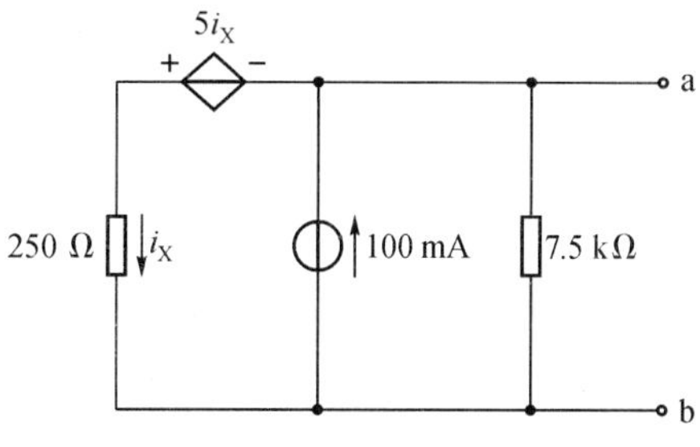

图 4-5-14 习题 4-5-14 电路

4-5-15　求如图 4-5-15 所示网络从(a)x 和 x′;(b)y 和 y′ 向左看到的戴维南等效电路。

4-5-16　如图 4-5-16 所示电路中负载电阻 R_L 等于多大时,才可获得最大功率?并求该最大功率 P_{Lmax}。

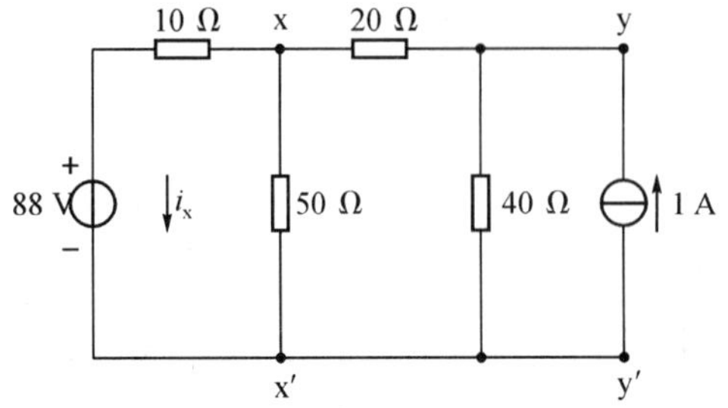

图 4-5-15　习题 4-5-115 电路

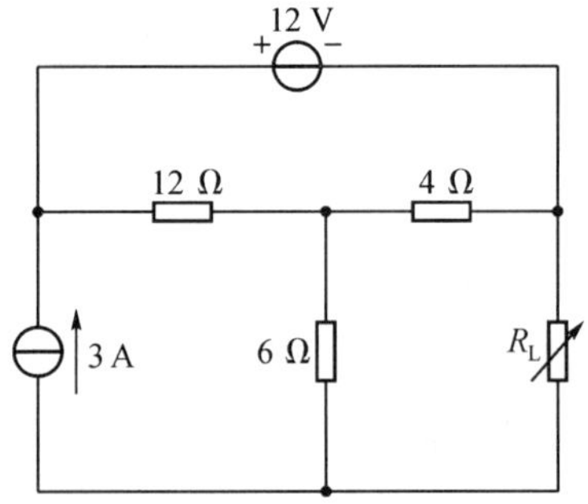

图 4-5-16　习题 4-5-16 电路

4-5-17　如图 4-5-17 所示电路中电阻 R 等于多大时可获得最大功率?此最大功率 P_{max} 为多少?

4-5-18　在如图 4-5-18 所示电路中,已知 N_S 为直流有源线性电阻网络,$R_S=2\ \Omega$。当 $R=8\ \Omega$ 时,则得 $I=20$ A,$I_0=-11$ A;当 $R=2\ \Omega$ 时,则得 $I=50$ A,$I_0=-5$ A。问调节 R 使 R_S 消耗功率为 50 W 时,R 为多少?

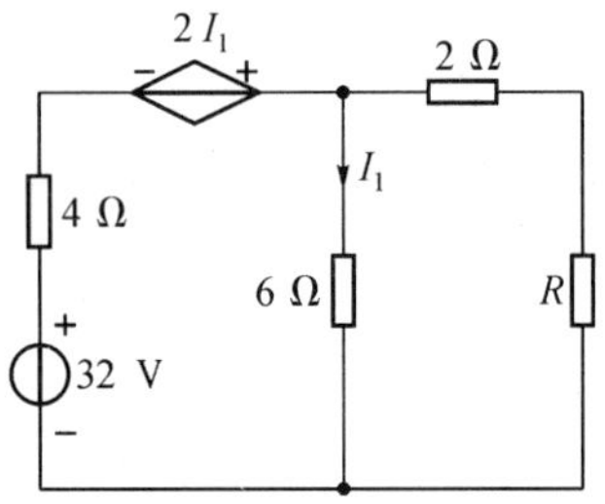

图 4-5-17　习题 4-5-17 电路

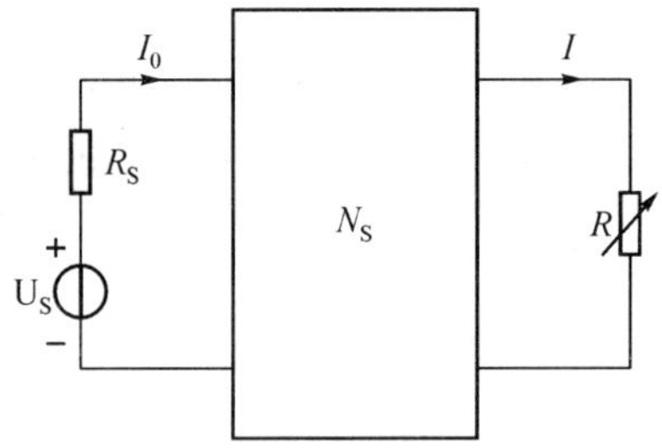

图 4-5-18　习题 4-5-18 电路

4-5-19　在如图 4-5-19 所示电路中,问 R_L 为何值时获得最大功率?最大功率为多少?

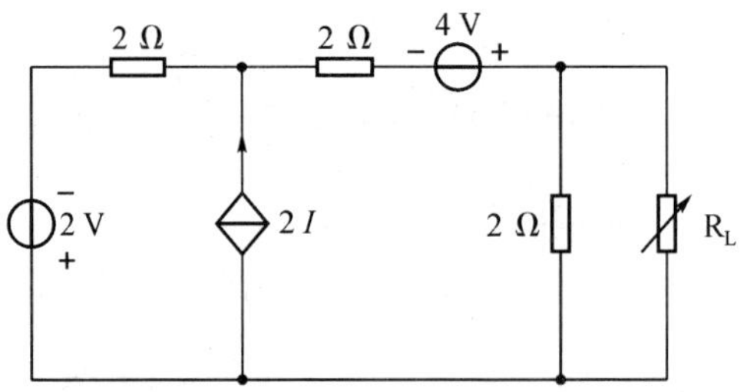

图 4-5-19　习题 4-5-19 电路

5 运算放大器

基本要求：

(1)正确掌握与应用理想运算放大器规则，进行电路分析。

(2)掌握反相放大器与同相放大器。

(3)理解并掌握运算放大器的级联分析。

(4)了解实际运算放大器主要的非理想特性。

5.1 理想运算放大器

本章将介绍一种应用广泛的电路——运算放大器(The Operational Amplifier)电路，简称运放。首批运算放大器电路中的主件是真空管。它与其他电路元件组合可以进行加、减、乘、除、微分与积分等数学运算，并且又能将所得信号放大，因而称为运算放大器。现代运算放大器采用晶体管集成电路技术，制造得体积更小、可靠性更高、功耗更少的集成块，其应用范围已经广泛而又灵活地应用于各个技术领域中。

运算放大器是多端电路元件，其电路符号如图 5.1.1 所示。

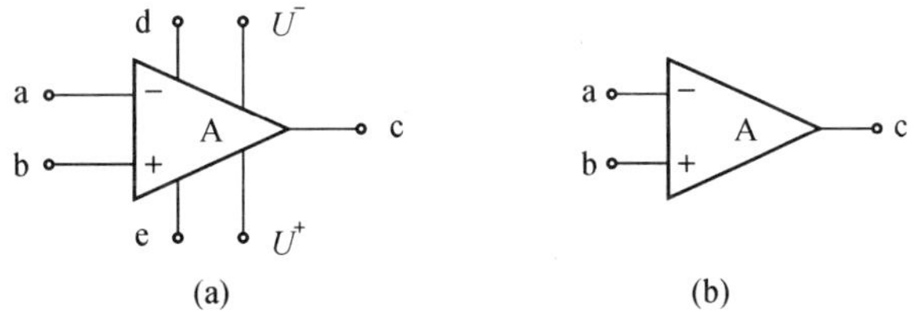

图 5.1.1 运算放大器电路符号

在如图 5.1.1(a)所示的电路符号中，a、b 两个端是输入端(Input)，其中标记"＋"号的输入端 b 称为非反相输入端，即同相端，表示输出电压与此端输入电压在相位上为同相；标记"－"号的输入端 a 称为反相端，表示输出电压相位与此端输入电压相位相反。d、e 两个端称为调零端(Offset Null)；标记"U^+"与"U^-"号的端组分别联结提供电能的直流电压的"＋"极与"－"极；c 端称为输出端(Output)。对于应用者，一般都不关心运算放大器的内部电路，只关心外部输出端与输入端之间的电压与电流的关系，因此，一般采用运算放大器的简化电路符号，如图 5.1.1(b)所示，只有两个输入端与一个输出端，但是，这并不说明运算放大器就是一个三端电路元件。

经过集成电路工程师们的努力工作，确保了运算放大器具有近似的理想特性。实践中，运算放大器运行良好，使我们能够利用理想运算放大器(The Ideal OP Amp)进行电路分析。

理想运算放大器具有两条应用法则(Rules):

法则 1:两个输入端之间电流为零,即其输入电阻无限大,一般称为“虚断”。

法则 2:两个输入端之间电压为零,即其放大倍数无限大,一般称为“虚短”。

这两个分析法则在分析运算放大器电路时起着重要作用,但是,这两个分析法则必须同时应用,不可以只用其中一个法则,不用另一个法则,以避免分析错误。

实际运算放大器具有输入电阻高的特点,但并非无限大,于是其输入端存在漏电流,其数量很微小,有时小到 40 fA,但并非为零,相当输入端断开。实际运算放大器具有放大倍数大的特点,但并非无限大。两个输入端之间存在微小的电压差,而不是无电压差,相当于短路。但是,这些微小数值并不影响我们应用理想运算放大器进行电路分析与计算。

在分析含运算放大器电路时,必须牢记:运算放大器电路的输出永远依赖于输入,分析含运算放大器电路的目的在于获得用输入量表示输出量的表达式,因此,分析运算放大器电路的过程一般要从运算放大器的输入端开始。分析步骤一般为:首先利用法则 1“虚断”列写 KCL 方程,并把支路电流用结点电压表示,然后利用法则 2“虚短”补充方程,最后进行整理。现举例说明如下。

【例 5.1.1】 含理想运放电路如图 5.1.2 所示,求电压放大倍数 $K_u=u_{out}/u_{in}$为多少?

解:应用法则 1“虚断”得知:

$$i_1=i_2$$

应用欧姆定律,得到

$$i_1=(u_{in}-u^-)/R_1$$

$$i_2=(u^- - u_{out})/R_f$$

因此, $(u_{in}- u^-)/R_1=(u^- - u_{out})/R_f$

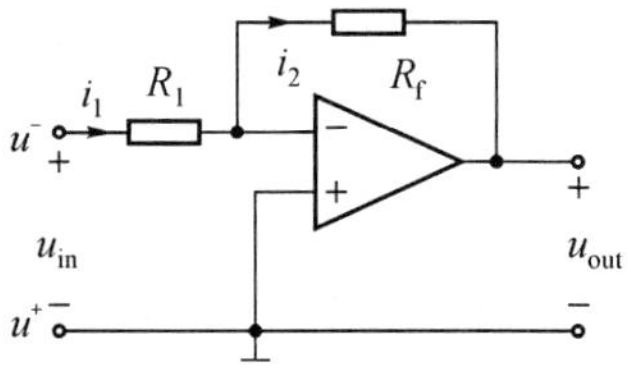

图 5.1.2 例 5.1.1 电路

应用法则 2“虚短”得知:

$$u^+=u^-=0$$

因此, $u_{in}/R_1=-u_{out}/R_f$

即 $$u_{out}=(-R_f/R_1)u_{in} \tag{5.1.1}$$

放大倍数 $$K_u=u_{out}/u_{in}=-R_f/R_1 \tag{5.1.2}$$

例如,$u_{in}=5\cos 5t$ mV,$R_1=470\ \Omega$,$R_f=4.7\ \text{k}\Omega$,则

$$u_{out}=(-R_f/R_1)u_{in}=(-4.7/0.47)\times 5\cos 5t$$

$$=-500\cos 5t\ \text{mV}=500\cos(5t-180^\circ)\ \text{mV}$$

这说明在数值上,u_{out}是 u_{in}的 500 倍,即把输入电压放大 500 倍,然后输出;在相位上,u_{out}与 u_{in}差 180°,即输出电压与输入电压反相。故此电路称为反相放大器(Inverting Amplifier)。

【例 5.1.2】 电路如图 5.1.3 所示,求电压放大倍数 $K_u=u_{out}/u_{in}$为多少?

解:由法则 1“虚断”得知:

$$i_1=i_2$$

应用欧姆定律,得到

$$i_1=(0 - u^-)/R_1$$

$$i_2=(u^- - u_{out})/R_f$$

因此, $(0 - u^-)/R_1=(u^- - u_{out})/R_f$

由法则 2“虚短”得知：

$$u^+=u_{in}=u^-$$

因此，得到

$$-u_{in}/R_1=(u_{in}-u_{out})/R_f$$

即
$$u_{out}=(1+R_f/R_1)u_{in} \quad (5.1.3)$$

放大倍数
$$K_u=u_{out}/u_{in}=1+R_f/R_1 \quad (5.1.4)$$

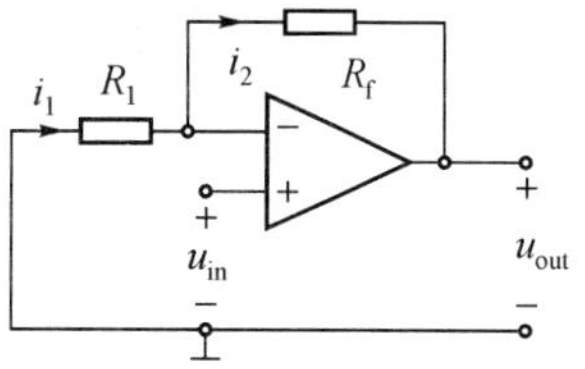

图 5.1.3 例 5.1.2 电路

例如，$u_{in}=5\cos 5t$ mV，$R_1=470\ \Omega$，$R_f=4.7\ \text{k}\Omega$，则

$$u_{out}=(1+R_f/R_1)u_{in}=(1+4.7/0.47)\times 5\cos 5t=505\cos 5t\ \text{mV}$$

这说明：在数值上，u_{out}是 u_{in}的 505 倍，即把输入电压放大 505 倍，然后输出；在相位上，u_{out}与 u_{in}为同相。故此电路称为同相放大器(Noninverting Amplifier)。

【例 5.1.3】 电路如图 5.1.4 所示，求输出电压 u_{out}与输入电压 u_1、u_2、u_3 之间关系式。

解：由法则 1“虚断”得知：

$$i_1+i_2+i_3=i$$

应用欧姆定律，得到

$$i_1=(u_1-u^-)/R_1$$
$$i_2=(u_2-u^-)/R_2$$
$$i_3=(u_3-u^-)/R_3$$
$$i=(u^--u_{out})/R_f$$

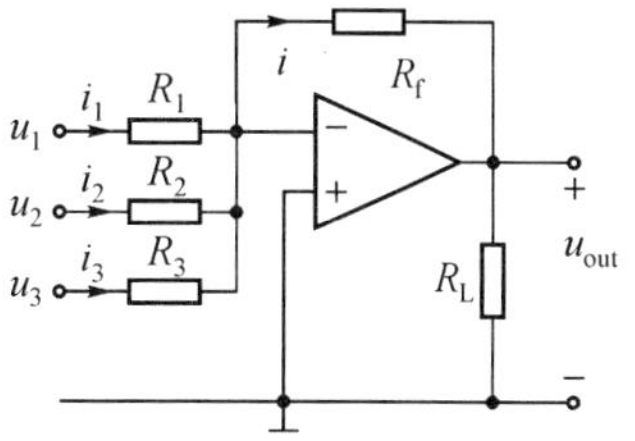

图 5.1.4 例 5.1.3 电路

因此，

$$(u_1-u^-)/R_1+(u_2-u^-)/R_2+(u_3-u^-)/R_3=(u^--u_{out})/R_f$$

由法则 2“虚短”得知：

$$u^+=0=u^-$$

因此，
$$u_1/R_1+u_2/R_2+u_3/R_3=-u_{out}/R_f$$

即
$$u_{out}=-R_f(u_1/R_1+u_2/R_2+u_3/R_3)$$

这是一个反相比例加法器，即把输入电压分别按比例放大，然后相加并反相输出。

例如，$u_1=1\cos t$ mV，$u_2=2\cos 2t$ mV，$u_3=3\cos 3t$ mV，$R_1=100\ \Omega$，$R_2=200\ \Omega$，$R_3=300\ \Omega$，$R_f=900\ \Omega$，则输出电压为

$$u_{out}=-900(u_1/100+u_2/200+u_3/300)=-(9u_1+4.5u_2+3u_3)$$
$$=-(9\cos t+9\cos 2t+9\cos 3t)\ \text{mV}$$

如果 $R_f=R_1=R_2=R_3$，则

$$u_{out}=-(u_1+u_2+u_3)$$

例如，$u_1=1\cos t$ mV，$u_2=2\cos 2t$ mV，$u_3=3\cos 3t$ mV，$R_1=R_2=R_3=R_f=900\ \Omega$，则输出电压为
$$u_{out}=-(1\cos t+2\cos 2t+3\cos 3t)\ \text{mV}$$

这是一个反相加法器，即把输入电压相加并反相输出，一般把此电路称为加法放大器(Summing Amplifier)。

另外，我们注意到，输出端连接的电阻 R_L 不出现在输出一输入表达式中，尽管 R_L 没有被短路，其电阻值不影响电路的运行。电阻 R_L 用来表示监测运算放大器输出的设备的内阻。如果这个设备是电压表，则电阻 R_L 表示电压表的内阻，典型电阻为 10 MΩ 或更高。如果这个设备是扬声器，典型电阻为 8 Ω。在这种情况下，输入 u_1、u_2、u_3 代表不同的声音，我

们通过扬声器听到的是这三种声音之和。

【例 5.1.4】 电路如图 5.1.5 所示，求输出电压 u_{out} 与输入电压 u_1、u_2 之间关系式。

解：由法则 1"虚断"得知：

$$i_1=i$$

$$i_2=u_2/(R_2+R_3)$$

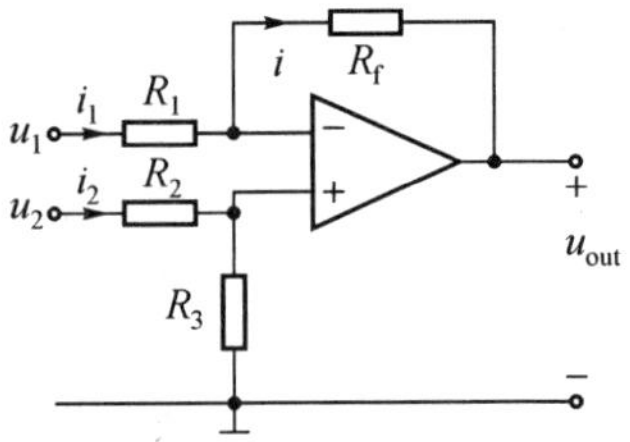

图 5.1.5　例 5.1.4 电路

应用欧姆定律，得到

$$i_1=(u_1-u^-)/R_1$$

$$i=(u^- -u_{out})/R_f$$

因此，　$(u_1-u^-)/R_1=(u^- -u_{out})/R_f$

由法则 2"虚短"得知：

$$u^+=u^-=R_3i_2=u_2R_3/(R_2+R_3)$$

于是，得到

$$(u_1-u_2R_3/(R_2+R_3))/R_1=(u_2R_3/(R_2+R_3)-u_{out})/R_f$$

经过整理，得到

$$u_{out}=(1+R_f/R_1)[R_3/(R_2+R_3)]u_2-(R_f/R_1)u_1$$

这是一个比例减法器，即把输入电压比例分别放大，然后作减法运算并输出。

例如，$u_1=1\cos t$ mV，$u_2=2\cos 2t$ mV，$R_1=100\ \Omega$，$R_2=200\ \Omega$，$R_3=300\ \Omega$，$R_f=900\ \Omega$，则输出电压为

$$\begin{aligned}u_{out}&=(1+900/100)[300/(200+300)]u_2-(900/100)u_1\\&=12\cos 2t-9\cos t\ \text{mV}\end{aligned}$$

如果　$R_1=R_2=R_3=R_f$

则　$u_{out}=u_2-u_1$

例如，$u_1=1\cos t$ mV，$u_2=2\cos 2t$mV，$R_1=R_2=R_3=R_f=900\ \Omega$，则输出电压为

$$u_{out}=2\cos 2t-1\cos t\ \text{mV}$$

一般把此电路称为减法放大器(Difference Amplifier)

对于比较复杂的含两个或两个以上理想运放的电路的分析，一般首先应用法则 1 直接对不是运放输出端的结点列写结点电压方程，也就是说，对运放输出端结点不要列写结点电压方程，因为此点电流关系不容易确定。然后应用法则 2，补充必需的电压方程。最后，整理与联立求解这些方程。

【例 5.1.5】 电路如图 5.1.6 所示，求电压传输比$\dfrac{u_{out}}{u_{in}}$。

解：结点 2 是下方运放输出端结点，因此，应用法则 1 只能对结点 1、3 与 4 列写结点电压方程：

对于节结 1，有　$\left(\dfrac{1}{R_3}+\dfrac{1}{R_1}\right)U_1-\dfrac{1}{R_1}U_2=\dfrac{u_{in}}{R_S}$

对于结点 3，有　$\left(\dfrac{1}{R_2}+\dfrac{1}{R_3}\right)U_3-\dfrac{1}{R_2}U_2-\dfrac{1}{R_3}u_{out}=0$

对于结点 4，有　$\left(\dfrac{1}{R_4}+\dfrac{1}{R_5}\right)U_4-\dfrac{1}{R_4}u_{out}=0$

应用法则 2 补充必需的电压方程：$U_1=U_3$

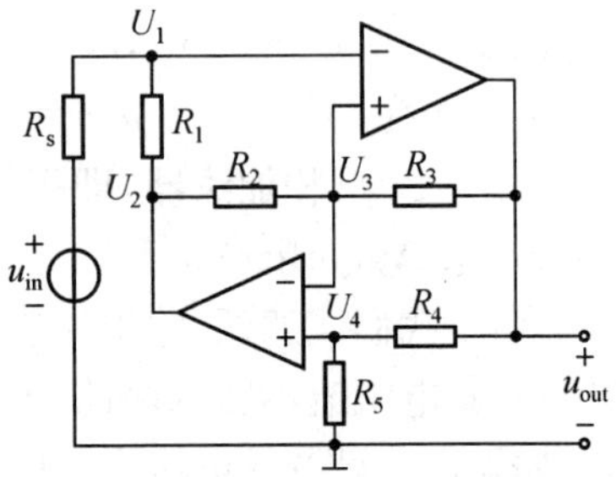

图 5.1.6　例 5.1.5 电路

$$U_3=U_4$$

经过整理与必要的求解，得到 $\dfrac{u_{out}}{u_{in}}=\dfrac{R_1R_3(R_4+R_5)}{R_1R_3R_5+R_2R_4R_s}$

5.2 级联

实际应用中，经常把几个运放进行级联(Cascaded Stages)组成一个放大电路，所谓级联就是前级运放的输出作为与其连接的后级运放的输入。

考虑如图 5.2.1 所示电路，该电路由两级运放电路组成，第一级运放电路是加法放大器，第二级运放电路是反相放大器；第一级运放电路的输出作为第二级运放电路的输入。

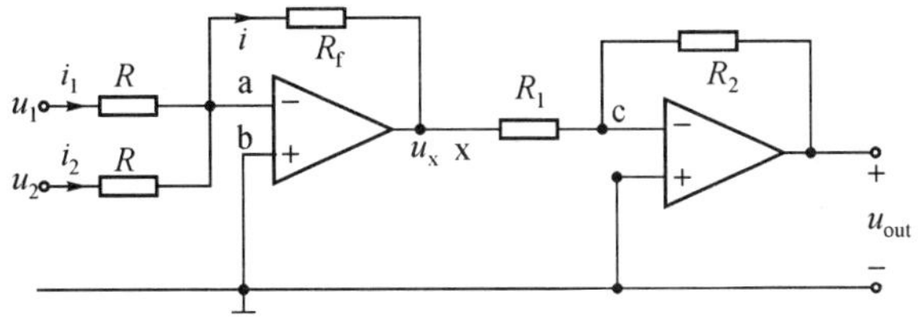

图 5.2.1 级联放大电路

分析第一级运放电路，知道：

$$u_x=-R_f/R(u_1+u_2)$$

分析第二级运放电路，知道：

$$u_{out}=(-R_2/R_1)u_x$$

因此，整个电路的输出 u_{out} 与输入 u_1、u_2 的关系为

$$u_{out}=(-R_2/R)(-R_f/R_1(u_1+u_2))$$
$$=(R_2R_f/R\,R_1)(u_1+u_2)$$

可以看出这个级联放大电路的功能是同相放大器(Noninverting Amplifier)。仔细地挑选电阻 R、R_f、R_1 与 R_2，我们既可以放大又可以缩小两个输入电压之和。如果我们选择 $R=R_f$ 与 $R_1=R_2$，则得到 $u_{out}=u_1+u_2$，这是典型的加法器。

对于图 5.2.1 所示级联放大电路，我们也可以应用列写结点电压方程方法进行分析。

结点 a $(1/R+1/R+1/R_f)u_a-(1/R_f)u_x=u_1/R+u_2/R$

结点 b $u_b=0$

结点 c $(1/R_1+1/R_2)u_c-(1/R_1)u_x-(1/R_2)u_{out}=0$

补充方程

$$u_a=u_b$$
$$u_c=0$$

经过整理，同样得到 $u_{out}=(R_2R_f/RR_1)(u_1+u_2)$

5.3 实际考虑

5.3.1 实际运算放大器的电路模型

实际运算放大器的合理电路模型如图 5.3.1 所示。

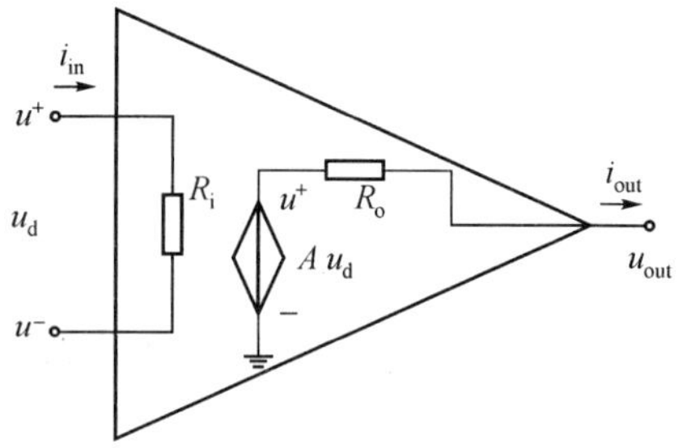

图 5.3.1　实际运算放大器电路模型

实质上，运算放大器是一个电压控制电压源，其输出电压依赖于输入电压。图 5.3.1 是一个实际运算放大器的电路模型，它是用一个电压增益为 A 的电压控制电压源、一个输出阻值为 R_o 的电阻与一个输入阻值为 R_i 的电阻所组成的电路。这是一些实际运算放大器的参数。例如，普通型运算放大器 μA741 的 $A=200\ 000$，$R_i=20\ \text{M}\Omega$，$R_o=75\ \Omega$。因此，一般说实际运算放大器具有输入电阻高、输出电阻低、电压增益高等特点。参数 A 称为开环电压增益(Open-loop Voltage Gain)，典型值范围在 $10^5\sim10^6$。注意，运算放大器的开环电压增益与描述具体运算放大器电路的闭环电压增益(Closed-loop Voltage Gain)是不同的。这里的“环”指的是运算放大器输出端与其反相输入端之间构成的外电路路径，可以是导线、电阻或其他类型元件，它的数值是依据应用情况而确定的。

如果参数 $A\to\infty$，$R_i\to\infty$，$R_o\to0$，则把实际运算放大器作为理想运算放大器处理，实践证明，这样处理的结果是大大地简化了运算放大器电路的分析，且带来的误差很小很小，因此，理想运算放大器模型是合理的。

5.3.2 理想运算放大器法则的推导

如图 5.3.1 所示是实际运算放大器电路模型，图中 u_d 称为运算放大器的输入电压差(Differential Input Voltage)，由于开环，因此 $u_{out}=Au_d=A(u^+-u^-)$，理想运算放大器的 $A\to\infty$，而实际 u_{out} 却为有限值，因此必须有 $u_d=(u^+-u^-)=0$。从而得到法则 2：两个输入端无电压差，犹如“短路”，但是，运算放大器的两个输入端不能短路，故称之为“虚短”。另外，输入端电压一电流关系为：$i_{in}=u_d/R_i$。理想运算放大器的 $R_i\to\infty$，因此导致 $i_{in}=0$，由此得到法则 1：两个输入端无电流，犹如“断路”，但是，运算放大器的两个输入端不能断路，故称之为“虚断”。

把实际运算放大器作为理想运算放大器处理，应用这两个法则进行分析与计算，其结果与对含实际运算放大器电路的测量结果进行比较，结果是误差微小。

5.3.3 共模抑制与负反馈

由于运算放大器的输出电压正比于运算放大器两个输入端电压之差，因此有时把运算放大器称为差动放大器(Difference Amplifier)。

这就意味着：如果运算放大器的两个输入端电压相同时，运算放大器的输出电压为零。

这种功能称为共模抑制(Common－Mode Rejection)。

例如,在减法放大器电路中,$R=1\ \text{k}\Omega$,$R_f=10\ \text{k}\Omega$,$u_1=2+0.2\cos 2t$ V,$u_2=2$ V。于是,输出电压 $u_{out}=(R_f/R)(u_2-u_1)=(10/1)(2+0.2\cos 2t-2)=2\cos 2t$ V。输入 u_1 与 u_2 共有的 2 V 直流分量消失了。

反馈(Feedback)广泛地应用于放大电路、自动控制系统、信息系统、经济系统、管理系统、军事与民用技术中。因此,掌握反馈概念对掌握现代科学技术非常重要。

所谓反馈就是把电路(系统)的输出的一部分或全部通过反馈电路送回原电路(系统)的输入端,去正确地影响原来的输入量,使电路(系统)正常稳定地工作。一般把通过反馈电路送回电路输入端的一部分或全部输出称为反馈量。

如果反馈量加强了原来输入量的作用,称为正反馈(Positive Feedback)。正反馈能够提高放大电路的放大倍数,但会使放大电路的稳定性变差,甚至无法工作。

如果反馈量削弱了原来输入量的作用,称为负反馈(Negative Feedback)。负反馈能够提高放大电路的稳定性,但会使放大电路的放大倍数下降。

通过前面的举例,可以看出:运算放大器的开环电压增益 A 很大,但是,在运算放大器的输出端与反相输入端之间连接电阻 R_f 以后,组成负反馈电路,所构成闭环运算放大器电路,其闭环电压增益要比开环电压增益小,也就是说,电阻 R_f 构成负反馈。从而,以减低电压增益作为代价,换来了提高放大电路的稳定性。

5.3.4 饱和

我们把运算放大器处理为线性器件,并假定其特性与其在电路中的连接方式无关。实际上,为了使运算放大器内部电路工作,还必须提供电源。提供直流正电压的典型范围在5～24 V,其电源正极连接在如图 5.3.1 所示的标记“u^+”端,负极连接在接地端。提供直流负电压的数值的绝对值一般与直流正电压的数值相同,其电源负极连接在如图 5.3.1 所示的标记“u^-”端,正极连接在接地端。通常,对运算放大器的输入电压有一定的限制,制造商指定最大功率电压,如果超过此极限值,将使运算放大器毁坏。

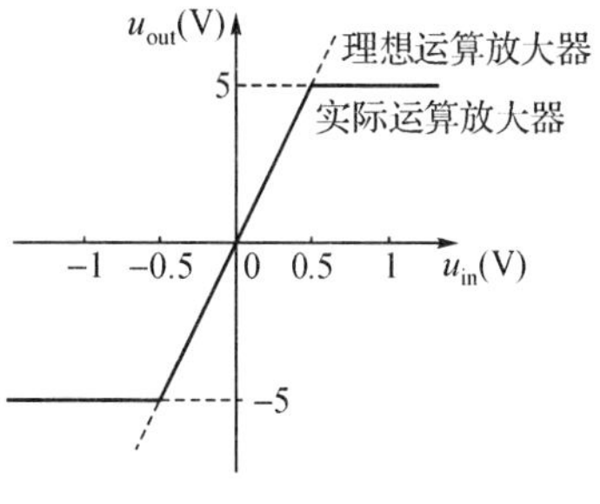

图 5.3.2 运算放大器输出－输入特性曲线

我们考虑同相运算放大器,设其闭环电压增益为 10,直流电源供电±5 V。如果把运算放大器作为理想运算放大器处理,则其输出电压与输入电压的关系为 $u_{out}=10\ u_{in}$,不论输入电压 u_{in}如何变化,如图 5.3.2 中虚线所示。实际对该电路测量结果是在 $|u_{in}|<0.5$ V时,$u_{out}=10\ u_{in}$,输出电压与输入电压的关系保持为线性;当 $|u_{in}|>0.5$ V 时,输出电压与输入电压的关系不再保持线性,而是 $|u_{in}|$ 维持在 5 V 左右,称为处于饱和(Saturation)状态,其输出电压与输入电压的关系特性曲线如图 5.3.2 中实线所示。

另外,实际运算放大器在运行时,即使把两个输入端短路,其输出电压也有非零倾向,该非零输出电压称为失调电压(Offset Voltage)。使输出电压为零的输入电压称为输入失调电压(Input Offset Voltage),此电压很小,一般在几个毫伏。大部分运算放大器提供两个标记“调零”端(Offset Null)或两个标记“平衡”端(Balance),用来连接可调电阻达到调整输出电压。

5.4　小结

(1)分析理想运算放大器必须应用两条基本规则:规则 1 称为虚断,意指无电流流入运算放大器的两个输入端;规则 2 称为虚短,意指运算放大器的两个输入端之间无电压差。这两条基本规则必须同时满足与应用。运算放大器电路的分析通常是用输入量或输入性状分析输出电压,分析方法一般选择结点电压分析法,首先应用规则 1 对运算放大器电路中不是运算放大器输入端的各结点列写结点电压方程,然后应用规则 2 补充电压方程并整理。运算放大器电路的输出电流不能设定,必须在已经独立的确定输出电压以后才能计算此输出电流。

(2)反相运算放大器电路的输入一输出方程为

$$u_{\text{out}}=(-R_{\text{f}}/R_1)u_{\text{in}}$$

(3)同相运算放大器电路的输入一输出方程为

$$u_{\text{out}}=(1+R_{\text{f}}/R_1)u_{\text{in}}$$

(4)在运算放大器的输出端与其反相输入端之间总是连接着一个电阻,该电阻把负反馈措施引入电路,以增强电路的稳定性。

(5)在实际应用运算放大器电路时,要考虑其非理想特性,例如饱和性等。

习　题　5

5-5-1　参看图 5-5-1,计算电压 u_{out}。

5-5-2　如图 5-5-2 所示电路,计算电压 u_1。

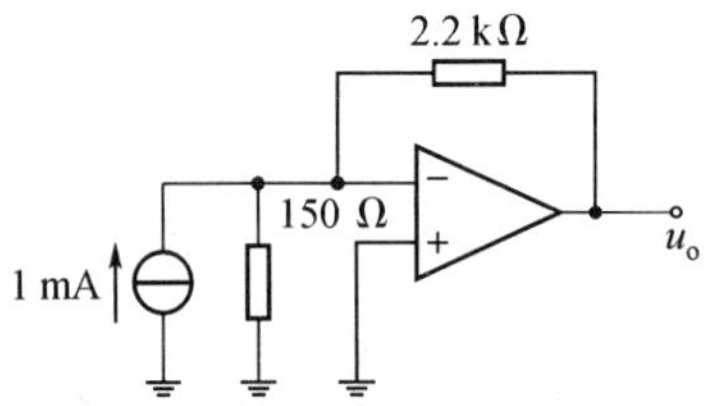

图 5-5-1　习题 5-5-1 电路

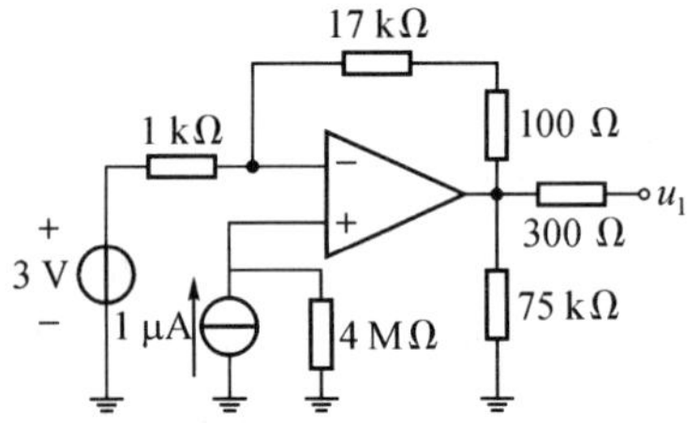

图 5-5-2　习题 5-5-2 电路

5-5-3　如图 5-5-3 所示电路,求出 u_{out} 的表达式,并给出 $t=3$ s 时的值。

5-5-4　在图 5-5-4 中选取 R_1 和 R_{f} 的值,使得 $u_{\text{out}}=23.7\cos 500t$ V。

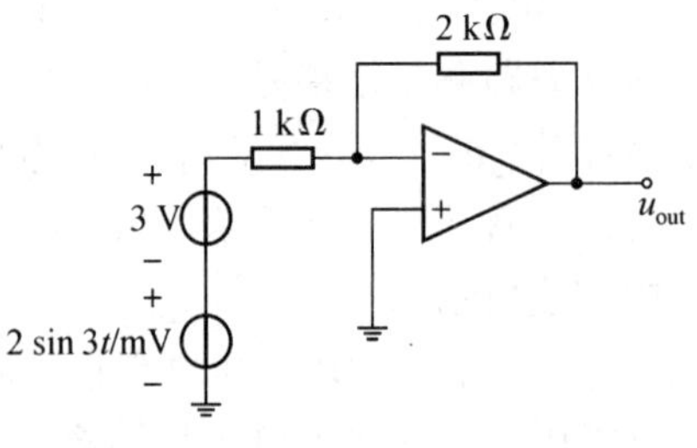

图 5-5-3　习题 5-5-3 电路

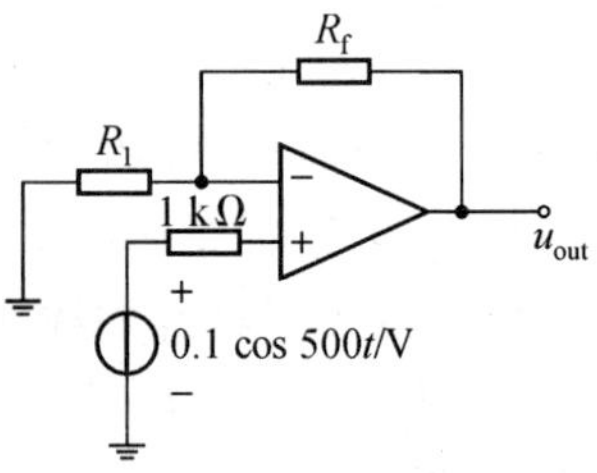

图 5-5-4　习题 5-5-4 电路

5-5-5 如图 5-5-5 所示电路，导出以 U_1 和 U_2 表示的 U_{out} 的表达式。

5-5-6 如图 5-5-6 所示的运放电路，为使输出 $U_{out}=10$ V，R 的值需要多大？

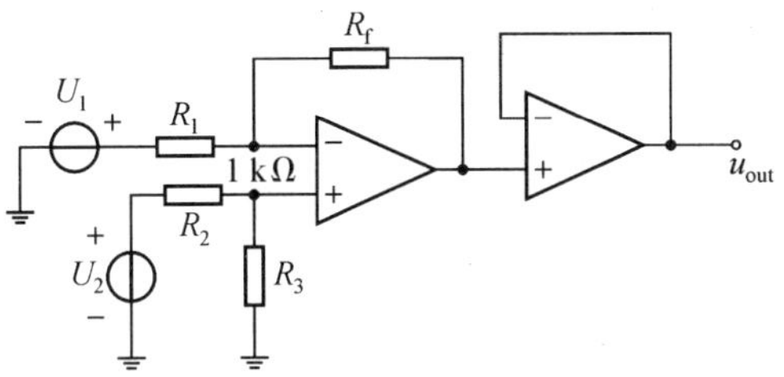

图 5-5-5 习题 5-5-5 电路

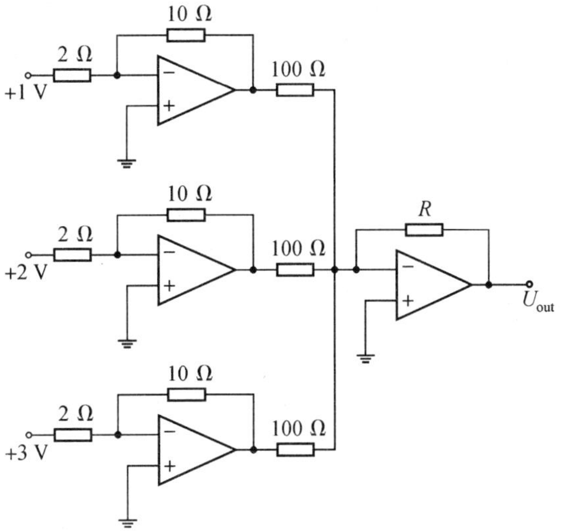

图 5-5-6 习题 5-5-6 电路

5-5-7 求如图 5-5-7 所示电路的电压比值 u_o/u_1。

5-5-8 求如图 5-5-8 所示电路的电压比值 u_o/u_S。

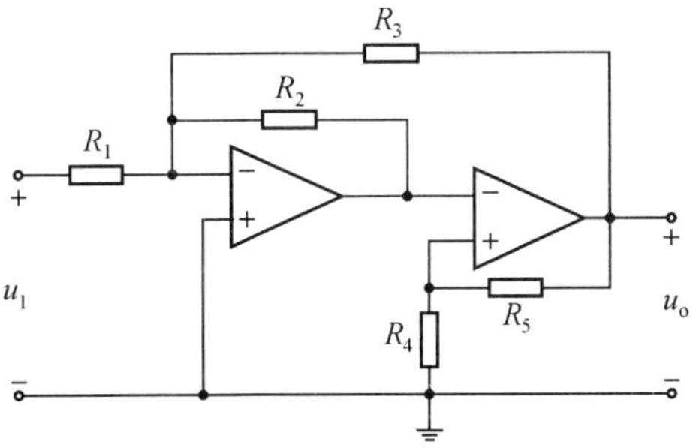

图 5-5-7 习题 5-5-7 电路

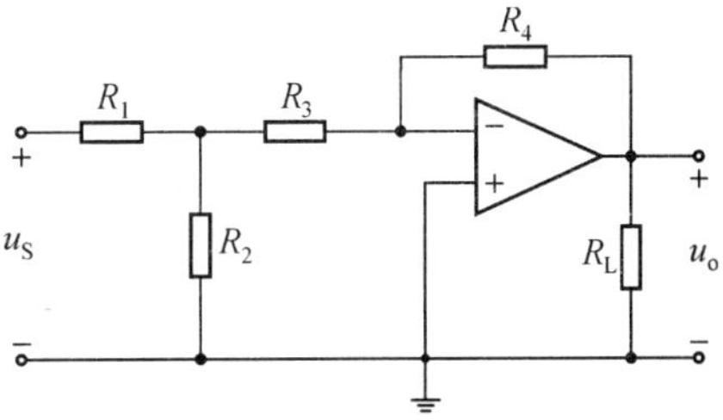

图 5.5.8 习题 5-5-8 电路

5-5-9 如图 5-5-9 所示的电路，已知 $u_{i1}=1$ V，$u_{i2}=2$ V，$u_{i3}=3$ V，$u_{i4}=4$ V，$R_1=R_2=2$ kΩ，$R_3=R_4=R_F=1$ kΩ，试计算输出电压 u_o。

5-5-10 求如图 5-5-10 所示电路的 u_o 与 u_i 的运算关系式。

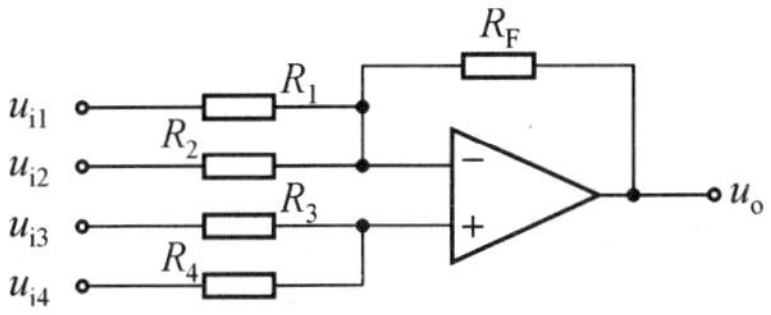

图 5-5-9 习题 5-5-9 电路

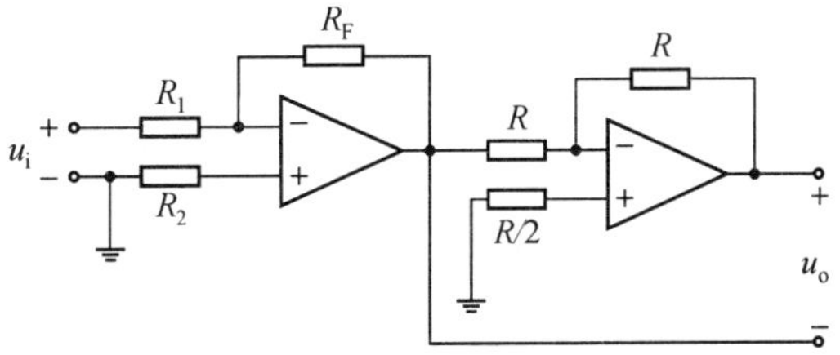

图 5-5-10 习题 5-5-10 电路

5-5-11　如图 5-5-11 所示电路，已知 $u_i=0.5$ V，$R_1=R_2=10$ kΩ，$R_3=2$ kΩ，试求 u_o。

5-5-12　如图 5-5-12 所示的差动运算电路中，$R_1=R_2=4$ kΩ，$R_F=R_3=20$ kΩ，$u_{i1}=1.5$ V，$u_{i2}=1$ V，试求输出电压 u_o。

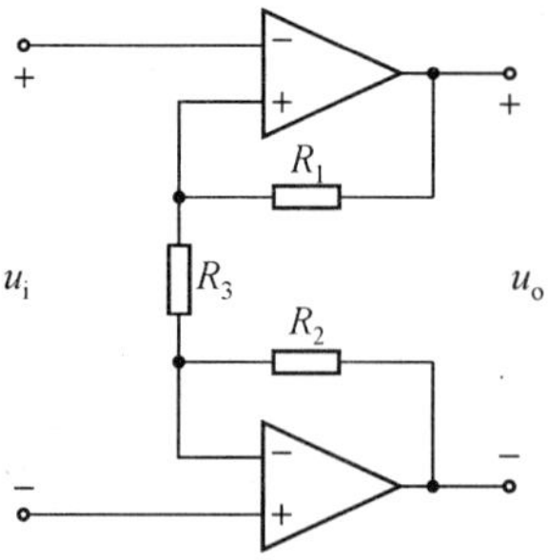

图 5-5-11　习题 5-5-11 电路

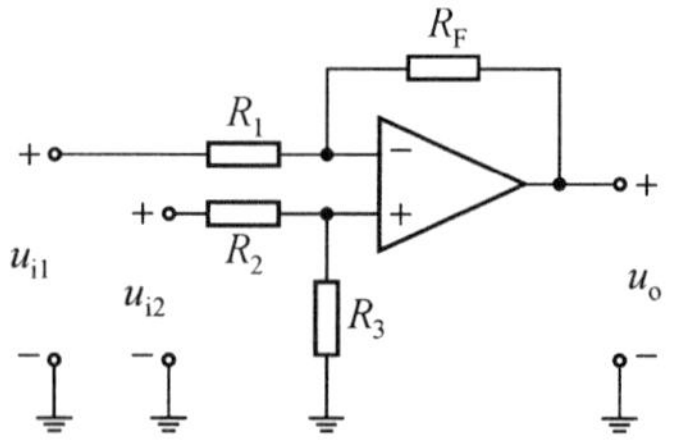

图 5-5-12　习题 5-5-12 电路

5-5-13　在图 5-5-13 电路中，$u_S=5\sin 3t$，计算 $t=0.25$ s 时的 u_{out}。

5-5-14　如图 5-5-14 所示电路，若理想运放的输出电压 $u_o=9$ V，试确定电阻 R 的值。

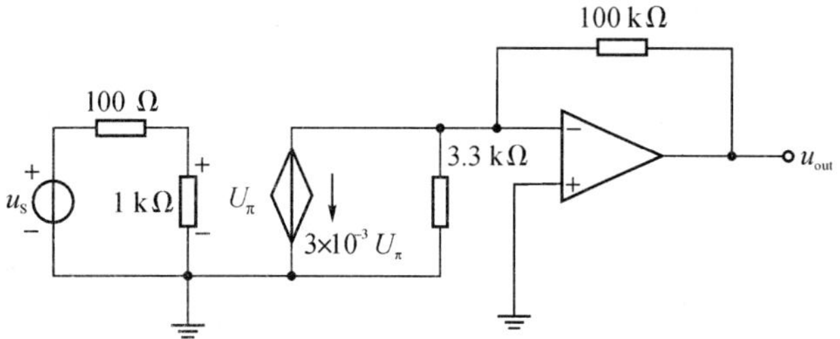

图 5-5-13　习题 5-5-13 电路

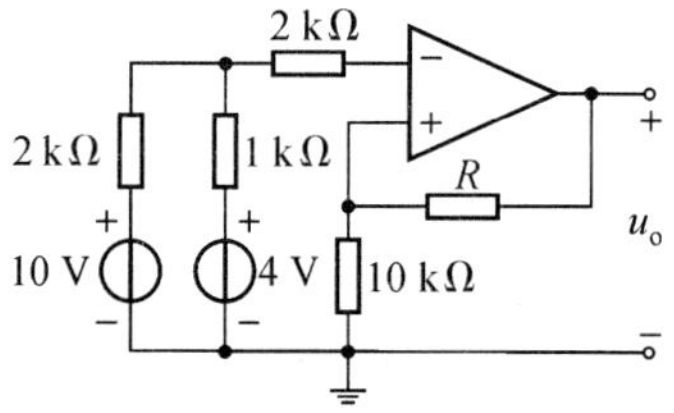

图 5-5-14　习题 5-5-14 电路

6　一阶电路时域分析

基本要求：

(1)熟悉电容元件与电感元件的伏安关系，正确计算其储能。

(2)掌握串联或并联组合的电容与电感元件的简化方法。

(3)熟悉含电容元件的运算放大器电路的分析。

(4)掌握 RL 电路与 RC 电路的时间常数的定义及其计算。

(5)能够确定对电路响应起作用的初始条件。

(6)理解 RL 电路与 RC 电路的零输入响应、零状态响应与全响应。

(7)理解并能比较熟练地应用三要素法计算 RL 电路与 RC 电路的响应。

(8)理解并能正确地应用单位阶跃函数，正确地计算阶跃响应。

6.1　电容与电感元件

6.1.1　电容元件

就构成原理讲，电容器(Capacitor)是由间隔介质的两块金属极板组成，是一种能存储电荷或者存储电场能量的器件，广泛应用于电力系统与电子技术中。电容器能够存储与释放一定能量，但是与理想独立源不同，它不能在无限长时间内一直提供电能。电容元件(Capacitor)是电容器的理想电路模型，线性电容元件的图形符号如图 6.1.1 所示。

在如图 6.1.1 所示参考方向右，有

$$q=Cu \tag{6.1.1}$$

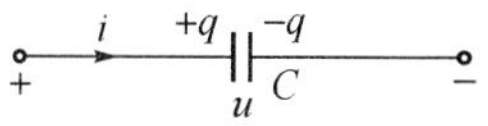

图 6.1.1　线性电容元件的图形符号

式中，C 称为电容，是电容元件的参数，取正实常数，单位为法(F)。

1) 电压与电流微分关系

在图 6.1.1 中所示参考方向下，即电压与电流取关联参考方向向右，有

$$i=\mathrm{d}q/\mathrm{d}t=\mathrm{d}(Cu)/\mathrm{d}t=C\mathrm{d}u/\mathrm{d}t \tag{6.1.2}$$

式(6.1.2)表明：电容电流和电压的变化率成正比。当电压不随时间变化时，电流为零，故在直流稳态电路中，电容相当开路，即电容有隔断直流的作用。当电压随时间变化剧烈时，其电流很大。

2）电压与电流积分关系

对微分式(6.1.2)两边从 t_0 积分到 t，得到电容电压-电流积分关系式：

$$u(t)=u(t_0)+\frac{1}{C}\int_{t_0}^{t} i(\tau)\mathrm{d}\tau \tag{6.1.3}$$

上式表明：t 时刻的电容电压除了与 t_0 到 t 的电流有关外，还与 t_0 时刻电压有关，因此，电容有“记忆”功能。

电容元件的电压一电流关系与时间有关，呈现为微分-积分方程，因此，把电容元件称为动态元件。

3）能量存储

在电压与电流关联参考方向下，电容吸收的功率为

$$p=ui=Cu\mathrm{d}u/\mathrm{d}t \tag{6.1.4}$$

从 $t=-\infty$ 到 t 时刻，电容吸收的电场能量为

$$W_{\mathrm{C}}=\int_{-\infty}^{t} u(\tau)i(\tau)\mathrm{d}\tau=(C/2)[u^2(t)-u^2(-\infty)]$$

可以认为 $t=-\infty$ 时，电容电场能量为零，则电容在任何时刻 t 存储的电场能量等于其吸收的能量，即

$$W_{\mathrm{C}}(t)=Cu^2(t)/2 \tag{6.1.5}$$

从时间 t_1 到 t_2，电容吸收的能量为

$$W_{\mathrm{C}}=W_{\mathrm{C}}(t_2)-W_{\mathrm{C}}(t_1) \tag{6.1.6}$$

其中

$$W_{\mathrm{C}}(t_1)=Cu^2(t_1)/2 \tag{6.1.7}$$

$$W_{\mathrm{C}}(t_2)=Cu^2(t_2)/2 \tag{6.1.8}$$

电容充电时，$W_{\mathrm{C}}(t_2)>W_{\mathrm{C}}(t_1)$，$W_{\mathrm{C}}>0$，电容吸收能量；

电容放电时，$W_{\mathrm{C}}(t_2)< W_{\mathrm{C}}(t_1)$，$W_{\mathrm{C}}< 0$，电容释放能量。

电容是存储能量元件，但是，它不会释放多于它吸收的能量，因此电容是无源元件。

4）电容串联

几个电容依次连接、流过同一个电流的接法称为电容串联(Capacitors in Series)。

N 个电容串联的等效电容 C 为

$$1/C=1/C_1+1/C_2+\cdots+1/C_N \tag{6.1.9}$$

两个电容串联的等效电容 C

$$C=C_1C_2/(C_1+C_2) \tag{6.1.10}$$

5）电容并联

几个电容并列、承受同一个电压的连接称为电容并联(Capacitors in Parallel)。

N 个电容并联的等效电容 C 为

$$C=C_1+C_2+\cdots+C_N \tag{6.1.11}$$

6.1.2　电感元件

工程中广泛应用的线圈是一种能存储磁场能量的器件，电感元件(Indudctors)就是实际线圈在一定条件下的理想化电路模型。线性电感元件的图形符号如图 6.1.2 所示。

1) 电压电流微分关系

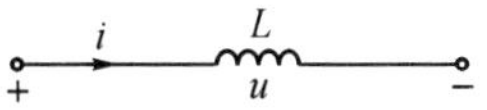

图 6.1.2 线性电感元件的图形符号

在关联参考方向下，电感的电压与电流的关系为

$$u=L\mathrm{d}i/\mathrm{d}t \tag{6.1.12}$$

式中，L 称为自感(系数)或电感，取正实常数，单位是 H(亨利，简称亨)。

式(6.1.12)表明：电感的电压和电流的变化率成正比。当电流不随时间变化时，电压为零，故在直流稳态电路，电感相当短路，因此，电感具有通直流的作用。当电感的电流变化剧烈时，其电压很大。

2) 电压、电流积分关系

对积分式(6.1.13)两边从 t_0 积分到 t，得到电感的电压-电流积分关系式：

$$i(t)=i(t_0)+1/L\int_{t_0}^{t}u(\tau)\mathrm{d}\tau \tag{6.1.13}$$

式(6.1.13)表明：t 时刻的电感电流除了与 t_0 到 t 的电压有关外，还与 t_0 时刻电流有关，因此，电感具有“记忆”功能。

3) 能量存储

在电压与电流关联参考方向下，电感吸收的功率为

$$p=ui=Li\mathrm{d}i/\mathrm{d}t \tag{6.1.14}$$

从 $t=-\infty$ 到 t 时刻，电感吸收的磁场能量为

$$W_{\mathrm{L}}=\int_{-\infty}^{t}u(\tau)i(\tau)\mathrm{d}\tau=(L/2)[i^2(t)-i^2(-\infty)]$$

设 $t=-\infty$ 时，$i(-\infty)=0$，因此，任意时刻电感存储的磁场能量为

$$W_{\mathrm{L}}(t)=Li^2(t)/2 \tag{6.1.15}$$

从时间 t_1 到 t_2，电感吸收的能量为

$$W_{\mathrm{L}}=W_{\mathrm{L}}(t_2)-W_{\mathrm{L}}(t_1) \tag{6.1.16}$$

式中

$$W_{\mathrm{L}}(t_1)=Li^2(t_1)/2 \tag{6.1.17}$$

$$W_{\mathrm{L}}(t_2)=Li^2(t_2)/2 \tag{6.1.18}$$

电感充磁时，$W_{\mathrm{L}}(t_2)>W_{\mathrm{L}}(t_1)$，$W_{\mathrm{L}}>0$，电感吸收能量。

电感去磁时，$W_{\mathrm{L}}(t_2)<W_{\mathrm{L}}(t_1)$，$W_{\mathrm{L}}<0$，电感释放能量。

电感是存贮能量元件，但是，它不会释放多于它所吸收的能量，因此电感是无源元件。

4) 电感串联

几个电感依次连接、流过同一个电流的接法称为电感串联(Inductors in Series)。

N 个电感 L_1、L_2、…、L_N 的串联的等效电感 L 为

$$L=L_1+L_2+\cdots+L_N \tag{6.1.19}$$

5) 电感并联

几个电感并列、承受同一个电压的连接称为电感并联(Inductors in Parallel)。

N 个电感 L_1、L_2、…、L_N 的并联的等效电感 L 为

$$1/L=1/L_1+1/L_2+\cdots+1/L_N \tag{6.1.20}$$

两个电感 L_1、L_2 并联的等效电感 L 为

$$L=L_1L_2/(L_1+L_2) \tag{6.1.21}$$

6.2　含电容的运算放大器电路

含电容的运算放大器电路如图 6.2.1 所示。

根据理想运算放大器规则 1“虚断”，有

$$i_1 = i_2$$

即
$$(u_{in} - u^-)/R_1 = C_f \mathrm{d}(u^- - u_{out})/\mathrm{d}t$$

根据理想运算放大器规则 2“虚短”，有

$$u^- = u^+ = 0$$

于是，
$$u_{in}/R_1 = -C_f \mathrm{d}u_{out}/\mathrm{d}t$$

$$u_{out}(t) = -(1/R_1 C_f)\int_0^t u_{in}\mathrm{d}t + u_{out}(0) \qquad (6.2.1)$$

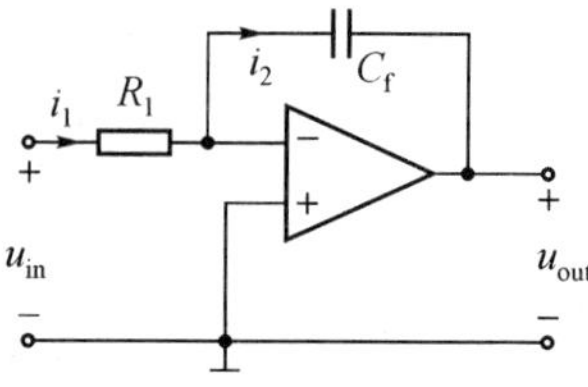

图 6.2.1　积分电路

如果 $u_{out}(0)=0$，选择 $R_1C_f=1$（例如选择 $R_1=1\ \mathrm{M\Omega}$，$C_f=1\ \mu\mathrm{F}$，则 $R_1C_f=1$），则

$$u_{out}(t) = -\int_0^t u_{in}\mathrm{d}t \qquad (6.2.2)$$

可见图 6.2.1 所示电路能完成把输入信号积分后做适当的放大或缩小，然后反相输出，因此该电路称为积分电路（简称积分器，Integrator）

【例 6.2.1】 积分电路如图 6.2.1 所示，如果 $R_1=0.5\ \mathrm{M\Omega}$，$C_f=1\ \mu\mathrm{F}$，$u_{out}(0)=0$，已知输入 $u_{in}(t)$ 的波形是如图 6.2.2 所示的矩形波，求输出 $u_{out}(t)$。

解：积分电路的输出-输入关系为

$$u_{out}(t) = -(1/R_1 C_f)\int_0^t u_{in}\mathrm{d}t + u_{out}(0)$$

已知 $1/R_1C_f = 1/(0.5\times10^6\times10^{-6}) = 1/0.5 = 2$

在 $0\leqslant t\leqslant 1$，$u_{in}(t)=1\ \mathrm{V}$，$u_{out}(0)=0\ \mathrm{V}$，有

$$u_{out}(t) = -2\int_0^t u_{in}\mathrm{d}t = -2\int_0^t 1\mathrm{d}t = -2t$$

$$u_{out}(t) = -2\ \mathrm{V}$$

在 $1\leqslant t\leqslant 2$，$u_{in}(t)=1\ \mathrm{V}$，$u_{out}(t)=-2\ \mathrm{V}$，于是

$$u_{out}(t) = -2\int_1^t u_{in}\mathrm{d}t + u_{out}(1) = 2(t-1) - 2$$

$$u_{out}(2) = 0\ \mathrm{V}$$

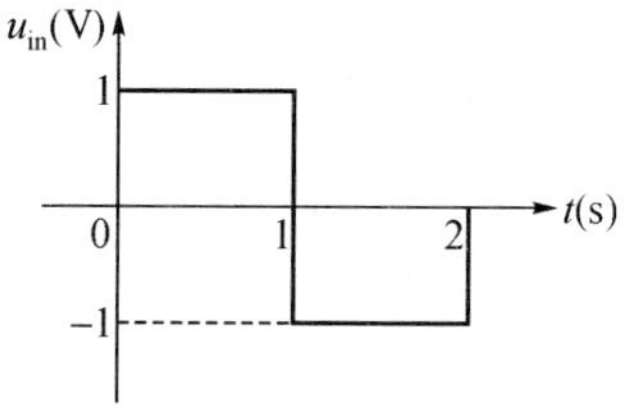

图 6.2.2　输入 $u_{in}(t)$ 波形

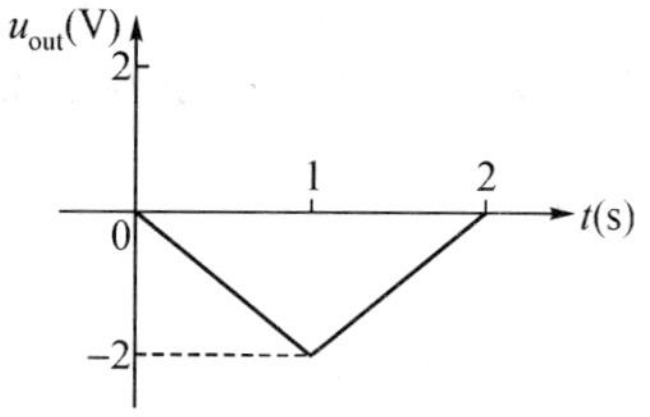

图 6.2.3　输出 $u_{out}(t)$ 波形

得到输出 $u_{out}(t)$ 波形如图 6.2.3 所示，这是三角波。

通过本例说明：利用积分电路可以把矩形输入波变换为三角波输出。

根据对偶原理，我们可以想象出用电感 L_f 替代电容 C_f 便可以得到微分电路。从理论上讲，这是正确的。但是，在实际应用中，由于电感的尺寸、重量、成本等方面的限制，还有电感必然涉及相关的电阻与电容，因此，设计师们尽可能地不用电感 L_f 替代电容 C_f，而是把电容 C_f 与电阻 R_1 的位置对调，如图 6.2.4 所示，构成微分电路。

对如图 6.2.4 所示电路，根据理想运算放大器规则 1“虚断”，有

$$i_1 = i_2$$

即
$$C_1 \mathrm{d}(u_{in} - u^-)/\mathrm{d}t = (u^- - u_{out})/R_f$$

根据理想运算放大器规则 2"虚短",有

$$u^- = u^+ = 0$$

于是
$$C_f \mathrm{d}u_{in}/\mathrm{d}t = -u_{out}/R_1$$

即
$$u_{out} = -R_f C_1 \mathrm{d}u_{in}/\mathrm{d}t \qquad (6.2.3)$$

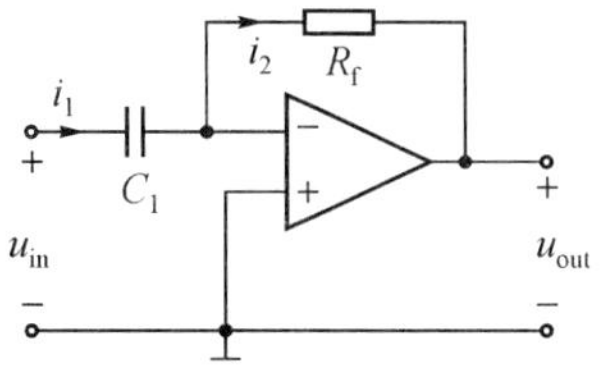

图 6.2.4　微分电路

可见如图 6.2.4 所示电路能完成把输入信号微分后做适当的放大或缩小,然后反相输出。如果选择 $R_1C_f=1$,则

$$u_{out}(t) = -\mathrm{d}u_{in}/\mathrm{d}t \qquad (6.2.4)$$

因此该电路称为微分电路(简称微分器,differentiator)。

如果输入信号波形如图 6.2.3 所示的三角形波形,可以证明输出波形为如图 6.2.2 所示的矩形波,留给读者自我练习。

6.3　一阶电路零输入响应

当电路中含有电容和电感时,根据 KCL、KVL 和元件的 VCR 建立的电路方程一般是电压或电流的微分—积分方程。一阶电路就是可以用一阶微分方程描述的动态电路。对于含有一个电容和一个电阻的电路(简称 RC 电路)或含有一个电感和一个电阻的电路(简称 RL 电路),当电路元件均为线性又不变时,电路方程将是一阶线性常系数微分方程。虽然一阶电路比较简单,但其作用相当重要,广泛应用于电子放大器和自动控制系统、运算放大器和通信设备等。

如果电路只含一个动态元件,可以把动态元件连接的电阻电路应用戴维南定理变换为电压源串联电阻组合或者应用诺顿定理变换为电流源并联电阻组合,从而把电路变换为 RC 电路或 RL 电路。

当动态电路的结构或元件参数发生变化时,可能使电路由一种工作状态转变为另一种工作状,在工程上称此转变过程为过渡过程。一般把电路的结构或元件参数发生变化统称为"换路"。如果认为换路时刻在 $t=0$,则把换路前最终时刻记为 $t=0^-$,把换路后最初时刻记为 $t=0^+$。一阶电路的时域分析就是列写并求解一阶微分方程,其过程中要计算初始条件,应用初始条件确定方程解中待定系数,一般称此法为经典法。

6.3.1　换路定则与初始条件

1) 换路定则

由于电容电流与电压关系为 $i_C = C\mathrm{d}u_C/\mathrm{d}t$,如果电压跃变,将导致电流无限大,这与实际不符合,无供给电流无限大的电源,因此在电容电流为有限值时,换路前后电容电压不能跃变,得到换路定则 1。

定则 1　设电路在 $t=0$ 时换路,在电容电流为有限值条件下换路前后电容电压不能跃变,即

$$u_C(0^+) = u_C(0^-) \qquad (6.3.1)$$

由于电感电流与电压关系为 $u_L = L\mathrm{d}i_L/\mathrm{d}t$,如果电流跃变,将导致电压无限大,这与实际

不符合，无供给电压无限大的电源，因此在电感电压为有限值时，换路前后电感电流不能跃变，得到换路定则 2。

定则 2　设电路在 $t=0$ 时换路，在电感电压为有限值条件下换路前后电感电流不能跃变，即

$$i_L(0^+)=i_L(0^-) \tag{6.3.2}$$

注意：在换路前后电容电流、电感电压、电阻电流与电压可能跃变，即换路前后其值可能不同。

2）初始条件

初始条件就是 n 阶电路在 $t=0$ 换路时待求变量（电压或电流）及其 $(n-1)$ 阶导数 $t=0^+$ 时刻的值。电感电流与电容电压的初始条件是独立初始条件，其余的初始条件是非独立初始条件。

对于直流激励一阶电路，一般按照下述步骤计算初始条件

(1)计算 $u_C(0^-)$ 和 $i_L(0^-)$

如果 $t<0$ 时，原电路为直流激励下的稳态电路，由电容的伏安关系得知：电容电流为零，相当开路，即把电容开路计算其开路电压得到 $u_C(0^-)$；而由电感的伏安关系得知：电感电压为零，相当短路，即把电感短路计算其短路电流得到 $i_L(0^-)$。

(2)画出 $t=0^+$ 时刻的等效电路

根据换路定则知道，$u_C(0^+)=u_C(0^-)$，故把电容电压用 $u_C(0^+)$ 的电压源替代；$i_L(0^+)=i_L(0^-)$，故把电感电流用 $i_L(0^+)$ 的电流源替代；得到直流激励下的电阻电路。

(3)利用步骤 2 得到的直流电阻电路进行计算，求解待求的初始值。

【例 6.3.1】　已知如图 6.3.1 所示电路在 $t<0$ 时已经处于稳定，$t=0$ 时，突然打开开关 S。求 $t=0^+$ 时各物理量的初始值。

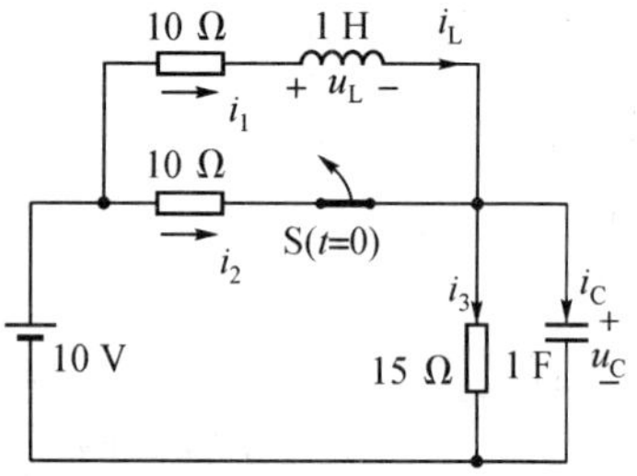

图 6.3.1　例 6.3.1 电路

解：(1)求一$u_C(0^-)$和 $i_L(0^-)$

已知如图 6.3.1 所示直流电路在 $t<0$ 时已经处于稳定，因此，把电容开路，把电感短路，画出 $t=0^-$ 时等效电路如图 6.3.2 所示。

对如图 6.3.2 所示电路进行分析与计算，得到

$$i=10/(10//10+15)=0.5\ \text{A}$$

$$i_L(0^-)=i/2=0.25\ \text{A}$$

$$u_C(0^-)=15i=7.5\ \text{V}$$

(2)画出 $t=0^+$ 时刻的等效电路。

$t=0^+$ 时刻开关已经打开，根据换路定则，电容电压不变，$u_C(0^+)=u_C(0^-)=7.5$ V，电容用 7.5 V 电压源替代；电感电流不变，$i_L(0^+)=i_L(0^-)=0.25$ A，电感用 0.25 A 电流源替代；得到直流电阻电路如图 6.3.3 所示。

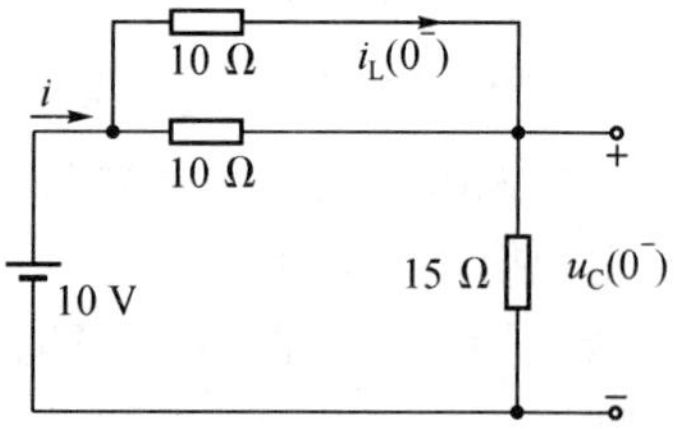

图 6.3.2　$t=0_-$ 时等效电路

对如图 6.3.3 所示直流电阻电路进行分析，得到

$$i_1(0^+)=i_L(0^+)=0.25\ \text{A}$$

$$i_2(0^+)=0$$

根据 KVL，有

$$10i_1(0^+)+u_L(0^+)+7.5-10=0$$

得到

$$u_L(0^+)=0$$

根据欧姆定律，得到

$$i_3(0^+)=7.5/15=0.5\ \text{A}$$

根据 KCL，得到

$$i_C(0^+)=0.25-i_3(0^+)=-0.25\ \text{A}$$

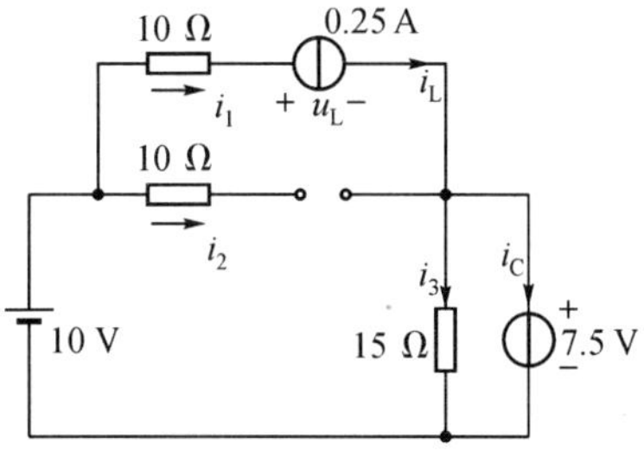

图 6.3.3 $t=0^+$ 时刻的等效电路

【**例 6.3.2**】 已知 $t<0$ 时如图 6.3.4 所示 RC 电路已稳定；$t=0$ 时，突然打开开关 S，求 $t=0^+$ 时 $i(0^+)$、$i_1(0^+)$ 和 $u_C(0^+)$。

解：(1)画出 $t=0^-$ 时等效电路

已知如图 6.3.4 所示直流激励 RC 电路处于稳定，因此，电容开路，得到 $t=0^-$ 时等效电路如图 6.3.5 所示。

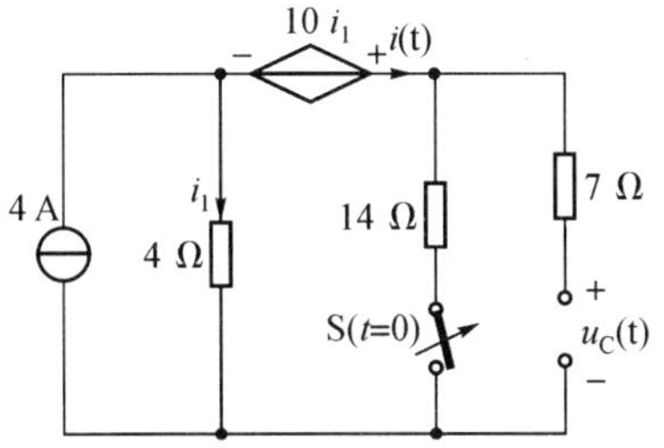

图 6.3.4 例 6.3.2 电路

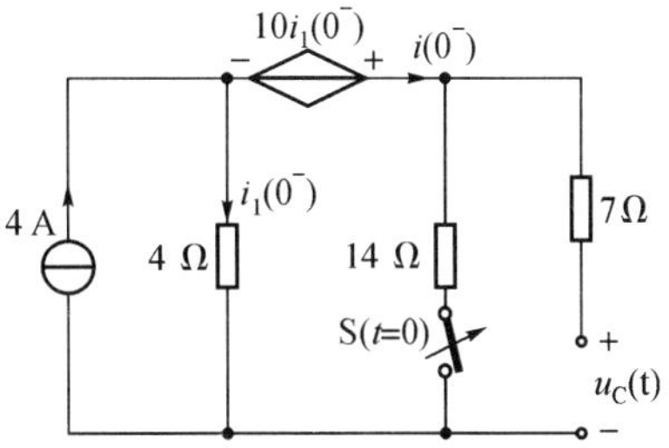

图 6.3.5 $t=0^-$ 时等效电路

根据 KCL，有

$$i_1(0^-)+i(0^-)=4$$

根据 KVL，有

$$-10i_1(0^-)+14i(0^-)-4i_1(0^-)=0$$

即

$$-14i_1(0^-)+14i(0^-)=0$$

联立求解上述二个方程，解得

$$i_1(0^-)=i(0^-)=2\ \text{A}$$

因此，

$$u_C(0^-)=14i(0^-)=14\times 2=28\ \text{V}$$

(2)画出 $t=0^+$ 时的等效电路

在 $t=0^+$ 时，开关 S 已经打开，$u_C(0^+)=u_C(0^-)=28$ V，因此，电容用 28 V 电压源替代，得到直流电阻电路如图 6.3.6 所示。

根据 KCL，有

$$i_1(0^+)+i(0^+)=4$$

根据 KVL，有

$$-10i_1(0^+)+7i(0^+)+28-4i_1(0^+)=0$$

即

$$-14i_1(0^+)+7i(0^+)+28=0$$

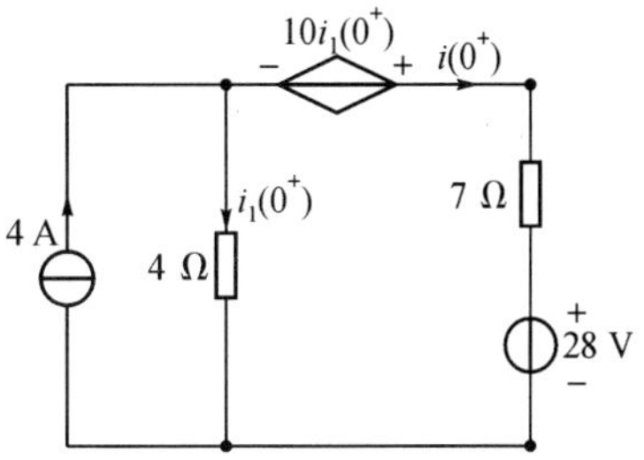

图 6.3.6 $t=0^+$ 时的等效电路

联立求解上述二个方程，解得

$$i_1(0^+)=8/3\ \text{A}$$
$$i(0^+)=4/3\ \text{A}$$

6.3.2　RC 电路零输入响应

根据电路中响应（输出）与激励（输入）的因果关系，一般把电路响应分为三类：零输入响应、零状态响应与完全响应。零输入响应是指输入为零，由不为零的初始状态所引起的电路响应。零状态响应是指初始状态为零，由不为零的输入所产生的电路响应。完全响应是指输入与初始状态均不为零时共同产生的电路响应。

RC 电路如图 6.3.7 所示，这是电容先充电、后放电的电路。开关打在位置 1 处已经长久；在 $t=0$ 时，把开关打在位置 2 处。分析电路中各物理量的变化规律。

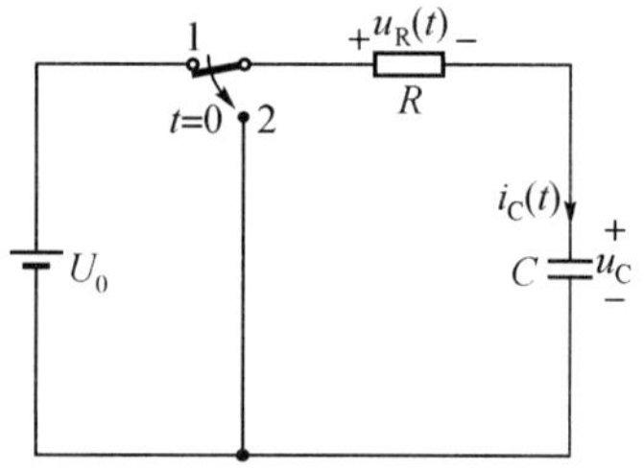

图 6.3.7　零输入 RC 电路

首先，对电路从物理概念进行定性分析。

在 $t=0^-$ 时开关在位置 1，直流电路稳态，因此电容开路，其电压

$$u_C(0^-)=U_0$$

此时刻电容储存电场能量：

$$W_C=(C/2)u_C^2=(C/2)U_0^2$$

在 $t=0^+$ 时刻，可以判断电容电压维持不变，即 $u_C(0^+)=u_C(0^-)=U_0$。这是由于如果电容电压发生跃变，则电容电流将为无限大，电阻电流也将为无限大，电路中没有提供电流无限大的电源而使电路中各电流满足 KCL。因此，电容电流只能是有限大，电容电压维持不变。但是，电路中电阻电压与电流却在换路瞬间由零跃变为 $-U_0$ 与 $-U_0/R$。换路后，电容通过电阻释放初始储能，形成电场能逐渐被电阻消耗、转化为热能的放电过程。

其次，对电路进行数学分析。

在 $t\geqslant 0^+$ 时，开关在位置 2，且 $u_C(0^+)=u_C(0^-)=U_0$

根据 KVL，有

$$u_C(t)+u_R(t)=0 \tag{6.3.3}$$

根据元件 VCR，有

$$i_C=C\frac{\mathrm{d}u_C}{\mathrm{d}t} \tag{6.3.4}$$

$$u_R=Ri_C=RC\frac{\mathrm{d}u_C}{\mathrm{d}t} \tag{6.3.5}$$

整理得到 $t\geqslant 0^+$ 时的一阶微分方程：

$$RC\frac{\mathrm{d}u_C}{\mathrm{d}t}+u_C=0 \tag{6.3.6}$$

这是一阶齐次微分方程，对应的特征方程为

$$RCp+1=0 \tag{6.3.7}$$

解得特征根为

$$p=-1/RC \tag{6.3.8}$$

故电容电压为

$$u_C(t)=Ae^{pt}=Ae^{-t/RC} \tag{6.3.9}$$

把初始条件　$u_C(0^+)=u_C(0^-)=U_0$，代入上式，得到

$$A=U_0$$

于是，$t\geqslant 0^+$ 时，得到

$$u_C(t)=U_0e^{-t/RC} \tag{6.3.10}$$

$$u_R(t)=-u_C(t)=-U_0e^{-t/RC} \tag{6.3.11}$$

$$i_C(t)=Cdu_C(t)/dt=-(U_0/R)e^{-t/RC} \tag{6.3.12}$$

零输入响应 $u_C(t)$、$u_R(t)$ 与 $i_C(t)$ 形式相同，均按照指数规律衰减，如图 6.3.8 所示。

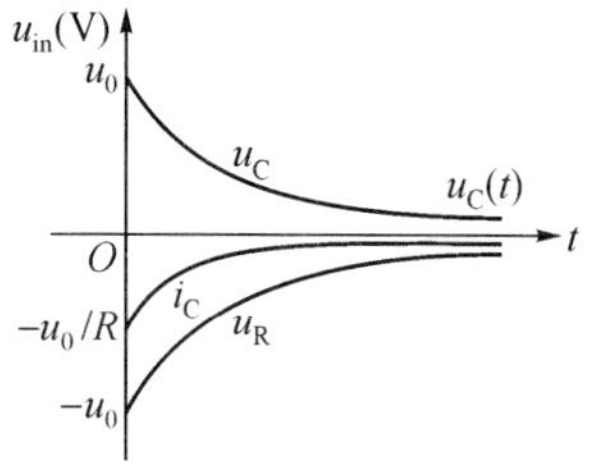

图 6.3.8　RC 电路零输入响应曲线

RC 电路零输入响应衰减的快慢由 RC 电路的时间常数 $\tau=RC$ 决定，当电阻单位为 Ω(欧姆)，电容单位为 F(法)时，时间常数 τ 的单位为 s(秒)。在计算时间常数 $\tau=RC$ 时，R 为由电容 C 看进去的等效电阻。

综上所述，确定 RC 电路的零输入响应 $f(t)$ 只要知道两个要素：响应在 $t=0^+$ 时刻值 $f(0^+)$ 与时间常数 τ，便可以得到零输入响应 $f(t)$

$$f(t)=f(0^+)e^{-t/\tau} \tag{6.3.13}$$

【例 6.3.3】　如图 6.3.9 所示 RC 电路中，开关打在位置 1 处已经长久；在 $t=0$ 时，把开关打在位置 2 处。分析电路中电压 u_C 与电流 i 的变化规律并计算 $t=2$ ms 时 u_C 与 i 数值。

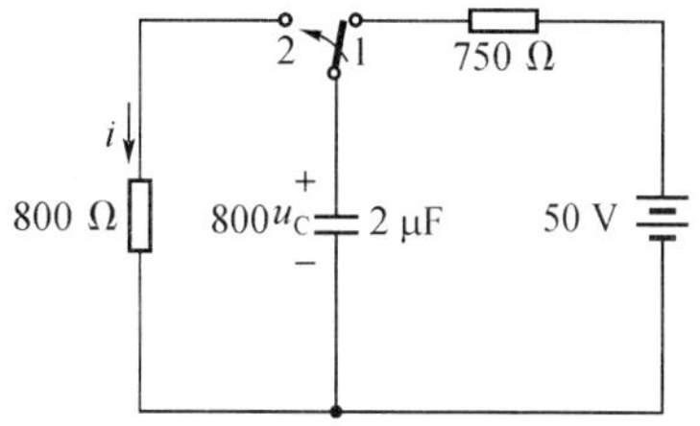

图 6.3.9　例 6.3.3 电路

解：在 $t=0^-$ 时开关在位置 1，直流电路稳态，因此电容开路，其电压

$$u_C(0^-)=U_0=50\ \text{V}$$

在 $t\geqslant 0^+$ 时，开关在位置 2，根据换路定则 1，有 $u_C(0^+)=u_C(0^-)=U_0=50$ V。

时间常数　$\tau=RC=800\times 2\times 10^{-6}$ s

于是　$u_C(t)=U_0e^{-t/RC}=50e^{-t/\tau}$ V

$$i(t)=u_C(t)/800=0.062\,5e^{-t/\tau}\ \text{A}$$

在 $t=2$ ms$=2\times 10^{-3}$ s 时，

$$t/\tau=2\times 10^{-3}/(800\times 2\times 10^{-6})=1.25$$

$$u_C(2\ \text{ms})=50e^{-1.25}=14.33\ \text{V}$$

$$i(2\ \text{ms})=0.062\,5e^{-1.25}=0.017\,9\ \text{A}$$

【例 6.3.4】　如图 6.3.10 所示电路中 $R_1=1\,250\ \Omega$，$R_2=250\ \Omega$，$R_3=600\ \Omega$，$R_4=2\ \text{k}\Omega$，$R_5=100\ \Omega$，$R_6=400\ \Omega$ 与 $C=4\ \mu\text{F}$，电路原处稳态。$t=0$ 时开关打开，确定 $t>0$ 时电压 u_C 与 u_0。

解：在 $t=0^-$ 时，开关闭合，这是直流激励下的 RC 电路，而且处于稳态，因此，把电容开路。得到

$$u_C(0^-)=120[R_1/(R_1+R_2)]=120[1\,250/(1\,250+250)]=100\ \text{V}$$

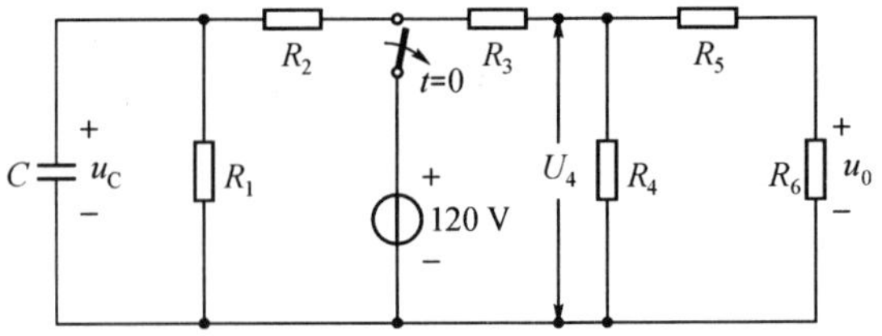

图 6.3.10　例 6.3.4 电路

在 $t=0^+$ 时，开关打开，这是零输入 RC 电路，根据换路定则，有

$$u_C(0^+)=u_C(0^-)=100\ \text{V}$$

作出 $t=0^+$ 时等效电路如图 6.3.11 所示。

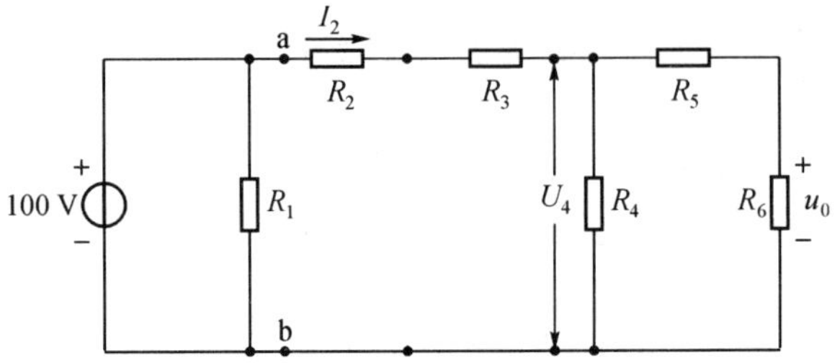

图 6.3.11　$t=0^+$ 时等效电路

从电路中 a、b 两点向右侧电路看的等效电阻：

$$R_{eq1}=R_2+R_3+R_4//(R_5+R_6)=250+600+2\ 000//(100+400)$$
$$=250+600+400=1\ 250\ \Omega$$

由此电流 $I_2=u_C(0^+)/R_{eq1}=100/1\ 250=0.08\ \text{A}$

电压 $U_4=I_2R_4//(R_5+R_6)=0.08\times2\ 000//(100+400)=0.08\times400=32\ \text{V}$

根据分压公式，得到

$$u_0(0^+)=U_4R_6/(R_5+R_6)=32\times400/(100+400)=25.6\ \text{V}$$

从电容两端向右侧看的等效电阻：

$$R=R_1//R_{eq1}=1\ 250//1\ 250=625\ \Omega$$

因此，时间常数为：

$$\tau=\text{RC}=625\times4\times10^{-6}=1/400\ \text{s}$$

最后得到 $t\geqslant0^+$

$$u_C(t)=u_C(0^+)\text{e}^{-t/\tau}=100\text{e}^{-400t}\ \text{V}$$
$$u_0(t)=u_0(0^+)\text{e}^{-t/\tau}=25.6\text{e}^{-400t}\ \text{V}$$

6.3.3　RL 电路零输入响应

本节讨论 RL 电路的零输入响应，即电感初始储能通过电阻以热能形式释放的放磁过程。

在如图 6.3.12 所示 RL 电路中，已知 $t=0^-$ 时，$i_L(0^-)=I_0$，下面讨论 $t\geqslant0$ 时的 $i_L(t)$、$u_R(t)$ 与 $u_L(t)$。

首先，对电路从物理概念进行定性分析。

在 $t=0^+$ 时刻，可以判断电感电流维持不变，即 $i_L(0^+)=i_L(0^-)=I_0$。这是由于在电感电流发生跃变瞬间，电感电压将为无限大。但电阻电压也将为无限大。但电路中没有提供电压无限大的电源，从而使电路中各电压满足 KVL 的条件。因此，电感电压只能是有限大，电感电流维持不变。但是，电路中电阻电流与电压却在换路瞬间由零跃变为 I_0 与 RI_0。换路后，电感通过电阻释放初始储能，形成磁能逐渐被电阻消耗，转化为热能的去磁过程。

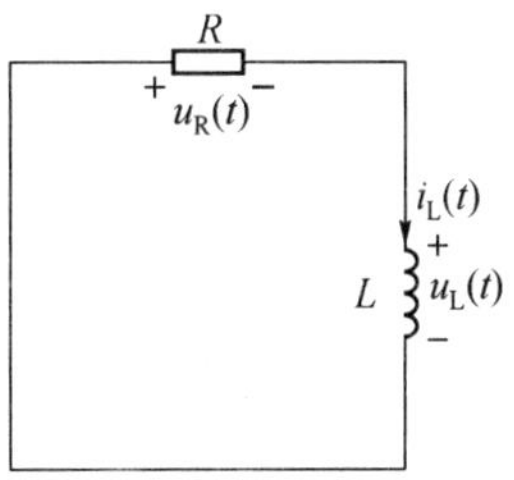

图 6.3.12　零输入 RL 电路

其次，对电路进行数学分析。

当 $t\geqslant 0^+$ 时，根据 KVL 得到

$$u_R(t)+u_L(t)=0 \tag{6.3.14}$$

根据元件 VCR，有

$$u_R(t)=Ri_L(t) \tag{6.3.15}$$

$$u_L(t)=L\mathrm{d}i_L(t)/\mathrm{d}t \tag{6.3.16}$$

于是，得到电路的微分方程

$$L\mathrm{d}i_L(t)/\mathrm{d}t+Ri_L(t)=0 \tag{6.3.17}$$

这是一阶齐次微分方程，对应的特征方程为

$$Lp+R=0 \tag{6.3.18}$$

解得特征根为

$$p=-R/L \tag{6.3.19}$$

故电感电流为

$$i_L(t)=A^{pt}=A\mathrm{e}^{-Rt/L} \tag{6.3.20}$$

把初始条件 $i_L(0_+)=i_L(0_-)=I_0$ 代入上式，得到

$$A=I_0$$

于是，$t\geqslant 0_+$

$$i_L(t)=I_0\mathrm{e}^{-Rt/L} \tag{6.3.21}$$

$$u_R(t)=Ri_L(t)=RI_0\mathrm{e}^{-Rt/L} \tag{6.3.22}$$

$$u_L(t)=L\mathrm{d}i_L(t)/\mathrm{d}t=-RI_0\mathrm{e}^{-Rt/L} \tag{6.3.23}$$

令 $\tau=L/R$，称为 RL 电路的时间常数，则上述各式可以写为：

$$i_L(t)=I_0\mathrm{e}^{-t/\tau}$$

$$u_R(t)=RI_0\mathrm{e}^{-t/\tau}$$

$$u_L(t)=-RI_0\mathrm{e}^{-t/\tau}$$

$i_L(t)$、$u_R(t)$与 $u_L(t)$随时间变化的曲线如图 6.3.13 所示。

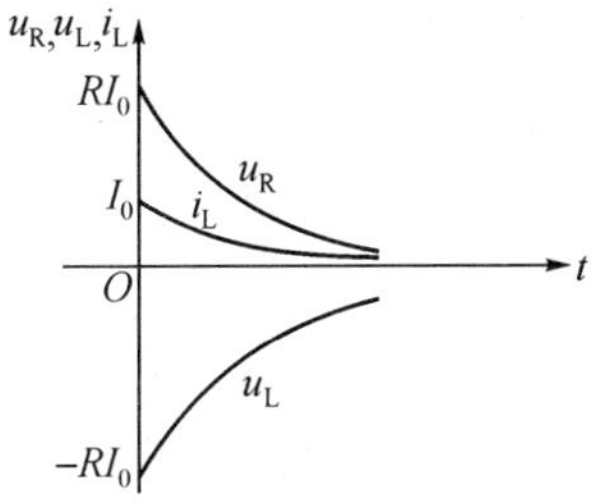

图 6.3.13　RL 电路的零输入响应曲线

由上述讨论可以知道：

(1)RL 电路的零输入响应 $i_L(t)$，$u_R(t)$与 $u_L(t)$均是按照指数规律衰减，其衰减的快慢由 RL 电路的时间常数

$\tau=L/R$ 决定。

(2)RL 电路的一阶微分方程对应特征方程的特征根与时间常数互为倒数取负值，即 $p=-1/\tau$，仅由电路的结构与元件参数决定。当电阻单位为 Ω(欧姆)，电感单位为 H(亨)时，时间常数 τ 的单位为 s(秒)。

(3)时间常数 τ 反映了电路过渡过程进展速度，经过一个时间常数 τ，电感电流为

$$i_L(\tau)=I_0 e^{-\tau/\tau}=I_0 e^{-1}=0.368I_0$$

即电感电流衰减到原值 I_0 的 36.8%。

根据电路零输入响应 $i_L(t)$ 曲线，可以估算时间常数 τ，如图 6.3.14 所示。在电路零输入响应 $i_L(t)$ 曲线上取原值 I_0 的 36.8%，如 A 点，对应的时间就是 τ。或者在电路零输入响应 $i_L(t)$ 曲线上任意取一点，令其值为 $i_L(t_0)$，如 B 点，过该点做曲线的切线交时间轴为 $(t_0+\tau)$，对应电流值为 $0.368i_L(t_0)$ 的 C 点。B 点到 C 点对应的时间轴距离等于时间常数 τ，即曲线上任意一点的切线的次切距等于时间常数 τ。

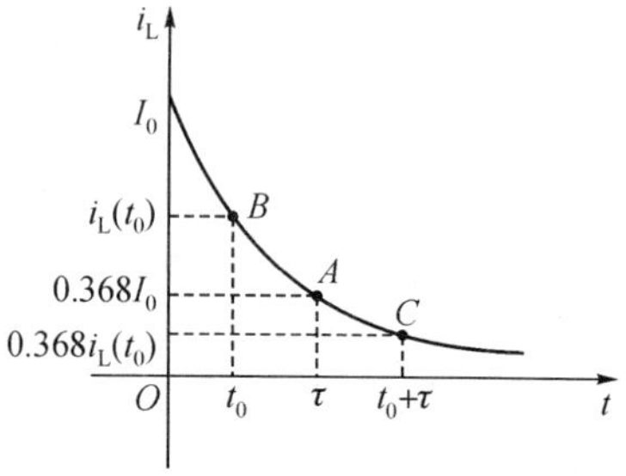

图 6.3.14　时间常数 τ 的几何意义

经过 1τ，则 $i_L(\tau)=0.368I_0$。

经过 2τ，则 $i_L(2\tau)=0.135I_0$。

经过 3τ，则 $i_L(3\tau)=0.05I_0$。

经过 4τ，则 $i_L(4\tau)=0.018I_0$。

经过 5τ，则 $i_L(5\tau)=0.006\,7I_0$。

在理论上，需经过无限长时间后，电感电流才能衰减到零，但是在实际工程分析中，一般认为电路换路后经过 $3\tau\sim5\tau$ 时间电路的过渡过程结束，所带来误差为 5%～0.7%。

根据上述讨论可以看出：RC 与 RL 电路的零输入响应形式相同，均按照指数规律衰减，其衰减的快慢由电路的时间常数 τ 决定。对于 RC 电路：$\tau=RC$；对于 RL 电路：$\tau=L/R$，R 为由电容 C 或电感 L 向电路看进去的等效电阻。于是，零输入响应形式为，只要确定 $f(0^+)$ 和 τ，就可以唯一地确定响应表达式 $f(t)=f(0^+)e^{-t/\tau}$。

【例 6.3.5】　如图 6.3.15 所示电路原处于稳态，$t=0$ 时开关打开，求 $t=200$ ms 时电感电流与电感电压值。

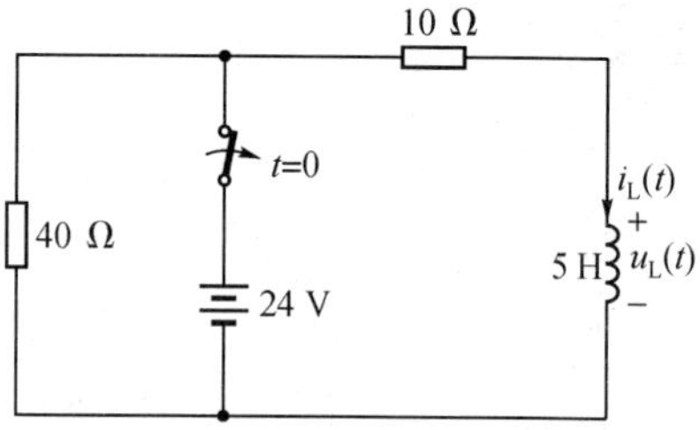

图 6.3.15　例 6.3.5 电路

解：在 $t=0^-$ 时刻，开关闭合，电路稳态，因此，电感短路，如图 6.3.16(a)所示，

计算电感电流：

$$i_L(0^-)=[24/(40\times10/(40+10))][40/(40+10)]$$
$$=2.4\text{ A}$$

在 $t=0^+$ 时刻，开关打开，$i_L(0^+)=i_L(0^-)=2.4$ A，电感用 2.4 A 的电流源替代，得到 $t=0^+$ 时等效电路，如图 6.3.16(b)所示。

计算电感电压：

$$u_L(0^+)=-(40+10)i_L(0^+)=-12\text{ V}$$

计算时间常数：

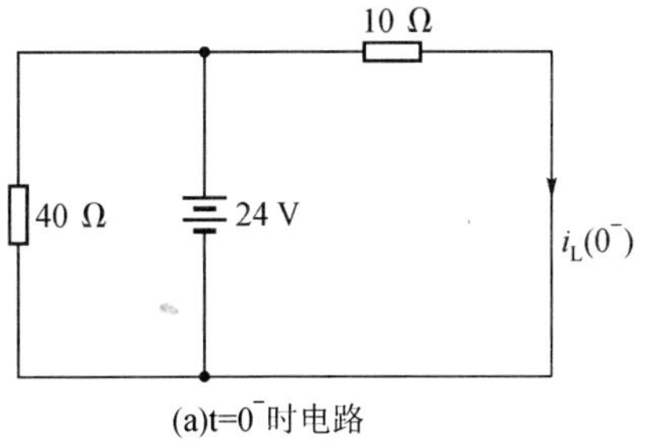

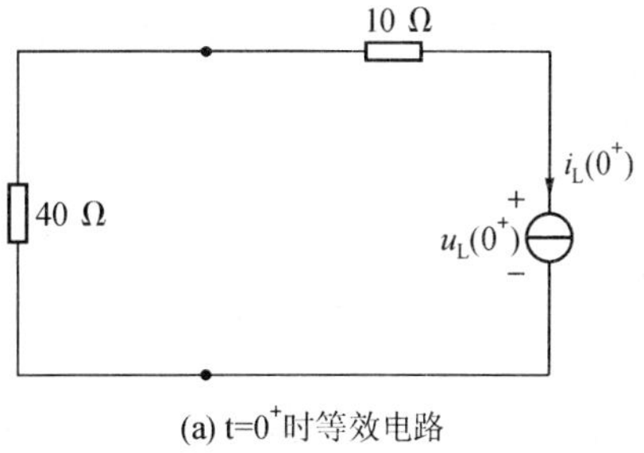

图 6.3.16

$$\tau = L/R = 5/(40+10) = 1/10\ \text{s}$$

于是，$t \geqslant 0^+$ 时，

$$i_L(t) = i_L(0^+)e^{-t/\tau} = 2.4e^{-10t}\ \text{A}$$

$$u_L(t) = u_L(0^+)e^{-t/\tau} = -12e^{-10t}\ \text{V}$$

在 $t=200\ \text{ms}=0.2\ \text{s}$ 时，

$$i_L(0.2\ \text{s}) = 2.4e^{-10\times 0.2} = 2.4\times 0.135 = 0.324\ \text{A}$$

$$u_L(0.2\ \text{s}) = -12\times 0.135 = -1.62\ \text{V}$$

【例 6.3.6】 如图 6.3.17 所示电路中 $R_1=120\ \Omega$、$R_2=60\ \Omega$、$R_3=90\ \Omega$ 和 $R_4=50\ \Omega$，原处稳态。$t=0$ 时开关打开，确定 $t>0$ 时电流 i_1 与 i_2。

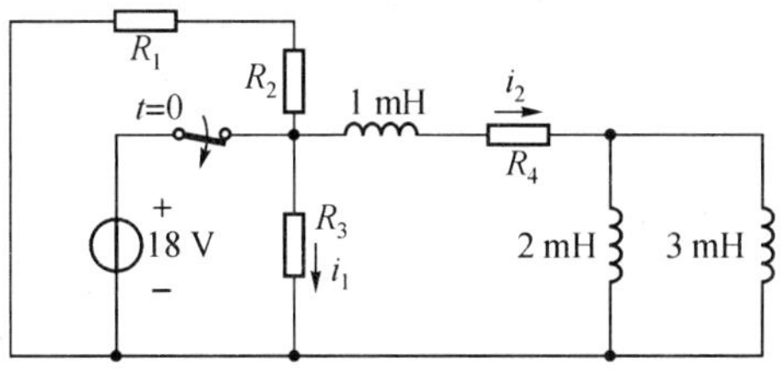

图 6.3.17　例 6.3.6 电路

解：在 $t=0^-$ 时，开关闭合，这是直流激励下的 RL 电路，而且处于稳态，因此，把电感短路。电流 i_2 为电感电流，而 i_1 为电阻电流。

$$i_1(0^-) = 18/R_3 = 18/90 = 0.2\ \text{A}$$

$$i_2(0^-) = 18/R_4 = 18/50 = 0.36\ \text{A}$$

在 $t=0^+$ 时，开关打开，这是零输入 RL 电路，根据换路定律，有

$$i_2(0^+) = i_2(0^-) = 0.36\ \text{A}$$

作出 $t=0^+$ 时等效电路如图 6.3.18 所示。

根据分流公式，得到

$$i_1(0^+) = -i_2(0^+)(R_1+R_2)/(R_1+R_2+R_3)$$
$$= -0.36(120+60)/(120+60+90) = -0.24\ \text{A}$$

可以看出：$i_1(0^+) \neq i_1(0^-)$

在 $t>0$ 时，电路等效电感为：

$$L = 1+2//3 = 1+2\times 3/(2+3) = 2.2\ \text{mH}$$

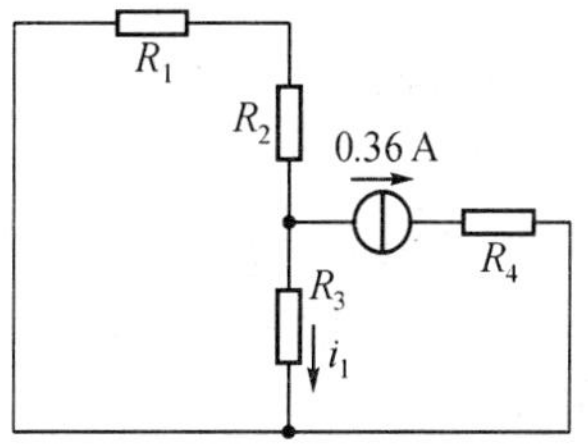

图 6.3.18　$t=0^+$ 时等效电路

电路从等效电感看进去的等效电阻为：

$$R=(R_1+R_2)//R_3+R_4=(120+60)\times 90/(120+60+90)+50=110\ \Omega$$

因此，时间常数　$\tau=L/R=2.2\times 10^{-3}/110=1/55\ 000\ \mathrm{s}$

当 $t\geqslant 0^+$，有　$i_1(t)=i_1(0^+)\mathrm{e}^{-t/\tau}=-0.24\mathrm{e}^{-55\ 000t}\ \mathrm{A}$

$$i_2(t)=i_2(0^+)\mathrm{e}^{-t/\tau}=0.36\mathrm{e}^{-55\ 000t}\ \mathrm{A}$$

6.4　一阶电路零状态响应

6.4.1　RC 电路零状态响应

本节对直流激励下零状态 RC 电路的充电过程进行讨论。

电路如图 6.4.1 所示，已知 $u_C(0)=0$，讨论 $t\geqslant 0$ 时的 u_C、u_R、i_C 变化。

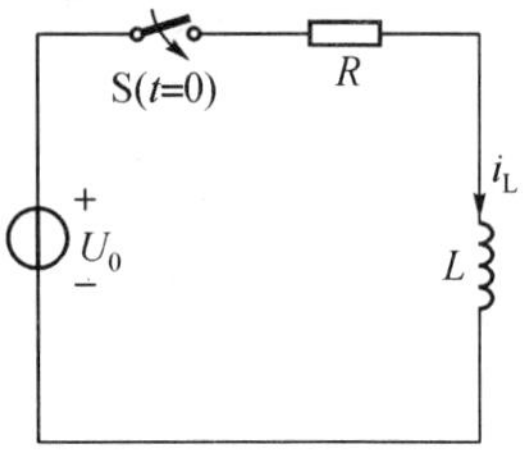

图 6.4.1　RC 充电电路

首先，对电路进行定性分析。

当 $t=0^+$ 时，电容电压 $u_C(0)=0$ 不能跃变，因此，电容相当短路，电阻电流就是电容短路电流，发生跃变：$i_C(0^+)=i_R(0^+)=U_S/R$，电阻电压 $u_R(0^+)=U_S$。

当 $t>0^+$ 时，电源开始向电容充电，根据 KVL，有 $u_R+u_C=U_S$，因此电容电压 u_C 上升使得电阻电压 u_R 下降。当 t 趋向无限大时，电容充电电流下降为零，充电过程结束，电路达到新稳态，电容相当开路，其电压等于电源电压，而电阻电压等于零。

在电容充电过程中，电压源把一部分电能向电容充电，电容把电能储存为电场能；电压源提供另一部分电能给电阻消耗，转化为热能。

其次，对电路进行数学分析。

当 $t\geqslant 0^+$ 时，根据 KVL，有

$$Ri_C+u_C=U_S \tag{6.4.1}$$

对于电容，有

$$i_C=C\mathrm{d}u_C/\mathrm{d}t \tag{6.4.2}$$

因此，

$$RC\mathrm{d}u_C/\mathrm{d}t+u_C=U_S \tag{6.4.3}$$

这是初始条件为零的一阶非齐次微分方程，其完全解由齐次解和特解组成，即

$$u_C=u_{ch}+u_{cp} \tag{6.4.4}$$

齐次解对于齐次微分方程，其形式为

$$u_{ch}=A\mathrm{e}^{-t/\tau} \tag{6.4.5}$$

式中，$\tau=RC$，为 RC 电路的时间常数。

特解形式与激励函数形式相同，在直流激励电路中特解为常数，此常数要满足式(6.4.3)。因此

$$u_{cp}=U_S \tag{6.4.6}$$

于是，响应为

$$u_C=A\mathrm{e}^{-t/\tau}+U_S \tag{6.4.7}$$

令 $t=0$，代入 $u_C(0)=0$，得到

$$A=-U_S$$

因此，当 $t\geqslant 0^+$ 时，

$$u_C=U_S(1-e^{-t/\tau}) \tag{6.4.8}$$

$$i_C=C du_C/dt$$

$$=(U_S/R)e^{-t/\tau} \tag{6.4.9}$$

$$u_R=U_S e^{-t/\tau} \tag{6.4.10}$$

电容电压随时间变化的规律是按指数增长，其曲线如图 6.4.2 所示。

下面讨论电容电压由零充电到 U_S 的过程中，充电效率如何？

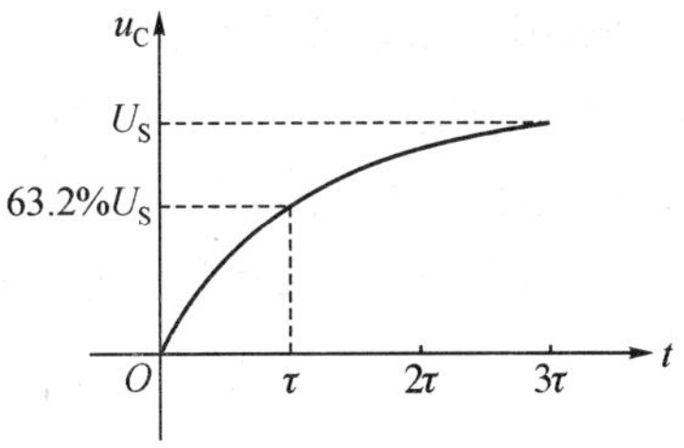

图 6.4.2　电容充电电压随时间的变化曲线

在电容充电过程中，电阻消耗电能为

$$W_R=\int_0^\infty R i_C^2 dt=\int_0^\infty R(U_S/R e^{-\frac{1}{RC}})^2 dt$$

$$=(C/2)U_S^2 \tag{6.4.11}$$

电容最终贮能

$$W_C=(C/2)U_S^2 \tag{6.4.12}$$

电源提供能量

$$W_S=W_R+W_C=C U_S^2 \tag{6.4.13}$$

充电效率定义为充电过程电容最终贮能与电源提供能量之比，即

$$\eta=W_C/W_S=50\% \tag{6.4.14}$$

【例 6.4.1】 电路如图 6.4.3 所示，已知 $t<0$ 时，电路已稳定；$t=0$ 时合上开关 S。求 $t>0$ 时 u_C 与 u_o。

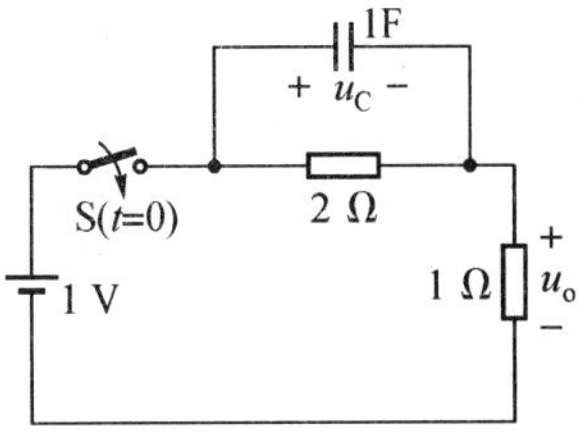

图 6.4.3　例 6.4.1 电路

解：已知 $u_C(0^-)=0$，根据换路定则知道 $u_C(0^+)=u_C(0^-)=0$。

当 $t\to\infty$ 时，开关闭合，电路达到新稳态，电容开路，因此

$$u_C(\infty)=1\times 2/(2+1)=2/3\ \text{V}$$

向电容看的等效电阻为

$$R=1\times 2/(2+1)=2/3\ \Omega$$

因此，时间常数

$$\tau=RC=(2/3)\times 1=2/3\ \text{s}$$

$t\geqslant 0^+$ 时零状态响应

$$u_C(t)=u_C(\infty)(1-e^{-t/\tau})=2/3(1-e^{-1.5t})\text{V}$$

$$u_R(t)=1-u_C(t)=1/3+(2/3)e^{-1.5t}\text{V}$$

$u_C(t)$ 与 $u_R(t)$ 的曲线如图 6.4.4 所示。

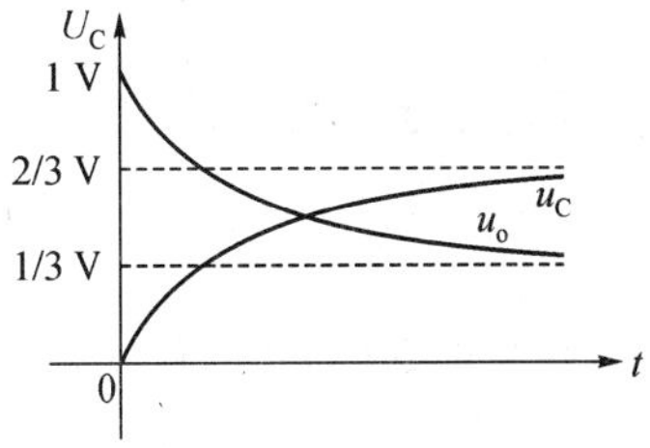

图 6.4.4　$u_C(t)$ 与 $u_o(t)$ 的曲线

6.4.2　RL 电路的零状态响应

直流激励下的 RL 电路如图 6.4.5 所示，在开关 S 闭合前，$i_L(0)=0$。在 $t=0$ 时，开关闭合，电压源 U_0 与 RL 电路接通，讨论电感电流如何变化？

首先对电路从物理概念进行定性分析。

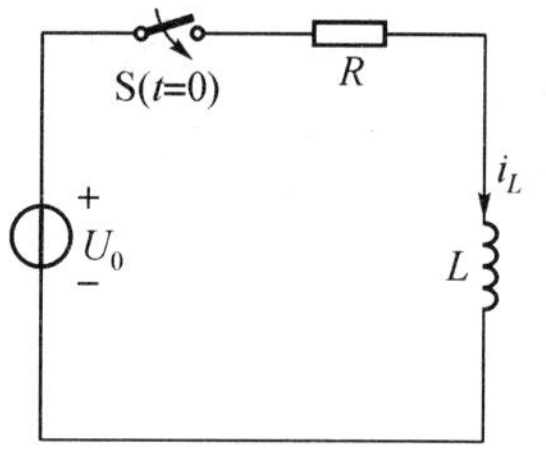

图 6.4.5　零状态 RL 电路

$t\geqslant 0^+$，电路中三个元件的电流相同，均为 $i_L(t)$。由换路规则知道：$i_L(0^+)=i_L(0^-)=0$，不能跃变。如果电感电流跃变，在 $t=0^+$ 时刻，电感电流将由零跃变为某一非零值，则电感电压将为无限大，电阻电压也将为无限大，而电路中只有提供电压为有限值 U_0 的电压源，为了满足 KVL，电感电压必须是有限大，即电感电流不能跃变。于是在 $t=0^+$ 时刻 $i_L(0^+)=0$，电阻电压为零，电压 U_0 施加在电感两端，电感开始充磁。随着电感电流增加，电阻电压也增加，电感电压开始下降，因为总电压是固定的。最后，电感电压下降为零，电感相当短路，电压源电压 U_0 全部施加在电阻两端，电感电流为 U_0/R，达到直流稳态。这是电感充磁过程，电感把电能以磁场能形式储存起来，其数值为 $(L/2)(U_0/R)^2$。

其次对零状态电路响应进行数学分析。

$t\geqslant 0^+$，根据 KVL，有

$$Ri_L+L\mathrm{d}i_L/\mathrm{d}t=U_0 \tag{6.4.15}$$

初始状态为零，因此，

$$i_L(0^+)=0 \tag{6.4.16}$$

一阶非齐次微分方程的完全解由齐次解和特解组成，即

$$i_L=i_{Lh}+i_{Lp} \tag{6.4.17}$$

齐次解（固有响应）是对应齐次微分方程的解，即

$$Ri_{Lh}+L\mathrm{d}i_{Lh}/\mathrm{d}t=0 \tag{6.4.18}$$

齐次解形式为

$$i_{Lh}=A\mathrm{e}^{pt} \tag{6.4.19}$$

式中，$p=-L/R$ 为齐次微分方程特征方程的特征根，与时间常数关系为

$$\tau=-1/p \tag{6.4.20}$$

A 为根据初始条件由完全解确定的常数。

特解（强制响应）与激励函数具有相同的形式，满足非齐次微分方程，即

$$Ri_{Lp}+L\mathrm{d}i_{Lp}/\mathrm{d}t=U_0 \tag{6.4.21}$$

由于激励为常数 U_0，因此令特解为常数，得到

$$i_{Lp}=U_0/R \tag{6.4.22}$$

因此，得到响应

$$\begin{aligned} i_L &= i_{Lh}+i_{Lp} \\ &= A\mathrm{e}^{pt}+U_0/R \end{aligned} \tag{6.4.23}$$

$t=0$ 时，$i_L(0)=0$，代入式(6.4.23)中，有

$$i_L(0)=A+U_0/R=0$$

解出

$$A=-U_0/R \tag{6.4.24}$$

最后，得到零状态响应（$t\geqslant 0^+$）

$$i_L=-(U_0/R)\mathrm{e}^{pt}+U_0/R=U_0/R(1-\mathrm{e}^{pt}) \tag{6.4.25}$$

可以看出：电感电流随时间的变化规律是从零值开始按照指数规律上升，趋向稳态值 U_0/R，时间常数 $\tau=L/R$，曲线如图 6.4.6 所示。

由电感电流随时间的变化规律可以知道，理论上要经过无限长时间，电感电流才达到稳态值(U_0/R)，当 $t=3-5\tau$ 时，电感电流已经达到(0.95－0.98)U_0/R，因此，一般认为 $t=3-5\tau$ 时电感充磁过程结束。时间常数越小，电感电流达到稳态值就越快，电感充磁过程就越短。在电感充磁过程结束时，即 $t\to\infty$ 时，直流激励下 RL 电路中电感 L 相当短路，其短路电流 $i_L(\infty)=U_0/R$ 便是最终稳态值。知道电感电流的稳态值与电路时间常数，便可以写出电感电流随时间的变化规律：

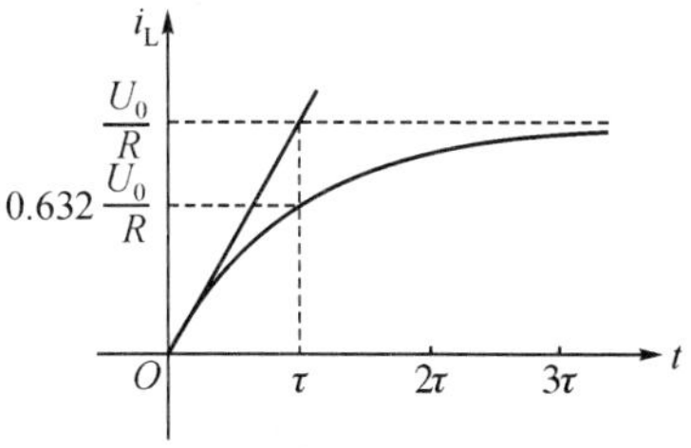

图 6.4.6　电感电流随时间的变化曲线

$$i_L=i_L(\infty)(1-e^{-t/\tau})\qquad(6.4.26)$$

得到电感电流随时间的变化规律，不难得到电路中其他物理量随时间的变化规律。例如，

电感电压　$$u_L=L\mathrm{d}i_L/\mathrm{d}t=U_0e^{-t/\tau}\qquad(6.4.27)$$

电阻电压　$$u_R=U_0(1-e^{-t/\tau})\qquad(6.4.28)$$

【例 6.4.2】　已知 $t<0$ 时，如图 6.4.7 所示电路已经稳定，$t=0$ 时开关闭合。求 $t>0$ 时 $i_L(t)$、$i_0(t)$。

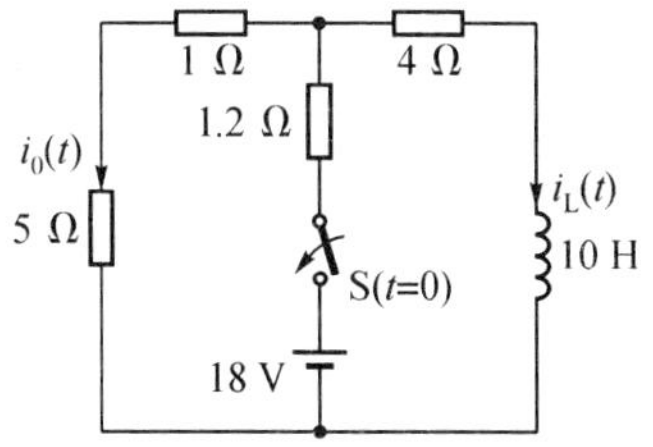

图 6.4.7　例 6.4.2 电路

解：已知 $i_L(0)=0$，这是求解零状态响应问题，只要求出 $i_L(\infty)$和时间常数 τ 即可。

(1)计算 $i_L(\infty)$

当 $t\to\infty$时，开关合上，电路达到新稳定，电感短路，如图 6.4.8 所示。

由如图 6.4.8 所示电路可以看出：$i_L(\infty)$为 5 Ω 串联 1 Ω 后与 4 Ω 并联组合的分流。为此计算 5 Ω 串联 1 Ω 后与4 Ω并联的等效电阻：

$$R_{eq1}=(5+1)//4=6\times4/(6+4)=2.4\ \Omega$$

于是，得到总电流：

$$i(\infty)=18/(1.2+R_{eq1})=18/3.6=3\ \mathrm{A}$$

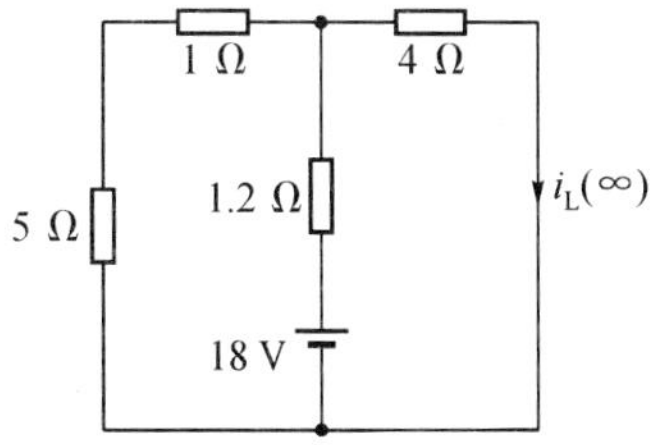

图 6.4.8　$t\to\infty$时等效电路

根据分流公式，得到

$$i_L(\infty)=18/(1.2+R_{eq1})=18/3.6=3\ \mathrm{A}$$

(2)计算时间常数 τ

根据如图 6.4.8 所示电路，得到由电感看进去的等效电阻电路如图 6.4.9 所示。

得到等效电阻

$$R=4+(1+5)(1.2)/(1+5+1.2)$$
$$=4+1=5\ \Omega$$

得到时间常数

$$\tau=L/R=10/5=2\ \mathrm{s}$$

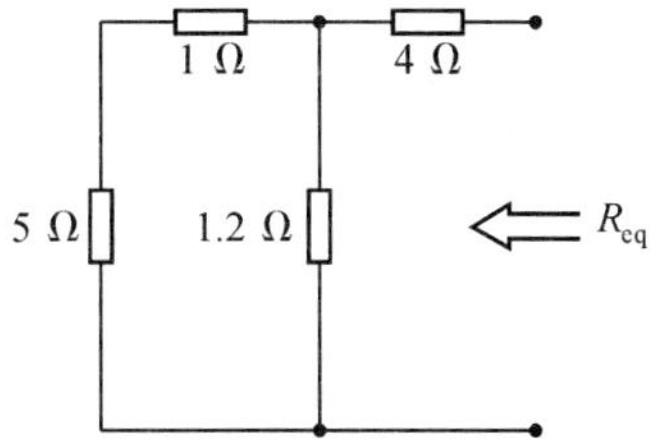

图 6.4.9　计算等效电阻电路

(3)得到待求变量

当 $t>0$ 时，

$$i_L(t)=i_L(\infty)(1-e^{-t/\tau})=3(1-e^{-t/2})\ \mathrm{A}$$

$$u_L(t)=L\mathrm{d}i_L(t)/\mathrm{d}t=15e^{-t/2}\ \mathrm{V}$$

$$i_0(t)=[4i_L(t)+u_L(t)]/(1+5)=2+0.5e^{-t/2}\ \mathrm{A}$$

待求变量 $i_L(t)$ 与 $i_0(t)$ 随时间变化曲线如图 6.4.10 所示。

电流 $i_L(t)$ 由零开始按照指数增长规律变化，即电感电流 $i_L(t)$ 按照指数增长规律在充磁，一直电感电流等于 3 A，端电压等于零，充磁结束。

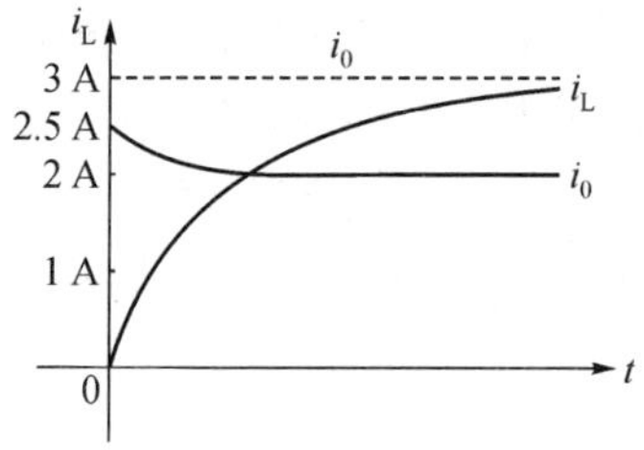

图 6.4.10　$i_L(t)$ 与 $i_0(t)$ 随时间变化曲线

6.5　一阶电路完全响应

在前面两节中，我们讨论了无输入情况下依靠非零状态作用产生的零输入响应与零状态情况下只有输入作用产生的零状态响应。如果电路既是非零状态又有输入作用，产生的响应称为完全响应。因此，

完全响应＝零输入响应＋零状态响应

把完全响应分解为零输入响应与零状态响应是从电路激励与响应的因果关系进行分析的。

如果从动态电路分析采用列写微分方程并求解进行分析的角度看，

解＝齐次解＋特解

其中齐次解为对应齐次微分方程的解，它只与电路结果与元件参数有关，而与输入无关。特解对应满足电路微分方程的一个特殊解，与输入有关，与输入函数形式相同。齐次解又称为固有响应，特解又称为强制响应，因此

完全响应＝固有响应＋强制响应

如果强制响应为常数或者周期函数，则又称此强制响应为稳态响应。直流激励下的 RL 与 RC 电路的固有响应为暂态响应，因为随着时间增加，此项响应按照指数衰减为零。因此，

完全响应＝暂态响应＋稳态响应

我们讨论的直流激励下的 RL 与 RC 电路，当暂态响应衰减为零时，电路过渡过程结束，进入稳态工作。

【例 6.5.1】 电路如图 6.5.1 所示，已知 $u_C(0)=1$ V，求 $t>0$ 时 u_C 与 u_0。

解：根据　完全响应＝零输入响应＋零状态响应

我们首先计算在 $u_C(0)=1$ V 作用下产生的零输入响应 $u_{Czi}(t)$。

已知 $u_C(0)=1$ V，只要计算时间参数 τ 即可。

由电容看的等效电阻

$$R=2\times1/(2+1)=2/3\ \Omega$$

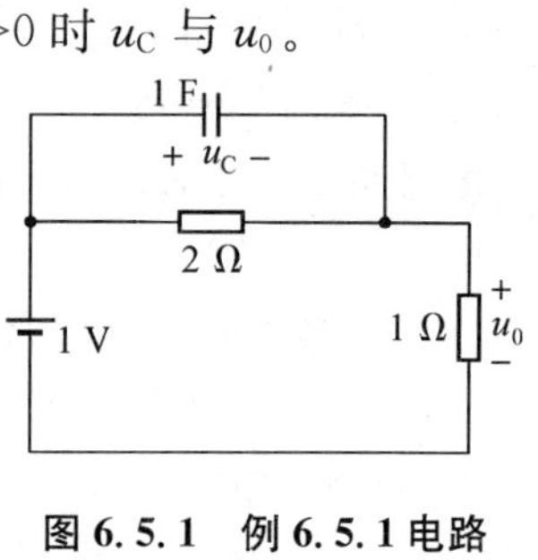

图 6.5.1　例 6.5.1 电路

得到时间参数

$$\tau=RC=(2/3)\times1=2/3\ \mathrm{s}$$

零输入响应

$$u_{Czi}(t)=u_C(0)e^{-t/\tau}=1e^{-t/(2/3)}=e^{-1.5t}\ \mathrm{V}$$

然后我们计算在 $u_C(0)=0$ 情况下由 1 V 电压源作用下产生的零状态响应 $u_{Czs}(t)$。

已知时间参数 $\tau=2/3$ s，只要计算 $u_C(\infty)$ 即可。

当 $t\to\infty$，直流激励下 RC 处于稳态，因此电容开路，得到

$$u_C(\infty)=1\times2/(1+2)=2/3\ \text{V}$$

得到零状态响应

$$u_{Czs}(t)=u_C(\infty)(1-e^{-t/\tau})=2/3(1-e^{-1.5t})\ \text{V}$$

最后得到完全响应

$$u_C(t)=u_{Czi}(t)+u_{Czs}(t)=e^{-1.5t}+2/3(1-e^{-1.5t})=2/3+(1/3)e^{-1.5t}\text{V}$$

知道 $u_C(t)$，可以应用 KVL 得到 $u_0(t)$：

$$u_0(t)=1-u_C(t)=1/3-(1/3)e^{-1.5t}\ \text{V}$$

当然此题可以应用列写电路微分方程进行求解，留给读者自我练习。

在直流激励下一阶电路的响应规律性比较强，可以避免列写电路微分方程进行求解的烦琐过程，一般应用简捷的三要素法。

6.6 一阶电路三要素法

直流激励下的 RL 与 RC 电路的响应的求解可以应用简捷方法——三要素法进行，因为各种响应可以应用统一的一个公式表示：

$$f(t)=f(\infty)+[f(0^+)-f(\infty)]e^{-t/\tau} \tag{6.6.1}$$

式中，$f(t)$ 表示电路中的响应（电流或电压），

$f(0^+)$ 表示响应（电流或电压）的初始值，

$f(\infty)$ 表示响应（电流或电压）的稳态值，

τ 表示电路的时间常数。

在分析电路时，只要获得 $f(0^+)$、$f(\infty)$ 和 τ 这三个要素，便能立即写出待求响应的解析表达式。下面通过具体举例来说明三要素法的应用。

【例 6.6.1】 如图 6.6.1 所示电路在 $t<0$ 时已经稳定，$t=0$ 时开关由 a 打到 b，求 $t>0$ 时电流 i_L 与 i_0。

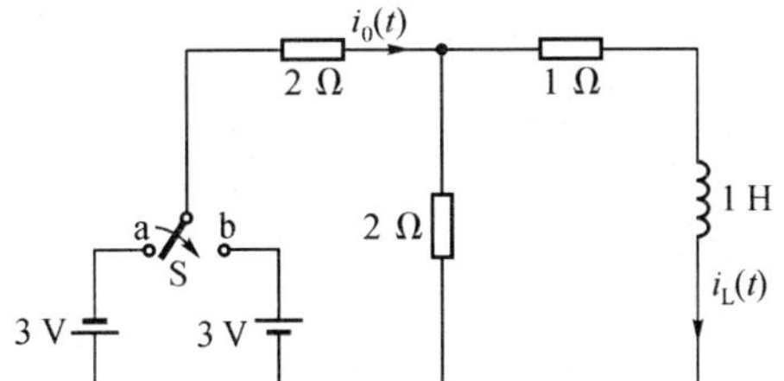

图 6.6.1 例 6.6.1 电路

解：(1)计算 $i_L(0^-)$

$t=0^-$ 时开关在位置 a 处，电路达到稳态，电感短路，等效电路如图 6.6.2(a)所示。

根据如图 6.6.2(a)所示直流电阻电路，可以计算短路电流 $i_L(0^-)$

$$i_L(0^-)=-\{3/[2+2\times1/(2+1)]\}[2/(2+1)]=-(9/8)(2/3)=-3/4\ \text{A}$$

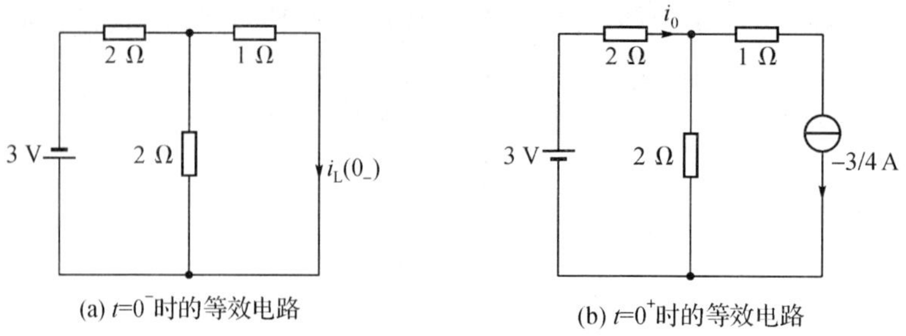

图 6.6.2

(2)计算 $i_L(0^+)$与 $i_0(0^+)$

$t=0^+$时，开关在位置 b 处，根据换路法则，有 $i_L(0^+)=i_L(0^-)=-3/4$ A，因此，电感用电流为 $i_L(0^+)=-3/4$ A 的电流源替代，得到 $t=0^+$时的等效电路，如图 6.6.2(b)所示。根据如图 6.6.2(b)所示直流电阻电路，应用叠加原理，得到电流 $i_0(0^+)$：

$$i_0(0^+)=3/(2+2)-(3/4)\times(1/2)=3/4-3/8=3/8\ \text{A}$$

(3)计算 $i_L(\infty)$与 $i_0(\infty)$

当 $t\to\infty$，开关仍旧在位置 b 处，电路达到新稳态，因此电感短路，

$$i_L(\infty)=\{3/[2+2\times1/(2+1)]\}[2/(2+1)]=(9/8)(2/3)=3/4\ \text{A}$$

$$i_0(\infty)=3/[2+2\times1/(2+1)]=3/(8/3)=9/8\ \text{A}$$

(4)计算时间常数 τ

$t>0$ 时，开关在位置 b 处，由电感看进去的等效电阻为

$$R=1+2\times2/(2+2)=2\ \Omega$$

得到时间常数

$$\tau=L/R=1/2\ \text{s}$$

(5)把三要素代入公式(6.6.1)，得到 $t\geqslant0^+$时电流 i_L 与 i_o：

$$i_L(t)=i_L(\infty)+(i_L(0^+)-i_L(\infty))e^{-t/\tau}=3/4+(-3/4-3/4)e^{-2t}=3/4-(3/2)e^{-2t}\ \text{A}$$

$$i_0(t)=i_0(\infty)+(i_0(0^+)-i_0(\infty))e^{-t/\tau}=9/8+(3/8-9/8)e^{-2t}=9/8-(3/4)e^{-2t}\ \text{A}$$

(6)绘制电流 $i_L(t)$与 $i_0(t)$随时间变化曲线如图 6.6.3 所示。

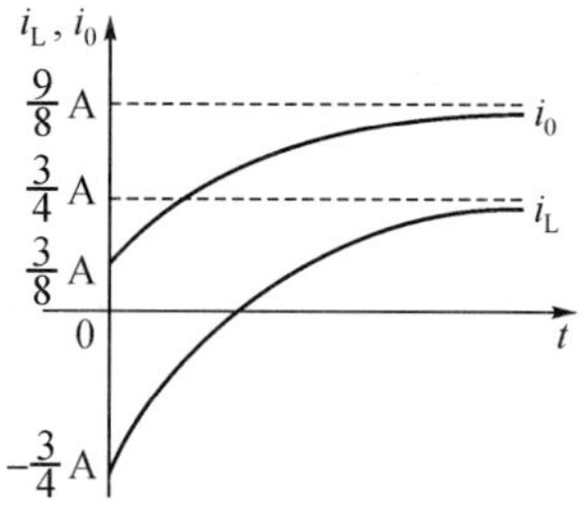

图 6.6.3　电流随时间变化曲线

下面让我们分析电感电流三要素公式

$$i_L(t)=i_L(\infty)+(i_L(0^+)-i_L(\infty))e^{-t/\tau}\quad(6.6.2)$$

式中，第一项 $i_L(\infty)$为常数，不随时间变化，是稳态响应，也是强制响应。

第二项$(i_L(0^+)-i_L(\infty))e^{-t/\tau}$随时间按照指数衰减规律变化，当 $t\to\infty$，此项衰减为零，因此此项是暂态响应，也是固有响应。

如果把三要素公式变换形式为

$$i_L(t)=i_L(0^+)e^{-t/\tau}+i_L(\infty)(1-e^{-t/\tau})\qquad(6.6.3)$$

式中，第一项 $i_L(0^+)e^{-t/\tau}$为仅由电感初始电流 $i_L(0^+)$作用产生的零输入响应。

第二项 $i_L(\infty)(1-e^{-t/\tau})$为仅由输入(电压源)作用产生的零状态响应。

通过本例可以看出，三要素法要比列写微分方程，再求解其齐次解与特解方法来得简捷，也比分别求解零输入响应与零状态响应方法来得简捷。

【例 6.6.2】 如图 6.6.4 所示电路已经稳定，$t=0$ 时开关 S 闭合。求 $t>0$ 时 $u_C(t)$ 与 $i(t)$。

解：(1)计算 $u_C(0^-)$

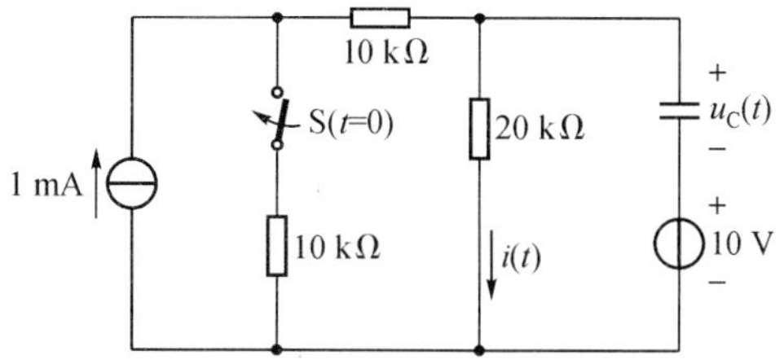

图 6.6.4 例 6.6.2 电路

在 $t=0^-$ 时，开关打开，直流激励下电路稳态，因此电容开路，画出 $t=0^-$ 时等效电路如图 6.6.5(a)所示。

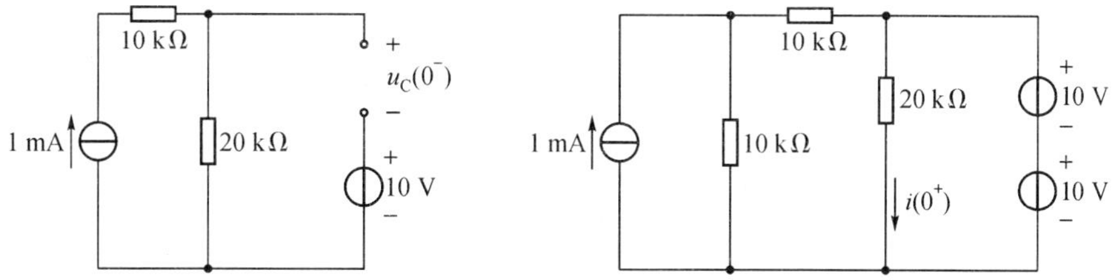

(a) $t=0^-$时的等效电路 (b) $t=0^+$时的等效电路

图 6.6.5 $t=0^-$ 时的等效电路

根据如图 6.6.5(a)所示直流电阻电路，很容易计算 $u_C(0^-)$：

$$u_C(0^-)=1\times20-10=10\ \text{V}$$

(2)计算 $u_C(0^+)$与 $i(0^+)$

在 $t=0^+$ 时，开关闭合，根据换路定则得知 $u_C(0^+)=u_C(0^-)=10$ V，因此，电容用 10 V 电压源替代，画出 $t=0^+$ 时等效电路如图 6.6.5(b)所示，根据此电路计算 $i(0^+)$：

$$i(0^+)=(10+10)/20=1\ \text{mA}$$

(3)计算 $u_C(\infty)$与 $i(\infty)$

在 $t\to\infty$时，开关仍闭合，电路达到新稳态，因此，电容开路，画出 $t\to\infty$时等效电路如图 6.6.6(a)所示。

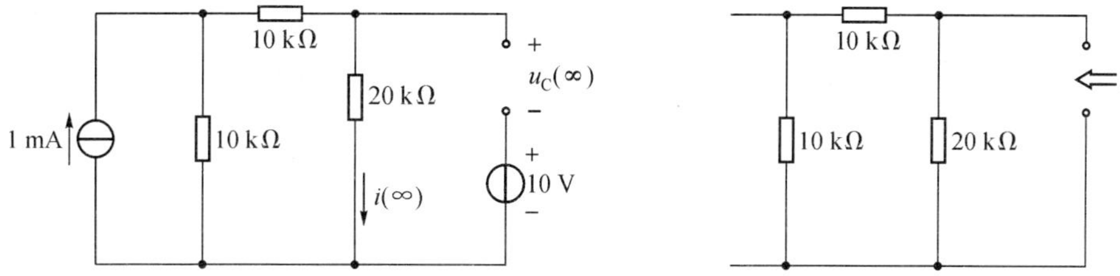

(a) $t\to\infty$时等效电路 (b) 电容看进去的无源网络

图 6.6.6 $t\to\infty$时的等效电路

$$i(\infty)=(10/(10+20+10))\times 1=0.25\ \text{mA}$$

$$u_C(\infty)=20\ i(\infty)-10=-5\ \text{V}$$

(4)计算 τ

$t>0$ 时，由电容看进去的无源二端网络如图 6.6.6(b)所示，计算其等效电阻 R

$$R=(10+10)\times 20/(10+10+20)=10\ \ \text{k}\Omega$$

得到时间常数

$$\tau=RC=10\times 10^3\times 10\times 10^{-6}=0.1\ \text{s}$$

(5)把三要素代入公式

得到 $t\geqslant 0^+$ 时电压 $u_C(t)$ 与电流 $i(t)$

$$u_C(t)=u_C(\infty)+(u_C(0^+)-u_C(\infty))e^{-t/\tau}$$
$$=-5+(10-(-5))e^{-t/0.1}=-5+15e^{-10t}\ \text{V}$$
$$i(t)=i(\infty)+(i(0^+)-i(\infty))e^{-t/\tau}$$
$$=0.25+(1-0.25)e^{-t/0.1}=0.25+0.75e^{-10t}\text{mA}$$

也可以根据图 6.6.4 所示电路，应用 $u_C(t)$ 直接计算 $i(t)$：

$$i(t)=(u_C(t)+10)/20=(-5+15e^{-10t}+10)/20$$
$$=0.25+0.75e^{-10t}\ \text{mA}$$

如此计算 $i(t)$，可以避免画出 $t=0^+$ 时等效电路的第二步，更简捷一些。

(6)画变化曲线

画出 $t\geqslant 0^+$ 时电压 $u_C(t)$ 与电流 $i(t)$ 随时间变化曲线如图 6.6.7 所示。

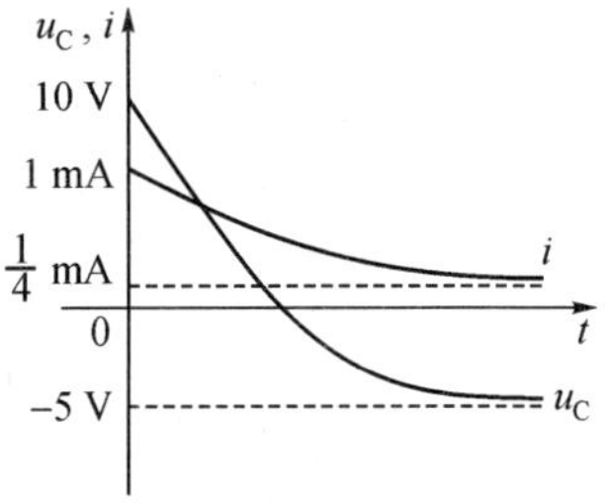

图 6.6.7　$u_C(t)$ 与 $i(t)$ 随时间变化曲线

【例 6.6.3】 如图 6.6.8 所示含受控源 RL 电路在 $t<0$ 时已经稳定，$t=0$ 时，合上开关 S。求 $t\geqslant 0^+$ 时电流 $i_L(t)$。

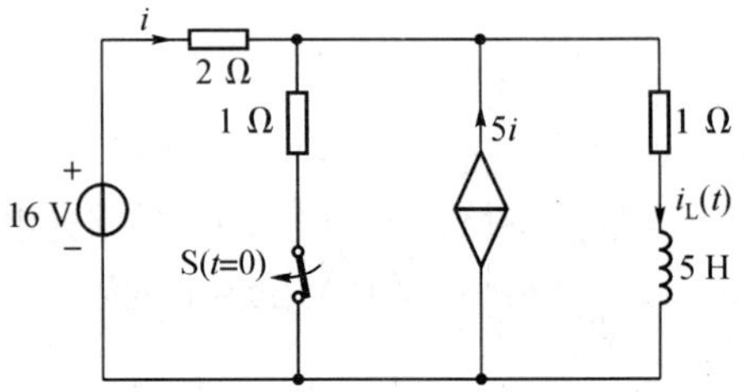

图 6.6.8　例 6.6.3 电路

解：(1)计算 $i_L(0^-)$

在 $t=0^-$ 时，开关打开，电路稳定，因此电感短路，等效电路如图 6.6.9(a)所示。

根据 KVL，有

$$i(0^-)\times 2+[i(0^-)+5i(0^-)]\times 1=16$$

因此

$$i(0^-)=2\ \text{A}$$

$$i_L(0^-)=i(0^-)+5i(0^-)=12\ \text{A}$$

(2)计算 $i_L(0^+)$

根据换路定则得知

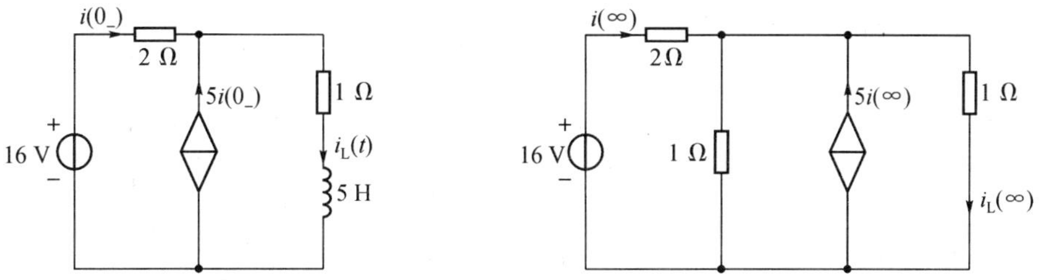

(a) t=0⁻时的等效电路　　(b) $t\to\infty$时等效电路

图 6.6.9

$$i_L(0^+)=i_L(0^-)=12\ \text{A}$$

(3)计算 $i_L(\infty)$

在 $t\to\infty$时，开关仍闭合，电路达到新稳态，电感短路，等效电路如图 6.6.9(b)所示。

根据 KCL，有

$$i(\infty)+5i(\infty)=i_L(\infty)+i_L(\infty)\times 1/1$$

解得

$$i_L(\infty)=3i(\infty)$$

根据 KVL，有

$$i(\infty)\times 2+i_L(\infty)\times 1=16$$

解得

$$i_L(\infty)=16-2i(\infty)$$

因此，

$$i_L(\infty)=9.6\ \text{A}$$

(4)计算 τ

在 $t\to\infty$时，由电感看进去的无独立源的二端网络如图 6.6.10 所示，为了计算等效电阻 R，应用激励法。在二端网络端口处标出电压 u 与电流 i_1，于是

$$R=u/i_1$$

根据 KVL，有

$$i\times 2-i_1\times 1+u=0$$

根据 KCL，有

$$i+5i+i_1-(u-i_1\times 1)/1=0$$

联立求解上述两个方程，解得

$$R=u/i_1=5/4\ \Omega$$

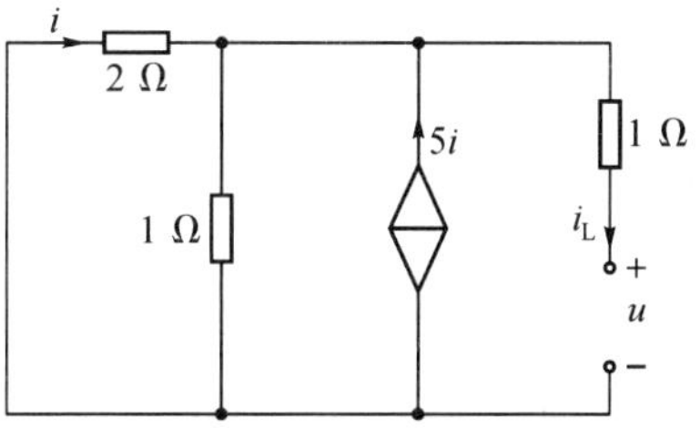

图 6.6.10　由电感看进去的无独立源的二端网络

得到时间常数

$$\tau=L/R=5/(5/4)=4\ \text{s}$$

(5)把三要素代入公式

得到 $t\geqslant 0^+$时电流 $i_L(t)$。

$$\begin{aligned} i_L(t)&=i_L(\infty)+(i_L(0^+)-i_L(\infty))e^{-t/\tau}\\ &=9.6+(12-9.6)e^{-t/4}\\ &=9.6+2.4e^{-t/4}\ \text{A} \end{aligned}$$

(6)画出变化曲线

画出 $t\geqslant 0^+$时电流 $i_L(t)$随时间变化曲线如图 6.6.11 所示。

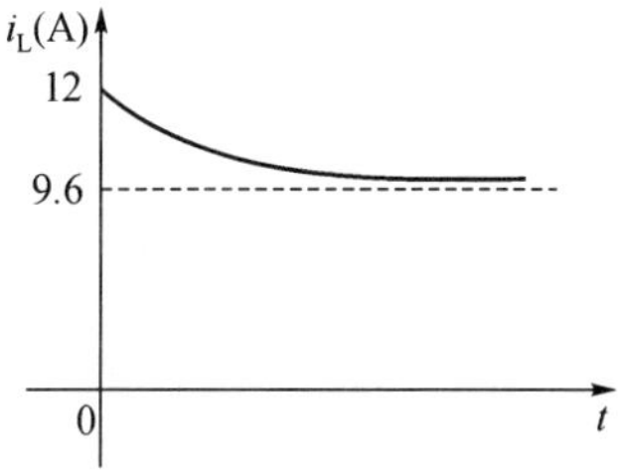

图 6.6.11　$t\geqslant 0^+$时 $i_L(t)$随时间变化曲线

【例 6.6.4】 如图 6.6.12 所示电路在 $t<0$ 时已经稳定，$t=0$ 时，打开开关 S。求 $t\geqslant 0^+$ 时电压 $u_{ab}(t)$。

解：当 $t\geqslant 0^+$ 开关打开后，该电路为含有电容 C 与电感 L 的二阶电路，似乎不能应用直流激励一阶电路的三要素法进行分析。但是，我们可以应用电压源分裂方法（也称为电压源移位法）进行等效处理，将原电路分解成左右两个一阶电路，如图 6.6.13 所示。左边一阶电路为 RC 电路，右边一阶电路为 RL。这样处理后，便可应用三要素法进行分析。

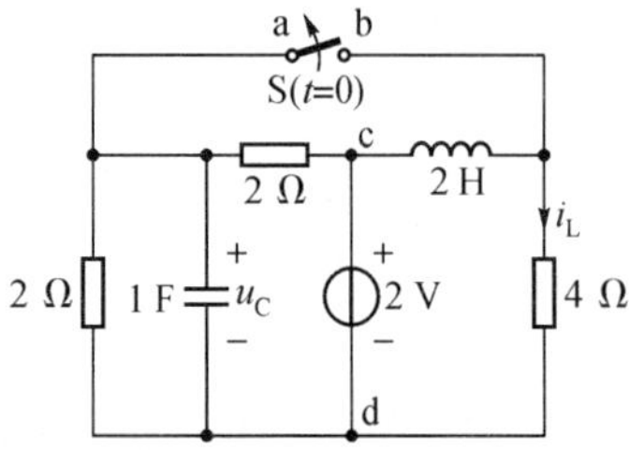

图 6.6.12　例 6.6.4 电路

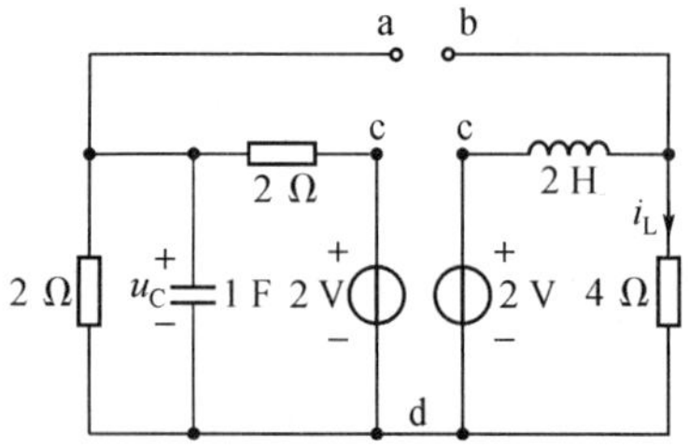

图 6.6.13

（1）计算 $u_C(0^-)$ 与 $i_L(0^-)$

在 $t=0^-$ 时，开关闭合，直流激励下电路已经稳定，因此电容开路、电感短路，等效电路如图 6.6.14(a)所示。解得：

$$u_C(0^-)=2\ \text{V}$$

$$i_L(0^-)=(2/4)/2=1/4\ \text{A}$$

（2）计算 $u_C(0^+)$ 与 $i_L(0^+)$

根据换路规则，有

$$u_C(0^+)=u_C(0^-)=2\ \text{V}$$

$$i_L(0^+)=i_L(0^-)=1/4\ \text{A}$$

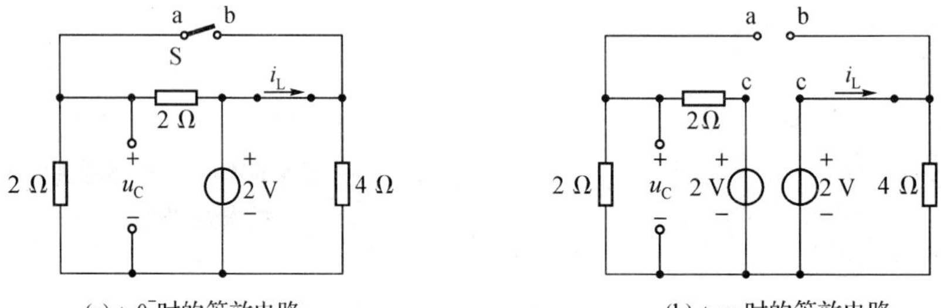

(a) $t=0^-$时的等效电路　　(b) $t=\infty$时的等效电路

图 6.6.14

（3）计算 $u_C(\infty)$ 与 $i_L(\infty)$

在 $t=\infty$时，开关仍打开，电路达到新稳定，因此电容开路、电感短路，把电压源分别移位到左侧 RC 电路与 2 Ω 电阻串联、移位到右侧 RL 电路与 L 串联，等效电路如图 6.6.14(b)所示，这是解题的一种技巧。

$$u_C(\infty)=(2/(2+2))\times 2=1\ \text{V}$$

$$i_L(\infty)=2/4=1/2\ \text{A}$$

（4）计算时间常数

根据如图 6.6.14(b)所示电路，得知左侧 RC 电路的时间常数 τ_1 为

$$\tau_1=(2\times2/(2+2))\times1=1\ \mathrm{s}$$

得知右侧 RL 电路的时间常数 τ_2 为

$$\tau_2=2/4=1/2\ \mathrm{s}$$

(5)把三要素代入公式

得到 $t\geqslant0^+$ 时电压 $u_C(t)$ 与电流 $i_L(t)$

$$u_C(t)=1+(2-1)e^{-t}=1+e^{-t}\ \mathrm{V}$$

$$i_L(t)=1/2+(1/4-1/2)e^{-2t}=1/2-1/4e^{-2t}\ \mathrm{A}$$

(6)计算电压 $u_{ab}(t)$

由图 6.6.13 电路得知，当 $t\geqslant0^+$ 时，根据 KVL 有

$$\begin{aligned}u_{ab}(t)&=u_C(t)-4i_L(t)\\&=1+e^{-t}-4(1/2-1/4e^{-2t})\\&=-1+e^{-t}+e^{-2t}\mathrm{V}\end{aligned}$$

6.7　阶跃函数与阶跃响应

6.7.1　单位阶跃函数

单位阶跃函数是一种奇异函数，可以定义为

$$u(t)=\begin{cases}0 & t<0\\1 & t>0\end{cases}\tag{6.7.1}$$

$$\int_{-\infty}^{\infty}u(t)\mathrm{d}t=\int_{+\infty}^{0^+}u(t)\mathrm{d}t=1\tag{6.7.2}$$

单位阶跃函数波形图如图 6.7.1 所示，在$(0^-,0^+)$时域发生单位阶跃。

延迟单位阶跃函数可以定义为

$$u(t-t_0)=\begin{cases}0 & t<t_0\\1 & t>t_0\end{cases}\tag{6.7.3}$$

延迟单位阶跃函数波形图如图 6.7.2 所示，可以把它看成单位阶跃函数在时间轴上移动 t_0。

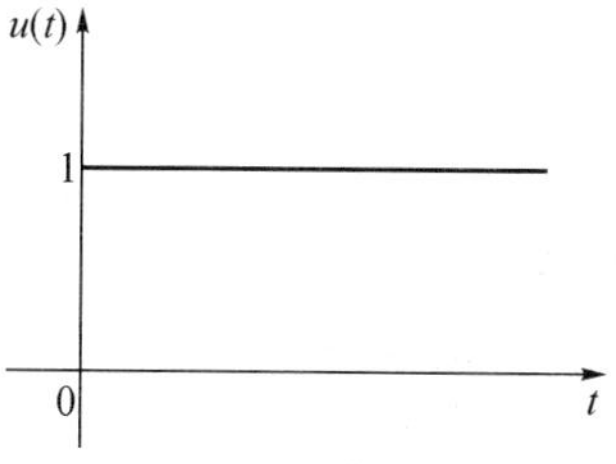

图 6.7.1　单位阶跃函数波形图

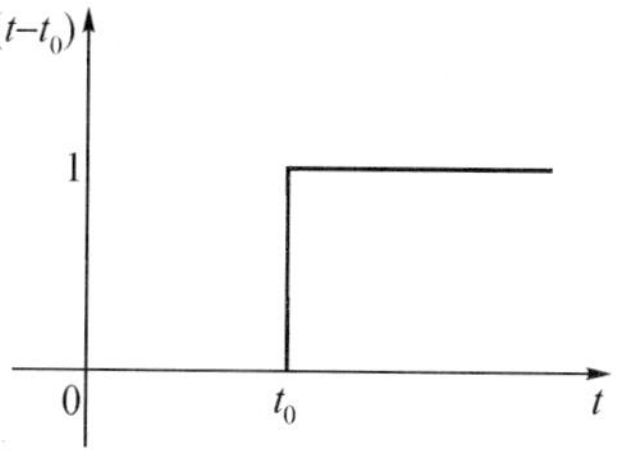

图 6.7.2　延迟单位阶跃函数波形图

(1)开关作用

如图 6.7.3(a)所示电路中开关原来在位置 1，$t=0$ 时开关打到位置 2，接入 1 V 电压源，这一阐述可以用图 6.7.3(b)表示。

(2)用阶跃函数表示矩形脉冲函数

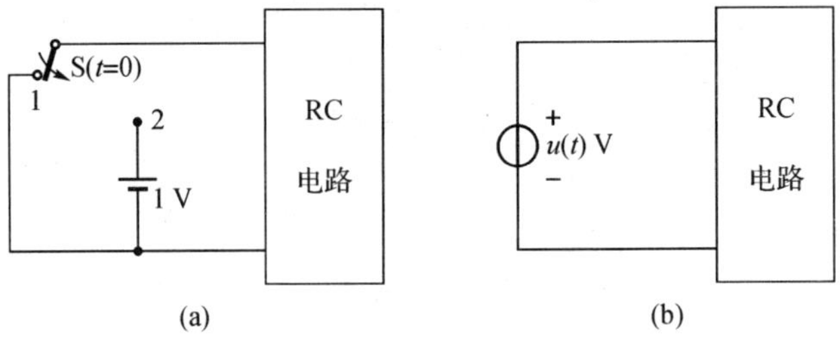

图 6.7.3　阶跃函数起开关作用的说明

矩形脉冲函数定义为

$$u(t-t_0)=\begin{cases}0 & t<i_0\\ U_0 & t_0<t<t_1\\ 0 & t>t_1\end{cases}$$

矩形脉冲函数波形图如图 6.7.4 所示。

图 6.7.4 所示矩形脉冲函数可以表示为两个阶跃函数的合成，即

$$u(t-t_0)=U_0u(t-t_0)-U_0u(t-t_1)$$

其图形表示如图 6.7.5 所示。

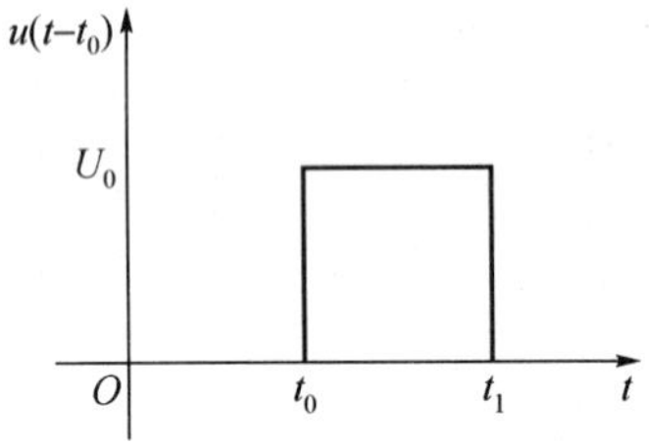

图 6.7.4 矩形脉冲函数

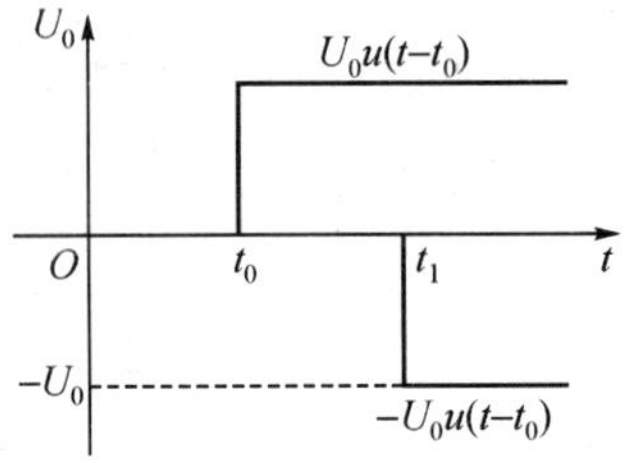

图 6.7.5　用阶跃函数表示矩形脉冲函数

(3)阶跃函数的起始作用

单位阶跃函数可以起始一个对所有时间 t 均有定义的任意函数。

例如函数 $u(t)$，当其乘以单位阶跃函数 $u(t-t_0)$时，则

$$u(t)u(t-t_0)=\begin{cases}0 & t\leqslant t_0\\ u(t) & t\geqslant t_0\end{cases}$$

阶跃函数起始作用的图示说明见图 6.7.6。

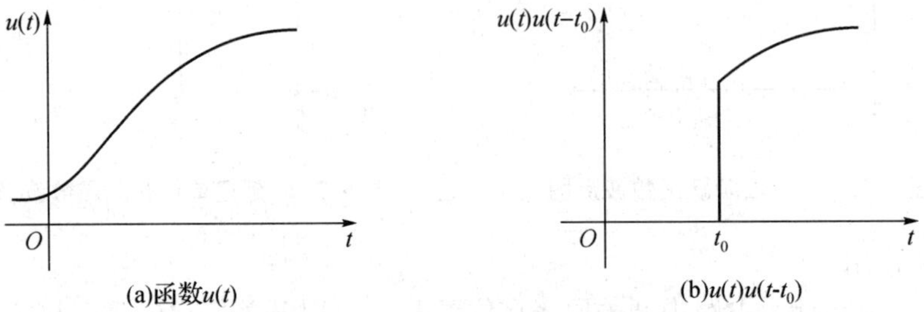

图 6.7.6　阶跃函数起始作用的图示说明

6.7.2　单位阶跃响应

单位阶跃响应是指电路在唯一的单位阶跃函数激励下所产生的零状态响应，一般用$s(t)$表示。下面举例说明。

【例 6.7.1】 电路如图 6.7.7 所示，求$t>0$时响应$u_C(t)$与$u_R(t)$。

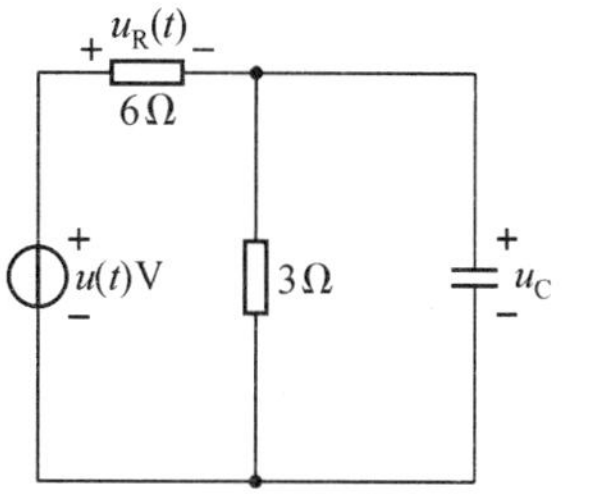

图 6.7.7　例 6.7.1 电路

解：应用三要素法进行分析与计算。

(1)计算$u_C(0^+)$与$u_R(0^+)$

根据单位阶跃响应的定义，我们知道$u_C(0^-)=0$，因此$u_C(0^+)=u_C(0^-)=0$。又知在$t=0^+$时，$u(t)=1$ V。

因此，根据 KVL 得到$u_R(0^+)+u_C(0^+)=1$

即
$$u_R(0^+)=1\ \text{V}$$

(2)计算$u_C(\infty)$与$u_R(\infty)$

在$t=\infty$时，$u(t)=1$ V，电路达到新稳态，电容开路，因此

$$u_C(\infty)=[1/(6+3)]\times 3=1/3\ \text{V}$$
$$u_R(\infty)=[1/(6+3)]\times 6=2/3\ \text{V}$$

(3)计算τ

$$\tau=RC=[6\times 3/(6+3)]\times 1=2\ \text{s}$$

(4)把三要素代入公式

得到单位阶跃响应电压$u_C(t)$与$u_R(t)$

$$u_C(t)=1/3(1-e^{-t/2})u(t)\ \text{V}$$
$$u_R(t)=(2/3+1/3e^{-t/2})u(t)\ \text{V}$$

【例 6.7.2】 如图 6.6.8 所示电路在$t<0$时已经稳定，求$t\geqslant 0_+$时电流$i_L(t)$。

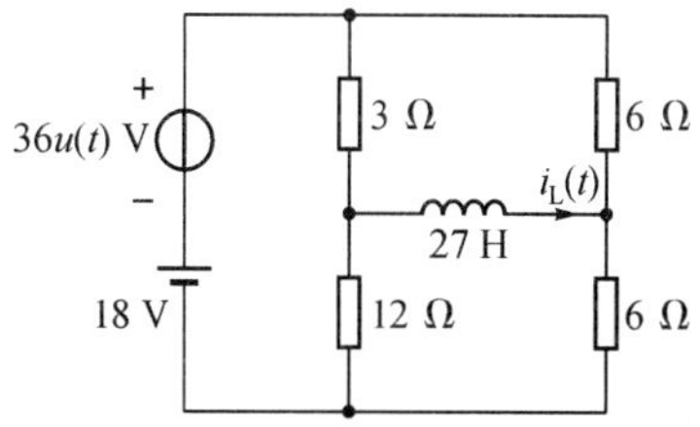

图 6.7.8　例 6.7.2 电路

解：如图 6.6.8 所示 RL 电路中有两个电压源，18 V 直流电压源一直在作用，因此在$t=0$换路时，该电压源使电感电流不为零，即使 RL 电路为非零状态；而$36u(t)$伏阶跃函数电压源使电路在$t=0$时刻发生换路，在$t\geqslant 0^+$时作为 36 V 电压源输入。可以应用三要素法进行计算。

(1)求$i_L(0^-)$

在$t=0^-$时，$36u(t)=0$，电路稳态，电感短路，等效电路如图 6.6.9(a)所示。

总电流

$$i(0^-)=18/[3\times 6/(3+6)+12\times 6/(12+6)]=18/6=3\ \text{A}$$
$$i_L(0^-)=[6/(3+6)-6/(12+6)]i(0^-)=1/3\ i(0^-)=1\ \text{A}$$

(2)求$i_L(0^+)$

由换路定则知道

$$i_L(0^+)=i_L(0^-)=1\ \text{A}$$

(3)求$i_L(\infty)$

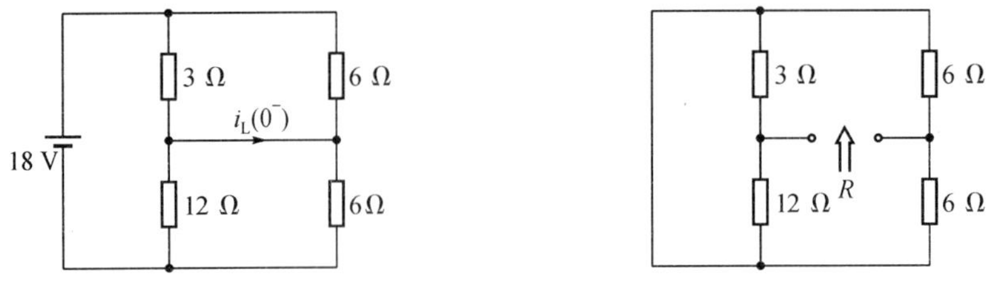

(a)$t=0^-$时等效电路　　　　(b)由电感看进去的无源二端网络

图 6.7.9　等效电路图

当 $t\to\infty$时，$36u(t)=36$ V，电路达到新稳态，电感短路。等效电路如图 6.6.9(a)所示，只是电压源总电压为 36+18=54 V。根据线性电路的齐性原理，我们知道：

当电压源电压为 18 V 时，响应为 $i_L(0^+)=1$ A。

当电压源电压为 54 V=3×18 V 时，响应为

$$i_L(\infty)=3\times i_L(0^+)=3\text{ A}$$

(4)求 τ

$t\geqslant 0^+$时由电感看进去的无源二端网络如图 6.6.9(b)所示，得到等效电阻

$$R=3\times 12/(3+12)+6\times 6/(6+6)$$
$$=36/15+3=27/5\ \Omega$$

得到时间常数

$$\tau=L/R=2.7/(27/5)=0.5\text{ s}$$

(5)把三要素代入公式

得到响应 $i_L(t)$

$$i_L(t)=(3-2e^{-2t})u(t)\text{ A}$$

(6)画出 $t\geqslant 0^+$

电流 $i_L(t)$随时间变化曲线如图 6.6.10 所示。

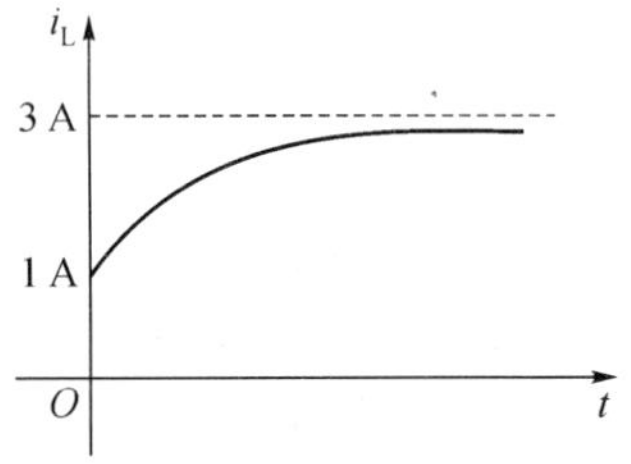

图 6.7.10　$t\geqslant 0^+$ $i_L(t)$随时间变化曲线

此题也可以应用线性电路的叠加原理来计算，即首先令 $36u(t)$ V 电压源单独作用产生阶跃响应 $i_{L1}(t)$；再令 18 V 电压源单独作用产生响应 $i_{L2}(t)$。于是，$t\geqslant 0^+$时响应

$$i_L(t)=i_{L1}(t)+i_{L2}(t)$$

其中　$$i_{L1}(t)=2(1-e^{-2t})u(t)\text{ A}$$

$$i_{L2}(t)=u(t)\text{ A}$$

故　$$i_L(t)=(3-2e^{-2t})u(t)\text{ A}$$

【例 6.7.3】　已知如图 6.7.11(a)所示电路中 $g_m=\dfrac{1}{6\ 000}$ S，$u_C(0^-)=1$ V，电压源电压波形如图 6.7.11(b)所示，求 $t\geqslant 0^+$时电压 $u_C(t)$。

解：电压源电压 $u_S(t)$可以用单位阶跃函数表示为

$$u_S(t)=2u(t)+4u(t-0.001)\text{ V}$$

因此，响应 $u_C(t)$可以处理为电压 $2u(t)$ V 单独作用产生的零状态响应 $u_{C1}(t)$、电压 $4u(t-0.001)$ V 单独作用产生的零状态响应 $u_{C2}(t)$与 $u_C(0^-)=1$ V 产生的零输入响应 $u_{C3}(t)$的叠加，即

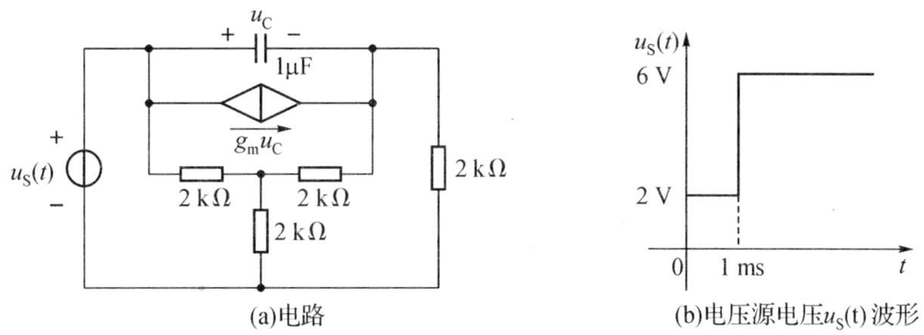

图 6.7.11　例 6.7.3 的图

$$u_C(t)=u_{C1}(t)+u_{C2}(t)+u_{C3}(t)$$

(1)计算电压 $2u(t)$ V 单独作用产生的零状态响应 $u_{C1}(t)$

已知 $$u_{C1}(0^+)=u_{C1}(0^-)=0$$

在 $t\to\infty$时，电路稳定，电容开路，等效电路如图 6.6.12(a)所示。

为了计算 $u_{C1}(\infty)$，把 Y 接三个 2 kΩ 电阻等效变换为接三个 6 kΩ 电阻，如图 6.7.12(b)所示。根据 KVL，有

$$u_{C1}(\infty)+(g_m u_{C1}(\infty)+u_{C1}(\infty)/6\ 000)\times(2\ 000\times 6\ 000/(2\ 000+6\ 000))=2$$

即 $$3/2u_{C1}(\infty)=2$$

解得 $$u_{C1}(\infty)=4/3\ \text{V}$$

为了计算时间常数 τ，必须首先计算 $t\geqslant 0^+$ 时由电容看进去的等效电阻 R。可以把如图 6.7.12(b)所示电路中 2 V 电压源短路，2 kΩ 与 6 kΩ 电阻并联结果为 1.5 kΩ，得到如图 6.7.12(c)所示电路。

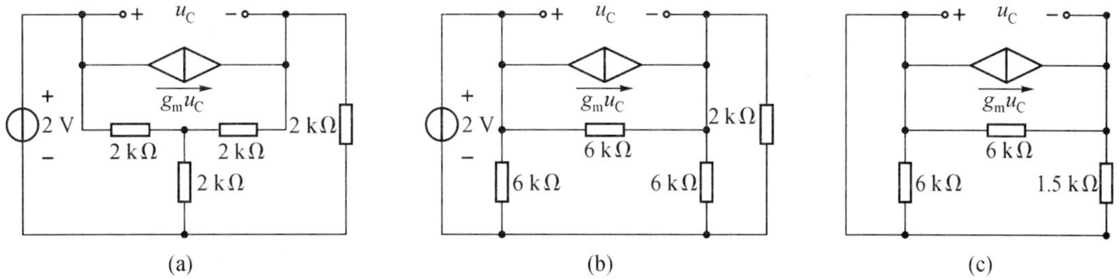

图 6.7.12　等效电路

根据 KCL，有

$$i=g_m u_C+u_C/6\ 000+u_C/1\ 500=u_C/1\ 000$$

解得等效电阻 $$R=u_C/i=1\ 000\ \Omega$$

计算时间常数 $$\tau=RC=1\ 000\times 10^{-6}=10^{-3}\text{s}$$

把三要素代入公式，得到响应

$$u_{C1}(t)=u_{C1}(\infty)(1-e^{-t/\tau})=4/3(1-e^{-1\ 000\,t})u(t)\ \text{V}$$

(2)计算电压 $4u(t-0.001)$V 单独作用产生的零状态响应 $u_{C2}(t)$

由线性电路的齐次性得知，$4u(t-0.001)$V 单独作用产生的零状态响应 $u_{C2}(t)$为

$$u_{C2}(t)=2(4/3(1-e^{-1\ 000(t-0.001)}))u(t-0.001)$$
$$=8/3(1-e^{-1\ 000(t-0.001)})u(t-0.001)\text{V}$$

(3)计算 $u_C(0^-)=1$ V 产生的零输入响应 $u_{C3}(t)$

$$u_{C3}(t)=u_C(0^-)e^{-t/\tau}=e^{-1\,000t}u(t)\text{V}$$

(4)计算完全响应

$$\begin{aligned}u_C(t)&=u_{C1}(t)+u_{C2}(t)+u_{C3}(t)\\&=4/3(1-e^{-1\,000t})u(t)+8/3(1-e^{-1\,000(t-0.001)})u(t-0.001)+e^{-1\,000\,t}u(t)\\&=(4/3-1/3e^{-1\,000t})u(t)+8/3(1-e^{-1\,000(t-0.001)})u(t-0.001)\text{V}\end{aligned}$$

6.8 小结

(1)在电流与电压关联方向下,电容元件的电流与电压的关系为

$$i_C=Cdu_C/dt$$

$$u_C(t)=u_C(t_0)+1/C\int_{t_0}^{t} i_C(t')dt'$$

对于直流激励,电容电流为零,相当开路,具有隔直作用。

电容是储能元件,t 时段内储能为

$$W_C(t)=(C/2)u_C(t)2$$

(2)在电流与电压关联方向下,电感电流与电压的关系为

$$u_L=Ld\,i_L/dt$$

$$i_L(t)=i_L(t_0)+1/L\int_{t_0}^{t} u_L(t)dt'$$

对于直流激励,电感相当短路,具有通直作用。

电感是储能元件,t 时段内储能为

$$W_L(t)=(L/2)i_L(t)^2$$

(3)串联与并联组合的等效电感可以仿照应用电阻串联与并联组合的等效电阻计算公式进行计算。串联与并联组合的等效电容可以仿照应用电阻的并联与串联组合的等效电阻计算公式进行计算。

电感电路与电容元件是一对对偶元件,应用对偶概念,有利于记忆,收到事半功倍效果。

(4)具有反馈电容的反相运算放大器使输出电压正比于输入电压的积分,组成积分器;交换输入电阻与反馈电容的位置,导致输出电压正比于输入电压的微分,组成微分器。

(5)含有电容或电感的电路在换路时要遵守换路定则,即在换路时刻电容电压与电感电流不能跃变;除非电容电流与电感电压为无限大。

(6)一阶电路的求解可以列写电路的一阶微分方程进行求解,其完全响应由齐次解(固有响应)与特解(强迫响应)两部分组成。固有响应也称为暂态响应,其形式只取决于电路元件参数及其连接方式。强迫响应与激励函数具有相同波形,因此,直流激励函数导致常数强迫响应。

(7)直流激励下一阶电路的分析可以应用简捷的三要素法进行,响应形式为

$$f(t)=f(\infty)+(f(0^+)-f(\infty))e^{-\tau/t}$$

式中:$f(t)$——一阶电路的响应,电流或电压;

$f(\infty)$——一阶电路的响应在 $t\to\infty$ 时的数值;

$f(0^+)$——一阶电路的响应在 $t=0^+$ 时刻的数值；

τ ——一阶电路的时间常数。

一般把 $f(\infty)$、$f(0^+)$、τ 称为三要素。

直流激励下一阶电路在 $t\to\infty$时达到新稳态，电容开路与电感短路，再计算 $f(\infty)$。

为了计算 $f(0^+)$必须计算电容电压 $u_C(0^-)$电感电流 $i_L(0^-)$。如果在 0^-时刻电路稳态，则电容开路与电感短路，$u_C(0^-)$为电容开路电压；而电感短路，$i_L(0)$为电感短路电流。然后应用换路定则：$u_C(0^+)=u_C(0^-)$与 $i_L(0^+)=i_L(0^-)$，把电容用电压等于 $u_C(0^+)$的电压源替代，把电感用电流等于 $i_L(0^+)$的电流源替代，构成直流电阻电路。利用该电路计算$f(0^+)$。

对于 RC 电路，$\tau=RC$；对于 RL 电路，$\tau=L/R$。电阻 R 是从电容或电感两端看进去的无源电路(把电压源短路，把电流源开路)的等效电阻。

(8)单位阶跃函数经常用来表示开关的闭合与打开，表示脉冲函数。单位阶跃响应是零状态响应。

习　题　6

6-2-1　电路如图 6-2-1(a)所示，已知 $u_1(t)$的波形如图 6.2.4(b)所示，画出 $u_2(t)$的波形。

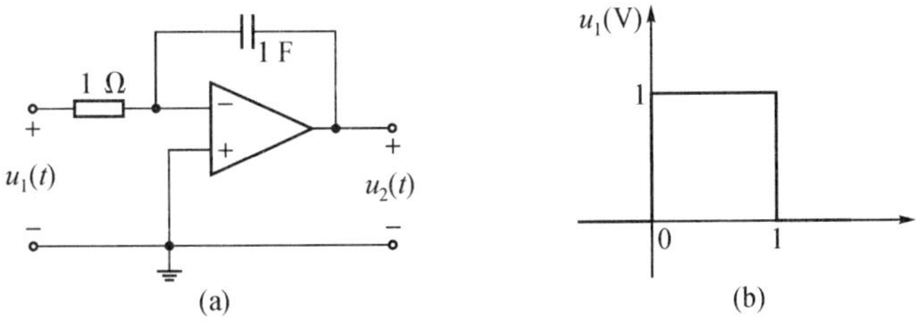

图 6-2-1　习题 6-2-1 电路

6-7-1　已知如图 6-7-1(a)所示电路中，$u_C(0^-)=1$ V，电压源电压 u_S 波形如图 6-7-1(b)所示。

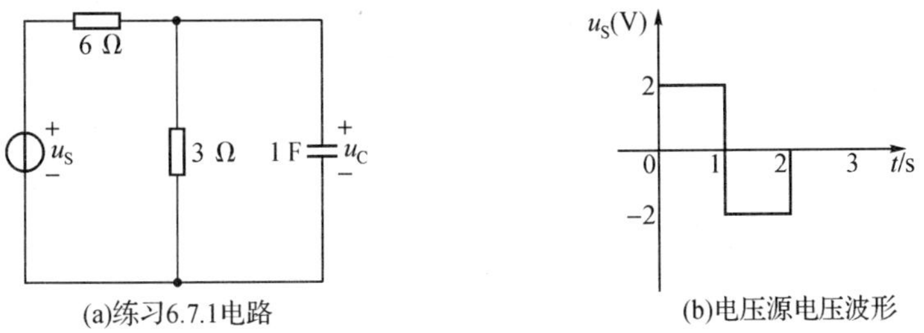

图 6-7-1　习题 6-7-1 电路

(1)应用单位阶跃函数表示电压源电压 u_S。

(2)应用三要素法计算 $t\geqslant 0^+$ 时电压 $u_C(t)$。

6-9-1　一电容大小为 0.2 μF，令 $u_C=5+3\cos^2 200t$ V。①求 $i(t)$；②电容储存的最大能量

为多少？③如果 $t<0$ 时，$i_C=0$，$t<0$ 时 $i_C=8e^{-100t}$ mA，求 $t<0$ 时的 $u_C(t)$；④如果 $t>0$ 时，$i_C=8e^{-100t}$ mA，$u_C(0)=100$ V，求 $t>0$ 时的 $u_C(t)$。

6-9-2　如图 6-9-2 所示。①画出 $0<t<60$ ms 时 u_L 随时间变化的曲线；②求电感吸收功率达到最大时的时刻；③求电感提供最大功率时的时刻；④求 $t=40$ ms 时的电感储存的能量。

6-9-3　一个 0.2 H 的电感在 $0<t\leqslant 10$ ms 时两端的电压 u_L 为 100 V，并在时间 $10<t<20$ ms内线性减少到零，在 $20\leqslant t<30$ ms 内为零，在 $30<t<40$ ms 内为 100 V，此后一直为零，假定 u_L 和 i_L 遵循无源符号规则，如果 $i_L(0)=-2$ A。①如果 $u_C(0)=-2$ V，计算 $t=8$ ms 时的 i_L；②如果$i_L(0)=0$，求 $t=22$ ms 时电感储存的能量；③如果如图 6-9-3 所示的电路已经工作了很长时间，求 i_x。

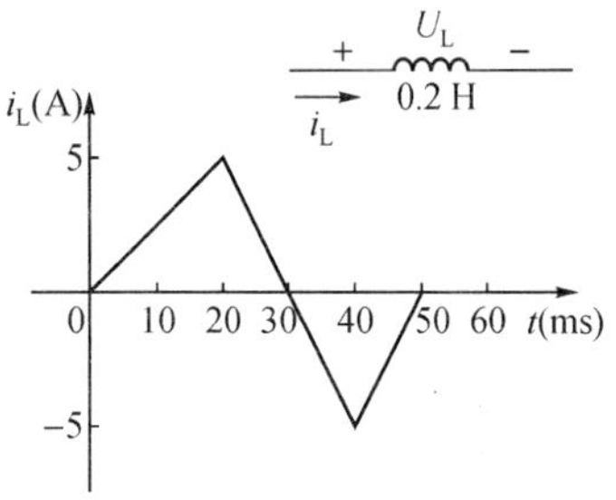

图 6-9-2　习题 6-9-2 电路

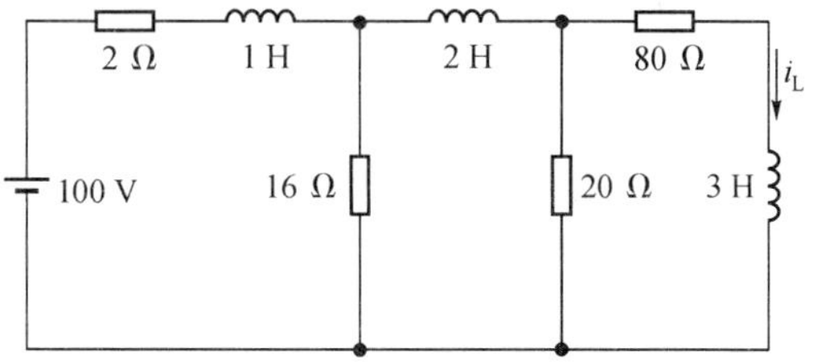

图 6-9-3　习题 6-9-3 电路

6-9-4　假设如图 6-9-4 所示电路已经工作了很长时间，如果(a) x 和 y 之间为电容；(b) x 和 y 之间为电感，分别求 u_x。

6-9-5　如图 6-9-5 所示电路，设 $t>0$ 时 $u_S=400t^2$ V，$i_L(0)=0.5$ A，计算 $t=0.4$ s 时下面各能量的值。①储存在电容上的能量；②储存在电感上的能量；③$t=0$ 时在电感消耗的能量。

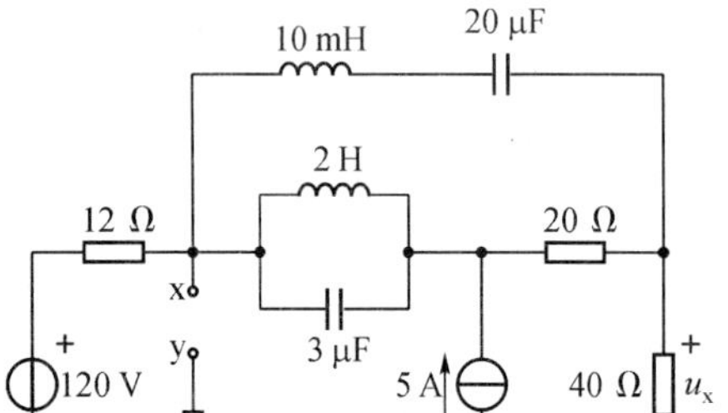

图 6-9-4　习题 6-9-4 电路

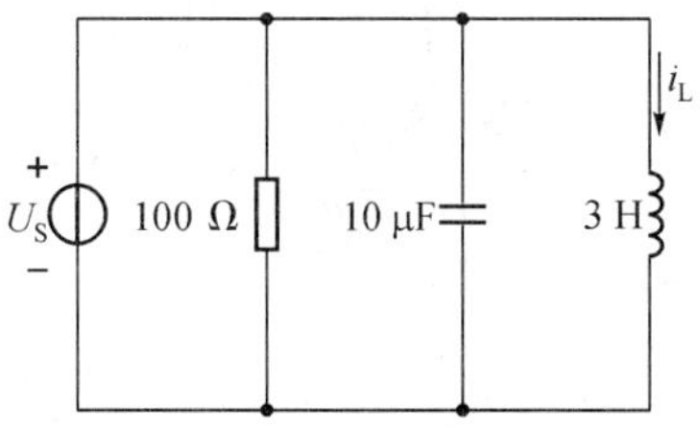

图 6-9-5　习题 6-9-5 电路

6-9-6　如果所有电容为 10 μF，求如图 6-9-6 所示网络的等效电容。

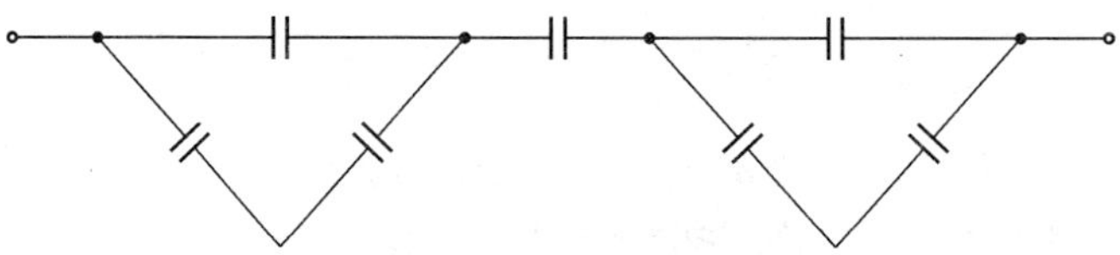

图 6-9-6　习题 6-9-6 电路

6-9-7　如图 6-9-7 所示电路，设 $u_S=100e^{-80t}$ V，$u_1(0)=20$ V。①求 $i(t)$ 的表达式；②求 $t\geqslant 0$ 时 $u_1(t)$ 的表达式；③求 $t\geqslant 0$ 时 $u_2(t)$ 的表达式。

6-9-8　如果假定如图 6-9-8 所示电路已工作了很长时间，利用叠加原理求 $u_C(t)$ 和 $u_L(t)$。

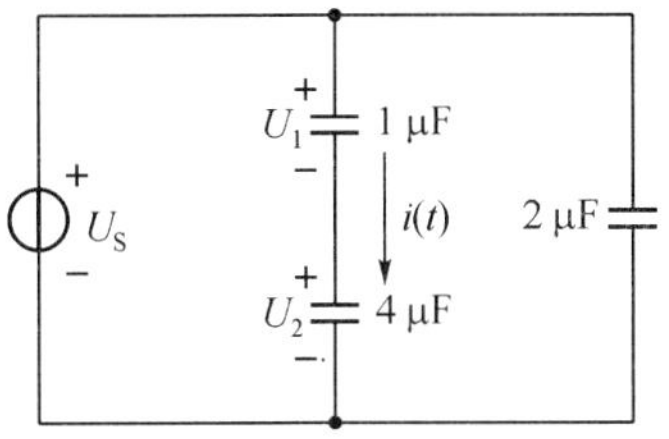

图 6-9-7　习题 6-9-7 电路

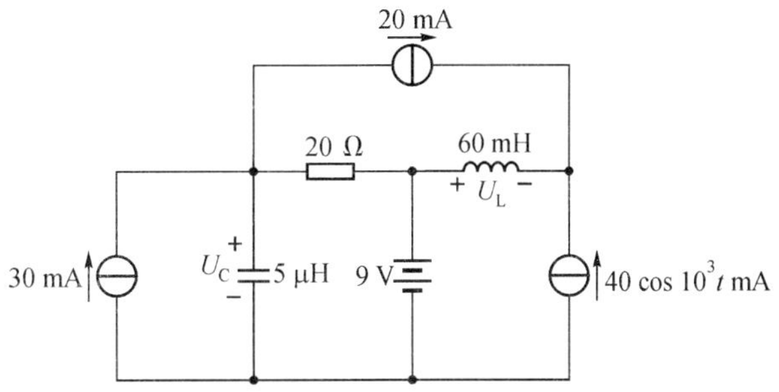

图 6-9-8　习题 6-9-8 电路

6-9-9　如图 6-9-9 所示电路，开关闭合很长时间后在 $t=0$ 时打开。①求 $t>0$ 的 $i_L(t)$；②计算 $i_L(10\ \text{ms})$；③如果 $i_L(t_1)=0.5i_L(0)$，求 t_1。

6-9-10　如图 6-9-10 所示电路，开关打开很长时间后在 $t=0$ 时闭合。计算 $t=5\ \mu\text{s}$ 时的 i_L、i_{SW}。

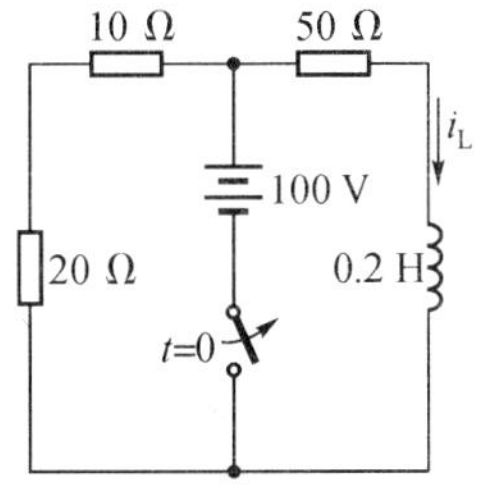

图 6-9-9　习题 6-9-9 电路

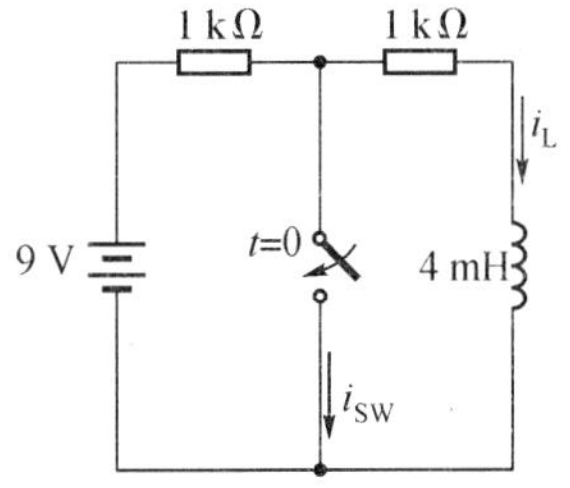

图 6-9-10　习题 6-9-10 电路

6-9-11　如图 6-9-11 所示电路，求：①$u_C(t)$ 的表达式；②在何时 $u_C=0.1u_C(0)$？

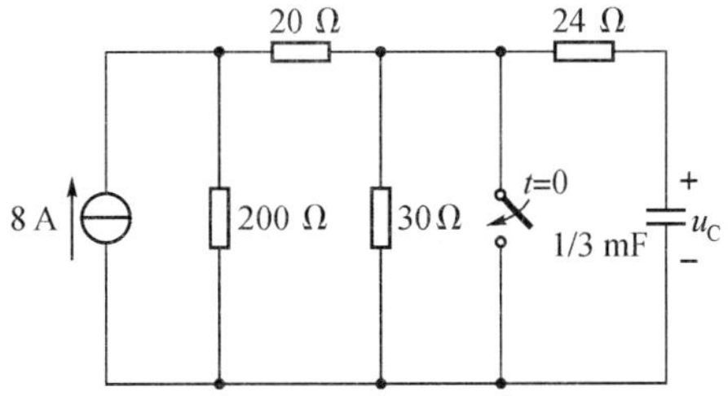

图 6-9-11　习题 6-9-11 电路

6-9-12　一个 0.2 H 的电感与一个 100 Ω 的电阻并联，在 $t=0$ 时电感电流为 4 A。①求 $t=0.8$ ms 时 $i_L(t)$ 的值；②如果在 $t=1$ ms 时将另一个 100 Ω 的电阻并联到电感两端，求 $t=2$ ms 时 i_L 的值？

6-9-13　如图 6-9-13 所示电路，图中的开关在 $t=0$ 闭合前已打开了很长时间。①求 $t>0$ 时 $i_L(t)$ 的表达式；②画出 $-4<t<4$ ms 时 $u_S(t)$ 的曲线。

6-9-14　如图 6-9-14 所示电路，$t<0$ 时 u_S 的值为 20 V，$t>0$ 为零。求下面时间区间内 $i_x(t)$ 的表达式：①$t<0$；②$t>0$。

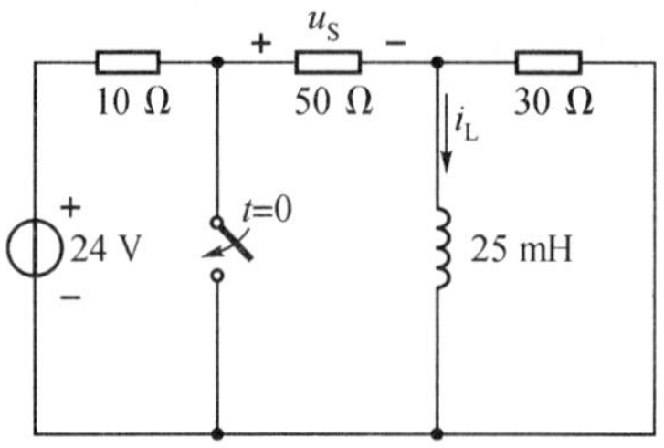

图 6-9-13　习题 6-9-13 电路

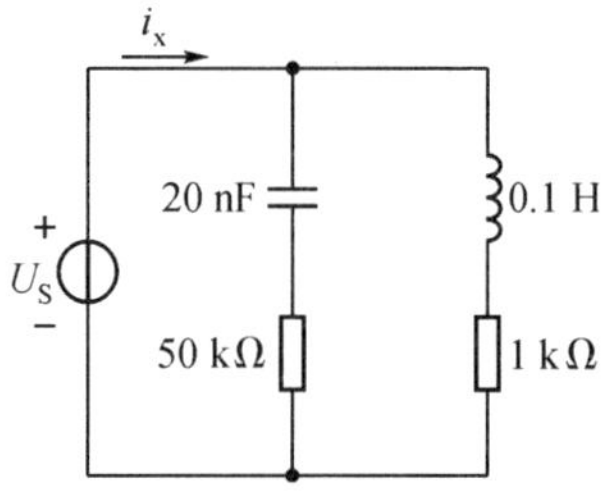

图 6-9-14　习题 6-9-14 电路

6-9-15　如图 6-9-15 所示电路，开关已闭合很长的时间。①求 $t<0$ 时 i_L；②当开关在 $t=0$ 打开后，求 $i_L(t)$ 的表达式。

6-9-16　电路如图 6-9-16 所示，已知 $u_C(0_-)=6$ V，$t=0$ 时将开关 S 闭合，求 $t>0$ 时的电流 i。

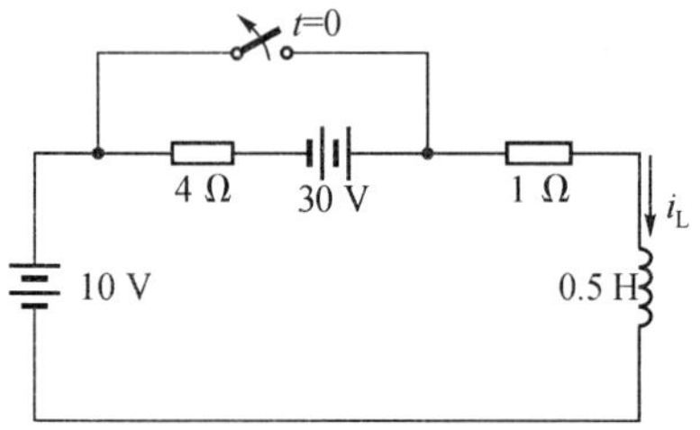

图 6-9-15　习题 6-9-15 电路

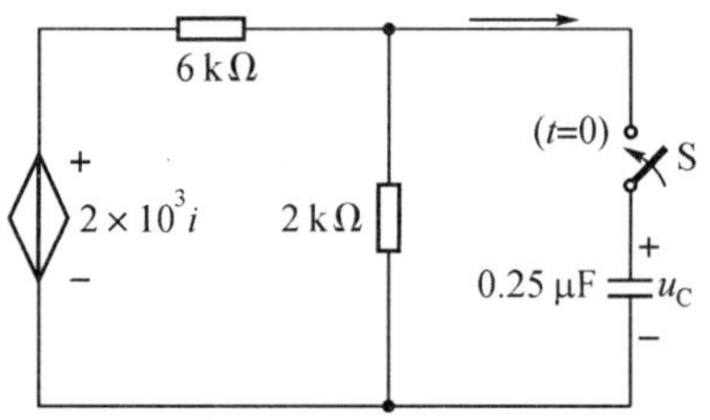

图 6-9-16　习题 6-9-16 电路

6-9-17　电路如图 6-9-17 所示，开关闭合很长时间，在 $t=0$ 时开关打开。已知 $R_1=10\ \Omega$，$R_2=R_3=20\ \Omega$，$L=100$ mH。求 $t>0$ 时 $i_L(t)$。

6-9-18　如图 6-9-18 所示电路中 $R=20\ \Omega$，$L=5$ H，电压源电压 $U_S(t)=10e^{-4t}+5$，若 $i_L(0)=0$，试求 $i_L(t)(t\geqslant0)$。

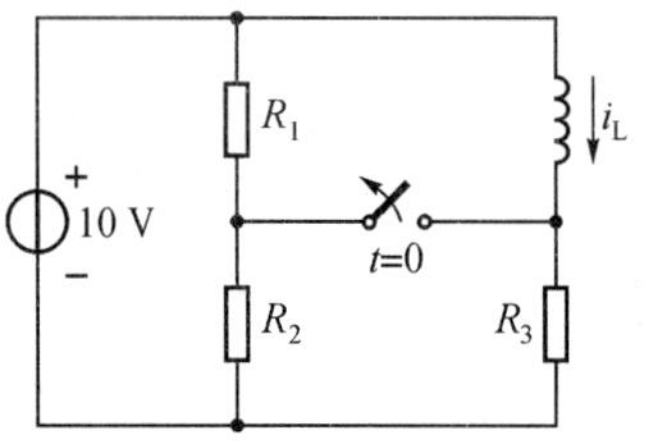

图 6-9-17　习题 6-9-17 电路

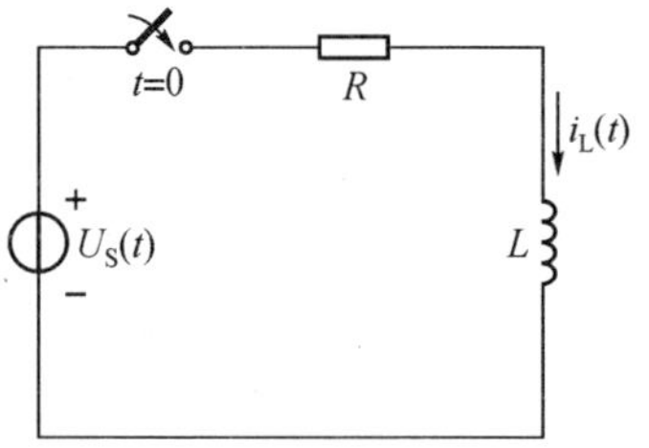

图 6-9-18　习题 6-9-18 电路

6-9-19　如图 6-9-19(a)所示电路中的电压 $u(t)$的波形如图(b)所示，试求电流 $i(t)$。

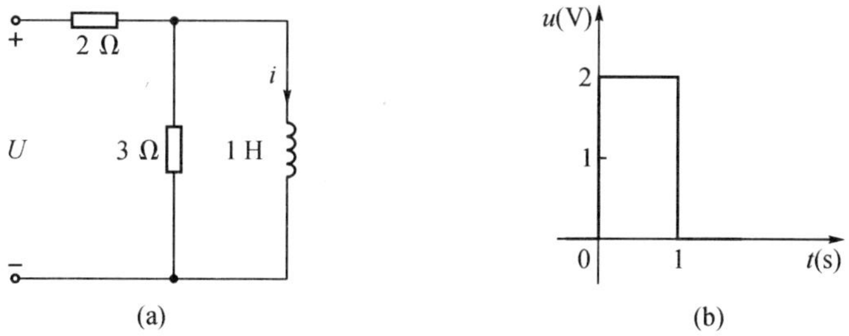

图 6-9-19　习题 6-9-19 电路

6-9-20　如图 6-9-20 所示电路，原已处于稳态。在 $t=0$ 时，开关 S 断开，求 $t\geqslant 0$ 时的$i(t)$。

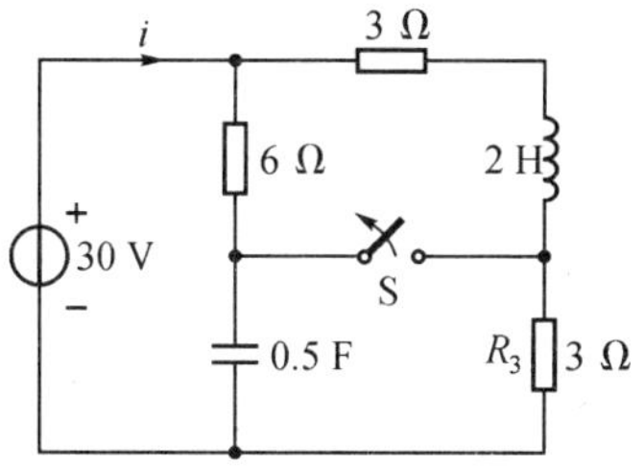

图 6-9-20　习题 6-9-20 电路

7 二阶电路时域分析

基本要求：

（1）能够正确地列写二阶电路的微分方程及其初始条件。

（2）能够确定描述 RLC 并联电路与 RLC 串联电路特征的阻尼系数与谐振频率。

（3）能够判断 RLC 并联电路零输入响应的过阻尼、临界阻尼与欠阻尼情况。

（4）能够判断 RLC 串联电路零输入响应的过阻尼、临界阻尼与欠阻尼情况。

（5）了解分析与计算 RLC 电路完全响应的过程。

由于电容元件与电感元件的伏安关系是微分或积分关系，因此，对于动态电路而言，列写的方程一般为常系数微分—积分方程。

用二阶微分方程描述的电路为二阶电路，二阶电路结构类型有三种：第一种是含任意数目的电阻、独立源与受控源，但是只含一个电容与一个电感；第二种是含任意数目的电阻、独立源与受控源，又含两个电容；第三种是含任意数目的电阻、独立源与受控源，又含两个电感。本章讨论典型的二阶电路，即 RLC 串联电路与 RLC 并联电路，一般称这类电路为 RLC 电路。

二阶电路的时域分析包括建立二阶微分方程与求解二阶微分方程两个步骤，为了求解二阶微分方程必须知道其两个初始条件。与一阶电路不同在于二阶电路的零输入响应可能出现欠阻尼与无阻尼两种振荡形式，而非振荡形式的零输入响应又分为过阻尼、临界阻尼两种情况。

7.1 RLC 并联电路零输入响应

7.1.1 RLC 并联电路零输入响应

零输入响应是指电路在没有激励条件下，由初始状态产生的响应。对于 RLC 并联电路而言，只要两个储能元件中有一个元件在初始时刻有一定的储能（即非零状态），便会在电路中产生零输入响应。

下面以如图 7.1.1 所示 RLC 并联电路为例进行讨论，假设在 $t=0$ 时发生换路，电容电压 $u_C(0)=U_0$，电感电流 $i_L(0)=I_0$。

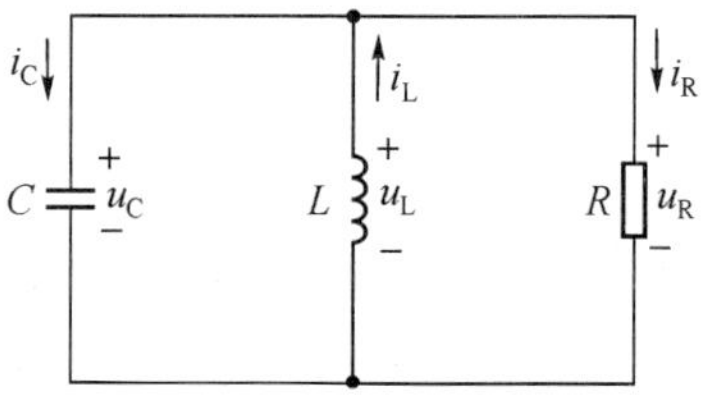

图 7.1.1 RLC 并联电路

建立 RLC 并联电路的微分方程

根据 KVL，有 $$u_C=u_L=u_R \tag{7.1.1}$$

根据 KCL，有 $$i_L=i_C+i_R \tag{7.1.2}$$

根据 VCR

对于 R　$$u_R=Ri_R \tag{7.1.3}$$

对于 L　$$u_L=-L\mathrm{d}i_L/\mathrm{d}t \tag{7.1.4}$$

对于 C　$$i_C=C\mathrm{d}u_C/\mathrm{d}t \tag{7.1.5}$$

整理得到以电容电压 u_C 为变量的二阶齐次微分方程：

$$LC\frac{\mathrm{d}^2u_C}{\mathrm{d}t^2}+\frac{L}{R}\frac{\mathrm{d}u_C}{\mathrm{d}t}+u_C=0 \tag{7.1.6}$$

上述二阶齐次微分方程的解 $u_C(t)$ 就是待求的零输入响应（也称为固有响应）。

微分方程的求解

RLC 并联电路的微分方程式(7.1.6)对应的特征方程为：

$$LCp^2+\frac{L}{R}p+1=0 \tag{7.1.7}$$

解得特征根为：

$$p_{1,2}=-\frac{1}{2RC}\pm\sqrt{\left(\frac{1}{2RC}\right)^2-\frac{1}{LC}} \tag{7.1.8}$$

于是，解 $u_C(t)$ 的形式为：

$$u_C(t)=A_1\mathrm{e}^{p_1t}+A_2\mathrm{e}^{p_2t} \tag{7.1.9}$$

式中：两个待定常数 A_1 与 A_2 可以根据两个初始条件确定。

式(7.1.8)中 p_1 与 p_2 可能为实数，也可能为共轭复数，取决于给定电路的 R、L 与 C，应用式(7.1.7)进行计算，p_1 与 p_2 基本上确定了零输入响应的不同形式。而式(7.1.9)中 A_1 与 A_2 可以根据两个初始条件确定，其相对大小对于确定零输入响应的形状具有重要意义。

如果令式(7.1.8)中

$$\alpha=\frac{1}{2RC} \tag{7.1.10}$$

$$\omega_0^2=\frac{1}{LC} \tag{7.1.11}$$

则式(7.1.8)表示为

$$p_{1,2}=-\alpha\pm\sqrt{\alpha^2-\omega_0^2} \tag{7.1.12}$$

我们称 α 为指数衰减系数（或奈培频率），用来表示零输入响应衰减到稳定值的快慢程度；称 ω_0 为谐振角频率；称 p_1 与 p_2 为复频率（或固有频率）。这四个量的单位均具有 s^{-1}（1/秒）的特点，故为频率。零输入响应的性状由 α 与 ω_0 相对大小决定，即零输入响应的形式由 p_1 与 p_2 决定。

当 $\alpha>\omega_0$ 时，p_1 与 p_2 均为实数，称此时的零输入响应为过阻尼情况；当 $\alpha=\omega_0$ 时，p_1 与 p_2 均为零，称此时的零输入响应为临界阻尼情况；当 $\alpha<\omega_0$ 时，p_1 与 p_2 将为共轭复数，称此时的零输入响应为欠阻尼情况；当 $\alpha=0$ 时，p_1 与 p_2 将为实部等于零的共轭复数，称此时的零输入响应为无阻尼情况。

对于这几种情况，分别在下面给予详细讨论。

7.1.2　RLC 并联电路的过阻尼响应

当 $\alpha>\omega_0$ 时，p_1 与 p_2 均为负实数，固有响应的形式为

$$u_C(t)=A_1\mathrm{e}^{p_1t}+A_2\mathrm{e}^{p_2t}$$

这是衰减指数函数，随着时间增加，响应将衰减为零，不能产生振荡现象，称此零输入响应为过阻尼情况。由于 p_2 的绝对值大于 p_1 的绝对值，因此零输入响应中含有 p_2 项要比含有 p_1 项衰减得更迅速。

过阻尼条件是

$$\alpha>\omega_0 \tag{7.1.13}$$

即

$$\frac{1}{2RC}>\frac{1}{\sqrt{LC}} \tag{7.1.14}$$

或

$$\frac{1}{R}>2\sqrt{\frac{C}{L}} \tag{7.1.15}$$

计算 A_1 与 A_2

对于 RLC 并联电路，零输入响应的形式为

$$u_C(t)=A_1e^{p_1t}+A_2e^{p_2t}$$

可以根据初始条件 $u_C(0)$与 $i_L(0)$确定 A_1 与 A_2：

令 $t=0$，于是

$$u_C(0)=U_0=A_1+A_2$$

$$du_C/dt\ \big|_{t=0}=i_C(0)/C=(i_L(0)-u_C(0)/R)/C=(I_0-U_0/R)/C=s_1A_1+s_2A_2$$

即

$$A_1+A_2=U_0$$

$$p_1A_1+p_2A_2=(I_0-U_0/R)/C$$

联立求解上述两个方程，解得 RLC 并联电路计算 A_1 与 A_2。

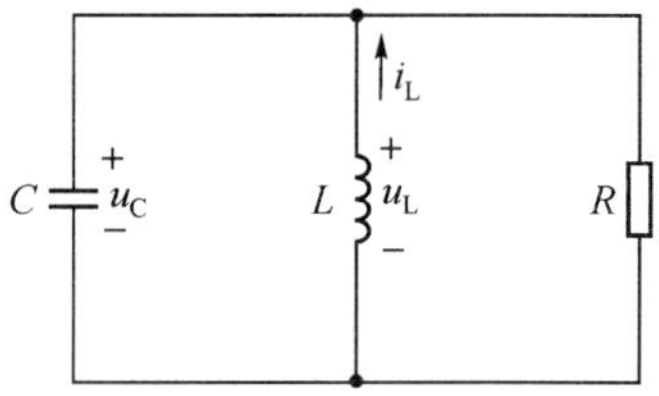

图 7.1.2　例 7.1.1 电路

【例 7.1.1】 RLC 并联电路如图 7.1.2 所示，已知 $R=6\ \Omega$，$L=7$ H，$C=1/42$ F，$u_C(0)=U_0=0$，$i_L(0)=I_0=10$ A，求 $t\geqslant0$ 时电路响应 $u_C(t)$。

解：(1)计算 p_1 与 p_2

$$\alpha=\frac{1}{2RC}=3.5$$

$$\omega_0^2=\frac{1}{LC}=6$$

于是

$$p_1=-1$$

$$p_2=-6$$

由于 p_1 与 p_2 为不相等的负实数，故零输入响应 $u_C(t)$为过阻尼情况，其形式为

$$u_C(t)=A_1e^{-t}+A_2e^{-6t}$$

(2)计算 A_1 与 A_2

令 $t=0$，应用式(7.1.13)与式(7.1.14)：$A_1+A_2=U_0=0$

$$p_1A_1+p_2A_2=(I_0-U_0/R)/C=420\ \text{V/s}$$

即

$$A_1+A_2=0$$

$$-A_1-6A_2=420$$

解得

$$A_1=84$$

$$A_2=-84$$

因此，该 RLC 并联电路在 $t\geqslant0$ 时的过阻尼零输入响应 $u_C(t)$为

$$u_C(t)=84e^{-t}-84e^{-6t}\ \text{V}$$

$u_C(t)$随时间变化曲线如图 7.1.3 所示。

该 RLC 并联电路在 $t=0$ 时，$u_C(0)=U_0=0$，说明电容没有初始储能；而 $i_L(0)=I_0=10$ A，说明电感有初始储能，既储磁场能 $W_L(0)=LI_0^2/2=350$ J。当 $t>0$ 时，在开始阶段电感把初始储能的一部分给电阻，转变为热能消耗；电感把初始储能的另一部分给电容转变为电场能储存在电容中。当电容电压达到最大值以后，电容储能不再增加，并随着电容电压下降，而把储能逐渐释放，连同继续释放磁场能的电感一起向电阻提供能量消耗。因此，电感电流单调地下降，形成非振荡的去磁过程。

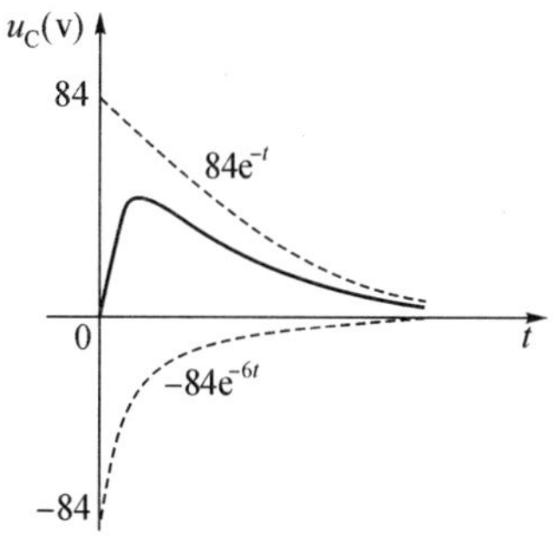

图 7.1.3　过阻尼响应 $u_C(t)$随时间变化曲线

7.1.3　LC 并联电路的临界阻尼响应

当 $\alpha=\omega_0$时，p_1 与 p_2 为相同的负实数，即 $p_1=p_2=-\alpha$，此时电路的零输入响应称为临界阻尼情况。因此，临界阻尼条件是

$$\alpha=\omega_0 \tag{7.1.16}$$

即
$$\frac{1}{2RC}=\frac{1}{\sqrt{LC}} \tag{7.1.17}$$

或
$$\frac{1}{R}=2\sqrt{\frac{C}{L}} \tag{7.1.18}$$

对于 L 与 C 参数固定 RLC 电路，我们可以改变电阻 R，使零输入响应为临界阻尼情况。

根据高等数学求解二阶微分方程的知识，我们知道：当微分方程对应的特征方程的特征根为相同的负实数时，其齐次解(即固有响应)的形式为

$$f(t)=(A_1t+A_2)e^{-\alpha t}$$

对于 RLC 电路，零输入响应为临界阻尼情况时，电容电压 $u_C(t)$的形式为

$$u_C(t)=(A_1t+A_2)e^{-\alpha t} \tag{7.1.19}$$

计算 A_1 与 A_2

一般根据电路的两个初始状态 $u_C(0)$与 $i_L(0)$计算 A_1 与 A_2。

对于 RLC 并联电路，设 $u_C(0)=U_0$ 与 $i_L(0)=I_0$

于是
$$u_C(0)=U_0=A_2$$

$$\begin{aligned}\mathrm{d}u_C/\mathrm{d}t|_{t=0}&=i_C(0)/C=(u_C(0)/R+i_L(0))/C\\&=(U_0/R+I_0)/C=A_1+(-\alpha A_2)\end{aligned}$$

即
$$A_1+(-\alpha A_2)=(U_0/R+I_0)/C \tag{7.1.20}$$

$$A_2=U_0 \tag{7.1.21}$$

联立求解上述两个方程，便可得到 A_1 与 A_2。

【例 7.1.2】　RLC 并联电路如图 7.1.4 所示，已知 $R=3.5\sqrt{6}\ \Omega$，$L=7$ H，$C=1/42$ F，$u_C(0)=0$，$i_L(0)=10$ A，计算 $t>0$ 时零输入响应 $u_C(t)$。

解：(1)计算 p_1 与 p_2

$$\alpha=1/2RC=\sqrt{6}$$

$$\omega_0^2=1/LC=6$$

$$p_1=-\sqrt{6}\ \mathrm{s}^{-1}$$

$$p_2=-\sqrt{6}\ \mathrm{s}^{-1}$$

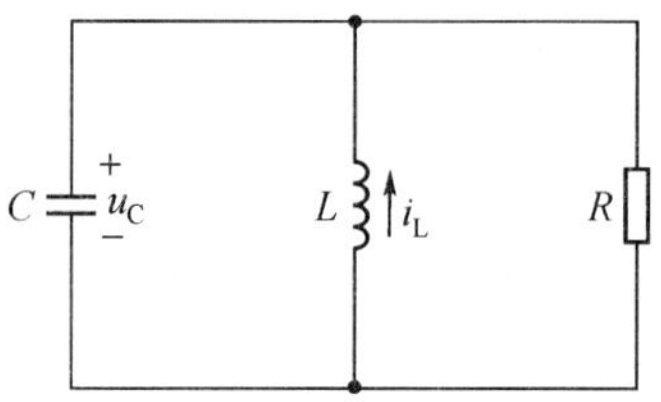

图 7.1.4　例 7.1.2 电路

由于　$p_1=p_2=-\alpha=-\sqrt{6}\approx-2.45$，可以判断此时零输入响应为临界阻尼情况。

故 $t>0$ 时 $u_C(t)=(A_1t+A_2)\mathrm{e}^{-\alpha t}=(A_1t+A_2)\mathrm{e}^{-2.45t}$ V

(2)计算 A_1 与 A_2

可以根据电路的两个初始状态 $u_C(0)$ 与 $i_L(0)$ 计算 A_1 与 A_2。

应用式(7.1.18)与式(7.1.19)：

$$A_1=(U_0/R+I_0)/C+\alpha U_0=10/(1/42)=420\ \mathrm{V}$$

$$A_2=u_C(0)=0$$

因此，临界阻尼响应

$$u_C(t)=420t\ \mathrm{e}^{-2.45t}\ \mathrm{V}$$

临界阻尼响应 $u_C(t)$ 随时间变化曲线与图 7.1.3 所示过阻尼响应 $u_C(t)$ 随时间变化曲线类似，没有形成振荡，如图 7.1.5所示。而电感电流单调地下降，形成非振荡的去磁过程。

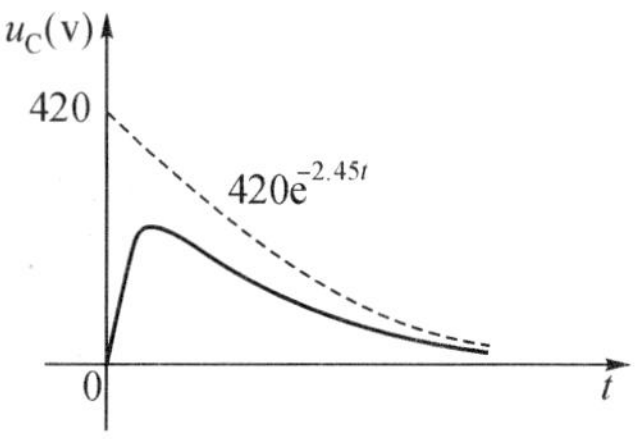

图 7.1.5　临界阻尼响应 $u_C(t)$

7.1.4　RLC 并联电路的欠阻尼响应

当 $\alpha<\omega_0$ 时，s_1 与 s_2 为一对共轭复数，即

$$\alpha<\omega_0$$

$$P_{1,2}=-\alpha\pm \mathrm{j}\omega_d$$

式中

$$\mathrm{j}=\sqrt{-1}$$

$$\omega_d^2=\omega_0{}^2-\alpha^2$$

我们把 ω_d 称为零输入响应角频率，单位为弧度/秒(rad/s)，此时电路的零输入响应为欠阻尼情况，形成振荡。

对于 RLC 并联电路，零输入响应为欠阻尼情况的条件为

$$\alpha<\omega_0$$

即

$$1/2RC<1/\sqrt{LC}$$

$$1/R<2\sqrt{C/L}\tag{7.1.22}$$

对于 L 与 C 参数固定 RLC 电路，我们可以改变电阻 R，使零输入响应呈现欠阻尼情况。

欠阻尼响应的形式

根据高等数学求解二阶微分方程的知识，我们知道：当微分方程对应的特征方程的特征根为一对共轭复数时，其齐次解(即固有响应)的形式为

$$f(t)=\mathrm{e}^{-\alpha t}(B_1\cos\omega_d t+B_2\sin\omega_d t)$$

对于 RLC 电路，零输入响应为欠阻尼情况时，电容电压 $u_C(t)$ 的形式为

$$u_C(t)=\mathrm{e}^{-\alpha t}(B_1\cos\omega_d t+B_2\sin\omega_d t)\tag{7.1.23}$$

$$=B\mathrm{e}^{-\alpha t}\cos(\omega_d t+\varphi)\tag{7.1.24}$$

式中
$$B^2=B_1^2+{}^2B_2 \tag{7.1.25}$$
$$\varphi=-\arctan(B_2/B_1) \tag{7.1.26}$$

计算 A_1 与 A_2

根据电路的两个初始状态 $u_C(0)$与 $i_L(0)$可以计算 B_1 与 B_2(或 B 与β)。

对于 RLC 并联电路,设 $u_C(0)=U_0$ 与 $i_L(0)=I_0$

于是
$$u_C(0)=U_0=B_1$$
$$\mathrm{d}u_C/\mathrm{d}t\ \Big|_{t=0}=i_C(0)/C=(u_C(0)/R+i_L(0))/C$$
$$=(U_0/R+I_0)/C=-\alpha B_1+\omega_d B_2$$

即
$$B_1=U_0 \tag{7.1.27}$$
$$-\alpha B_1+\omega_d B_2=(U_0/R+I_0)/C \tag{7.1.28}$$

联立求解上述两个方程,得到 A_1 与 A_2。

【例 7.1.3】 电路如图 7.1.6 所示,已知 $R_1=50\ \Omega$,$R_2=100\ \Omega$,$C=(1/240)$ F,$L=10$ H,$i_S=3u(-t)$ A,开关闭合前电路稳定。$t=0$ 时,开关闭合,求 $t\geqslant0$ 时$u_C(t)$。

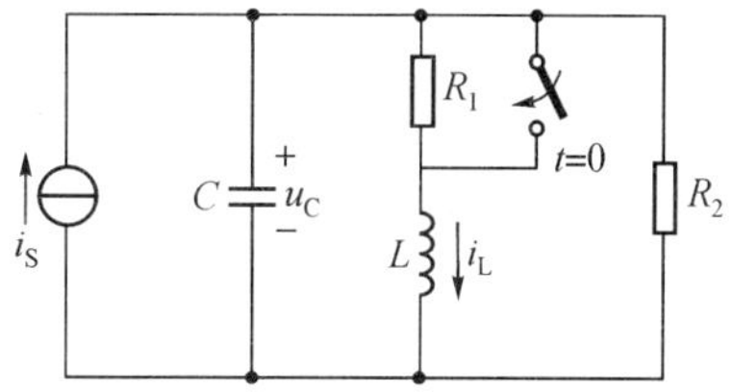

图 7.1.6 例 7.1.3 电路

解:(1)计算初始值

$t=0^-$时开关处于打开状态,$i_S=3u(-t)=3$ A 为直流激励,而且电路处于稳定,因此电容开路,电感短路,等效电路如图 7.1.7(a)所示。

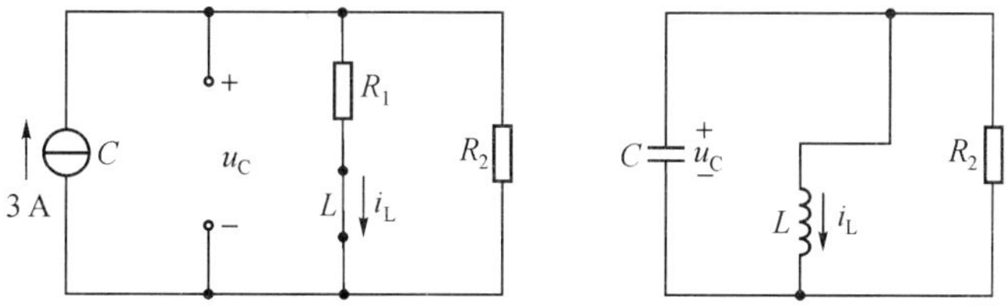

(a)$t=0^-$时等效电路 (b)$t\geqslant0$时电路

图 7.1.7

根据分流公式,有
$$i_L(0^-)=3R_2/(R_1+R_2)$$
$$=3\times100/(48+100)$$
$$=75/37=2.027\ \text{A}$$

根据欧姆定律,有
$$u_C(0^-)=i_L(0^-)R_1$$
$$=(75/37)\times(48)$$
$$=3\ 600/37=97.3\ \text{V}$$

根据换路定律,有
$$i_L(0^+)=i_L(0^-)=75/37=2.027\ \text{A}$$
$$u_C(0^+)=u_C(0^-)=3\ 600/37=97.3\ \text{V}$$

(2)计算 p_1 与 p_2

当 $t\geqslant0^+$时,开关闭合,$i_S=3u(-t)=0$,电路如图 7.1.7(b)所示,这是 RLC 并联电路。

$$p_{1,2}=-\frac{1}{2RC}\pm\sqrt{(\frac{1}{2RC})^2-\frac{1}{LC}}$$

其中
$$\alpha=1/2RC=1/2(100)(1/240)=1.2\ \text{s}^{-1}$$

$$\omega_0^2=1/LC=1/((10)(1/240))=24$$

$$\alpha^2=1.2^2=1.44<\omega_2^2=24$$

$$\omega_d^2=\omega_0^2-\alpha^2=24-1.44=22.56$$

$$\omega_d=\sqrt{22.56}=4.75\ \text{rad/s}$$

$$p_{1,2}=-1.2\pm j4.75$$

因为 $p_{1,2}=-1.2\pm j\,4.75$ 为一对共轭复数，因此电路响应为欠阻尼振荡情况，形式为

$$i_L(t)=e^{-1.2t}(B_1\cos(4.75t)+B_2\sin(4.75t))$$

(3)计算常数

在 $t=0^+$ 时，有　　$i_L(0^+)=75/37=2.027\ \text{A}=B_1$

$$\mathrm{d}i_L/\mathrm{d}t=u_L/L=u_C(0^+)/L=97.3/10=9.73\ \text{V/s}$$

$$=(-1.2)(B_1)+(4.75\ B_2)$$

求解上述两个方程，解得　　$B_1=2.027$

$$B_2=2.561$$

因此，零输入响应　　$i_L(t)=e^{-1.2t}(2.027\cos 4.75t+2.561\sin 4.75t)\ \text{A}$

$$u_C(t)=L\mathrm{d}i_L(t)/\mathrm{d}t$$

$$=-2.4324\ e^{-1.2t}(2.027\cos 4.75t+2.561\sin 4.75t)$$

$$+e^{-1.2t}(-9.6283\sin 4.75t+12.165\cos 4.75t)$$

$$=-e^{-1.2t}(34.52\cos 4.75t-17.19\sin 4.75t)\text{V}$$

欠阻尼零输入响应曲线的绘制

欠阻尼固有响应形式为

$$u_C(t)=e^{-\alpha t}(B_1\cos(\omega_d t)+B_2\sin\omega_d t)$$

$$=Be^{-\alpha t}\sin(\omega_d t+\beta)$$

$u_C(t)$曲线的零值点为

$\sin(\omega_d t+\beta)=0$　$\omega_d t+\beta=\pm k\pi$　$(k=1,2,3\cdots)$

即　　$\omega_d t=\pi-\beta,2\pi-\beta,3\pi-\beta,\cdots$

$u_C(t)$曲线的包络线为 $Be^{-\alpha t}$，其随时间变化曲线如图 7.1.8 所示。

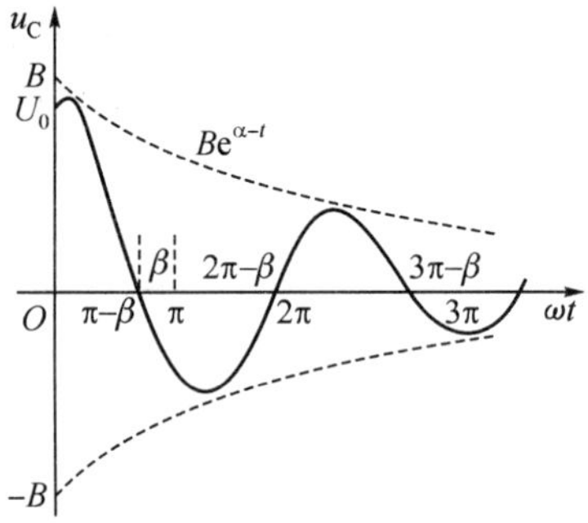

图 7.1.8　$u_C(t)=Be^{-\alpha t}\sin(\omega_d t+\beta)$ **曲线**

7.1.5　无损耗 LC 电路

当电路中电阻 $R\to\infty$ 时，即电阻支路开路，则

$$\alpha=0$$

$$\omega_d=\omega_0=\sqrt{1/LC}$$

零输入响应为无阻尼情况时，电容电压 $u_C(t)$ 的形式为

$$u_C(t)=(B_1\cos\omega_d t+B_2\sin\omega_d t)\tag{7.1.29}$$

$$=B\cos(\omega_d t+\varphi)\tag{7.1.30}$$

零输入响应 $u_C(t)$ 为正弦函数的无阻尼振荡。

现举例说明如下。

【例 7.1.4】　无损耗 LC 电路如图 7.1.9 所示，已知 $L=1$ H，$C=1$ F，$u_C(0)=1$ V，$i_L(0)$

=0,求

$t\geqslant 0$ 时电路零输入响应 $u_C(t)$ 与 $i_L(t)$。

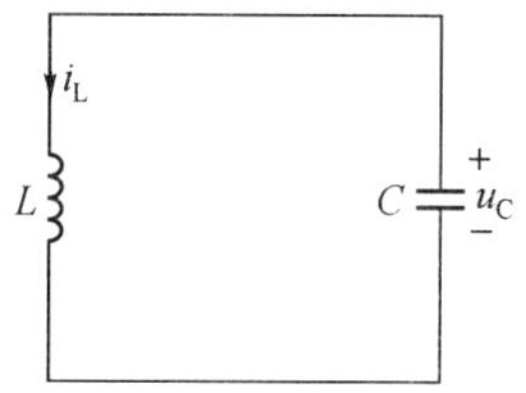

图 7.1.9 例 7.1.4 电路

解:根据 KVL,有 $u_C(t)=u_L(t)$

根据 KCL,有 $i_L(t)=-i_C(t)$

根据 VCR,有 $u_L(t)=L\,di_L/dt$

$i_C(t)=C\,du_C/dt$

整理得到以电感电流 $i_L(t)$ 为变量的二阶微分方程:

$$LC\,d^2i_L/dt^2+i_L(t)=0$$

代入数据,得到

$$d^2i_L/dt^2+i_L(t)=0$$

对应的特征方程为

$$s^2+1=0$$

解得特征根

$$s_{1,2}=\pm j\,1$$

即 $\alpha=0,\omega_d=1$。

无阻尼零输入响应

$$i_L(t)=B_1\cos t+B_2\sin t$$

在 $t=0$ 时,有

$$i_L(0)=0=B_1$$

$$di_L/dt\mid_{t=0}=u_L(0)/L=u_C(0)/L=1=-B_1+B_2$$

解得

$$B_1=0,B_2=1$$

于是,$t\geqslant 0$ 时电路零输入响应 $i_L(t)=\sin t$ A

$$u_C(t)=-di_L/dt=-\cos t\ \text{V}$$

在无损耗 LC 电路中,零输入响应为等幅振荡,不是衰减,而是随时间按照正弦函数规律变化。

7.2 RLC 串联电路零输入响应

下面以设图 7.2.1 所示 RLC 串联电路为例进行讨论,假设在 $t=0$ 时发生换路,电容电压 $u_C(0)=U_0$,电感电流 $i_L(0)=I_0$。

1) 建立 RLC 串联电路的微分方程

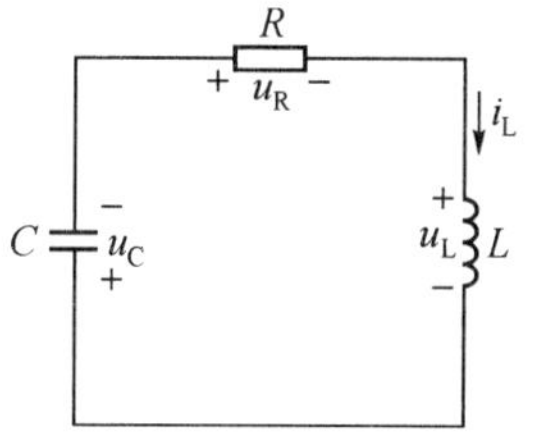

图 7.2.1 RLC 串联电路

根据 KCL,有

$$i_R=i_L=i_C$$

根据 KVL,有

$$u_R+u_L+u_C=0$$

根据 VCR,有

对于 R: $u_R=Ri_R$

对于 L：　　　　$u_L=L\mathrm{d}i_L/\mathrm{d}t$

对于 C：　　　　$i_C=C\mathrm{d}u_C/\mathrm{d}t$

整理得到以电容电压 u_C 为变量的二阶齐次微分方程：

$$LC\frac{\mathrm{d}^2u_C}{\mathrm{d}t^2}+RC\frac{\mathrm{d}u_C}{\mathrm{d}t}+u_C=0 \tag{7.2.1}$$

上述二阶齐次微分方程的解 $u_C(t)$就是待求的零输入响应(固有响应)。

2) 计算特征根

二阶齐次微分方程式(7.2.1)对应的特征方程是

$$LCs^2+RCs+1=0$$

特征根(固有频率)为

$$\begin{aligned}s_{1,2}&=-(R/2L)\pm\sqrt{(R/2L)^2-(1/LC)}\\&=-\alpha\pm\sqrt{\alpha^2-\omega_0^2}\end{aligned} \tag{7.2.2}$$

3) 零输入响应的形式

特征根(固有频率)将决定零输入(固有)响应的形式，一般出现下述三种不同情况。

第一种情况：

当 $\alpha^2>\omega_0^2$，s_1 与 s_2 为不同的负实数，对应的零输入响应为过阻尼：

$$u_C(t)=A_1\mathrm{e}^{-s_1t}+A_2\mathrm{e}^{-s_2t} \tag{7.2.3}$$

第二种情况：

当 $\alpha^2=\omega_0^2$，$s_1=s_2=s=-\alpha$，对应的零输入响应为临界阻尼：

$$u_C(t)=(A_1t+A_2)\mathrm{e}^{-st} \tag{7.2.4}$$

第三种情况：

当 $\alpha^2<\omega_0^2$，s_1 与 s_2 为一对共轭复数，$s_{1,2}=-\alpha\pm\mathrm{j}\omega_d$

式中　　　　$\mathrm{j}=\sqrt{-1}$，$\omega_d^2=\omega_0{}^2-\alpha^2$

对应的零输入响应为欠阻尼：

$$u_C(t)=\mathrm{e}^{-\alpha t}(B_1\cos\omega_dt+B_2\sin\omega_dt)=B\,\mathrm{e}^{-\alpha t}\sin(\omega_dt+\beta) \tag{7.2.5}$$

根据电路初始条件 $u_C(0)$与 $i_L(0)$可以确定零输入响应中两个待定常数。

4) RLC 并联电路与 RLC 串联电路是对偶电路

根据线性电路的对偶性质，我们不难发现 RLC 并联电路与 RLC 串联电路是对偶电路，因此把两个电路中对应变量置换后，RLC 并联电路的响应就是 RLC 串联电路的响应，如下所示：

RLC 并联电路	RLC 串联电路
L	C
C	L
G	R
$u_C(t)$	$i_L(t)$
$i_L(t)$	$u_C(t)$

例如

RLC 并联电路阻尼系数：　　$\alpha=G/2C$

RLC 并联电路谐振频率： $\omega_0=1/\sqrt{LC}$

RLC 并联电路过阻尼响应的条件为：$(G/2C)^2>1/LC$，即 $G>2\sqrt{C/L}$

RLC 并联电路临界阻尼响应的条件为：$(G/2C)^2=1/LC$，即 $G=2\sqrt{C/L}$

RLC 并联电路欠阻尼响应的条件为：$(G/2C)^2<1/LC$，即 $G<2\sqrt{C/L}$

按照上述置换法则，我们十分简捷地得到 RLC 串联电路的对应内容：

RLC 串联电路阻尼系数： $\alpha=R/2L$

RLC 串联电路谐振频率： $\omega_0=1/\sqrt{LC}$

RLC 串联电路过阻尼响应的条件为：$(R/2L)^2>1/LC$，即 $R>2\sqrt{L/C}$

RLC 串联电路临界阻尼响应的条件为：$(R/2L)^2=1/LC$，即 $R=2\sqrt{L/C}$

RLC 串联电路欠阻尼响应的条件为：$(R/2L)^2<1/LC$，即 $R<2\sqrt{L/C}$

7.3 二阶电路完全响应

二阶电路的完全响应是指电路在施加激励作用与非零状态作用下的响应，因此，在建立电路的二阶微分方程后，完全响应就是微分方程的齐次解与特解之和；也等于零输入响应与零状态响应之和。下面以例 7.3.1 说明二阶电路的完全响应分析。

【例 7.3.1】 电路如图 7.3.1 所示，开关 S 在 $t=0$ 时闭合。已知 $R_1=1\ \Omega$，$R_2=10\ \Omega$，$L=1$ H，$C=1$ F，$U_S=10$ V，$u_C(0)=1$ V，$i_L(0)=1$ A，求 $t>0$ 时电压 $u_C(t)$。

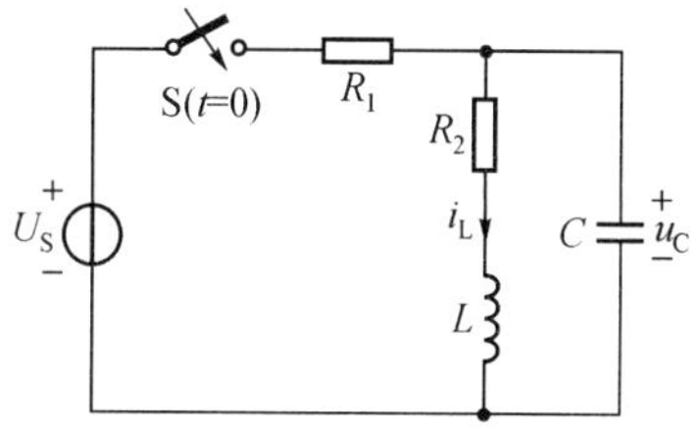

图 7.3.1 例 7.3.1 电路

解：(1)建立 $t>0$ 时电路的二阶微分方程

根据 KCL，有 $i_1=i_L+i_C$ (7.3.1)

根据 KVL，有 $R_1i_1+u_C=U_S$ (7.3.2)

$R_2i_L+L(\mathrm{d}i_L/\mathrm{d}t)-u_C=0$ (7.3.3)

整理得到以电容电压为变量的二阶微分方程：

$$LC\frac{\mathrm{d}u^2C}{\mathrm{d}t^2}+\left(\frac{L}{R_1}+RC\right)\frac{\mathrm{d}u_C}{\mathrm{d}t}+\left(1+\frac{R}{R_1}\right)u_C=\frac{R}{R_1}U_S \tag{7.3.4}$$

代入数据，得到
$$\frac{\mathrm{d}u_C^2}{\mathrm{d}t^2}+11\frac{\mathrm{d}u_C}{\mathrm{d}t}+11u_C=100 \tag{7.3.5}$$

(2)计算完全响应

式(7.3.5)对应的特征方程为 $s^2+11s=11=0$ (7.3.6)

解得特征根为 $s_1=-1.12$，$s_2=-9.89$

二阶微分方程对应的齐次解为 $u_{Ch}=A_1\mathrm{e}^{-1.12t}+A_2\mathrm{e}^{-9.89t}$ V (7.3.7)

设二阶微分方程的特解为常数 $u_{CP}=B$ (7.3.8)

则 $u_{CP}=B=100/11$ V

因此，电路完全响应 $u_C(t)=u_{Ch}+u_{CP}=A_1\ \mathrm{e}^{-1.12t}+A_2\ \mathrm{e}^{-9.89t}+100/11$ V (7.3.9)

(3)计算初始条件

为了确定式(7.3.9)中常数 A_1 与 A_2，必须知道初始条件 $u_C(0^+)$ 与 $\mathrm{d}u_C/\mathrm{d}t\ |_{t=0^+}$。在 $t=0^+$ 时，开关闭合，$u_C(0)=1$ V，电容用 1 V 电压源替代，$i_L(0)=1$ A，电感用 1 A 电流源替

代,得到如图 7.3.2 所示等效电路。

根据如图 7.3.2 所示电路,计算初始条件为

$$u_C(0^+)=1\ \text{V}$$

$$i_C(0^+)=10/1-1-1=8\ \text{A}$$

$$\frac{\mathrm{d}u_C}{\mathrm{d}t}\bigg|_{i=0}=\frac{i_C(0^+)}{C}=8=-1.12A_1-9.89A_2$$

$$u_C(0)=1\ \text{V}=A_1+A_2+100/11$$

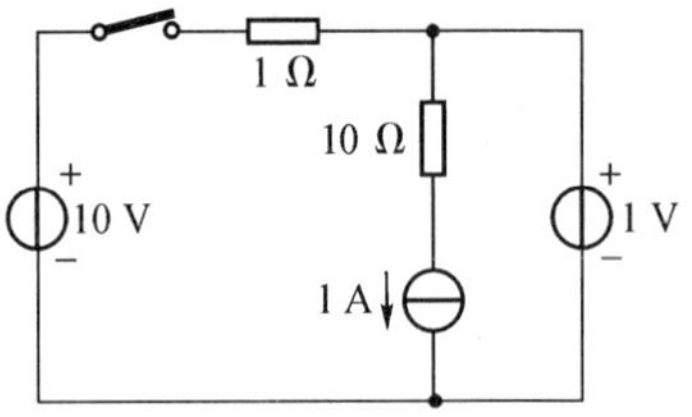

图 7.3.2 $t=0^+$ 时等效电路

求解上述两个方程,得到:$A_1=-8.2$,$A_2=0.11$。

于是,$t\geqslant 0^+$ 时电路完全响应电压 $u_C(t)$ 为

$$u_C(t)=100/11-8.2\,\mathrm{e}^{-1.12t}+0.11\,\mathrm{e}^{-9.89t}\ \text{V}$$

7.4 小结

(1)用二阶微分方程描述的动态电路称为二阶电路,RLC 并联或串联电路是典型的二阶电路。二阶电路的零输入响应具有下述四种形式之一:过阻尼($\alpha>\omega_0$)、临界阻尼($\alpha=\omega_0$)、欠阻尼($\alpha<\omega_0$)与无阻尼($\alpha=0$),取决于 R、L、C 的数值。

对于 RLC 串联电路:衰减系数 $\alpha=R/2L$,固有振荡频率 $\omega_0=\dfrac{1}{\sqrt{LC}}$。

对于 RLC 并联电路:衰减系数 $\alpha=G/2C$,固有振荡频率 $\omega_0=\dfrac{1}{\sqrt{LC}}$。

(2)过阻尼响应形式为两个指数项之和:$A_1\mathrm{e}^{-\alpha_1 t}+A_2\mathrm{e}^{-\alpha_2 t}$。

临界阻尼响应形式为:$(A_1t+A_2)\mathrm{e}^{-st}$。

欠阻尼响应形式为指数衰减型正弦量:$\mathrm{e}^{-\alpha t}(B_1\cos\omega_d t+B_2\sin\omega_d t)$。

无阻尼响应形式为正弦量:$B_1\cos\omega_0 t+B_2\sin\omega_0 t=B\cos(\omega_0 t+\varphi)$

(3)在 RLC 电路的零输入暂态过程中,电路中储能元件把初始储能转向电路中电阻性元件消耗掉。

(4)二阶电路的时域分析也称为经典法,其步骤一般是首先列写电路的二阶微分方程,其解为齐次解(固有响应)与特解(强制响应)之和;然后应用初始条件确定解中待定常数,得到完全响应。

习 题 7

7-5-1 电路如图 7-5-1 所示,设 $i(0)=40$ A 和 $u(0)=40$ V。如果 $L=12.5$ mH,$R=0.1\ \Omega$,$C=0.2$ F。求 $u(t)$并画出 $0<t<0.3$ s 时 i 的草图。

7-5-2 如图 7-5-2 所示电路,电感的大小为 1 250 mH,如果已知电容初始存储能量为 390 J,电感初始存储能量为零,求 $u(t)$。

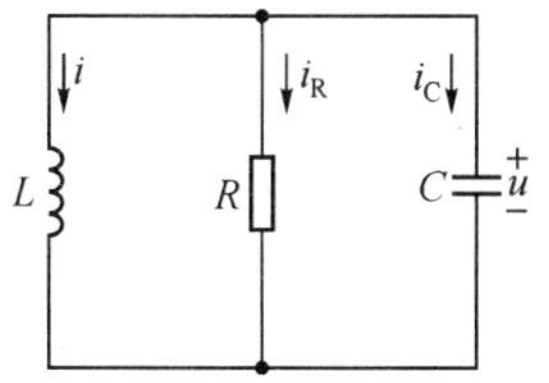

图 7-5-1　习题 7-5-1 电路

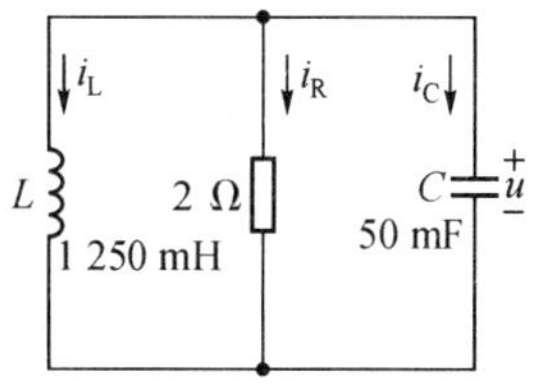

图 7-5-2　习题 7-5-2 电路

7-5-3　求如图 7-5-3 所示二阶电路中 $t \geqslant 0$ 时 $i_L(t)$ 的表达式。

7-5-4　如图 7-5-4 所示电路中开关在 $t<0$ 时闭合，$t=0$ 时打开。求 u_C、i_L。

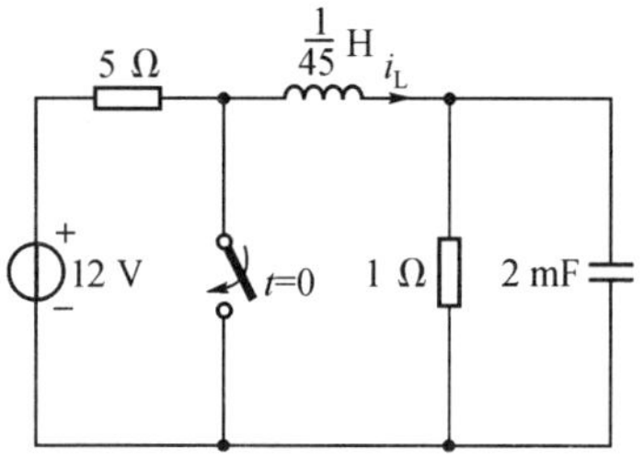

图 7-5-3　习题 7-5-3 电路

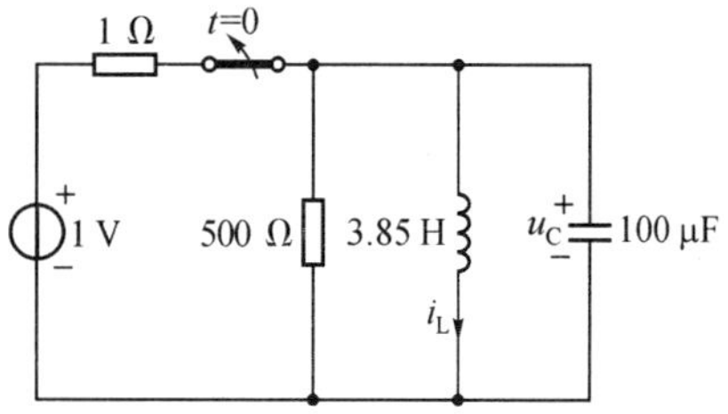

图 7-5-4　习题 7-5-4 电路

7-5-5　电路如图 7-5-5 所示为正弦稳态电路，已知 $\dot{U}_C=8\angle 0^\circ$ V，求电压源相量 $\dot{U}_S$。

7-5-6　如图 7-5-6 所示电路，如果 $U_S(t)$ 等于(a) $10\varepsilon(-t)$ V；(b) $10\varepsilon(t)$ V，求 $t>0$ 时 $i_S(t)$ 的表达式。

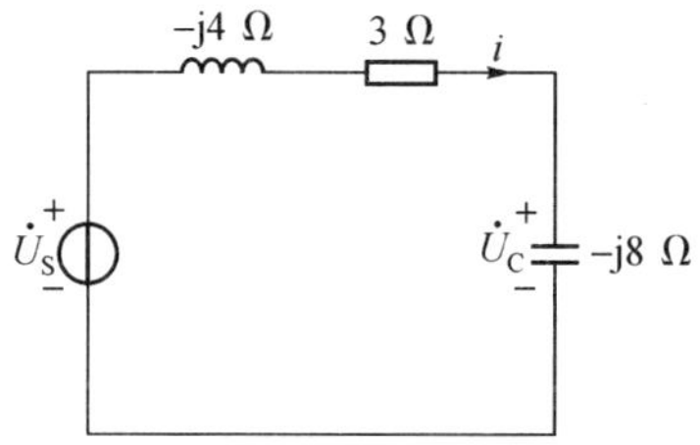

图 7-5-5　习题 7-5-5 电路

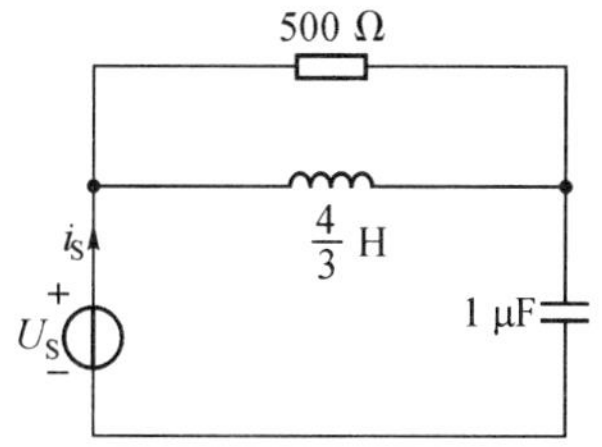

图 7-5-6　习题 7-5-6 电路

7-5-7　图 7-5-7 电路中，电容原先充电，$u_C(0)=U_0=6$ V，$R=2.5\ \Omega$，$L=0.25$ H，$C=0.25$ F。试求开关后的 $u_C(t)$、$i(t)$。

7-5-8　电路如图 7-5-8 所示，当 $U_S=1$ V，$i_S=0$ 时，$U_C^{(1)}(t)=(2e^{-2t}+\frac{1}{2})$ V；当 $U_S=0$ V，$i_S=1$ A，$U_C^{(2)}(t)=-(\frac{1}{2}e^{-2t}+2)$ V，（电源均在 $t=0$ 时作用于电路）(1)求 R_1，R_2 和 C 的值；(2)若 U_S 与 i_S 同时作用，求 $U_C(t)$ 的值。

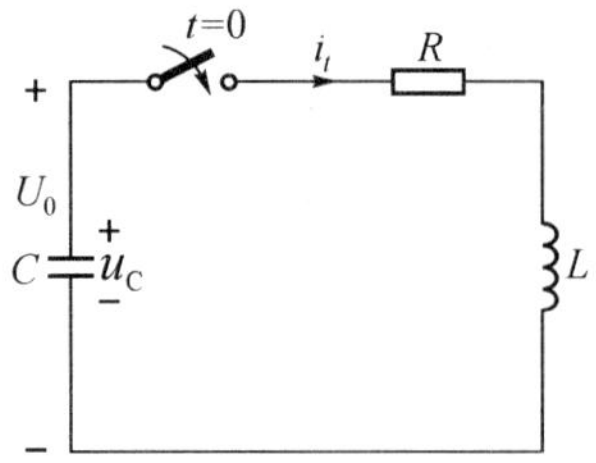

图 7-5-7　习题 7-5-7 电路

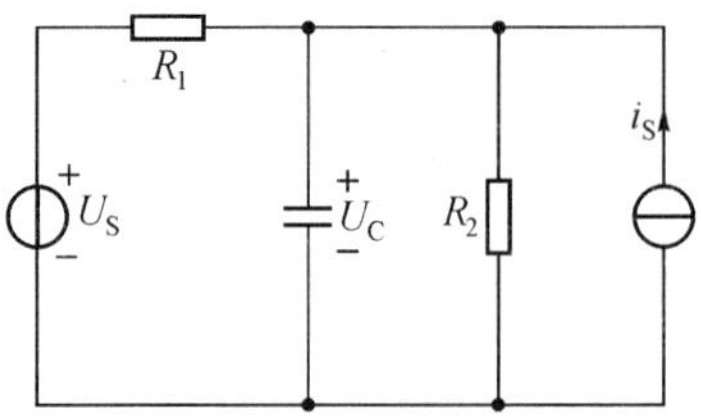

图 7-5-8　习题 7-5-8 电路

7-5-9　如图 7-5-9 所示电路中开关 S 在 1 位置已久，$t=0$ 时合到 2 位置。求电路在 $t=0_+$ 时刻各元件电流与电压。

7-5-10　二阶电路如图 7-5-10 所示，已知开关 S 打在 1 位置已长久，$R=6\times10^4\ \Omega$，$L=6\times10^{-9}$ H，$C=1\ 760\ \mu$F，$t=0$ 时开关 S 合到 2 位置，求换路后的电流 $i(t)$，并求 $i(t)$ 最大值 $i_{\max}$ 和达到此最大值的时间。

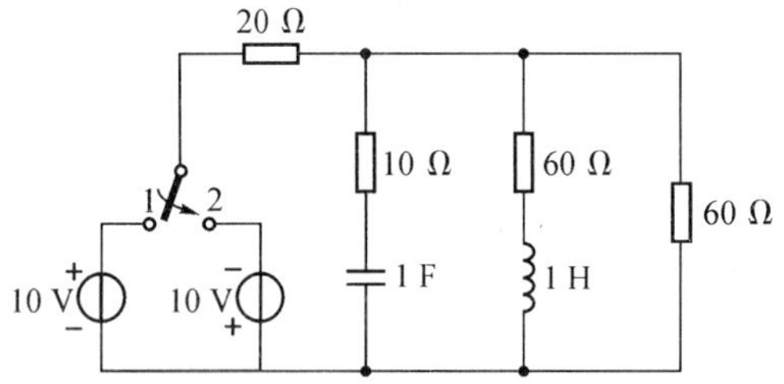

图 7-5-9　习题 7-5-9 电路

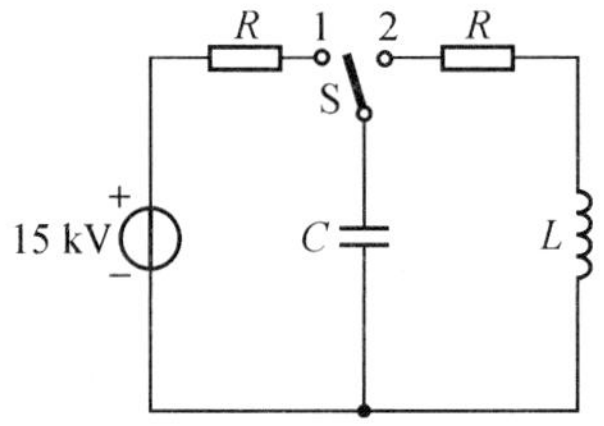

图 7-5-10　习题 7-5-10 电路

7-5-11　如图 7.5.11 所示电路，其中的开关已打开了很长的时间，在 $t=0$ 开关闭合。求 $t>0$ 时 $u_C(t)$ 和 $i_{SW}(t)$。

7-5-12　如图 7-5-12 所示并联电路，在 $t=0$ 时开关 S_1 由位置 1 接至位置 2，S_2 由位置 2 接至位置 1。已知 $i_{S1}=1$ A，$i_S=1$ A，$R=1$ kΩ，$C=0.1$ F，$L=2$ H。求 $t\geqslant0$ 时的 $i_L(t)$。

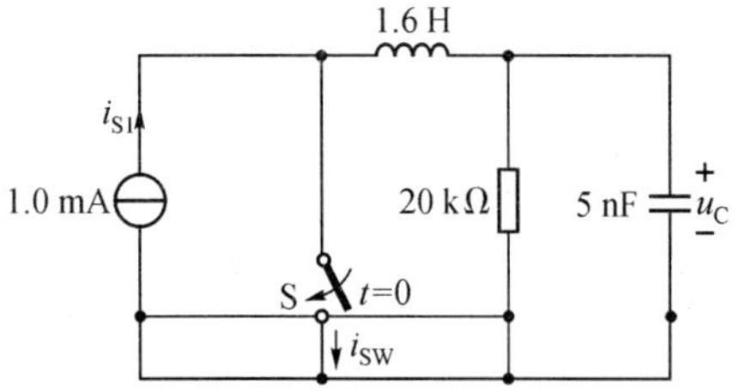

图 7-5-11　习题 7-5-11 电路

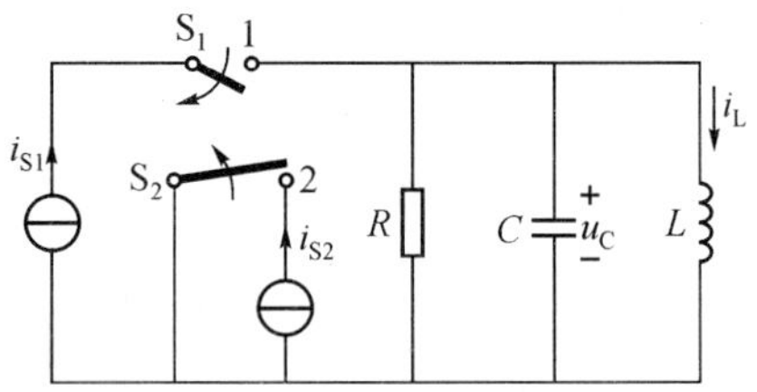

图 7-5-12　习题 7-5-12 电路

7-5-13　电路如图 7-5-13 所示，已知 $i_L(0_+)=3$ A，$u_C(0_+)=4$ V，求 $t\geqslant0$ 时电压 $u_C(t)$。

7-5-14　如图 7-5-14 所示电路原处于稳态，$t=0$ 时开关 S 闭合，求 $t\geqslant0$ 时电压 $u_C(t)$。

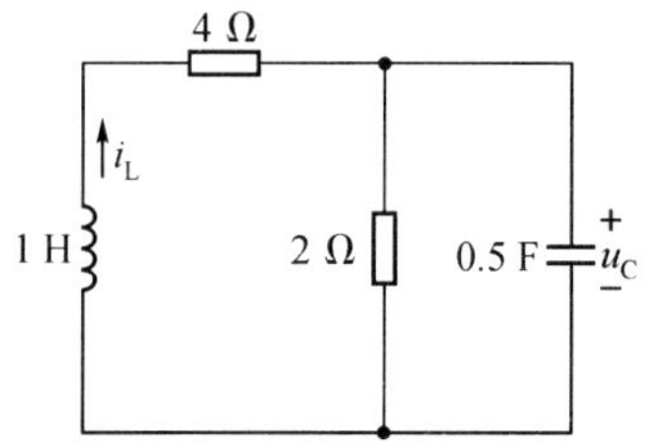

图 7-5-13　习题 7-5-13 电路

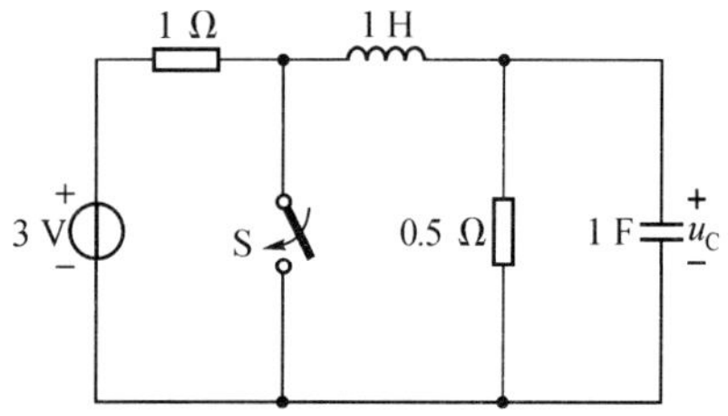

图 7-5-14　习题 7-5-14 电路

7-5-15　如图 7-5-15 所示电路，需要将电路中的 2 Ω 电阻替换成阻值为多大的电阻可使得电路达到临界阻尼？计算 $t=100$ ms 时储存在电感的能量。

7-5-16　如图 7-5-16 所示电路原处稳态，$t=0$ 时开关 S 闭合。设 $u_C(0^-)=100$ V，求换路后的电流 $i_L(t)$。

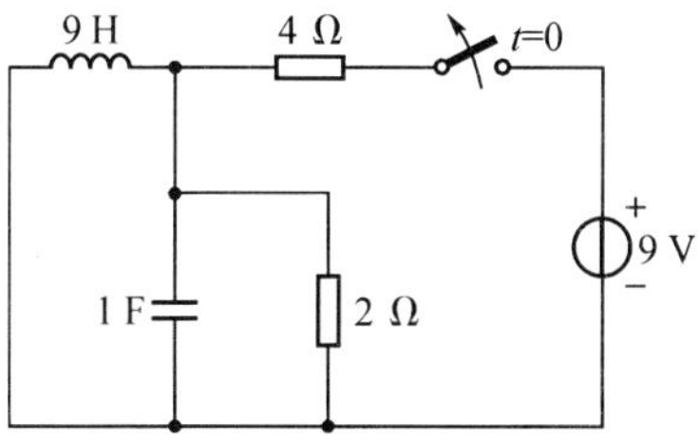

图 7-5-15　习题 7-5-15 电路

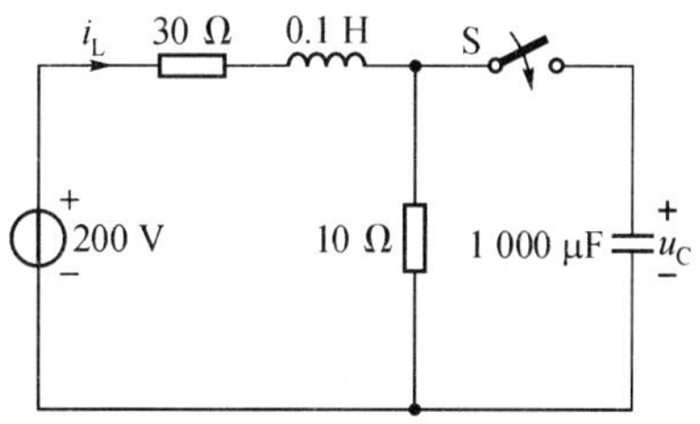

图 7-5-16　习题 7-5-16 电路

7-5-17　5 mH 电感与 25 μF 电容，20 Ω 电阻以及电压源 $u_x(t)$ 相串联的电路，当该电路的电压源在 $t=0$ 之前为零，在 $t=0$ 时刻跳变到 75 V，然后在 $t=1$ ms 又变为零，又在 $t=2$ ms 后跳变到75 V，如此周而复始这一过程。试求下面时刻的电源电流：①$t=0^-$；②$t=0^+$；③$t=1$ ms；④$t=2$ ms。

7-5-18　电路如图 7-5-18 所示，求 $i_L(t)$ 的表达式。

7-5-19　电路如图 7-5-19 所示，求 $t>0$ 时的 $i_C(t)$ 的表达式。

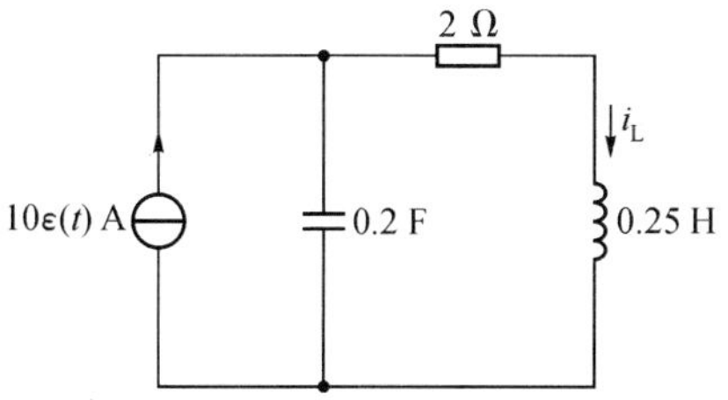

图 7-5-18　习题 7-5-18 电路

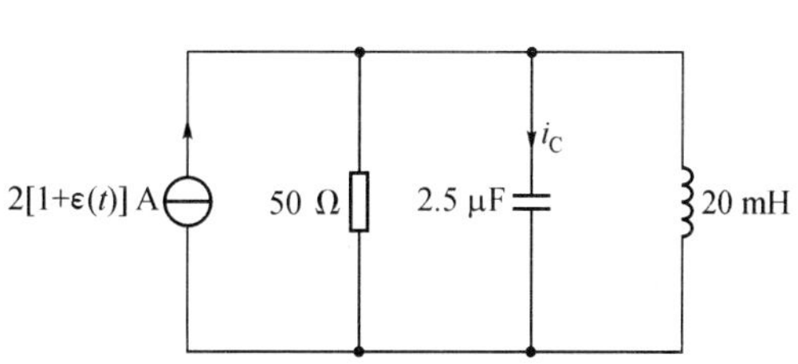

图 7-5-19　习题 7-5-19 电路

8 正弦电流电路分析基础

基本要求：

(1)熟悉正弦量的三要素。

(2)掌握相量形式的 KCL 与 KVL。

(3)熟练掌握电阻、电容、电感的相量形式的伏安关系。

8.1 正弦量

正弦量是随时间 t 按照正弦函数规律变化的电压与电流的统称，正弦电压和电流分别用小写字母 u 与 i 表示。例如

正弦电压的函数表示

$$u(t)=U_{\mathrm{m}}\cos(\omega t+\theta)$$

正弦电流的函数表示

$$i(t)=I_{\mathrm{m}}\cos(\omega t+\Phi)$$

正弦量在某时刻的数值称为该时刻的瞬时值。

我们观察如图 8.1.1 所示正弦电流 $i(t)=I_{\mathrm{m}}\cos\omega t$ 随时间 t 变化的波形，可以感性地知道其主要特征。

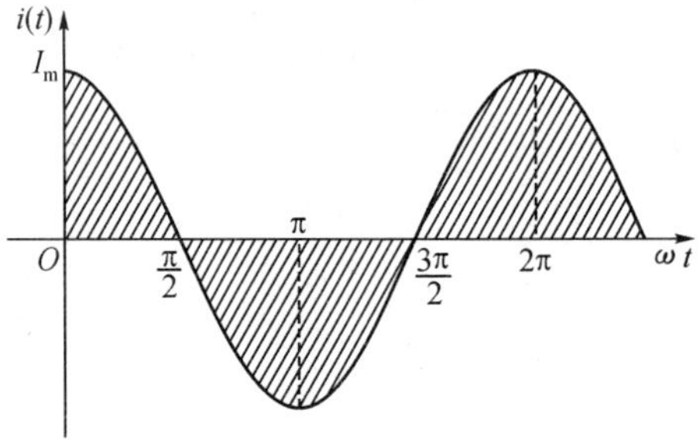

图 8.1.1 正弦电流波形图

正弦量(正弦电压和电流)随时间 t 按照正弦函数规律变化，因此，具有正弦函数的特征：

(1)正弦量是周期量，其波形呈周期性重复地出现；

(2)正弦量是交变量，在一个周期内的平均值为零；

(3)正弦量具有瞬时性，其值随着时间变化；

(4)正弦量具有方向性，其方向随着时间不同作周期性反复改变。

正弦量的表示方法通常有下列四种方法：函数表示法、波形表示法、相量表示法与相量图表示法。本节主要讨论正弦量的函数表示法与波形表示法。

正弦电压的函数表示

$$u(t)=U_m\cos(\omega t+\theta) \tag{8.1.1}$$

正弦电流的函数表示

$$i(t)=I_m\cos(\omega t+\Phi) \tag{8.1.2}$$

式中：U_m——电压的最大值；

I_m——电流的最大值，反映正弦量在整个变化过程中所能达到的最大值，有时也称幅值；

$\omega t+\theta$、$\omega t+\Phi$——相位，反映正弦量变化的进程；

ω——角频率，单位为弧度/秒(rad/s)，反映正弦量变化的快慢。

θ、Φ——称为正弦电压、正弦电流的初相(位)，即为 $t=0$ 时的相位，能反映正弦量初值的大小与正负，一般规定其范围为($-\pi$ 至 $+\pi$)。

我们把 $U_m(I_m)$、ω 与 $\theta(\Phi)$ 称为正弦量的三要素。

正弦量的周期 T 为正弦量重复出现的最小时间间隔，单位是秒(s)。

正弦量的频率 f 是每秒钟正弦量变化的周期数，单位是赫兹(Hz)。

正弦量的角频率 ω、周期 T、频率 f 三者之间存在关系为

$$\omega=\frac{2\pi}{T}=2\pi f \tag{8.1.3}$$

【例 8.1.1】 测量得到工频正弦电流的最大值为 10 A，初相为($-15°$)，写出其函数表达式。

解：已知 $I_m=10$ A，$\Phi=-15°$；在我国工频供电是指频率 $f=50$ Hz 的正弦电压与电流，因此角频率 $\omega=2\pi f=100\pi=314$ rad/s。

电流表达式为 $i(t)=I_m\cos(\omega t+\Phi)=10\cos(314t-15°)$ A

当然，也可以用正弦函数表示正弦量，本书采用余弦函数表示正弦量。

我们把初相为零的正弦量称为参考正弦量，例如其波形图如图 8.1.1 所示的正弦电流的表达式为 $i(t)=I_m\cos(\omega t)$

其初相为零，可以作为正弦电流的参考正弦量。当初相不为零时，相当把参考正弦量的波形沿着时间轴向左或向右移动初相大小的间距。当 $\Phi>0$ 时，把参考正弦量的波形最大值点由坐标原点向左移动 Φ，如图 8.1.2 所示。当 $\Phi<0$ 时，把参考正弦量的波形最大值点由坐标原点向右移动 $|\Phi|$。

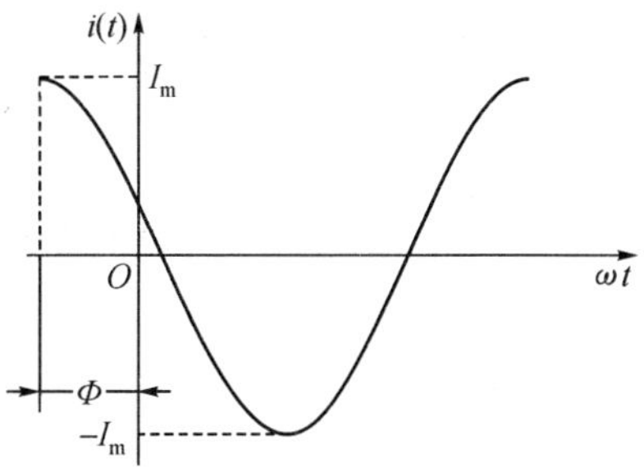

图 8.1.2 $\Phi>0$ 时正弦电流波形图

在正弦电流电路分析中，两个同频率正弦量的相位差 φ 的概念非常重要。

设 $u(t)=U_m\sin(\omega t+\theta)$，$i(t)=I_m\sin(\omega t+\Phi)$。

正弦量 $u(t)$ 与 $i(t)$ 的相位差定义为

$$\varphi=(\omega t+\theta)-(\omega t+\Phi)=\theta-\Phi \tag{8.1.4}$$

结论：两个同频率正弦量的相位差在任何瞬时都是一个常数，等于它们的初相之差。

相位差 φ 的单位为弧度(rad)或度(°),主值范围为 $|\varphi|\leqslant\pi$ 或 $|\varphi|\leqslant 180°$。

如果 $\varphi=\theta-\Phi>0$ 则称电压 u 的相位超前(lead)电流 i 的相位一个角度 φ,简称电压 u 超前电流 i 角度 φ,如图 8.1.3 所示。

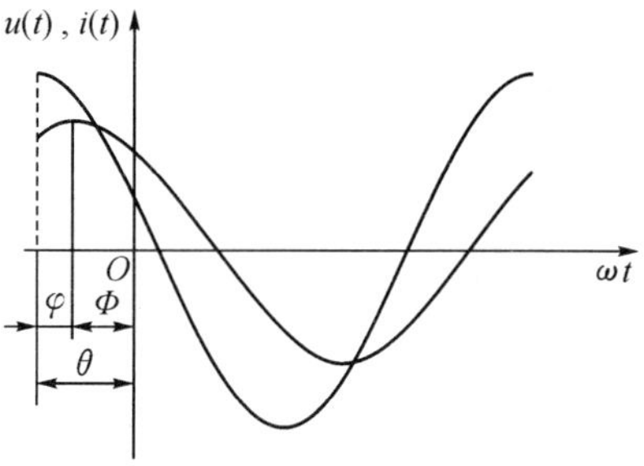

图 8.1.3　电压 u 超前电流 i

在波形图中,由坐标原点向右看,电压 u 先到达其第一个正的最大值,经过 φ,电流 i 到达其第一个正的最大值。反过来也可以说电流 i 滞后(lag)电压 u 角度 φ。如果 $\varphi=\theta-\Phi<0$,则结论刚好与上述情况相反,即电压 u 滞后电流 i 一个角度 $|\varphi|$,或电流 i 超前电压 u 一个角度 $|\varphi|$。

在相位超前与滞后中,有三个特殊情况:同相、正交与反相。

如果 $\varphi=\theta-\Phi=0$,则称为电压 u 与电流 i 同相,如图 8.1.4 所示。

如果 $\varphi=\theta-\Phi=\pm 90°$,则称为电压 u 与电流 i 正交,如图 8.1.5 所示。

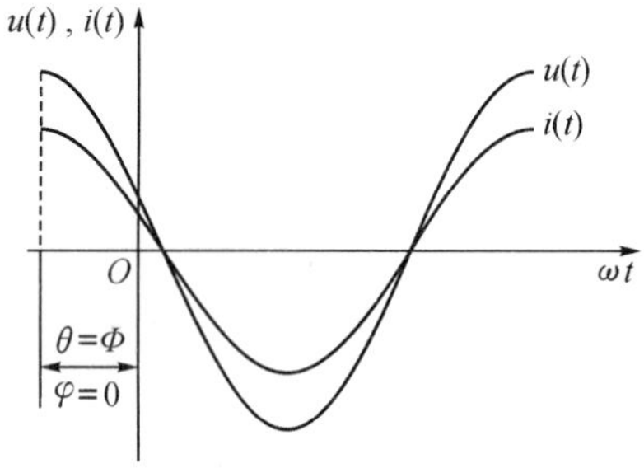

图 8.1.4　电压 u 与电流 i 同相

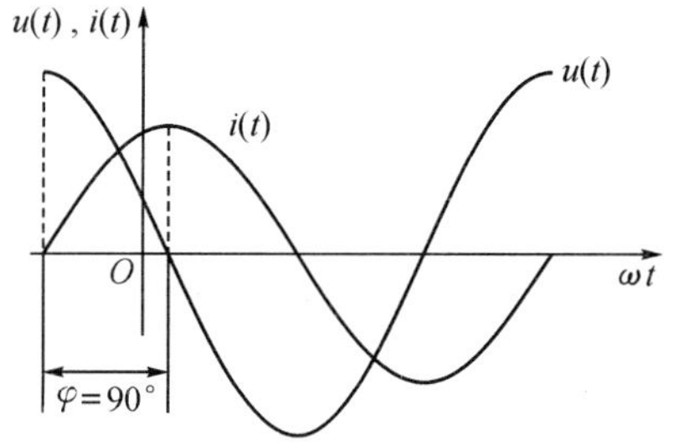

图 8.1.5　电压 u 与电流 i 正交

如果 $\varphi=\theta-\Phi=\pm 180°$,则称为电压 u 与电流 i 反相,如图 8.1.6 所示。

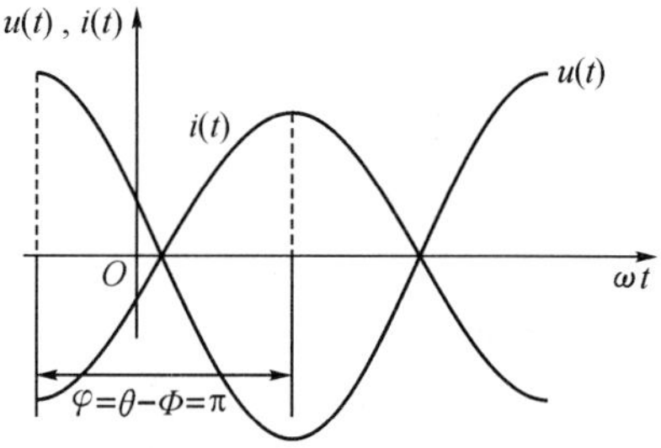

图 8.1.6　电压 u 与电流 i 反相

比较相位差时应该注意:

(1)正弦量的频率必须相同,不同频率的正弦量不能进行相位差比较(超前与滞后)。

(2)函数表达式的形式应该相同,统一采用 sin 形式或统一采用 cos 形式。

例如电压 $u(t)=100\cos(\omega t+15°)$ V,电流 $i(t)=100\sin(\omega t+30°)$ A,不能认为相位差 $\varphi=\theta-\Phi=15°-30°=-15°$。正弦函数与余弦函数的相互转换的关系为:

$$u(t)=U_{\mathrm{m}}\sin(\omega t+\theta)=U_{\mathrm{m}}\cos(\omega t+\theta-90°)$$

$$i(t)=I_{\mathrm{m}}\cos(\omega t+\Phi)=I_{\mathrm{m}}\sin(\omega t+\Phi+90°)$$

(3)函数表达式前统一取正号或统一取负号,负号改为正号时,在初相位中"+"或"−"180°。例如,$u(t)=-U_{\mathrm{m}}\sin(\omega t+\theta)=U_{\mathrm{m}}\sin(\omega t+\theta\pm 180°)$

$$i(t)=-I_{\mathrm{m}}\cos(\omega t+\Phi)=I_{\mathrm{m}}\cos(\omega t+\Phi\pm 180°)$$

一般取 $|\theta\pm 180°|\leqslant 180°$, $|\Phi\pm 180°|\leqslant 180°$

(4)当两个同频率正弦量的计时起点(即波形图中的坐标原点)改变时,它们的初相也跟着改变,但它们的相位差却保持不变,所以两个同频率正弦量的相位差与计时起点的选择无关。

【例 8.1.2】 已知电压 $u(t)=100\cos(\omega t+15°)$ V,电流 $i(t)=100\sin(\omega t+30°)$ A,求相位差 φ。

解:两个正弦量的频率相同,可以比较相位差 φ。但是,两个正弦量的形式不相同,不能错误地认为相位差

$$\varphi=\theta-\Phi=15°-30°=-15°$$

而应该统一采用 cos 形式:

$$u(t)=100\cos(\omega t+15°)\ \text{V}$$

$$i(t)=10\sin(\omega t+30°)=10\cos(\omega t+30°-90°)$$

$$\varphi=\theta-\Phi=15°-(30°-90°)=75°$$

8.2 正弦量的有效值

设 $f(t)$是周期为 T 的周期函数,则满足 $f(t)=f(t+T)$。周期函数的有效值(Effective Values)定义为

$$F=\sqrt{\frac{1}{T}\int_0^T f^2(t)\mathrm{d}t} \tag{8.2.1}$$

可见,周期函数的有效值等于其瞬时值的平方在一个周期内积分的平均值再取平方根,因此,有效值又称为方均根值(Root-Mean-Square)。在英文原版教材采用 U_{eff}、I_{eff}或 U_{rms}、I_{rms}分别表示电压与电流的有效值。国内电路教材一般采用大写字母 U、I 或 U、I 分别表示电压与电流的有效值。

正弦量是周期函数,将 $f(t)=F_{\mathrm{m}}\cos(\omega t+\varphi)$代入上式得

$$F=\sqrt{\frac{1}{T}\int_0^T[F_{\mathrm{m}}\cos(\omega t+\varphi)]^2\mathrm{d}t}=\sqrt{\frac{1}{T}F_{\mathrm{m}}^2\int_0^T\cos^2(\omega t+\varphi)\mathrm{d}t}$$

其中

$$\int_0^T\cos^2(\omega t+\varphi)\mathrm{d}t=\int_0^T\frac{1+\cos 2(\omega t+\varphi)}{2}\mathrm{d}t=\frac{T}{2}$$

所以

$$F=F_{\mathrm{m}}/\sqrt{2} \tag{8.2.2}$$

对于正弦电压 $u(t)=U_{\mathrm{m}}\cos(\omega t+\theta)$,其有效值为

$$U=U_{\mathrm{eff}}=U_{\mathrm{m}}/\sqrt{2}=0.707\ U_{\mathrm{m}} \tag{8.2.3}$$

对于正弦电流 $i(t)=I_{\mathrm{m}}\cos(\omega t+\Phi)$,其有效值为

$$I=I_{\mathrm{eff}}=I_{\mathrm{m}}/\sqrt{2}=0.707\ I_{\mathrm{m}} \tag{8.2.4}$$

注意:$U=U_{\mathrm{m}}/\sqrt{2}$与 $I=I_{\mathrm{m}}/\sqrt{2}$只适用于正弦量情况。

在电气工程中,一般所说的正弦电压与正弦电流的大小都是指有效值。例如,我国频率为 50 Hz 供电的交流电气设备铭牌上电压、电流的额定值都是指电压、电流的有效值;交流测量仪表测量指示的读数是电压、电流的有效值;我国居民用电的单相正弦交流电压220 V,就是正弦电压的有效值为 220 V,它的最大值为

$$U_{\mathrm{m}}=\sqrt{2}U=1.414\times 220=311\ \text{V}$$

在正弦交流稳态电路分析中,经常应用正弦量的有效值替代正弦量的最大值。

正弦电压表达式 $u(t)=U_{\mathrm{m}}\cos(\omega t+\theta)$

可以写为 $$u(t)=\sqrt{2}U\cos(\omega t+\theta) \quad (8.2.5)$$

正弦电流表达式 $$i(t)=I_m\cos(\omega t+\Phi)$$

可以写为 $$i(t)=\sqrt{2}I\cos(\omega t+\Phi) \quad (8.2.6)$$

根据数学知识，非正弦周期电压 $u(t)$ 一般可以分解为无限多项不同频率的正弦函数之和：

$$u(t)=U_0+U_{m1}\cos(\omega t+\theta_1)+U_{m2}\cos(2\omega t+\theta_2)+U_{m3}\cos(3\omega t+\theta_3)+\cdots$$
$$=U_0+\sqrt{2}U_1\cos(\omega t+\theta_1)+\sqrt{2}U_2\cos(2\omega t+\theta_2)+\sqrt{2}U_3\cos(3\omega t+\theta_3)+\cdots$$

式中：ω 为非正弦周期电压 $u(t)$ 的角频率，U_0 为直流分量，U_{m1}、U_{m2}、$U_{m3}\cdots$分别为一次、二次、三次、…谐波的最大值、下一公式中的 U_1、U_2、$U_3\cdots$则为有效值。

根据周期函数有效值的定义，得到

$$U=\sqrt{U_0^2+U_1^2+U_2^2+\cdots} \quad (8.2.7)$$

结论：非正弦周期电压 $u(t)$ 的有效值 U 等于其各次谐波有效值的平方和再开方。

【例 8.2.1】 某二端电路端口电流为

$$i(t)=10+10\cos(\omega t-30°)+5\sqrt{2}\cos(3\omega t-45°)\ \text{A}$$

求此电流的有效值 I。

解：电流 $i(t)$ 包含直流分量 $I_0=10$ A。

电流 $i(t)$ 包含一次谐波，其有效值 $I_1=10/\sqrt{2}$ A。

电流 $i(t)$ 包含三次谐波，其有效值 $I_3=5$ A。

因此，电流 $i(t)$ 的有效值计算如下：

$$I^2=I_0^2+I_1^2+I_3^2=10^2+(10/\sqrt{2})^2+5^2=175\ \text{A}^2$$
$$I=\sqrt{175}=13.23\ \text{A}$$

不能错误地认为 $I=10+(10/\sqrt{2})+5=22.07$ A

8.3 正弦量的相量表示

8.3.1 正弦稳态电路的时域分析

正弦函数激励下电路的非齐次微分方程的解包含两部分：齐次解（固有响应）与特解（强迫响应）。本章只研究其强迫响应，即稳态响应。

对于正弦函数激励下电路的非齐次微分方程的求解，如果采用一般时域分析方法，则比较繁琐。下面举例说明，让我们了解其分析过程。

正弦电压激励下的 RL 电路如图 8.3.1 所示，$u_S(t)=U_m\cos\omega t$ V，求稳态响应 $i(t)$。

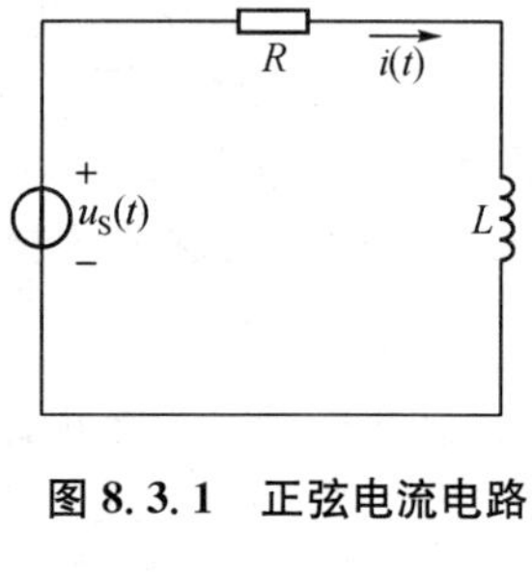

图 8.3.1 正弦电流电路

我们可以列写该电路的微分方程：

$$L\mathrm{d}i/\mathrm{d}t+Ri=U_m\cos\omega t \quad (8.3.1)$$

微分方程的解由两部分构成，即齐次解（固有响应）与特解（强迫响应）：

$$i(t)=i_h(t)+i_p(t) \tag{8.3.2}$$

齐次解(固有响应)$i_h(t)$是满足齐次微分方程 $L\mathrm{d}i/\mathrm{d}t+Ri=0$ 的暂态响应,由一阶电路分析知识,我们知道它是指数函数,形式为:

$$i_h(t)=A\mathrm{e}^{-Rt/L} \tag{8.3.3}$$

现在,我们只关心电路的稳态响应(强迫响应),即 $i(t)=i_p(t)$,它必须满足该非齐次微分方程,而且与激励函数具有相同形式,即 $i(t)$是与激励电压 $u_S(t)$为同频率的正弦量,因此,我们设稳态响应(强迫响应)为

$$i(t)=I_m\cos(\omega t-\Phi)=I_{m1}\cos\omega t+I_{m2}\sin\omega t \tag{8.3.4}$$

代入微分方程式(8.3.1),得到

$$L(-I_{m1}\,\omega\sin\omega t+I_{m2}\,\omega\cos\omega t)+R(I_{m1}\cos\omega t+I_{m2}\sin\omega t)=U_m\cos\omega t \tag{8.3.5}$$

对式(8.3.5)两边各项进行比较,得到

$$(-LI_{m1}\omega+RI_{m2})\sin\omega t=0 \tag{8.3.6}$$

$$(LI_{m2}\omega+RI_{m1})\cos\omega t=U_m\cos\omega t \tag{8.3.7}$$

由式(8.3.6)得到

$$-LI_{m1}\omega+RI_{m2}=0 \tag{8.3.8}$$

由式(8.3.7)得到

$$RI_{m1}+LI_{m2}\omega=U_m \tag{8.3.9}$$

联立求解式(8.3.8)与式(8.3.9),得到

$$I_{m1}=RU_m/(R^2+\omega^2L^2) \tag{8.3.10}$$

$$I_{m2}=\omega LU_m/(R^2+\omega^2L^2) \tag{8.3.11}$$

于是

$$i(t)=(RU_m/(R^2+\omega^2L^2))\cos\omega t+(\omega LU_m/(R^2+\omega^2L^2))\sin\omega t \tag{8.3.12}$$

根据数学知识,我们知道

$$\begin{aligned}i(t)&=I_m\cos(\omega t-\Phi)=I_m\cos(\omega t)\cos\Phi+I_m\sin(\omega t)\sin\Phi\\&=I_{m1}\cos(\omega t)+I_{m2}\sin(\omega t)\end{aligned} \tag{8.3.13}$$

由式(8.3.13),得到

$$I_{m1}=I_m\cos\Phi \tag{8.3.14}$$

$$I_{m2}=I_m\sin\Phi \tag{8.3.15}$$

联立求解式(8.3.14)与式(8.3.15),并且把式(8.3.10)与式(8.3.11)代入,得到

$$I_m=\sqrt{I_{m1}^2+I_{m2}^2}=\frac{U_m}{\sqrt{R^2+\omega^2L^2}} \tag{8.3.16}$$

$$\Phi=\arctan(I_{m2}/I_{m1})=\arctan(\omega L/R) \tag{8.3.17}$$

最后得到稳态响应(强迫响应)为

$$i(t)=\frac{U_m}{\sqrt{R^2+\omega^2L^2}}\cos(\omega t-\arctan(\omega L/R)) \tag{8.3.18}$$

如果采用上述时域分析方法对正弦电流电路进行稳态分析与计算,显然比较繁琐。下节介绍相量法,这是正弦电流电路进行稳态分析与计算的重要方法。

8.3.2　相量法

通过上节举例说明,我们看出:采用时域分析方法对正弦电流电路进行稳态分析,比较

繁琐,因此,人们寻找其他比较简捷的分析方法。相量法(Phasor Analysis)是正弦电流电路稳态分析经常采用的一种简捷方法,该法把电路的时域微分方程变换为频域的代数方程,求解过程变得简捷;另外,该代数方程对应相量形式电路模型,如果直接对相量形式电路模型进行求解,便得到相量形式稳态响应,然后通过相量与正弦量的对应关系,得到时域正弦量的稳态响应,因此用相量法分析正弦电流电路比较简捷。

根据欧拉公式可知

$$e^{jx}=\cos x+j\sin x \tag{8.3.19}$$

如果取

$$x=\omega x+\psi$$

则

$$e^{j(\omega x+\psi)}=\cos(\omega t+\psi)+j\sin(\omega t+\psi) \tag{8.3.20}$$

$$\cos(\omega t+\psi)=Re[e^{j(\omega t+\psi)}] \tag{8.3.21}$$

$$\sin(\omega t+\psi)=I_m[e^{j(\omega t+\psi)}] \tag{8.3.22}$$

我们仍然以如图 8.3.1 所示正弦电压激励下的 RL 电路为例,令激励电压为复数电压 $U_m e^{j\omega t}$ 则对应的复数稳态响应为 $I_m e^{j(\omega t-\Phi)}$。这说明如果激励电压为 $U_m\cos\omega t$,稳态响应电流为 $I_m\cos(\omega t-\Phi)$;如果激励电压为 $jU_m\sin\omega t$ 时,稳态响应电流便为 $jI_m\sin(\omega t-\Phi)$。把复数激励电压 $U_m e^{j\omega t}$ 与复数稳态响应 $I_m e^{j(\omega t-\Phi)}$ 代入 RL 电路微分方程,得到

$$L\mathrm{d}i/\mathrm{d}t(I_m e^{j(\omega t-\Phi)})+R(I_m e^{j(\omega t-\Phi)})=U_m e^{j\omega t} \tag{8.3.23}$$

即

$$(R+j\omega L)I_m e^{j(\omega t-\Phi)}=U_m e^{j\omega t} \tag{8.3.24}$$

注意:这是式(8.3.24)一个代数方程,求解变得容易。

把式(8.3.24)整理为

$$(R+j\omega L)I_m e^{-j\Phi}e^{j\omega t}=U_m e^{j\omega t} \tag{8.3.25}$$

则

$$(R+j\omega L)I_m e^{-j\Phi}=U_m \tag{8.3.26}$$

$$I_m e^{-j\Phi}=U_m/(R+j\omega L) \tag{8.3.27}$$

因为

$$R+j\omega L=\sqrt{R^2+\omega^2L^2}\underline{/\arctan(\omega L/R)} \tag{8.3.28}$$

$$\frac{U_m}{R+j\omega L}=\frac{U_m}{\sqrt{R^2+\omega^2L^2}}\underline{/\tan(\omega L/R)} \tag{8.3.29}$$

$$I_m e^{-j\Phi}=I_m\underline{/-\Phi} \tag{8.3.30}$$

因此

$$I_m=\frac{U_m}{\sqrt{R^2+\omega^2L^2}} \tag{8.3.31}$$

$$\Phi=\arctan(\omega L/R) \tag{8.3.32}$$

知道了电流 $i(t)$ 的最大值 I_m 与初相位 Φ,很容易得到在 $u_S(t)=U_m\cos\omega t$ V 激励下的正弦稳态响应(强迫响应)为

$$i(t)=\frac{U_m}{\sqrt{R^2+\omega^2L^2}}\cos[\omega t-\arctan(\omega L/R)]$$

结果与第 8.3.1 节通过求解微分方程的结果相同,但是,采用复数激励后微分方程变成代数方程,使求解变得简易许多。

由数学知识我们知道,一个实数域的正弦时间函数与一个复数域的复指数函数存在对应关系,复指数函数的复常数部分是用正弦量的最大值和初相结合成的复数。运用相量进行正弦稳态电路的分析和计算,可以同时计算获得正弦量的最大值和初相。一般最大值相量采用最大值字母上方加小圆点或黑体最大值字母表示,有效值相量采用有效值字母上方

加小圆点或黑体有效值字母表示，在数学运算上与一般复数的运算并无区别。

例如正弦电压 $u(t)=U_m\cos(\omega t+\theta)$，其对应的最大值相量为：

$$\dot{U}_m=U_m e^{j\theta} \tag{8.3.33}$$

也可以表示为极坐标形式（极型）

$$\dot{U}_m=U_m \angle\theta \tag{8.3.34}$$

对应的有效值相量为

$$\dot{U}=Ue^{j\theta} \tag{8.3.35}$$

也可以表示为极坐标形式（极型）

$$\dot{U}=U\angle\theta \tag{8.3.36}$$

又例如正弦电流 $i(t)=100\cos(\omega t+\pi/3)$ A 对应的最大值相量为

$$\dot{I}_m=I_m e^{j\Phi}=100e^{j\pi/3}\ \text{A}=100\angle\pi/3\ \text{A}$$

对应的有效值相量为　$\dot{I}=I_m/\sqrt{2}=100/\sqrt{2}=70.7$ A

$$\dot{I}=Ie^{j\Phi}=70.7e^{j\pi/3}\ \text{A}=70.7\angle\pi/3\ \text{A}$$

只要知道正弦的最大值（或有效值）与初相，便能写出对应的正弦量。如果知道正弦量的最大值（或有效值）相量，在知道角频率情况下，也可以得到其对应的正弦量。

例如知道正弦电压最大值相量为

$$\dot{U}_m=U_m e^{j\theta}=100e^{-j\pi/3}\ \text{V}$$

则其对应的时域正弦电压为

$$\begin{aligned}u(t)&=\text{Re}[e^{j\omega t}\dot{U}_m]=\text{Re}[U_m e^{j(\omega t+\theta)}]\\&=\text{Re}[100e^{j(\omega t-\pi/3)}]=100\cos(\omega t-\pi/3)\ \text{V}\end{aligned}$$

注意：正弦量可以用相量表示，两者之间可以应用对应关系相互转换，但是正弦量不是相量，相量也不是正弦量，两者之间不能画等号。因此，下列写法是错误的：

$$u(t)=100\cos(\omega t-\pi/3)\ \text{V}=\dot{U}_m=100e^{-j\pi/3}\ \text{V}$$

$$\dot{I}_m=100\angle\pi/3\ \text{A}=100\cos(\omega t+\pi/3)\ \text{A}$$

这是大学生在开始学习电路理论时容易犯的错误，正确答案应该是：

$$u(t)=100\cos(\omega t-\pi/3)\ \text{V}\rightarrow\dot{U}_m=100e^{-j\pi/3}\ \text{V}$$

$$\dot{I}_m=100\angle\pi/3\ \text{A}\rightarrow i(t)=100\cos(\omega t+\pi/3)\ \text{A}$$

还要注意：在国内的教材中一般采用 $\dot{U}_m$ 与 $\dot{I}_m$ 分别表示正弦电压与电流的最大值相量，而在英文原版教材中分别用 V 与 I 表示正弦电压与电流的最大值相量。

8.4　*R*、*L* 与 *C* 的相量形式伏安关系

在正弦稳态电路中，R、L、C 是三个基本电路元件，在同一个正弦函数激励下，其电压与电流都是同频率的正弦电压与电流，涉及的有关运算都可以用相量进行，因此，电压与电流之间关系的时域形式都可以转换为相量形式。

8.4.1　电阻元件

在时域，图 8.4.1(a)所示电阻元件的伏安关系为

$$u(t)=Ri(t) \tag{8.4.1}$$

(a)时域电阻元件电路模型　　(b)电阻元件相量电路模型

图 8.4.1　电阻元件电路模型

当正弦电流 $i(t)=I_m\cos(\omega t+\Phi)$通过电阻 R 时，

$$u(t)=RI_m\cos(\omega t+\Phi)=U_m\cos(\omega t+\theta) \tag{8.4.2}$$

因此

$$U_m=RI_m \tag{8.4.3}$$

$$U=RI \tag{8.4.4}$$

$$\theta=\Phi \tag{8.4.5}$$

这说明电阻元件的电压与电流的瞬时值、最大值与有效值之间均遵守欧姆定律，分别为式(8.4.1)、式(8.4.3)与式(8.4.4)；初相相同，为式(8.4.5)。

注意：上述关系式均在电压、电流参考方向为关联方向条件下成立，如果电压、电流取非关联参考方向，则 $u=-Ri$；$U_m=-RI_m$；$U=-RI$；$\theta=\Phi+180°$。

电阻元件伏安关系的相量形式在电压、电流取关联参考方向下，

$$\dot{U}_m=U_m\angle\theta=R\dot{I}_m=RI_m\angle\Phi$$

即

$$\dot{U}_m=R\dot{I}_m \tag{8.4.6}$$

$$\dot{U}=R\dot{I} \tag{8.4.7}$$

结论：电阻元件的电压最大值相量$\dot{U}_m$等于电阻 R 乘以电流最大值相量$\dot{I}_m$、$\dot{U}_m$ 与$\dot{I}_m$同相。电阻元件的电压有效值相量$\dot{U}$等于电阻 R 乘以电流有效值相量$\dot{I}$，$\dot{U}$ 与 $\dot{I}$ 为同相。

电阻元件的相量电路模型如图 8.4.1(b)所示，伏安关系相量图如图 8.4.2 所示。

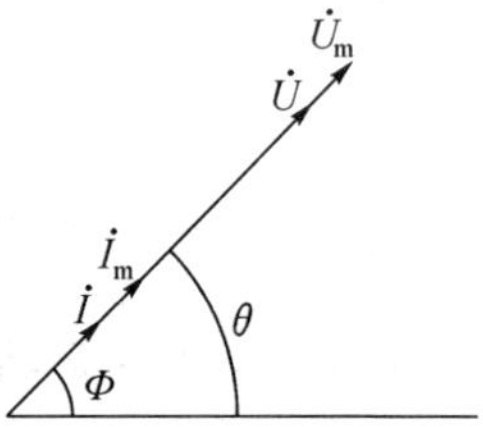

图 8.4.2　电阻元件的伏安关系相量图

可见相量$\dot{U}_m$、$\dot{U}$、$\dot{I}_m$ 与$\dot{I}$落在同一条直线上，表示同相。

8.4.2　电感元件

在时域，如图 8.4.3(a)所示电感元件的伏安关系为

$$u(t)=L\mathrm{d}i(t)/\mathrm{d}t \tag{8.4.8}$$

(a)时域电感元件电路模型　　(b)电感元件相量电路

图 8.4.3　电感电路模型

当正弦电流 $i(t)=I_m\cos(\omega t+\Phi)$通过电感 L 时

$$u(t)=L\mathrm{d}i(t)/\mathrm{d}t=L(-\omega I_m\sin(\omega t+\Phi)) \tag{8.4.9}$$
$$=\omega LI_m\cos(\omega t+\Phi+90°)=U_m\cos(\omega t+\theta)$$

可见
$$U_m=\omega LI_m \tag{8.4.10}$$
$$U=\omega LI \tag{8.4.11}$$
$$\theta=\Phi+90° \tag{8.4.12}$$

上述公式说明电压最大值等于电流最大值乘以 ωL，电压有效值等于电流有效值乘以 ωL，电压超前电流 90°。我们把 ωL 称为电感电抗，简称感抗（感抗的单位是 Ω），用 x_L 表示，即

$$x_L=\omega L \tag{8.4.13}$$

电感元件伏安关系的相量形式：

设电感电压最大值相量 $$\dot{U}_m=U_m\angle\theta \tag{8.4.14}$$

电感电流最大值相量 $$\dot{I}_m=I_m\angle\Phi \tag{8.4.15}$$

把式(8.4.10)与式(8.4.12)代入式(8.4.14)，应用 $\mathrm{j}=e^{\mathrm{j}\pi/2}=\angle\pi/2$，得到

$$\dot{U}_m=\omega\dot{L}I_m\angle\Phi+90°=\mathrm{j}\omega\dot{L}I_m\angle\Phi$$
$$\dot{U}_m=\mathrm{j}\omega L\,\dot{I}_m \tag{8.4.16}$$
$$\dot{U}=\mathrm{j}\omega L\,\dot{I} \tag{8.4.17}$$

式(8.4.16)与式(8.4.17)说明：在时域，电感元件的伏安关系是微分方程；在频域，电感元件的伏安关系为代数方程：即电压最大值（有效值）相量等于电流最大值（有效值）相量乘以 $\mathrm{j}\omega L$；电压超前电流 90°。电感元件的相量电路模型如图 8.4.3(b)所示，对应的伏安关系相量图如图 8.4.4 所示。我们把 $\mathrm{j}\omega L$ 称为电感的复阻抗，即

$$Z_L=\mathrm{j}\omega L \tag{8.4.18}$$

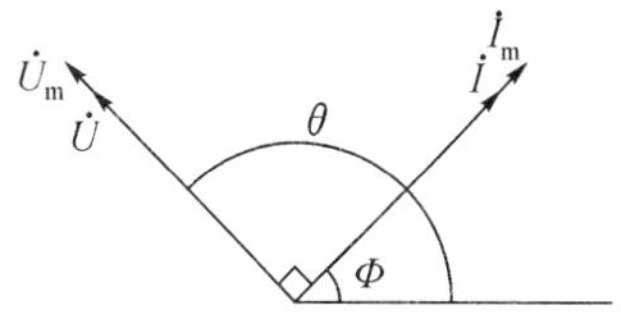

图 8.4.4　电感伏安关系相量图

8.4.3　电容元件

在时域，如图 8.4.5(*a*)所示电容元件的伏安关系为

$$i(t)=C\mathrm{d}u/\mathrm{d}t \tag{8.4.19}$$

(a)时域电容元件电路模型　　(b)电容元件相量电路模型

图 8.4.5　电容元件电路模型

当正弦电压 $u(t)=U_m\cos(\omega t+\theta)$施加在电容两端时

$$i(t)=C\mathrm{d}u/\mathrm{d}t=C(-\omega U_m\sin(\omega t+\theta)) \tag{8.4.20}$$
$$=\omega CU_m\cos(\omega t+\theta+90°)=I_m\cos(\omega t+\Phi)$$

可见
$$I_m=\omega CU_m \tag{8.4.21}$$
$$I=\omega CU \tag{8.4.22}$$

$$\Phi=\theta+90^{\circ} \tag{8.4.23}$$

式(8.4.21)与式(8.4.22)说明电流最大值(有效值)等于电压最大压值(有效值)乘以ωC。式(8.4.23)说明电流超前电压 90°。

我们把 ωC 称为电容电纳(简称容纳),用 b_C 表示,即

$$b_C=\omega C \tag{8.4.24}$$

容纳的单位是西门子(S)。

电容元件伏安关系的相量形式

设电容电压最大值相量 $$\dot{U}_m=U_m \angle\theta \tag{8.4.25}$$

则电容电压有效值相量为 $$\dot{U}=U \angle\theta \tag{8.4.26}$$

设电容电流最大值相量 $$\dot{I}_m=I_m \angle\Phi \tag{8.4.27}$$

则电容电流有效值相量为 $$\dot{I}=I \angle\Phi \tag{8.4.28}$$

把式(8.4.21)与式(8.4.23)代入式(8.4.27),应用 $j=e^{j\pi/2}=\angle\pi/2$,得到

$$\dot{I}_m=\omega CU_m \angle\theta+90^{\circ}=j\omega\dot{C}U_m \angle\Phi=j\omega C\dot{U}_m \tag{8.4.29}$$

$$\dot{I}=j\omega C\dot{U} \tag{8.4.30}$$

或

$$\dot{U}_m=(1/j\omega C)I_m \tag{8.4.31}$$

$$\dot{U}=(1/j\omega C)\dot{I} \tag{8.4.32}$$

上述公式说明:在时域,电元件的伏安关系为微分方程;在频域,电容元件的伏安关系为代数关系。电压最大值(有效值)相量等于电流最大值(有效值)相量乘以$(1/j\omega_C)$,电压落后电流 90°。对应的相量电路模型如图 8.4.5(b)所示。

我们把 $1/j\omega C=-j(1/\omega C)$称为电容的复阻抗,用 Z_C 表示,即

$$Z_C=1/j\omega C=-j(1/\omega C)$$

Z_C 的单位是欧姆(Ω)。

电阻、电感、电容元件在时域与在频域的电压—电流关系总结如表 8.1 所示。

表 8.1 R、L、C 时域与频域的电压-电流关系

时域电路模型	电压-电流关系	相量形式电路模型	电压-电流关系
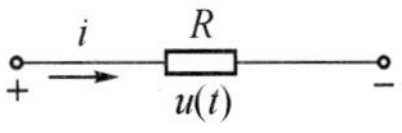	$u(t)=Ri(t)$	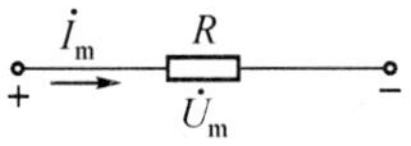	$\dot{U}_m=R\dot{I}_m$ $\dot{U}=R\dot{I}$ $U=RI$
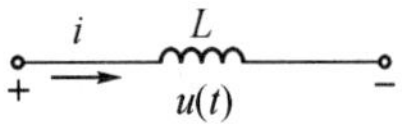	$u(t)=L\mathrm{d}i(t)/\mathrm{d}t$	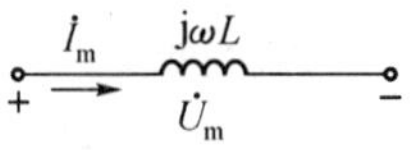	$\dot{U}_m=j\omega L\dot{I}_m$ $\dot{U}=j\omega L\dot{I}$ $U=\omega LI$
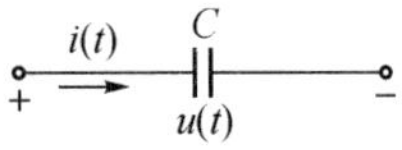	$i(t)=C\mathrm{d}u/\mathrm{d}t$	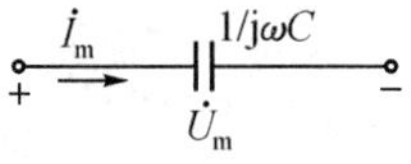	$\dot{U}_m=(1/j\omega C)\dot{I}_m$ $\dot{U}=(1/j\omega C)\dot{I}$ $U=(1/\omega C)I$

8.5　KCL 与 KVL 相量形式

8.5.1　KCL 相量形式

在正弦稳态电路中，任意时刻，流出任一结点的电流的代数和等于零。

在时域，KCL 表达式为

$$\sum i_k = 0 \tag{8.5.1}$$

当正弦稳态电路的电流都是同频率的正弦电流时，KCL 可以用相量形式表示为

$$\sum \dot{I}_{mk} = 0 \tag{8.5.2}$$

$$\sum \dot{I}_k = 0 \tag{8.5.3}$$

式(8.5.2)中$\dot{I}_{mk}$为流出该结点的第 k 号支路正弦电流 i_k 对应的最大值相量。

式(8.5.3)中$\dot{I}_k$ 为流出该结点的第 k 号支路正弦电流 i_k 对应的有效值相量。

【例 8.5.1】 如图 8.5.1 所示电路中，$i_1(t)=10\sqrt{2}\cos(\omega t-30°)$ A，$i_2(t)=10\sqrt{2}\cos(\omega t-180°)$ A，求 $i_3(t)$及其有效值 I_3。

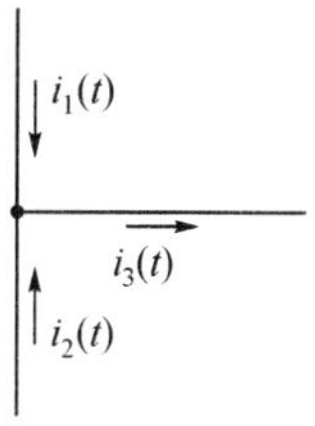

图 8.5.1　例 8.5.1 电路

解：根据 KCL，有 $i_3(t)=i_1(t)+i_2(t)$。

应用有效值相量形式，有：

$$\dot{I}_3 = \dot{I}_1 + \dot{I}_2 = 10\,\underline{/-30°} + 10\,\underline{/-180°} = (8.66 - \mathrm{j}5) - 5$$
$$= 3.66 - \mathrm{j}5 = 6.2\,\underline{/-53.8°}\ \mathrm{A}$$

因此，$i_3(t)$的其有效值 $I_3=6.2$ A

$$i_3(t) = 6.2\sqrt{2}\cos(\omega t - 53.8°)\ \mathrm{A}$$

注意：$I_3=6.2\ \mathrm{A} \neq I_1+I_2=10+10=20$ A

8.5.2　KVL 相量形式

在正弦稳态电路中，任意时刻，沿任一回路一周电压的代数和等于零。

在时域，KVL 表达式为

$$\sum u_k = 0 \tag{8.5.4}$$

当正弦稳态电路的电压都是同频率的正弦电压时，KVL 可以用相量形式表示为

$$\sum \dot{U}_{mk} = 0 \tag{8.5.5}$$

$$\sum \dot{U}_k = 0 \tag{8.5.6}$$

式(8.5.5)中$\dot{U}_{mk}$为沿任一回路一周第 k 号支路正弦电压 u_k 对应的最大值相量。

式(8.5.6)中$\dot{U}_k$ 为沿任一回路一周第 k 号支路正弦电压 u_k 对应的有效值相量。

【例 8.5.2】 图 8.5.2 所示电路中，$u_1(t)=3\sqrt{2}\cos(\omega t)$ V，$u_2(t)=4\sqrt{2}\cos(\omega t-90°)$ V，求 $u_3(t)$及其有效值 U_3。

解：根据 KVL 有 $u_3(t)=u_1(t)+u_2(t)$.

应用有效值相量形式，有：

$\dot{U}_3=\dot{U}_1+\dot{U}_2=3\underline{/0^\circ}+4\underline{/-90^\circ}=5\underline{/-53.10^\circ}$ V

因此，$u_3(t)$的有效值 $U_3=5$ V。

$$u_3(t)=5\sqrt{2}\cos(\omega t-53.1^\circ)\ \text{V}$$

注意：$U_3=5\ \text{V}\neq U_1+U_2=3+4=7$ V。

再次强调：KCL、KVL 的相量形式表达式中是最大值（或有效值）相量的代数和恒等于零，并非是最大值（或有效值）的代数和恒等于零。一般情况下 $\sum I_{mk}\neq 0$，$\sum U_{mk}\neq 0$；但是 $\sum \dot{I}_{mk}=0$，$\sum \dot{I}_k=0$；$\sum \dot{U}_{mk}=0$，$\sum \dot{U}_k=0$。

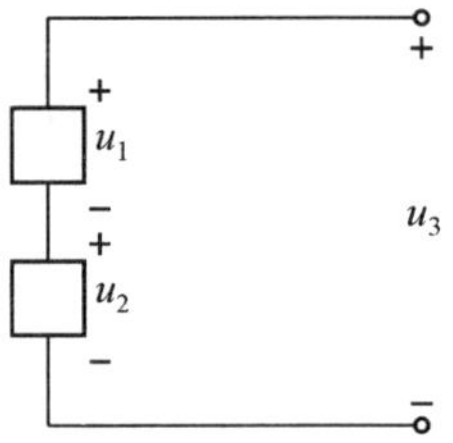

图 8.5.2　例 8.5.2 电路

8.6　小结

(1)正弦电压的函数表示为

$$u(t)=U_m\cos(\omega t+\theta)=U\sqrt{2}\cos(\omega t+\theta)$$

正弦电流的函数表示

$$i(t)=I_m\cos(\omega t+\Phi)=I\sqrt{2}\cos(\omega t+\Phi)$$

其中　最大值 U_m、I_m 为最大值（U、I 为有效值），ω 为角频率，θ 与 Φ 为正弦电压与正弦电流的初相（位）。我们把 $U_m(I_m)$、ω 与 $\theta(\Phi)$ 称为正弦量的三要素，最大值等于有效值的$\sqrt{2}$倍。

(2)相位差是同频率正弦量相位之差，这是一个很重要的概念。要求比较相位差的正弦量的频率相同、函数表达式的形式相同，相位差的主值范围要求在 0°至±180°。通过相位差比较正弦量的超前、滞后、正交、反相、同相。

(3)在电压、电流取关联参考方向下，电阻元件伏安关系的相量形式为

$$\dot{U}_m=R\dot{I}_m\ \text{与}\ \dot{U}=R\dot{I}$$

电阻元件的电压最大值（有效值）相量等于电阻 R 乘以电流最大值（有效值）相量，电压与电流同相。

(4)在电压、电流取关联参考方向下，电感元件伏安关系的相量形式为

$$\dot{U}_m=j\omega L\dot{I}_m\ \text{与}\ U=j\omega L\dot{I}$$

电感元件电压最大值（有效值）相量等于电流最大值（有效值）相量乘以 $j\omega L$；电压超前电流 90°。

电感的复阻抗　　$Z_L=j\omega L$

(5)在电压、电流取关联参考方向下，电容元件伏安关系的相量形式为

$$\dot{U}_m=(1/j\omega C)\dot{I}_m\ \text{与}\ \dot{U}=(1/j\omega C)\dot{I}$$

电容元件电压最大值（有效值）相量等于电流最大值（有效值）相量乘以 $1/j\omega C$；电流超前电压 90°。

电容的复阻抗　　$Z_C=1/j\omega C$

(6)在正弦稳态电路中，任意时刻，流出任一结点的电流的代数和等于零，即

$$\sum i_k=0$$

当正弦稳态电路的电流都是同频率的正弦电流时，KCL 可以用相量形式表示为

$$\sum \dot{I}_{mk} = 0 \text{ 或 } \sum \dot{I}_k = 0$$

(7)在正弦稳态电路中，任意时刻，沿任一回路一周电压的代数和等于零，即

$$\sum u_k = 0$$

当正弦稳态电路的电压都是同频率的正弦电压时，KVL 可以用相量形式表示为

$$\sum \dot{U}_{mk} = 0 \text{ 或 } \sum \dot{U}_k = 0$$

(8)相量法是正弦电流电路稳态分析经常采用的一种简捷方法。如果直接对相量形式电路模型进行求解，便得到相量形式稳态响应，通过相量与正弦量的对应关系，可以得到时域正弦量的稳态响应。

习　题　8

8-1-1　已知正弦电压 $u(t)=10\sqrt{2}\cos(100t+53.1°)$ V，试求：(1)该正弦电压的最大值、频率、周期以及初相位，(2)使 $u(t)=0$ 时的最小时间值。

8-1-2　已知 $i_1(t)=-10\cos(100\pi t+30°)$，$i_2(t)=10\sin(100\pi t+30°)$，试求相位差 φ。

8-2-1　一只电容器只能承受 1 000 V 的直流电压，试问能否接到有效值 1 000 V 的交流电路中使用？为什么？

8-3-1　已知 $\dot{U}=25\angle{+\pi/6}$ V，$T=0.01$ s，试求该正弦波的函数表示式并画出波形图。

8-3-2　已知两个同频率的正弦量分别为 $\dot{I}_1=3$ A，$\dot{I}_2=4\angle{\pi/2}$ A，求 $\dot{I}_1+\dot{I}_2$。

8-4-1　一个 220 V、60 W 的灯泡接在 $u=200\sqrt{2}\cos(314t+\frac{\pi}{6})$ V 的电源上，求流过灯泡的电流；写出电流的瞬时值表达式；画出电压、电流的相量图。

8-4-2　在正弦交流电路中，已知流过电感元件的电流 $I=10$ A，电压 $u=20\sqrt{2}\cos(1\,000t)$ V 试求电流 i_L、X_L、L。

8-5-1　一个结点有 4 条支路，支流电流(i_1、i_2、i_3、i_4)的参考方向为流入结点，已知 $i_1=100\cos(\omega t+25°)$ A，$i_2=100\cos(\omega t+145°)$ A，$i_3=100\cos(\omega t-95°)$ A，求 i_4。

8-7-1　求下列正弦电流、电压的相量表达式：

(1)$i_1(t)=15\cos(354\pi t-\frac{\pi}{4})$ A

(2)$u(t)=311\cos(100t+20°)$ A

(3)$i_2(t)=300\cos(2\,000\pi t+\frac{\pi}{4})-100\sin(2\,000\pi t+30°)$ mV

8-7-2　已知某正弦电流，其幅值为 10 A，周期为 2 ms，0 时刻电流的幅值为 7.07 A，求 $i(t)$ 和 $\dot{I}$。

8-7-3　已知电压 $\dot{U}=-6-j8$ V，求其所表示的正弦电压 $u(t)$。

8-7-4　5 μF 电容两端的电压为 $30\cos(4\,000t+25°)$。求：(1)电容的容纳；(2)电容的复阻抗；(3)电流相量 $\dot{I}$；(4)$i(t)$ 的函数表达式。

8-7-5　如图 8-7-5 所示电路，已知 $u(t)=12\sqrt{2}\cos 2t$ V，求 $i_1(t)$、$i_2(t)$、$i_3(t)$、$i(t)$，并画出相量图。

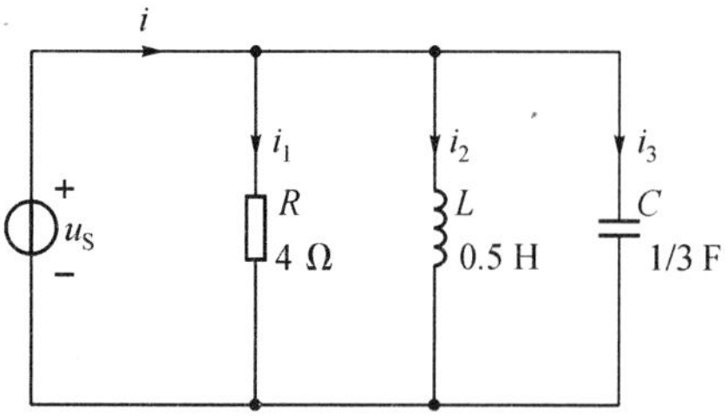

图 8-7-5　习题 8-7-5 电路

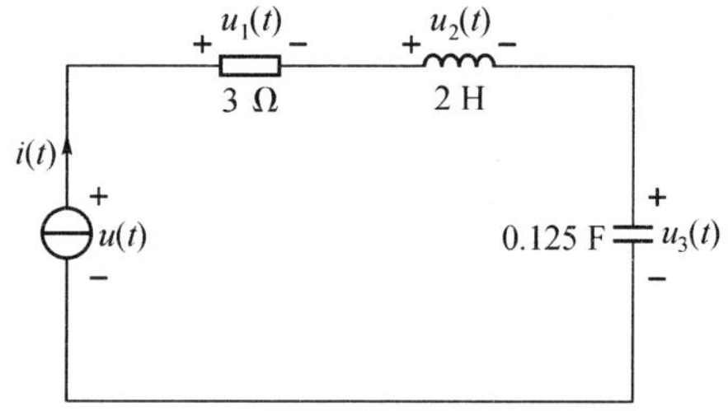

图 8-7-6　习题 8-7-6 电路

8-7-6　如图 8-7-6 所示电路，已知 $i(t)=12\sqrt{2}\cos 2t$ V，求 $u_1(t)$、$u_2(t)$、$u_3(t)$、$u(t)$，并画出相量图。

8-7-7　如图 8-7-7 所示正弦稳态电路中，$U_S=10$ V，$U_C=6$ V，$R=8\ \Omega$，$\omega=10$ rad/s，试确定 C 值。

8-7-8　如图 8-7-8 所示正弦稳态电路中，$R=30\ \Omega$，$L=4$ H，$u_R=6\sqrt{2}\cos(10t-53.1°)$ V，试确定 u_S。

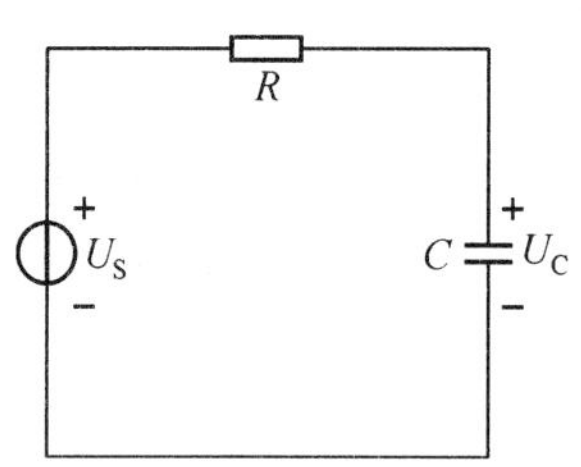

图 8-7-7　习题 8-7-7 电路

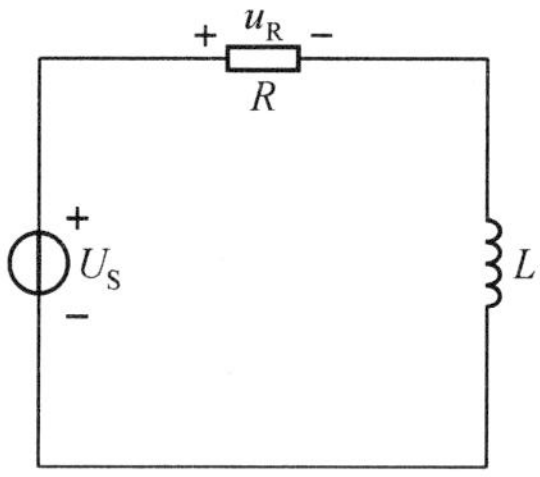

图 8-7-8　习题 8-7-8 电路

8-7-9　工频正弦电流电路中，某结点的 KCL 方程为 $i_1+i_2=-i_3$。已知 $\dot{I}_1=5\angle 30°$ A，$\dot{I}_3=4$ A，$\Phi=-90°$，试求 $\dot{I}_2$ 与 i_2。

8-7-10　已知电路有四个结点 1、2、3、4，$\dot{U}_{12}=(20+\mathrm{j}50)$ V，$\dot{U}_{32}=(40+\mathrm{j}50)$ V，$\dot{U}_{34}=40\angle 60°$ V，求 $\omega t=60°$时，u_{14} 为多少？

8-7-11　已知如图 8-7-11 所示三个电压源分别为：$u_a=220\sqrt{2}\cos(\omega t+10°)$ V，$u_b=220\sqrt{2}\cos(\omega t-110°)$ V，$u_c=220\sqrt{2}\cos(\omega t+130°)$ V，求：(1)三个电压的和；(2)u_{ab}、u_{bc}；(3)画出它们的相量图。

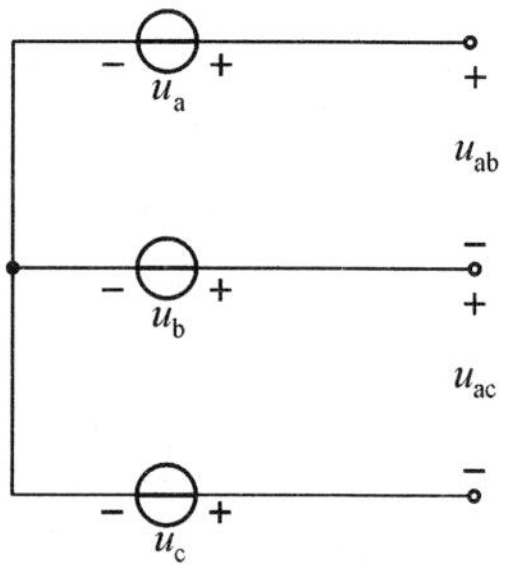

图 8-7-11　习题 8-7-11 电路

8-7-12　已知图 8-7-12(a)中，电压表读数 $U_1=20$ V，$U_2=40$ V，图(b)中 $U_1=30$ V，$U_2=60$ V，$U_3=100$ V(电压表的读数为正弦电压的有效值)。求图中 U_S。

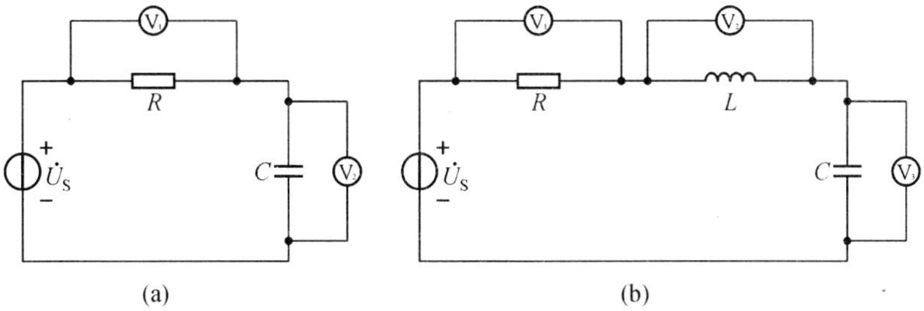

图 8－7－12　习题 8－7－12 电路

8－7－13　题 8－7－12 中，若 U_S 为 25 V 的直流电压，求：(a)、(b)图中的电压表数值。

8－7－14　并联正弦电流电路如图 8－7－14 所示，电流表的读数分别为 A_1：5 A；A_2：20 A；A_3：25 A。求：(1)图中电流表 A 的读数；(2)如果维持 A_1 的读数不变，而把电源的频率提高一倍，再求电流表 A 的读数。

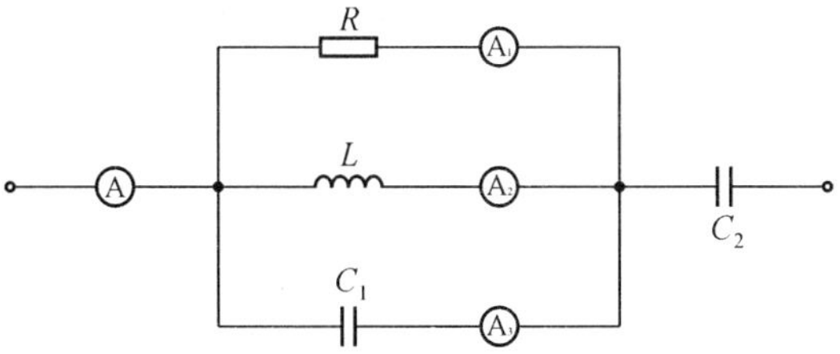

图 8－7－14　习题 8－7－14 电路

8－7－15　RL 串联电路接在 $u=220\sqrt{2}\cos(100\pi t+30°)$ V 的电源上，已知 $L=51$ mH，若要使电感两端的电压 $U_L=176$ V，问电阻 R 应为多大？

8－7－16　把某 RL 串联电路接到电压为 6 V 的直流电源上，测得流过该电路的电流为 0.2 A，现在把它接到 $u=25\sqrt{2}\cos(314t)$ V 的电源上，测得流过的电流为0.5 A。试求 R 和 L，并写出电流的瞬时表达式。

8－7－17　如图 8－7－17 所示电路，已知 $u(t)=30\cos(100t)$ V，当 $t=\frac{\pi}{200}$ s 时 $u_2(t)=12.5$ V，求 R 的值与 $u_2(t)$。

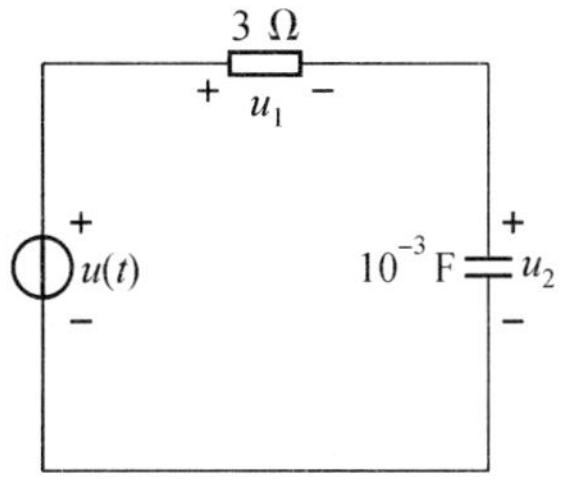

图 8－7－17　习题 8－7－17 电路

9 正弦稳态电路分析

基本要求：

(1)熟练掌握正弦稳态电路阻抗与导纳的计算。

(2)熟练掌握与应用相量法分析正弦稳态电路。

(3)正确应用等效变换法、结点法、网孔法、叠加定理与戴维南定理分析正弦稳态电路。

(4)理解并掌握正弦稳态电路有功功率、无功功率、视在功率与复功率的计算。

(5)确定给定负载的功率因数，学会提高功率因数的方法。

(6)掌握负载获得最大功率的条件。

(7)掌握正弦稳态电路并联与串联谐振的基本特征。

9.1 阻抗与导纳

9.1.1 阻抗

如图 9.1.1 所示的正弦稳态无源二端网络 N 端钮处的电压相量$\dot{U}_m$ 与电流相量$\dot{I}_m$ 之比，定义为该二端网络的阻抗(Impedance)，用字母 Z 表示，即

$$Z=\dot{U}_m/\dot{I}_m \tag{9.1.1}$$

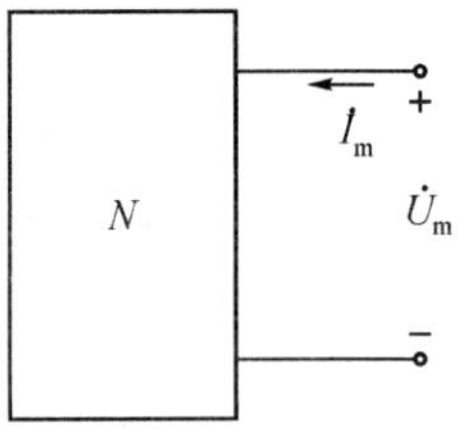

图 9.1.1 阻抗的定义

注意：此时电压相量$\dot{U}_m$ 与电流相量$\dot{I}_m$ 的参考方向是向网络 N 方向取关联参考方向。

如果无源二端网络 N 为单一元件，我们所得到电阻、电感与电容元件的阻抗 Z 值分列如下：

电阻元件的阻抗值为 $Z_R=R$ (9.1.2)

电感元件的阻抗值为 $Z_L=j\omega L=jX_L$(X_L 称为感抗) (9.1.3)

电容元件的阻抗值为 $Z_C=1/j\omega C=-jX_C$(X_C称为容抗) (9.1.4)

如果无源二端网络 N 为多种元件组成，则其阻抗为

$$\begin{aligned} Z &=\dot{U}_m/\dot{I}_m=U_m\underline{/\theta}/I_m\underline{/\Phi} \\ &=(U_m/I_m)\underline{/\theta-\Phi} \\ &=|Z|\underline{/\varphi} \end{aligned} \tag{9.1.5}$$

$$|Z|=U_m/I_m$$

或
$$|Z|=U/I \tag{9.1.6}$$
把$|Z|$称为阻抗 Z 的模(Impedance Magnitude)，即阻抗值，单位是 Ω。阻抗模反映无源二端网络端钮处的电压值与电流值的比值关系。
$$\varphi=\theta-\Phi \tag{9.1.7}$$
把 φ 称为阻抗 Z 的阻抗角(Impedance Angle)。阻抗角反映无源二端网络端钮处电压相量超前电流相量的角度。

另外，可以把阻抗 Z 分解为实数部与虚数部，即
$$Z=R+\mathrm{j}X=|Z|\cos\varphi+\mathrm{j}|Z|\sin\varphi \tag{9.1.8}$$
其中：实部 $R=|Z|\cos\varphi$ 称为阻抗 Z 的电阻(Resistance)分量，

虚部 $X=|Z|\sin\varphi$ 称为阻抗 Z 的电抗(Reactance)分量。

我们可以应用 $Z=R+\mathrm{j}X$ 构成阻抗三角形，如图 9.1.2 所示。

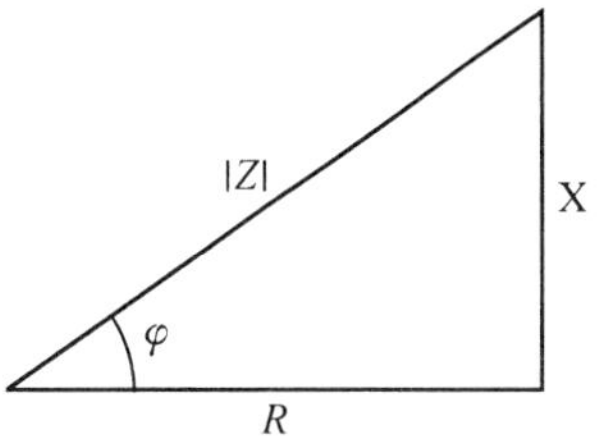

图 9.1.2　阻抗三角形

在正弦电流电路中，几个阻抗串接、流过同一个电流的联接方式称为阻抗串联。

电阻 R_1 与 R_2 串联时，其等效电阻为 $R_{eq}=R_1+R_2$；阻抗 Z_1 与 Z_2 串联时，等效阻抗的计算公式与电阻串联公式相同，即
$$Z_{eq}=Z_1+Z_2 \tag{9.1.9}$$
例如，如图 9.1.3 所示的电路，正弦电流电路中，电阻、电感与电容元件是串联连接，其等效阻抗为元件阻抗之和。

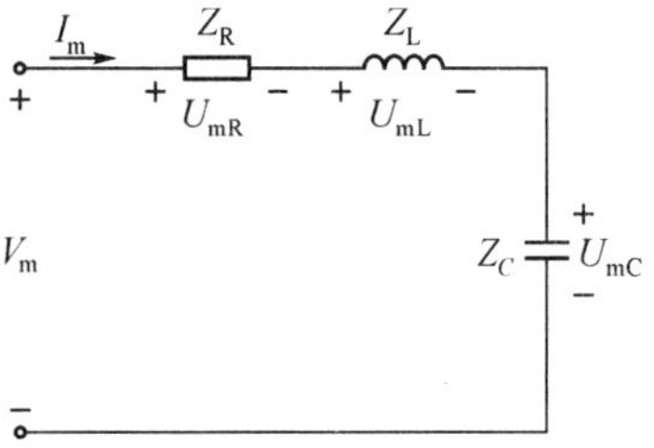

图 9.1.3　阻抗串联

根据 KVL，有
$$\begin{aligned}\dot{U}_{m}&=\dot{U}_{mR}+\dot{U}_{mL}+\dot{U}_{mC}\\&=(R+\mathrm{j}\omega L+1/\mathrm{j}\omega C)I_{m}\end{aligned} \tag{9.1.10}$$
等效阻抗值
$$\begin{aligned}Z_{eq}&=U_{m}/I_{m}\\&=R+\mathrm{j}\omega L+1/\mathrm{j}\omega C\\&=Z_{R}+Z_{L}+Z_{C}\end{aligned} \tag{9.1.11}$$
令
$$Z_{eq}=R+\mathrm{j}X=|Z_{eq}|\angle\varphi \tag{9.1.12}$$
其中：等效阻抗 Z_{eq}的模为
$$|Z_{eq}|=\sqrt{R^2+X^2} \tag{9.1.13}$$
等效阻抗 Z_{eq}的阻抗角值
$$\varphi=\arctan(X/R) \tag{9.1.14}$$
下面我们分析与讨论等效阻抗 Z_{eq}

(1)一般情况下，一端口正弦稳态电路的等效阻抗是外施正弦电压的激励角频率 ω 的函数，即
$$Z(\mathrm{j}\omega)=R(\omega)+\mathrm{j}X(\omega) \tag{9.1.15}$$
电阻分量和电抗分量都是角频率 ω 的函数。因此，对于电路结构和 R、L、C 值相同的电路，当角频率 ω 不同时，其等效阻抗是不同的。

(2)电抗 X 是角频率 ω 的函数，随着角频率 ω 增加，电感电抗 ωL 增大，而电容电抗 $1/\omega C$ 则减小；如果角频率 ω 减小，则电感电抗 ωL 减小，电容电抗 $1/\omega C$ 增大。对于直流(相当 $\omega=0$)，电感电抗 $\omega L=0$，而电容电抗 $1/\omega C$ 趋向无限大，因此，电感具有通直流隔交流的作

用，而电容具有通交流隔直流的作用。利用电感与电容的这种特性，就可以构成电子技术中所需的滤波电路。

(3)当电抗 $X>0$ 时，$\omega L>1/\omega C$，阻抗角 $\varphi>0$，阻抗 Z 呈感性，即电压相量超前电流相量 $\angle\varphi$，等效电路为电阻串联电感电路。

(4)当电抗 $X<0$ 时，$\omega L<1/\omega C$，阻抗角 $\varphi<0$，阻抗 Z 呈容性，即电压相量滞后电流相量 $|\angle\varphi|$，等效电路为电阻串联电容电路。

(5)当电抗 $X=0$ 时，$\omega L=1/\omega C$，阻抗角 $\varphi=0$，阻抗 Z 呈阻性，即电压相量与电流相量同相，等效电路为电阻电路。

正弦稳态电路中串联阻抗分压公式与直流电阻电路中串联电阻分压公式相似。

例如直流电阻电路中电阻 R_1 与 R_2 串联，总电压为 U 时的分压公式为：

电阻 R_1 的分电压值　　$U_1=UR_1/(R_1+R_2)$　　(9.1.16)

电阻 R_2 的分电压值　　$U_2=UR_2/(R_1+R_2)$　　(9.1.17)

正弦稳态电路阻抗 Z_1 与 Z_2 串联，总电压相量为$\dot{U}$时的分压公式为：

阻抗 Z_1 的分电压值　　$\dot{U}_1=\dot{U}Z_1/(Z_1+Z_2)$　　(9.1.18)

阻抗 Z_2 的分电压值　　$\dot{U}_2=\dot{U}Z_2/(Z_1+Z_2)$　　(9.1.19)

一般串联阻抗分压公式为

$$\dot{U}_k=\dot{U}Z_k/Z_{eq} \tag{9.1.20}$$

例如图 9.1.3 所示电路正弦电流电路中，$Z_{eq}=Z_R+Z_L+Z_C$，分压为：

电阻 R 的分电压值　　$\dot{U}_{mR}=\dot{U}_m Z_R/Z_{eq}$　　(9.1.21)

电感 L 的分电压值　　$\dot{U}_{mL}=\dot{U}_m Z_L/Z_{eq}$　　(9.1.22)

电容 C 的分电压值　　$\dot{U}_{mC}=\dot{U}_m Z_C/Z_{eq}$　　(9.1.23)

在正弦电流电路中，几个阻抗并列联接、承受同一个电压的联接方式称为阻抗并联。阻抗并联时等效阻抗的计算公式与电阻并联等效电阻的计算公式相同。

例如，电阻 R_1 与 R_2 并联时，其等效电阻值为

$$R_{eq}=1/(1/R_1+1/R_2) \tag{9.1.24}$$

当阻抗 Z_1 与 Z_2 并联时，等效阻抗值为

$$Z_{eq}=1/(1/Z_1+1/Z_2) \tag{9.1.25}$$

图 9.1.4 所示电路正弦电流电路中，电阻、电感与电容元件并联。

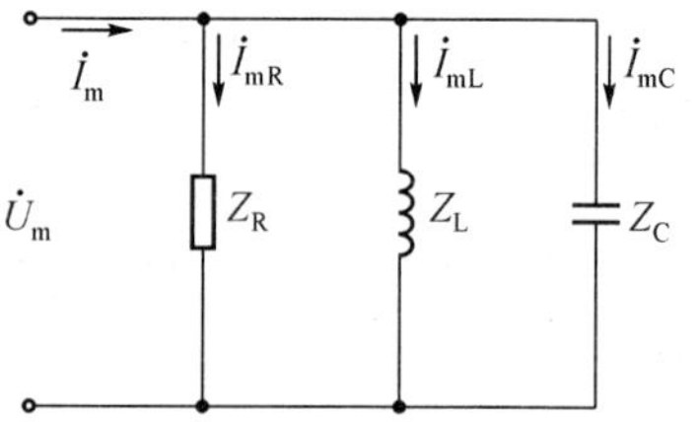

图 9.1.4　阻抗并联

根据 KCL，有

$$\dot{I}_m=\dot{I}_{mR}+\dot{I}_{mL}+\dot{I}_{mC}=\dot{U}_m/(1/R+1/j\omega L+j\omega C) \tag{9.1.26}$$

等效阻抗值

$$Z_{eq}=\dot{U}_m/\dot{I}_m=1/(1/R+1/j\omega L+j\omega C)$$
$$=1/(1/Z_R+1/Z_L+1/Z_C) \tag{9.1.27}$$

正弦稳态电路中并联阻抗分流公式与直流电阻电路中并联电阻分流公式相似。

例如直流电阻电路中电阻 R_1 与 R_2 并联，总电流为 I 时的分流公式为：

电阻 R_1 的分电流值　　$I_1=IR_2/(R_1+R_2)$　　(9.1.28)

电阻 R_2 的分电流值　　$I_2=IR_1/(R_1+R_2)$　　(9.1.29)

正弦稳态电路中阻抗 Z_1 与 Z_2 并联，总电流相量为 $\dot{I}$ 时的分流公式为：

阻抗 Z_1 的分电流值　　$\dot{I}_1=\dot{I}Z_2/(Z_1+Z_2)$　　(9.1.30)

阻抗 Z_2 的分电流值　　$\dot{I}_2=\dot{I}Z_1/(Z_1+Z_2)$　　(9.1.31)

一般并联阻抗分流公式为

$$\dot{I}_k=\dot{I}Z_{eq}/Z_k \tag{9.1.32}$$

例如图 9.1.4 所示电阻、电感与电容元件并联正弦电流电路中，

$$Z_{eq}=1/(1/Z_R+1/Z_L+1/Z_C) \tag{9.1.33}$$

电阻 R 的分电流值　　$\dot{I}_{mR}=\dot{I}_m Z_{eq}/Z_R$　　(9.1.34)

电感 L 的分电流值　　$\dot{I}_{mL}=\dot{I}_m Z_{eq}/Z_L$　　(9.1.35)

电容 C 的分电流值　　$\dot{I}_{mC}=\dot{I}_m Z_{eq}/Z_C$　　(9.1.36)

9.1.2　导纳

如图 9.1.5 所示正弦稳态无源二端网络 N 端钮处的电流相量值 $\dot{I}_m$ 与电压相量值 $\dot{U}_m$ 之比定义为该二端网络的导纳(Admittance)，用字母 Y 表示，即

$$Y=\dot{I}_m/\dot{U}_m \tag{9.1.37}$$

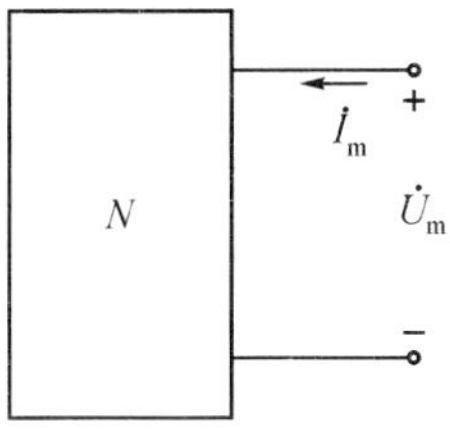

图 9.1.5　导纳的定义

注意：此时电压相量值 $\dot{U}_m$ 与电流相量值 $\dot{I}_m$ 的参考方向是向网络 N 方向取关联参考方向。

如果无源二端网络 N 为单一元件，则得到电阻、电感与电容元件的导纳：

电阻元件的导纳值为　　$Y_R=1/Z_R=1/R=G$　　(9.1.38)

电感元件的导纳值为　　$Y_L=1/Z_L=1/j\omega L$　　(9.1.39)

电容元件的导纳值为　　$Y_C=1/Z_C=j\omega C$　　(9.1.40)

如果无源二端网络 N 为多个元件组成，其导纳为

$$Y=\dot{I}_m/\dot{U}_m=I_m\underline{/\varphi}/U_m\underline{/\theta}=(I_m/U_m)\underline{/\varphi-\theta}=|Y|\underline{/\varphi} \tag{9.1.41}$$

其中：$|Y|=I_m/U_m$，称为导纳 Y 的模(Admittance Magnitude)，即导纳值，单位是 S。$\varphi=\Phi-\theta$，称为导纳 Y 的导纳角(Admittance Angle)。

可见导纳模反映无源二端网络端钮处的电流值与电压值的比值关系，而导纳角则反映无源二端网络端钮处电流相量超前电压相量的角度。

另外，可以把导纳 Y 分解为实部与虚部，即

$$Y=G+jB=|Y|\cos\varphi+j|Y|\sin\varphi \tag{9.1.42}$$

其中：实部 $G=|Y|\cos\varphi$ 称为导纳 Y 的电导(Conductance)分量，

　　虚部 $B=|Z|\sin\varphi$ 称为导纳 Y 的电纳(Susceptance)分量。

引入导纳概念后，得到元件电压与电流关系(欧姆定律)的另一种相量形式

$$\dot{I}_m = Y\dot{U}_m \tag{9.1.43}$$

若正弦稳态一端口中各元件为并联，则其等效导纳为

$$Y_{eq} = \sum Y_k \tag{9.1.44}$$

例如 RLC 并联电路的等效导纳 Y_{eq} 为

$$Y_{eq} = Y_R + Y_L + Y_C = G + 1/j\omega L + j\omega C \tag{9.1.45}$$

因此，由电阻、电感、电容组成的一端口正弦稳态电路的等效导纳是外施正弦激励角频率 ω 的函数，即

$$Y_{eq}(j\omega) = G(\omega) + jB(\omega) \tag{9.1.46}$$

电导分量与电纳分量都是角频率 ω 的函数。故在电路结构和 R、L、C 值相同的条件下，当角频率 ω 不同时，其等效导纳是不同的。

9.2 简单正弦稳态电路分析

简单正弦稳态电路是指那些可以通过阻抗串联、并联进行等效简化得到单一回路的正弦稳态电路，因此简单正弦稳态电路的分析一般应用等效变换法，其步骤是首先应用阻抗串联、并联进行等效简化得到单一回路，计算总电流；然后再根据分流公式与分压公式进行分析支路或元件的电流与电压。待下面举例说明。

【例 9.2.1】 正弦稳态电路如图 9.2.1 所示，已知 $u_S(t) = 40\cos 3\,000t$ V，求 $i(t)$、$i_L(t)$、$i_C(t)$。

解：(1)把原电路变换为相量电路模型，如图 9.2.2 所示，

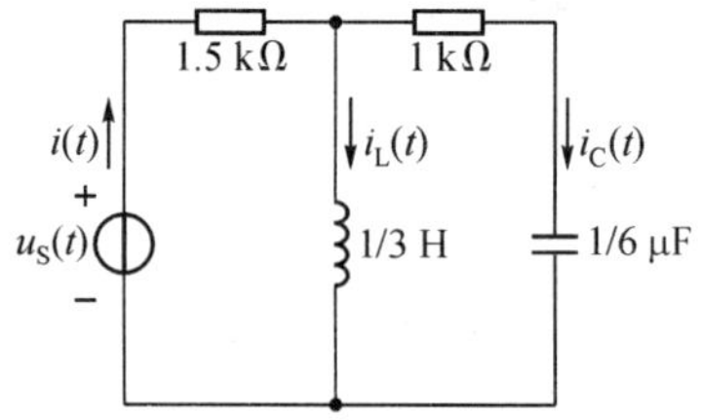

图 9.2.1 例 9.2.1 电路

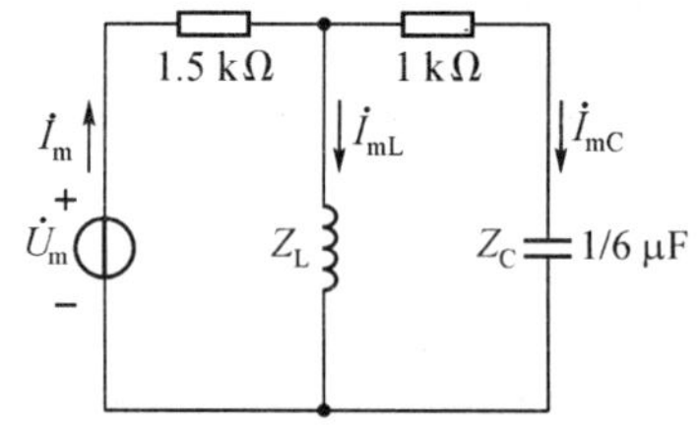

图 9.2.2 图 9.2.1 电路的相量电路模型

图中

$$\dot{U}_m = 40\,\underline{/0^\circ}\ \text{V}$$

$$Z_L = j\omega L = j3\,000 \times 1/3 = j1\ \text{k}\Omega$$

$$Z_C = -j\frac{1}{3\,000 \times 1/6 \times 10^{-6}} = -j2\ \text{k}\Omega$$

(2)应用阻抗串联、并联进行等效简化，使电路为单一回路。

1 kΩ 电阻与 Z_C 串联，其等效阻抗为

$$Z_{eq1} = (1 - j2)\,\text{k}\Omega$$

等效阻抗 Z_{eq1} 与 Z_L 并联，其等效阻抗为

$$Z_{eq2} = (1-j2)(j1)/(1-j2+j1) = 0.5 + j1.5\ \text{k}\Omega$$

单一回路的总等效阻抗 Z_{eq} 为 $\quad Z_{eq} = 1.5 + Z_{eq2} = 2 + j1.5\ \text{k}\Omega$

计算总电流相量为

$$\dot{I}_{m}=\dot{U}_{m}/Z_{eq}=40\angle 0^\circ/(2+j1.5)=40\angle 0^\circ/2.5\angle 36.9^\circ=16\angle -36.9^\circ \text{ mA}$$

(3)应用分流公式计算 $\dot{I}_{mL}$ 与 $\dot{I}_{mC}$

$$\dot{I}_{mL}=\dot{I}_{m}Z_{eq1}/(Z_{eq1}+Z_{L})=(16\angle -36.9^\circ)(1-j2)/(1-j2+j1)=25.3\angle -55.3^\circ \text{ mA}$$

$$\dot{I}_{mC}=\dot{I}_{m}Z_{L}/(Z_{eq1}+Z_{L})=(16\angle -36.9^\circ)(j1)/(1-j2+j1)=22.6\angle 98.1^\circ \text{ mA}$$

也可以应用 KCL 得到

$$\dot{I}_{mC}=\dot{I}_{m}-\dot{I}_{mL}=(16\angle -36.9^\circ)-(25.3\angle -55.3^\circ)=22.6\angle 98.1^\circ \text{ mA}$$

(4)由电流相量得到对应的瞬时电流表达式

$$i(t)=16\cos(3\,000t-36.9^\circ)\text{ mA}$$
$$i_{L}(t)=25.3\cos(3\,000t-55.3^\circ)\text{ mA}$$
$$i_{C}(t)=22.6\cos(3\,000t+98.1^\circ)\text{ mA}$$

【例 9.2.2】 相量电路模型如图 9.2.3 所示，已知 $U_{m}=100$ V，$I_{m}=5$ A，且相量 $\dot{U}_{m}$ 超前 $\dot{I}_{m}$ 53.1°，求 R、X_{L}。

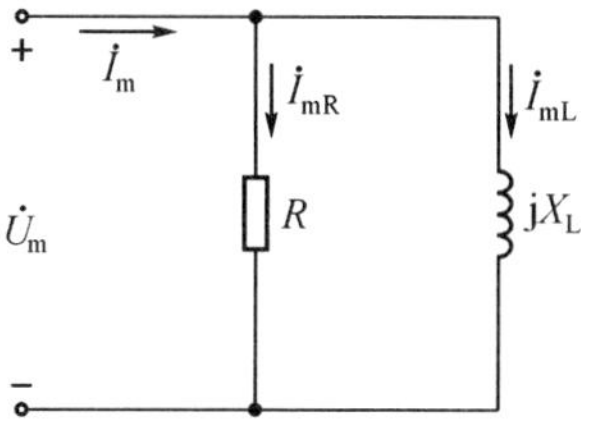

图 9.2.3　例 9.2.2 相量电路

解：方法 1

令电流最大值相量为　$\dot{I}_{m}=5\angle 0^\circ$ A

则电压最大值相量为　$\dot{U}_{m}=100\angle 53.1^\circ$ V

电路等效阻抗　$Z_{eq}=\dot{U}_{m}/\dot{I}_{m}=100\angle 53.1^\circ/5\angle 0^\circ$

$$=20\angle 53.1^\circ=12+j16\ \Omega$$

如图 9.2.3 所示电路中 R 与 jX_{L} 并联的等效阻抗为

$$Z_{eq}=(R)(jX_{L})/(R+jX_{L})$$
$$=\frac{R\cdot X_{L}^{2}}{R^{2}+X_{L}^{2}}+j\frac{R^{2}\cdot X_{L}}{R^{2}+X_{L}^{2}}$$

把上式与计算得到的等效阻抗进行比较，得到

$$\frac{R\cdot X_{L}^{2}}{R^{2}+X_{L}^{2}}=12$$
$$\frac{R^{2}\cdot X_{L}}{R^{2}+X_{L}^{2}}=16$$

联立求解上述方程组，解得

$$R=100/3\ \Omega$$
$$X_{L}=25\ \Omega$$

方法 2　令电压最大值相量为　$\dot{U}_{m}=100\angle 0^\circ$ V

则电流最大值相量为　$\dot{I}_{m}=5\angle -53.1^\circ=3-j4\text{ A}=\dot{I}_{mR}+\dot{I}_{mL}$

即

$$\dot{I}_{mR}=3\angle 0^\circ\text{ A}$$
$$\dot{I}_{mL}=-j4\text{ A}=4\angle -90^\circ\text{ A}$$
$$R=\dot{U}_{m}/\dot{I}_{mR}=100\angle 0^\circ/3\angle 0^\circ=100/3\ \Omega$$
$$jX_{L}=\dot{U}_{m}/\dot{I}_{mL}=100\angle 0^\circ/(-j4)=j25\ \Omega$$

即

$$X_{L}=25\ \Omega$$

【例 9.2.3】 相量电路模型如图 9.2.4 所示，已知 $|\dot{I}_{mC}|=2$ A，$|\dot{I}_{mR}|=\sqrt{2}$ A，$X_L=100\ \Omega$，且$\dot{U}_m$ 与$\dot{I}_{mC}$同相，求$\dot{U}_m$。

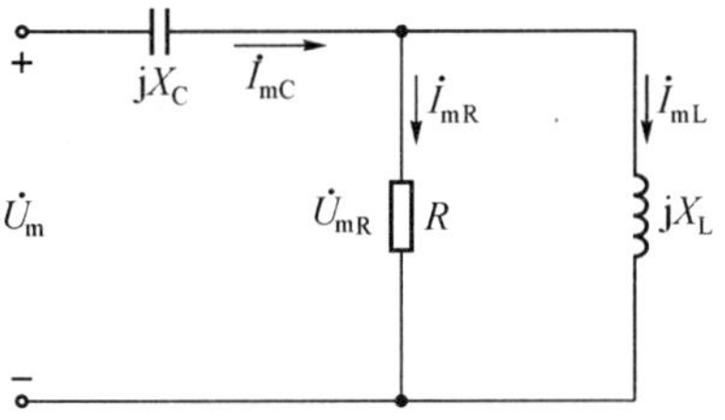

图 9.2.4　例 9.2.3 相量电路模型

解：令电流最大值相量　$\dot{I}_{mR}=\sqrt{2}\angle 0^\circ$ A

则电压最大值相量　$\dot{U}_{mR}=R\sqrt{2}\angle 0^\circ$ V

于是　$\dot{I}_{mL}=\dot{U}_{mR}/jX_L=R\sqrt{2}\angle 0^\circ/(j100)$

$$=-j(R\sqrt{2}/100)\text{ A}$$

$$\dot{I}_{mC}=\dot{I}_{mR}+\dot{I}_{mL}=\sqrt{2}-j(R\sqrt{2}/100)\text{ A}$$

$$|\dot{I}_{mC}|=2\sqrt{(\sqrt{2})^2+(R\sqrt{2}/100)^2}$$

解得
$$R=100\ \Omega$$

因此
$$\dot{U}_{mR}=R\sqrt{2}\angle 0^\circ=100\sqrt{2}\angle 0^\circ\text{ V}$$

$$\dot{I}_{mL}=\dot{U}_{mR}/jX_L=100\sqrt{2}\angle 0^\circ/j100=-j\sqrt{2}\text{ A}$$

$$\dot{I}_{mC}=\dot{I}_{mR}+\dot{I}_{mL}=\sqrt{2}\angle 0^\circ-j\sqrt{2}=2\angle -45^\circ\text{ A}$$

R 与 jX_L 并联的等效阻抗为

$$Z_{eq1}=\dot{U}_{mR}/\dot{I}_{mC}=100\sqrt{2}\angle 0^\circ/2\angle -45^\circ=50\sqrt{2}\angle 45^\circ=50+j50\ \Omega$$

电路的总等效阻抗为

$$Z_{eq}=\dot{U}_m/\dot{I}_{mC}=jX_C+Z_{eq1}=jX_C+50+j50\ \Omega$$

因为$\dot{U}_m$ 与$\dot{I}_{mC}$同相，说明总等效阻抗 Z_{eq}的虚部等于零，即

$$jX_C+j50=0$$

因此
$$jX_C=-j50\ \Omega$$

于是
$$\dot{U}_m=\dot{I}_{mC}(jX_C)+\dot{U}_{mR}=(2\angle -45^\circ)(-j50)+100\sqrt{2}\angle 0^\circ$$
$$=50\sqrt{2}-j50\sqrt{2}=100\angle -45^\circ\text{ V}$$

【例 9.2.4】 如图 9.2.5 所示移相电路中，$Z_1=200+j1\,000\ \Omega$，$Z_2=500+j1\,500\ \Omega$。要求$\dot{U}$超前 $\dot{I}$ 90°，计算电阻 R。

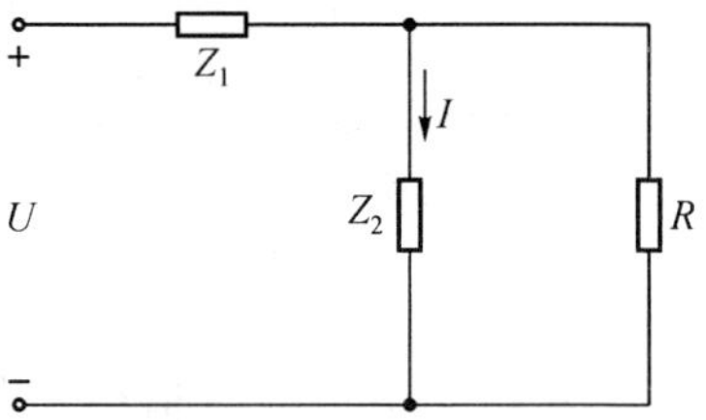

图 9.2.5　例 9.2.4 电路

解：电路的等效阻抗为

$$Z_{eq}=Z_1+Z_2R/(Z_2+R)$$

电路的总电流为

$$\dot{U}/Z_{eq}=\dot{U}/[Z_1+Z_2R/(Z_2+R)]$$

应用分流公式得到

$$\dot{I}=[R/(Z_2+R)]\dot{U}/Z_{eq}=\dot{U}/[Z_1+Z_2R/(Z_2+R)]$$
$$=R\dot{U}/(Z_1Z_2+RZ_1+RZ_2)$$

得到
$$\dot{U}/\dot{I}=(Z_1Z_2+RZ_1+RZ_2)/R=Z_1Z_2/R+Z_1+Z_2$$
$$=(700-1\,400\,000/R)+j(2\,500+800\,000/R)\text{ k}\Omega$$

要求$\dot{U}$超前$\dot{I}$ 90°，即要求上述阻抗的实部等于零，即

$$700-1\,400\,000/R=0$$

解得
$$R=1\,400\,000/700=2\,000\ \Omega$$

9.3　正弦稳态电路一般分析

9.3.1　结点和网孔分析法

直流电阻电路的一般分析方法——结点电压分析法或网孔电流分析法都可以应用于正弦稳态电路的分析，只要把时域电路变换为对应的相量电路模型即可。

举例说明如下 。

【例 9.3.1】 电路相量模型如图 9.3.1 所示，列出结点电压相量方程。

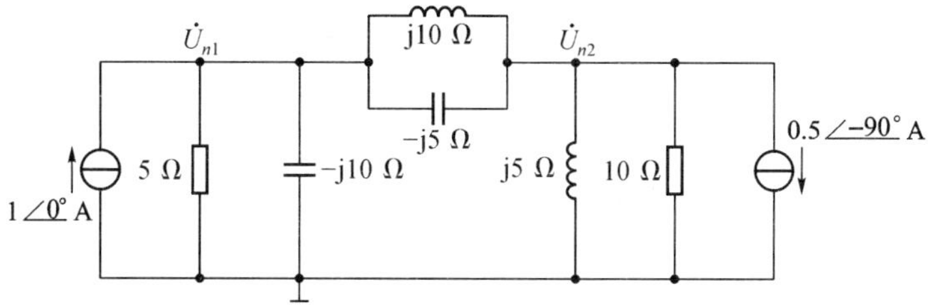

图 9.3.1　例 9.3.1 电路相量模型

解：标出结点电压相量 $\dot{U}_{n1}$ 与 $\dot{U}_{n2}$，列写结点电压方程如下：

$$\left(\frac{1}{5}+\frac{1}{-\text{j}10}+\frac{1}{\text{j}10}+\frac{1}{-\text{j}5}\right)\dot{U}_{n1}-\left(\frac{1}{\text{j}10}+\frac{1}{-\text{j}5}\right)\dot{U}_{n2}=1\angle 0^\circ$$

$$-\left(\frac{1}{\text{j}10}+\frac{1}{-\text{j}5}\right)\dot{U}_{n1}+\left(\frac{1}{10}+\frac{1}{\text{j}5}+\frac{1}{-\text{j}5}+\frac{1}{\text{j}10}\right)\dot{U}_{n2}=-(-\text{j}0.5)$$

进行整理，得到相量形式结点电压方程：

$$(0.2+\text{j}0.2)\dot{U}_{n1}-(-\text{j}0.1)\dot{U}_{n2}=1$$

$$[-(-\text{j}0.1)]\dot{U}_{n1}+(0.1-\text{j}0.1)\dot{U}_{n2}=\text{j}0.5$$

【例 9.3.2】 正弦稳态电路如图 9.3.2 所示，求电路等效阻抗的表达式。

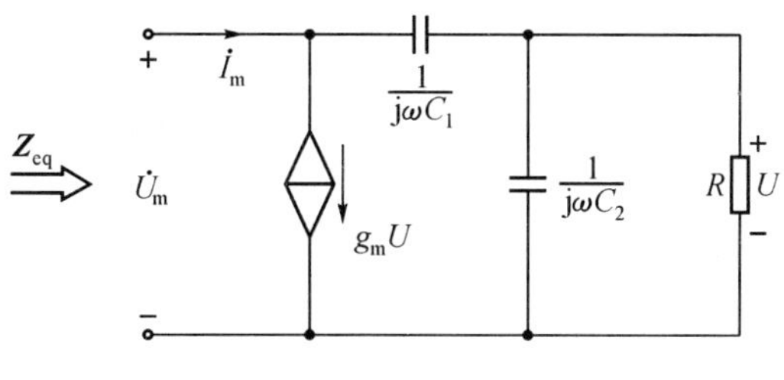

图 9.3.2　例 9.3.2 电路

解：电路中含受控源，因此一般不能应用阻抗串联或并联进行等效，必须应用激励法，即在电路端口处施加电压相量 $\dot{U}_m$ 与电流相量 $\dot{I}_m$，等效阻抗 $Z_{eq}=\dot{U}_m/\dot{I}_m$。

如果选择电路中底部结点为参考点，则电路中两个独立结点电压分别为 $\dot{U}_m$ 与 $\dot{U}$。

设$\dot{I}_{\mathrm{m}}$为电流源电流,得到结点电压方程:

$$\mathrm{j}\omega C_1\dot{U}_{\mathrm{m}}-\mathrm{j}\omega C_1\dot{U}=\dot{I}_{\mathrm{m}}-g_{\mathrm{m}}\dot{U}$$

$$-\mathrm{j}\omega C_1\dot{U}_{\mathrm{m}}+(\mathrm{j}\omega C_1+\mathrm{j}\omega C_2+1/R)\dot{U}=0$$

解得

$$\dot{U}_{\mathrm{m}}=\frac{1+\mathrm{j}\omega R(C_1+C_2)}{\mathrm{j}\omega C_1(1+Rg_{\mathrm{m}}+\mathrm{j}\omega RC_2)}\dot{I}_{\mathrm{m}}$$

因此

$$Z_{\mathrm{eq}}=\dot{U}_{\mathrm{m}}/\dot{I}_{\mathrm{m}}=\frac{1+\mathrm{j}\omega R(C_1+C_2)}{\mathrm{j}\omega C_1(1+Rg_{\mathrm{m}}+\mathrm{j}\omega RC_2)}$$

【例 9.3.3】 正弦稳态电路如图 9.3.3 所示,$u_{\mathrm{S}}(t)=10\cos 1\,000t$ V,求$i_1(t)$,$i_2(t)$。

解:首先画出时域电路对应的相量电路模型如图 9.3.4 所示。

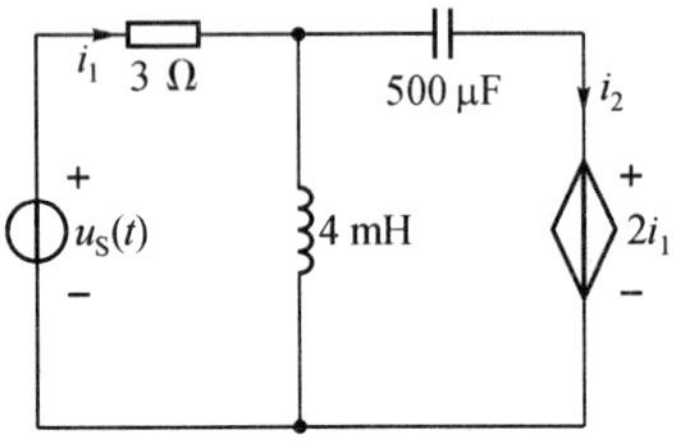

图 9.3.3　例 9.3.3 电路

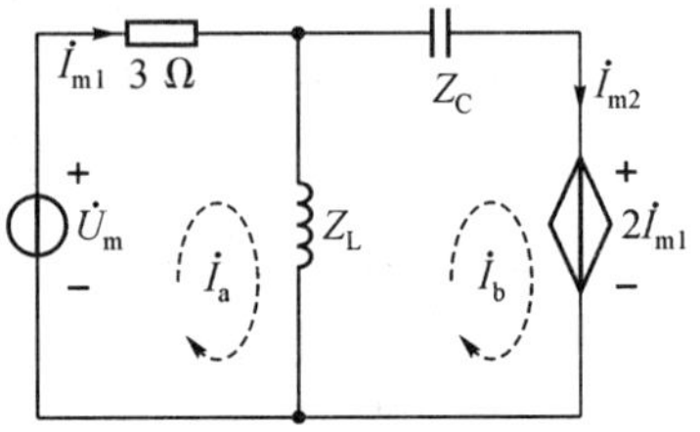

图 9.3.4　原电路的相量电路模型

图中

$$\dot{U}_{\mathrm{m}}=10\angle 0^\circ\ \mathrm{V}$$

$$Z_{\mathrm{C}}=1/(\mathrm{j}1\,000\times 500\times 10^{-6})=-\mathrm{j}2\ \Omega$$

$$Z_{\mathrm{L}}=\mathrm{j}1\,000\times 4\times 10^{-3}=\mathrm{j}4\ \Omega$$

应用网孔法进行分析与计算,标出网孔电流相量及其参考方向,列写网孔电流方程:

$$(3+\mathrm{j}4)\dot{I}_{\mathrm{a}}-(\mathrm{j}4)\dot{I}_{\mathrm{b}}=10\angle 0^\circ-\mathrm{j}4\,\dot{I}_{\mathrm{a}}+(\mathrm{j}4-\mathrm{j}2)\dot{I}_{\mathrm{b}}=-2\,\dot{I}_{\mathrm{m1}}=-2\,\dot{I}_{\mathrm{a}}$$

整理得到:

$$(3+\mathrm{j}4)\dot{I}_{\mathrm{a}}-\mathrm{j}4\,\dot{I}_{\mathrm{b}}=10$$

$$(2-\mathrm{j}4)\dot{I}_{\mathrm{a}}+\mathrm{j}2\,\dot{I}_{\mathrm{b}}=0$$

解得

$$\dot{I}_{\mathrm{a}}=\begin{vmatrix}10 & -\mathrm{j}4\\ 0 & \mathrm{j}2\end{vmatrix}\bigg/\begin{vmatrix}3+\mathrm{j}4 & -\mathrm{j}4\\ 2-\mathrm{j}4 & \mathrm{j}2\end{vmatrix}=\frac{\mathrm{j}20}{-8+\mathrm{j}14+16}=\frac{20\angle 90^\circ}{16.12\angle 60.26^\circ}$$

$$=1.24\angle 29.74^\circ\ \mathrm{A}$$

$$\dot{I}_{\mathrm{b}}=\begin{vmatrix}3+\mathrm{j}4 & 10\\ 2-\mathrm{j}4 & 0\end{vmatrix}\bigg/(8+\mathrm{j}14)=\frac{-20+\mathrm{j}40}{8+\mathrm{j}14}=\frac{44.72\angle 116.57^\circ}{16.12\angle 60.26^\circ}$$

$$=2.77\angle 56.31^\circ\ \mathrm{A}$$

因此,$\dot{I}_{\mathrm{m1}}=\dot{I}_{\mathrm{a}}=1.24\angle 29.74^\circ$ A

$\dot{I}_{\mathrm{m2}}=\dot{I}_{\mathrm{b}}=2.77\angle 56.31^\circ$ A

对应的正弦电流为

$$i_1(t)=1.24\cos(1\,000t+29.74°)\text{A}$$

$$i_2(t)=2.77\cos(1\,000t+56.31°)\text{A}$$

9.3.2 叠加定理和戴维南定理

分析直流电阻电路时，可以应用叠加定理和戴维南定理等的定理；这些方法同样可以应用于正弦稳态电路的分析，只要把时域电路变换为对应的相量电路模型，然后进行相量分析即可。

叠加定理可以应用于正弦稳态电路分析，但是要注意在不同频率的正弦电源激励下，要分别对各个频率的正弦电源激励进行相量电路模型分析，得到各相量形式的响应分量，但是不能直接相加，因为所对应的正弦量的频率不同。因此，要把各相量形式的响应分量变换到时域，得到对应的不同频率的正弦响应分量，然后再进行叠加。下面举例说明。

【例 9.3.1】 如图 9.3.1 所示正弦稳态电路中，$i_{S1}(t)=5\sqrt{2}\cos 3t$ A，$i_{S2}(t)=2\sqrt{2}\cos 5t$ A，应用叠加定理计算流过 10 Ω 电阻的电流 $i(t)$。

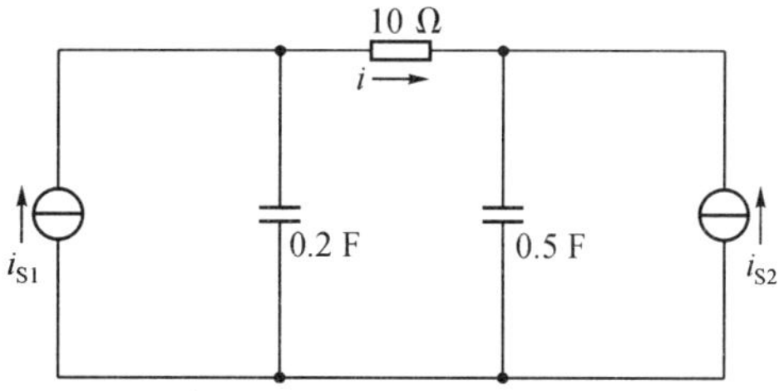

图 9.3.1 例 9.3.1 电路

解：(1)计算电流源 $i_{S1}(t)$ 单独作用下产生的响应 $i'(t)$

作出对应的相量形式电路模型，如图 9.3.2(a)所示。

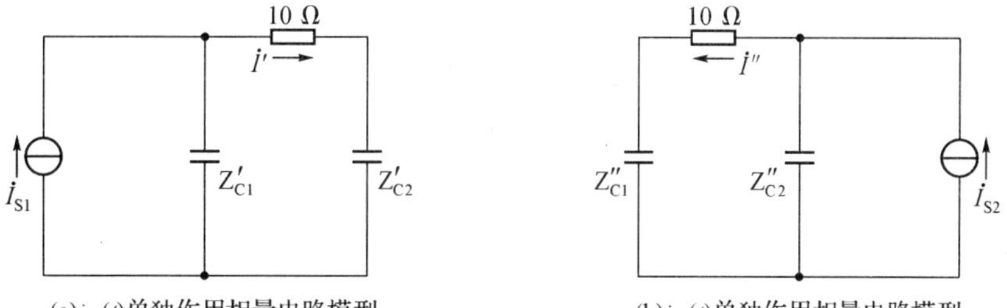

(a) $i_{S1}(t)$ 单独作用相量电路模型　　(b) $i_{S2}(t)$ 单独作用相量电路模型

图 9.3.2 应用叠加定理分析正弦稳态电路

在如图 9.3.2(a)所示相量电路模型中

$$\dot{I}_{S1}=5\underline{/0°}\text{ A}$$

$$Z'_{C1}=1/(\text{j}3\times 0.2)=-\text{j}1.667\ \Omega$$

$$Z'_{C2}=1/(\text{j}3\times 0.5)=-\text{j}0.667\ \Omega$$

根据电流的分流公式，得到

$$\dot{I}'=\dot{I}_{S1}Z'_{C1}/(10+Z'_{C1}+Z'_{C2})$$

$$=(5\underline{/0°})(-\text{j}1.667)/(10-\text{j}1.667-\text{j}0.667)$$

$$=0.8117\angle -76.86^\circ\ \text{A}$$

对应的正弦电流响应分量

$$i'(t)=0.8117\sqrt{2}\cos(3t-76.86^\circ)\text{A}$$

(2)计算 $i_{S2}(t)$单独作用下产生的响应 $i''(t)$

作出对应的相量形式电路模型,如图 9.3.2(b)所示。

在如图 9.3.2(b)所示相量电路模型中

$$\dot{I}_{S1}=2\angle 0^\circ\ \text{A}$$

$$Z''_{C1}=1/(\text{j}5\times 0.2)=-\text{j}1\ \Omega$$

$$Z''_{C2}=1/(\text{j}5\times 0.5)=-\text{j}0.4\ \Omega$$

根据电流的分流公式,得到

$$\begin{aligned}\dot{I}''&=\dot{I}_{S2}Z''_{C2}/(10+Z''_{C1}+Z''_{C2})\\&=(2\angle 0^\circ)(-\text{j}0.4)/(10-\text{j}1-\text{j}0.4)\\&=0.0792\angle -82.03^\circ\ \text{A}\end{aligned}$$

对应的正弦响应电流分量

$$i''(t)=0.0792\sqrt{2}\cos(5t-82.03^\circ)\text{A}$$

(3)应用叠加原理计算流过 10 Ω 电阻的电流 $i(t)$

$$i(t)=i'(t)-i''(t)=0.8117\sqrt{2}\cos(3t-76.86^\circ)-0.0792\sqrt{2}\cos(5t-82.03^\circ)\text{A}$$

注意:叠加是不同频率的正弦响应分量进行叠加,$i(t)=i'(t)-i''(t)$,不是对应的相量分量进行叠加,不能认为 $\dot{I}=\dot{I}'-\dot{I}''=0.8117\angle -76.86^\circ-0.0792\angle -82.03^\circ$,就得到 $i(t)$。

如果正弦激励的频率相同,则可以把对应的相量分量进行叠加。

戴维南定理可以应用于正弦稳态电路分析,其步骤与应用戴维南定理分析直流电阻电路相同,计算开路电压与等效阻抗,最后计算待求电流或电压。下面举例说明。

【例 9.3.2】 正弦稳态电路的相量电路模型如图 9.3.3 所示,应用戴维南定理计算电流相量 $\dot{I}_0$。

解:(1)计算开路电压相量$\dot{U}_{OC}$

把如图 9.3.3 所示电路中待求电流相量 $\dot{I}_0$ 支路断开,如图 9.3.4 所示。

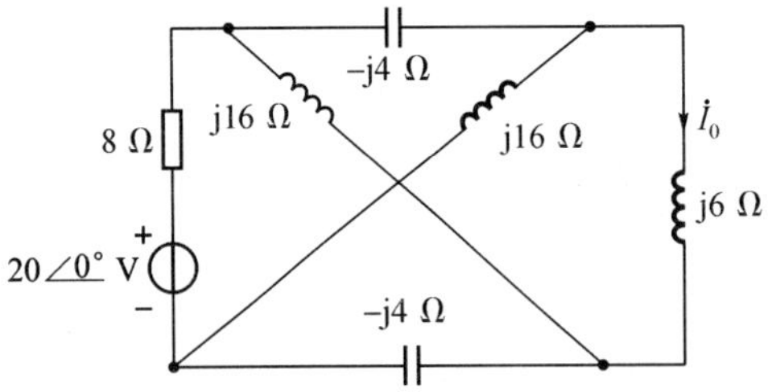

图 9.3.3　例 9.3.2 相量电路模型

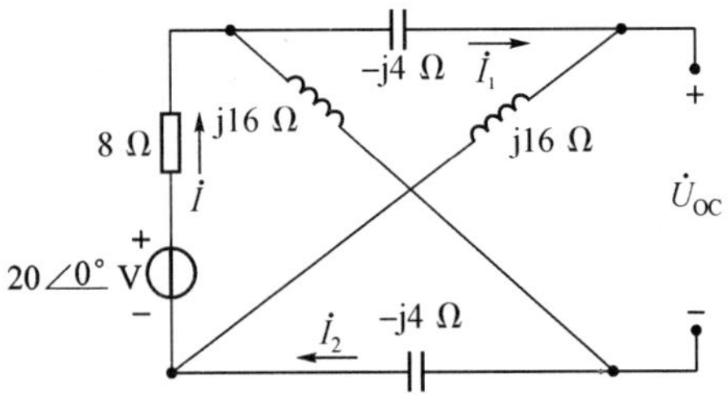

图 9.3.4　计算开路电压的电路

由于开路,$\dot{I}_1$ 支路与$\dot{I}_2$ 支路的等效阻抗相同,为

$$Z_{eq1}=Z_{eq2}=\text{j}16-\text{j}4=\text{j}12\ \Omega$$

电路总等效阻抗为

$$Z_{eq}=8+Z_{eq1}/2=8+j6=10\angle 36.9^\circ\,\Omega$$

总电流相量为

$$\dot{I}=20\angle 0^\circ/Z_{eq}=20\angle 0^\circ/10\angle 36.9^\circ=2\angle -36.9^\circ\ \text{A}$$

由于$\dot{I}_1$支路与$\dot{I}_2$支路等效阻抗相同，因此

$$\dot{I}_1=\dot{I}_2=\dot{I}/2$$

根据 KVL，开路电压相量$\dot{U}_{OC}$

$$\dot{U}_{OC}=j16\,\dot{I}_1-(-j4)\dot{I}_2=j20\times\dot{I}/2=j10\,\dot{I}$$
$$=j10\times 2\angle -36.9^\circ=20\angle 53.1^\circ\ \text{V}$$

(2)计算电源性质的等效阻抗 Z'_{eq}

为了计算等效阻抗 Z'_{eq}，把如图 9.3.3 所示电路中电压源短路，如图 9.3.5 所示。

如图 9.3.5 所示电路中五个阻抗既无串联关系又无并联关系，不能应用阻抗串联、阻抗并联等效变换。如果应用阻抗△- Y 变换方法，比较繁琐。因此，我们应用开路-短路法计算等效阻抗 Z'_{eq}法，即 $Z'_{eq}=\dot{U}_{OC}/\dot{I}_{SC}$。由于在第一步已经得到了开路电压相量$\dot{U}_{OC}$，我们只需要计算短路电流。为此，把如图 9.3.4 所示电路中待求电流相量 $\dot{I}_0$ 支路短路，得到图 9.3.6 所示电路。

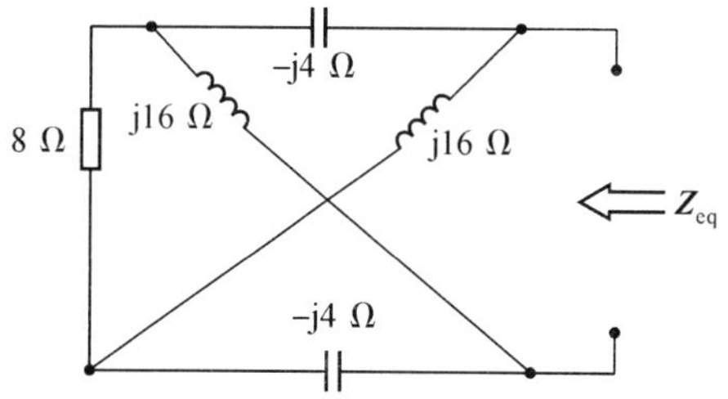

图 9.3.5 计算等效阻抗 Z'_{eq} 电路

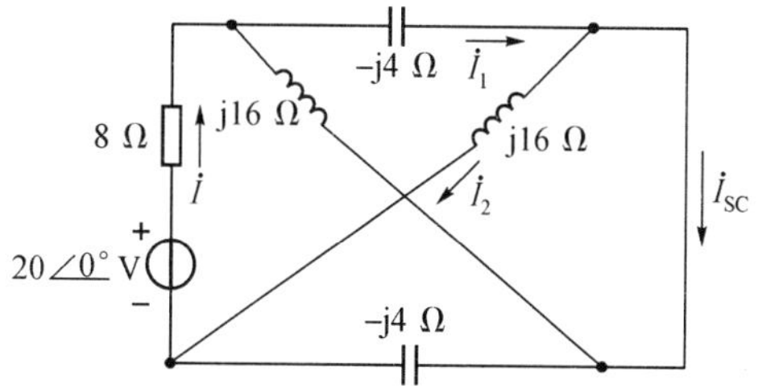

图 9.3.6 计算短路电流相量电路

由于短路，使电路中出现两个 j16 Ω 并联(−j4 Ω)支路，每支路的等效阻抗相同，

$$Z_{eq1}=Z_{eq2}=(j16)(-j4)/(j16-j4)=64/j12\ \Omega$$

总等效阻抗 $Z_{eq}=8+2Z_{eq1}=8+2(64/j12)$

$$=8-j32/3=(40/3)\angle -53.1^\circ\ \Omega$$

总电流相量 $\dot{I}=20/[(40/3)\angle -53.1^\circ]=1.5\angle 53.1^\circ\ \text{A}$

注意：$\dot{I}_{SC}\neq\dot{I}$。

根据分流公式，得到 $\dot{I}_1=j16I/(j16-j4)=(4/3)\dot{I}$

$$\dot{I}_2=-j4\,\dot{I}/(j16-j4)=(-1/3)\dot{I}$$

根据 KCL，得到短路电流

$$\dot{I}_{SC}=\dot{I}_1-\dot{I}_2=(4/3)\dot{I}-(-1/3)\dot{I}$$
$$=(5/3)\dot{I}=2.5\angle 53.1^\circ\ \text{A}$$

因此，等效阻抗

$$Z'_{eq}=\dot{U}_{OC}/\dot{I}_{SC}=20\angle 53.1^\circ/2.5\angle 53.1^\circ=8\ \Omega$$

(3)计算电流相量 $\dot{I}_0$

画出等效电路如图 9.3.7 所示。计算电流相量 $\dot{I}_0$

$$\dot{I}_0=\dot{U}_{OC}/(Z'_{eq}+j6)=20\angle 53.1^\circ/(8+j6)=$$
$$20\angle 53.1^\circ/10\angle 36.9^\circ=2\angle 16.2^\circ\ \text{A}$$

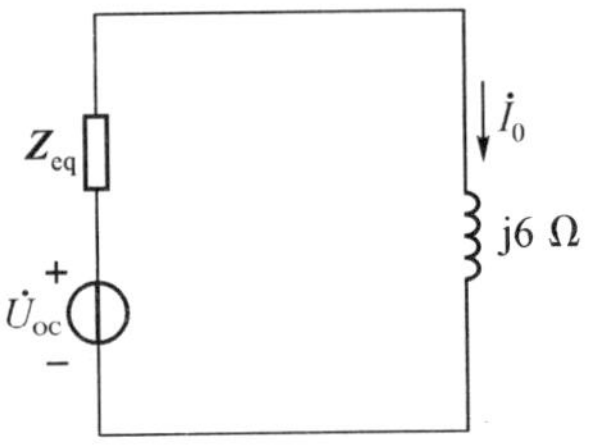

图 9.3.7　例 9.3.2 等效电路

9.4　相量图

相量可以在复平面上用一条有向线段表示。

例如正弦电流 $i=I_m\cos(\omega t+\Psi_i)$ 的最大值相量为 $\dot{I}_m=I_m\angle\Psi_i$，其相量图如图 9.4.1(a)所示。

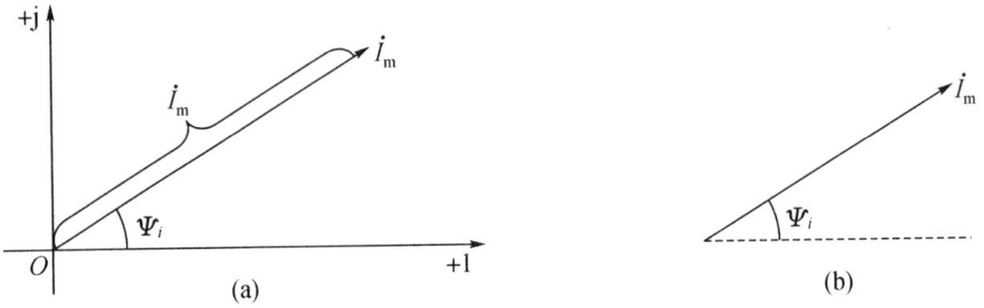

图 9.4.1　相量图

相量 $\dot{I}_m$ 的长度是正弦电流的最大值 I_m，相量 $\dot{I}_m$ 与正实轴的夹角是正弦电流的初相 Ψ_i，当 $\Psi_i>0$ 时，相量 $\dot{I}_m$ 画在正实轴上方，当 $\Psi_i<0$ 时，相量 $\dot{I}_m$ 画在正实轴下方，这种表示相量的图称为相量图。为了简化起见，相量图中可以不画出虚轴，而实轴改画为水平的虚线或实线，如图 9.4.1(b)所示。当然也可以用有效值相量 $\dot{I}$ 表示，只是其长度表示正弦电流的有效值值 $I=I_m/\sqrt{2}$。

相量图的优点是能够直观地显示各相量之间的关系，特别是各相量的相位关系，因此，相量图是分析和计算比较简单的正弦稳态电路的重要方法。

在正弦稳态电路分析和计算中，经常采用相量图进行分析与计算。在未求出电路中各相量的具体表达式之前，一般不可能准确地画出电路中各相量的相量图，但是，可以依据元件伏安关系的相量形式和电路的 KCL、KVL 方程定性地画出电路中各相量的相量图。在画相量图时，可以选择电路中某一相量作为参考相量，其他有关相量可以根据参考相量来确定。参考相量的初相可任意假定，可取为零，也可取其他值，因为初相的选择不同只会使各相量的初相改变同一数值，而不会影响各相量之间的相位关系，通常选择参考相量的初相为零。在画串联元件电路的相量图时，一般取电流相量为参考相量，各元件的电压相量可以根据元件电压与电流的大小关系和相位关系画出。在画并联元件电路的相量图时，一般取电压相量为参考相量，各元件的电流相量可以根据元件电压与电流的大小关系和相位关系画出。下面举例说明。

【例 9.4.1】　如图 9.4.2 所示电路中，$I_C=2$ A，$I_R=\sqrt{2}$ A，$X_L=100$ Ω，且 $\dot{U}$ 与 $\dot{I}_C$ 同相，应用相量图分析计算相量 $\dot{U}$。

解:设电压$\dot{U}_R$为参考相量,则$\dot{U}_R$与电流相量$\dot{I}_R$同相,$\dot{U}_R$超前电流相量$\dot{I}_L 90°$,而$\dot{I}_C=\dot{I}_R+\dot{I}_L$,$\dot{I}_C$又超前相量$\dot{U}_C 90°$,相量$\dot{U}=\dot{U}_C+\dot{U}_R$。根据以上定性分析,画出相量图如图9.4.3所示。

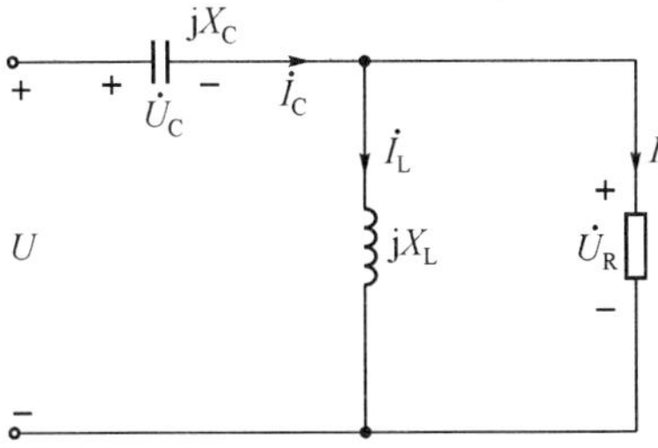

图9.4.2 例9.4.1电路

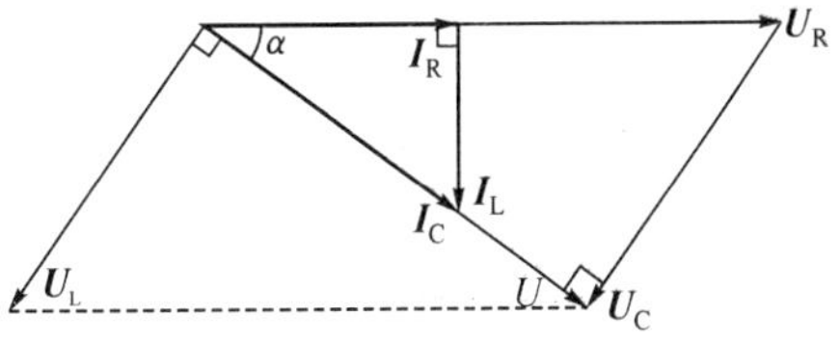

图9.4.3 相量图

由电流三角形得知 $I_L=\sqrt{I_C^2-I_R^2}=\sqrt{2}$ A

$$\alpha=\arctan\frac{I_L}{I_R}=45°$$

$$U_R=U_L=X_L I_L=100\sqrt{2}\ \text{V}$$

由电压三角形得知 $U=U_R\cos\alpha=100\sqrt{2}\cos 45°=100$ V

于是, $\dot{U}=100\ \underline{/-45°}$ V

【**例9.4.2**】 电路如图9.4.4所示,已知$R_1=20\ \Omega$,正弦电压有效值$|\dot{U}_1|=60$ V,$|\dot{U}_2|=180$ V,$|\dot{U}|=195$ V,频率$f=50$ Hz,求R_2和C。

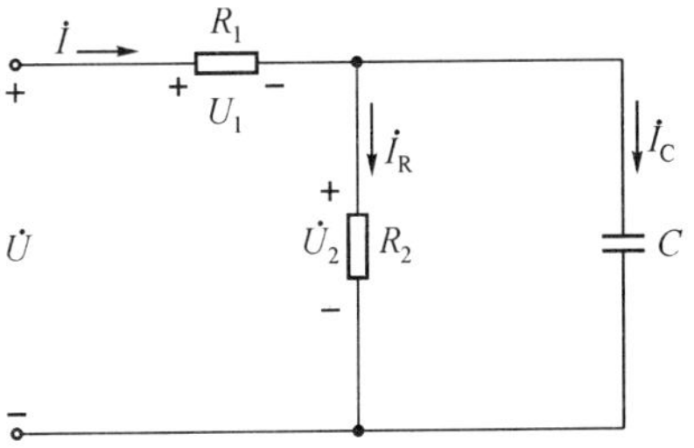

图9.4.4 例9.4.2电路

解:设电压有效值相量$\dot{U}_2=180\ \underline{/0°}$ V,根据KVL,有$\dot{U}=\dot{U}_1+\dot{U}_2$,得到电压相量三角形;电流有效值相量$\dot{I}_R$与相量$\dot{U}_2$同相,而电流有效值相量$\dot{I}_C$超前相量$\dot{U}_2 90°$,根据KCL,有$\dot{I}=\dot{I}_R+\dot{I}_C$,而且$\dot{I}$与$\dot{U}_1$同相,得到电流相量三角形,画出相量图如图9.4.5所示。

根据余弦定理,由电压相量三角形可得:

$$\cos\beta=\frac{U_1^2+U_2^2-U^2}{2U_1U_2}$$

代入数据,得到$\beta=95.38°$。

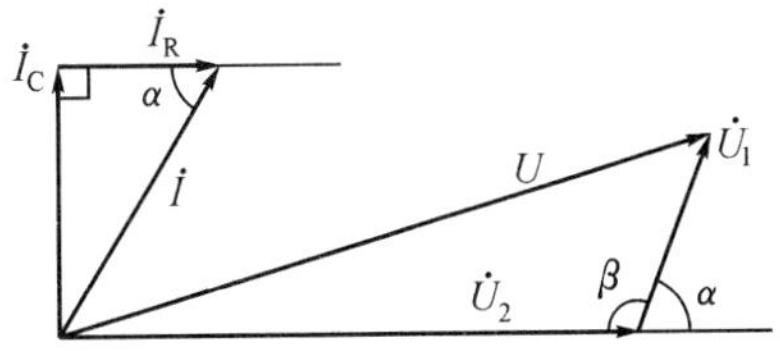

图9.4.5 相量图

因为电流有效值相量$\dot{I}$与U_1同相,即相量$\dot{I}$与U_1平行,故 $\alpha=180°-\beta=84.62°$

应用欧姆定律,得到 $I=U_1/R_1=60/20=3$ A

由电流相量三角形可得:$I_R=I\cos\alpha=3\times\cos 84.62°=0.281\ 3$ A

$$I_C=I\sin\alpha=3\times\sin 84.62°=2.986\ 8\ \text{A}$$

根据电路元件VCR,我们得到 $R_2=U_2/I_R=180/0.281\ 3=640\ \Omega$

$$X_C=U_2/I_C=180/2.986\ 8=60.265\ 2\ \Omega$$

$$C=1/((2\pi f X_C)=1/(2\times 3.141\ 6\times 50\times 60.265\ 2)$$

$=52.8\times10^{-6}\ \mathrm{F}=52.8\ \mu\mathrm{F}$

【例 9.4.3】 在如图 9.4.5 所示电路中，已知 $X_{L1}>|X_{C1}|$，$X_{L3}<|X_{C3}|$，定性作出相量图。

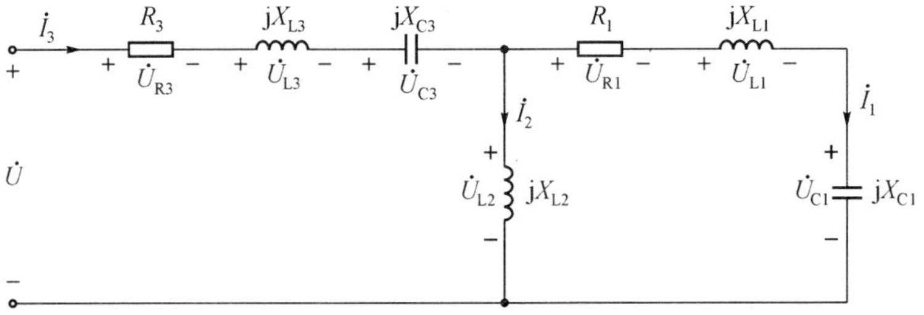

图 9.4.5　例 9.4.3 电路

解：(1)取 $\dot{I}_1$ 为参考相量，于是，$\dot{U}_{R1}$ 与 $\dot{I}_1$ 同相，$\dot{U}_{L1}$ 超前 $\dot{I}_1$ 90°，$\dot{U}_{C1}$ 滞后 $\dot{I}_1$ 90°。

由于 $X_{L1}>|X_{C1}|$，相量长度 $|\dot{U}_{L1}|>|\dot{U}_{C1}|$。

(2)根据 $\dot{U}_{L2}=\dot{U}_{R1}+\dot{U}_{L1}+\dot{U}_{C1}$，画出相量 $\dot{U}_{L2}$。

(3)根据 $\dot{U}_{L2}$ 超前 $\dot{I}_2$ 90°，画出相量 $\dot{I}_2$。

(4)根据 $\dot{I}_3=\dot{I}_2+\dot{I}_1$，画出相量 $\dot{I}_3$。

(5)根据 $\dot{U}_{R3}$ 与 $\dot{I}_3$ 同相，$\dot{U}_{L3}$ 超前 $\dot{I}_3$ 90°，$\dot{U}_{C3}$ 滞后 $\dot{I}_3$ 90°，画出相量 $\dot{U}_{R3}$、$\dot{U}_{L3}$、$\dot{U}_{C3}$，由于 $|X_{C3}|>X_{L3}$，相量长度 $|\dot{U}_{C3}|>|\dot{U}_{L3}|$。

(6)根据 $\dot{U}=\dot{U}_{R3}+\dot{U}_{L3}+\dot{U}_{C3}+\dot{U}_{L2}$，画出相量 $\dot{U}$，得到相量图如图 9.4.6 所示。

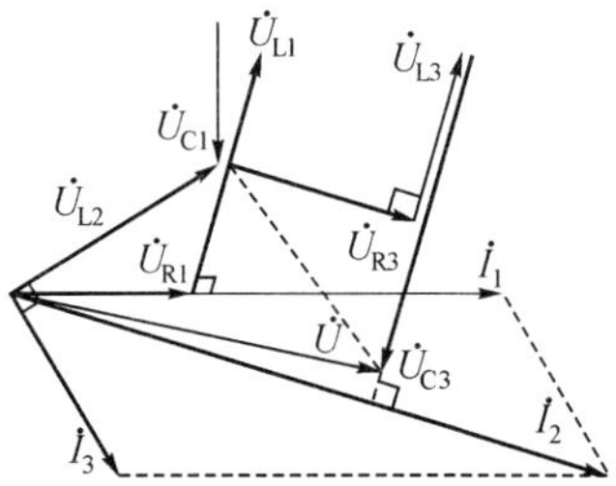

图 9.4.6　相量图

9.5　正弦稳态电路功率

9.5.1　瞬时功率

如图 9.5.1 所示任意一端口电路 N_0，端口的电压与电流对电路内部方向取关联参考方向。

该一端口电路吸收瞬时功率为

$$p(t)=u(t)i(t) \tag{9.5.1}$$

即一端口电路吸收的瞬时功率为端口的电压 $u(t)$ 与电流 $i(t)$ 的乘积。

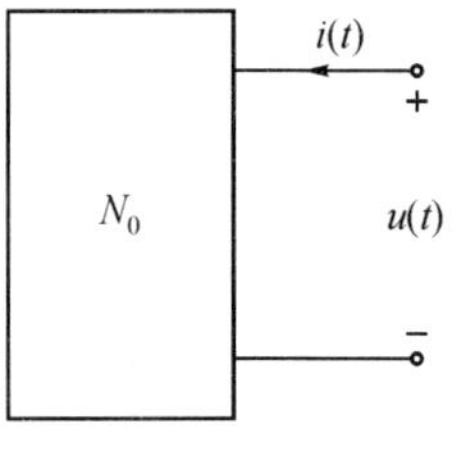

图 9.5.1　一端口电路

下面讨论三个基本电路元件在正弦函数激励下吸收的瞬时功率.

设电阻 R 的端电压为　　$u(t)=U_m\cos(\omega t+\theta)$，

则电阻 R 的电流为　　$i(t)=I_m\cos(\omega t+\theta)$，

在关联参考方向下，电阻 R 的电压-电流关系为 $u(t)=Ri(t)$

因此，电阻所吸收的瞬时功率为

$$p(t)=u(t)i(t)=i^2(t)R=u^2(t)/R \tag{9.5.1}$$

$$\begin{aligned}p(t)&=U_m I_m \cos^2(\omega t+\theta)\\&=U_m I_m/2+(U_m I_m/2)\cos(2\omega t+2\theta)\end{aligned} \tag{9.5.2}$$

可以看出：电阻吸收的瞬时功率是随时间变化的，但始终大于或等于零，表明了电阻的耗能特性。电阻元件的瞬时功率中包含两项：一个常数项和一个两倍于原电流频率的正弦项。电阻电流或电压变化一个循环，瞬时功率变化两个循环，波形图如图 9.5.2 所示。

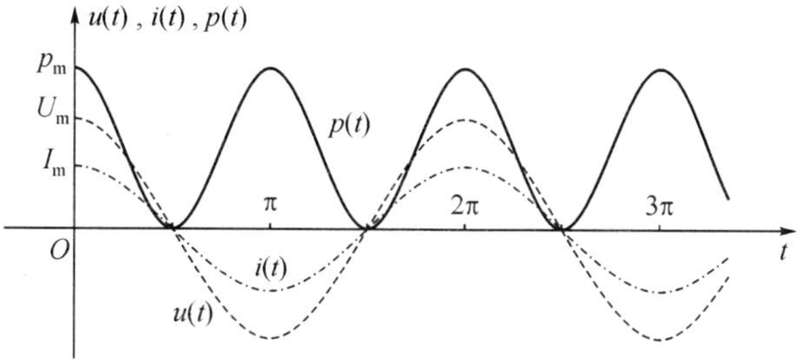

图 9.5.2 电阻吸收的瞬时功率波形图

设电感两端的电压为 $u(t)=U_m\cos(\omega t+\theta)$

则电感的电流为 $i(t)=I_m\cos(\omega t+\theta-90^\circ)$

在关联参考方向下，电感元件的电压-电流关系为 $u(t)=L\mathrm{d}i(t)/\mathrm{d}t$

电感元件吸收的瞬时功率为

$$\begin{aligned}p(t)&=u(t)i(t)=Li(t)\mathrm{d}i(t)/\mathrm{d}t=U_m I_m\cos(\omega t+\theta)\\&=(U_m I_m/2)\sin(2\omega t+2\theta)\end{aligned} \tag{9.5.3}$$

正弦稳态电路中电感元件瞬时功率的波形图如图 9.5.3 所示。

由式(9.5.3)与图 9.5.3 可以看出：电感电流变化一个循环，其瞬时功率变化两个循环。在电感电流变化一个周期中，电感元件在第一个与第三个四分之一周期 $p(t)>0$，说明在此期间内电感吸收电功率并转换为磁场能存储于电感元件；在第二个与第四个四分之一周期 $p(t)<0$，说明在此期间内电感元件向外电路释放磁场能。

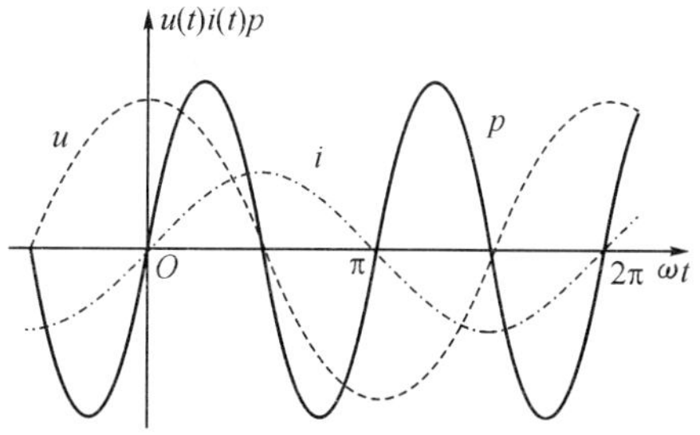

图 9.5.3 电感元件瞬时功率波形图

设电容元件的电压为 $u(t)=U_m\cos(\omega t+\theta)$

则电容的电流为 $i(t)=I_m\cos(\omega t+\theta+90^\circ)$

在关联参考方向下，电容元件电压-电流关系为 $i(t)=C\mathrm{d}u(t)/\mathrm{d}t$

电容元件吸收的瞬时功率为

$$\begin{aligned}p(t)&=u(t)i(t)=Cu(t)\mathrm{d}u(t)/\mathrm{d}t\\&=U_m I_m\cos(\omega t+\theta)\cos(\omega t+\theta+90^\circ)\\&=-(U_m I_m/2)\sin(2\omega t+2\theta)\end{aligned} \tag{9.5.4}$$

正弦稳态电路中电容元件瞬时功率的波形图如图 9.5.4 所示。

由式(9.5.4)与图 9.5.4 可以看出：电容电压变化一个循环，其瞬时功率变化两个循环。在电容电压变化一个周期，电容元件在第二个与第四个四分之一周期，$p(t)>0$，说明此期间电容吸收电功率并转换为电场能存储于电容元件；在第一个与第三个四分之一周期，$p(t)<$

0,说明此期间电容元件向外电路释放电场能。

在本节,讨论了正弦稳态电路的瞬时功率以及三个基本元件的瞬时功率,瞬时功率的最大值是诸如晶体管放大器电路的功率极限值,同时,瞬时功率的平均值就是下节讨论的平均功率(即有功功率)。

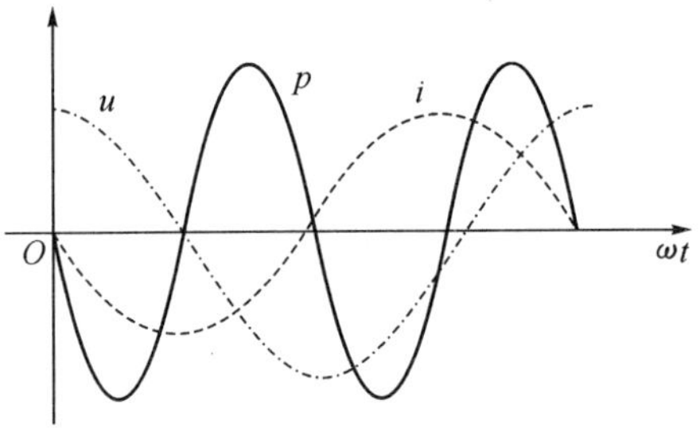

图 9.5.4 电容瞬时功率波形

9.5.2 平均功率

第 9.5.1 节讨论了如图 9.5.1 所示端口电路 N_0 吸收瞬时功率为

$$p(t)=u(t)i(t)$$

该端口电路吸收的平均功率定义为

$$P=1/T\int_0^t p(t)\mathrm{d}t=1/T\int_0^t u(t)i(t)\mathrm{d}t \tag{9.5.5}$$

当 $P>0$ 时,表示该端口电路吸收平均功率 P;当 $P<0$ 时,表示该端口电路发出平均功率 $|P|$。

设如图 9.5.1 所示一端口电路端口的电压与电流分别为

$$u(t)=U_m\cos(\omega t+\theta)=U\sqrt{2}\cos(\omega t+\theta)$$

$$i(t)=I_m\cos(\omega t+\Phi)=I\sqrt{2}\cos(\omega t+\Phi)$$

则该一端口电路吸收的瞬时功率为

$$p(t)=u(t)i(t)=U_mI_m\cos(\omega t+\theta)\cos(\omega t+\Phi)$$

该一端口电路吸收的平均功率(Average Power)为

$$P=1/T\int_0^t p(t)\mathrm{d}t=(1/2)U_mI_m\cos(\theta-\Phi) \tag{9.5.6}$$

$$=UI\cos(\theta-\Phi) \tag{9.5.7}$$

对于电阻元件,其电压与电流同相,$\theta=\Phi$,$\cos(\theta-\Phi)=1$,

于是

$$P_R=(1/2)U_mI_m=(1/2)I_m^2R=(1/2)U_m^2/R \tag{9.5.8}$$

$$=UI=I^2R=U^2/R \tag{9.5.9}$$

对于电感元件,其电压超前电流 90°,$\theta=\Phi+90°$,$\cos(\theta-\Phi)=0$,

于是

$$P_L=0 \tag{9.5.9}$$

对于电容元件,其电流超前电压 90°,$\theta=\Phi-90°$,$\cos(\theta-\Phi)=0$,

于是

$$P_C=0 \tag{9.5.10}$$

结论:端口正弦稳态电路吸收的平均功率不仅与电压和电流的最大值的乘积有关,而且还与电压和电流之间的相位差的余弦值有关,计算公式为

$$P=(1/2)U_mI_m\cos(\theta-\Phi)=UI\cos(\theta-\Phi)$$

正弦电流稳态电路的三个基本元件中只有电阻元件吸收平均功率,计算公式为

$$P=(1/2)U_mI_m=(1/2)I_m^2R=(1/2)U_m^2/R=UI=I^2R=U_2/R$$

电感元件与电容元件不吸收平均功率。

最大平均功率传输

正弦稳态电路中,在什么条件下负载能获得最大平均功率?最大平均功率等于多少?

这是正弦稳态电路分析中遇到的一个最大平均功率传输问题。

如图 9.5.5(a)所示有源端口正弦稳态电路 N 连接负载阻抗 Z_L 的电路图。当负载阻抗 Z_L 变化时，有源端口将向负载传输不同的平均功率。试问负载阻抗 Z_L 为何值时，才能获得最大平均功率？这类最大平均功率传输问题，可以应用戴维南定理进行分析研究。有源端口电路 N 的等效电路如图 9.5.5(b)所示，其中$\dot{U}_{th}$为负载开路时有源端口电路端口处开路电压有效值相量，Z_{th}为负载开路时把有源端口内部独立电源置零后，端口处的等效阻抗。

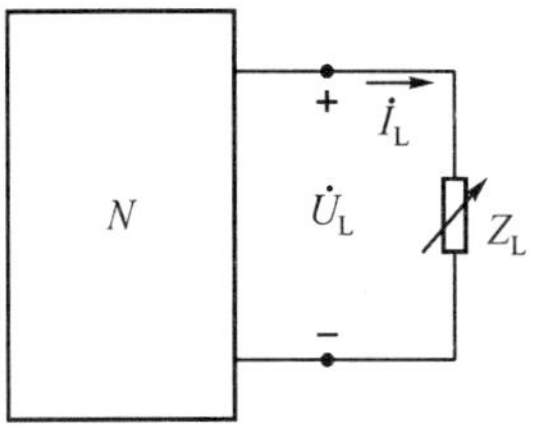

(a)有源一端口连接负载Z_L

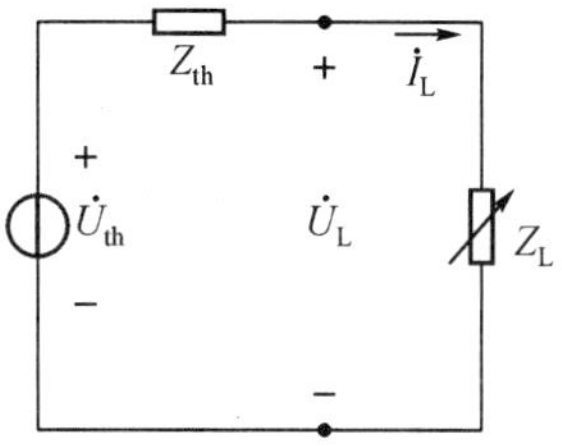

(b)等效电路

图 9.5.5 最大平均功率传输

我们设 $Z_{th}=R_{th}+jX_{th}$，$Z_L=R_L+jX_L$。这有下述两种情况。

第一种情况

负载阻抗的电阻分量 $R_L(R_L>0)$与电抗分量 X_L 可以任意变化。

由如图 9.5.5(b)等效电路知道负载电流有效值相量为

$$\dot{I}_L=\dot{U}_{th}/(Z_{th}+Z_L)=\dot{U}_{th}/[(R_{th}+R_L)+j(X_{th}+X_L)]$$

负载电流有效值相量模为

$$|\dot{I}_L|=|\dot{U}_{th}|/[(R_{th}+R_L)^2+(X_{th}+X_L)^2]^{1/2}$$

负载阻抗吸收的平均功率为

$$P_L=|\dot{I}_L|^2R_L=$$

$$\{|\dot{U}_{th}|^2/[(R_{th}+R_L)^2+(X_{th}+X_L)^2]\}R_L$$

令

$$\frac{\partial P_L}{\partial R_L}=0$$

$$\frac{\partial P_L}{\partial X_L}=0$$

解得

$$R_L=R_{th}$$

$$X_L=-X_{th}$$

即

$$Z_L=R_L+jX_L=R_{th}-jX_{th}=Z_{th}^* \tag{9.5.11}$$

结论：当负载阻抗 Z_L 等于端口电路等效阻抗 Z_{th}的共轭复数时，称为共轭匹配，负载阻抗获得最大功率。为了共轭匹配，当等效阻抗 Z_{th}为感性阻抗时，应该把负载阻抗 Z_L 调节为容性阻抗；当等效阻抗 Z_{th}为容性阻抗时，应该把负载阻抗 Z_L 调节为感性阻抗。

当共轭匹配时，负载电流有效值为

$$|\dot{I}_L|=|\dot{U}_{th}|/(2R_{th})$$

负载吸收的最大平均功率为

$$P_{Lmax}=|\dot{U}_{th}|^2/(2R_{th}) \tag{9.5.12}$$

第二种情况

负载阻抗模$|Z_L|$可以变化，但是负载阻抗角 φ_L 不允许改变。

令
$$Z_L=|Z_L|\underline{/\varphi_L}=|Z_L|\cos\varphi_L+j|Z_L|\sin\varphi_L$$
$$Z_{th}=|Z_{th}|\underline{/\varphi_{th}}=|Z_{th}|\cos\varphi_{th}+j|Z_{th}|\sin\varphi_{th}$$

负载电流有效值相量为

$$\dot{I}_L=\dot{U}_{th}/(Z_{th}+Z_L)=\dot{U}_{th}/(|Z_{th}|\cos\varphi_{th}+j|Z_{th}|\sin\varphi_{th}+|Z_L|\cos\varphi_L+j|Z_L|\sin\varphi_L)$$

负载电流有效值$|\dot{I}_L|$为

$$|\dot{I}_L|=|\dot{U}_{th}|/|Z_{th}+Z_L|=|\dot{U}_{th}|/[(|Z_{th}|\cos\varphi_{th}+|Z_L|\cos\varphi_L)^2+(|Z_{th}|\sin\varphi_{th}+|Z_L|\sin\varphi_L)^2]^{1/2}$$

负载阻抗吸收的平均功率为

$$P_L=|\dot{I}_L|^2|Z_L|\cos\varphi_L|=\frac{|U_{th}|^2|Z_L|\cos\varphi_L}{(|Z_{th}|\cos\varphi_{th}+|Z_L|\cos\varphi_L)+(Z_{th}\sin\varphi_{th}+|Z_L|\sin\varphi_L)}$$

令
$$\partial P_L/\partial|Z_L|=0$$

解得
$$|Z_L|=|Z_{th}| \tag{9.5.13}$$

称为共模匹配。

结论：在负载阻抗模$|Z_L|$可以变化，但是负载阻抗角 φ_L 不允许改变条件下，当负载阻抗 Z_L 的模等于端口电路等效阻抗 Z_{th}的模时，称为共轭匹配。在此情况下，负载阻抗 Z_L 可以获得最大的平均功率。

【例 9.5.1】 正弦稳态电路如图 9.5.6 所示，已知电压有效值相量$\dot{U}_{th}=12\underline{/0^\circ}$ V，$Z_{th}=3+j4\ \Omega$。

(1)如果负载阻抗值可以任意变化，计算其获得的最大功率是多少?

(2)如果负载阻抗为电阻 R，计算其获得的最大功率是多少?

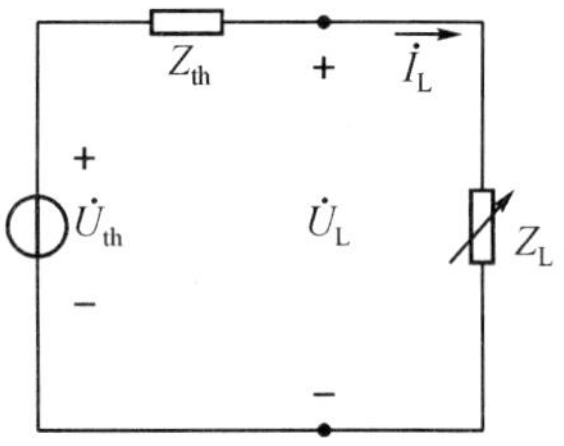

图 9.5.6　例 9.5.1 电路

解：(1)负载阻抗可以任意变化时，可以采用共轭匹配，即令

$$Z_L=Z_{th}^*=3-j4\ \Omega$$

此时负载电流有效值相量为

$$\dot{I}_L=\dot{U}_{th}/2R_{th}=12\underline{/0^\circ}/(2\times3)=2\underline{/0^\circ}\ A$$

负载获得的最大功率为

$$P_{Lmax}=|\dot{I}_L|^2R_L=2^2\times3=12\ W$$

即
$$P_{Lmax}=|\dot{U}_{th}|^2/(4R_{th})=12^2/(4\times3)=12\ W$$

(2)负载阻抗为电阻 R 时，可以采用共模匹配，即令

$$Z_L=R=|Z_{th}|=|3+j4|=5\ \Omega$$

此时负载电流有效值相量为

$$\dot{I}_L=\dot{U}_{th}/(Z_{th}+R)=12\underline{/0^\circ}/(3+j4+5)=12\underline{/0^\circ}/(8+j4)=1.34\underline{/-26.57^\circ}\ A$$

此时负载获得最大功率为

$$P_{Lmax}=|\dot{I}_L|^2R_L=(1.34)^2\times5=9\ \text{W}$$

9.5.3 无功功率

设如图 9.5.1 所示端口 N 电路端口的电压为 $u(t)=U_m\cos(\omega t)$，电流为 $i(t)=I_m\cos(\omega t+\Phi)$，则该端口电路 N 存在无功功率(Reactive Power)用字母 Q 表示，定义为

$$Q=(1/2)U_mI_m\sin(\theta-\Phi) \tag{9.5.14}$$

无功功率的单位是乏(var)，它表示正弦稳态端口电路内部与外部能量双向交换的最大值，即表示负载电抗吞吐的能量值。

对于电阻元件，其电压与电流同相，即 $\theta-\Phi=0$，$\sin(\theta-\Phi)=0$。

因此，

$$Q_R=0 \tag{9.5.15}$$

对于电感元件，其电压超前电流 90°，即 $\theta-\Phi=90°$，$\sin(\theta-\Phi)=1$。

因此，

$$Q_L=(1/2)U_mI_m=(1/2)I_m^2\omega L=(1/2)U_m^2/\omega L \tag{9.5.16}$$

$$=UI=I^2\omega L=U^2/\omega L \tag{9.5.17}$$

对于电容元件，其电压滞后电流 90°，即 $\theta-\Phi=-90°$，$\sin(\theta-\Phi)=-1$。

因此，

$$Q_C=-(1/2)U_mI_m=-(1/2)I_m^2/\omega C=-(1/2)U_m^2\omega C \tag{9.5.18}$$

$$=-UI=-I^2/\omega C=-U^2\omega C \tag{9.5.19}$$

结论：端口正弦稳态电路存在的无功功率不仅与电压与电流的有效值的乘积有关，还与电压和电流之间的相位差的正弦值有关，计算公式为

$$Q=UI\sin(\theta-\Phi) \tag{9.5.20}$$

当 $0°<\varphi<90°$　$Q>0$ 时表示端口电路存在无功功率 Q 现象；

当 $-90°<\varphi<0°$　$Q<0$ 时表示端口电路存在无功功率 Q 现象。

电阻元件的无功功率 $Q_R=0$，说明电阻元件不存在无功功率；

电感元件的无功功率 $Q_L>0$，说明电感元件存在无功功率，即提供感性无功功率；

电容元件的无功功率 $Q_C<0$，说明电容元件存在无功功率，即提供容性无功功率。

9.5.4 视在功率与功率因数

为了反映电源设备可能输出的最大平均功率，一般电源设备的容量用视在功率(Apparent Power)S 表示。视在功率等于单相电源设备的端口电压的有效值 U 与电流有效值 I 的乘积，即

$$S=UI \tag{9.5.21}$$

视在功率的单位为伏安(VA)，有时又称视在功率为表观功率。

正弦交流稳态端口电路吸收的平均功率为

$$P=(1/2)U_mI_m\cos(\theta-\Phi)=UI\cos(\theta-\Phi) \tag{9.5.22}$$

正弦交流稳态端口电路吸收的无功功率为

$$Q=(1/2)U_mI_m\sin(\theta-\Phi)=UI\sin(\theta-\Phi) \tag{9.5.23}$$

因此，

$$P^2+Q^2=(UI\cos(\theta-\Phi))^2+(UI\sin(\theta-\Phi))^2=(UI)^2=S^2 \tag{9.5.24}$$

$$Q/P=UI\sin(\theta-\Phi)/UI\cos(\theta-\Phi)=\tan(\theta-\Phi)=\tan\varphi \tag{9.5.25}$$

即 P、Q 和 S 之间满足下列关系：

$$S=\sqrt{P^2+Q^2} \tag{9.5.26}$$

$$\tan\varphi=Q/P \tag{9.5.27}$$

功率三角形如图 9.5.7 所示。

根据功率三角形，知道

$$P=UI\cos\varphi=S\cos\varphi \tag{9.5.28}$$

$$Q=S\sin\varphi \tag{9.5.29}$$

正弦稳态二端电路内部不含独立源时，该二端电路的功率因数(Power Factor)定义为

$$[\mathrm{PF}]=\cos\varphi=\frac{P}{S} \tag{9.5.30}$$

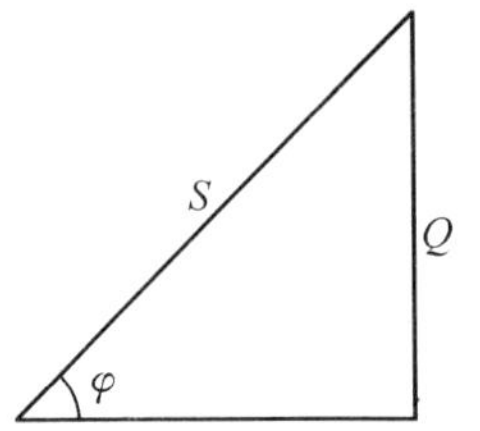

图 9.5.7　功率三角形

不论二端电路端口电流滞后电压(感性电路)、电流与电压同相(电阻电路)还是电流超前电压(容性电路)，功率因数 PF 总是大于或等于零，因此，为了说明二端电路的性质，需要说明 PF(滞后)或 PF(超前)，分别表示二端电路为感性电路与容性电路，当 PF=1 时，二端电路为电阻电路。

平均功率 $P=UI\cos\varphi$，如果供电电压 U 与 P 固定，则提高电路功率因数 PF 时，电路总电流 I 减小，这样，线路电压降减少，线路损耗减少；同时，可以提高电源设备的利用率。因此，提高电路功率因数具有经济意义。

一般情况下负载为感性负载，例如工厂生产车间的各种加工机床的动力来源于电动机，电动机是典型的感性负载。在不影响原来感性负载工作状态的条件下，为了提高功率因数，一般采用在感性负载两端并联适当的电容器。在并联电容前，感性负载吸收的无功功率完全由电源提供；并联电容后，感性负载吸收的无功功率的一部分由电源提供，另外一部分由电容提供，减轻了电源无功功率负担，提高了电路的功率因数。

【例 9.5.2】 如图 9.5.8 所示电路中，频率为 50 Hz、有效值为 $U=220$ V 的正弦交流电源向一感性负载供电，已知该负载消耗的平均功率 $P_1=20$ kW、功率因数 $\cos\varphi_1=0.6$。

(1)计算线路电流的有效值 I_1。

(2)如果在感性负载两端并联一个 $C=374\ \mu$F 的电容器，计算并联电容后线路电流的有效值 I 及电路总功率因数 $\cos\varphi$。

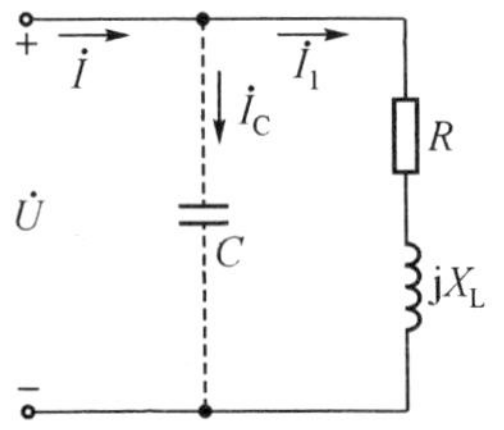

图 9.5.8　例 9.5.2 电路

解：(1)设正弦电压有效值相量为$\dot{U}=220\underline{/0^\circ}$ V，则并联电容前线路电流的有效值为

$$I_1=P_1/(U\cos\varphi_1)=20\,000/(220\times0.6)=151.52\ \mathrm{A}$$

因为
$$\cos\varphi_1=0.6$$
因此
$$\varphi_1=53.1^\circ$$

并联电容前线路电流的有效值相量为

$$\dot{I}_1=151.52\underline{/-53.1^\circ}\ \mathrm{A}$$

并联电容前感性负载吸收的平均功率与无功功率分别为

$$P_1=UI_1\cos\varphi_1=220\times151.52\times0.6=20\ \mathrm{kW}$$

$$Q_1=UI_1\sin\varphi_1=220\times151.52\times0.8=26.7\ \mathrm{kvar}$$

(2)并联电容后

$$\dot{I}_C = j\omega CU = j2\pi\times50\times374\times10^{-6}\times220\angle 0^\circ$$
$$= j25.85 = 25.85\angle 90^\circ\ \text{A}$$

$$\dot{I} = \dot{I}_1 + \dot{I}_C = 151.52\angle -53.1^\circ + 25.85\angle 90^\circ$$
$$= (90.912 - j121) + (216 + j25.85)$$
$$= 90.912 - j95.366 = 131.76\angle -46.37^\circ\ \text{A}$$

并联电容后线路电流的有效值 $I=131.76\ \text{A}<I_1=151.52\ \text{A}$

$$\cos\varphi = \cos 46.37^\circ = 0.69 > \cos\varphi_1 = 0.6$$

并联电容后负载吸收的平均功率与无功功率分别为

$$P = UI\cos\varphi = 220\times131.76\times0.69 = 20\ \text{kW} = P_1$$
$$Q = UI\sin\varphi = 220\times131.76\times0.724 = 21\ \text{kvar} < Q_1 = 26.7\ \text{kvar}$$
$$Q_1 - Q = |Q_C| = UI_C = 220\times25.85 = 5.7\ \text{kvar}。$$

可见并联电容后提高了电路功率因数 PF，减小了电路总电流 I，电路吸收的平均功率不变(因为电容吸收的平均功率为零)，电路吸收无功的功率减少，减少部分由电容提供。

并联电容值 C 的计算：

并联电容前感性负载吸收平均功率为 P_1，功率因数为 $\cos\varphi_1$，负载电压有效值为 U。要求在并联电容后将功率因数由 $\cos\varphi_1$ 提高到 $\cos\varphi$。由于

$$I_C = I_1\sin\varphi_1 - I\sin\varphi = \frac{P\sin\varphi_1}{U\cos\varphi_1} - \frac{P\sin\varphi}{U\cos\varphi} = \frac{P}{U}(\tan\varphi_1 - \tan\varphi) = \omega CU$$

因此，并联电容的电容值应为 $C = \dfrac{P}{\omega U^2}(\tan\varphi_1 - \tan\varphi)$

9.5.5 复功率

设二端电路端口的电压与电流取关联参考方向，分别为

$$u(t) = U_m\cos(\omega t + \theta) = \sqrt{2}U\cos(\omega t + \theta)\ \text{V}$$
$$i(t) = I_m\cos(\omega t + \Phi) = \sqrt{2}I\cos(\omega t + \Phi)\ \text{A}$$

则端口电压与电流的有效值相量分别为

$$\dot{U} = U\angle\theta\ \text{V}$$
$$\dot{I} = I\angle\Phi\ \text{A}$$

令 $\overset{*}{I} = I\angle -\Phi\ \text{A}$

则 $$S = \dot{U}\overset{*}{I} = (U\angle\theta)(I - \angle\Phi)$$
$$= UI\angle\theta - \Phi = UI\cos(\theta - \Phi) + jUI\sin(\theta - \Phi)$$
$$= P + jQ = S\angle\theta - \Phi$$

我们定义 $S=\dot{U}\overset{*}{I}$ 为复功率，复功率的实部为平均功率 P，虚部为无功功率 Q，而复功率的模为视在功率 S，复功率的单位为伏安(VA)。

【例 9.5.3】 正弦稳态电路如图 9.5.9 所示，已知电流有效值 $I_R=5\ \text{A}$，$I_L=3\ \text{A}$，$I_C=8\ \text{A}$；阻抗 $Z=2+j2\ \Omega$；电路总平均功率 $P=200\ \text{W}$，求电压有效值 U。

解：设 $\dot{I}_R = 5\angle 0^\circ\ \text{A}$

则　　　　　$\dot{I}_L=3\angle{-90°}$ A

$\dot{I}_C=8\angle{90°}$ A

根据 KCL,有 $\dot{I}=\dot{I}_R+\dot{I}_L+\dot{I}_C=5\angle{0°}+3\angle{-90°}+8\angle{90°}=5\sqrt{2}\angle{45°}$ A

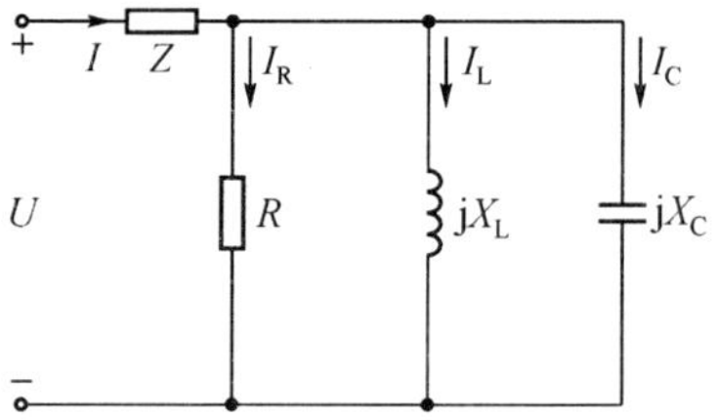

图 9.5.9　例 9.5.3 电路

根据平均功率守恒,有

$$P=P_Z+P_R=I^2\mathrm{Re}(Z)+I_R^2R$$
$$=(5\sqrt{2})^2\times 2+(5)^2\times R=200\ \mathrm{W}$$

解得　　　　　　　　$R=4\ \Omega$

根据 KVL,有

$$\dot{U}=\dot{Z}I+R\dot{I}_R=(2+\mathrm{j}2)(5\sqrt{2}\angle{45°})+(4)(5\angle{0°})=20\sqrt{2}\angle{45°}\ \mathrm{V}$$

因此,电压有效值　　　　$U=20\sqrt{2}=28.28$ V

【例 9.5.4】 正弦稳态电路如图 9.5.10 所示,已知电压有效值 $U=100$ V,电流有效值 $I=I_1=I_2$,电路总平均功率 $P=86.6$ W. 求 R,X_L,X_C。

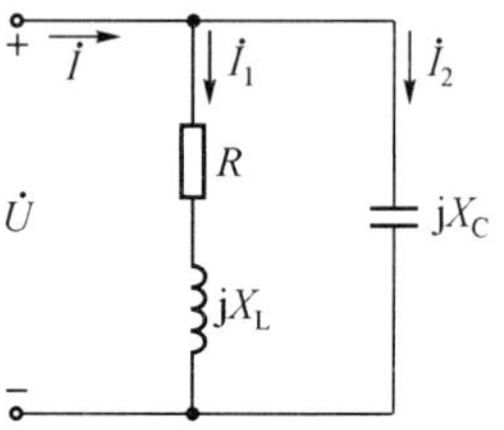

图 9.5.10　例 9.5.4 电路

解:设电压有效值相量　　$\dot{U}=100\angle{0°}$ V

根据 KCL　　　　　$\dot{I}=\dot{I}_1+\dot{I}_2$

又知　　　　　　　$I=I_1=I_2$

作出电路中各相量的相量图,如图 9.5.11 所示.

可见电流相量图为等腰三角形,于是知道:

$$\dot{I}=I\angle{30°}\ \mathrm{A},\ \dot{I}_1=I\angle{-30°}\ \mathrm{A},\ \dot{I}_2=I\angle{90°}\ \mathrm{A}$$

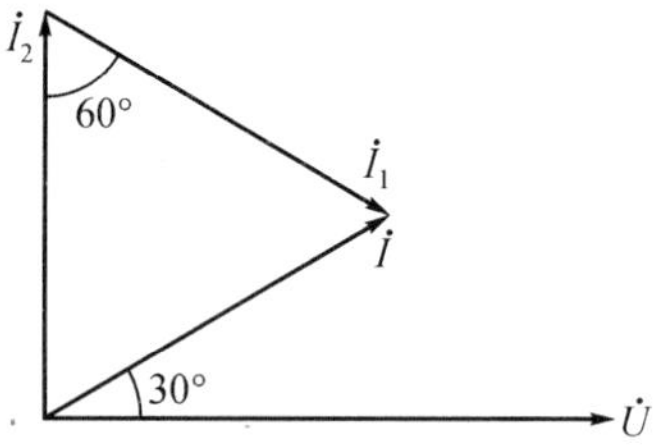

图 9.5.11　相量图

电路总平均功率

$$P=86.6=UI\cos(\theta-\Phi)=100\,I\cos(0°-30°)=86.6\,I$$
$$I=1\ \mathrm{A}$$
$$Z_C=\dot{U}/\dot{I}_2=\angle{100°}/1\angle{90°}=-\mathrm{j}100\ \Omega=\mathrm{j}X_C$$
$$X_C=-100\ \Omega$$
$$R=P/I_1^2=86.6/1^2=86.6\ \Omega$$
$$|Z_1|=|\dot{U}|/I_1=100\ \Omega$$
$$|Z_1|^2=100^2=R^2+X_L^2=86.6^2+X_L^2$$

解得　　　　　　　$X_L=50\ \Omega$

9.6　频率响应

在前面几章,我们讨论了单一频率正弦量激励下电路的稳态响应。如果激励正弦量的频率发生变化,一般地讲电路的稳态响应也要随之相应变化。电路的频率响应技术研究正弦稳态电路的响应与频率之间的关系。不同频率的正弦激励将在相同的动态电路中产生不同的响应,这一特点在电子技术与通信工程中得到广泛应用,例如,利用谐振,我们选择需要的广播电台、电视台等。对于含有 R、L、C 的动态电路，如果其端口的输入正弦电压与电流呈现同相现象，称之为谐振，一般把谐振分为并联谐振、串联谐振与其他谐振。

本节主要讨论谐振概念、谐振条件与谐振特点。

9.6.1 串联谐振

现以如图 9.6.1 所示的 RLC 串联电路，讨论它在正弦激励电压的幅值保持不变的条件下，改变其频率时所产生的响应电流的变化。

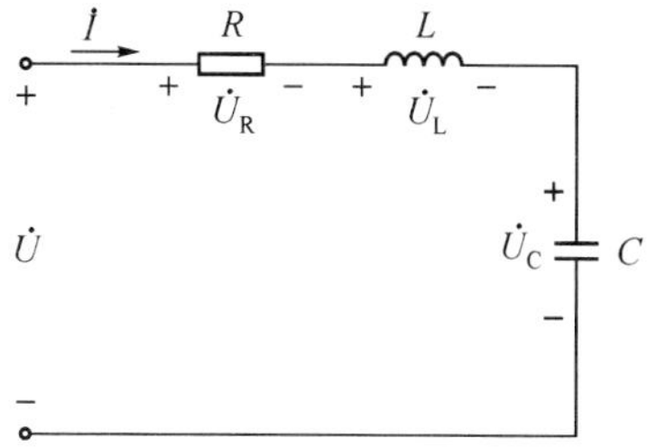

图 9.6.1 RLC **串联电路**

RLC 串联电路的等效阻抗

$$Z=\dot{U}/\dot{I}=R+\mathrm{j}(\omega L-1/\omega C)$$

当 $\omega L-1/\omega C=0$ 时，电压$\dot{U}$与电流$\dot{I}$同相，电路发生谐振。因此，RLC 串联电路谐振条件：

$$\omega_0=\frac{1}{\sqrt{LC}} \tag{9.6.1}$$

我们把 ω_0 称为谐振角频率，谐振角频率 ω_0 只与电路元件 L 与 C 参数有关，与电阻参数无关。我们可以通过调整电源的角频率 ω 或者调整电路元件 C 或 L 值，满足谐振的条件，使电路谐振。

1) 串联谐振特点

(1)谐振时阻抗值最小，等于电阻。

RLC 串联电路等效阻抗为

$$Z=\dot{U}/\dot{I}=R+\mathrm{j}(\omega L-1/\omega C)$$

等效阻抗模为

$$|Z|=|R+\mathrm{j}(\omega L-1/\omega C)|$$

发生谐振时，$\omega_0 L-1/\omega_0 C=0$

$$|Z|=R_{最小} \tag{9.6.2}$$

(2)谐振时 LC 串联部分电压为零，对外电路相当短路。

参考图 9.6.1 所示 RLC 串联电路，有

$$\dot{U}_{LC}=\mathrm{j}(\omega L-1/\omega C)\dot{I}$$

串联谐振时，$\omega_0 L-1/\omega_0 C=0$

因此
$$\dot{U}_{LC}=\dot{U}_L+\dot{U}_C=0 \tag{9.6.3}$$

对外电路而言，LC 串联部分相当于短路，RLC 串联电路只有电阻与外电路有关。

值得注意的是串联谐振时$\dot{U}_{LC}=0$，并非电感电压$|\dot{U}_L|$与电容电压$|\dot{U}_C|$等于零；只是在串联谐振时的电感电压$|\dot{U}_L|=\omega_0 L|\dot{I}|$等于电容电压$|\dot{U}_C|=(1/\omega_0 C)|\dot{I}|$。如果 $\omega_0 L=1/\omega_0 C\gg R$，则 $\omega_0 L|\dot{I}|=1/\omega_0 C|\dot{I}|\gg R|\dot{I}|$，$|\dot{U}_L|=|\dot{U}_C|\gg|\dot{U}|$，即 RLC 串联电路发生谐振时，只是电感电压与电容电压相等，并有可能远大于电路端电压，因此串联谐振又称为电压谐振。

(3)在电路端电压大小保持不变条件下，串联谐振时电路中电流值最大。

RLC 串联电路电流$\dot{I}=\dot{U}/Z$。

其电流值为

$$|\dot{I}|=|\dot{U}|/|Z|=|\dot{U}|/|R+j(\omega L-1/\omega C)|$$

串联谐振时 $\omega_0 L-1/\omega_0 C=0$

$$|Z|=R \text{ 阻抗值最小} \tag{9.6.4}$$

$$|\dot{I}|=|\dot{U}|/R \text{ 电流值最大} \tag{9.6.5}$$

因此，在电源电压 $|\dot{U}|$ 大小保持不变条件下，串联谐振时 $|\dot{I}|=|\dot{U}|/R$，最大，即串联谐振时电路中电流等于电路端电压仅除以电阻值，所得电流值为最大。

2）频率特性

设响应 $\dot{I}=I\angle\varphi$，在激励电压大小保持不变条件下，响应电流 I 与频率 f 的关系（$I\propto f$）称为幅频特性；响应 $\dot{I}$ 的初相角 φ 与频率的关系——$\varphi\propto f(\omega)$ 称为相频特性；我们把幅频特性与相频特性统称频率特性。

RLC 串联电路的幅频特性 $I\propto f(\omega)$ 如图 9.6.2 所示。

由图 9.6.2 可以看出：当 $\omega<\omega_0$ 或 $\omega>\omega_0$ 时，在激励电压大小保持不变条件下，电流相对值 $I(\omega)/I_0$（又称为抑制比）均将由最大值 1 下降；当 ω 趋向零或无限大时，$I(\omega)/I_0$ 均趋向于零。设 $\omega=\omega_1<\omega_0$、$\omega=\omega_2>\omega_0$，这两个频率称为半功率频率，在这两个频率下电流值 I 均由谐振时 I_0 下降为 $0.707I_0$，把这两个频率之间的频段定义为通频带 BW，即

$$[BW]=\omega_2-\omega_1 \tag{9.6.6}$$

可以证明

$$[BW]=R/L=RC \tag{9.6.7}$$

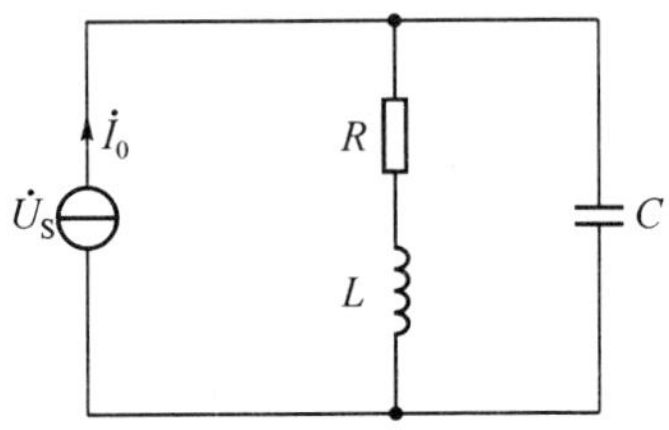

图 9.6.2　RLC **串联电路的幅频特性** $I=f(\omega)$

3）品质因数

RLC 串联电路的品质因数定义为谐振时电感电抗 $\omega_0 L$（或电容电抗 $1/\omega_0 C$）与电阻 R 之比，即

$$Q=\omega_0 L/R=1/\omega_0 CR \tag{9.6.8}$$

因此，RLC 串联电路的品质因数 Q 又称为抗阻比，它反映着电路选择性能的好坏仅与电路参数有关，成为电路频选特性好坏的指标之一。当 $Q>1$ 时，出现部分电压有大于总电压现象。

4）阻抗频率特性

RLC 串联电路的阻抗

$$Z(j\omega)=R+j(\omega L-\frac{1}{\omega C})$$

RLC 串联电路的阻抗模为　$|Z(j\omega)|=\sqrt{R^2+(\omega L-1/\omega C)^2}$

得到阻抗幅频特性：

当 $\omega=0$，$|Z(j\omega)|\to-\infty$；当 $\omega=\omega_0$，$|Z(j\omega_0)|=R=|Z(j\omega)|_{min}$；当 $\omega\to\infty$，$|Z(j\omega)|\to+\infty$。

RLC 串联电路的阻抗角为　$\varphi(\omega)=\arctan\dfrac{\omega L-1/\omega C}{R}$

得到阻抗的相频特性如图 9.6.3 所示。

由如图 9.6.3 所示阻抗相频特性,可以看出:

当 $\omega=0$ 时,$\varphi(\omega)=-\frac{\pi}{2}$;当 $\omega=\omega_0$ 时,$\varphi(\omega)=0$;当 $\omega\to+\infty$时,$\varphi(\omega)=\frac{\pi}{2}$。

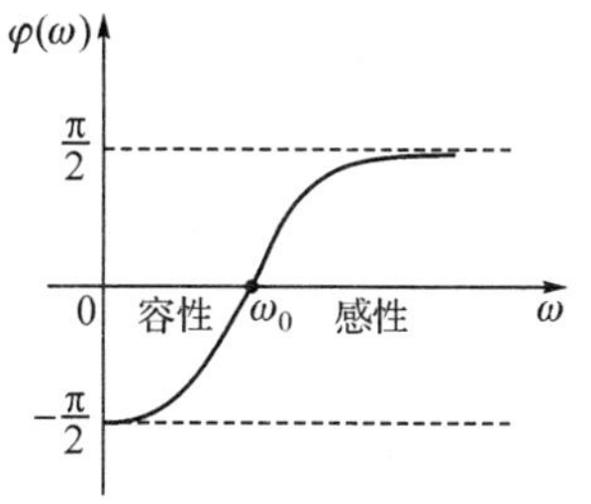

图 9.6.3　RLC 串联电路阻抗的相频特性

5) 电流的频率特性

RLC 串联电路的电流大小为　$|\dot{I}|=\dfrac{|\dot{U}|}{\sqrt{R^2+(\omega L-1/\omega C)^2}}$

画出电流的幅频特性如图 9.6.3(a)所示。

RLC 串联电路的电流相位为　$\varphi(\omega)=\arctan\dfrac{\omega L-1/\omega C}{R}$

画出电流的相频特性如图 9.6.4(b)所示。

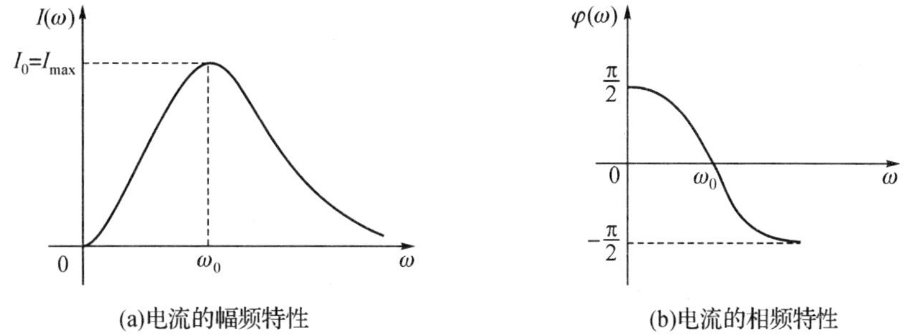

图 9.6.4　RLC 串联电路电流的频率特性

6) 谐振通用曲线

我们定义 RLC 串联电路的抑制比为电路中电流$|\dot{I}|=I(\omega)$与谐振时电流$|\dot{U}|/R=I_0$之比值 $I(\omega)/I_0$,用来衡量 RLC 串联电路的选择性能。

$$I(\omega)=\frac{U}{\sqrt{R^2+(\omega L-\frac{1}{\omega C})^2}}=\frac{I_0}{\sqrt{1+\frac{1}{R^2}(\frac{\omega_0 L\omega}{\omega_0}-\frac{\omega_0}{\omega_0 C\omega})^2}}=\frac{I_0}{\sqrt{1+Q^2(\eta-\frac{1}{\eta})^2}}$$

上式中 $\eta=\omega/\omega_0$,称为频率相对值。因此

$$\frac{I(\omega)}{I(\omega_0)}=\frac{1}{\sqrt{1+Q^2(\eta-1/\eta)^2}}$$

谐振通用曲线是抑制比 $I(\omega)/I_0$ 与频率相对值 η 的关系曲线,如图 9.6.6 所示。

由如图 9.6.6 所示 RLC 串联电路谐振通用曲线可以看出:品质因数 Q 越大,对应的通频带 BW 越宽,选择性越好,但是灵敏度变差;反之,品质因数 Q 越小,对应的通频带 BW 越窄,选择性越不好,但是灵敏度提高。

下面分析 RLC 串联电路中电感电压、电容电压与频率之间的关系。因为

$$U_L(\omega)=\frac{\omega LU}{\sqrt{R^2+(\omega L-1/\omega C)^2}}=\frac{\omega_0 L\omega U}{\omega_0 R\sqrt{1+Q^2(\eta-1/\eta)^2}}=\frac{QU}{\sqrt{(1/\eta^2)+Q^2(1-1/\eta^2)^2}}$$

$$U_C(\omega)=\frac{QU}{\sqrt{\eta^2+Q^2(\eta^2-1)^2}}$$

画出 $U_L(\omega)$、$U_C(\omega)$ 与 ω 的关系曲线如图 9.6.7 所示。

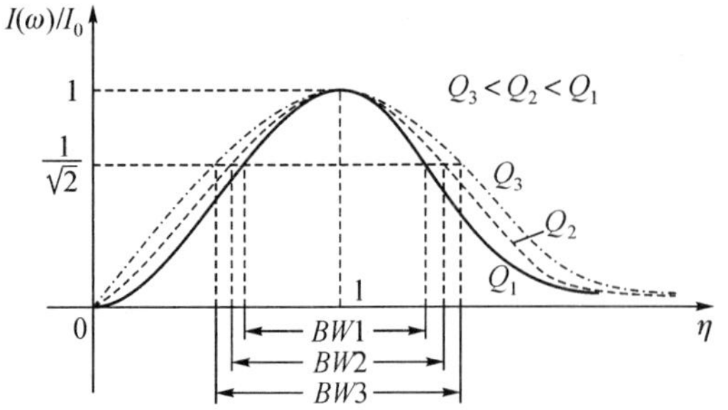

图 9.6.6 RLC 串联电路谐振通用曲线

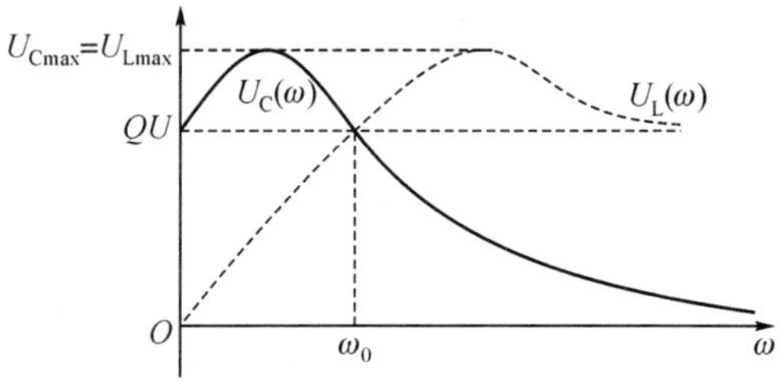

图 9.6.7 $U_L(\omega)$、$U_C(\omega)$ 与 ω 的关系曲线

9.6.2 并联谐振

GCL 并联电路如图 9.6.8 所示，讨论当正弦激励电流的大小保持不变、改变其频率时响应电压的变化。

根据元件 VCR，有 $\dot{I}_G=\dot{G}U$，$\dot{I}_C=j\omega\dot{C}U$，$\dot{I}_L=(1/j\omega L)\dot{U}$。

因此，根据 KCL，有

$$\dot{I}=\dot{I}_G+\dot{I}_C+\dot{I}_L=[G+j(\omega C-1/\omega L)]\dot{U}$$

根据谐振定义，如果 GCL 并联电路谐振，其端口电压 $\dot{U}$ 与电流 $\dot{I}$ 必为同相，即

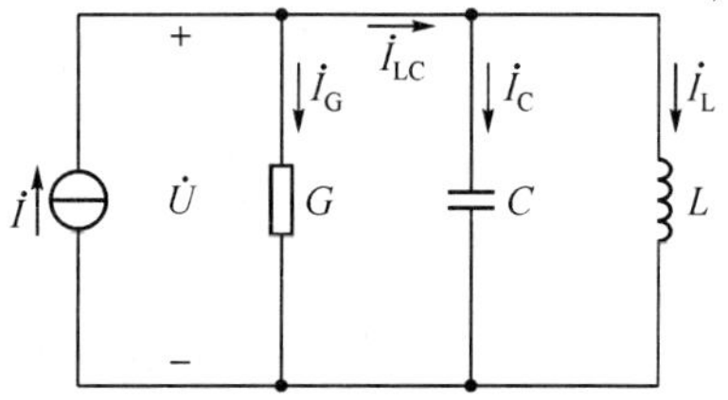

图 9.6.8 GCL 并联电路

$$\omega_0 C-1/\omega_0 L=0$$

得到并联谐振的条件：
$$\omega_0=\frac{1}{\sqrt{LC}} \tag{9.6.8}$$

可以看出：谐振角频率 ω 只与电路元件 L 与 C 常数有关，而与电导 G 无关；我们可以通过调整电源的角频率 ω 或者调整电路元件 C 或 L 值满足谐振的条件，使电路谐振。

1）并联谐振特点

（1）谐振时导纳值最小，等于电导 G。

GCL 并联电路的等效导纳 $Y=\dot{I}/\dot{U}=G+j(\omega C-1/\omega L)$

等效导纳模 $|Y|^2=G^2+(\omega C-1/\omega L)^2$

并联谐振时，$\omega_0 C-1/\omega_0 L=0$

因此
$$|Y|=G\text{ 最小} \tag{9.6.9}$$

（2）谐振时 LC 并联部分电流为零，对外电路相当开路。

参考图 9.6.7 所示 GCL 并联电路，有

$$\dot{I}_{LC}=\dot{I}_C+\dot{I}_L=j(\omega C-1/\omega L)\dot{U}$$

并联谐振时，$\omega_0 C-1/\omega_0 L=0$，因此

$$\dot{I}_{LC}=\dot{I}_C+\dot{I}_L=0 \tag{9.6.10}$$

即 LC 并联部分对外电路相当开路，电路只有电导 G 与外电路连接。

但是要注意：并联谐振时，$\dot{I}_{LC}=0$，并非$|\dot{I}_C|$与$|\dot{I}_L|$等于零，有

$$|\dot{I}_C|=\omega_0 C|\dot{U}|=|\dot{I}_L|=(1/\omega_0 L)|\dot{U}|$$

如果$\omega_0 C=1/\omega_0 L\gg G$，则$|\dot{I}_C|=|\dot{I}_L|\gg|\dot{I}|=G|\dot{U}|$，因此并联谐振又称为电流谐振。

(3)在电流$\dot{I}$大小保持不变条件下，并联谐振时电压值最大。

GCL 并联电路的电压　　$\dot{U}=\dot{I}/Y$

电压模　　$|\dot{U}|=|\dot{I}|/|Y|$

并联谐振时，　　$\omega_0 C-1/\omega_0 L=0$

$|Y|=G$　（最小）

因此，　　$|\dot{U}|=U_0=|\dot{I}|/G$　（最大）　　(9.6.11)

2）频率特性

设响应$\dot{U}=|\dot{U}|\underline{/\theta}$，在激励电流大小保持不变条件下，响应$\dot{U}$的大小$|\dot{U}|$与频率的关系$|\dot{U}|=f(\omega)$称为幅频特性；响应$\dot{U}$的初相$\theta$与频率的关系$\theta=f(\omega)$称为相频特性；我们把幅频特性与相频特性统称频率特性。

当$\omega<\omega_0$或$\omega>\omega_0$时，在激励电流大小保持不变条件下，$|\dot{U}|$将均由$|\dot{I}|/G=|\dot{I}|R$下降；当ω趋向零或无限大时，$|\dot{U}|$均趋向零，如图 9.6.9 所示。

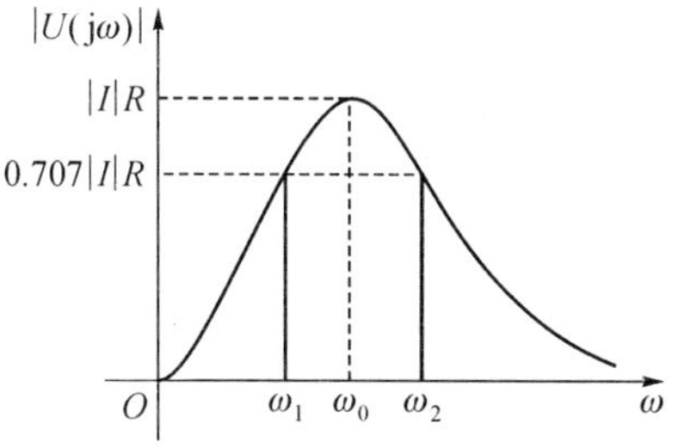

图 9.6.9　GCL **并联电路幅频特性**

设$\omega=\omega_1<\omega_0$、$\omega=\omega_2>\omega_0$，这两个频率称为半功率频率，在这两个频率下电压值$|\dot{U}|$均由谐振时$|\dot{I}|R$下降为$0.707|\dot{I}|R$，则把这两个频率之差定义为通频带BW，即

$$BW=\omega_2-\omega_1 \qquad (9.6.12)$$

可以证明　　$BW=G/C$　　(9.6.13)

式(9.6.12)与式(9.6.13)说明：通频带的宽度与电路元件参数G、C有关，在C保持不变条件下，电导G越小，通频带的宽度越窄，对应的频率特性($|\dot{U}|=f(\omega)$)曲线越陡峭；反之，电导G越大，通频带的宽度越宽，对应的频率特性($|\dot{U}|=f(\omega)$)曲线越平缓。为了衡量频率特性($|\dot{U}|=f(\omega)$)曲线的陡峭程度，引入品质因数。

品质因数定义为谐振频率ω_0与通频带宽度BW之比，即

$$Q=\omega_0/BW=\omega_0/(\omega_2-\omega_1)=\omega_0 C/G=1/(\omega_0 LG) \qquad (9.6.14)$$

由式(9.6.14)可以看出：GCL 并联电路的品质因数等于谐振时电容电纳$\omega_0 C$(或电感电纳$1/\omega_0 L$)与电导G之比，因此 GCL 并联电路的品质因数又称为纳导比。

RLC 串联电路与 GCL 并联电路是对偶电路，进行对偶比较如表 9.6.1。

表 9.6.1　RLC 串联电路与 GCL 并联电路对比

电　路	RLC 串联电路	GCL 并联电路
阻抗(导纳)	阻抗：$Z(j\omega_0)=R$ 阻抗值最小	导纳：$Y(j\omega_0)=G$ 导纳值最小，即阻抗值最大
谐振频率	$\omega_0=\dfrac{1}{\sqrt{LC}}$	$\omega_0=\dfrac{1}{\sqrt{LC}}$
品质因数	$Q=\dfrac{\omega_0 L}{R}=\dfrac{1}{\omega_0 CR}$为抗阻比	$Q=\dfrac{\omega_0 C}{G}=\dfrac{1}{\omega_0 LG}$为纳导比
谐振时	$I=U/R$，电压值 U 不变时电流值最大	$U=I/G$，电流值 I 不变时电压值最大
谐振时各元件电压(电流)	$\dot{U}_R=\dot{U}$　$\dot{U}_L+\dot{U}_C=0$ $\dot{U}_L=jQ\dot{U}$　$\dot{U}_C=-jQ\dot{U}$ LC 部分短路	$\dot{I}_G=\dot{I}$　$\dot{I}_L+\dot{I}_C=0$ $\dot{I}_L=jQ\dot{I}$　$\dot{I}_C=-jQ\dot{I}$ LC 部分断路

【例 9.6.1】 RLC 串联电路连接电压为 $u_S=\sqrt{2}\cos\omega t$ V 电压源。

(1)如果电阻 $R=10\ \Omega$，电感 $L=20$ mH，调整电容值 $C=200$ pF 时，电路发生谐振，计算谐振角频率与谐振时电路电流、电感电压、电容电压等数值以及品质因数。

(2)如果电压源角频率调整为两倍谐振角频率，调整电容值 C 使电路再发生谐振，计算再次发生谐振时电容值、电路电流、电感电压、电容电压等数值以及品质因数。

解：(1)电压源电压有效值 $U_S=1$ V

谐振时电路阻抗 $Z=R=10\ \Omega$，因此

谐振时电路电流有效值 $I_0=U_S/R=1/10=0.1$ A

谐振角频率 $\omega_0=1/\sqrt{LC}=1/\sqrt{20\times10^{-3}\times200\times10^{-12}}=5\times10^5$ rad/s

谐振时电感电抗 $\omega_0 L=5\times10^5\times20\times10^{-3}=10\ 000\ \Omega$

谐振时电感电压有效值为 $U_{L0}=\omega_0 LI_0=10\ 000\times0.1=1\ 000$ V

谐振时电容电压有效值 U_{C0} 等于电感电压有效值 $U_{L0}=1\ 000$ V

品质因数 $Q=\omega_0 L/R=10\ 000/10=1\ 000$

或 $Q=U_{L0}/U_S=1\ 000/1=1\ 000$，即 RLC 串联电路品质因数又称为电压比。

(2)当电压源角频率调整为两倍谐振角频率时，即 $\omega=2\omega_0=2\times5\times10^5=10^6$ rad/s

再次发生谐振时　　$2\omega_0=10^6=1/\sqrt{LC}=1/\sqrt{20C}$

解得再发生谐振时电容　　$C=50\times10^{-12}$ F$=50$ pF

再次发生谐振时电路阻抗 $Z=R=10\ \Omega$，因此电流有效值为 $I_0=0.1$ A 不变。

再次发生谐振时电感电抗 $2\omega_0 L=20\ 000\ \Omega$

再次发生谐振时电感电压有效值为 $2\omega_0 LI_0=2\ 000$ V

再次发生谐振时电容电压有效值等于电感电压有效值为 2 000 V

再次发生谐振时品质因数 $Q=2\omega_0 L/R=2\ 000$

9.6.3　其他谐振

谐振电路形式很多，下面讨论电感线圈与电容并联谐振电路。

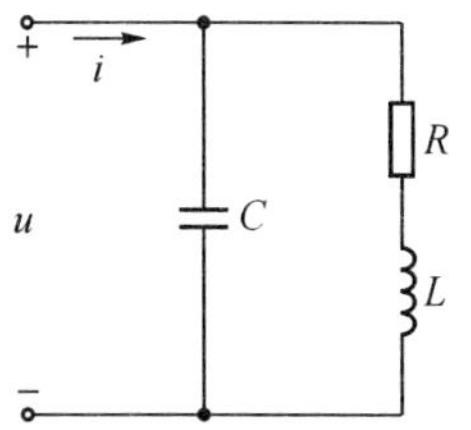

图 9.6.10　电感线圈与电容并联电路

工程上经常采用电感线圈与电容并联构成谐振电路，电感线圈用电阻与电感串联组合表示，如图 9.6.10 所示。

如果电路的激励 u（或 i）为正弦量，则电路的等效导纳为：

$$Y=\mathrm{j}\omega C+\frac{1}{R+\mathrm{j}\omega L}=\mathrm{j}\omega C+\frac{R}{R^2+(\omega L)^2}-\mathrm{j}\frac{\omega L}{R^2+(\omega L)^2}$$

$$=\frac{R}{R^2+(\omega L)^2}+\mathrm{j}\left(\omega C-\frac{\omega L}{R^2+(\omega L)^2}\right)$$

如果
$$\omega C-\frac{\omega L}{R^2+(\omega L)^2}=0$$

则电路发生谐振，谐振角频率 ω_0 为 $\omega_0=\dfrac{1}{\sqrt{LC}}\sqrt{1-\dfrac{CR^2}{L}}$　　(9.6.15)

由式(9.6.15)可以看出：当电阻 R 为零时，变成 LC 并联电路，谐振角频率 $\omega_0=1/\sqrt{LC}$。如果电阻 R 不为零，则只有当 $R<\sqrt{L/C}$时电路才能发生谐振，这是因为当 $R<\sqrt{L/C}$时，$1-CR^2/L$才会为正实数；因此当电阻 $R>\sqrt{L/C}$时，电路不会发生谐振。

如果电路发生谐振，电路的等效导纳为　$Y=\dfrac{R}{R^2+(\omega L)^2}=\dfrac{CR}{L}$　　(9.6.16)

确定电抗网络谐振频率：当网络仅由电感与电容构成时，称为电抗网络。基本电抗网络是一个电感与一个电容串联或并联构成，分别如图 9.6.11(a)与(b)所示。

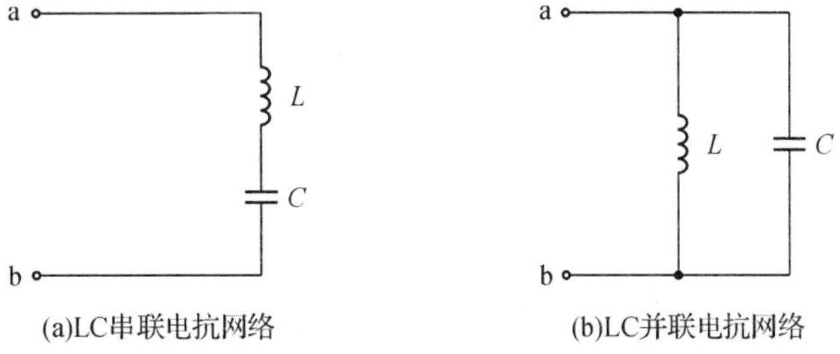

图 9.6.11　二个电抗元件的电抗网络

对于如图 9.6.11(a)所示 LC 串联电抗网络，谐振频率为 $\omega_0=1/\sqrt{LC}$。发生谐振时，端口阻抗 $Z_{ab}=0$，因此，端口 a 与 b 之间相当短路。

对于如图 9.6.11(b)所示 LC 并联电抗网络，谐振频率为 $\omega_0=1/\sqrt{LC}$。发生谐振时，端口导纳 $Y_{ab}=0$，即阻抗 $Z_{ab}=\infty$，因此，端口 a 与 b 之间相当开路。

对于如图 9.6.12(a)与(b)所示电抗网络，可能发生电路局部串联谐振，也可能发生电路全局并联谐振。

如图 9.6.12(a)所示电抗网络发生电路局部串联谐振时，必须满足 $\omega_{01}=1/\sqrt{L_1C}$。在某一频率下电感 L_1 与电容 C 串联支路呈现电容性质才能与并联 L_2 发生电路全局并联谐振，此时由于并联谐振特点使其端口 a 与 b 之间相当开路，因此电感 L_1 与 L_2 为串联，等效电感

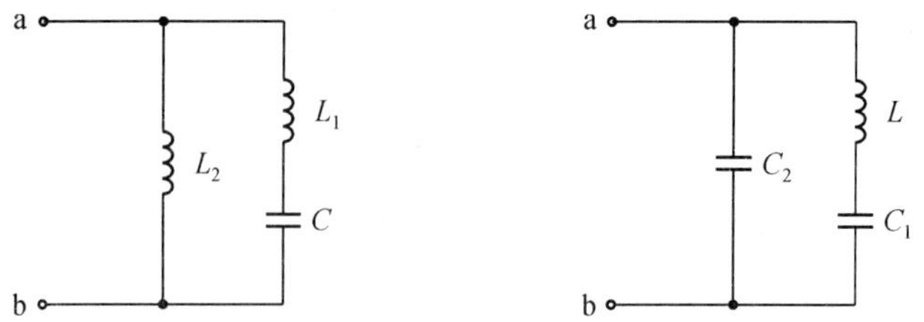

(a)L_1C串联后并联L_2　　(b)LC_1串联后并联C_2

图 9.6.12　三个电抗元件的电抗网络

$L=L_1+L_2$，并联谐振频率为 $\omega=\dfrac{1}{\sqrt{LC}}=\dfrac{1}{\sqrt{(L_1+L_2)C}}$

如图 9.6.12(b)所示电抗网络发生电路局部串联谐振时，必须满足 $\omega_{01}=1/\sqrt{LC_1}$。在某一频率下电感 L 与电容 C_1 串联支路呈现电感性质才能与并联 C_2 发生电路全局并联谐振，此时由于并联谐振的端口 a 与 b 之间相当开路，因此电容 C_1 与 C_2 为串联，等效电容 $C=C_1C_2/(C_1+C_2)$，并联谐振频率为 $\omega=\dfrac{1}{\sqrt{LC}}=\sqrt{\dfrac{C_1+C_2}{LC_1C_2}}$

对于如图 9.6.13(a)与(b)所示电抗网络，可能发生电路局部并联谐振，也可能发生电路全局串联谐振。

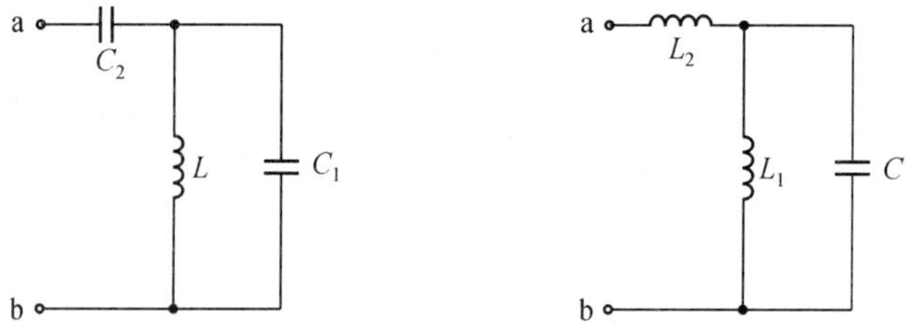

(a)LC_1并联后串联C_2　　(b)L_1C并联后串联L_2

图 9.6.13　三个电抗元件的电抗网络

如图 9.6.13(a)所示电抗网络发生电路局部并联谐振时，必须满足 $\omega_{01}=1/\sqrt{LC_1}$。在某一频率下电感 L_1 与电容 C 并联支路呈现电感性质才能与串联的 C_2 发生电路全局串联谐振，此时由于串联谐振的端口 a 与 b 之间相当短路，因此电容 C_1 与 C_2 为并联，等效电容 $C=C_1+C_2$，全局串联谐振频率为 $\omega_{02}=\dfrac{1}{\sqrt{LC}}=\dfrac{1}{\sqrt{L(C_1+C_2)}}$

如图 9.6.13(b)所示电抗网络发生电路局部并联谐振时，必须满足 $\omega_{01}=1/\sqrt{L_1C}$。在某一频率下电感 L_1 与电容 C 并联支路呈现电容性质才能与串联 L_2 发生电路全局串联谐振，此时由于串联谐振的端口 a 与 b 之间相当短路，因此电感 L_1 与 L_2 为并联，等效电感 $L=L_1L_2/(L_1+L_2)$，并联谐振频率为 $\omega_{02}=\dfrac{1}{\sqrt{LC}}=\sqrt{\dfrac{L_1+L_2}{CL_1L_2}}$

【例 9.6.2】 正弦稳态相量电路如图 9.6.14 所示，电压有效值相量 $\dot{U}=200\,\underline{/0^\circ}$ V，电路发生谐振，电流有效值 $I_1=I_2=I_3=I_4=I_5=10$ A，计算阻抗 Z_1、Z_2、Z_3。

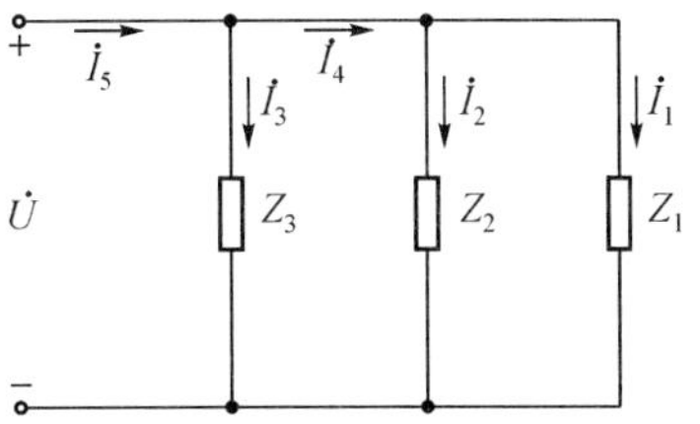

图 9.6.14　例 9.6.2 电路

解：电压有效值相量 $\dot{U}=200\angle 0^\circ$ V，电路发生谐振时电流有效值相量 $\dot{I}_5$ 与 $\dot{U}$ 同相，得到

$$\dot{I}_5=10\angle 0^\circ\ \text{A}$$

根据 KCL，有 $\dot{I}_4=\dot{I}_1+\dot{I}_2$，而且 $I_4=I_1=I_2=10$ A，因此 $\dot{I}_4$、$\dot{I}_1$、$\dot{I}_2$ 三个电流有效值相量构成等边三角形。根据 KCL，有 $\dot{I}_5=\dot{I}_3+\dot{I}_4$，画出电压 $\dot{U}$ 与电流 $\dot{I}_1$、$\dot{I}_2$、$\dot{I}_3$、$\dot{I}_4$、$\dot{I}_5$ 的相量图如图 9.6.15(a)所示。

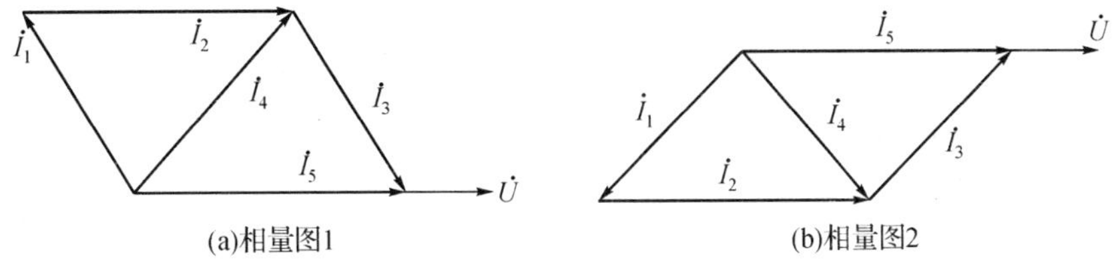

图 9.6.15　满足题意的两个相量图

由如图 9.6.15(a)所示相量图可以得到

$\dot{I}_1=10\angle 120^\circ$ A，$\dot{I}_2=10\angle 0^\circ$ A，$\dot{I}_3=10\angle -60^\circ$ A

于是 $$Z_1=\dot{U}/\dot{I}_1=200\angle 0^\circ/10\angle 120^\circ=20\angle -120^\circ=-10-\text{j}17.3\ \Omega$$

$$Z_2=\dot{U}/\dot{I}_2=200\angle 0^\circ/10\angle 0^\circ=20\angle 0^\circ=20\ \Omega$$

$$Z_3=\dot{U}/\dot{I}_3=200\angle 0^\circ/10\angle -60^\circ=20\angle 60^\circ=10+\text{j}17.3\ \Omega$$

当然此题并非唯一答案，例如画出电压 $\dot{U}$ 与电流 $\dot{I}_1$、$\dot{I}_2$、$\dot{I}_3$、$\dot{I}_4$、$\dot{I}_5$ 的相量图如图 9.6.15(b)所示，也满足题意，得到 $\dot{I}_1=10\angle -120^\circ$ A，$I_2=10\angle 0^\circ$ A，$I_3=10\angle 60^\circ$ A，于是

$$Z_1=20\angle 120^\circ=-10+\text{j}17.3\ \Omega$$

$$Z_2=20\angle 0^\circ=20\ \Omega$$

$$Z_3==20\angle -60^\circ=10-\text{j}17.3\ \Omega$$

【例 9.6.3】 如图 9.6.16 所示电路为 RC 双 T 型选频网络，求当输出电压 $\dot{U}_2=0$ 时所对应电压 $\dot{U}_1$ 的频率。

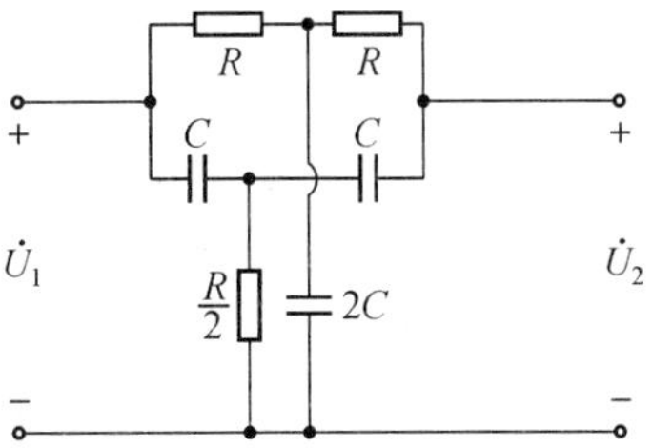

图 9.6.16　例 9.6.3RC 双 T 型选频网络

解：如图 9.6.16 所示电路为 RC 双 T 型选频网络，如果由输出端口向左用戴维南等效电路替代，则当输出端口电压 $\dot{U}_2=0$ 时，意味着从输出端口看进去的戴维南等效电路的电压源电压等于零，如图 9.6.17(a)所示，因此输出端电流等于零；或者说从输出端口看进去的诺顿等效电路的电流源电流等于零，如图 9.6.17(b)所示，因此输出端电流等于零。于是，该问题的求解变换为输出端开路电压等于零或者输出端短路电流等于零的条件求解。

我们讨论输出端短路电流等于零的条件，把原电路看成图 9.6.18(a)与(b)两个电路的

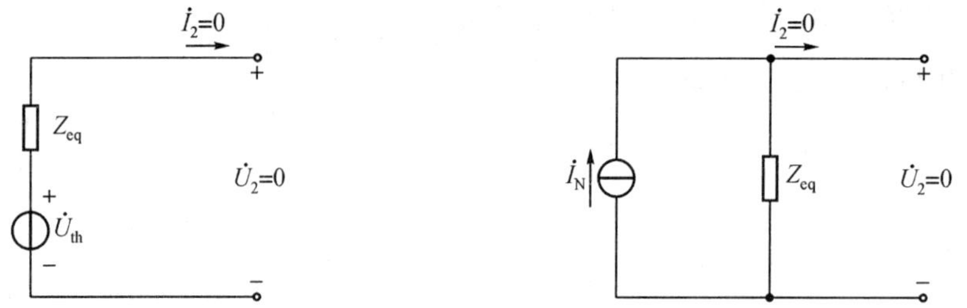

(a)戴维南等效电路　　(b)诺顿等效电路

图 9.6.17　例 9.6.3 选频网络的等效电路

合成，原电路输出端短路电流$\dot{I}_2$等于图 9.6.18(a)电路输出端短路电流$\dot{I}'_2$与图 9.6.18(b)电路输出端短路电流$\dot{I}''_2$的叠加，即讨论$\dot{I}_2=\dot{I}_2'+\dot{I}''_2=0$的条件。

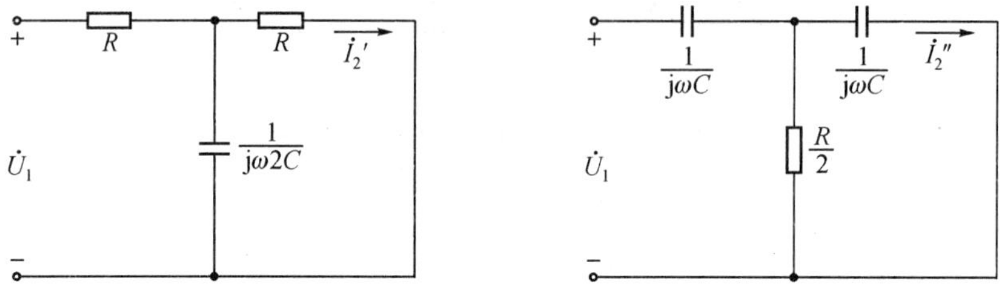

(a)T型电路　　(b)T型电路

图 9.6.18　RC 双 T 型选频网络的分解

对于图 9.6.18(a)电路，有

$$\dot{I}'_2=\frac{1/j\omega 2C}{R+\dfrac{1}{j\omega 2C}}\times\frac{\dot{U}_1}{R+\dfrac{R\cdot\dfrac{1}{j\omega 2C}}{R+\dfrac{1}{j\omega 2C}}}=\frac{\dot{U}_1}{2R(1+j\omega RC)}$$

对于图 9.6.18(b)电路，有

$$\dot{I}''_2=\frac{R/2}{\dfrac{R}{2}+\dfrac{1}{j\omega C}}\times\frac{\dot{U}_1}{\dfrac{1}{j\omega C}+\dfrac{\dfrac{R}{2}\cdot\dfrac{1}{j\omega C}}{\dfrac{R}{2}+\dfrac{1}{j\omega C}}}=\frac{-(\omega RC)^2\dot{U}_1}{2R(1+j\omega RC)}$$

令$\dot{I}_2=\dot{I}'_2+\dot{I}''_2=0$，有

$$\frac{\dot{U}_1}{2R(1+j\omega RC)}-\frac{(\omega RC)^2\dot{U}_1}{2R(1+j\omega RC)}=0$$

即

$$1-(\omega RC)^2=0$$

解得输出端口电压等于零的条件是

$$\omega=\frac{1}{RC}$$

当然可以根据输出端口开路电压等于零进行分析，留给读者做自我练习。

【例 9.6.4】 电路如图 9.6.19 所示，已知电压有效值相量$\dot{U}_1=10\underline{/0^\circ}$ V，试计算电流有效值相量$\dot{I}$及电压传输比$\dot{U}_2/\dot{U}_1$。

解：电路输入阻抗为

$$Z_{eq}=\frac{j1}{1+j1}+\frac{-j1}{1-j1}=\frac{1}{2}+j\frac{1}{2}+\frac{1}{2}-j\frac{1}{2}=1\ \Omega$$

因此，电路发生谐振。

$$\dot{I}=\frac{\dot{U}_1}{Z_{eq}}=\frac{10\angle 0^\circ}{1}=10\angle 0^\circ\ \text{A}$$

$$\dot{U}_2=(\frac{1}{2}-\text{j}\frac{1}{2})(10\angle 0^\circ)=\sqrt{25}\angle -45^\circ\ \text{V}$$

$$\frac{\dot{U}_2}{\dot{U}_1}=\frac{\sqrt{25}\angle -45^\circ}{10\angle 0^\circ}=\frac{\sqrt{2}}{2}\angle -45^\circ$$

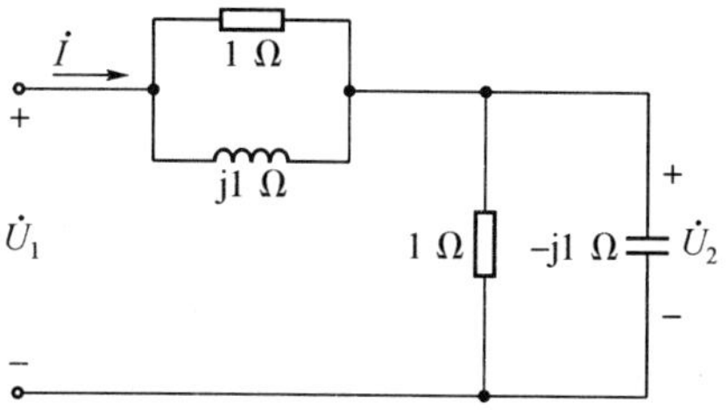

图 9.6.19　例 9.6.4 电路

【例 9.6.5】　如图 9.6.20 所示电路中，已知电压有效值相量$\dot{U}_1=10\angle 0^\circ$ V，$\omega=1$ rad/s，试计算电流有效值相量$\dot{I}$与电压有效值相量$\dot{U}_2$。

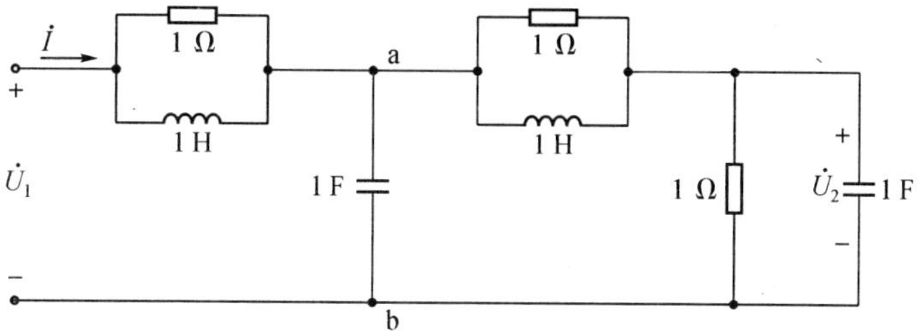

图 9.6.20　例 9.6.5 电路

解：由图 9.6.20 所示电路的 ab 端口向右看进去的等效阻抗为

$$Z_{ab}=\frac{\text{j}1}{1+\text{j}1}+\frac{-\text{j}1}{1-\text{j}1}=\frac{1}{2}+\text{j}\frac{1}{2}+\frac{1}{2}-\text{j}\frac{1}{2}=1\ \Omega$$

因此，可以知道如图 9.6.20 所示电路 ab 端口向右看的部分电路发生谐振。得到如图 9.6.21 所示等效电路。

如图 9.6.21 所示电路输入端口的等效阻抗为

$$Z_{eq}=1\ \Omega$$

说明如图 9.6.20 所示电路发生谐振，因此，

$$\dot{I}=\frac{\dot{U}_1}{Z_{eq}}=\frac{10\angle 0^\circ}{1}=10\angle 0^\circ\ \text{A}$$

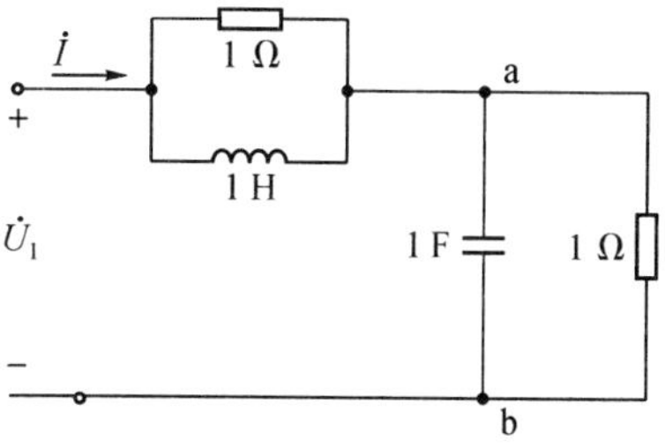

图 9.6.21　等效电路

由如图 9.6.21 所示等效电路得到

$$\dot{U}_{ab}=\frac{-\text{j}1}{1-\text{j}1}\dot{I}=\sqrt{25}\angle -45^\circ\ \text{V}$$

由如图 9.6.20 所示电路，应用分压公式，得到　$\dot{U}_2=\frac{\dot{U}_{ab}}{Z_{ab}}\times\frac{-\text{j}1}{1-\text{j}1}=5\angle -90^\circ\ \text{V}$

【例 9.6.6】　电路如图 9.6.22 所示，已知 $u_S=200\sqrt{2}\cos 100t$ V，改变负载阻抗 Z_L 维持输出电流$\dot{I}$的有效值始终为 10 A，确定电路参数 L 和 C。

解：对如图 9.6.22 所示电路作电源等效变换，结果如图9.6.23所示。

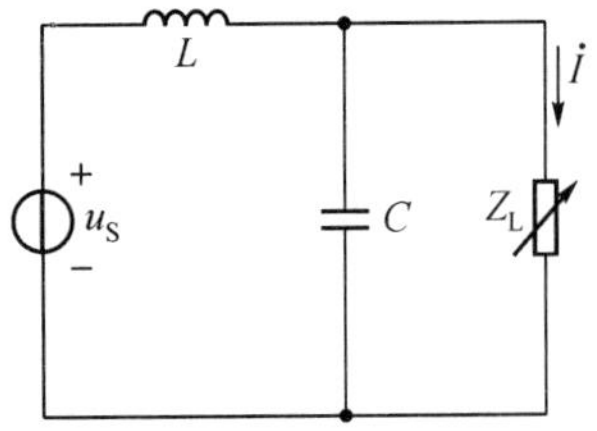

图 9.6.22 例 9.6.6 电路

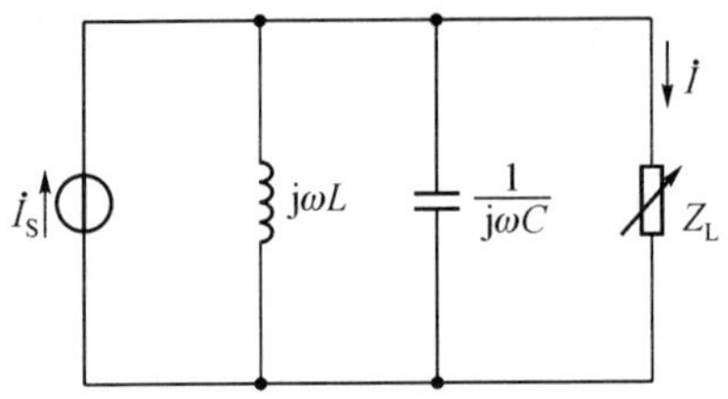

图 9.6.23 电源等效变换电路

在如图 9.6.23 所示等效电路中

$$|\dot{I}_S|=|\dot{U}_S|/\omega L=200/\omega L$$

如果图 9.6.23 所示等效电路发生 LC 并联谐振，则其等效阻抗为无限大，相当开路，于是，只要 $|\dot{I}_S|=10$ A，输出电流就维持为 $|\dot{I}|=|\dot{I}_S|=10$ A。

由于 $|\dot{I}_S|=200/\omega L=10$ A

解得 $\omega L=200/10=20\ \Omega$

$$L=20/100=0.2\ \text{H}$$

LC 并联谐振，有 $\omega L=20\ \Omega=1/\omega C=1/100\ C$

因此，$C=1/(100\times 20)=0.5\times 10^{-3}$ F$=500\ \mu$F

【例 9.6.7】 电路如图 9.6.24 所示，调节 $C=100\ \mu$F 时，$i_2=0$，i_C 的有效值为 10 A，求 $u_S(t)$。

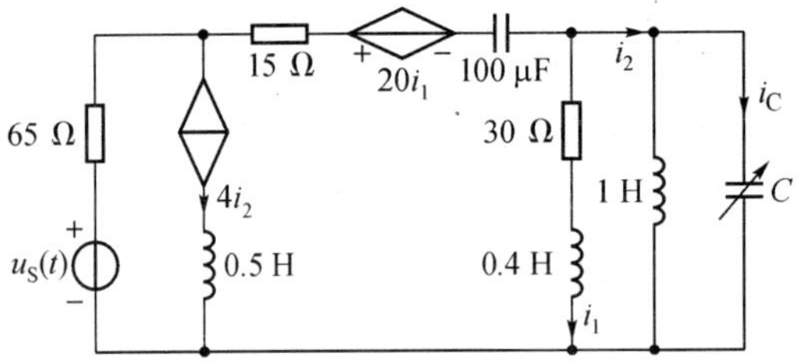

图 9.6.24 例 9.6.7 电路

解：当 $i_2=0$ 时，说明 1 H 的电感与可调电容(100 μF)发生并联谐振，谐振频率为

$$\omega=\frac{1}{\sqrt{1\times 100\times 10^{-6}}}=100\ \text{rad/s}$$

此谐振频率就是电压源的频率。当 $i_2=0$ 时，受控电流源 $4i_2=0$，其所在支路相当开路。

100 μF 电容的阻抗 $Z_C=1/(\text{j}100\times 100\times 10^{-6})=-\text{j}100\ \Omega$；

0.4 H 电感的阻抗 $Z_L=\text{j}100\times 0.4=\text{j}40\ \Omega$；

画出原电路的相量电路，如图 9.6.25 所示。

电容的端电压有效值

$$U_C=\frac{1}{\omega C}I_C=100\times 10=1\ 000\ \text{V}$$

令 $\dot{U}_1=1\ 000\ \underline{/0^\circ}$ V，则

$$\dot{I}_1=\frac{1\ 000\ \underline{/0^\circ}}{30+\text{j}40}=20\ \underline{/-53.1^\circ}\ \text{A}$$

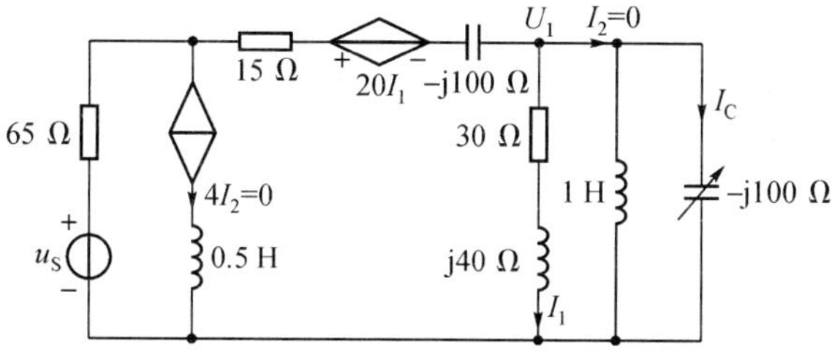

图 9.6.25 原电路的相量电路

根据 KVL，有

$$(65+15-j100+30+j40)\dot{I}_1+20\dot{I}_1-\dot{U}_S=0$$

即 $\dot{U}_S=(130-j60)\dot{I}_1=(130-j60)20\angle{-53.1^\circ}=2\,863.6\angle{-77.9^\circ}\text{ V}$

因此，$u_S(t)=2\,863.6\sqrt{2}\cos(100t-77.9^\circ)\text{V}$

9.7 小结

(1)相量分析正弦稳态电路时，电阻、电感、电容要用其阻抗(或导纳)替换：

电阻元件的阻抗 $Z_R=R$

电感元件的阻抗 $Z_L=j\omega L$

电容元件的阻抗 $Z_C=1/j\omega C$

激励正弦电源的电压或电流要用其最大值相量或有效值相量替换。

(2)简单的正弦稳态电路分析可以应用等效变换方法把电路等效简化为单一回路电路或单结点电路，然后应用分压或分流公式进一步分析与计算。阻抗串联与分压公式、阻抗并联与分流公式与电阻串联、电阻并联的对应公式相同。

(3)相量分析法只能应用于单一频率的电路，可以应用结点法、网孔法、叠加定理、戴维南定理、诺顿定理进行分析与计算。

(4)在关联参考方向下，正弦稳态电路中：

电阻元件的平均功率 $P_R=UI=U^2/R=I^2R$，无功功率 $Q_R=0$；

电感元件的平均功率 $P_L=0$，无功功率 $Q_L=UI=U^2/\omega L=I^2\omega L$；

电容元件的平均功率 $P_C=0$，无功功率 $Q_C=-UI=-U^2\omega C=-I^2/\omega C$；

正弦稳态二端网络吸收的

瞬时功率为 $p(t)=u(t)i(t)$

平均功率为 $P=(1/2)U_mI_m\cos(\theta-\Phi)=UI\cos(\theta-\Phi)$

无功功率为 $Q=(1/2)U_mI_m\sin(\theta-\Phi)=UI\sin(\theta-\Phi)$

视在功率为 $S=|S|=(1/2)U_mI_m=UI$

复功率为 $S=(1/2)\dot{U}_m\dot{I}_m^*=\dot{U}\dot{I}^*=P+jQ=S\angle{\theta-\Phi}$

只有负载的电阻分量消耗非零平均功率，负载的电抗分量的平均功率为零。

(5)功率因数定义为平均功率与视在功率的比值，即

$$[PF]=\cos(\theta-\Phi)=P/S$$

对于纯电阻负载[PF]=1；对于纯电抗负载[PF]=0。

通常利用电容器并联负载的方法提高感性负载的功率因数，减轻电源提供的无功功率。

(6)满足 $Z_L=R_L+jX_L=Z_{th}^*=R_{th}-jX_{th}$ 时负载 Z_L 获得最大平均功率，

$$P_{max}=U^2/(4R_{th})$$

(7)如果正弦稳态二端网络端口电压与电流同相，称之为发生谐振。RLC 串联与并联电路的谐振频率均为 $\omega_0=1/\sqrt{LC}$

RLC 串联谐振时 LC 串联部分电路电压为零，R 两端的电压为电路端电压，电路阻抗等于 R，因此，电路电流为 $I=U/R$。

RLC 并联谐振时 LC 并联部分电路电流为零，R 上流过的电流为电路总电流，电路阻抗等于 R，因此，电路电压为 $U=RI$。

习　题　9

9-1-1　求图 9-1-1 正弦交流电路中的阻抗 Z_{ab} 和导纳 Y_{ab}。

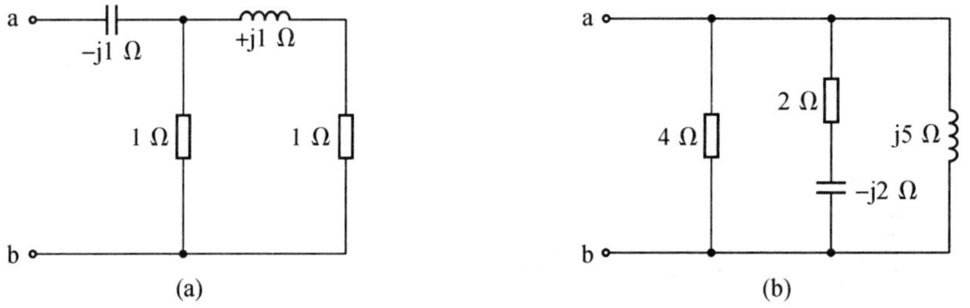

图 9-1-1　习题 9-1-1 电路

9-1-2　一个电阻和电容串联的正弦交流电路中，已知电源电压 $u=220\cos(314t+30°)$ V，电阻 $R=10\ \Omega$，电容的容抗 $X_C=10\ \Omega$，求解电路中的电流，并画出相量图。

9-2-1　正弦稳态电路如图 9-2-1 所示，已知 $\dot{U}=10\ \underline{/0°}$ V，$R=X_L=X_C$，求 U_{ab}。

9-2-2　图 9-2-2 所示的电路中，已知 $R=2\ \Omega$，$\omega L=1\ \Omega$，$U_C=1\ \underline{/45°}$，求电流源 $i_S(t)$ 的瞬时值。

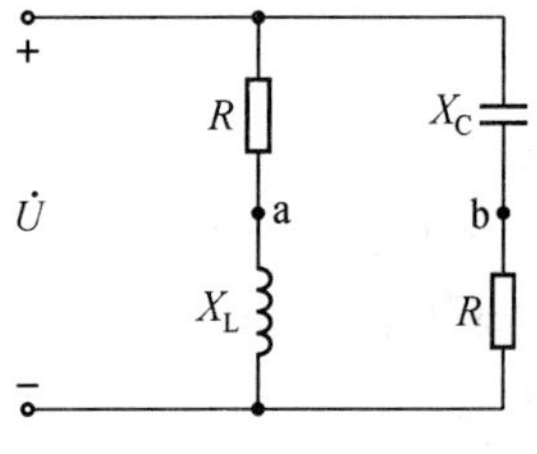

图 9-2-1　习题 9-2-1 电路

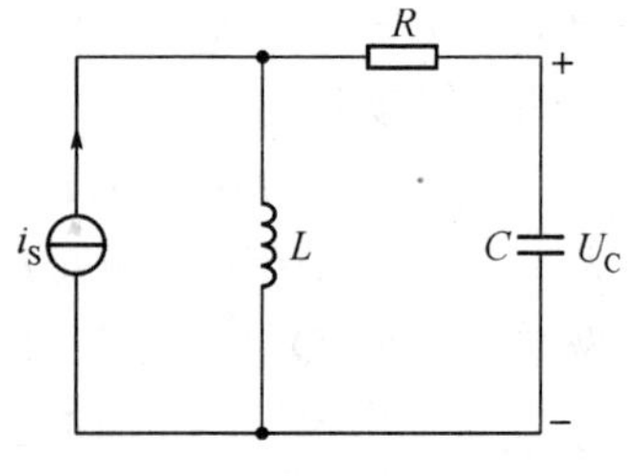

图 9-2-2　习题 9-2-2 电路

9-3-1　试用结点法和网孔电流法求图 9-3-1 中的 $\dot{I}_0$。

9-3-2　求如图 9-3-2 所示电路中 a、b 两点间的戴维南等效电路。

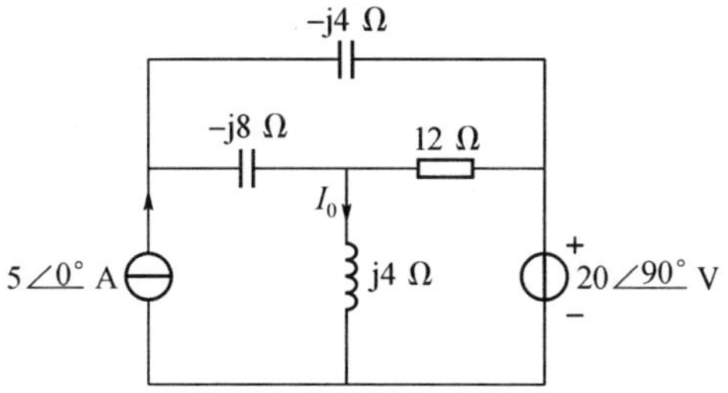

图 9-3-1 习题 9-3-1 电路

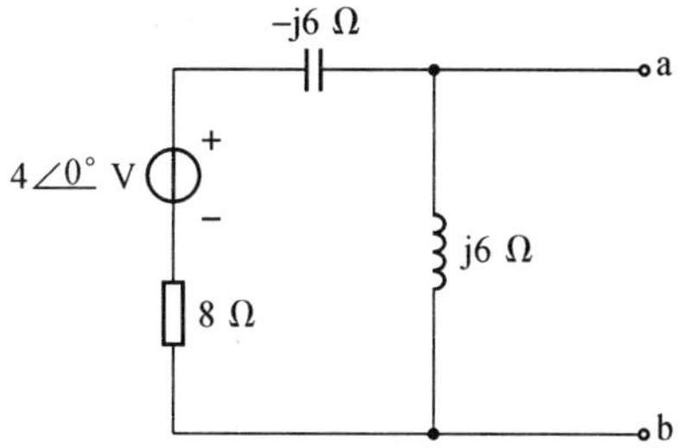

图 9-3-2 习题 9-3-2 电路

9-4-1 电路如图 9-4-1 所示，若已知电流的有效值 $I=5$ A，$I_R=3$ A，$I_C=3$ A，试求 $\dot{I}_L$ 的有效值。

9-4-2 图 9-4-2 所示电路中，已知 $U_R=40$ V，$R=4\ \Omega$，$X_C=5\ \Omega$，$\dot{U}_C$ 超前 $\dot{U}_R$ 36.9°，试用相量图求解 $\dot{I}$。

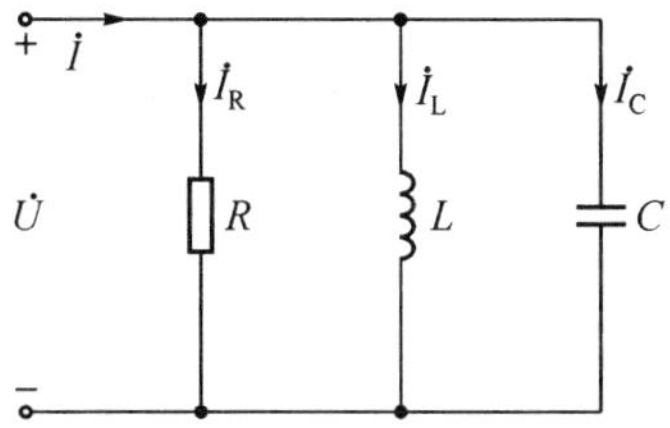

图 9-4-1 习题 9-4-1 电路

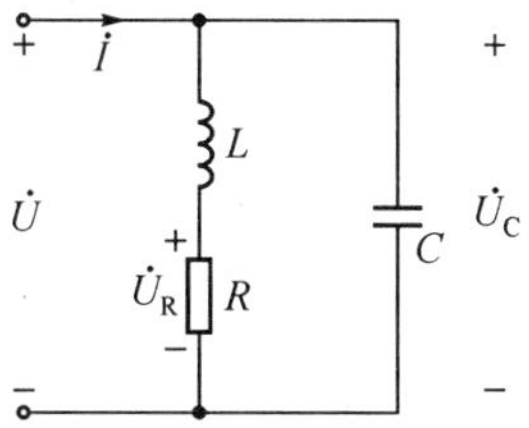

图 9-4-2 习题 9-4-2 电路

9-5-1 如图 9-5-1 所示正弦稳态电路中，$R=\sqrt{3}\ \Omega$，$X_L=2\ \Omega$，$X_C=-1\ \Omega$，$\dot{I}_S=10\angle 0°$，求 P_R、Q_L、Q_C 以及电流源的视在功率、复功率。

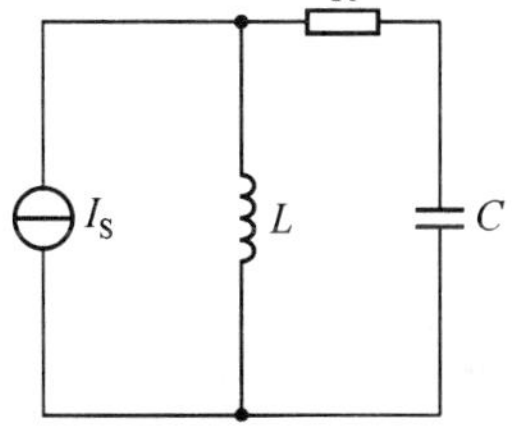

图 9-5-1 习题 9-5-1 电路

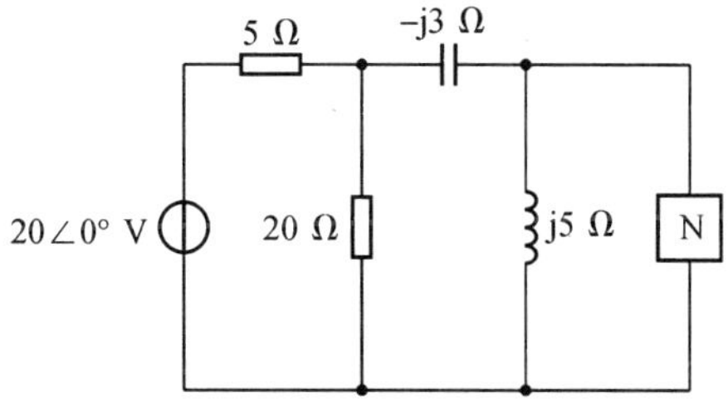

图 9-5-2 习题 9-5-2 电路

9-5-2 如图 9-5-2 所示，N 为不含独立源的单口网络。(1)求共轭匹配时 N 的等效参数；(2)求模匹配时 N 的等效参数；(3)求两种情况下 N 所获得的最大功率。

9-6-1 一 RLC 串联谐振电路，电源电压 $U_S=1$ V 且保持不变，当调节电源频率使电路达到谐振时，$f_0=100$ kHz，这时回路电流 $I_0=100$ mA；当电源频率改变为 99 kHz 时，回路电流 $I_0=70.7$ mA，求回路的品质因数 Q 和电路参数 R、L、C 的值。

9-6-2 在图 9.6.26 所示电路中，已知 $R=10\ \Omega$，$L=100\ \mu$H，$C=400$ pF，求回路的谐振角频率 ω_0，谐振阻抗 Z_0，品质因数 Q 及通频带 BW。

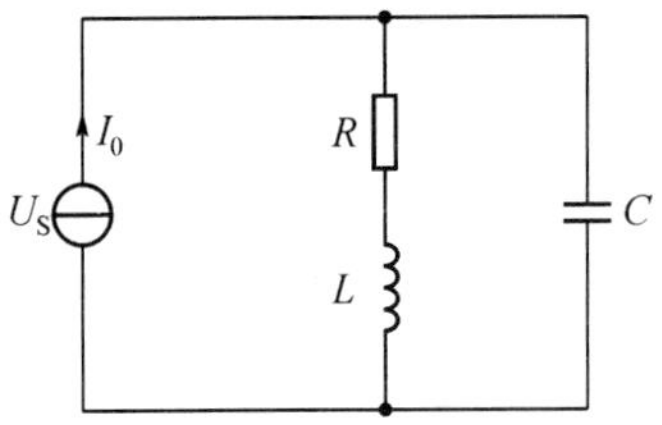

图 9-6-2　习题 9-6-2 电路

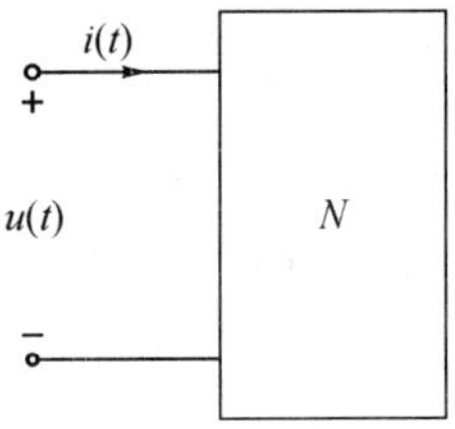

图 9-8-1　习题 9-8-1 电路

9-8-1　如图 9-8-1 所示二端网络 N，其端电压 $u(t)$和电流 $i(t)$分别有以下三种情况，试问 N 可能是何种元件？并求其参数。

(1) $u(t)=10\cos(10t+50^\circ)$ V，$i(t)=2\sin(10t+140^\circ)$ A

(2) $u(t)=10\sin 10t$ V，$i(t)=2\cos 10t$ A

(3) $u(t)=-10\cos t$ V，$i(t)=-2\sin 10t$ A

9-8-2　有一个 RC 并联电路如图 9-8-2 所示，其电阻 $R=40\ \Omega$，电容 $C=0.25\ \mu$F，试求 $\omega=10^5$ rad/s 时的串联等效电路。

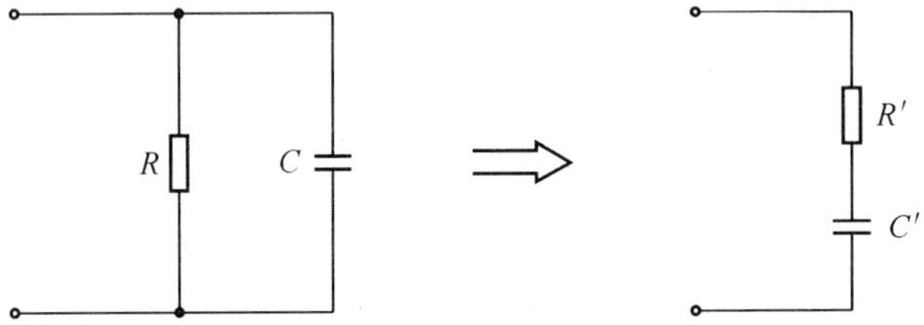

图 9-8-2　习题 9-8-2 电路

9-8-3　如图 9-8-3 所示电路中，$Z_{in}=(0.5+j0.5)\ \Omega$，试求 Z_2 值。

9-8-4　图 9-8-4 所示正弦稳态电路中，$u=4\sin(t+45^\circ)$ V，$i=\sqrt{2}\sin t$ A，试求网络 N 最简单的并联模型及元件参数值。

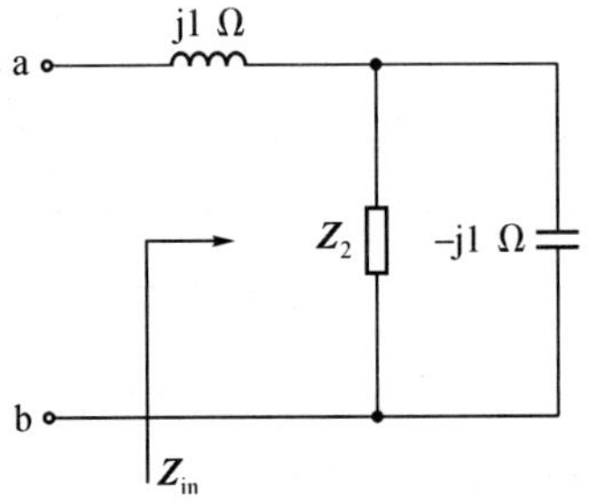

图 9-8-3　习题 9-8-3 电路

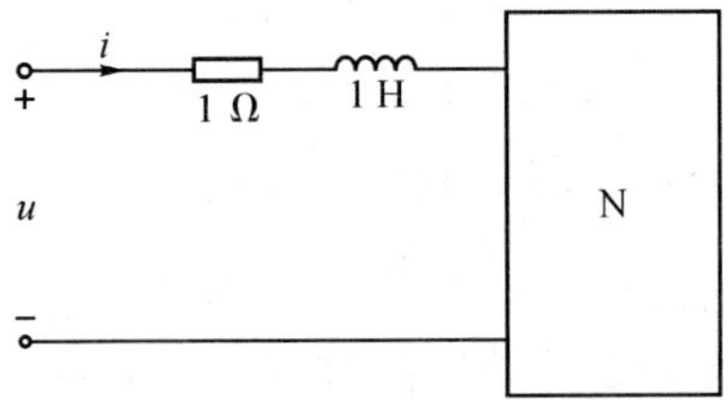

图 9-8-4　习题 9-8-4 电路

9-8-5　阻抗 $Z_1=(1+j1)\Omega$ 与 $Z_2=(3-j1)\Omega$ 并联后与 $Z_3=(1-j0.5)\Omega$ 串联，求整个电路的复阻抗；若流过 Z_3 的电流 $\dot{I}_3=1\angle 30^\circ$ A，求流过 Z_1、Z_2 的电流 $\dot{I}_1$、$\dot{I}_2$。

9-8-6　电路如图 9-8-6 所示，已知 $u_S(t)=10\sqrt{2}\cos 500t$ V，试求电流 i。

9-8-7　RLC 串联电路如图 9-8-7 所示，已知电流相量 $\dot{I}=4\angle 0^\circ$ A，电压相量 $\dot{U}=(80+j200)$ V，$\omega=10^3$ rad/s，求电容 C。

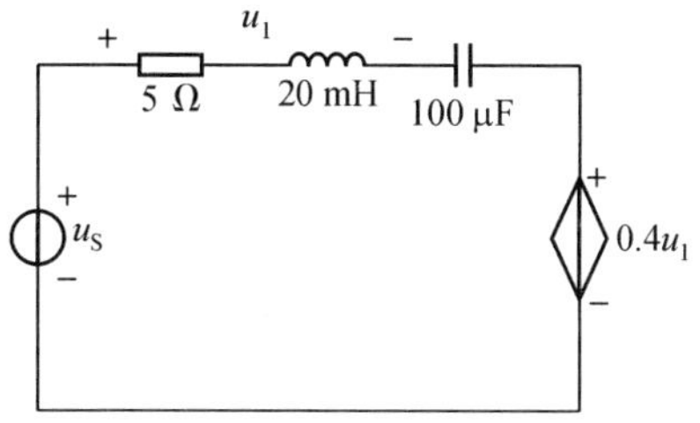

图 9-8-6　习题 9-8-6 电路

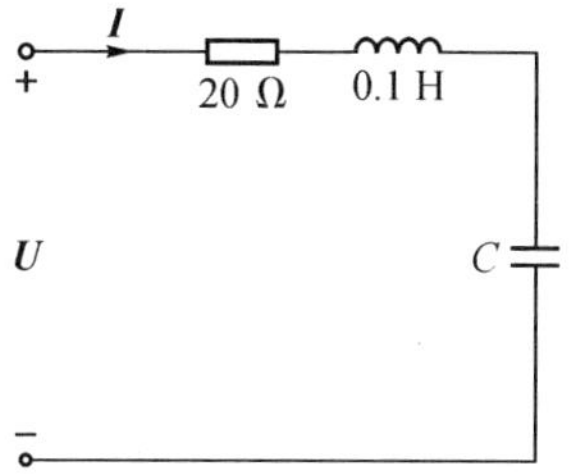

图 9-8-7　习题 9-8-7 电路

9-8-8　电路如图 9-8-8 所示，已知 $R_1=3\ \Omega$，$R_2=4\ \Omega$，$X_L=3\ \Omega$，$X_C=4\ \Omega$，$\dot{U}_S=10\angle 0^\circ$ V，求 $\dot{I}$ 和 $\dot{U}_{CD}$。

9-8-9　电路如图 9-8-9 所示，$u_S(t)=\sin tV$，$i_S(t)=\cos 2t$ A，试求 $u_1(t)$。

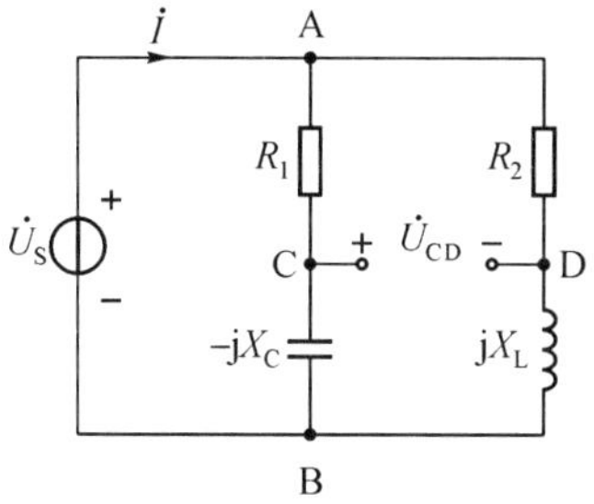

图 9-8-8　习题 9-8-8 电路

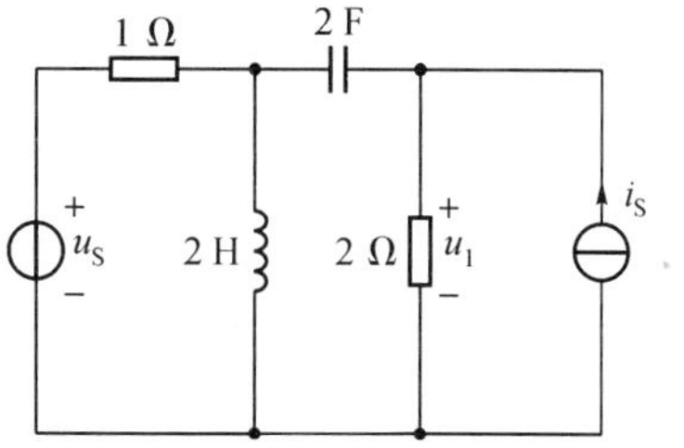

图 9-8-9　习题 9-8-9 电路

9-8-10　如图 9-8-10 所示正弦交流电路中，$\dot{U}_{S1}=220\angle 0^\circ$ V，$\dot{U}_{S2}=220\angle -20^\circ$ V，$Z_1=(1+j2)\Omega$，$Z_2=(0.8+j2.8)\Omega$，$Z=(40+j30)\Omega$，试用支路电路法、网孔电流法及结点电压法求各支路电路电流 $\dot{I}_1$、$\dot{I}_2$、$\dot{I}$ 及电压 $\dot{U}$。

9-8-11　试用戴维南定理和叠加定理求图 9-8-11 所示电路中的 $\dot{I}$。

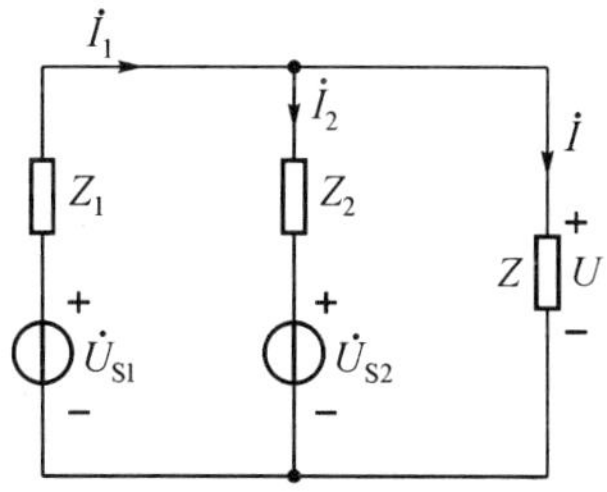

图 9-8-10　习题 9-8-10 电路

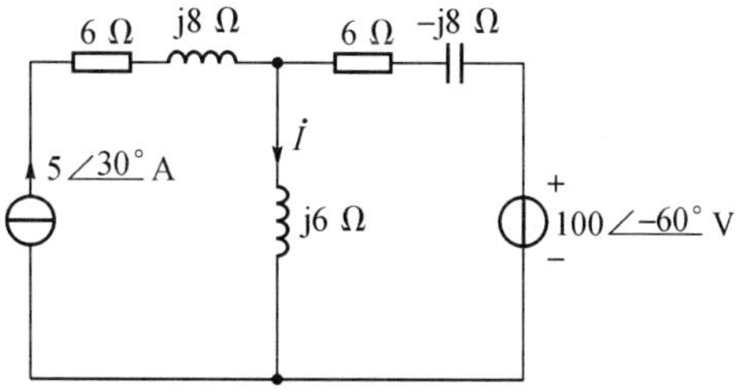

图 9-8-11　习题 9-8-11 电路

9-8-12　已知如图 9-8-12 所示电路中，$I_S=10$ A，$\omega=5\,000$ rad/s，$R_1=R_2=10\ \Omega$，$C=10\ \mu F$，$\mu=0.5$。求各支路电流并作出电路的相量图。

9-8-13　电路如图 9-8-13 所示，试用相量图判别 $u(t)$ 和 $i(t)$ 的相位关系。

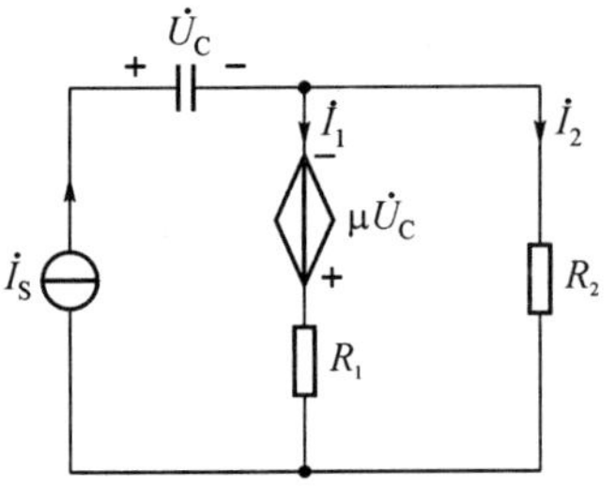

图 9-8-12　习题 9-8-12 电路

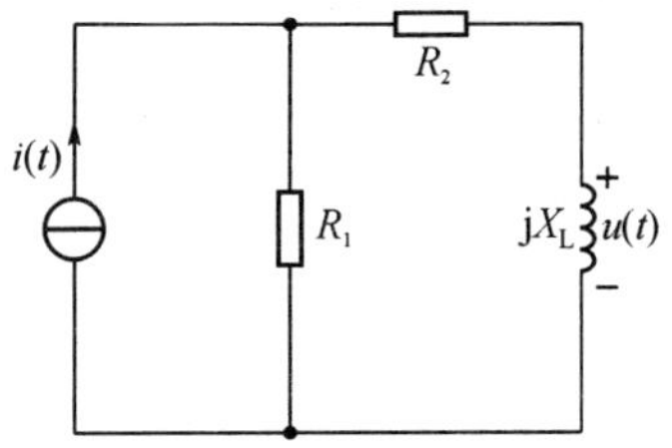

图 9-8-13　习题 9-8-13 电路

9-8-14　有两个感性负载并联接到 $U=220$ V 的工频交流电源上，已知 $P_1=2.5$ kW，$\cos\varphi_1=0.5$，$S_2=4$ kV·A，$\cos\varphi_2=1$，求电路的总视在功率及功率因素；欲将功率因数提高到 0.866，需并联多大的电容？

9-8-15　如图所示 9-8-15 所示电路中，已知 $U=100$ V，$I=100$ mA，电路吸收功率 $P=6$ W，$X_{L1}=1.25$ kΩ，$X_C=0.75$ kΩ，电路呈感性，求 R 和 X_L。

9-8-16　电路如图 9-8-16 所示，求电压和电压源、电流源各自发出的功率。

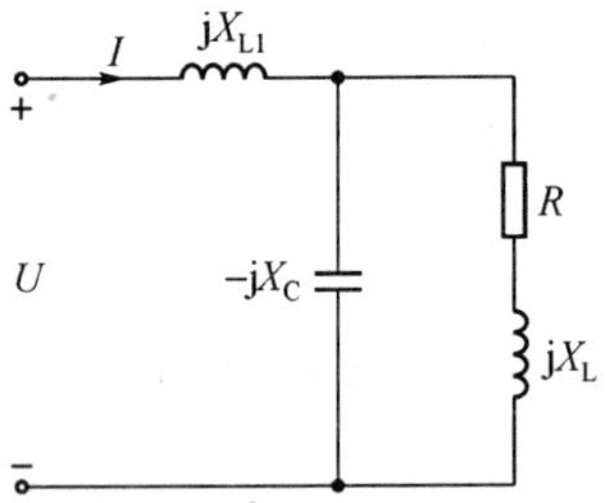

图 9-8-15　习题 9-8-15 电路

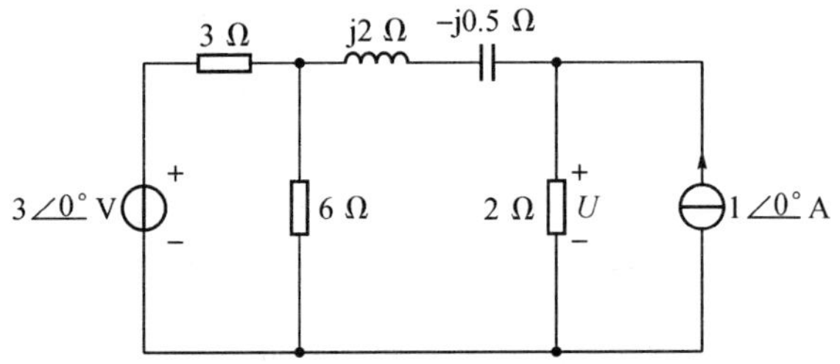

图 9-8-16　习题 9-8-16 电路

9-8-17　电路如图 9-8-17 所示，已知 $U_S=6\angle 0°$ V，试问，负载 Z_L 为何值时，才能获得最大功率？其值是多少？

9-8-18　如图 9-8-18 所示电路中，已知电流表 A、A_1 的读数分别为 4 A、5 A，电压表的读数为 100 V，电源角频率 $\omega=10$ rad/s，且输入电压 u 与输入电流 i 为同相。试确定电流表 A_2 的读值及元件 R、L、C 的参数值。

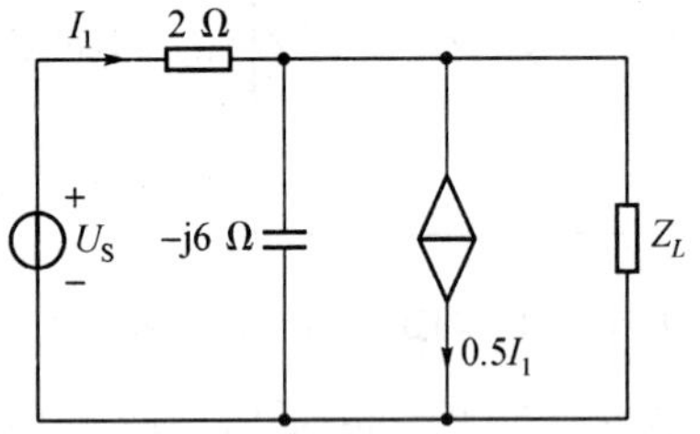

图 9-8-17　习题 9-8-17 电路

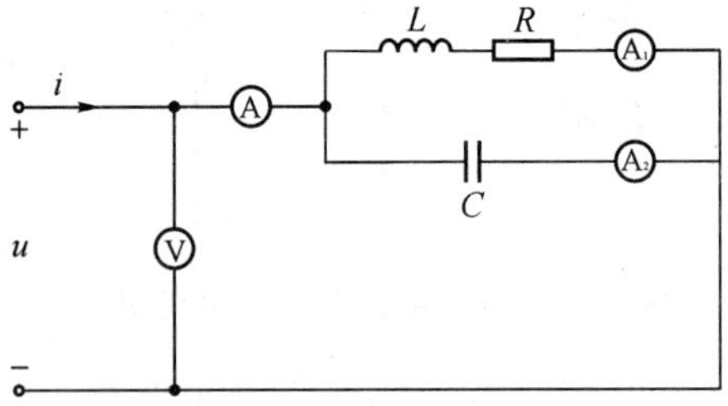

图 9-8-18　习题 9-8-18 电路

9-8-19　如图所示 9-8-19 电路是否可以发生谐振？若可以，求其谐振频率。

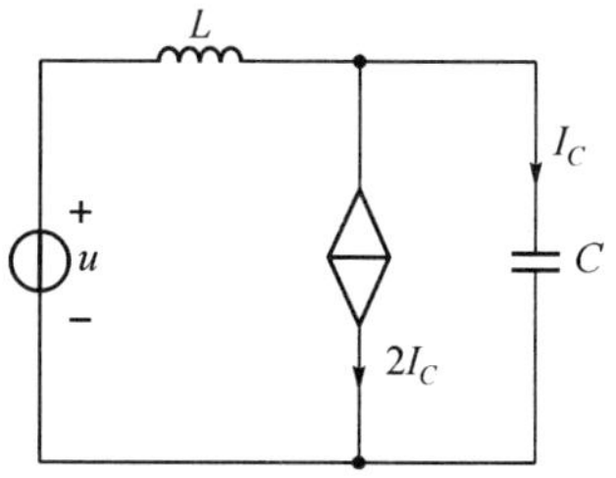

图 9-8-19 习题 9-8-19 电路

9-8-20 在串联电路中，$R=10\ \Omega$，$L=1\ \mathrm{H}$，端电压为 100 V，电流为 10 A。如果把它们改接成并联连接到同一电源上，求并联电路中各支路的电流值。

10 磁耦合电路

基本要求：

(1)理解自感与互感。

(2)正确判断与应用耦合电感同名端标记。

(3)掌握耦合电感的去耦等效变换。

(4)掌握线性变压器的分析方法与反射阻抗概念。

(5)正确分析含理想变压器的电路。

10.1 自感与互感

10.1.1 自感

只要有电流流过导体，不论是直流还是交流，都会在导体周围产生磁场。当交流电流流过电感元件时，便在电感元件周围产生交变磁场，在电感元件两端感应产生电压，称此现象为自感应，称此感应电压为自感应电压。

对于图 10.1.1 所示线性非时变电感元件，当电流的参考方向与磁通的参考方向符合右螺旋定则时，磁链 Ψ 与电流 i 成正比，即

$$\Psi = Li \tag{10.1.1}$$

式(10.1.1)中 L 为与时间无关的正实常数，称为自感，其单位是亨(H)。

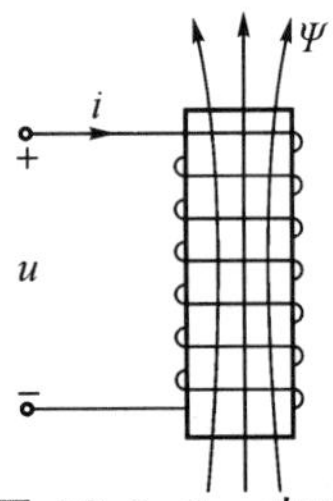

图 10.1.1 电感线圈与自感

根据电磁感应定律，如果电压的参考正极性指向参考负极性的方向与产生它的磁通的参考方向符合右螺旋定则时，也就是在电压和电流关联参考方向下，则

$$u = \frac{\mathrm{d}\Phi}{\mathrm{d}t} = L\frac{\mathrm{d}i}{\mathrm{d}t} \tag{10.1.2}$$

此电感元件的磁链 Ψ 和感应电压 u 均由流经电感元件的电流产生，分别称为自感磁链和自感电压。

10.1.2 互感

如果在交流电流流过的一个电感元件时附近存在有第二个电感元件，则第二个电感元件两端将感应产生出开路电压，在电磁学上称此现象为互感应，并称此感应开路电压为互感应电压。把具有互感应现象的两个电感元件称为磁耦合元件，互感应原理是构成变压器工作的基础。

两个磁耦合线圈(简称耦合电感),如图 10.1.2 所示。电流 i_1 分别在线圈 1 和 2 中产生磁通 Φ_{11} 和 Φ_{21},则 $\Phi_{21} \leqslant \Phi_{11}$。这种一个线圈的磁通交链于另一线圈的现象,称为磁耦合,电流 i_1 称为施感电流。Φ_{11} 称为线圈 1 的自感磁通,Φ_{21} 称为耦合磁通或互感磁通。如果线圈 2 的匝数为 N_2,并假设互感磁通 Φ_{21} 与线圈 2 的每一匝都交链,则互感磁链为

$$\Psi_{21} = N_2 \Phi_{21} \tag{10.1.3}$$

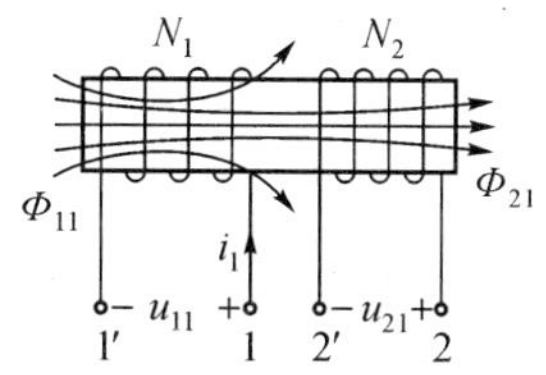

图 10.1.2　磁耦合线圈

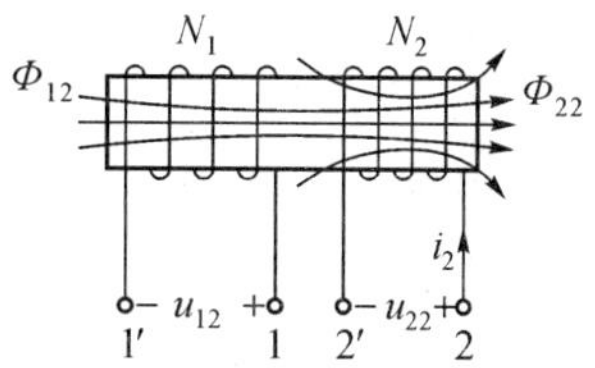

图 10.1.3　磁耦合线圈

同理,电流 i_2 将分别在线圈 2 和 1 中产生磁通 Φ_{22} 和 Φ_{12},且 $\Phi_{12} \leqslant \Phi_{22}$. Φ_{22} 称为线圈 2 的自感磁通,Φ_{12} 称为耦合磁通或互感磁通。如果线圈 1 的匝数为 N_1,并假设互感磁通 Φ_{12} 与线圈 1 的每一匝都交链,如图 10.1.3 所示,则互感磁链为

$$\Psi_{12} = N_1 \Phi_{12}, \tag{10.1.4}$$

当两个磁耦合线圈分别通以电流 i_1、i_2,如图 10.1.4 所示,在线圈 1 中产生的磁通分别为 Φ_{11} 和 Φ_{12};在线圈 2 中产生的磁通分别为 Φ_{21} 和 Φ_{22}。

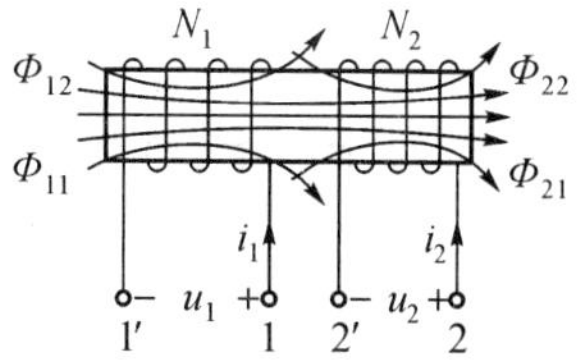

图 10.1.4　磁耦合线圈

于是,线圈 1 的总磁链为自感磁链与互感磁链的叠加,即

$$\Psi_1 = \Psi_{11} + \Psi_{12} = N_1 \Phi_{11} + N_1 \Phi_{12} \tag{10.1.5}$$

线圈 2 的总磁链为自感磁链与互感磁链的叠加

$$\Psi_2 = \Psi_{21} + \Psi_{22} = N_2 \Phi_{21} + N_2 \Phi_{22} \tag{10.1.6}$$

根据电磁感应定律,自感磁通 Φ_{11} 将在线圈 1 中产生自感电压 u_{11}

$$u_{11} = L_1 \frac{\mathrm{d}i_1}{\mathrm{d}t} \tag{10.1.7}$$

互感磁通 Φ_{21} 将在线圈 2 中产生互感电压 u_{21}:

$$u_{21} = \frac{\mathrm{d}\Phi_{21}}{\mathrm{d}t} = M_{21} \frac{\mathrm{d}i_1}{\mathrm{d}t} \tag{10.1.8}$$

式(10.1.8)中 M_{21} 称为线圈 1 对线圈 2 的互感系数。

同理,根据电磁感应定律,自感磁通 Φ_{22} 将在线圈 2 中产生自感电压

$$u_{22} = L_2 \frac{\mathrm{d}i_2}{\mathrm{d}t} \tag{10.1.9}$$

互感磁通 Φ_{12} 将在线圈 1 中产生互感电压 u_{12}:

$$u_{12} = \frac{\mathrm{d}\Phi_{12}}{\mathrm{d}t} = M_{12} \frac{\mathrm{d}i_2}{\mathrm{d}t} \tag{10.1.10}$$

式(10.1.10)中 M_{12} 称为线圈 2 对线圈 1 的互感系数。

可以证明

$$M_{12} = M_{21} = M \tag{10.1.11}$$

简称 M 为互感系数,单位是亨(H)。

一对互感线圈的一个线圈中电流发生变化时,在本线圈中产生自感电压,同时在互感线

圈中产生互感电压，互感电压的极性与电流参考方向、线圈的绕向、线圈的相互位置等因素有关。在电路图中不方便表示线圈的绕向，为此引入同名端标记。规定一个线圈的电流发生变化时在本线圈中产生的自感电压极性与其在互感线圈中产生互感电压极性相同的端点称为同名端；以"＊"(或"·","Δ")等符号表示。或者说一个线圈的电流从标记"＊"端点流入线圈，则在相邻线圈感应产生的互感电压的正极性在其标记"＊"端点。

例如图 10.1.5 所示耦合线圈，知道耦合线圈的绕向，如何判断同名端？

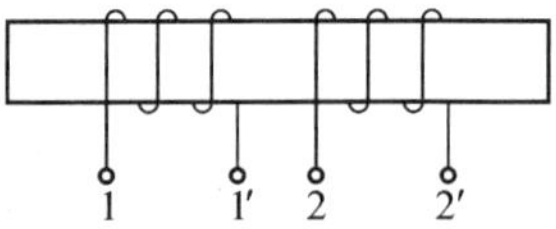

图 10.1.5　耦合线圈

我们可以根据电流与其产生磁通(磁链)的关系以及磁通(磁链)与其产生互感电压的关系去判断同名端。具体做法是首先在第一个线圈的任意一端标记"＊"并令电流 i_1 由此端流入；然后根据电流 i_1 产生的磁通(磁链)方向符合右手螺旋判断磁通(磁链)方向；最后根据右手螺旋判断第二个线圈的电流 i_2 产生的磁通(磁链)方向与第一个线圈的磁通(磁链)方向相同，则电流 i_2 流入端为"＊"端，如图 10.1.6 所示。

如果不知道实际耦合线圈的绕向，如何判断同名端？可以采用直流激励法或交流激励法进行实验，判断其同名端。下面介绍直流激励法判断同名端。

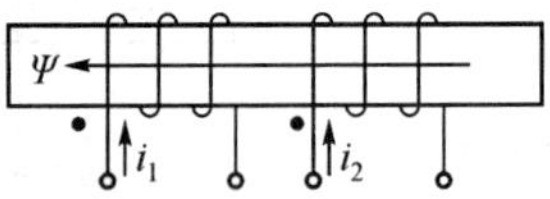

图 10.1.6　同名端判断

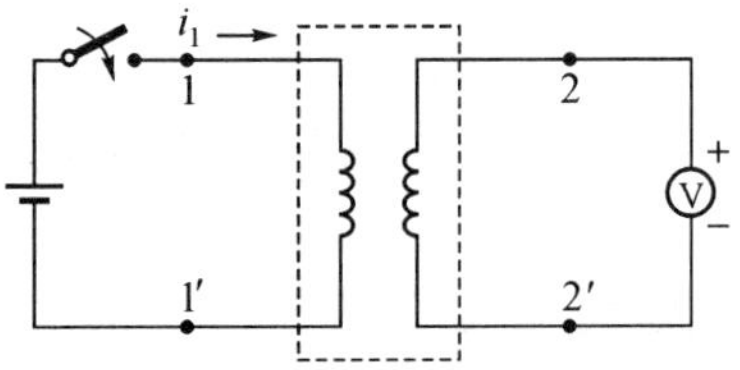

图 10.1.7　直流激励法判断同名端

直流激励法电路如图 10.1.7 所示，当开关合闸瞬间，线圈端点 1 为电压正极，如果电压表指针正向偏转，说明互感电压正极在端点 2，可以判断端点 1 与端点 2 为同名端；如果电压表指针反向偏转，说明互感电压正极在端点 2′，可以判断端点 1 与端点 2′为同名端。

10.2　含耦合电感电路分析

10.2.1　含耦合电感电路的一般分析

设耦合电感的电压与电流取关联参考方向，电流同时流入同名端时，如图 10.2.1 所示。

则有

$$u_1=u_{11}+u_{12}=L_1\frac{di_1}{dt}+M\frac{di_2}{dt} \tag{10.2.1}$$

$$u_2=u_{22}+u_{21}=L_2\frac{di_2}{dt}+M\frac{di_1}{dt} \tag{10.2.2}$$

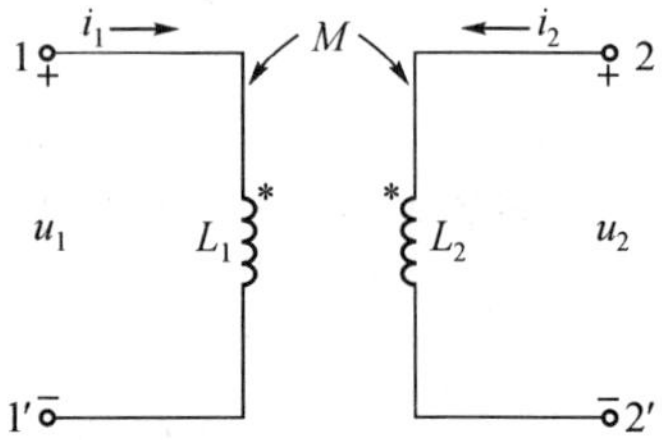

图 10.2.1　含耦合电感电路

如果是正弦电流与电压，可以把上述耦合电感的伏安关系用对应的相量方程表示：

$$\dot{U}_1=\mathrm{j}\omega L_1\dot{I}_1+\mathrm{j}\omega M\dot{I}_2 \tag{10.2.3}$$

$$\dot{U}_2=\mathrm{j}\omega M\dot{I}_1+\mathrm{j}\omega L_2\dot{I}_2 \tag{10.2.4}$$

对应的相量等效电路如图 10.2.2 所示。

一般把式(10.2.1)与式(10.2.2)、式(10.2.3)与式(10.2.4)称为一般情况、正弦电流情况下的耦合电感伏安关系标准式。如果电流或电压的参考方向与图 10.2.1 所示标准方向相反,则对应项前面加“－”号。

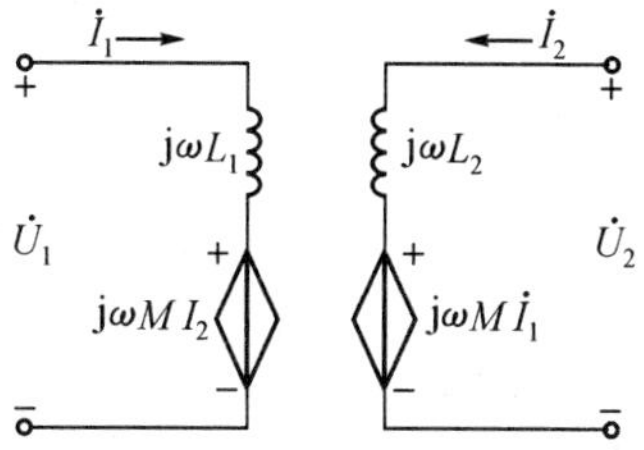

图 10.2.2 耦合电感的等效电路

例如,对于如图 10.2.3 所示耦合电感电路,电流 i_1、电压 u_1 与 u_2 符合如图 10.2.1 所示标准方向,而电流 i_2 由同名端流出,与如图 10.2.1 所示标准方向相反,因此,电流 i_2 前面加“－”号,得到耦合电感的伏安关系为:

$$u_1=L_1\frac{\mathrm{d}i_1}{\mathrm{d}t}-M\frac{\mathrm{d}i_2}{\mathrm{d}t} \tag{10.2.5}$$

$$u_2=M\frac{\mathrm{d}i_1}{\mathrm{d}t}-L_2\frac{\mathrm{d}i_2}{\mathrm{d}t} \tag{10.2.6}$$

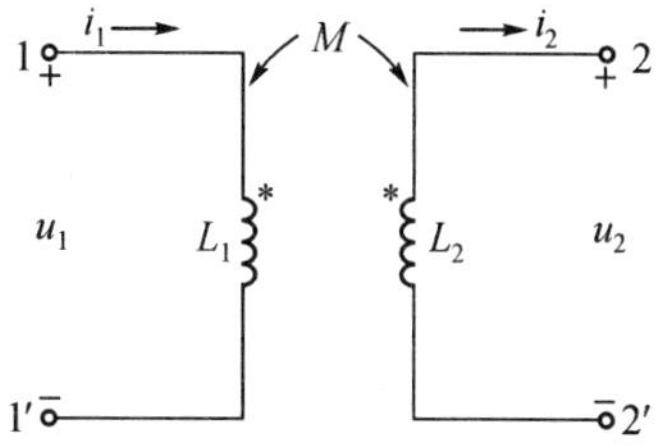

图 10.2.3 耦合电感电路

图 10.2.1 所示耦合电感吸收的瞬时功率为

$$p=u_1i_1+u_2i_2=(L_1\mathrm{d}i_1/\mathrm{d}t+M\mathrm{d}i_2/\mathrm{d}t)i_1+(L_2\mathrm{d}i_2/\mathrm{d}t+M\mathrm{d}i_1/\mathrm{d}t)i_2 \tag{10.2.7}$$

从 t_0 到 t 期间,耦合电感吸收的电能并以磁场能量储存于耦合电感:

$$w=\int_{t_0}^{t}p\mathrm{d}t=\int_{t_0}^{t}(L_1i_1\mathrm{d}i_1+L_2i_2\mathrm{d}i_2+Mi_1\mathrm{d}i_2+Mi_2\mathrm{d}i_1) \tag{10.2.8}$$

设 t_0 时刻 $i_1=i_2=0$,则 t 时刻耦合电感储能为

$$w(t)=(1/2)L_1i_1^2+(1/2)L_2i_2^2+Mi_1i_2 \tag{10.2.9}$$

如果一个电流流入同名端,而另一个电流流出同名端,如图 10.2.3 所示,则 t 时刻耦合电感储能为

$$w(t)=(1/2)L_1i_1^2+(1/2)L_2i_2^2-Mi_1i_2 \tag{10.2.10}$$

通过上述分析我们知道:耦合电感的总储能有三项,每个自感储能分别为$(1/2)L_1i_1^2$与$(1/2)L_2i_2^2$,而互感储能$\pm Mi_1i_2$,其中“＋”号对应电流均为流入(或流出)同名端的情况,否则互感储能为$-Mi_1i_2$。

为了定量描述:耦合线圈的耦合紧密程度,工程上定义耦合系数 k 为

$$k=\frac{M}{\sqrt{L_1L_2}} \tag{10.2.11}$$

耦合系数 k 的大小与耦合线圈的结构、相互位置、周围磁介质有关,改变这些因素就改变了耦合系数 k,其变化范围为 $0\leqslant k\leqslant 1$。

如果 k 趋向 0,说明耦合线圈为松耦合;如果 k 趋向 1,说明耦合线圈为紧耦合;如果 $k=1$,称为全耦合。

【例 10.2.1】 耦合线圈如图 10.2.4 所示,已知电感 $L_1=0.4$ H,$L_2=2.5$ H,耦合系数 $k=0.6$,电流 $i_1=4i_2=20\cos(500t-60^\circ)$ mA,计算 $t=0$ 时刻电路总储能。

解:根据耦合系数的定义,得到互感

$$M=k\sqrt{L_1L_2}=0.6\sqrt{0.4\times2.5}=0.6\ \text{H}$$

$t=0$ 时刻 $i_1=20\cos(-60°)=10\ \text{mA}=10^{-2}\ \text{A}$

$$i_2=i_1/4=2.5\ \text{mA}=2.5\times10^{-3}\ \text{A}$$

$$\begin{aligned}w(0)&=(1/2)L_1i_1^2+(1/2)L_2i_2^2+Mi_1i_2\\&=(1/2)(0.4)(10^{-2})^2+(1/2)(2.5)(2.5\times10^{-3})^2\\&\quad+(0.6)(10^{-2})(2.5\times10^{-3})\\&=2\times10^{-5}+7.8125\times10^{-6}+1.5\times10^{-5}\\&=42.8125\times10^{-6}\ \text{J}=42.8125\ \mu\text{J}\end{aligned}$$

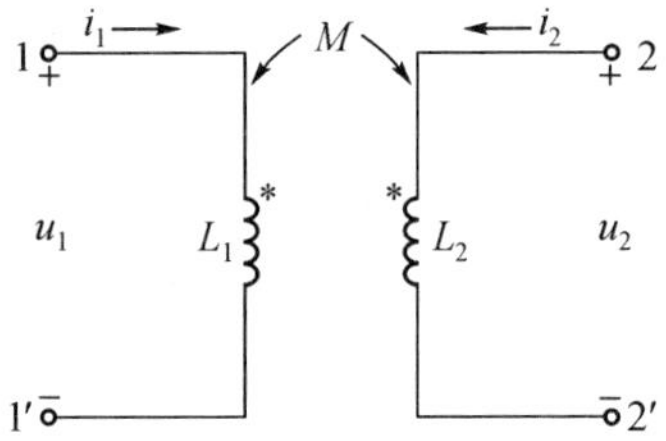

图 10.2.4 例 10.2.1 电路

10.2.2 去耦等效变换

在分析与计算含有耦合电感的电路时，可以应用去耦等效变换方法，即寻找把耦合电感去掉、只含自感的等效电路，本节介绍几种去耦等效变换方法。

如果同一个电流流过耦合电感的两个电感，称此连接为串联，耦合电感串联分为顺串与反串两种情况。

如果同一个电流均从耦合电感的同名端流入（或流出），即耦合电感的异名端连接在一起的串联连接方式，称为耦合电感顺串，如图 10.2.5(a)所示。

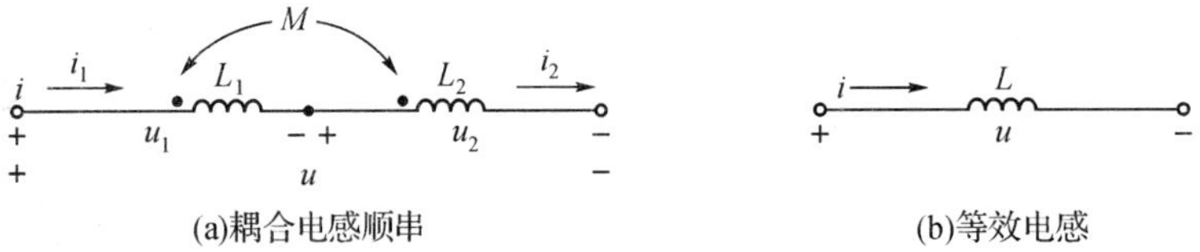

图 10.2.5 耦合电感顺串及其等效电感

由图 10.2.5(a)所示电路得到 $i=i_1=i_2$ (10.2.12)

$$u_1=L_1\text{d}i_1/\text{d}t+M\text{d}i_2/\text{d}t \tag{10.2.13}$$

$$u_2=L_2\text{d}i_2/\text{d}t+M\text{d}i_1/\text{d}t \tag{10.2.14}$$

$$u=u_1+u_2=L_1\text{d}i_1/\text{d}t+M\text{d}i_2/\text{d}t+L_2\text{d}i_2/\text{d}t+M\text{d}i_1/\text{d}t$$

$$=(L_1+L_2+2M)\text{d}i/\text{d}t \tag{10.2.15}$$

$$=L\text{d}i/\text{d}t \tag{10.2.16}$$

根据式(10.2.15)与式(10.2.16)得到耦合电感顺串情况下的等效电路，如图 10.2.5(b)所示，其中自感

$$L=L_1+L_2+2M \tag{10.2.17}$$

我们知道，两个无耦合电感 L_1 与 L_2 串联时，等效电感为 L_1+L_2；而耦合电感顺串时的等效电感为 $L=L_1+L_2+2M>L_1+L_2$，其中 $M>0$。

如果同一个电流从一个耦合电感的同名端流入，从另一个耦合电感的异名端流入，即耦合电感的同名端连接在一起的串联连接方式，称为耦合电感反串，如图 10.2.6(a)所示。

由如图 10.2.6(a)所示电路得到

$$i=i_1=i_2 \tag{10.2.18}$$

$$u=u_1+u_2=+L_1\text{d}i_1/\text{d}t-M\text{d}i_2/\text{d}t+L_2\text{d}i_2/\text{d}t-M\text{d}i_1/\text{d}t$$

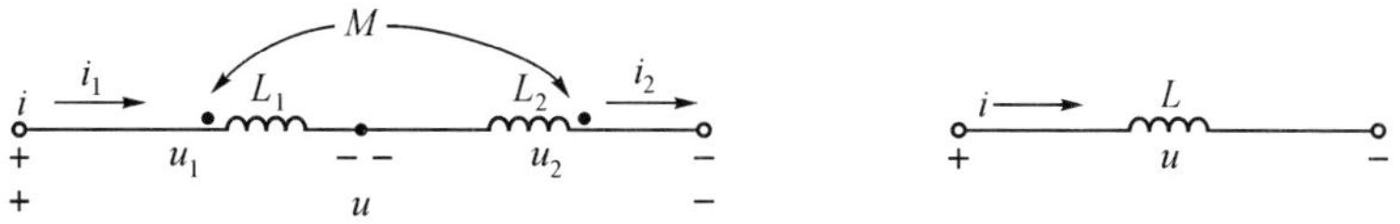

(a)耦合电感反串　　(b)等效电感

图 10.2.6　耦合电感反串及其等效电感

$$=(L_1+L_2-2M)\mathrm{d}i/\mathrm{d}t \qquad (10.2.19)$$

$$=L\mathrm{d}i/\mathrm{d}t \qquad (10.2.20)$$

根据式(10.2.19)与式(10.2.20)得到耦合电感反串情况下的等效电路，如图 10.2.6(b)所示，其中等效电感为

$$L=L_1+L_2-2M \qquad (10.2.21)$$

我们知道，两个无耦合电感 L_1 与 L_2 串联时，等效电感为 L_1+L_2；而耦合电感反串时的等效电感为 $L=L_1+L_2-2M<L_1+L_2$，其中 $M>0$。

如果耦合电感的两个电感承受同一个电压，称此连接为并联，耦合电感并联分为同名端在同一侧并联与异名端在同一侧并联的两种情况。

如果耦合电感的两个电感承受同一个电压，而且耦合电感的同名端连接在同一侧，称此耦合电感的连接为同名端在同一侧并联，简称同侧并联，如图 10.2.7(a)所示。

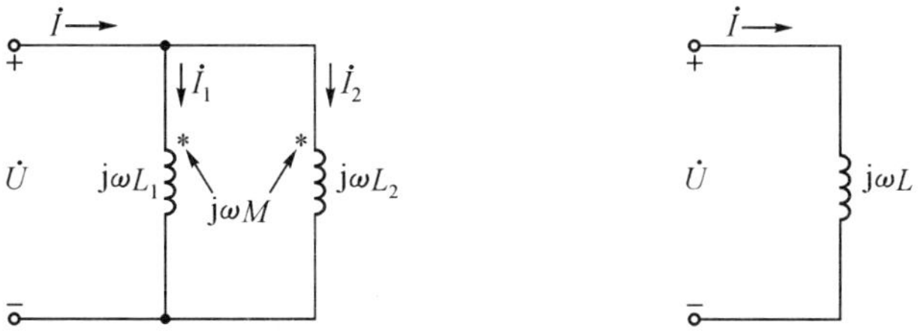

(a)耦合电感的同侧并联　　(b)等效电感

图 10.2.7　耦合电感的同侧并联及其等效电感

对如图 10.2.7(a)所示正弦含同侧并联耦合电感电路，由 KCL 得到

$$\dot{I}=\dot{I}_1+\dot{I}_2 \qquad (10.2.22)$$

由 KVL 得到

$$\dot{U}=\mathrm{j}\omega L_1\dot{I}_1+\mathrm{j}\omega\dot{M}I_2=\mathrm{j}\omega L_2\dot{I}_2+\mathrm{j}\omega\dot{M}I_1$$

$$=\mathrm{j}\omega((L_1L_2-M^2)/(L_1+L_2-2M))\dot{I} \qquad (10.2.23)$$

$$=\mathrm{j}\omega\dot{L}I \qquad (10.2.24)$$

根据式(10.2.23)与式(10.2.24)得到耦合电感同侧并联的等效电路，如图 10.2.7(b)所示，即耦合电感同侧并联的等效电感为

$$L=(L_1L_2-M^2)/(L_1+L_2-2M) \qquad (10.2.25)$$

我们知道，两个无耦合电感 L_1 与 L_2 并联时，等效电感为 $L_1L_2/(L_1+L_2)$，而耦合电感同侧并联的等效电感为 $(L_1L_2-M^2)/(L_1+L_2-2M)>L_1L_2/(L_1+L_2)$，其中 $M>0$。

如果耦合电感的两个电感承受同一个电压，而且耦合电感的异名端连接在同一侧，称此耦合电感的连接为异名端在同一侧并联，简称异侧并联，如图 10.2.8(a)所示。

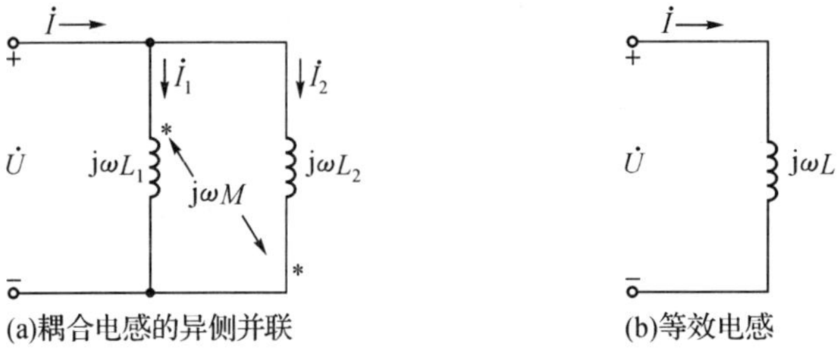

图 10.2.8 耦合电感的异侧并联及其等效电感

对如图 10.2.8(a)所示正弦含异侧并联耦合的电感电路，由 KCL 得到

$$\dot I = \dot I_1 + \dot I_2 \tag{10.2.26}$$

由 KVL 得到

$$\dot U = j\omega L_1 \dot I_1 - j\omega \dot M I_2 = j\omega L_2 \dot I_2 - j\omega \dot M I_1 \tag{10.2.27}$$

$$= j\omega((L_1 L_2 - M^2)/(L_1 + L_2 + 2M))\dot I = j\omega \dot L I \tag{10.2.28}$$

根据式(10.2.27)与式(10.2.28)得到耦合电感异侧并联的等效电路，如图 10.2.8(b)所示，即耦合电感异侧并联的等效电感为

$$L = (L_1 L_2 - M^2)/(L_1 + L_2 + 2M) \tag{10.2.29}$$

我们知道，两个无耦合电感 L_1 与 L_2 并联时，等效电感为 $L_1 L_2/(L_1 + L_2)$；而耦合电感异侧并联的等效电感围 $L = (L_1\ L_2 - M_2)/(L_1 + L_2 + 2M) < L_1 L_2/(L_1 + L_2)$，其中 $M > 0$。同时，可以看出：耦合电感同侧并联的等效电感 $(L_1 L_2 - M^2)/(L_1 + L_2 - 2M)$ 大于耦合电感异侧并联的等效电感 $(L_1 L_2 - M^2)/(L_1 + L_2 + 2M)$。

耦合电感除了串联、并联外，还有一种情况是耦合电感具有公共端，分为同名端联接于公共端与异名端联接于公共端。

耦合电感的同名端的一端联接于公共端的情况如图 10.2.9(a)所示。

由如图 10.2.9(a)所示电路得到

$$i_1 + i_2 = i \tag{10.2.30}$$

$$u_1 = L_1 \mathrm{d}i_1/\mathrm{d}t + M\mathrm{d}i_2/\mathrm{d}t \tag{10.2.31}$$

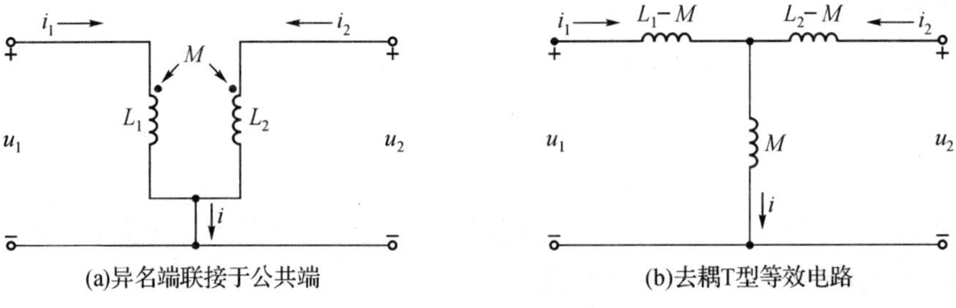

图 10.2.9 耦合电感同名端联接于公共端及其去耦 T 型等效电路

$$u_2 = L_2 \mathrm{d}i_2/\mathrm{d}t + M\mathrm{d}i_1/\mathrm{d}t \tag{10.2.32}$$

由式(10.2.30)解得 $i_2 = i - i_1$，把此结果代入式(10.2.31)，经过整理，得到

$$u_1=(L_1-M)\mathrm{d}i_1/\mathrm{d}t+M\mathrm{d}i/\mathrm{d}t \tag{10.2.33}$$

由式(10.2.30)解得 $i_1=i-i_2$，把此结果代入式(10.2.32)，经过整理，得到

$$u_2=(L_{12}-M)\mathrm{d}i_2/\mathrm{d}t+M\mathrm{d}i/\mathrm{d}t \tag{10.2.34}$$

根据式(10.2.30)、式(10.2.33)、式(10.2.34)得到去耦 T 型等效电路，如图 10.2.9(b)所示。

耦合电感的异名端联接于公共端，如图 10.2.10(a)所示。

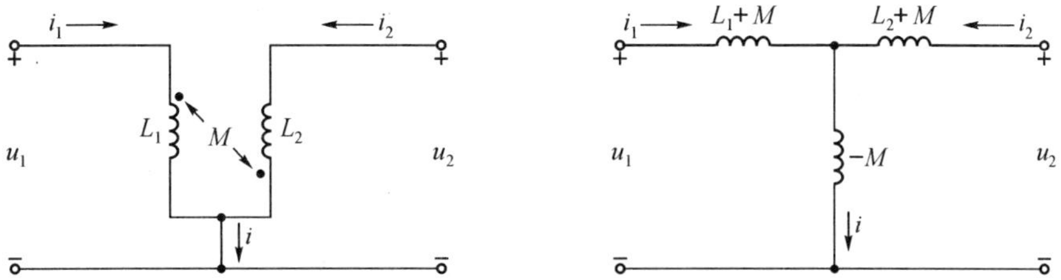

(a)异名端联接于公共端　　　　(b)去耦T型等效电路

图 10.2.10　耦合电感异名端联接于公共端及其去耦 T 型等效电路

可以仿照耦合电感同名端联接于公共端的推导，得到耦合电感异名端联接于公共端的去耦 T 型等效电路，如图 10.2.10(b)所示。

下面举例说明应用耦合电感去耦等效变换方法进行分析含耦合电感的电路。

【例 10.2.2】　含耦合电感的正弦电流电路如图10.2.11 所示，有效值电压相量 $\dot{U}=100\angle 0^\circ$ V，计算开关打开与闭合两种情况下电流 $\dot{I}$。

解：开关打开时，出现耦合电感顺串情况，因此等效阻抗为

$$Z_{\mathrm{eq}}=20+(\mathrm{j}10+\mathrm{j}6+2\times\mathrm{j}2)=20+\mathrm{j}20=20\sqrt{2}\angle 45^\circ\ \Omega$$

$$\dot{I}=\dot{U}/Z_{\mathrm{eq}}=100\angle 0^\circ 20\sqrt{2}\angle 45^\circ=2.5\sqrt{2}\angle -45^\circ\ \mathrm{A}$$

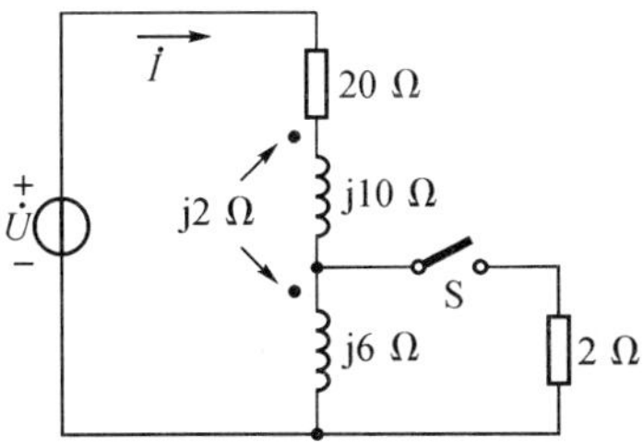

图 10.2.11　例 10.2.2 电路

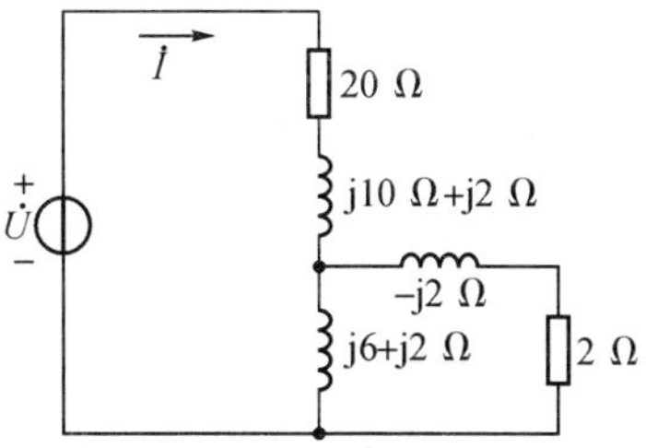

图 10.2.12　去耦等效电路

开关闭合时，出现耦合电感异名端联接于公共端的情况，其去耦等效电路，如图 10.2.12 所示，因此等效阻抗为

$$\begin{aligned}Z_{\mathrm{eq}}&=20+(\mathrm{j}10+\mathrm{j}2)+(\mathrm{j}6+\mathrm{j}2)\times(2-\mathrm{j}2)\times(\mathrm{j}6+\mathrm{j}2+2-\mathrm{j}2)\\&=20+\mathrm{j}12+\mathrm{j}8(2-\mathrm{j}2)/(2+\mathrm{j}6)=25.4\angle 24.15^\circ\ \Omega\end{aligned}$$

$$\begin{aligned}\dot{I}&=\dot{U}/Z_{\mathrm{eq}}=100\angle 0^\circ 25.4\angle 24.15^\circ\\&=3.937\angle -24.15^\circ\ \mathrm{A}\end{aligned}$$

【例 10.2.3】　含耦合电感的正弦交流电路如图 10.2.13 所示，$\dot{U}_{\mathrm{S}}=100\angle 0^\circ$ V，计算耦

合系数 $k=0.5$ 与 $k=1$ 两种情况下的等效阻抗 Z_{ab}与输出电压 $\dot{U}_o$。

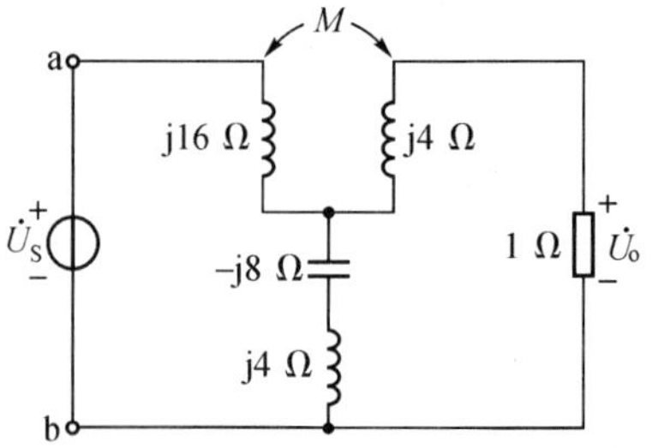

图 10.2.13　例 10.2.3 电路

解：当 $k=0.5$ 时，$j\omega M=k\sqrt{j16\times j4}=0.5\times j8=j4\ \Omega$。

耦合电感为同名端联接于公共端情况，画出去耦等效电路如图 10.2.14(a)所示。

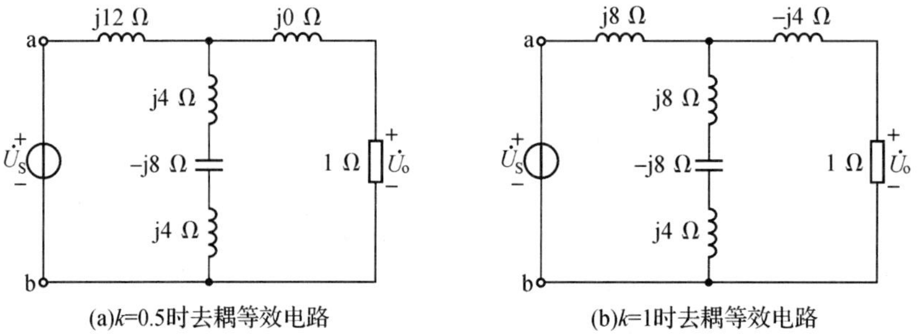

图 10.2.14　去耦等效电路

由于中间支路阻抗等于$(j4-j8+j4)=0$，因此 $Z_{ab}=j12\ \Omega$，$\dot{U}_o=0$。

当 $k=1$ 时，$j\omega M=k\sqrt{j16\times j4}=1\times j8=j8\ \Omega$。

耦合电感为同名端联接于公共端情况，画出去耦等效电路如图 10.2.14(b)所示。

于是，等效阻抗

$$
\begin{aligned}
Z_{ab}&=j8+(j8-j8+j4)(1-j4)/(j8-j8+j4-j4+1)\\
&=j8+(j4)(1-j4)/(1)=16+j12=20\underline{/36.9^\circ}\ \Omega
\end{aligned}
$$

$$
\begin{aligned}
\dot{U}_o&=(U_S/Z_{ab})(j8-j8+j4)/(j8-j8+j4-j4+1)\times 1\\
&=(100\underline{/0^\circ}20\underline{/36.9^\circ})(j4)=20\underline{/53.1^\circ}\ V
\end{aligned}
$$

【例 10.2.4】　含耦合电感的正弦交流电路如图 10.2.15 所示，$\dot{U}=120\underline{/0^\circ}$ V，计算支路 1 和支路 2 的电流。

解：本例电路中出现耦合电感同名端联接于公共端情况，应用去耦等效变换法，画出去耦等效电路如图 10.2.16 所示。

$$\dot{I}=\dot{U}/\left(j8+\frac{8(j2-j10)}{j2-j10+8}\right)=15\sqrt{2}\underline{/-45^\circ}\ A$$

$$\dot{I}_1=\frac{8}{8-j8}\dot{I}=15\underline{/0^\circ}\ A$$

$$\dot{I}_2=\dot{I}-\dot{I}_1=15\underline{/-90^\circ}\ A$$

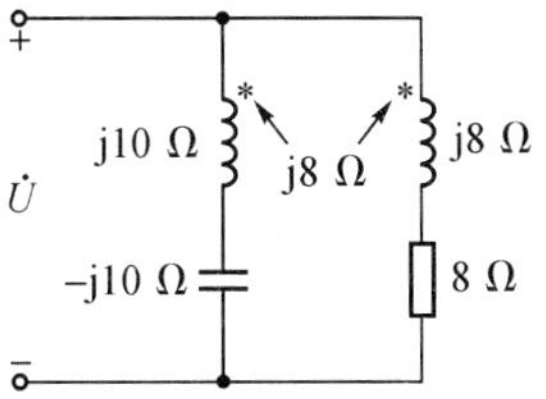

图 10.2.15　例 10.2.4 电路

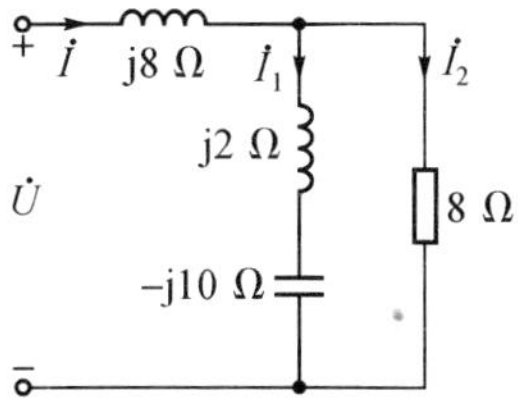

图 10.2.16　去耦等效电路

【例 10.2.5】 含耦合电感的正弦交流电路如图 10.2.17所示，已知 $R=50\ \Omega$，$1/\omega C=70\ \Omega$，$\omega L_1=\omega L_2=\omega L_3=40\ \Omega$，$\omega M_{12}=20\ \Omega$，$\omega M_{13}=10\ \Omega$，$\dot{U}_S=100\sqrt{2}\underline{/0^\circ}$ V，计算电流 $\dot{I}$。

解：应用去耦等效法，画出去耦等效电路如图 10.2.18 所示。

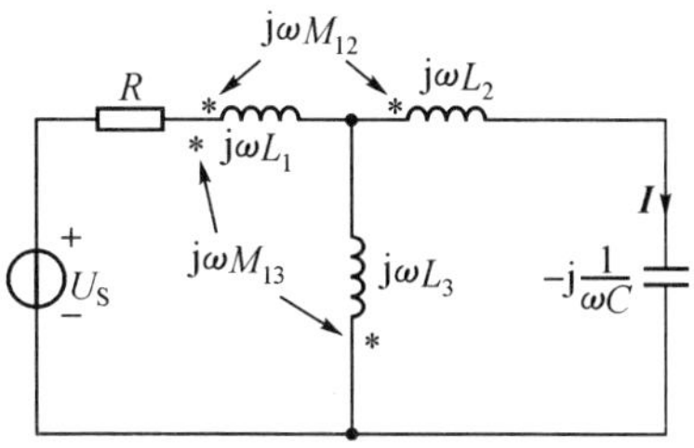

图 10.2.17　例 10.2.5 电路

在图 10.2.18 所示等效电路中，各阻抗为

$$Z_1=\mathrm{j}40+\mathrm{j}20-\mathrm{j}10=\mathrm{j}50\ \Omega$$

$$Z_2=\mathrm{j}40+\mathrm{j}20+\mathrm{j}10=\mathrm{j}70\ \Omega$$

$$Z_3=\mathrm{j}40-\mathrm{j}20-\mathrm{j}10=\mathrm{j}10\ \Omega$$

$$Z_2+Z_C=\mathrm{j}70-\mathrm{j}70=0$$

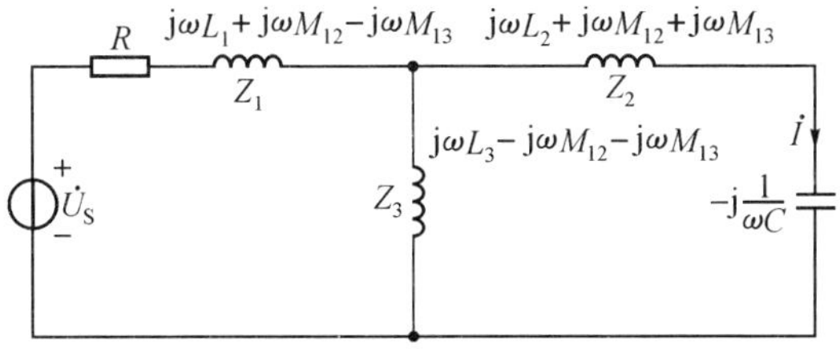

图 10.2.18　去耦等效电路

因此，电流

$$\dot{I}=\dot{U}_S/(R+Z_1)=100\sqrt{2}\underline{/0^\circ}(50+\mathrm{j}50)=2\ \underline{/-45^\circ}\ \mathrm{A}$$

10.3　线性变压器

空心变压器是由两个绕在非铁磁材料骨架上的磁耦合线圈构成，其耦合系数 k 比较小，广泛应用于高频电路与测量仪器中。空心变压器属于线性变压器，本节将讨论线性变压器电路的分析与计算。

图 10.3.1 中虚线方框部分表示线性变压器的电路模型，与电源 U_S 相联的一边称为原边（或初级），其线圈称为原线圈（或原绕组），R_1、L_1 分别为原绕组的电阻和电感；与负载阻抗 Z_L 相联的一边称为副边（或次级），其线圈称为副线圈（或副绕组），R_2、L_2 分别为副线圈的电阻和电感；M 为两线圈之间的互感。因此，线性变压器的参数有五个：R_1、L_1、R_2、L_2 与 M。

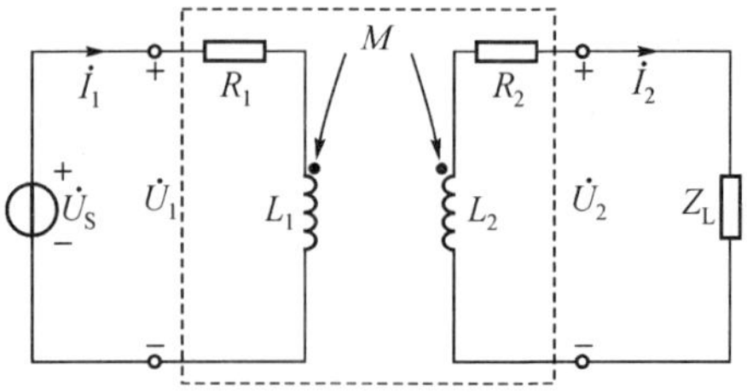

图 10.3.1　线性变压器电路

我们可以直接列写如图 10.3.1 所示线性变压器电路的方程进行分析与计算。

对线性变压器原边回路与副边回路分别列写 KVL 方程为

$$(R_1+j\omega L_1)\dot{I}_1-j\omega\dot{M}I_2=U_S \tag{10.3.1}$$

$$-j\omega\dot{M}I_1+(R_2+j\omega L_2+Z_L)\dot{I}_2=0 \tag{10.3.2}$$

如果已知线性变压器的参数与电压源 U_S 的参数，则可以联立求解方程式(10.3.1)与式(10.3.2)，得到线性变压器原边回路电流与副边回路电流。

$$\dot{I}_1=\frac{(R_2+j\omega L_2+Z_L)\dot{U}_S}{(R_1+j\omega L_1)(R_2+j\omega L_2+Z_L)+(\omega M)^2} \tag{10.3.3}$$

$$\dot{I}_2=\frac{j\omega M\dot{U}_S}{(R_1+j\omega L_1)(R_2+j\omega L_2+Z_L)+(\omega M)^2} \tag{10.3.4}$$

上述讨论了线性变压器的一种分析计算方法，即首先列写电路方程、然后求解的方法。

下面讨论另外一种分析计算方法，由上述讨论的内容引出了反映阻抗(Reflected Impedance)概念，反映阻抗在线性变压器电路分析与计算中具有重要意义。

如果令 $Z_{11}=R_1+j\omega L_1$ 为线性变压器原边回路的阻抗，$Z_{22}=R_2+j\omega L_2+Z_L$ 为线性变压器副边回路的阻抗，$Z_M=j\omega M$ 为线性变压器耦合线圈的互感阻抗，则如式(10.3.3)所表达的那样：

$$\dot{I}_1=\frac{(R_2+j\omega L_2+Z_L)\dot{U}_S}{(R_1+j\omega L_1)(R_2+j\omega L_2+Z_L)+(\omega M)^2}=\frac{Z_{22}\dot{U}_S}{Z_{11}Z_{22}+|Z_M|^2}=\frac{\dot{U}_S}{Z_{11}+Z_{12}} \tag{10.3.5}$$

式(10.3.5)中

$$Z_{12}=\frac{|Z_M|^2}{Z_{22}} \tag{10.3.6}$$

称为线性变压器副边对原边的反映阻抗(也称为映射阻抗)，则线性变压器副边回路对原边回路的影响就是在原边回路中串联一个反映阻抗 Z_{f2}，如图 10.3.2 所示。

如图 10.3.2 所示电路对于计算线性变压器原边回路电流 $\dot{I}_1$ 来说与如图 10.3.1 所示线性变压器原电路是完全等效的，这样处理，无需列写线性变压器的电路方程便能直接计算线性变压器原边回路电流 $\dot{I}_1$，显得简捷。另外，反映阻抗吸收的复功率就是线性变压器副边回路吸收的复功率，即

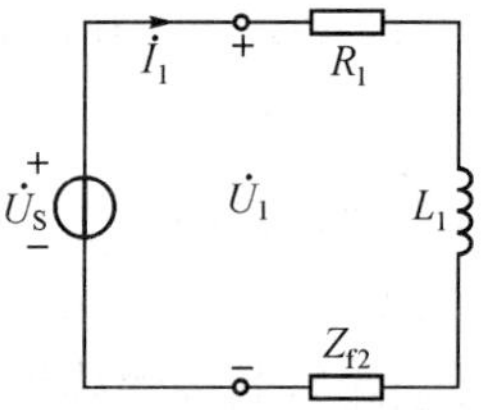

图 10.3.2　原边等效电路

$$SZ_{f2}=Z_{f2}\dot{I}_1\dot{I}_1^*=Z_{f2}|\dot{I}_1|^2=Z_{22}|\dot{I}_2|^2 \tag{10.3.7}$$

如果线性变压器副边回路开路，即 $Z_L=\infty$，则反映阻抗

$R_{f2}=0$，说明线性变压器副边对原边无影响，可以直接计算线性变压器原边电流

$$\dot{I}_1=\dot{U}_S/Z_{11} \tag{10.3.8}$$

设 $Z_L=R_L+jX_L$，即负载为感性阻抗，则

$$Z_{22}=R_2+j\omega L_2+Z_L=(R_2+R_L)+j(\omega L_2+X_L)$$

$$1/Z_{22}=[(R_2+R_L)-j(\omega L_2+X_L)]/[(R_2+R_L)^2+(\omega L_2+X_L)^2]$$

$$Z_{f2}=(\omega M)^2[(R_2+R_L)-j(\omega L_2+X_L)]/[(R_2+R_L)^2+(\omega L_2+X_L)^2]$$

这说明如果线性变压器副边为感性阻抗，则反映到线性变压器原边的反映阻抗 Z_{f2} 为容性阻抗；反之，如果线性变压器副边为容性阻抗，则反映到线性变压器原边的反映阻抗 Z_{f2} 为感性阻抗。即线性变压器具有变换阻抗与变换阻抗性质的作用。

上面讨论了线性变压器副边对其原边的影响就是在原边回路中串联一个反映阻抗 Z_{f2}，下面讨论线性变压器原边对其副边的影响。

由线性变压器电路副边回路电流计算公式(10.3.4)进行整理

$$\dot{I}_2=\frac{j\omega MU_S}{(R_1+j\omega L_1)(R_2+j\omega L_2+Z_L)+(\omega M)^2}=\frac{Z_MU_S}{Z_{11}Z_{22}+|Z_M|^2}=\frac{\frac{Z_M}{Z_{11}}U_S}{Z_{22}+Z_{f1}} \tag{10.3.9}$$

式(10.3.9)中

$$Z_{f1}=\frac{|Z_M|^2}{Z_{11}} \tag{10.3.10}$$

称为线性变压器原边对其副边的反映阻抗，得到线性变压器副边回路的等效电路，如图 10.3.3 所示。

由式(10.3.9)与图 10.3.3 所示电路可以知道：线性变压器原边回路对副边回路的影响有两个，一是在副边回路中串联一个反映阻抗 Z_{f1}，二是副边回路中串联一个电压控制电压源。

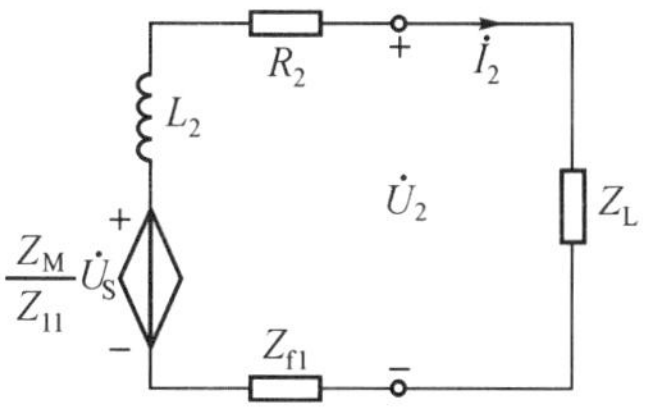

图 10.3.3　副边等效电路

应用戴维南定理分析线性变压器

为了计算图 10.3.4 所示线性变压器电路中负载电流，我们讨论了应用去耦等效法、列写方程分析法与应用反映阻抗概念进行分析与计算。现在我们讨论应用戴维南定理分析线性变压器电路。

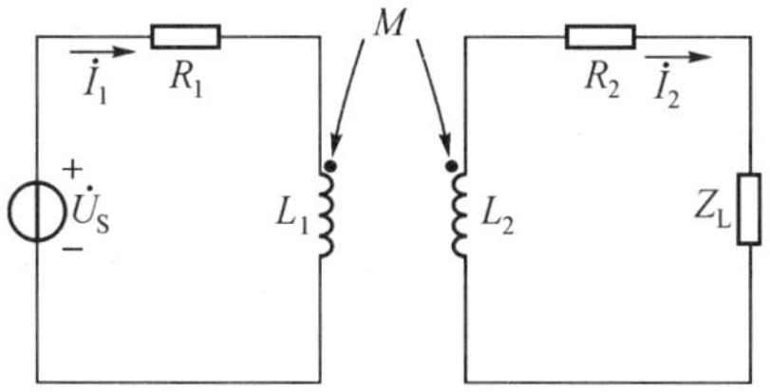

图 10.3.4　线性变压器电路

首先，把负载开路，得到如图 10.3.5(a)所示电路，计算开路电压：

$$\dot{U}_{OC}=j\omega M\dot{I}_1=\frac{j\omega M\dot{U}_S}{R_1+j\omega L_1} \tag{10.3.11}$$

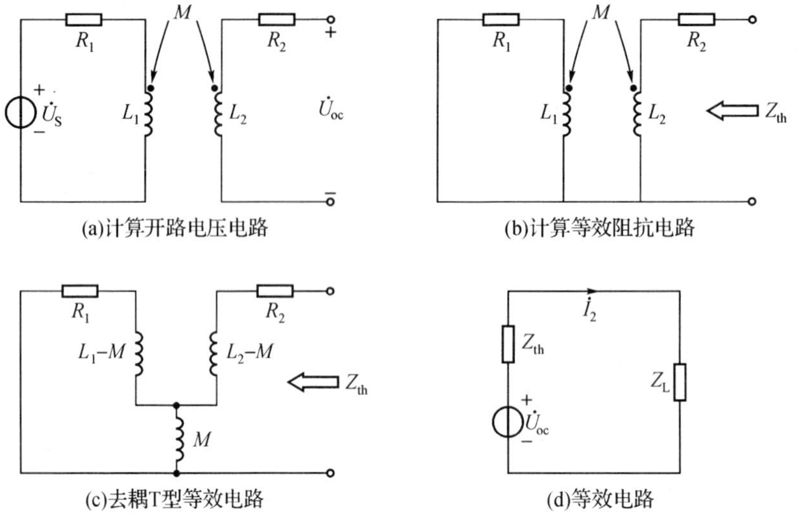

图 10.3.5　几种等效电路

其次，把线性变压器电路激励电压源短路，并把底部两点相联接，得到如图 10.3.5(b)所示电路，由于该联接线中无电流流过，故对原电路无影响。

然后可以应用如图 10.3.5(c)所示去耦 T 型等效电路，计算等效阻抗：

$$Z_{th}=R_2+j\omega(L_2-M)+\frac{(R_1+j\omega(L_1-M))j\omega M}{R_1+j\omega(L_1-M)j\omega M}=R_2+j\omega L_2+\frac{(\omega M)^2}{R_1+j\omega L_1} \tag{10.3.12}$$

最后得到图 10.3.5(d)所示等效电路，计算负载电流：

$$\dot{I}_2=\frac{\dot{U}_{OC}}{Z_{th}+Z_L} \tag{10.3.13}$$

【例 10.3.1】 线性变压器电路如图 10.3.6 所示，已知 $u_S=20\sqrt{2}\cos 100t$ V，$R_1=10\ \Omega$，$L_1=L_2=0.1$ H，$M=0.05$ H。求负载 Z_L 为何值时能获得最大有功功率，并列出计算此最大有功功率算式。

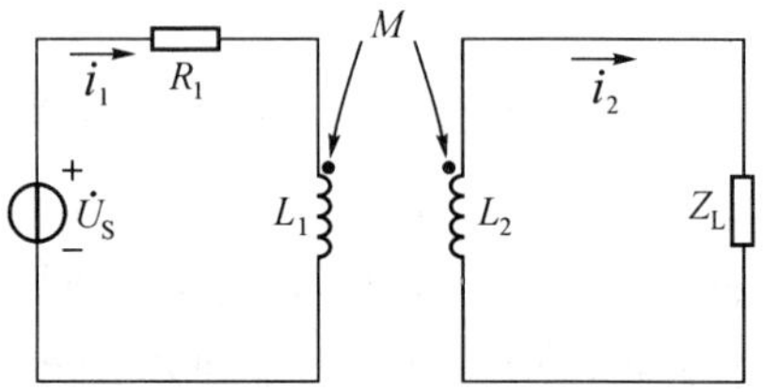

图 10.3.6　例 10.3.1　电路

解:方法 1　应用戴维南定理分析。

首先把负载开路计算开路电压 $\dot{U}_{OC}$：

电压源有效值电压相量

$$\dot{U}_S=20\angle 0°\ \text{V}$$

线性变压器原边电路阻抗　　$Z_{11}=R_1+j\omega L_1=10+j10\ \Omega$

互感阻抗　　$Z_M=j\omega M=j2\ \Omega$

应用式(10.3.13)计算开路电压有效值相量

$$\dot{U}_{OC}=\dot{U}_S Z_M/Z_{11}=20\angle 0°\times j2/(10+j10)=2\sqrt{2}\angle 45°\ \text{V}$$

其次应用式(10.3.14)计算戴维南等效阻抗 Z_{th}：

$$Z_{th}=|Z_M|^2/Z_{11}+j\omega L_2=2^2/(10+j10)+j10=0.2+j9.8\ \Omega$$

根据最大功率传输定理得知，当负载 $Z_L=Z_{th}^*=0.2-j9.8\ \Omega$ 时实现共轭匹配，此时负载获得最大有功功率为

$$P_{max}=|\dot{U}_{OC}|^2/4R_{th}=(2\sqrt{2})^2/(4\times0.2)=10\ \mathrm{W}$$

方法 2 应用反映阻抗概念。

如果把线性变压器副边阻抗反映到线性变压器原边，该反映阻抗吸收的复功率就是变压器副边阻抗吸收的复功率。如果线性变压器副边阻抗反映到线性变压器原边的反映阻抗 Z_{f2} 是线性变压器原边阻抗 Z_{11} 的共轭复数，则反映阻抗 Z_{f2} 获得最大有功功率。

于是，令

$$Z_{f2}=|Z_M|^2/Z_{22}=2^2/(\mathrm{j}10+Z_L)=Z_{11}^*=10-\mathrm{j}10$$

解得

$$Z_L=0.2-\mathrm{j}9.8\ \Omega$$

Z_L 获得最大有功功率

$$P_{max}=|\dot{U}_S|^2/4R_{11}=20^2/(4\times10)=10\ \mathrm{W}$$

10.4 理想变压器

理想变压器是铁心变压器的理想化电路模型，其电路图形符号如图 10.4.1 所示，它只有一个参数，就是变压器次级线圈的匝数 N_2 与初级线圈的匝数 N_1 的比值 a，即 $a=N_2/N_1$，简称匝比（或变比）。

对于图 10.4.1 所示理想变压器，有

$$u_2/u_1=a \tag{10.4.1}$$

$$i_2/i_1=1/a \tag{10.4.2}$$

$$u_1i_1=u_2i_2 \tag{10.4.3}$$

即理想变压器不储存能量、也不损耗能量，只是传递能量。

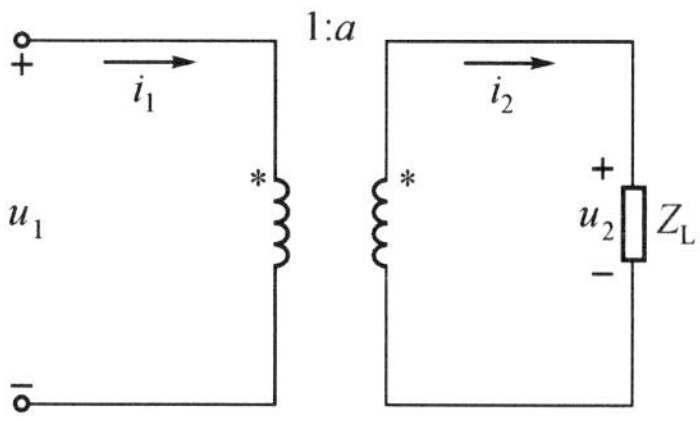

图 10.4.1 理想变压器电路图形符号

如果电源为正弦量，理想变压器的相量形式关系式为

$$\dot{U}_2/\dot{U}_1=a \tag{10.4.4}$$

$$\dot{I}_2/\dot{I}_1=1/a \tag{10.4.5}$$

$$\dot{U}_1\dot{I}_1=\dot{U}_2\dot{I}_2 \tag{10.4.6}$$

注意：如果改变图 10.4.1 所示理想变压器的同名端位置，如图 10.4.2 所示，则对应的电压关系式要相应改变为

$$u_2/u_1=-a \tag{10.4.7}$$

$$\dot{U}_2/\dot{U}_1=-a \tag{10.4.8}$$

对应的电流关系式要相应改变为

$$i_2/i_1=-1/a \tag{10.4.9}$$

$$I_2/I_1=-1/a \tag{10.4.10}$$

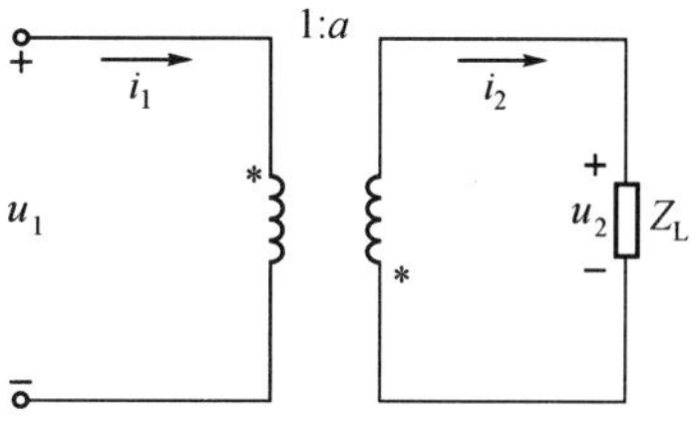

图 10.4.2 理想变压器

但是依然保持 $u_1i_1=u_2i_2$ 与 $\dot{U}_1\dot{I}_1=\dot{U}_2\dot{I}_2$。

一般铁心变压器的绕组具有电阻，因此有铜损耗，而且绕组电感小于无限大；同时，存在漏磁通，因此耦合系数小于 1。如果把铁心变压器处理为理

想变压器，必须满足的三个条件：

(1)变压器绕组无损耗，$R_1=R_2=0$；

(2)耦合系数 $k=1$，为全耦合；

(3)$L_1\to\infty, L_2\to\infty, M\to\infty$，但 $\sqrt{L_1/L_2}=n$。

显然，铁心变压器达不到这些条件，理想变压器只是其理想电路模型。但是，制造优良的铁心变压器可以应用理想变压器作近似分析与计算。

阻抗变换作用

由上面分析，我们可以看出：变压器具有改变电压大小、改变电流大小的作用，因此，变压器也具有变换阻抗的作用。

如果变压器次级线圈连接负载阻抗 Z_L，如图 10.4.3(a)所示。

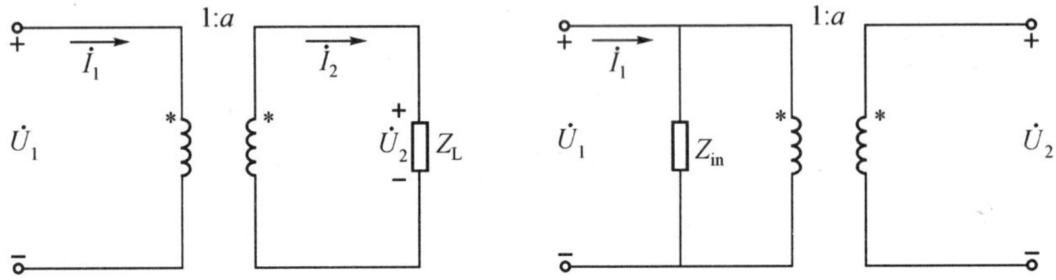

(a)变压器次级连接Z_L　　(b)等效电路

图 10.4.3　变压器变换阻抗作用

则从变压器初级线圈看进去的输入阻抗为

$$Z_{in}=\frac{\dot{U}_1}{\dot{I}_1}=\frac{\dot{U}_2/a}{a\dot{I}_2}=\frac{Z_L}{a^2}$$

得到等效电路如图 10.4.3(b)所示，即变压器次级线圈连接负载阻抗 Z_L，变压器初级端的输入阻抗为 Z_L/a^2，变压器具有变换阻抗的作用。如果变比 $a>1$，变压器为升压变压器，则输入阻抗小于负载阻抗；如果变比 $a<1$，变压器为降压变压器，则输入阻抗大于负载阻抗。在电子技术中应用变压器变换阻抗的作用，达到最大功率匹配愿望。

类似地可以证明：如图 10.4.4(a)所示变压器初级连接阻抗 Z，其等效电路如图 10.4.4(b)所示。

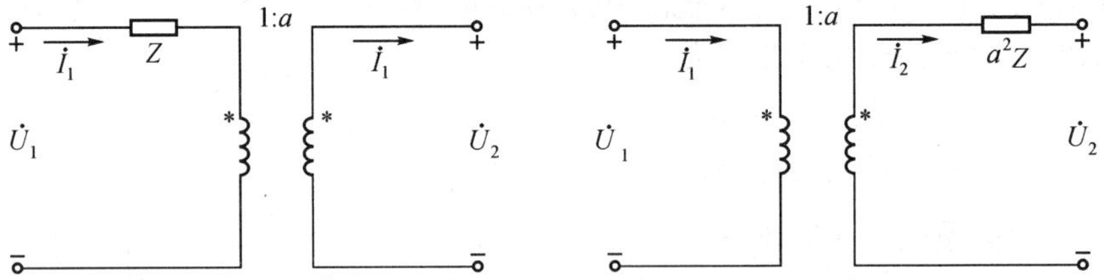

(a)变压器初级连接阻抗Z　　(b)等效电路

图 10.4.4　变压器变换阻抗作用

【例 10.4.1】　如图 10.4.5 所示含理想变压器电路中，$Z_1=30+j40\ \Omega$，$Z_2=40-j40\ \Omega$，变比 $a=2$，电压 $\dot{U}_S=220\angle 0^\circ$ V，计算 Z_2 吸收的功率。

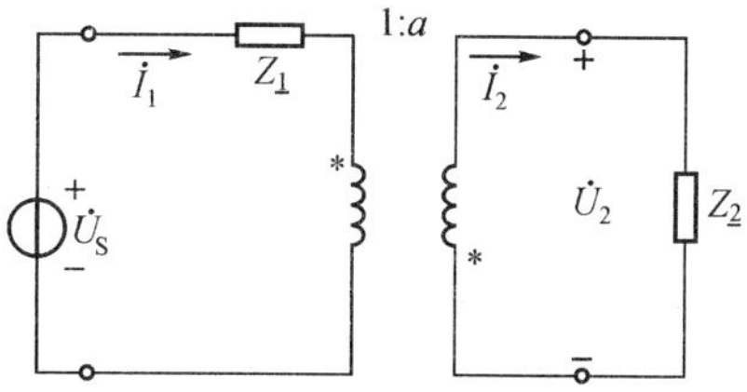

图 10.4.5　例 10.4.1 电路

解:首先计算输入阻抗

$$Z_{in}=Z_1+Z_2/a^2=30+j40+(40-j40)/2^2$$
$$=40+j30=50\angle 36.9^\circ\ \Omega$$

其次计算变压器初级电流与次级电流

$$\dot{I}_1=\dot{U}_S/Z_{in}=220\angle 0^\circ 50\angle 36.9^\circ=4.4\angle -36.9^\circ\ \text{A}$$

$$\dot{I}_2=\dot{I}_1/a=4.4\angle -36.9^\circ/2=2.2\angle -36.9^\circ\ \text{A}$$

最后计算 Z_2 吸收的平均功率与无功功率

$$P=|\dot{I}_2|^2\text{Re}\ Z_2=2.2^2\times 40=193.6\ \text{W}$$

$$Q=|\dot{I}_2|^2 I_m\ Z_2=2.2^2\times(-40)=-193.6\ \text{var}$$

也可以计算变压器次级电压

$$\dot{U}_2=\dot{I}_2 Z_2=(2.2\angle -36.9^\circ)(40-j40)=88\sqrt{2}\angle -81.9^\circ\ \text{V}$$

再计算 Z_2 吸收的复功率

$$S=\dot{U}_2\dot{I}_2^*=88\sqrt{2}\angle -81.9^\circ\times 2.2\angle 36.9^\circ$$
$$=193.6\sqrt{2}(\cos 45^\circ-j\sin 45^\circ)=193.6-j193.6$$

即 Z_2 吸收平均功率 $P=193.6$ W,无功功率 $Q=-193.6$ var。

【例 10.4.2】 如图 10.4.6 所示电路中,负载阻抗 $Z_2=8\ \Omega$。

(1)如果 $Z_1=72\ \Omega$,为使负载获得最大功率,变压器的变比 a 应该选择多少?

(2)如果 $Z_1=60+j80\ \Omega$,为使负载获得最大功率,变压器的变比 a 应该选择多少?

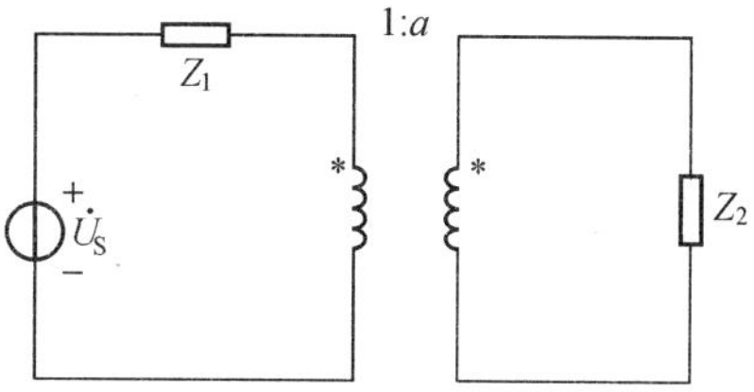

图 10.4.6　例 10.4.2 电路

解:

(1)当 $Z_1=72\ \Omega$ 时,$Z_{in}=Z_2/a^2=8/a^2$。

当 $Z_{in}=Z_1^*$ 时,负载获得最大功率。

因此,$8/a^2=72\ \Omega$,$a^2=8/72=1/9$,$a=1/3=0.333$。

(2)当 $Z_1=60+j80\ \Omega$ 时,$Z_{in}=Z_2/a^2=8/a^2$。

当 $|Z_{in}|=|Z_1|$ 时负载获得最大功率。

因此,$8/a^2=|60+j80|=100$,$a^2=8/100$,$a=\sqrt{8}/10=0.283$。

10.5　小结

(1)互感用来描述第一个线圈流过电流时产生的磁场在具有耦合的第二个线圈两端感应产生电压的情况。根据同名端标志规定,用“。”(或“ * ”)符号标在互感线圈上。当正值电流流入第一个线标志“. ”端时,将在第二个线圈标志“. ”端产生正极开路电压。

确定耦合电感线圈同名端的方法很多,如果知道耦合电感线圈的绕向与相对位置,令电流分别流入两个耦合电感线圈,当它们产生的磁通方向相同,则两个电流流入端为同名端,当然两个电流流出端也为同名端。如果不知道耦合电感线圈的绕向与相对位置,一般应用直流实验法或交流实验法确定耦合电感线圈的同名端。

耦合系数定义为 $K=M/\sqrt{L_1L_2}$，其数值范围从 0 到 1。为了消除互感的耦合影响，使 K 接近零，一般把两个电感线圈置放位置距离变大。当空间有限制时，经常采用把两个电感线圈的轴心相互对称垂直地置放。为了增强互感耦合，经常采用把两个电感线圈平行绕制在同一个骨架或磁芯上。

(2)耦合电感的总储能有三项：每个自感储能($L_1i_1^2/2$、$L_2i_2^2/2$)与互感储能(Mi_1i_2)。

自感储能为大于或等于零；而互感储能可能大于、等于、小于零。当电流同时流入(或流出)互感标志“.”端，互感储能项 Mi_1i_2 前面加“+”号；当一个电流流入(或流出)互感标志“.”端，另一个电流流出(或流入)互感标志“.”端，互感储能项 Mi_1i_2 前面加“-”号。

(3)耦合电感的去耦等效变换法经常应用于耦合电感电路的等效简化过程中。

耦合电感顺串时等效电感　　$L=L_1+L_2+2M$

耦合电感反串时等效电感　　$L=L_1+L_2-2M$

耦合电感同侧并联时等效电感　　$L=(L_1L_2-M^2)/(L_1+L_2-2M)$

耦合电感异侧并联时等效电感　　$L=(L_1L_2-M^2)/(L_1+L_2+2M)$

耦合电感具有公共端时有下述两种情况：

同名端联接于公共端

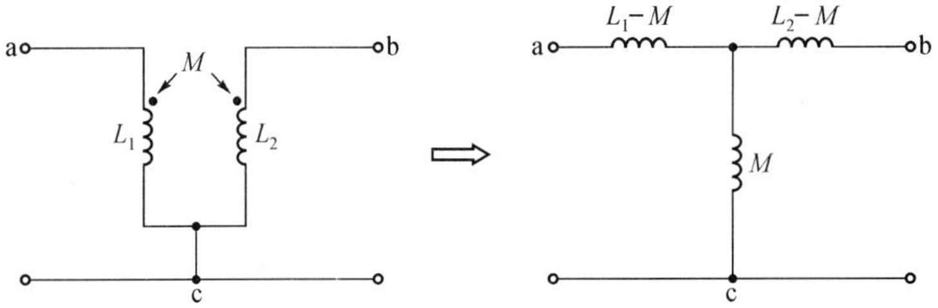

异名端联接于公共端

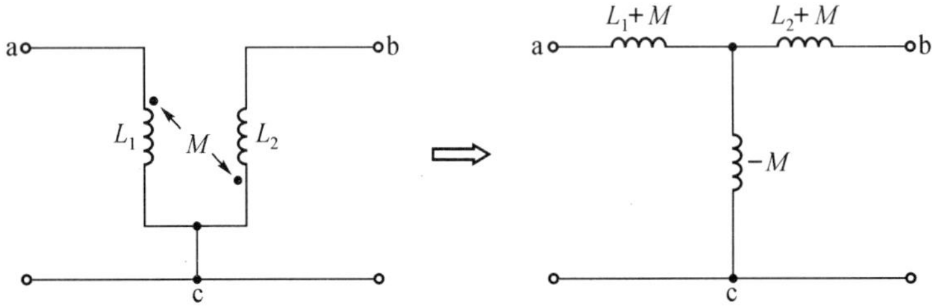

(4)线性变压器由两个耦合线圈(初级(原)线圈与次级(副)线圈)构成，一般用三个参数(自感 L_1、自感 L_2 与互感 M)描述。线性变压器电路的分析可以应用直接列写原边与副边伏安关系方程进行求解，也可以应用去耦等效变换法、反映阻抗法、戴维南定理等方法进行分析。其中线性变压器副边对原边的反映阻抗

$$Z_{f2}=|Z_M|^2/Z_{22}=(\omega M)^2/Z_{22}$$

线性变压器原边对副边的反映阻抗

$$Z_{f1}=|Z_M|^2/Z_{11}=(\omega M)^2/Z_{11}$$

(5)理想变压器是实际铁心变压器的常用近似电路模型，其耦合系数为 1，自感为无限大。只用一个参数：匝比(变比)a 描述。匝比的定义为变压器副边线圈匝数 N_2 与原边线圈匝数 N_1 之比，即 $a=N_2/N_1$。匝比联系原绕组电压与副绕组电压：$\dot{U}_2=a\dot{U}_1$，使变压器具有

变压作用;匝比也联系原绕组电流与副绕组电流:$\dot{I}_1 = a\dot{I}_2$,使变压器具有变流作用。

变压器还具有变阻抗作用。设变压器副边连接负载阻抗 Z_L,则从变压器原边线圈看进去的阻抗为 $Z_{in} = Z_L/a^2$;如果变压器原边连接阻抗 Z,则从变压器副边线圈看进去的阻抗为 Za^2。

习 题 10

10-1-1 判断图 10-1-1 中耦合线圈的同名端。

10-1-2 正弦电流激励下耦合电感电路如图 10.1.9 所示,测量电压值如下:线圈 1 端 1—1′电压 220 V,线圈 2 端 2—2′电压 12 V,线圈 3 端 3—3′电压 24 V,端 2—3′电压 36 V。

由上述测量电压值判断线圈 2 与线圈 3 的同名端(即交流激励判断耦合电感同名端法)。

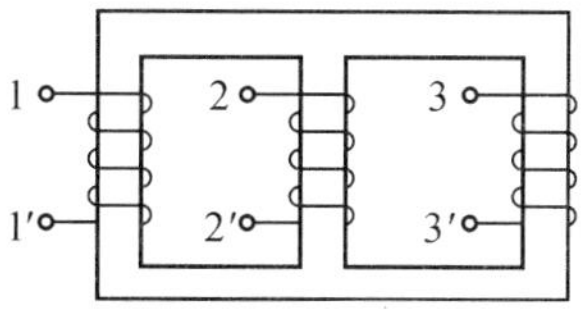

图 10-1-1 习题 10-1-1 电路

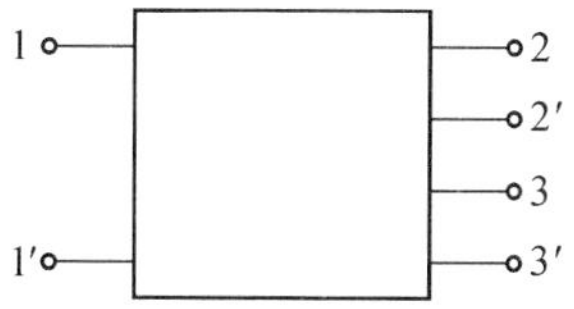

图 10-1-2 习题 10-1-2 电路

10-2-1 电路如图 10-2-1 所示,已知 $R_1 = 3\ \Omega$,$\omega L_1 = 20\ \Omega$,$R_2 = 4\ \Omega$,$\omega L_2 = 30\ \Omega$,$\omega M = 15\ \Omega$,$R_3 = 50\ \Omega$;正弦交流电压源有效值 $\dot{U}_S = 200$ V,求各支路电路 $\dot{I}_1$、$\dot{I}_2$、$\dot{I}_3$。

10-2-2 如图 10-2-2 所示电路中调整 Z_0 的值,使其平均功率最大,求由理想电压源的两端 a,b 看向右过去的等效阻抗。

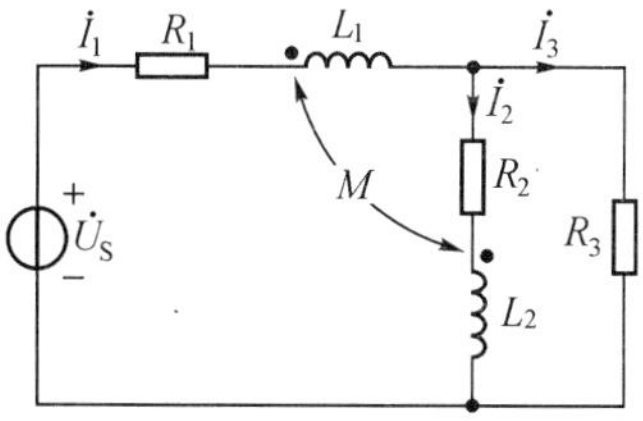

图 10-2-1 习题 10-2-1 电路

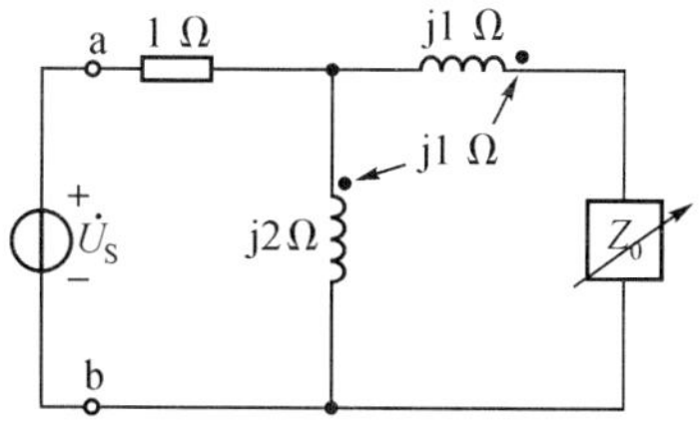

图 10-2-2 习题 10-2-2 电路

10-3-1 如图 10-3-1 所示电路为全耦合空芯变压器的相量模型电路,试求 $\dot{I}_1$、$\dot{I}_2$ 及 $\dot{U}_2$。

10-3-2 电路如图 10-3-2 所示,已知 $\dot{U}_1 = 10$ V,$R_1 = R_2 = 6\ \Omega$,$\omega L_1 = \omega L_2 = 8\ \Omega$,$\omega M = 5\ \Omega$,问负载阻抗 Z_L 值应为多少能获得最大功率?最大功率应为多大?

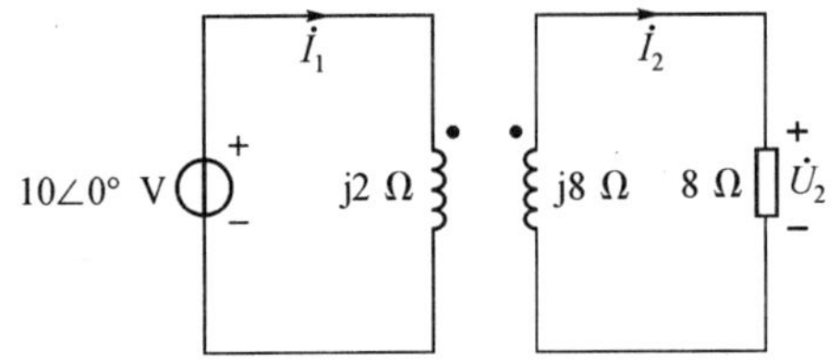

图 10-3-1　习题 10-3-1 电路

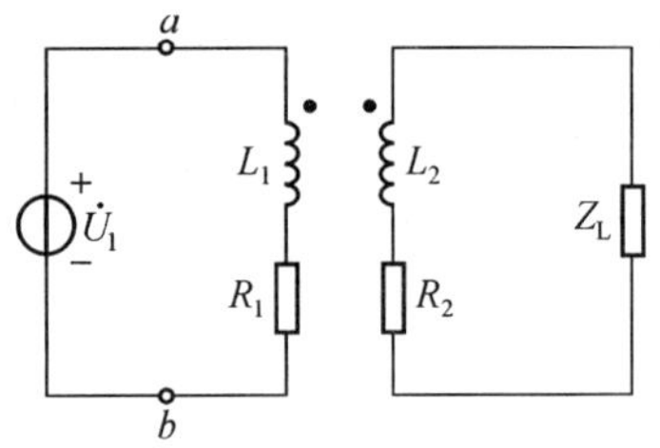

图 10-3-2　习题 10-2-2 电路

10-4-1　含理想变压器电路如图 10-4-1 所示，欲使 10 Ω 电阻能获得最大功率，求理想变压器的变比 a。

10-4-2　求如图 10-4-2 所示电路中的电压 $\dot{U}_2$。

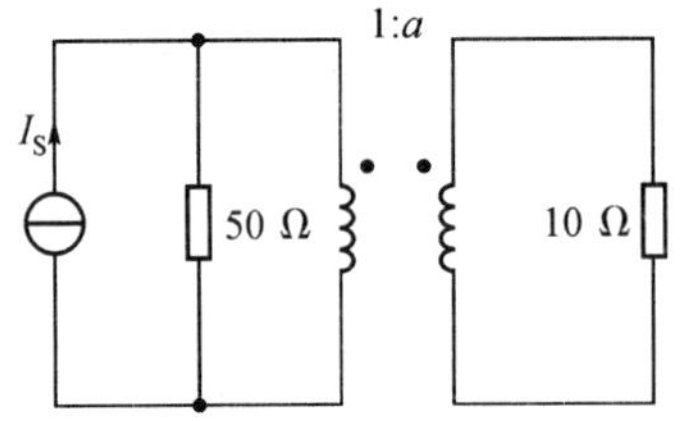

图 10-4-1　习题 10-4-1 电路

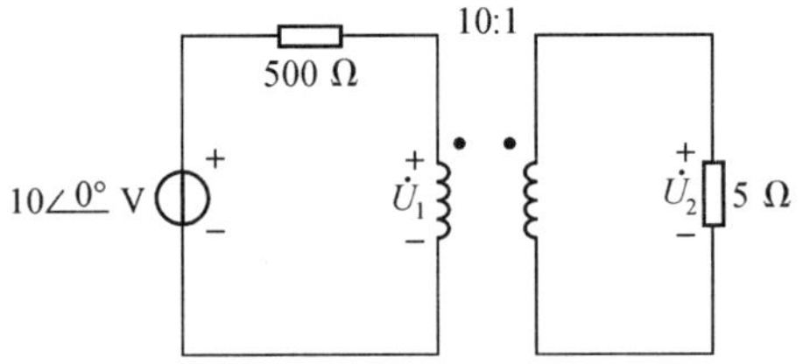

图 10-4-2　习题 10-4-2 电路

10-6-1　求如图 10-6-1 所示电路的等效电感。

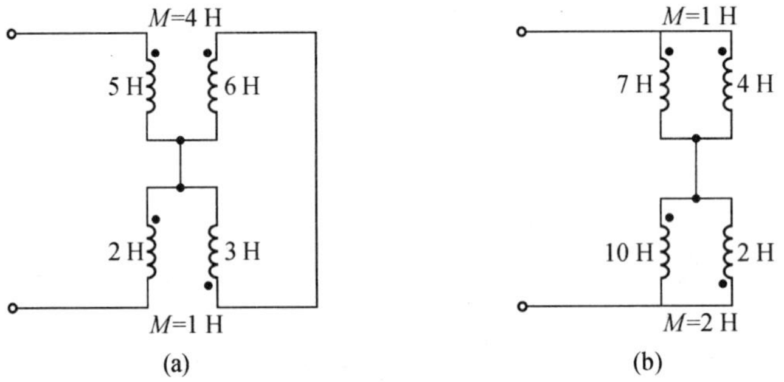

图 10-6-1　习题 10-6-1 电路

10-6-2　求如图 10-6-2 所示电路的输入阻抗 Z_0(ω=1 rad/s)。

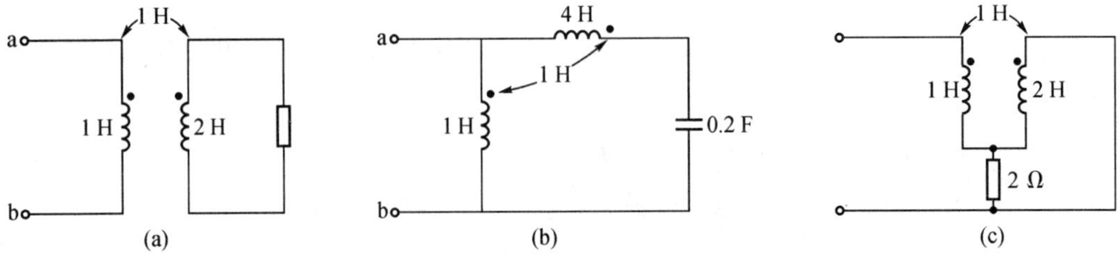

图 10-6-2　习题 10-6-2 电路

10-6-3　如图 10-6-3 所示电路中，L_1=1 H，L_1=2 H，M=0.5 H，i_S 为周期函数，波形

如图 b 所示，试画出电压 u_2 的波形，并给出电压表读数（反映有效值）。

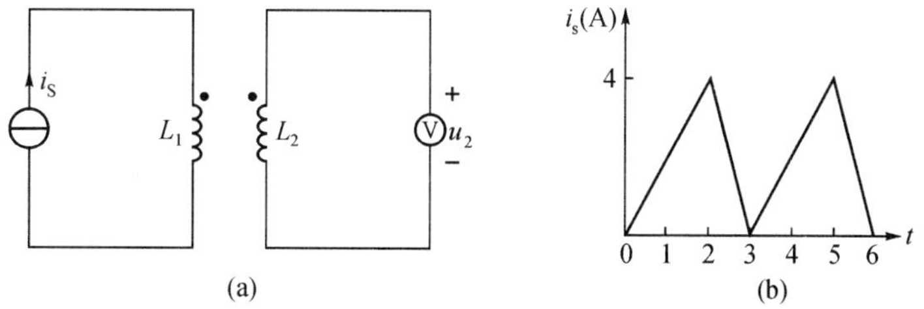

图 10－6－3　习题 10－6－3 电路

10－6－4　含有耦合电感的正弦稳态电路如图 10.6.4 所示，已知 $u_{OC}=\cos(5t-90°)$ V，$L_1=1$ H，$L_1=2$ H，$k=0.5/\sqrt{2}$，$C=1/5$ F，试求 i_S。

10－6－5　含耦合电感电路如图 10－6－5 所示，$u_S(t)=36\cos(3t-60°)$ V，试求：(1)从电源端看进去的等效阻抗；(2)电压 $u_C(t)$。

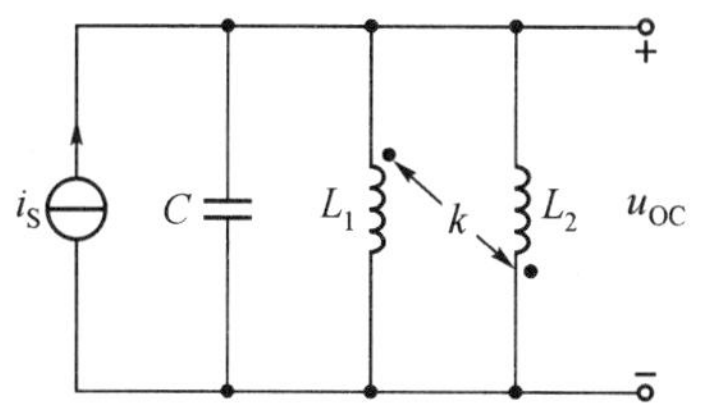

图 10－6－4　习题 10－6－4 电路

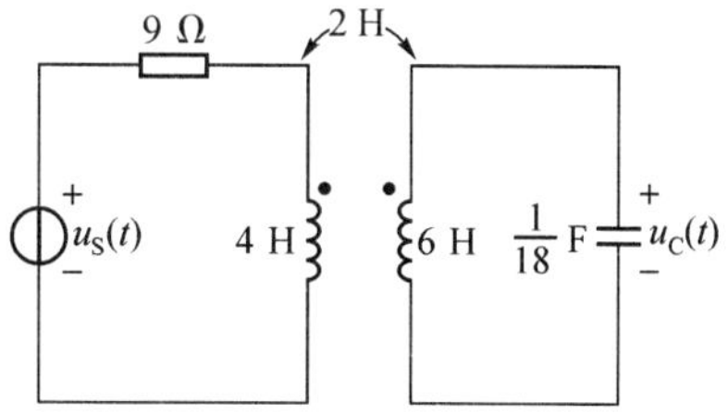

图 10－6－5　习题 10－6－5 电路

10－6－6　如图 10－6－6 所示电路中，两个线圈的参数 $R_1=R_2=100$ Ω，$L_1=3$ H，$L_2=10$ H，$M=5$ H，电源电压 $U=220$ V，$\omega=100$ rad/s。

(1)试求两个线圈的端电压并画出相量图；

(2)证明两个耦合电感反接时不会有 $L_1+L_2-2M\leqslant 0$；

(3)若使电路谐振需串联多大的电容？

(4)画出该电路的去耦等效电路。

10－6－7　如图 10－6－7 所示正弦稳态电路中，$L_1=M=1$ H，$L_2=2$ H，$g_m=1$ S，$i_S=10\sqrt{2}\cos t$ A，试求 i_2。

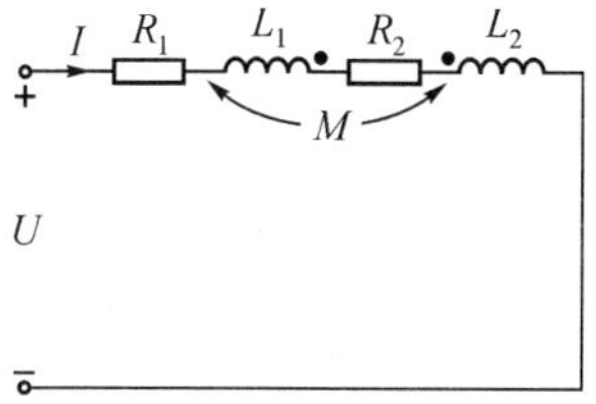

图 10－6－6　习题 10－6－6 电路

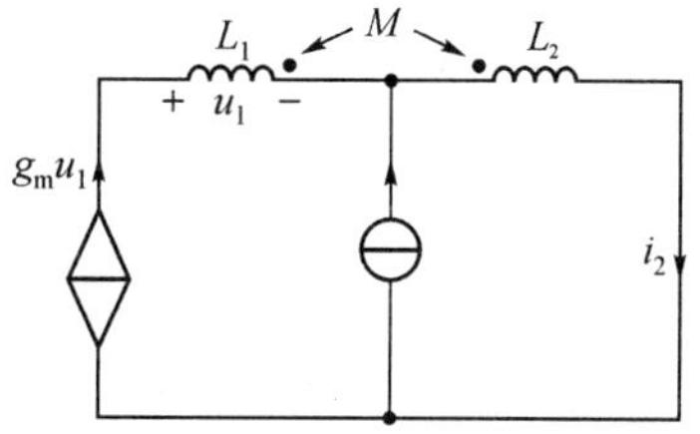

图 10－6－7　习题 10－6－7 电路

10－6－8　电路如图 10－6－8 所示，已知 $R=4$ Ω，$Z_{C1}=-\mathrm{j}4$ Ω，$Z_{C2}=-\mathrm{j}8$ Ω，$Z_{L1}=Z_{L2}=\mathrm{j}8$ Ω，耦合系数 $k=0.5$，$U_S=20\underline{/0°}$ V，求各支路电流及 L_2 支路吸收的有功功率 P_2。

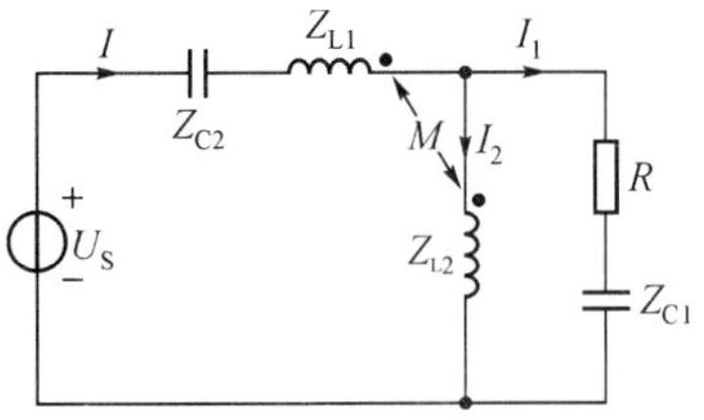

图 10-6-8　习题 10-6-8 电路

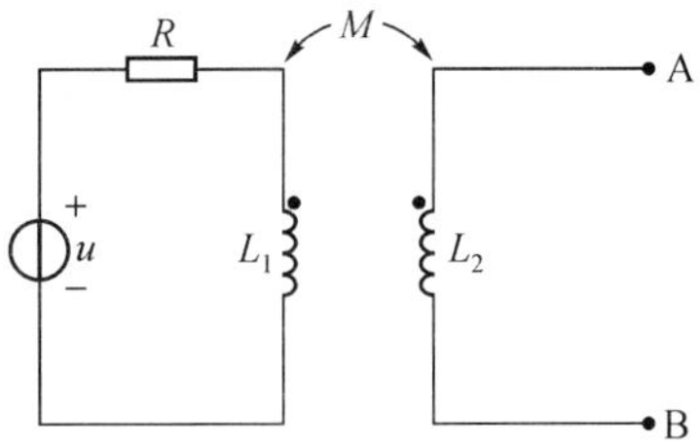

图 10-6-9　习题 10-6-9 电路

10-6-9　如图 10-6-9 所示，$R_1=10\ \Omega$，$X_{L1}=3\ \Omega$，$X_{L2}=2\ \Omega$，$X_M=2\ \Omega$，$U=100$ V，求(1) AB 端的戴维南等效电路；(2) AB 间的短路电流。

10-6-10　如图 10-6-10 所示电路 $R_1=1\ \text{k}\Omega$，$R_2=400\ \Omega$，$R_L=600\ \Omega$，$L_1=1$ H，$L_2=4$ H，$k=0.5$，$\dot{U}_S=100\underline{/0^\circ}$ V，$\omega=1\ 000$ rad/s，求 $\dot{I}_1$ 和 $\dot{I}_2$。

10-6-11　电路如图 10-6-11 所示，$Z_L=3+\text{j}4\ \Omega$，$u_S=12\cos 2t$ V，$R_1=4\ \Omega$，$R_2=2\ \Omega$，$R_3=\Omega$，$L_1=1$ H，$L_2=1$ H，$k=0.5$，$C=0.5$ F，试求从 ab 往右看的输入阻抗和 i。

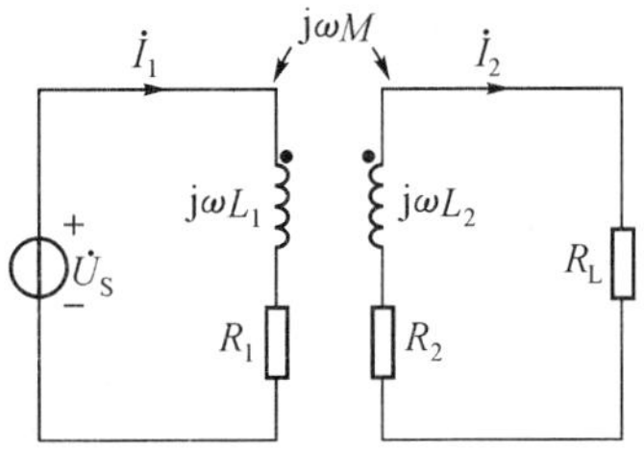

图 10-6-10　习题 10-6-10 电路

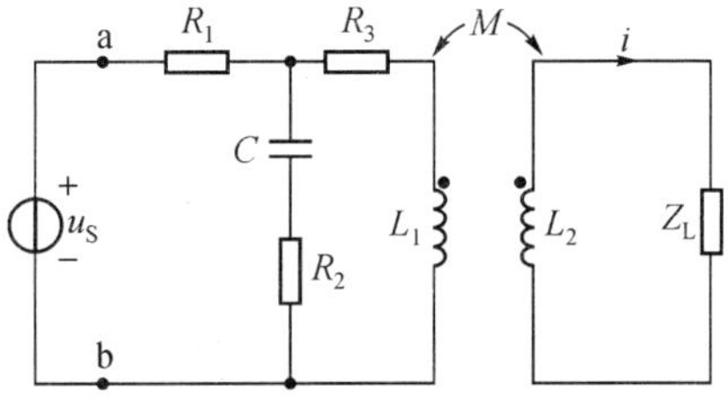

图 10-6-11　习题 10-6-11 电路

10-6-12　如图 10-6-12 所示电路，已知 $U_S=3\underline{/0^\circ}$ V，电源角频率 $\omega=2$ rad/s，(1)如 ab 端开路，求 $\dot{I}_1$ 和 $\dot{U}_{ab}$；(2)如 ab 将端短路，求 $\dot{I}_1$ 和 $\dot{I}_{ab}$。

10-6-13　如图 10-6-13 所示电路，$R=4\ \Omega$，$\omega L=4\ \Omega$，$k=0.5$，$1/\omega C=8\ \Omega$，$U_S=100\underline{/0^\circ}$ V，求 $\dot{I}_1$ 和 $\dot{U}_2$。

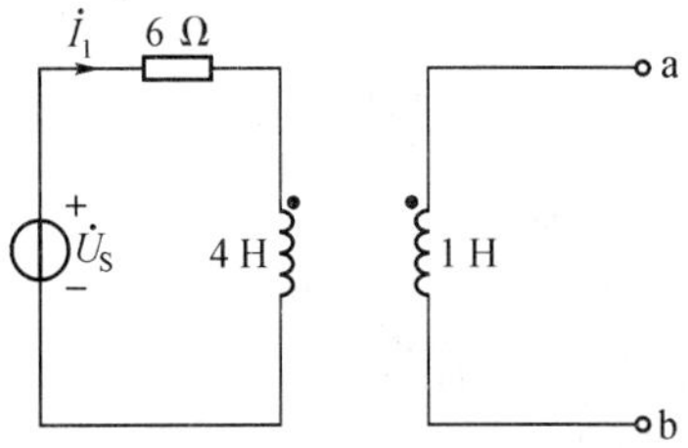

图 10-6-12　习题 10-6-12 电路

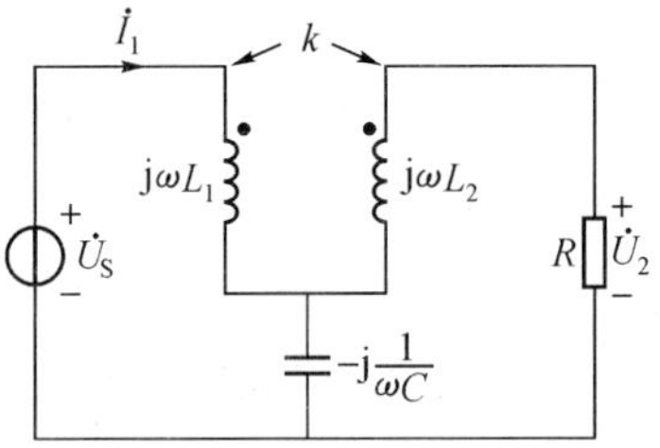

图 10-6-13　习题 10-6-13 电路

10-6-14　如图 10-6-14 所示，电路中理想变压器的变比为 10∶1，求电压 $\dot{U}_2$。

10-6-15　如图 10-6-15 所示，欲使 10 Ω 的电阻能获得最大功率，求理想变压器的变比。

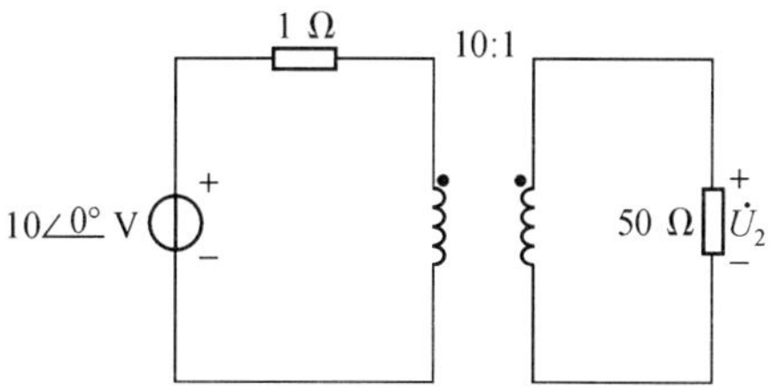

图 10-6-14 习题 10-6-14 电路

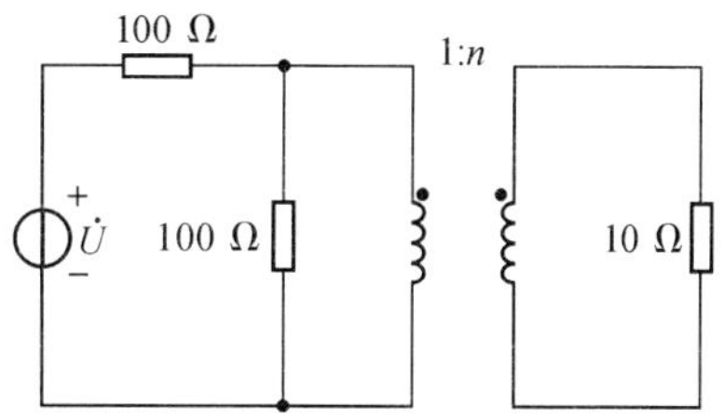

图 10-6-15 习题 10-6-15 电路

10-6-16 如图 10-6-16 所示，$\dot{U}_S=220\sqrt{2}$ V，$Z_0=12+j16\ \Omega$，$Z_L=1\ \Omega$，$n=2$，求(1)I_1 和 I_2；(2)当 Z_L 为何值时可获得 P_{max}。

10-6-17 如图 10-6-17 所示，$R_1=2\ \Omega$，$R_2=3\ \Omega$，$R_3=6\ \Omega$，$n=0.5$，求等效电阻 R_{ab}。

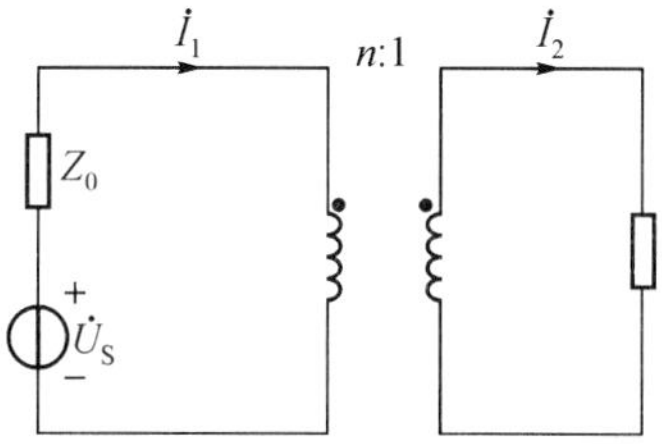

图 10-6-16 习题 10-6-16 电路

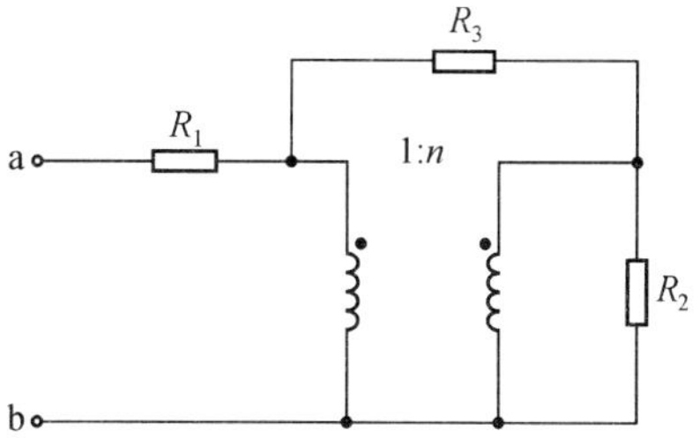

图 10-6-17 习题 10-6-17 电路

11 三相电路

基本要求：

(1)熟悉 Y 接法与△接法三相电源的工作情况。

(2)熟悉 Y 接法与△接法负载的工作情况。

(3)掌握对称三相电路的单相分析法，掌握线电压与相电压、线电流与相电流之间在数值与相位方面的关系。

(4)了解三相电路的功率及其测量方法。

11.1 三相电源

目前，全世界供电基本上为三相供电系统。它基本上分为两大类型。第一大类型是频率为 60 Hz、正弦单相电压有效值为 120 V(一般为 115 V)的三相供电系统，例如欧美国家的三相供电系统；第二大类型是频率为 50 Hz、正弦单相电压有效值为 240 V(我国 220 V)的三相供电系统。亚洲大部分国家为三相供电系统。

根据三相负载的连接方式可以分为 Y(星形)接法和△(三角形)接法两大类型。

根据三相电源与三相负载的对称情况，可以把三相供电系统分为两大类型：对称三相供电系统与不对称三相供电系统。

三相供电系统一般指供电正弦电源为对称三相电压源，它产生三个频率相同、最大值相等、初相位互差 120°的正弦电压。不满足这些条件的三相正弦电源为不对称(或不平衡)三相电源。一般不加说明的三相电压源均指对称三相电压源。各称为 A 相、B 相和 C 相，以示区别。在三相系统中，为了方便地表示电压与电流的相位，对三角形按法采用双下标表示法。例如，电压 $\dot{U}_{AB}$表示由 A 相指向 B 相的电压有效值相量，电流 $\dot{I}_{BA}$表示由 B 流向 A 的电流有效值相量。对于 Y 形接法，也采用双下标表示法，如 U_{AN}表示 A 相对中心结点 N 间的电压值，余类推。

11.1.1 Y 接三相电源

如图 11.1.1(a)所示三个单相正弦电压源，设电压角频率相同，有效值相量分别为

$\dot{U}_{AN}=220\underline{/0^\circ}$ V，$\dot{U}_{BN}=220\underline{/-120^\circ}$ V，$\dot{U}_{CN}=220\underline{/-240^\circ}=220\underline{/120^\circ}$ V。

如果把图 11.1.1(a)所示三个单相电压源组成如图 11.1.1(b)所示 Y(星形)接三相电源，则该三相电源向负载供电有四线，其中 aA、bB、cC 称为相(火)线，nN 称为中(零)线。

如图 11.1.1(b)所示 Y(星形)接三相电源向负载供电存在两种电压：相电压与线电压。

第一种电压是相电压(Phase Voltage)。

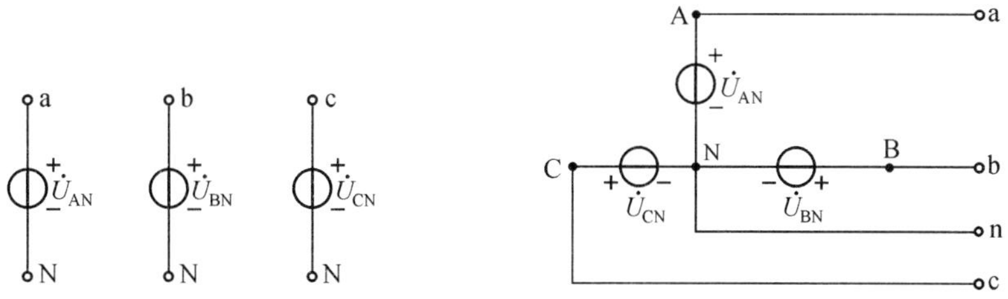

(a)三个单相电源　　　　　　　　　　(b)Y接法三相电源

图 11.1.1　单相电源与三相电源

相电压是单相电压源的端电压，即供电系统的相线与中线之间的电压，有

$$\dot{U}_{AN}=\dot{U}_{an}=220\angle 0^\circ\ \text{V} \tag{11.1.1}$$

$$\dot{U}_{BN}=\dot{U}_{bn}=220\angle -120^\circ\ \text{V} \tag{11.1.2}$$

$$\dot{U}_{CN}=\dot{U}_{cn}=220\angle 120^\circ\ \text{V} \tag{11.1.3}$$

可以看出第一种相电压是对称的三相电压，角频率相同；幅值相同；相位互差 120°，A 相电压超前 B 相电压 120°，B 相电压超前 C 相电压 120°和 C 相电压超前 A 相电压 120°，称为顺相序对称三相相电压，其波形图与相量图分别如图 11.1.2(a)、(b)所示。

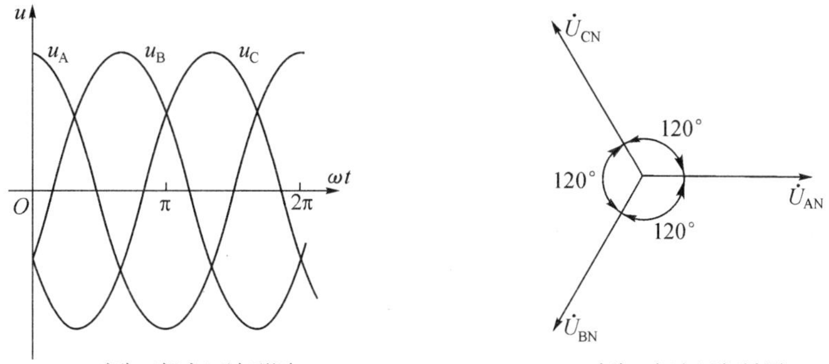

(a)对称三相电压波形图　　　　　　　　　(b)对称三相电压相量图

图 11.1.2　电压波形与相量

对称三相相电压具有特点：

$$\dot{U}_{AN}+\dot{U}_{BN}+\dot{U}_{CN}=0 \tag{11.1.4}$$

第二种电压是线电压(Line Voltage)。

线电压是相线与相线之间的电压，有

$$\dot{U}_{AB}=\dot{U}_{AN}-\dot{U}_{BN}=220\angle 0^\circ-220\angle -120^\circ=220\sqrt{3}\angle 30^\circ\ \text{V} \tag{11.1.5}$$

$$\dot{U}_{BC}=\dot{U}_{BN}-\dot{U}_{CN}=220\angle -120^\circ-220\angle 120^\circ=220\sqrt{3}\angle -90^\circ\ \text{V} \tag{11.1.6}$$

$$\dot{U}_{CA}=\dot{U}_{CN}-\dot{U}_{AN}=220\angle 120^\circ-220\angle 120^\circ=220\sqrt{3}\angle 150^\circ\ \text{V} \tag{11.1.7}$$

可以看出：第二种线电压也是对称三相电压，角频率相同；幅值相同，均为相电压的$\sqrt{3}$倍；相位互差 120°；因此，其和等于零，即

$$\dot{U}_{AB}+\dot{U}_{BC}+\dot{U}_{CA}=0 \tag{11.1.8}$$

由上述分析，可以看出：Y 接三相对称电压源可以向负载提供两组对称电压：相电压($\dot{U}_P$)与线电压($\dot{U}_L$)。线电压有效值是相电压有效值的$\sqrt{3}$倍，即$\dot{U}_L=\sqrt{3}\dot{U}_P$，线电压有效值相量超前对应相电压有效值相量 30°，例如$\dot{U}_{AB}$超前$\dot{U}_{AN}$30°。

注意：Y 接三相电压源时，必须注意单相电压源的极性的连接要正确。如果电源中任意一相接法接反，则三个相电压之和将不为零，即三相电压源提供的相电压与线电压不对称。

【例 11.1.1】 已知$\dot{U}_A$、$\dot{U}_B$、$\dot{U}_C$是一组对称的单相电压源，如果按照图 11.1.3 所示电路进行接线，求电压$\dot{U}_{an}$、$\dot{U}_{bn}$、$\dot{U}_{cn}$。

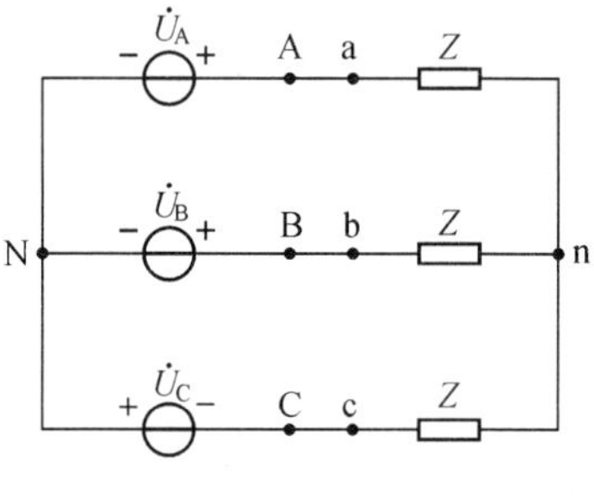

图 11.1.3　例 11.1.1 电路

解：如图 11.1.3 所示电路中三个单相电压源电压尽管是对称的，但是由于接法不正确，电压$\dot{U}_C$的极性接反，造成三相电路中三相电压源为不对称电压源。

如果电压$\dot{U}_C$的接法正确，即其“＋”极接在 C 端，则为对称三相电压源，此时

$$\dot{U}_{AN}=\dot{U}_a$$

$$\dot{U}_{BN}=\dot{U}_b$$

$$\dot{U}_{CN}=\dot{U}_c$$

现在，电压U_C的极性接反，上述结论不能成立，即三相电压源为不对称电压源。

解法 1　应用叠加定理。

根据叠加定理，如图 11.1.3 所示电路的响应等于如图 11.1.4(a)、(b)所示电路响应的叠加。

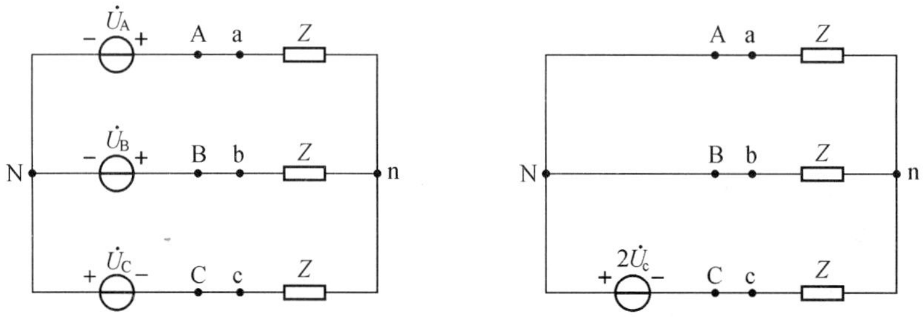

(a)三相对称电路　　(b)三相不对称电路

图 11.1.4　解法 1 图示

对于如图 11.1.4(a)所示三相对称电路，有

$$\dot{U}'_{AN}=\dot{U}_a$$

$$\dot{U}'_{BN}=\dot{U}_b$$

$$\dot{U}'_{CN}=\dot{U}_c$$

对于如图 11.1.4(b)所示三相不对称电路电路，有

$$\dot{U}''_{AN}=\dot{U}''_{BN}=2\dot{U}_c\times(Z/2)/(3Z/2)=(2/3)\dot{U}_c$$

$$\dot{U}''_{CN}=-2\dot{U}_c\times Z/(3Z/2)=-(4/3)\dot{U}_c$$

应用叠加定理，得到

$$\dot{U}_{AN}=\dot{U}'_{AN}+\dot{U}''_{AN}=\dot{U}_a+(2/3)\dot{U}_c=\dot{U}_c\angle{-120^\circ}+(2/3)\dot{U}_c$$

$$=(-0.5-j0.866+0.667)\dot{U}_c=(0.167-j0.866)\dot{U}_c=0.882\dot{U}_c\angle{-79^\circ}$$

$$\dot{U}_{BN}=\dot{U}'_{BN}+\dot{U}''_{BN}=\dot{U}_b+(2/3)\dot{U}_c=\dot{U}_c\angle{120^\circ}+(2/3)\dot{U}_c$$

$$=(-0.5+j0.866+0.667)\dot{U}_c=(0.167+j0.866)\dot{U}_c 0.882\dot{U}_c\angle{79^\circ}$$

$$\dot{U}_{CN}=\dot{U}'_{CN}+U''_{CN}=\dot{U}_c-(4/3)\dot{U}_c=-(1/3)\dot{U}_c=0.333\dot{U}_c\angle{180^\circ}$$

解法 2 应用结点分析法

选择结点 n 作为参考结点，对如图 11.1.3 所示三相电路结点 N 列写结点电压方程，

$$(1/Z+1/Z+1/Z)\dot{U}_N=\dot{U}_a/Z+\dot{U}_b/Z-\dot{U}_c/Z$$

解得结点 N 电压

$$\dot{U}_N=(\dot{U}_a/Z+\dot{U}_b/Z-\dot{U}_c/Z)/(3/Z)=(\dot{U}_a+\dot{U}_b-\dot{U}_c)/3$$

$$=(-\dot{U}_c-\dot{U}_c)/3=-(2/3)\dot{U}_c$$

于是

$$\dot{U}_{AN}=\dot{U}_a-\dot{U}_N=\dot{U}_a+(2/3)\dot{U}_c=0.882\dot{U}_c\angle{-79^\circ}$$

$$\dot{U}_{BN}=\dot{U}_b-\dot{U}_N=\dot{U}_b+(2/3)\dot{U}_c=0.882\dot{U}_c\angle{79^\circ}$$

$$\dot{U}_{CN}=-\dot{U}_c-\dot{U}_N=-\dot{U}_c+(2/3)\dot{U}_c=-(1/3)\dot{U}_c=0.333\dot{U}_c\angle{180^\circ}$$

11.1.2 △接三相电源

如果把如图 11.1.1(a)所示三个单相正弦电压源组成△(三角形)接三相电压源，如图 11.1.5 所示，则该三相电压源向负载供电只有三条线，即 Aa、Bb、Cc 相(火)线，无中(零)线。

△接三相电压源向负载供电电压只有一组对称电压，即相电压($\dot{U}_P$)与线电压($\dot{U}_L$)为同一个电压：

$$\dot{U}_{AB}=\dot{U}_{an}=220\angle{0^\circ}\text{ V} \tag{11.1.9}$$

$$\dot{U}_{BC}=\dot{U}_{bn}=220\angle{-120^\circ}\text{ V} \tag{11.1.10}$$

$$\dot{U}_{CA}=\dot{U}_{cn}=220\angle{120^\circ}\text{ V} \tag{11.1.11}$$

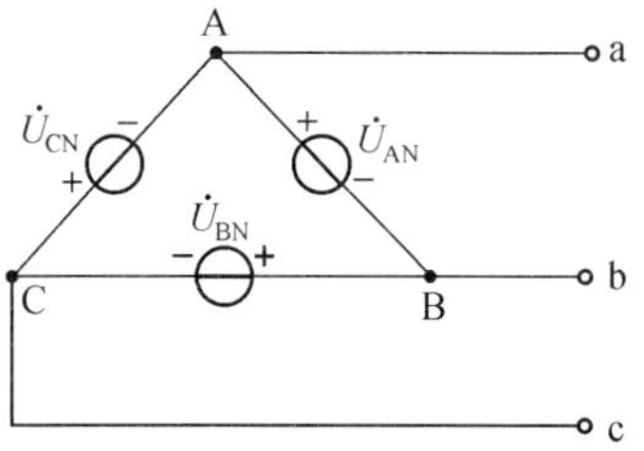

图 11.1.5 △接法三相电压源

可以看出：△接三相电压源向负载供电时，线电压就是相电压，是一组对称三相电压。

注意：△接三相电压源时，必须注意单相电压源的极性的连接要正确。如果电源中任意一相接法接反，则三个相电压之和将不为零，于是，在三角形联接的闭合回路中将产生根大的环行电流，严重时造成电源毁坏。

三相电压相序是指对称三相电压到达正(负)最大值的先后次序，分为顺相序(正顺序，Positive Phase Sequence)和逆相序(负顺序)。顺相序时，三相电压到达正最大值的先后次序为 A→B→C→A…而逆相序时，三相电压到达正最大值的先后次序为 A→C→B→A…一般无特殊说明，三相电源均指顺相序的 Y 接法三相电源。

11.2　Y 接负载三相电路

11.2.1　Y 接对称负载三相电路

Y 接负载三相电路就是把三相负载联接为 Y 型，也称为星型，由三相电源供电，电路如图 11.2.1 所示。

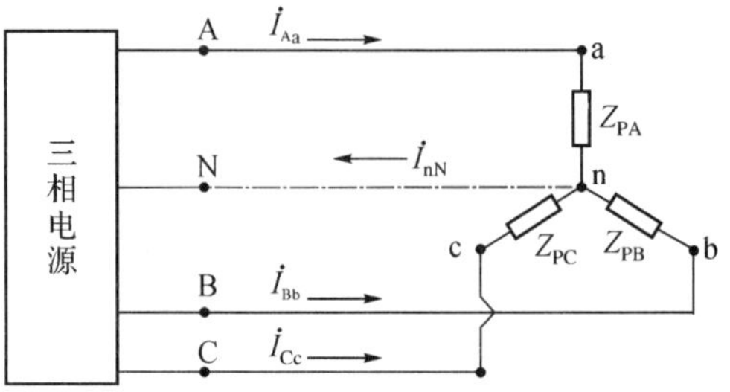

图 11.2.1　Y 接负载三相电路

三个单相负载组成 Y 联接三相负载，如果三个单相负载相同，称为对称三相电路，否则称为不对称三相电路。

由电源始端引出的联接线，称为端(相)线。电源端点 N 与负载端点 n 的联接线，称为中(零线)。在忽略联接线阻抗情况下，每相负载的端电压与三相电源的相电压均相同，称为相电压。每根相线与 N 或 n 端之间的电压称为线电压。流过相线的电流称为线电流，可以看出 Y 联接三相负载的三相电路的线电流就是流过三相负载的相电流；流过中线的电流称为中线电流，根据 KCL，有

$$\dot{I}_{Nn}=\dot{I}_{AN}+\dot{I}_{BN}+\dot{I}_{CN} \tag{11.2.1}$$

设相电压

$$\dot{U}_{AN}=U_P\,\underline{/0^\circ} \tag{11.2.2}$$

$$\dot{U}_{BN}=U_P\,\underline{/-120^\circ} \tag{11.2.3}$$

$$\dot{U}_{CN}=U_P\,\underline{/120^\circ} \tag{11.2.4}$$

则线电压

$$\dot{U}_{AB}=\dot{U}_{AN}-\dot{U}_{BN}=U_P\,\underline{/0^\circ}-U_P\,\underline{/-120^\circ}$$

$$=U_P\sqrt{3}\underline{/30^\circ}=U_L\,\underline{/30^\circ} \tag{11.2.5}$$

$$\dot{U}_{BC}=\dot{U}_{BN}-\dot{U}_{CN}=U_P\,\underline{/-120^\circ}-U_P\,\underline{/120^\circ}$$

$$=U_P\sqrt{3}\underline{/-90^\circ}=U_L\,\underline{/-90^\circ} \tag{11.2.6}$$

$$\dot{U}_{CA}=\dot{U}_{CN}-\dot{U}_{AN}=U_P\,\underline{/120^\circ}-U_P\,\underline{/0^\circ}$$

$$=U_P\sqrt{3}\underline{/150^\circ}=U_L\,\underline{/150^\circ} \tag{11.2.7}$$

线电压与相电压的关系如图 11.2.2 所示。

由上述分析可以看出：Y 接负载的三相电路的相电压与线电压均为对称系统，此种供电系统有两个对称电压。在数值方面，线电压是相电压的$\sqrt{3}$倍，即$U_L=\sqrt{3}U_P$，例如在我国，相电压为 220 V，线电压等于 $220\times\sqrt{3}=380$ V。在相位方面，线电压相量超前对应的相电压相

量 30°，例如线电压 $\dot{U}_{BC}$ 超前相电压 $\dot{U}_{BN}$ 30°。在此种供电系统中，线电流等于相电流。

如果考虑联接导线的阻抗，设三相对称负载阻抗为 Z_P，相线阻抗为 Z_L，中线阻抗为 Z_N，三相四线电路如图 11.2.3 所示。

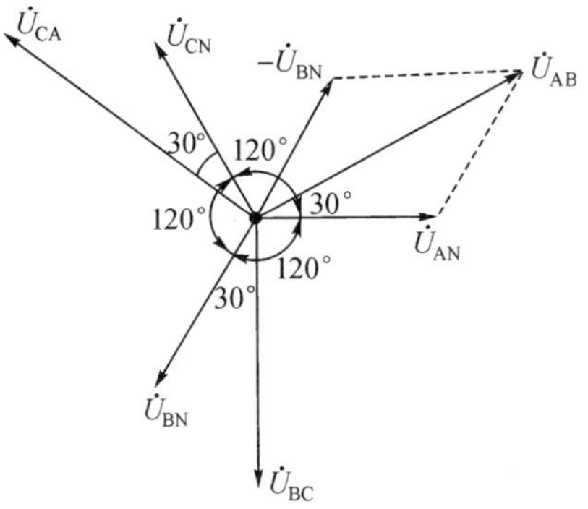

图 11.2.2 线电压与相电压的关系

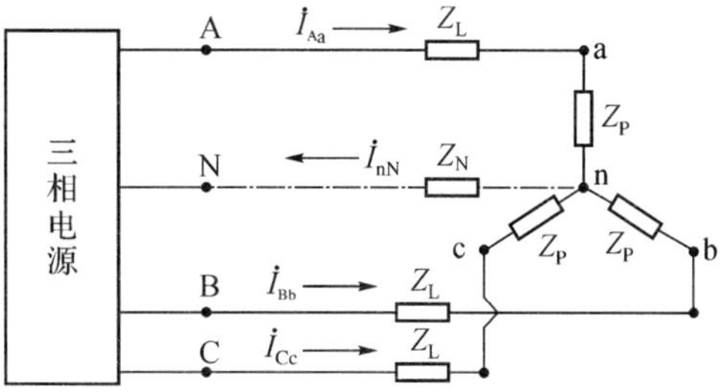

图 11.2.3 三相四线电路

设结点 N 为电压参考点，应用结点电压分析法得到结点 n 电压：

$$\dot{U}_n=\frac{\dfrac{U_a}{Z_P+Z_L}+\dfrac{U_b}{Z_P+Z_L}+\dfrac{U_c}{Z_P+Z_L}}{\dfrac{1}{Z_P+Z_L}+\dfrac{1}{Z_P+Z_L}+\dfrac{1}{Z_P+Z_L}+\dfrac{1}{Z_n}}=\frac{\dfrac{1}{Z_P+Z_L}(U_a+U_b+U_c)}{\dfrac{3}{Z_P+Z_L}+\dfrac{1}{Z_n}}=0 \quad (11.2.8)$$

注意：式(11.2.8)中应用了对称三相电源特点：$\dot{U}_a+\dot{U}_b+\dot{U}_c=0$。

式(11.2.8)说明三相四线对称电路中电源中性点与负载中性点之间电压为零，因此中线电流为零，去掉中线不影响电路中的电压与电流的分析与计算。

由于电压 $U_{Nn}=0$，因此 $(Z_L+Z_P)\dot{I}_{Aa}=\dot{U}_a$

$$\dot{I}_{Aa}=\dot{U}_a/(Z_L+Z_P) \quad (11.2.9)$$

同理，可以推导得到

$$\dot{I}_{Bb}=\dot{U}_b/(Z_L+Z_P) \quad (11.2.10)$$

$$\dot{I}_{Cc}=\dot{U}_c/(Z_L+Z_P) \quad (11.2.11)$$

式(11.2.9)、式(11.2.10)、式(11.2.11)说明三相四线对称电路中电流的分析与计算相当于三个单相电路的分析与计算。也就是说，三相四线对称电路中，由于中线阻抗电压为零，三相电路的分析与计算可以应用单相电路进行分析与计算。例如对 A 相电路计算得到

$$\dot{I}_{Aa}=\dot{U}_a/(Z_L+Z_P) \quad (11.2.12)$$

然后不必计算便能得到另外二相电路的电流：

$$\dot{I}_{Bb}=\dot{I}_{Aa}\underline{/-120^\circ} \quad (11.2.13)$$

$$\dot{I}_{Cc}=\dot{I}_{Aa}\underline{/120^\circ} \quad (11.2.14)$$

【例 11.2.1】 如图 11.2.3 所示三相四线对称电路中，电压 $\dot{U}_a=220\underline{/0^\circ}$ V，相线阻抗 $Z_L=10\ \Omega$，负载阻抗 $Z_P=70+\mathrm{j}60\ \Omega$，中线阻抗 $Z_N=2\ \Omega$。求相线电流与负载阻抗电压。

解：由于是三相四线对称电路，可以知道中线阻抗电压为零，故可以应用单相电路进行分析。

$$\dot{I}_{Aa}=\dot{U}_a/(Z_L+Z_P)=220\underline{/0^\circ}/(10+70+\mathrm{j}60)$$

$$=220\angle 0°/100\angle 36.9°=2.2\angle -36.9°\ \text{A}$$

A 相负载阻抗电压　$\dot{U}_{an}=\dot{I}_{Aa}Z_P=2.2\angle -36.9°(70+j60)$

$$=202.83\angle 3.7°\ \text{V}$$

得到 A 相负载的相电流 $\dot{I}_{Aa}$ 与相电压 $\dot{U}_{AN}$，可以推导 B 相与 C 相相电流与相电压：

$$\dot{I}_{Bb}=\dot{I}_{Aa}\angle -120°=2.2\angle -156.9°\ \text{A}$$

$$\dot{U}_{BN}=\dot{U}_{AN}\angle -120°=202.83\angle -116.3°\ \text{V}$$

$$\dot{I}_{Cc}=\dot{I}_{Aa}\angle 120°=2.2\angle 113.1°\ \text{A}$$

$$\dot{U}_{CN}=\dot{U}_{AN}\angle 120°=202.83\angle 123.7°\ \text{V}$$

11.2.2　Y 接不对称负载三相电路

Y 接不对称负载三相电路就是三相负载阻抗不相同，仍然为 Y 接，构成不对称三相电路。如果不考虑中线阻抗，Y 接不对称负载三相电路如图 11.2.4 所示。

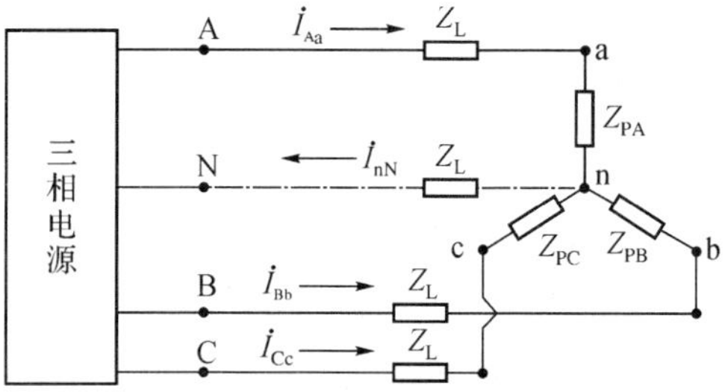

图 11.2.4　三相四线不对称电路

由于不对称负载星形联接，中线阻抗为零，因此该电路的特点是每相电路独立，三个单相电路彼此互不影响，故有：

$$\dot{I}_{Aa}=\dot{U}_a/(Z_L+Z_{PA}) \tag{11.2.15}$$

$$\dot{I}_{Bb}=\dot{U}_b/(Z_L+Z_{PB}) \tag{11.2.16}$$

$$\dot{I}_{Cc}=\dot{U}_c/(Z_L+Z_{PC}) \tag{11.2.17}$$

但是

$$\dot{I}_{nN}=\dot{I}_{Aa}+\dot{I}_{Bb}+\dot{I}_{Cc}\neq 0 \tag{11.2.18}$$

式(11.2.18)表明中线上有电流通过，不能去掉中线。有了中线可以保证当三相不对称负载的相电压对称，相当分别对三个单相电路进行分析与计算。如果中线断开，构成三相三线 Y 接负载不对称电路，三相电源的中性点与三相负载的中性点之间电压不相等，使得负载的相电压不再对称，而且三相负载的工作状态相互影响。由此，在三相四线制配电系统中，中线上不能安装保险丝与开关，避免保险丝熔断或开关打开时，形成三相三线制配电系统。下面通过举例进行说明。

【例 11.2.2】　如图 11.2.5 所示三相四线(Y－Y)电路中，电源对称，设相电压有效值为 U_P，负载对称，即 $Z_{PA}=Z_{PB}=Z_{PC}=Z_P$。(1)分析各相负载电流。(2)中线断开，是否影响三相对称负载正常运行。(3)如果中线断开，A 相负载断相，分析各相负载电流。(4)如果果中线断开，A 相负载短路，分析各相负载电流。

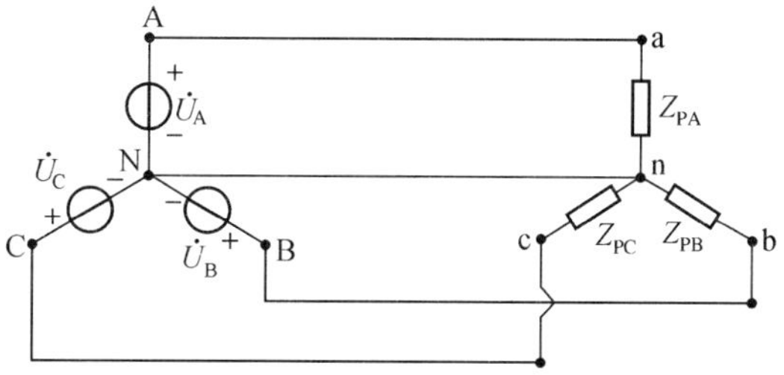

图 11.2.5　例 11.2.2 三相电路

解：(1)此电路是三相四线(Y－Y)对称电路。设相电压有效值相量 $U_{AN}=U_P\angle 0°$ V，负载阻抗 $Z_P=|Z_P|\angle\varphi$ Ω，则三相对称负载正常运行时，线电流等于相电流，而且对称：

$$\dot{I}_{Aa}=\dot{I}_{AN}=\dot{U}_{AN}/Z_P=(U_P/|Z_P|)\angle-\varphi\ \text{A}$$

$$\dot{I}_{Bb}=\dot{I}_{BN}=\dot{I}_{AN}\angle(\varphi-120°)\ \text{A},$$

$$\dot{I}_{Cc}=\dot{I}_{CN}=\dot{I}_{AN}\angle(120°-\varphi)\ \text{A}。$$

即　$$I_L=I_P=U_P/|Z_P|。$$

中线电流　$$\dot{I}_{Nn}=\dot{I}_{AN}+\dot{I}_{BN}+\dot{I}_{CN}=0$$

(2)由于 $\dot{I}_{Nn}=0$，中线可以断开，不影响三相对称负载正常运行。

(3)如果中线断开，A 相负载断相，则 A 相电流等于零 $\dot{I}_{Aa}=\dot{I}_{AN}=0$。

于是，B 相负载与 C 相负载串联后连接在线电压 $\dot{U}_{BC}$ 下，因此

$$|\dot{I}_{Bb}|=|\dot{I}_{BN}|=|\dot{I}_{Cc}|=|\dot{I}_{CN}|=|\dot{U}_{BC}|/(2|Z_P|)$$
$$=\sqrt{3}U_P/(2|Z_P|)=(\sqrt{3}/2)I_P=0.866\ I_P$$

这说明如果中线断开，A 相负载断相，断相支路电流等于零，而另外二相电流仅为原来正常运行时电流的($\sqrt{3}/2=$)0.866 倍，大约减少 13%，即影响了正常工作情况。

(4)如果中线断开，A 相负载短路，则在负载处 $\dot{U}_A=\dot{U}_N$，造成 B 相负载工作在电压 $\dot{U}_{BN}=\dot{U}_{BA}$ 下，而 C 相负载工作在电压 $\dot{U}_{CN}=\dot{U}_{CA}$ 下，即 B 相与 C 相负载的相电压上升为线电压，上升为原来电压的 $\sqrt{3}=1.732$ 倍。因此，B 相负载与 C 相负载的相电流也要上升为原来相电流的 $\sqrt{3}$ 倍，也就是说，非短路相负载的电流等于正常运行时电流的 $\sqrt{3}$ 倍。

$$|\dot{I}_{Bb}|=|\dot{I}_{Cc}|=\sqrt{3}U_P/|Z_P|=\sqrt{3}I_P。$$

短路 A 相电流

$$|\dot{I}_{Aa}|=|-\dot{I}_{Bb}-\dot{I}_{Cc}|=|-\dot{U}_{BA}/Z_P-\dot{U}_{AC}/Z_P|$$
$$=|(\dot{U}_{AB}-\dot{U}_{AC})/Z_P|=\sqrt{3}|\dot{U}_{AB}|/|Z_P|$$
$$=3U_P/|Z_P|=3I_P$$

这说明短路相的相电流等于正常运行时电流的 3 倍。

11.3　△接负载三相电路

11.3.1　△接对称负载三相电路

△(三角形)接负载三相电路就是把三相负载三角形联接后由三相对称电源供电的三相电路，如图 11.3.1 所示。

由如图 11.3.1 所示三相三线△接负载电路可以看出：每相负载连接在三相电源的两条

相线之间，因此，每相负载的相电压等于三相电源的线电压，即

$$\dot{U}_{AB}=\dot{U}_{ab} \quad (11.3.1)$$

$$\dot{U}_{BC}=\dot{U}_{bc} \quad (11.3.2)$$

$$\dot{U}_{CA}=\dot{U}_{ca} \quad (11.3.3)$$

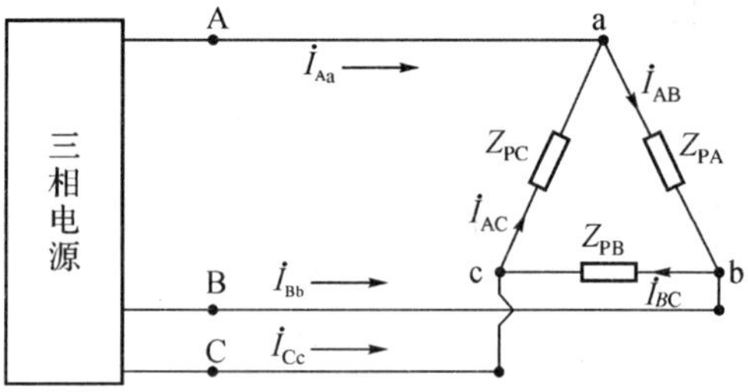

图 11.3.1　△接负载三相电路

如果三相负载对称，即 $Z_{PA}=Z_{PB}=Z_{PC}=Z_P$，则流过每相负载的相电流为对称三相电流，即

$$\dot{I}_{AB}=\dot{U}_{AB}/Z_P \quad (11.3.4)$$

$$\dot{I}_{BC}=\dot{I}_{AB}\angle -120^\circ \quad (11.3.5)$$

$$\dot{I}_{CA}=\dot{I}_{AB}\angle 120^\circ \quad (11.3.6)$$

由式(11.3.4)～式(11.3.6)可以看出：△接对称负载三相电路的相电流是对称三相电流，可以应用单相电路分析法。首先对 A 相分析，得到 A 相负载相电流 $\dot{I}_{AB}=\dot{U}_{AB}/Z_P$，然后就能推导得到 B 相负载相电流 $\dot{I}_{BC}=\dot{I}_{AB}\angle -120^\circ$，C 相负载相电流 $\dot{I}_{CA}=\dot{I}_{AB}\angle 120^\circ$。

根据 KCL，得到线电流：

$$\dot{I}_{Aa}=\dot{I}_{AB}-\dot{I}_{CA}=\dot{I}_{AB}(1-\angle 120^\circ)=\sqrt{3}\dot{I}_{AB}\angle -30^\circ \quad (11.3.7)$$

$$\dot{I}_{Bb}=\dot{I}_{BC}-\dot{I}_{AB}=\dot{I}_{AB}(\angle 120^\circ-1)=\sqrt{3}\dot{I}_{BC}\angle -30^\circ \quad (11.3.8)$$

$$\dot{I}_{Cc}=\dot{I}_{CA}-\dot{I}_{BC}=\dot{I}_{AB}(\angle 120^\circ-\angle -120^\circ)=\sqrt{3}\dot{I}_{CA}\angle -30^\circ \quad (11.3.9)$$

由式(11.3.7)～式(11.3.9)可以看出：△接对称负载三相电路的线电流是对称三相电流。可以在计算对称负载的相电流之后，分别把其值扩大$\sqrt{3}$倍，相位滞后30°即可。

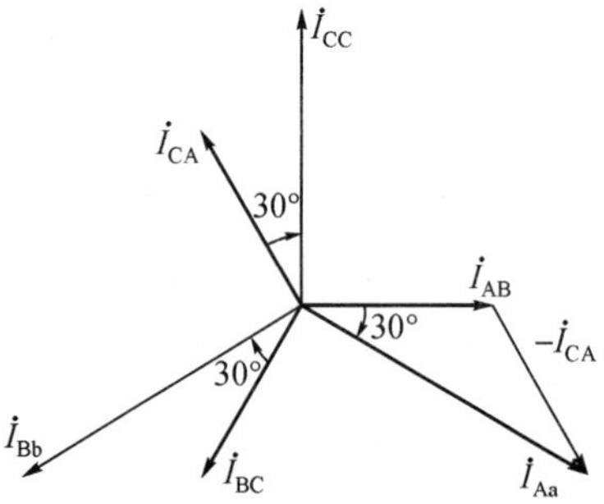

图 11.3.2　线电流与相电流的关系

综上所述，△接对称负载的三相三线电路中负载相电压等于电源线电压；三相相电流与三相线电流均为对称系统，在数值上，线电流等于相电流的$\sqrt{3}$倍，在相位上，线电流相量滞后对应的相电流相量 30°。线电流与相电流的关系如图 11.3.2 所示。

11.3.2　△接不对称负载三相电路

如果三相负载不对称，则三相负载的相电流为：

$$\dot{I}_{AB}=\dot{U}_{AB}/Z_{PA} \quad (11.3.10)$$

$$\dot{I}_{BC}=\dot{U}_{BC}/Z_{PB} \quad (11.3.11)$$

$$\dot{I}_{CA}=\dot{U}_{CA}/Z_{PC} \quad (11.3.12)$$

尽管三相负载的相电压 $\dot{U}_{AB}$、$\dot{U}_{BC}$与 $\dot{U}_{CA}$对称，但是在三相负载 Z_{PA}、Z_{PB}与 Z_{PC}不对称情况下，三相负载的相电流也必不对称，以致一般情况下三相电路中三个线电流也不对称，分别为

$$\dot{I}_{Aa}=\dot{I}_{AB}-\dot{I}_{CA} \tag{11.3.13}$$

$$\dot{I}_{Bb}=\dot{I}_{BC}-\dot{I}_{AB} \tag{11.3.14}$$

$$\dot{I}_{Cc}=\dot{I}_{CA}-\dot{I}_{BC} \tag{11.3.15}$$

综上所述，可知△电源接不对称负载三相电路的相电压对称；三相负载的相电流与线电流均不对称，可以应用式(11.3.10)～(11.3.12)计算三相负载的相电流；应用式(11.3.13)～(11.3.14)计算三相负载的线电流。

【例 11.3.1】 对称三相电路如图 11.3.3 所示。(1)如果负载 A 相单相断相，分析变化电流情况。(2)如果负载 A 相单相短路，分析变化电流情况。

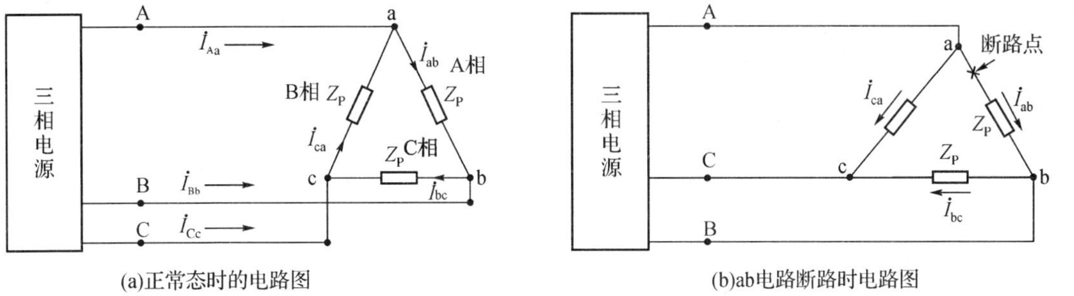

(a)正常态时的电路图　　　　(b)ab电路断路时电路图

图 11.3.3　例 11.3.1 对称三相电路

解：对称三相电路正常运用时，相电流为对称电流，设其有效值为

$$I_P=|\dot{I}_{ab}|=|\dot{I}_{bc}|=|\dot{I}_{ca}|=|\dot{U}_{ab}|/|Z_P|$$

线电流也为对称电流，其有效值为

$$I_L=|\dot{I}_{Aa}|=|\dot{I}_{Bb}|=|\dot{I}_{Cc}|=\sqrt{3}I_P$$

(1)如果负载 A 相单相断相，则 A 相相电流为零，即 $|\dot{I}_{ab}|=0$，如图 11.3.3(b)。

(1)于是连接负载的 aA 相线与 cC 相线的线电流有效值仅为原来数值的 $1/\sqrt{3}=0.577$；而不连接 A 负载的 bB 相线的线电流有效值不变。

(2)如果负载 A 相单相短路，则电源 ab 端点之间短路，造成短路电流极大而可能烧毁电源。

【例 11.3.2】 如图 11.3.4 所示电路中，对称三相电源的线电压 $U_L=380$ V，线路电阻 $r=10\ \Omega$，三相负载电阻 $R=90\ \Omega$，单相负载阻抗 $Z=21+\mathrm{j}48\ \Omega$，计算电流 $\dot{I}$。

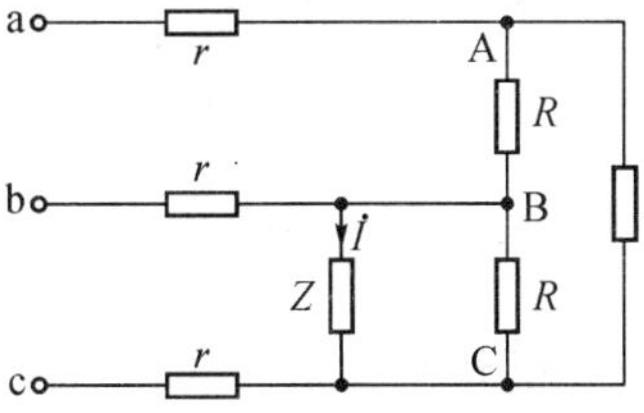

图 11.3.4　例 11.3.2 电路

解：为了计算电流 $\dot{I}$，必须知道电压 $\dot{U}_{BC}$。计算一条支路电流应用戴维南定理进行分析与计算，比较简捷。

首先，把如图 11.3.4 所示电路中单相负载阻抗 Z 开路。为了计算开路电压方便，把如图 11.3.4 所示电路等效为如图 11.3.5(a)所示 Y－Y 连接的三相电路。

在如图 11.3.5(a)所示 Y－Y 连接的三相电路，已知三相电源的线电压 $U_L=380$ V，因此 Y 连接三相电源的相电压 $U_P=U_L/\sqrt{3}=220$ V，由于是对称三相电路，故 $U_n=U_N=0$。设 $\dot{U}_b=220\angle 0^\circ$ V，则 $\dot{U}_C=220\angle -120^\circ$ V，有

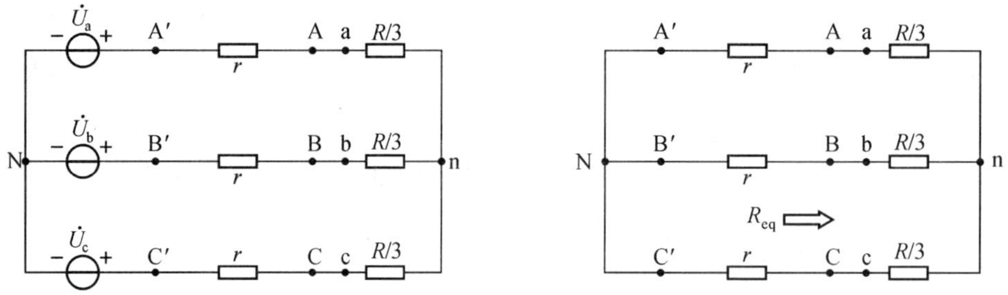

(a)Y-Y连接的三相电路　　　　(b)无源三相电路

图 11.3.5

$$\dot{U}_{BN}=\dot{U}_b(R/3)/(r+R/3)=220\angle 0^\circ(30/40)=165\angle 0^\circ\ \text{V}$$

$$\dot{U}_{CN}=\dot{U}_C(R/3)/(r+R/3)=220\angle -120^\circ(30/40)=165\angle -120^\circ\ \text{V}$$

因此，开路电压为

$$\begin{aligned}\dot{U}_{oc}&=\dot{U}_{BC}=\dot{U}_{BN}-\dot{U}_{CN}=165\angle 0^\circ-165\angle -120^\circ\\&=\sqrt{3}165\angle 30^\circ=285.8\angle 30^\circ\ \text{V}\end{aligned}$$

其次，为了计算等效电阻，令如图 11.3.4 所示电路中三相电源电压置零，如图 11.3.5(b)所示。这是平衡电桥电路，因此，可以把 A 相电阻开路(或短路)处理。于是

$$\begin{aligned}R_{eq}&=(r+r)//(R/3+R/3)=20//60\\&=20\times 60/(20+60)=15\ \Omega\end{aligned}$$

最后，计算电流 $\dot{I}$

$$\begin{aligned}\dot{I}&=\dot{U}_{oc}/(R_{eq}+Z)=285.8\angle 30^\circ/(15+21+\text{j}48)\\&=285.8\angle 30^\circ/60\angle 53.1^\circ\\&=4.763\angle -23.1^\circ\ \text{A}\end{aligned}$$

当然，此例题也可以应用其他方法求解，例如结点电压法等，留给读者自我练习。

11.4　三相电路的功率及其测量

11.4.1　三相电路功率

三相电路的平均功率为三相负载吸收的平均功率之和，即

$$P_A=U_{PA}I_{PA}\cos\varphi_{ZA}\tag{11.4.1}$$

$$P_B=U_{PB}I_{PB}\cos\varphi_{ZB}\tag{11.4.2}$$

$$P_C=U_{PC}I_{PC}\cos\varphi_{ZC}\tag{11.4.3}$$

$$P=P_A+P_B+P_C\tag{11.4.4}$$

如果是对称三相电路，则

$$U_{PA}=U_{PB}=U_{PC}=U_P\tag{11.4.5}$$

$$I_{PA}=I_{PB}=I_{PC}=I_P\tag{11.4.6}$$

$$\varphi_{ZA}=\varphi_{ZB}=\varphi_{ZC}=\varphi_Z\tag{11.4.7}$$

$$P_A=P_B=P_C=U_PI_P\cos\varphi_Z \tag{11.4.8}$$

$$P=3P_A=3U_PI_P\cos\varphi_Z \tag{11.4.9}$$

对于星形连接的三相对称负载，有

$$U_L=\sqrt{3}U_P \tag{11.4.10}$$

$$I_L=I_P \tag{11.4.11}$$

因此

$$P=3U_PI_P\cos\varphi_Z=\sqrt{3}U_LI_L\cos\varphi_Z \tag{11.4.12}$$

对于三角形连接的三相对称负载，有

$$U_L=U_P \tag{11.4.13}$$

$$I_L=\sqrt{3}I_P \tag{11.4.14}$$

因此

$$P=3U_PI_P\cos\varphi_Z=\sqrt{3}U_LI_L\cos\varphi_Z \tag{11.4.15}$$

上述公式说明：不对称三相电路平均功率的计算要应用式(11.4.1)～式(11.4.4)的计算；对称三相电路平均功率的计算有两种方法。方法一是应用式(11.4.9)进行计算，把相电压有效值乘以相电流有效值，结果再乘以负载阻抗角的余弦，然后乘以 3；方法二是应用式(11.4.12)进行计算，把线电压有效值乘以线电流有效值，结果再乘以负载阻抗角的余弦，然后乘以$\sqrt{3}$。

注意：负载阻抗角是相电压相量的相位角与相电流相量的相位角之差，不是线电压相量的相位角与线电流相量的相位角之差。

三相电路的无功功率为三相负载吸收的无功功率之和，即

$$Q_A=U_{PA}I_{PA}\sin\varphi_{ZA} \tag{11.4.16}$$

$$Q_B=U_{PB}I_{PB}\sin\varphi_{ZB} \tag{11.4.17}$$

$$Q_C=U_{PC}I_{PC}\sin\varphi_{ZC} \tag{11.4.18}$$

$$Q=Q_A+Q_B+Q_C \tag{11.4.19}$$

如果是对称三相电路，则

$$Q_A=Q_B=Q_C=U_PI_P\sin\varphi_Z \tag{11.4.20}$$

于是

$$Q=Q_A+Q_B+Q_C=3U_PI_P\sin\varphi_Z \tag{11.4.21}$$

$$=\sqrt{3}U_LI_L\sin\varphi_Z \tag{11.4.22}$$

三相电路的视在功率的计算为

$$S^2=P^2+Q^2 \tag{11.4.23}$$

如果是对称三相电路，则

$$S=3U_PI_P \tag{11.4.24}$$

$$=\sqrt{3}U_LI_L \tag{11.4.25}$$

【例 11.4.1】 如图 11.4.1 所示三相四线电路中相电压为 220 V，第一组星接对称三相负载，$Z_1=80+j30\ \Omega$，；第二组星接对称三相负载(Z_2)吸收有功功率 3 000 W，其功率因数为0.8(滞后)；第三组为单相负载 $R=100\ \Omega$，计算电流 $\dot{I}_A$、$\dot{I}_{A1}$、$\dot{I}_{A2}$ 与 $\dot{I}_{A3}$。

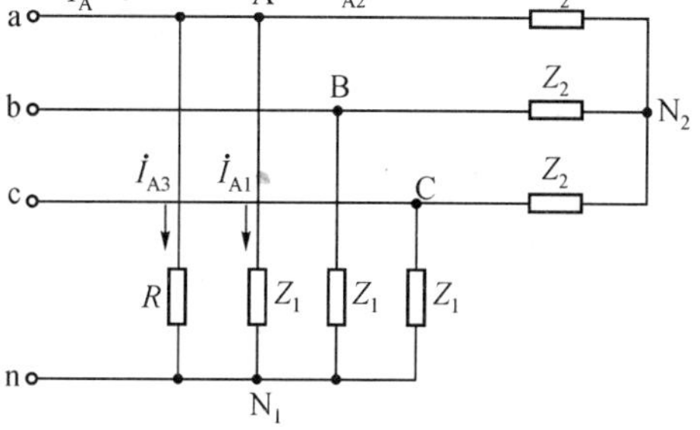

图 11.4.1　例 11.4.1 电路

解：第一组星接对称三相负载，三相电源四线供电。

设相电压 $\dot{U}_{AN}=220\angle 0^\circ$ V，则相电流

$$\dot{I}_{A1}=\dot{U}_{AN}/Z_1=220\ \underline{/0^\circ}/(80+j30)=2.57\ \underline{/-20.56^\circ}\ A$$

第三组为单相负载，$R=100\ \Omega$ 跨接在相线 A 与中线 N_1 之间，因此

$$\dot{I}_{A3}=\dot{U}_{AN}/R=220\ \underline{/0^\circ}/100=2.2\ \underline{/0^\circ}\ A$$

第二组星接对称三相负载，三相三线供电，由于对称，导致结点 N_2 电位为零。

因此

$$P_2=3U_{AN}\ I_{A2}\cos\varphi_2=3\times220I_{A2}\times0.8=3\ 000\ W$$

解得

$$I_{A2}=3\ 000/(3\times220\times0.8)=5.68\ A$$

已知 $\cos\varphi_2=0.8$(滞后)，得到 $\varphi_2=-36.9^\circ$。

这说明电流 $\dot{I}_{A2}$滞后电压 $\dot{U}_{AN}$36.9°，即

$$\dot{I}_{A2}=5.68\ \underline{/-36.9^\circ}\ A$$

根据 KCL，得到 $\dot{I}_A=\dot{I}_{A1}+\dot{I}_{A2}+\dot{I}_{A3}$

$$=2.57\ \underline{/-20.56^\circ}+5.68\ \underline{/-36.9^\circ}+2.2\ \underline{/0^\circ}=10.11\ \underline{/-25.22^\circ}\ A$$

11.4.2　瓦特表及其应用

单相瓦特表具有两个线圈，一个为电流线圈，另外一个为电压线圈。在测量电路吸收的平均功率时，要注意把单相瓦特表的电流线圈与待测量平均功率的电路串联连接，把电压线圈与待测量平均功率的电路并联连接；但要注意，必须把两个线圈有标志“*”端连接起来，如图 11.4.2 所示。

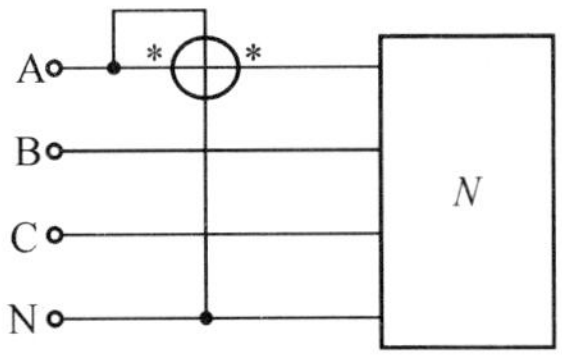

图 11.4.2　瓦特表的连接

应用瓦特表可以测量电路吸收的平均功率。

设图 11.4.1 中二端网络 N 的端电压与电流为相同频率的正弦量，电压有效值相量为 $\dot{U}=U\ \underline{/\theta}$，电流有效值相量为 $\dot{I}=I\ \underline{/\Phi}$，则单相瓦特表的读数为

$$UI\cos(\theta-\Phi) \tag{11.4.26}$$

即瓦特表的读数为二端网络所吸收的平均功率 P。

对于三相四线电路的平均功率，可以采用一块单相瓦特表，逐相测定，再相加的办法解决。

如图 11.4.2 所示瓦特表读数为 A 相负载吸收的平均功率；再把瓦特表移接到 B 相、C 相，测量结果分别为 P_A、P_B、P_C，相加得到三相四线电路的平均功率：

$$P=P_A+P_B+P_C$$

如果有三块单相瓦特表，则只需要测量一次，如图 11.4.3 所示，把三块单相瓦特表的读数相加，便得到该三相四线电路吸收的平均功率。

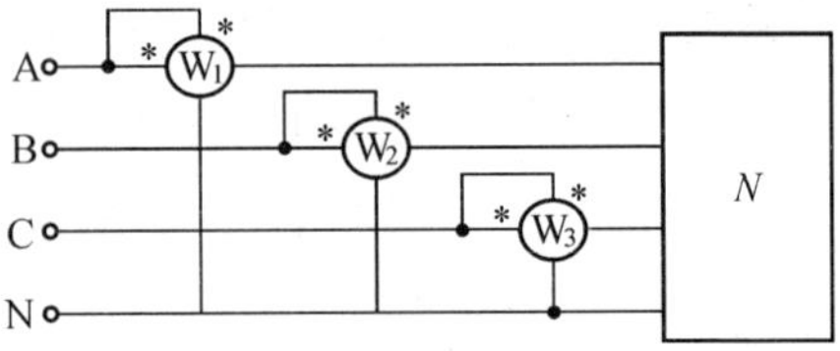

图 11.4.3　三只瓦特表测量三相四线电路的平均功率

注意：上述测量平均功率的方法对于三相对称电路与三相不对称电路均有效，只要求是三相四线电路，因此，此法不适宜三相三线电路平均功率的测定。

对于三相三线电路平均功率的测量，一般采用**两瓦特表法**，连接方法如图 11.4.4 所示。只要电路是三相三线制，不论负载对称与不对称，均可以

应用此方法测定三相总功率。

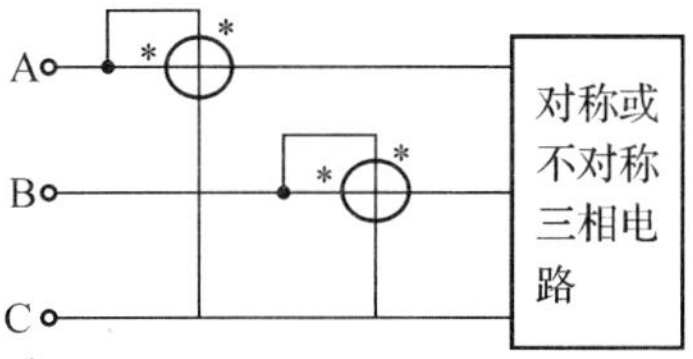

图 11.4.4　两瓦特表法测量三相三线电路平均功率

对于三相三线电路，有　　$i_A+i_B+i_C=0$　(11.4.27)

关系，三相三线电路吸收的瞬时功率为

$$\begin{aligned}P(t)&=u_Ai_A+u_Bi_B+u_Ci_C\\&=u_Ai_A+u_Bi_B+u_C(-i_A-i_B)\\&=(u_A-u_C)i_A+(u_B-u_C)i_B\end{aligned}\quad(11.4.28)$$

$$\begin{aligned}P&=\frac{1}{T}\int_0^T p(t)\mathrm{d}t\\&=U_{AC}I_A\cos(B_{vAC}-\Phi_{iA})+U_{BC}I_B(B_{vBC}-\Phi_{iB})\end{aligned}\quad(11.4.29)$$

式(11.4.29)右端两项分别对应两个瓦特表的读数，这表明如图 11.4.4 所示两瓦特表的连接可以测量三相电路的平均功率。

在对称三相电路条件下，通过两只瓦特表的读数还可以得到三相电路的其他数据，例如功率因数等。

图 11.4.4 所示两瓦特表的连接条件下，可以得到

$$P_1=U_LI_L\cos(30°-\varphi)\quad(11.4.30)$$

$$P_2=U_LI_L\cos(30°+\varphi)\quad(11.4.31)$$

于是　　$\varphi=\arctan(\sqrt{3}(P_1-P_2)/(P_1+P_2))$　(11.4.32)

得到功率因数　　$pf=\cos\varphi$

因此，我们可以得到三相电路的无功功率 Q 与视在功率 S

$$Q=P\tan\varphi\quad(11.4.33)$$

$$S=P/\cos\varphi\quad(11.4.34)$$

【例 11.4.1】 已知如图 11.4.4 所示对称三相电路的线电压为 380 V，感性负载吸收平均功率为 5 kW，功率因数 $PF=0.866$，求图中每只瓦特表的读数。

解：对于对称三相电路，设线电压有效值相量 $\dot{U}_{AB}=380\underline{/0°}$ V，则 $\dot{U}_{BC}=380\underline{/-120°}$ V，$\dot{U}_{CA}=380\underline{/120°}$ V。$I_L=P/\sqrt{3}U_L\cos\varphi_Z=5000/\sqrt{3}\times380\times0.866=8.772$ A。

设三相感性负载为星形连接，则线电流等于相电流，$I_L=I_P=8.772$ A。

图 11.4.4 中第一只瓦特表的电压线圈电压为 $\dot{U}_{AC}=-\dot{U}_{CA}=-380\underline{/120°}=380\underline{/-60°}$ V，电流线圈电流为 $\dot{I}_A$，由于 $PF=0.866$，说明相电流 $\dot{I}_A$ 滞后相电压 $\dot{U}_{AN}$ 30°，而相电压 $\dot{U}_{AN}$ 滞后线电压 $\dot{U}_{AB}$ 30°，故 $\dot{I}_A$ 滞后 $\dot{U}_{AB}$ 60°。电压 $\dot{U}_{AC}$ 滞后 $\dot{U}_{AB}$ 60°，因此 $\dot{I}_A$ 与 $\dot{U}_{AC}$ 同相。故知第一只瓦特表的读数为

$$P_1=U_{AC}I_A\cos(\theta_{VAC}-\Phi_{IA})=380\times8.772\times\cos0°=3\,333.4\text{ W}$$

图 11.4.4 中第二只瓦特表的电压线圈电压为 $\dot{U}_{BC}=380\underline{/-120°}$ V，电流线圈电流为 $\dot{I}_B$。

已知 $\dot{I}_B$ 滞后 $\dot{U}_{BN}$ 30°，而 $\dot{U}_{BN}$ 滞后 $\dot{U}_{BC}$ 30°，因此 $\dot{I}_B$ 滞后 $\dot{U}_{BC}$ 60°。故知第二只瓦特表的读数为

$$P_2=U_{BC}I_B\cos(\theta_{VBC}-\Phi_{IB})=380\times8.772\times\cos60°=1\,666.6\text{ W}$$

当然可以在求出第一只瓦特表读数后，从负载吸收平均功率 5 kW 中减去该读数就是第

二只瓦特表的读数，即 $P_2=P-P_1=5\ 000-3\ 333.4=1\ 666.6$ W。

【例 11.4.2】 已知如图 11.4.4 所示对称感性三相电路的线电压为 380 V，图中第一只瓦特表读数为 4 000 W，第二只瓦特表读数为 2 000 W。计算三相电路的有功功率、无功功率、视在功率和功率因数。

解：三相电路的有功功率　　$P=P_1+P_2=6\ 000$ W

应用式(11.4.32)计算功率因数角

$$\begin{aligned}\varphi&=\arctan(\sqrt{3}(P_1-P_2)/(P_1+P_2))\\&=\arctan(\sqrt{3}(4\ 000-2\ 000)/(4\ 000+2\ 000))\\&=\arctan(\sqrt{3}/3)=30^\circ\end{aligned}$$

因此，三相电路的功率因数为　　$pf=\cos\varphi=\cos30^\circ=0.866$(滞后)

应用式(11.4.33)计算无功功率　　$Q=P\tan\varphi=6\ 000\ \tan30^\circ=3\ 464$ var

应用式(11.4.34)计算视在功率　　$S=P/\cos\varphi=6\ 000/0.866=6\ 928$ V·A

两只瓦特表测量三相三线电路平均功率的连接还有其他方式，如图 11.4.5(a)、(b)所示，两只瓦特表的读数之和就是三相电路的平均功率。

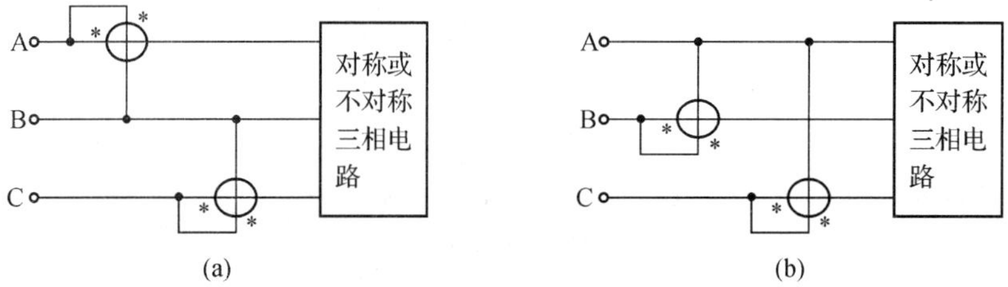

图 11.4.5　两瓦特表法测量三相三线电路平均功率

11.5　小结

(1)三相电力系统是供电的主要形式，单相交流电可以看成是三相电力系统的一相电路。欧、美洲地区民用电为频率 60 Hz、有效值 115 V 的单相交流电；我国民用电为频率 50 Hz、有效值 220 V 的单相交流电。

(2)三相电源可以看成由三个单相电压源 Y 接或△接构成，这两种接法的电源均具有三个端钮，每个端对应一相；另外，Y 接电源还有一条中线。

三相电源一般均为 Y 接对称电源，它向外提供两组对称电压：

第一组对称电压是相电压：大小相同，频率相同，相位互差 120°，顺相序。

设
$$\dot{U}_{an}=\dot{U}_P=U_P\angle 0^\circ$$
则
$$\dot{U}_{bn}=\dot{U}_P\angle -120^\circ$$
$$\dot{U}_{cn}=\dot{U}_P\angle -240^\circ=\dot{U}_P\angle 120^\circ$$

第二组对称电压是线电压：大小相同，频率相同，相位互差 120°，顺相序。

$$\dot{U}_{ab}=\sqrt{3}\dot{U}_P\angle 30^\circ$$

$$\dot{U}_{bc}=\sqrt{3}\dot{U}_P \angle -90^\circ$$

$$\dot{U}_{ca}=\sqrt{3}\dot{U}_P \angle -210^\circ=\sqrt{3}\dot{U}_P \angle 150^\circ$$

对称的相电压与对称的线电压在幅值上 $U_L=\sqrt{3}U_P$，在相位上线电压超前对应的相电压 30°。

(3)Y 接负载的三相四线电路中，在不考虑连接线阻抗情况下，不管 Y 接负载对称与不对称，负载的相电压与线电压均为对称电压，负载的相电压等于三相电源相电压。

设

$$\dot{U}_{AN}=\dot{U}_{an}=\dot{U}_P$$

$$\dot{U}_{BN}=\dot{U}_{bn}=\dot{U}_P \angle -120^\circ$$

$$\dot{U}_{CN}=\dot{U}_{cn}=\dot{U}_P \angle 120^\circ$$

负载的线电压等于三相电源线电压，即

$$\dot{U}_{AB}=\dot{U}_{ab}=\sqrt{3}\dot{U}_P \angle 30^\circ$$

$$\dot{U}_{BC}=\dot{U}_{bc}=\sqrt{3}\dot{U}_P \angle -90^\circ$$

$$\dot{U}_{CA}=\dot{U}_{ca}=\sqrt{3}\dot{U}_P \angle 150^\circ$$

Y 接负载的三相三线电路中，仅在负载对称时才能保证负载的相电压等于三相电源相电压，负载的线电压等于三相电源线电压。如果负载不对称，负载的线电压仍然等于三相电源线电压，但是负载的相电压一般不等于三相电源相电压。

Y 接负载的三相电路中，线电流等于负载相电流，即

$$\dot{I}_{Aa}=\dot{I}_{AN}=\dot{U}_{AN}/Z_{PA}$$

$$\dot{I}_{Bb}=\dot{I}_{BN}=\dot{U}_{BN}/Z_{PB}$$

$$\dot{I}_{Cc}=\dot{I}_{CN}=\dot{U}_{CN}/Z_{PC}$$

当负载对称时，可以应用单相分析法，首先计算 A 相相电流为

$$\dot{I}_{AN}=\dot{U}_{AN}/Z_P=\dot{I}_P$$

然后推导其他两相相电流为

$$\dot{I}_{BN}=\dot{I}_P \angle -120^\circ$$

$$\dot{I}_{CN}=\dot{I}_P \angle 120^\circ$$

根据 Y 接负载的三相电路的线电流等于负载相电流特点，得到线电流。

(4)△接负载的三相系统中，在不考虑连接线阻抗情况下，负载的相电压等于三相电源线电压，即 $\dot{U}_{AB}=\dot{U}_{ab}$

$$\dot{U}_{BC}=\dot{U}_{bc}$$

$$\dot{U}_{CA}=\dot{U}_{ca}$$

相电流为

$$\dot{I}_{AB}=\dot{U}_{AB}/Z_{PA}=\dot{U}_{ab}/Z_{PA}$$

$$\dot{I}_{BC}=\dot{U}_{BC}/Z_{PB}=\dot{U}_{bc}/Z_{PB}$$

$$\dot{I}_{CA}=\dot{U}_{CA}/Z_{PC}=\dot{U}_{ca}/Z_{PC}$$

线电流为

$$\dot{I}_{Aa}=\dot{I}_{AB}-\dot{I}_{CA}$$

$$\dot{I}_{Bb}=\dot{I}_{BC}-\dot{I}_{AB}$$

$$\dot{I}_{Cc}=\dot{I}_{CA}-\dot{I}_{BC}$$

如果三相对称负载△接，则相电流与线电流均为对称电流，因此可以应用单相分析法。

首先计算 A 相相电流为 $\dot{I}_{AB}=\dot{U}_{AB}/Z_P=\dot{I}_P$

然后推导其他两相相电流为 $\dot{I}_{BC}=\dot{I}_P\angle -120^\circ$

$$\dot{I}_{CA}=\dot{I}_P\angle 120^\circ$$

根据△接对称负载三相电路中对称线电流与对称相电流关系，得到线电流为

$$\dot{I}_{Aa}=\sqrt{3}\dot{I}_P\angle -30^\circ$$

$$\dot{I}_{Bb}=\dot{I}_{Aa}\angle -120^\circ=\sqrt{3}\dot{I}_P\angle -150^\circ$$

$$\dot{I}_{CA}=\dot{I}_{Aa}\angle 120^\circ=\sqrt{3}\dot{I}_P\angle 90^\circ$$

对称的相电流系统与对称的线电流系统在幅值上 $I_L=\sqrt{3}I_P$，在相位上线电流落后对应的相电流 30°。

(5)三相电路的平均功率等于三个单相负载吸收的平均功率之和，即

$$P=P_A+P_B+P_C$$

三相电路的无功功率等于三个单相负载吸收的无功功率之和，即

$$Q=Q_A+Q_B+Q_C$$

三相电路的视在功率等于平均功率与无功功率的平方和的开方，即

$$S=(P^2+Q^2)^{1/2}$$

三相对称电路中，

$$P=3P_A=3U_PI_P\cos\varphi_Z=\sqrt{3}U_LI_L\cos\varphi_Z$$

$$Q=3Q_A=3U_PI_P\sin\varphi_Z=\sqrt{3}U_LI_L\sin\varphi_Z$$

$$S=3U_PI_P=\sqrt{3}U_LI_L$$

(6)三相电路平均功率可以应用单相瓦特表进行测量，有单表法与双表法两种方法。

单表法适用于三相四线电路平均功率的测量，其连接方法是把瓦特表的电流线圈串联接人相线，使线电流从标记“*”端流入；把瓦特表的电压线圈并联接在电流线圈串联接人的相线与零线之间，把标记“*”端连接在相线上。瓦特表的读数为该相的功率，重复上述连接两次，测量另外两相的功率，然后相加得到三相电路平均功率。如果是三相对称电路，则只需要测量一次，把读数乘 3 便得到三相电路平均功率。

双表法实用于三相三线电路平均功率的测量。测量时把两只瓦特表的电流线圈分别串联接人不同的相线，而两只瓦特表的电压线圈的标记“*”端分别连接在各自电流线圈标记“*”端，另外一端连接在电流线圈没有串联的相线上。两只瓦特表的读数之和，就是三相三线电路的平均功率。

习　题　11

11-6-1　已知对称三相电路的线电压 $U_e=380$ V(电源端)，三角形负载阻抗 $Z=(4.5+$

j14) Ω，端线阻抗 $Z_1=(1.5+j2)$ Ω。求线电流和负载的相电流，并作相量图。

11-6-2　对称三相三线制的线电压为 380 V，每相负载阻抗为 $Z=10\underline{/53.1^\circ}$ Ω，求负载为 Y 形和△形连接时的电流和三相功率。

11-6-3　已知对称三相负载，其功率为 12.2 kW，线电压为 220 V，功率因数为 0.80（感性），试求线电流。如果负载连接成 Y 形，试计算负载阻抗 Z。

11-6-4　对称三相三线电路如图 11-6-4 所示，已知 $\dot{U}_{BC}=120\underline{/60^\circ}$ V，$R_W=0.6$ Ω。如果负载（包括线路电阻）吸收总功 5 kV·A，功率因数为 0.8。求线路电阻消耗的总功率和 $\dot{U}_{an}$。

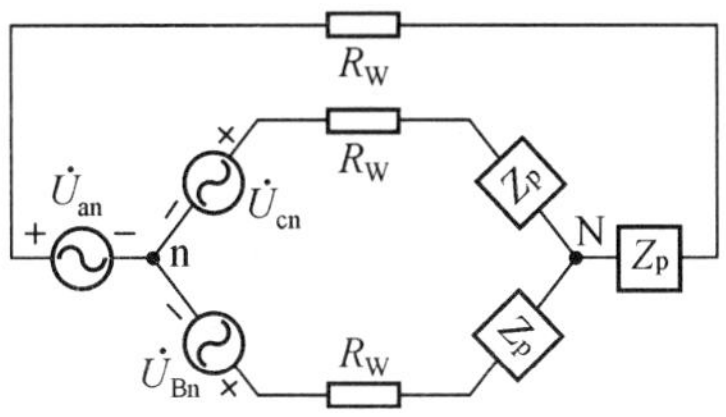

图 11-6-4　习题 11-6-4 电路

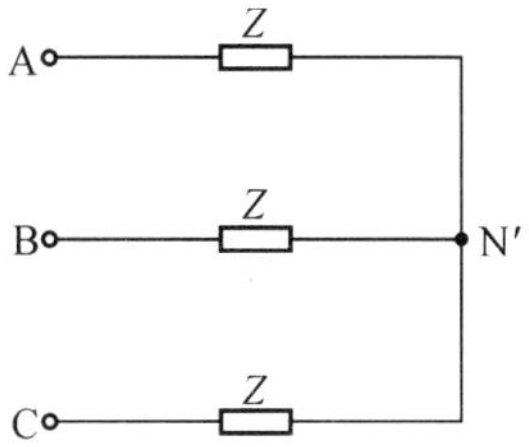

图 11-6-5　习题 11-6-5 电路

11-6-5　对称三相电路如图 11-6-5 所示，对称三相电源的线电压 $U_1=380$ V，对称星形负载的阻抗 $Z=8+j6$ Ω，电路无中线。试求负载的相电压、相电流和功率。如果 C 线断线；C 相负载短路负数相电压、相电源和功率如何变化？

11-6-6　在题 11-6-4 图电路的 n 与 N 间连接上一个无耗中性线，假定系统为对称电源，但连接不对称负载：$Z_{AN}=8+j6$ Ω，$Z_{BN}=12-j16$ Ω，$Z_{CN}=5$ Ω。如果 $U_{an}=120\underline{/0^\circ}$，$R_W=0.5$ Ω，求 I_{nN}。

11-6-7　电源线电压为 380 V 的对称三相电路如图所示，已知 $Z_1=10$ Ω，$\cos\varphi_1=0.6$（$\varphi_1>0$），$Z_2=-j50$ Ω，$Z_N=1+j2$ Ω，求线电流、相电流并定性地画出相量图。

11-6-8　如图 11-6-8 所示为对称的 Y—△三相电路，$U_{AB}=380$ V，$Z=(27.5+j47.64)$ Ω。求：(1)图中功率表的读数及其代数和有无意义？(2)若开关 S 打开呢？

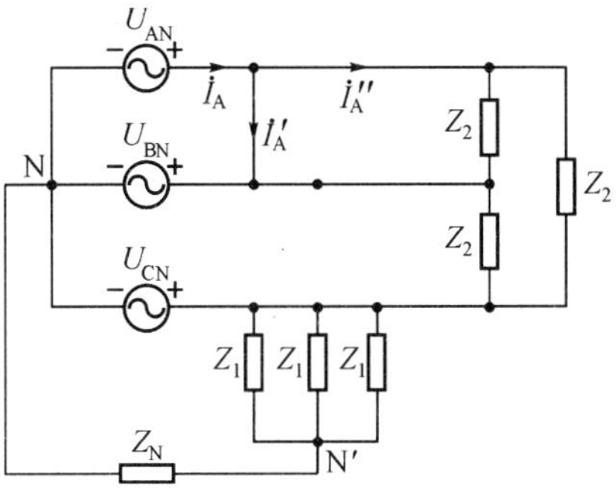

图 11-6-7　习题 11-6-7 电路

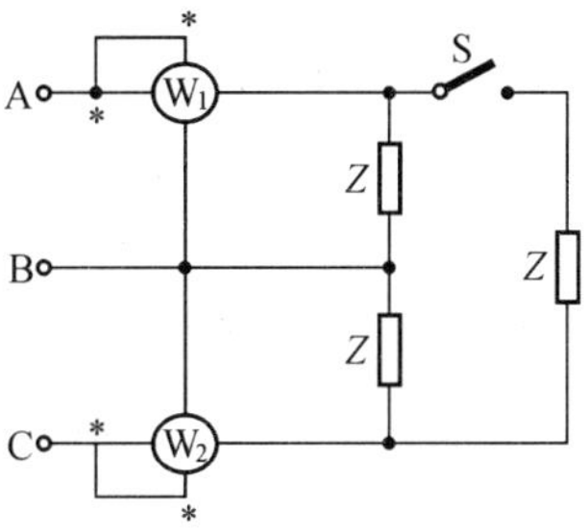

图 11-6-8　习题 11-6-8 电路

11-6-9　如图 11-6-9 所示电路为对称三相电路的△形负载，每相负荷为 Z_0。当 S_1 和 S_2 都闭合时各电流表读数相同，是 10 A，现求当 S_1 打开时，各表如何变化？若只有 S_2 打开时各表又如何变化？

11－6－10　如图 11－6－10 所示三相对称电路中，线电压为 380 V，$R=6\ \Omega$，$Z_1=10\ \Omega$，$Z=(1+\mathrm{j}4)\Omega$。求三相电源供给电路的总的有功功率。

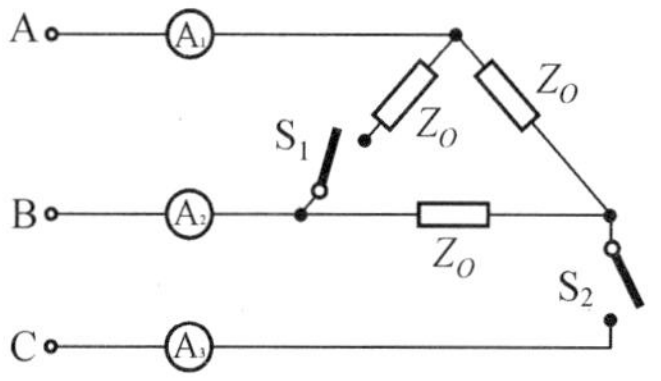

图 11－6－9　习题 11－6－9 电路

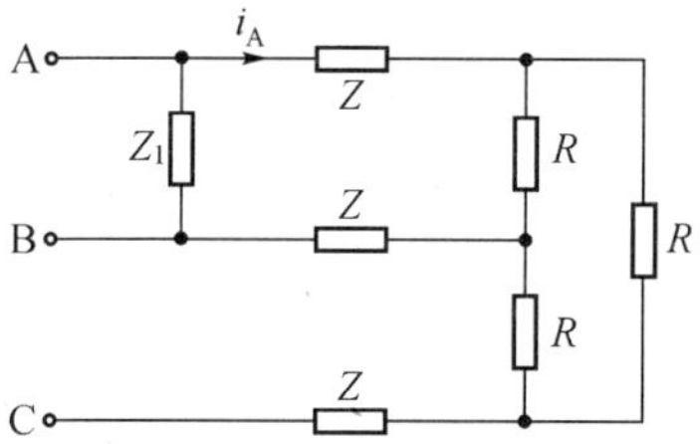

图 11－6－10　习题 11－6－10 电路

11－6－11　如图 11－6－11 所示对称 Y—Y 三相电路中，电压表的读数为 1 143.16 V，$Z=(15+\mathrm{j}15\sqrt{3})\ \Omega$，$Z_1=(1+\mathrm{j}2)\ \Omega$。求图示电路电流表的读数和线电压 U_{AB}。

11－6－12　如图 11－6－12 所示电路中，对称三相电源端的线电压 $U_l=380$ V，$Z=(50+\mathrm{j}50)\ \Omega$，$Z_1=(100+\mathrm{j}100)\ \Omega$，$Z_1=(100+\mathrm{j}100)\ \Omega$，$Z_A$ 为 R、L、C 串联组成，$R=500\ \Omega$，$CX_L=314\ \Omega$，$CX_C=-254\ \Omega$。试求：(1)开关 S 打开时的线电流；(2)若用二个瓦计法测量电源端三相功率，试画出接线图，并求两个功率表的读数(S 闭合时)。

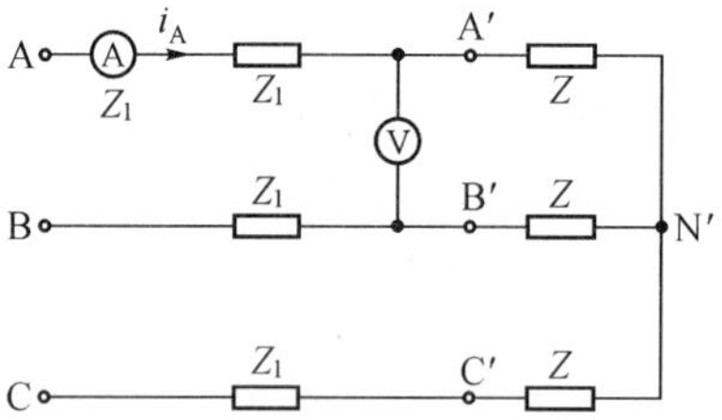

图 11－6－11　习题 11－6－11 电路

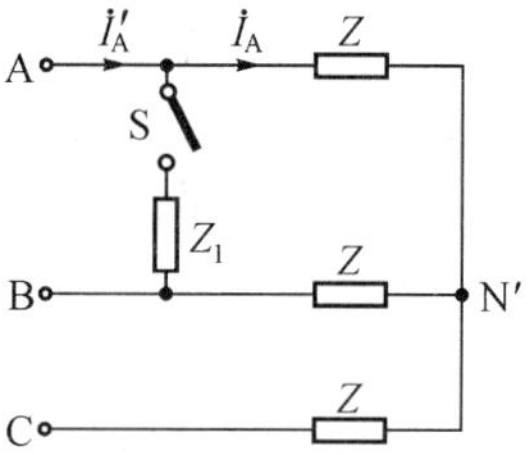

图 11－6－12　习题 11－6－12 电路

11－6－13　如图 11－6－13 所示电路中，对称三相电源的线电压 $U_1=380$ V，负载 $Z_1=-\mathrm{j}12\ \Omega$，$Z_2=(3+\mathrm{j}4)\ \Omega$，求三相负载吸收的总功率及电流表 1、2 的读数。

11－6－14　在如图 11－6－14 所示对称三相电路中，电源线电压有效值为 380 V，功率表接法如图，读数分别为 $P_1=866$ W，$P_2=433$ W。试计算：(1)电路的无功功率；(2)电路的功率因数；(3)负载阻抗 Z。

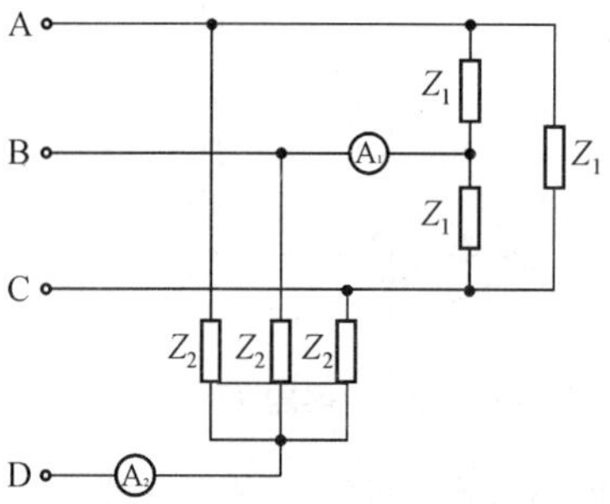

图 11－6－13　习题 11－6－13 电路

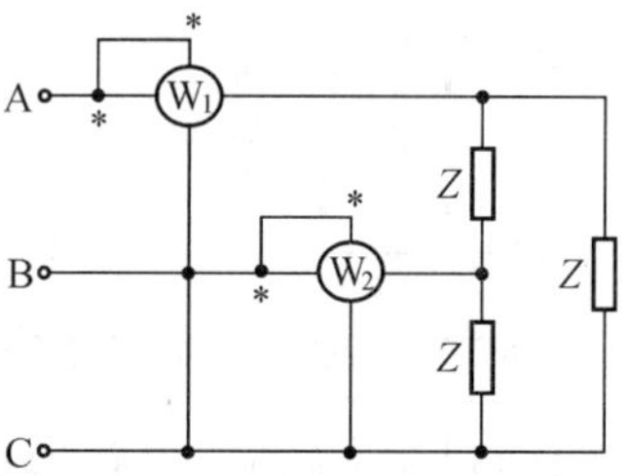

图 11－6－14　习题 11－6－14 电路

11－6－15　如图 11－6－15 所示对称工频三相耦合电路接于对称三相电源，线电压 $U_1=380\ \text{V}$，$R=30\ \Omega$，$L=0.29\ \text{H}$，$M=0.12\ \text{H}$。求相电流和负载吸收的总功率。

11－6－16　如图 11－6－16 所示对称三相电路中，接有两组对称三相负载。电源相电压为 220 V，第一组负载 $Z_1=(40+\text{j}30)\ \Omega$，第二组负载吸收功率 $P_2=3\ 000\ \text{W}$，$\cos\varphi_2=0.6(\varphi_2>0)$，求两个功率表读数及三相电路总的有功功率。

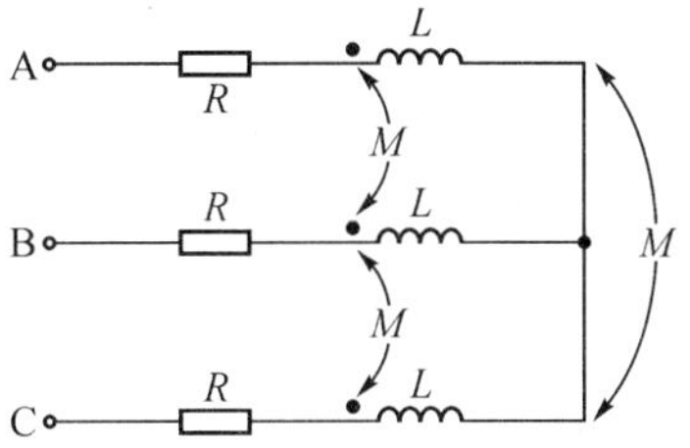

图 11－6－15　习题 11－6－15 电路

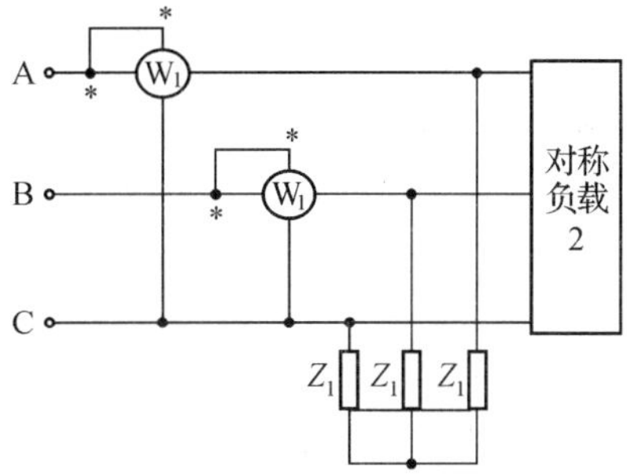

图 11－6－16　习题 11－6－16 电路

11－6－17　如图 11－6－17 所示三相(四线)制电路中，$Z_1=-\text{j}10\ \Omega$，$Z_2=(5+\text{j}12)\ \Omega$，对称三相电源的线电压为 380 V，图中电阻 R 吸收的功率为 24 200 W(S 闭合时)。试求：(1)开关 S 闭合时图中各表的读数及根据功率表的读数能否求得整个负载吸收的总功率；(2)开关 S 打开时图中各表的读数有无变化，功率表的读数有无意义？

11－6－18　如图 11－6－18 所示为三相感应电动机电路，其额定线电压为 380 V，额定线电流为 10 A，额定功率为 5.7 kW；对称三相电源的线电压 $U_1=380\ \text{V}$，$\omega=314\ \text{rad/s}$。求(1)电动机的功率因数和每相阻抗；(2)两功率表的读数；(3)当要求电动机端的功率因数提高到 0.95 时，应并联星形负载的电容 C 值为多少？此时两功率表的读数又为多大？

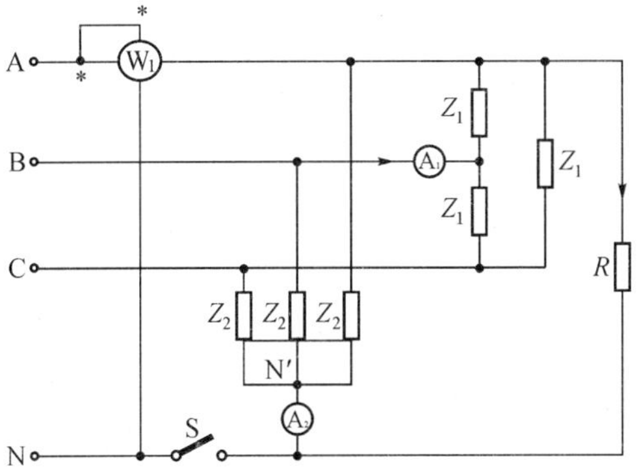

图 11－6－17　习题 11－6－17 电路

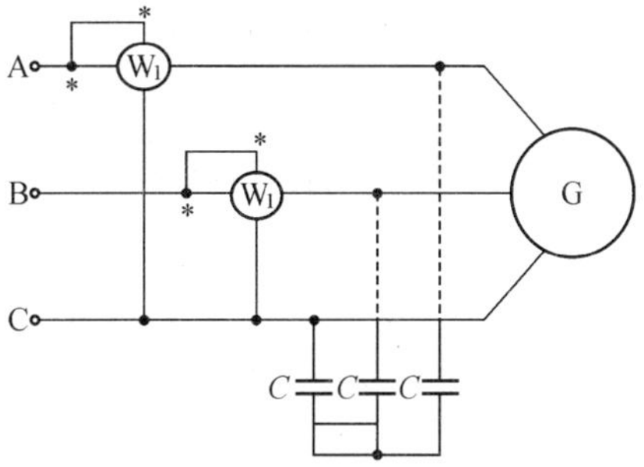

图 11－6－18　习题 11－6－18 电路

12　二端口网络

基本要求：

(1)理解二端口网络及其参数方程。

(2)掌握二端口网络 y、z、h、t 参数的确定方法及参数的计算。

(3)了解 y、z、h、t 参数的等效电路及参数之间的换算。

(4)理解二端口网络的串联、并联与级联。

(5)了解二端口网络的特性阻抗及其计算。

12.1　一端口与二端口

12.1.1　一端口

一般一端口网络向外引出一对端钮，以便连接外电路，一端口网络也称为一端口或单口。故二端网络也称为一端口网络，简称一端口(单口)。例如图 12.1.1 所示一端口，端口的电流从一个端钮流入，从另一个端钮流出，而且端口电流满足 $i=i'$，形成了网络的一个端口。一端口网络通常分为两类：无源一端口网络和有源一端口网络。

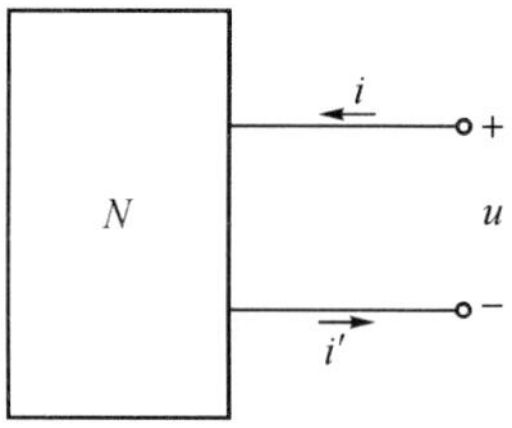

图 12.1.1　一端口

对于无源一端口网络，直流电阻电路的网络函数定义为网络的输出与输入的比值。因此如果设端口电压 $\dot{U}$ 为输入，则端口电流 $\dot{I}$ 为输出，于是，网络函数为

$$\dot{I}/\dot{U}=G \tag{12.1.1}$$

如果设端口电流 $\dot{I}$ 为输入，则端口电压 $\dot{U}$ 为输出，于是，网络函数为

$$u/i \tag{12.1.2}$$

对于无源一端口网络，正弦稳态电路的网络函数定义为网络的输出相量与输入相量的比值。因此，如果设端口电压相量 $\dot{U}$ 为输入相量，则端口电流相量 $\dot{I}$ 为输出相量，于是，网络函数为

$$\dot{I}/\dot{U}=Y \tag{12.1.3}$$

如果设端口电流相量 $\dot{I}$ 为输入，则端口电压相量 $\dot{U}$ 为输出相量，于是，网络函数为

$$\dot{U}/\dot{I}=Z \tag{12.1.4}$$

可见无源一端口网络的网络函数表示了端口输出物理量与输入物理量之间的关系，其参数是电阻 R(阻抗 Z)或电导 G(导纳 Y)。

12.1.2 二端口

二端口网络一般向外引出四个端钮，以便连接外电路，但是，要形成两个端口，如图12.1.2所示，图中11′端口施加激励称为输入端口，22′端口产生响应、连接负载称为输出端口，满足 $\dot{I}_1=\dot{I}_1'$，$\dot{I}_2=\dot{I}'_2$。电能量由输入端口进入网络，受到网络作用，然后由网络的输出端口输出，而此网络的输出端口可以与另一个端口的输入端口连接。

如果不满足 $\dot{I}_1=\dot{I}'_1$，$\dot{I}_2=\dot{I}'_2$，称为四端网络。

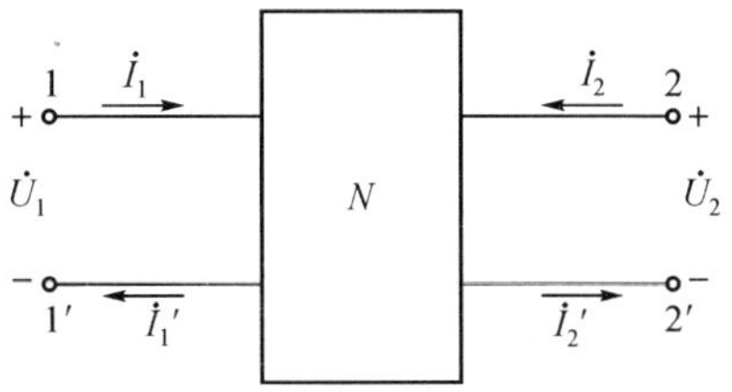

图 12.1.2 二端口网络

在本章，主要研究无源二端口网络，如何用一组参数表征该网络。我们知道，只要研究的网络是线性的，可以测量其端口的电压与电流，就能用一组参数表征该网络，同时可以使我们预知该网络如何能够与其连接的另一个网络工作得更好。

对于线性无源二端口网络，端口共有四个物理量 $\dot{U}_1$、$\dot{I}_1$、$\dot{U}_2$、$\dot{I}_2$，要研究端口的电压和电流之间的关系，可以任选其中两个物理量为自变量，则另外两个物理量为应变量。根据不同的组合方式，有六种不同的二端口参数方程，也就是说，二端口有六种不同的参数方程与参数。在本章，我们只介绍其中常用的四种参数方程与参数：

在如图 12.1.2 所示参考方向下. 如果取电压 $\dot{U}_1$ 与 $\dot{U}_2$ 为自变量，取电流 $\dot{I}_1$ 与 $\dot{I}_2$ 为应变量，则有

$$\dot{I}_1=y_{11}\dot{U}_1+y_{12}\dot{U}_2 \tag{12.1.5}$$

$$\dot{I}_2=y_{21}\dot{U}_1+y_{22}\dot{U}_2 \tag{12.1.6}$$

我们称式(12.1.5)与式(12.1.6)为导纳参数方程，称系数 y_{11}、y_{12}、y_{21}、y_{22} 为导纳参数。

在如图 12.1.2 所示参考方向下. 如果取电流 $\dot{I}_1$ 与 $\dot{I}_2$ 为自变量，取电压 $\dot{U}_1$ 与 $\dot{U}_2$ 为应变量，则有

$$\dot{U}_1=z_{11}\dot{I}_1+z_{12}\dot{I}_2 \tag{12.1.7}$$

$$\dot{U}_2=z_{21}\dot{I}_1+z_{22}\dot{I}_2 \tag{12.1.8}$$

我们称式(12.1.7)与式(12.1.8)为阻抗参数方程，称系数 z_{11}、z_{12}、z_{21}、z_{22} 为阻抗参数。

在如图 12.1.2 所示参考方向下. 如果取电流 $\dot{I}_1$ 与电压 $\dot{U}_2$ 为自变量，取电压 $\dot{U}_1$ 与电流 $\dot{I}_2$ 应变量，则有

$$\dot{U}_1=h_{11}\dot{I}_1+h_{12}\dot{U}_2 \tag{12.1.9}$$

$$\dot{I}_2=h_{21}\dot{I}_1+h_{22}\dot{U}_2 \tag{12.1.10}$$

我们称式(12.1.9)与式(12.1.10)为混合参数方程，称系数 h_{11}、h_{12}、h_{21}、h_{22} 为混合参数。

在如图 12.1.2 所示参考方向下. 如果取电压 $\dot{U}_2$ 与电流 $\dot{I}_2$ 为自变量，取电压 $\dot{U}_1$ 与电流 $\dot{I}_1$ 为应变量，则有

$$\dot{U}_1=t_{11}\dot{U}_2-t_{12}\dot{I}_2 \tag{12.1.11}$$

$$\dot{I}_1 = t_{21}\dot{U}_2 - t_{22}\dot{I}_2 \tag{12.1.12}$$

我们称式(12.1.11)与式(12.1.12)为传输参数方程,称系数 t_{11}、t_{12}、t_{21}、t_{22} 为传输参数。

12.2　二端口的导纳参数

12.2.1　导纳参数方程

在如图 12.2.1 所示二端口网络端口电压与电流的参考方向下,即向网络内,$\dot{U}_1$ 与 $\dot{I}_1$ 为关联方向,$\dot{U}_2$ 与 $\dot{I}_2$ 为关联方向,取电压 $\dot{U}_1$ 与 $\dot{U}_2$ 为自变量,取电流 $\dot{I}_1$ 与 $\dot{I}_2$ 为应变量。

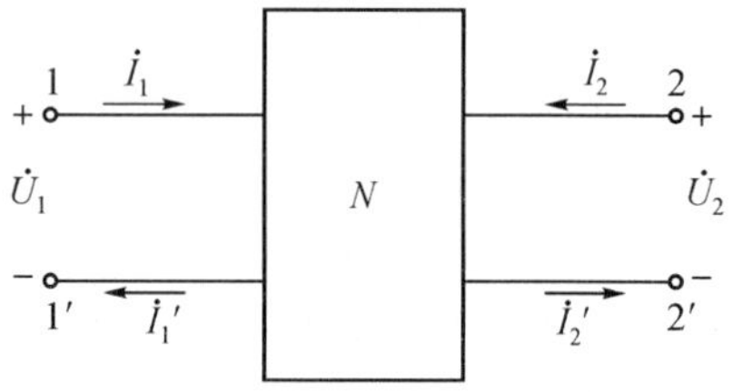

图 12.2.1　二端口网络

得到二端口网络的导纳参数方程:

$$\dot{I}_1 = y_{11}\dot{U}_1 + y_{12}\dot{U}_2 \tag{12.2.1}$$

$$\dot{I}_2 = y_{21}\dot{U}_1 + y_{22}\dot{U}_2 \tag{12.2.2}$$

把上述导纳参数方程写成矩阵形式,有

$$\begin{bmatrix}\dot{I}_1\\ \dot{I}_2\end{bmatrix} = \begin{bmatrix} y_{11} & y_{12}\\ y_{21} & y_{22}\end{bmatrix}\begin{bmatrix}\dot{U}_1\\ \dot{U}_2\end{bmatrix} \tag{12.2.3}$$

把式(12.2.3)中系数矩阵

$$\begin{bmatrix} y_{11} & y_{12}\\ y_{21} & y_{22}\end{bmatrix} \tag{12.2.4}$$

称为二端口网络导纳参数矩阵(简称 y 参数矩阵),其中四个元素 y_{11}、y_{12}、y_{21}、y_{22} 称为导纳参数(Admittance Parameters),简称 y 参数(Y Paramenter),其单位是西门子(S)。

如果得到 y 参数,便可以应用导纳参数方程描述该二端口网络。

12.2.2　实验法确定 y 参数

我们可以应用短路实验方法确定 y 参数,具体步骤如下:

首先,把如图 12.2.1 所示二端口的端口 2—2′短路,即令 $\dot{U}_2=0$,如图 12.2.2(a)所示。

导纳参数电路方程变为

$$\dot{I}_1 = y_{11}\dot{U}_1 \tag{12.2.5}$$

$$\dot{I}_2 = y_{21}\dot{U}_1 \tag{12.2.6}$$

于是

$$y_{11} = \dot{I}_1/\dot{U}_1 \,|_{\dot{U}2=0} \tag{12.2.7}$$

$$y_{21} = \dot{I}_2/\dot{U}_1 \,|_{\dot{U}2=0} \tag{12.2.8}$$

其次,把端口 1 - 1′短路,即令 $\dot{U}_1=0$,如图 12.2.2(b)所示。

导纳参数电路方程变为

$$\dot{I}_1 = y_{12}\dot{U}_2 \tag{12.2.9}$$

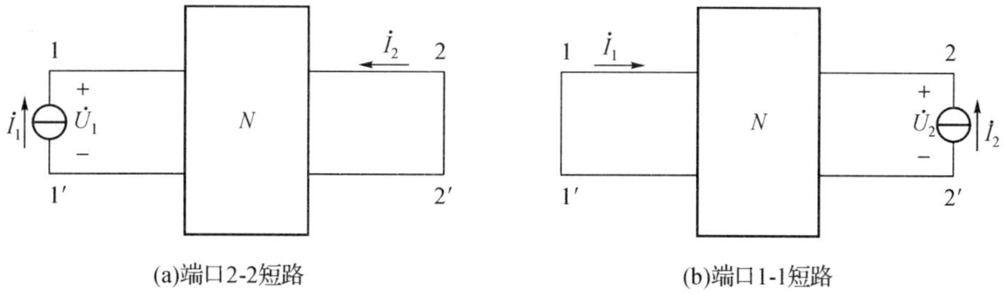

图 12.2.2　实验方法确定 y 参数电路

$$\dot{I}_2 = y_{22}\dot{U}_2 \tag{12.2.10}$$

于是

$$y_{12} = \dot{I}_1/\dot{U}_2 |_{\dot{U}1=0} \tag{12.2.11}$$

$$y_{21} = \dot{I}_2/\dot{U}_2 |_{\dot{U}1=0} \tag{12.2.12}$$

由于分别把端口 2－2′与端口 1－1′短路进行实验确定了二端口网络的 y 参数，因此 y 参数又称为短路导纳参数。

满足互易定理的二端口称为可逆二端口，一般不含受控源的二端口均为可逆二端口。可以证明对于可逆二端口 $y_{12}=y_{21}$，即 y 参数中只有三个参数是独立的。

对于对称二端口，可以证明 $y_{12}=y_{21}$，$y_{11}=y_{22}$，即 y 参数中只有两个参数是独立的。

【例 12.2.1】 二端口如图 12.2.3 所示，应用短路实验法确定其 y 参数。

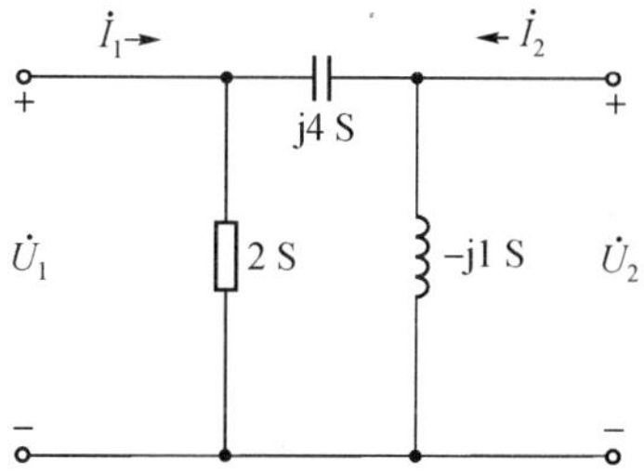

图 12.2.3　例 12.2.1 电路

解　首先，令 $\dot{U}_2=0$，如图 12.2.4(a)所示，得到

$$\dot{I}_1 = 2\dot{U}_1 + \mathrm{j}4\dot{U}_1 = (2+\mathrm{j}4)\dot{U}_1$$

$$\dot{I}_2 = -\mathrm{j}4\dot{U}_1$$

于是

$$y_{11} = \dot{I}_1/\dot{U}_1 |_{U2=0} = 2+\mathrm{j}4\ \mathrm{S}$$

$$y_{21} = \dot{I}_2/\dot{U}_1 |_{U2=0} = -\mathrm{j}4\ \mathrm{S}$$

其次，令 $\dot{U}_1=0$，如图 12.2.4(b)所示，得到

$$\dot{I}_1 = -\mathrm{j}4\dot{U}_2$$

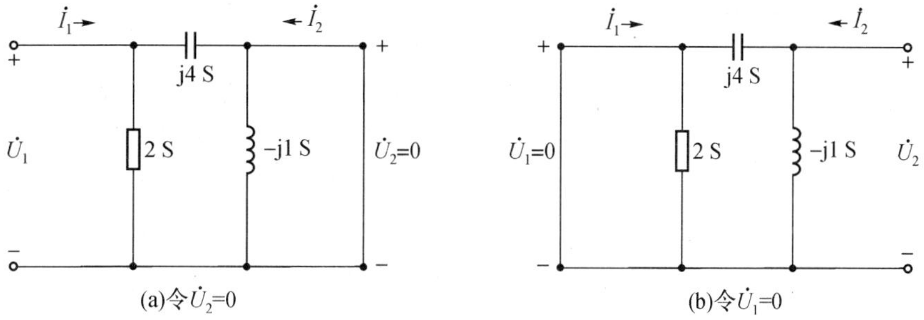

图 12.2.4　确定 y 参数电路

$$\dot{I}_2 = \mathrm{j}4\dot{U}_2 - \mathrm{j}1\dot{U}_2 = \mathrm{j}3\dot{U}_2$$

于是

$$y_{12}=\dot{I}_1/\dot{U}_2|_{\dot{U}_1=0}=-\mathrm{j}4\ \mathrm{S}$$

$$y_{22}=\dot{I}_2/\dot{U}_2|_{\dot{U}_1=0}=\mathrm{j}3\ \mathrm{S}$$

本例二端口中不含受控源，是可逆二端口，满足 $y_{12}=y_{21}=-\mathrm{j}4\ \mathrm{S}$。

12.2.3　列写端口方程确定 y 参数

当我们知道二端口网络内部结构与元件参数时，可以应用电路分析方法，列写二端口网络端口电压与电流的方程，然后与二端口网络 y 参数方程进行比较，得到 y 参数。下面通过举例进行说明。

【例 12.2.2】 二端口如图 12.2.5 所示，应用列写二端口网络端口方程确定其 y 参数。

解　对如图 12.2.5 所示二端口的端口标出电压与电流参考方向，如图 12.2.5 所示。

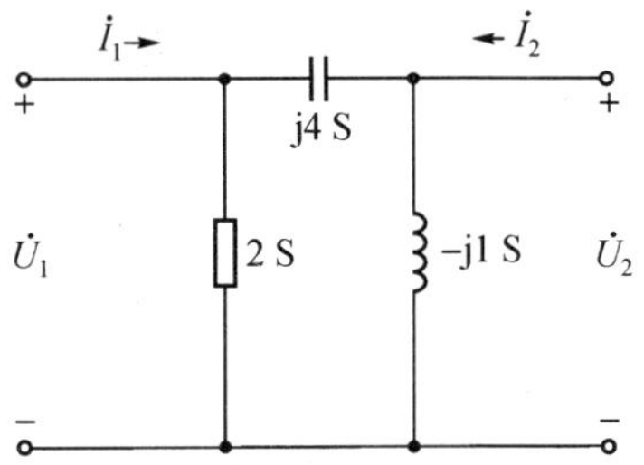

图 12.2.5　例 12.2.2 电路

列写 KCL 方程，有

$$\dot{I}_1=2\dot{U}_1+\mathrm{j}4(\dot{U}_1-\dot{U}_2)=(2+\mathrm{j}4)\dot{U}_1-\mathrm{j}4\dot{U}_2$$

$$\dot{I}_2=-\mathrm{j}1\dot{U}_2+\mathrm{j}4(\dot{U}_2-\dot{U}_1)=-\mathrm{j}4\dot{U}_1+(\mathrm{j}3)\dot{U}_2$$

二端口网络 y 参数方程为

$$\dot{I}_1=y_{11}\dot{U}_1+y_{12}\dot{U}_2$$

$$\dot{I}_2=y_{21}\dot{U}_1+y_{22}\dot{U}_2$$

进行比较，得到 y 参数：

$$y_{11}=2+\mathrm{j}4\ \mathrm{S}$$

$$y_{12}=-\mathrm{j}4\ \mathrm{S}$$

$$y_{21}=-\mathrm{j}4\ \mathrm{S}$$

$$y_{22}=\mathrm{j}3\ \mathrm{S}$$

结果与例 12.2.1 应用短路实验法确定的 y 参数相同。

一般讲，当知道二端口的内部结构与元件参数时，应用列写二端口网络端口方程确定其 y 参数比较适宜；如果不知道二端口的内部结构与元件参数时，应用短路实验法确定其 y 参数比较适宜。

12.2.4　y 参数等效电路

二端口问题分为两种类型：第 1 种类型问题是已知二端口的内部结构与元件参数或者已知二端口的实验数据，要求确定二端口的 y、z、h、t 参数；第 2 种类型问题是已知二端口的 y、z、h、t 参数，设计一个等效二端口，使其满足给定的参数。对于第 1 种类型问题，如果二端口是线性无源二端口，则其 y、z、h、t 参数是唯一的。但是，对于第 2 种类型问题，同一个 y、z、h、t 参数可以设计出若干个等效二端口，即答案不是唯一的。

本节研究内容是第 2 种类型问题，即已知二端口的 y 参数，设计一个最简单的等效二端口。由于 y 参数包含四个参数 y_{11}、y_{12}、y_{21}、y_{22}，因此，对应的等效二端口一般由四个元件构成，选择如图 12.2.6 所示等效二端口。

对于如图 12.2.6 所示等效电路，有

$$\dot{I}_1 = Y_1\dot{U}_1 + g_{m1}\dot{U}_2$$

$$\dot{I}_1 = g_{m2}\dot{U}_1 + Y_2\dot{U}_2$$

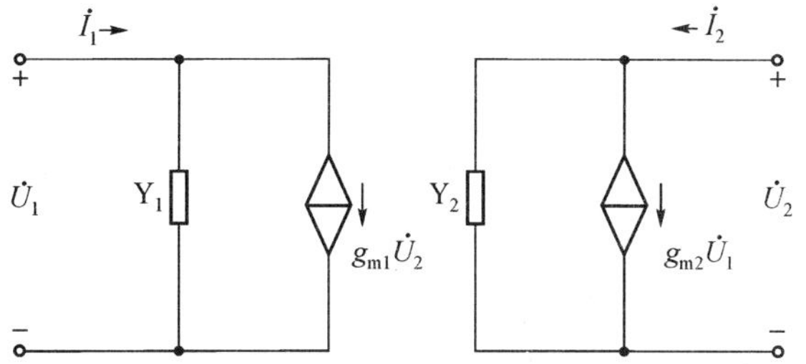

图 12.2.6　y 参数等效电路

与二端口 y 参数方程

$$\dot{I}_1 = y_{11}\dot{U}_1 + y_{12}\dot{U}_2$$

$$\dot{I}_2 = y_{21}\dot{U}_1 + y_{22}\dot{U}_2$$

进行比较，得到

$$Y_1 = y_{11}$$

$$g_{m1} = y_{12}$$

$$g_{m2} = y_{21}$$

$$Y_2 = y_{22}$$

如果要求等效电路中只含有一个受控源，一般选择图 12.2.7(a)或(b)所示 π 型电路进行等效。

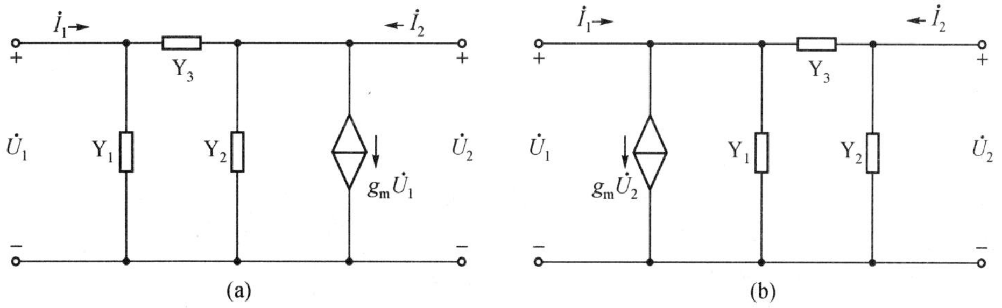

图 12.2.7　π 型等效二端口

对于如图 12.2.7(a)所示 π 型等效二端口，有

$$\dot{I}_1 = Y_1\dot{U}_1 + Y_3(\dot{U}_1 - \dot{U}_2) = (Y_1 + Y_3)\dot{U}_1 - Y_3\dot{U}_2$$

$$\dot{I}_2 = Y_2\dot{U}_2 + Y_3(\dot{U}_2 - \dot{U}_1) + g_m\dot{U}_1 = (g_m - Y_3)\dot{U}_1 + (Y_2 + Y_3)\dot{U}_2$$

与二端口网络 y 参数方程进行比较，得到

$$Y_1 + Y_3 = y_{11}$$

$$-Y_3 = y_{12}$$

$$g_m - Y_3 = y_{21}$$

$$Y_2 + Y_3 = y_{22}$$

因此，如图 12.2.7(a)所示 π 型等效二端口中元件参数为

$$Y_1 = y_{11} - Y_3 = y_{11} + y_{12}$$
$$Y_3 = -y_{12}$$
$$g_m = y_{21} + Y_3 = y_{21} - y_{12}$$
$$Y_2 = y_{22} - Y_3 = y_{22} + y_{12}$$

对于如图 12.2.7(b)所示 π 型等效二端口，有

$$\dot{I}_1 = Y_1\dot{U}_1 + Y_3(\dot{U}_1 - \dot{U}_2) + g_m\dot{U}_2 = (Y_1 + Y_3)\dot{U}_1 + (g_m - Y_3)\dot{U}_2$$
$$\dot{I}_2 = Y_2\dot{U}_2 + Y_3(\dot{U}_2 - \dot{U}_1) = -Y_3\dot{U}_1 + (Y_2 + Y_3)\dot{U}_2$$

与二端口网络 y 参数方程进行比较，得到

$$Y_1 + Y_3 = y_{11}$$
$$g_m - Y_3 = y_{12}$$
$$-Y_3 = y_{21}$$
$$Y_2 + Y_3 = y_{22}$$

因此，如图 12.2.7(b)所示 π 型等效二端口中元件参数为

$$Y_1 = y_{11} - Y_3 = y_{11} + y_{21}$$
$$g_m = y_{12} + Y_3 = y_{12} - y_{21}$$
$$Y_3 = -y_{21}$$
$$Y_2 = y_{22} - Y_3 = y_{22} + y_{21}$$

如果已知二端口的 y 参数中，有 $y_{12} = y_{21}$，则如图 12.2.7 所示 π 型等效二端口中无受控源，即 $g_m = 0$，为可逆二端口。

如果已知二端口的 y 参数中，有 $y_{12} = y_{21}$，$y_{11} = y_{22}$，则如图 12.2.7 所示 π 型等效二端口中无受控源，即 $g_m = 0$，同时，$Y_1 = Y_2 = y_{11} + y_{21}$。

当然，已知二端口 y 参数时，还有其他形式的等效二端口，例如 T 型等效二端口等。

12.2.5　二端口并联

如果两个二端口的输入端口为同一个电压，输出端口也为同一个电压的连接方式，称为二端口并联，如图 12.2.8 所示。并联的两个二端口 N_1 与 N_2 构成一个二端口 N。

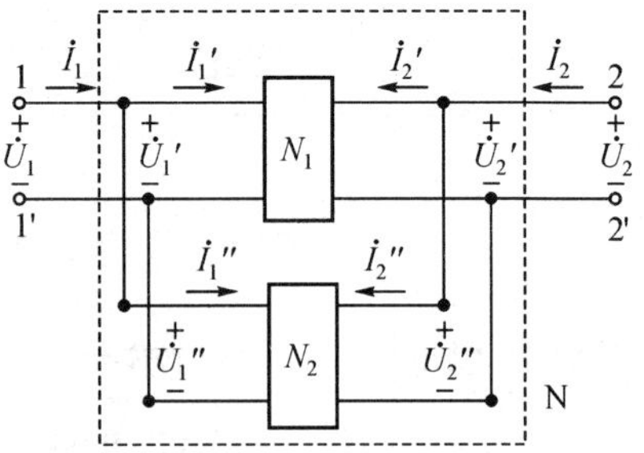

图 12.2.8　二端口并联

二端口 N 的输入口有

$$\dot{U}_1 = \dot{U}'_1 = \dot{U}''_1$$
$$\dot{I}_1 = \dot{I}'_1 + \dot{I}''_1$$

二端口 N 的输出口有

$$\dot{U}_2 = \dot{U}_2' = \dot{U}''_2$$
$$\dot{I}_2 = \dot{I}_2' + \dot{I}''_2$$

因此，

$$\begin{bmatrix}\dot{I}_1\\ \dot{I}_2\end{bmatrix}=\begin{bmatrix}\dot{I}'_1\\ \dot{I}'_2\end{bmatrix}+\begin{bmatrix}\dot{I}''_1\\ \dot{I}''_2\end{bmatrix}=\begin{bmatrix}y'_{11} & y'_{12}\\ y'_{21} & y'_{22}\end{bmatrix}\begin{bmatrix}\dot{U}_1\\ \dot{U}_2\end{bmatrix}+\begin{bmatrix}y''_{11} & y''_{12}\\ y''_{21} & y''_{22}\end{bmatrix}\begin{bmatrix}\dot{U}_1\\ \dot{U}_2\end{bmatrix}$$

$$=\begin{bmatrix}y'_{11} & y''_{11} & y'_{12} & y''_{12}\\ y'_{21} & y''_{21} & y'_{22} & y''_{22}\end{bmatrix}\begin{bmatrix}\dot{U}_1\\ \dot{U}_2\end{bmatrix}$$

即二端口 N 的 y 参数等于并联的二端口 N_1 与 N_2 的 y 参数之和：

$$y_{11}=y'_{11}+y''_{11}$$

$$y_{12}=y'_{12}+y''_{12}$$

$$y_{21}=y'_{21}+y''_{21}$$

$$y_{22}=y'_{22}+y''_{22}$$

12.3　二端口的阻抗参数

12.3.1　阻抗参数方程

在如图 12.3.1 所示二端口网络端口电压与电流的参考方向下，即向网络内，$\dot{U}_1$ 与 $\dot{I}_1$ 为关联方向，$\dot{U}_2$ 与 $\dot{I}_2$ 为关联方向，取电流 $\dot{I}_1$ 与 $\dot{I}_2$ 为自变量，取电压 $\dot{U}_1$ 与 $\dot{U}_2$ 为因变量。

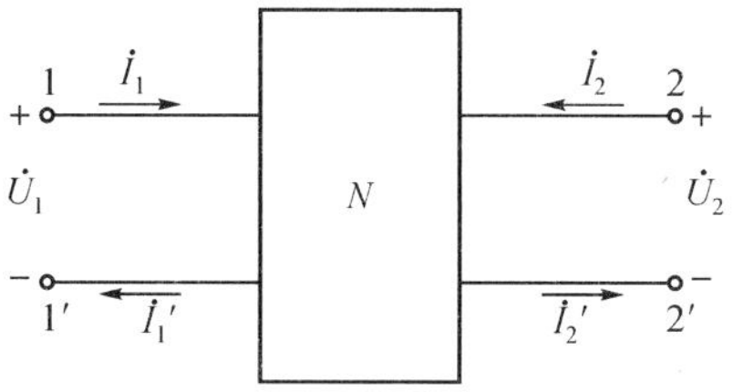

图 12.3.1　二端口

得到二端口阻抗参数方程：

$$\dot{U}_1=z_{11}\dot{I}_1+z_{12}\dot{I}_2 \tag{12.3.1}$$

$$\dot{U}_2=z_{21}\dot{I}_1+z_{22}\dot{I}_2 \tag{12.3.2}$$

把阻抗参数方程写成矩阵形式为

$$\begin{bmatrix}\dot{U}_1\\ \dot{U}_2\end{bmatrix}=\begin{bmatrix}z_{11} & z_{12}\\ z_{21} & z_{22}\end{bmatrix}\begin{bmatrix}\dot{I}_1\\ \dot{I}_2\end{bmatrix} \tag{12.3.3}$$

式(12.3.3)中系数矩阵

$$\begin{bmatrix}z_{11} & z_{12}\\ z_{21} & z_{22}\end{bmatrix}$$

称为二端口网络阻抗参数矩阵（简称 z 参数矩阵），把 z_{11}、z_{12}、z_{21}、z_{22} 称为二端口网络的阻抗参数(Impedance Parameters)，简称 z 参数(z Parameter)，其单位是欧姆(Ω)。

一个二端口网络端口电压与电流的关系可以应用 z 参数(z Paramenter)描述。

12.3.2　开路实验法确定 z 参数

如何确定一个二端口网络的 z 参数？方法很多，本节介绍开路实验法。

我们可以应用开路实验方法确定 z 参数，具体步骤如下：

首先，把如图 12.3.1 所示二端口的端口 2－2′开路，即令 $\dot{I}_2=0$，如图 12.3.2(a)所示。

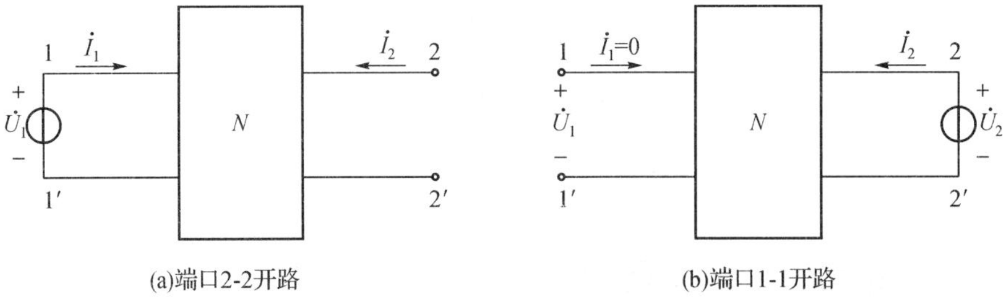

图 12.3.2　开路实验确定 z 参数

于是，二端口阻抗参数方程为

$$\dot{U}_1=z_{11}\dot{I}_1$$

$$\dot{U}_2=z_{21}\dot{I}_1$$

得到阻抗参数

$$z_{11}=\dot{U}_1/\dot{I}_1|_{I_2=0} \tag{12.3.4}$$

$$z_{21}=\dot{U}_2/\dot{I}_1|_{I_2=0} \tag{12.3.5}$$

其次，把如图 12.3.1 所示二端口的端口 1－1′开路，即令 $\dot{I}_1=0$，如图 12.3.2(b)所示。

于是，二端口阻抗参数方程为

$$\dot{U}_1=z_{12}\dot{I}_2$$

$$\dot{U}_2=z_{22}\dot{I}_2$$

得到阻抗参数

$$z_{12}=\dot{U}_1/\dot{I}_2|_{I_1=0} \tag{12.3.6}$$

$$z_{22}=\dot{U}_2/\dot{I}_2|_{I_1=0} \tag{12.3.7}$$

由于分别把一个二端口网络的端口 2－2′与端口 1－1′开路实验确定了该二端口网络的 z 参数，因此 z 参数又称为开路阻抗参数。

对于可逆二端口，可以证明 $z_{12}=z_{21}$，即 z 参数中只有三个参数是独立的。

对于对称二端口，可以证明 $z_{12}=z_{21}$，$z_{11}=z_{22}$，即 z 参数中只有两个参数是独立的。

【例 12.3.1】 应用开路实验法确定图 12.3.3 所示二端口的 z 参数。

解：首先，把如图 12.3.3 所示二端口的端口 2－2′开路，即令 $\dot{I}_2=0$。于是

$$\dot{I}_1=\dot{I}$$

根据 KVL，得到端口 1－1′的电压方程：

$$\dot{U}_1=-\mathrm{j}2\dot{I}_1+2\dot{I}_1+\mathrm{j}1\dot{I}_1=(2-\mathrm{j}1)\dot{I}_1$$

根据 KVL，得到端口 2－2′的电压方程：

$$\dot{U}_2=\text{j}1\dot{I}_1$$

根据开路实验法确定阻抗参数公式(12.3.4)与式(12.3.5)，得到

$$z_{11}=\dot{U}_1/\dot{I}_1|_{\dot{I}_2=0}=2-\text{j}1\ \Omega$$

$$z_{21}=\dot{U}_2/\dot{I}_1|_{\dot{I}_2=0}=\text{j}1\ \Omega$$

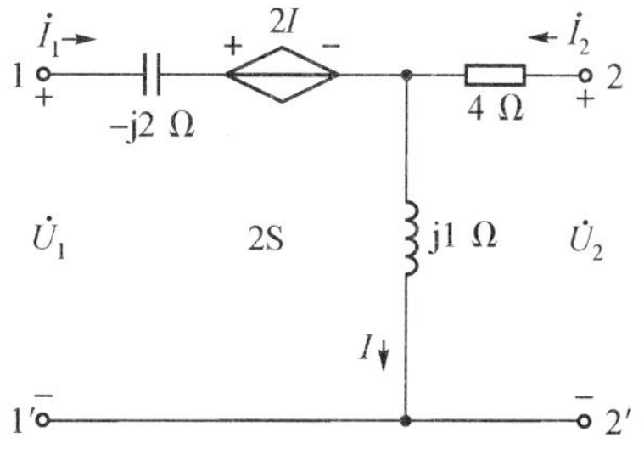

图 12.3.3 例 12.3.1 二端口

其次，把如图 12.3.3 所示二端口的端口 1－1′开路，即令 $\dot{I}_1=0$，于是 $\dot{I}_2=\dot{I}$。

根据 KVL，得到端口 1－1′的电压方程：

$$\dot{U}_1=2\dot{I}_2+\text{j}1\dot{I}_2=(2+\text{j}1)\dot{I}_2$$

根据 KVL，得到端口 2－2′的电压方程：

$$\dot{U}_2=4\dot{I}_2+\text{j}1\dot{I}_2=(4+\text{j}1)\dot{I}_2$$

根据开路实验法确定阻抗参数公式(12.3.6)与(12.3.7)，得到

$$z_{12}=\dot{U}_1/\dot{I}_2|_{I1=0}=2+\text{j}1\ \Omega$$

$$z_{22}=\dot{U}_2/\dot{I}_2|_{I1=0}=4+\text{j}1\ \Omega$$

注意：在本例二端口中含受控源，因此该二端口不是可逆二端口，不能错误地认为 $z_{12}=z_{21}$。在本例 $z_{12}=2+\text{j}1\ \Omega$，$z_{21}=\text{j}1\ \Omega$，$z_{12}\neq z_{21}$。

12.3.3 列写端口方程确定 z 参数

本节介绍另外一种确定一个二端口网络 z 参数的方法，比较适宜已知二端口网络内部结构与元件参数的情况，该方法的思路是首先列写二端口网络的两个端口处的电压与电流关系方程，然后将此方程与二端口网络的阻抗参数方程进行比较，得到二端口网络的阻抗参数。下面举例说明。

【例 12.3.2】 应用列写端口方程法确定如图 12.3.4 所示二端口的 z 参数。

解：根据 KVL，对如图 12.3.4 所示二端口的两个端口列写 KVL 方程，得到

$$\begin{aligned}\dot{U}_1&=-\text{j}2\dot{I}_1+2\dot{I}+\text{j}1\dot{I}=-\text{j}2\dot{I}_1+(2+\text{j}1)\dot{I}\\&=-\text{j}2\dot{I}_1+(2+\text{j}1)(\dot{I}_1+\dot{I}_2)\\&=(2-\text{j}1)\dot{I}_1+(2+\text{j}1)\dot{I}_2\\\dot{U}_2&=4\dot{I}_2+\text{j}1\dot{I}=4\dot{I}_2+\text{j}1(\dot{I}_1+\dot{I}_2)\\&=\text{j}1\dot{I}_1+(4+\text{j}1)\dot{I}_2\end{aligned}$$

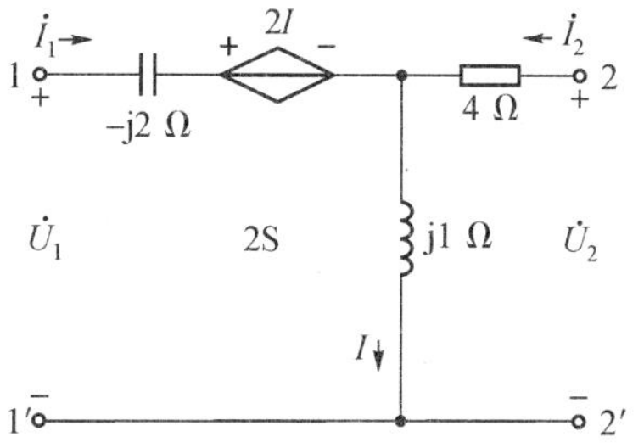

图 12.3.4 例 12.3.2 二端口

我们知道二端口的阻抗参数方程为 $\dot{U}_1=z_{11}\dot{I}_1+z_{12}\dot{I}_2$

$$\dot{U}_2=z_{21}\dot{I}_1+z_{22}\dot{I}_2$$

进行比较，得到 $z_{11}=2-\text{j}1\ \Omega$

$$z_{12}=2+\text{j}1\ \Omega$$

$$z_{21}=\mathrm{j}1\ \Omega$$

$$z_{22}=4+\mathrm{j}1\ \Omega$$

结果与例 12.3.1 应用开路实验法确定该二端口的 z 参数结果相同。

对于大多数二端口网络既可用 y 参数表示，也可用 z 参数表示，而且存在 $y=z^{-1}$，$z=y^{-1}$，即 y 参数矩阵为 z 参数矩阵的逆矩阵，z 参数矩阵为 y 参数矩阵的逆矩阵。但是，对于二端口网络，并非都具有 y 参数与 z 参数，也就是说，有的二端口只有 y 参数，没有 z 参数；而有的二端口网络正相反，只有 z 参数，没有 y 参数；还有一些二端口网络既没有 y 参数，也没有 z 参数。例如，对于如图 12.3.5 所示理想变压器，

理想变压器端口电压关系为 $\dot{U}_1=\dot{U}_2/a$

理想变压器端口电流关系为 $\dot{I}_1=-a\dot{I}_2$

由于端口电压与电流之间不存在关系，因此理想变压器既没有 z 参数，也没有 y 参数。

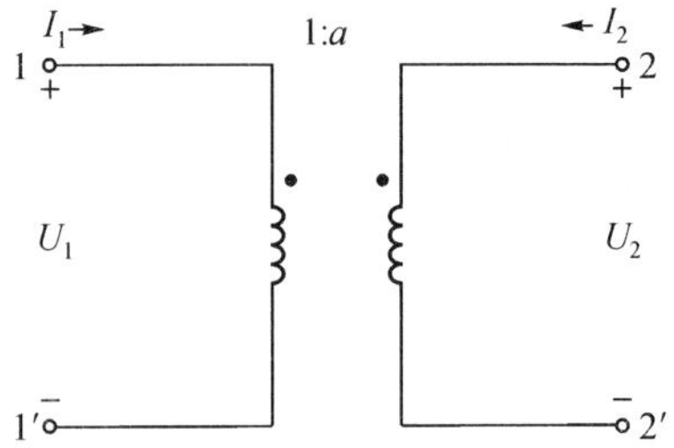

图 12.3.5 理想变压器

12.3.4 z 参数等效电路

如果已知二端口的 z 参数，可以构成一个比较简单的等效二端口进行分析。由于 z 参数包含四个参数 z_{11}、z_{12}、z_{21}、z_{22}，因此，对应的等效二端口一般由四个元件构成，可以选择如图 12.3.6 所示等效二端口，该二端口用两个阻抗与两个 CCVS 构成。

对于如图 12.3.6 所示等效电路，有

$$\dot{U}_1=Z_1\dot{I}_1+r_1\dot{I}_2 \tag{12.3.8}$$

$$\dot{U}_2=r_2\dot{I}_1+Z_2\dot{I}_2 \tag{12.3.9}$$

与 z 参数方程式(12.3.1)和(12.3.2)即

$$\dot{U}_1=z_{11}\dot{I}_1+z_{12}\dot{I}_2$$

$$\dot{U}_2=z_{21}\dot{I}_1+z_{22}\dot{I}_2$$

进行比较，得到

$$Z_1=z_{11} \tag{12.3.10}$$

$$r_1=z_{12} \tag{12.3.11}$$

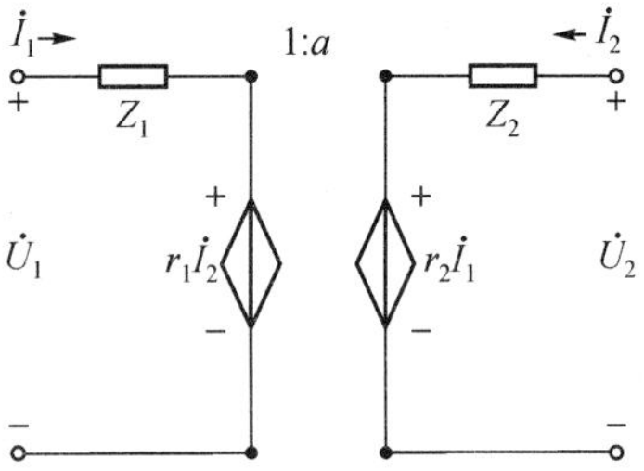

图 12.3.6 z 参数等效电路

$$r_2=z_{21} \tag{12.3.12}$$

$$Z_2=z_{22} \tag{12.3.13}$$

如果要求等效电路中只含有一个受控源，一般选择如图 12.3.7(a)或(b)所示 T 型电路进行等效。

对于如图 12.3.7(a)所示 T 型等效二端口，有

$$\dot{U}_1=Z_1\dot{I}_1+Z_3(\dot{I}_1+\dot{I}_2)=(Z_1+Z_3)\dot{I}_1+Z_3\dot{I}_2$$

$$\dot{U}_2=r\dot{I}_1+Z_2\dot{I}_2+Z_3(\dot{I}_1+\dot{I}_2)=(r+Z_3)\dot{I}_1+(Z_2+Z_3)\dot{I}_2$$

与二端口网络 z 参数方程式(12.3.1)与式(12.3.2)进行比较，得到

$$Z_1+Z_3=z_{11}$$

$$Z_3=z_{12}$$

$$r+Z_3=z_{21}$$

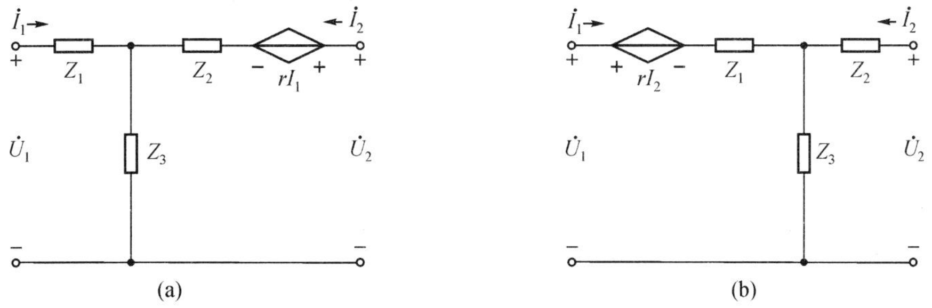

图 12.3.7　T 型等效二端口

$$Z_2+Z_3=z_{22}$$

因此，如图 12.3.7(a)所示 T 型等效二端口中元件参数可以用 z 参数表示

$$Z_1=z_{11}-Z_3=z_{11}-z_{12} \tag{12.3.14}$$

$$Z_3=z_{12} \tag{12.3.15}$$

$$r=z_{21}-Z_3=z_{21}-z_{12} \tag{12.3.16}$$

$$Z_2=z_{22}-Z_3=z_{22}-z_{12} \tag{12.3.17}$$

对于如图 12.3.7(b)所示 T 型等效二端口，有

$$\dot{U}_1=r\dot{I}_2+Z_1\dot{I}_1+Z_3(\dot{I}_1+\dot{I}_2)=(Z_1+Z_3)\dot{I}_1+(r+Z_3)\dot{I}_2$$

$$\dot{U}_2=Z_2\dot{I}_2+Z_3(\dot{I}_1+\dot{I}_2)=Z_3\dot{I}_1+(Z_2+Z_3)\dot{I}_2$$

与二端口网络 y 参数方程式(12.3.1)与式(12.3.2)进行比较，得到

$$Z_1+Z_3=z_{11}$$

$$r+Z_3=z_{12}Z_3=z_{21}$$

$$Z_2+Z_3=z_{22}$$

因此，如图 12.3.7(b)所示 T 型等效二端口中元件参数可以用 z 参数表示

$$Z_1=z_{11}-z_{21} \tag{12.3.18}$$

$$r=z_{12}-z_{21} \tag{12.3.19}$$

$$Z_3=z_{21} \tag{12.3.20}$$

$$Z_2=z_{22}-z_{21} \tag{12.3.21}$$

如果已知二端口的 y 参数中，有 $z_{12}=z_{21}$，则如图 12.3.7 所示 T 型等效二端口中无受控源，即 $r=0$，二端口为可逆二端口，有

$$Z_1=z_{11}-z_{21} \tag{12.3.22}$$

$$Z_2=z_{22}-z_{21} \tag{12.3.23}$$

$$Z_3=z_{12} \tag{12.3.24}$$

如果已知二端口的 y 参数中，有 $z_{12}=z_{21}$，$z_{11}=z_{22}$，则图 12.3.7 所示 T 型等效二端口中无受控源，即 $r=0$，同时，$Z_1=Z_2$，有

$$Z_1=Z_2=z_{11}-z_{21} \tag{12.3.25}$$

$$Z_3=z_{12} \tag{12.3.26}$$

当然，已知二端口 z 参数时，还有其他形式的等效二端口，例如 π 型等效二端口等。

12.3.5　二端口串联

如果两个二端口的输入端口为同一个电流，输出端口也为同一个电流的连接方式，称为二端口串联，如图 12.3.8 所示，串联的两个二端口 N_1 与 N_2 构成一个二端口 N。

对于二端口 N 的输入口有　$\dot{U}_1=\dot{U}'_1+\dot{U}''_1$　(12.3.27)

$$\dot{I}_1=\dot{I}'_1=\dot{I}''_1 \quad (12.3.28)$$

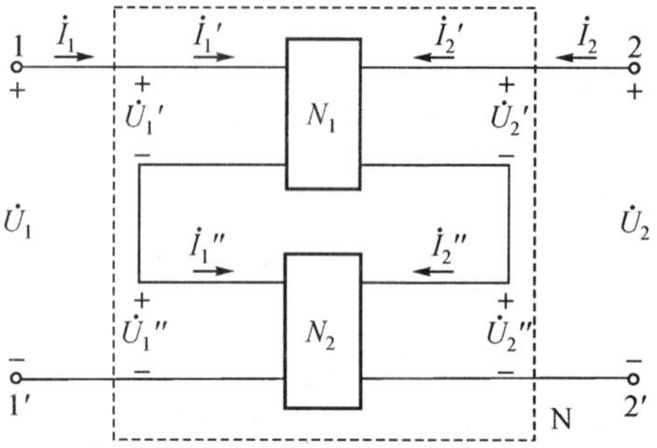

图 12.3.8　二端口串联

对于二端口 N 的输出口有　$\dot{U}_2=\dot{U}_2'+\dot{U}''_2$　(12.3.29)

$$\dot{I}_2=\dot{I}_2'=\dot{I}''_2 \quad (12.3.30)$$

因此，

$$\begin{bmatrix}\dot{U}_1\\ \dot{U}_2\end{bmatrix}=\begin{bmatrix}\dot{U}'_1\\ \dot{U}'_2\end{bmatrix}+\begin{bmatrix}\dot{U}''_1\\ \dot{U}''_2\end{bmatrix}=\begin{bmatrix}z'_{11} & z'_{12}\\ z'_{21} & z'_{22}\end{bmatrix}\begin{bmatrix}\dot{I}_1\\ \dot{I}_2\end{bmatrix}+\begin{bmatrix}z''_{11} & z''_{12}\\ z''_{21} & z''_{22}\end{bmatrix}\begin{bmatrix}\dot{I}_1\\ \dot{I}_2\end{bmatrix}$$

$$=\begin{bmatrix}z'_{11}+z''_{11} & z'_{12}+z''_{12}\\ z'_{21}+z''_{21} & z'_{22}+z''_{22}\end{bmatrix}\begin{bmatrix}\dot{I}_1\\ \dot{I}_2\end{bmatrix}=\begin{bmatrix}z_{11} & z_{12}\\ z_{21} & z_{22}\end{bmatrix}\begin{bmatrix}\dot{I}_1\\ \dot{I}_2\end{bmatrix} \quad (12.3.31)$$

即：二端口 N 的 z 参数等于串联的二端口 N_1 与 N_2 的 z 参数之和：

$$z_{11}=z'_{11}+z''_{11} \quad (12.3.32)$$

$$z_{12}=z'_{12}+z''_{12} \quad (12.3.33)$$

$$z_{21}=z'_{21}+z''_{21} \quad (12.3.34)$$

$$z_{22}=z'_{22}+z''_{22} \quad (12.3.35)$$

12.4　二端口的混合参数

12.4.1　混合参数方程

在如图 12.4.1 所示二端口网络端口电压与电流的参考方向下，即向网络内，$\dot{U}_1$ 与 $\dot{I}_1$ 为关联方向，$\dot{U}_2$ 与 $\dot{I}_2$ 为关联方向，取电流 $\dot{I}_1$ 与电压 $\dot{U}_2$ 为自变量，取电压 $\dot{U}_1$ 与电流 $\dot{I}_2$ 为因变量。

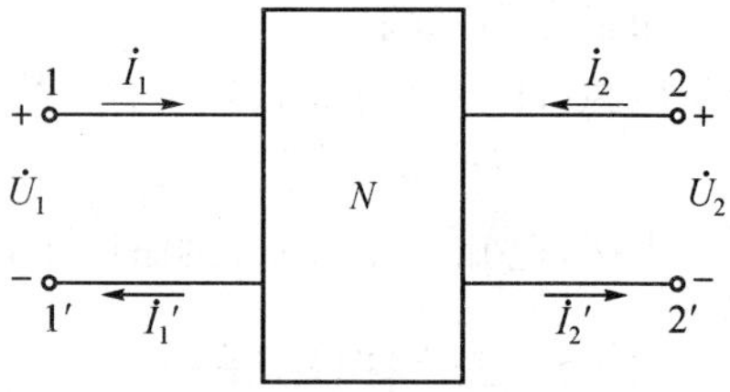

图 12.4.1　二端口

得到二端口的混合参数方程：

$$\dot{U}_1=h_{11}\dot{I}_1+h_{12}\dot{U}_2 \quad (12.4.1)$$

$$\dot{I}_2 = h_{21}\dot{I}_1 + h_{22}\dot{U}_2 \tag{12.4.2}$$

把二端口混合参数方程写成矩阵形式为

$$\begin{bmatrix}\dot{U}_1\\ \dot{U}_2\end{bmatrix} = \begin{bmatrix}h_{11} & h_{12}\\ h_{21} & h_{22}\end{bmatrix}\begin{bmatrix}\dot{I}_1\\ \dot{I}_2\end{bmatrix} \tag{12.4.3}$$

把式(12.4.3)中矩阵

$$\begin{bmatrix}h_{11} & h_{12}\\ h_{21} & h_{22}\end{bmatrix}$$

称为二端口网络混合参数矩阵(简称 h 参数矩阵)。把 h_{11}、h_{12}、h_{21}、h_{22} 称为混合参数(Hybrid Parameters),简称 h 参数(H Parameter),h_{11} 单位是欧姆(Ω),h_{22} 单位是西门子(S),而 h_{12} 与 h_{21} 无单位。

一个二端口网络端口电压与电流的关系可以应用 h 参数描述。

12.4.2　h 参数的确定

我们仍然可以应用上面两节介绍的实验法与列写二端口网络端口电压与电流的关系方程确定 h 参数,只是在实验法中要采用短路与开路相结合的实验方法确定 h 参数,具体步骤如下:

首先,把如图 12.4.1 所示二端口的端口 2 - 2′短路,即令 $\dot{U}_2=0$,如图 12.4.2(a)所示。

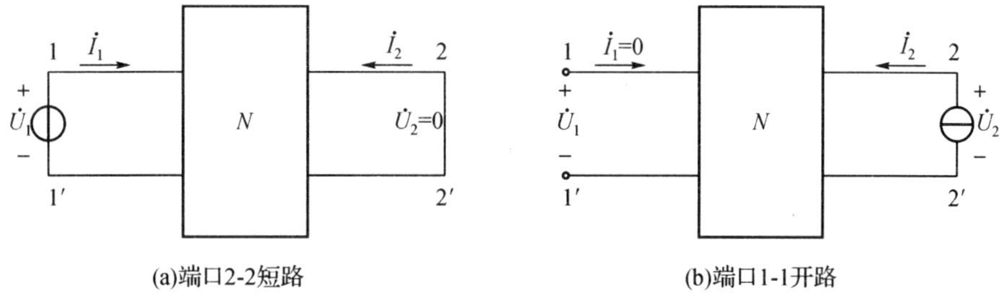

图 12.4.2　短路与开路实验确定 h 参数

于是,二端口混合参数方程为

$$\dot{U}_1 = h_{11}\dot{I}_1$$
$$\dot{I}_2 = h_{21}\dot{I}_1$$

得到参数

$$h_{11} = \dot{U}_1/\dot{I}_1\big|_{\dot{U}_2=0} \tag{12.4.4}$$

$$h_{21} = \dot{I}_2/\dot{I}_1\big|_{\dot{U}_2=0} \tag{12.4.5}$$

其中 h_{11} 为阻抗,单位为欧姆(Ω),而 h_{21} 为电流增益,无单位。

其次,把如图 12.4.1 所示二端口的端口 1 - 1′开路,即令 $\dot{I}_1=0$,如图 12.4.2(b)所示。于是,二端口混合参数方程为

$$\dot{U}_1 = h_{12}\dot{U}_2$$
$$\dot{I}_2 = h_{22}\dot{U}_2$$

得到混合参数

$$h_{12}=\dot{U}_1/\dot{U}_2|_{I_1=0} \tag{12.4.6}$$

$$h_{22}=\dot{I}_2/\dot{U}_2|_{I_1=0} \tag{12.4.7}$$

其中 h_{12} 为电压增益,无单位;而 h_{22} 为导纳,单位为西门子(S)。

由于 h 参数中含有阻抗、电流增益、电压增益与导纳,因此 h 参数称为混合参数。

对于可逆二端口,可以证明 $h_{12}=-h_{21}$,即 h 参数中只有三个参数是独立的。

注意 $h_{12}=-h_{21}$,并非 $h_{12}=h_{21}$。

对于对称二端口,可以证明 $h_{12}=-h_{21}$,$h_{11}h_{22}-h_{12}h_{21}=1$,即 h 参数中只有两个参数是独立的。注意 $h_{12}=-h_{21}$,并非 $h_{12}=h_{21}$;$h_{11}h_{22}-h_{12}h_{21}=1$,并非 $h_{11}=h_{22}$。

列写二端口网络端口电压与电流的关系方程确定 h 参数的过程与第 12.2、12.3 节介绍的过程相同,均为对给定的二端口网络端口处列写其电压与电流的关系方程,然后与二端口网络混合参数方程进行比较,得到混合参数。

【例 12.4.1】 求如图 12.4.3 所示二端口网络在正弦激励下的 h 参数。

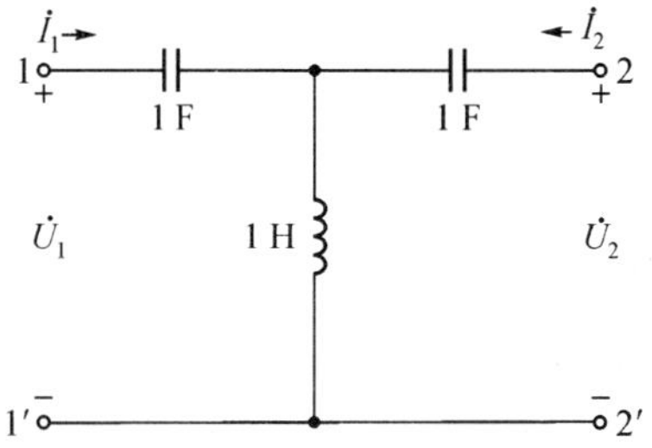

图 12.4.3 例 12.4.1 二端口网络

解:首先我们应用短路与开路相结合的实验方法确定 h 参数。为此把如图 12.4.3 所示二端口网络端口 2-2′短路,即令 $\dot{U}_2=0$,如图 12.4.4(a)所示。

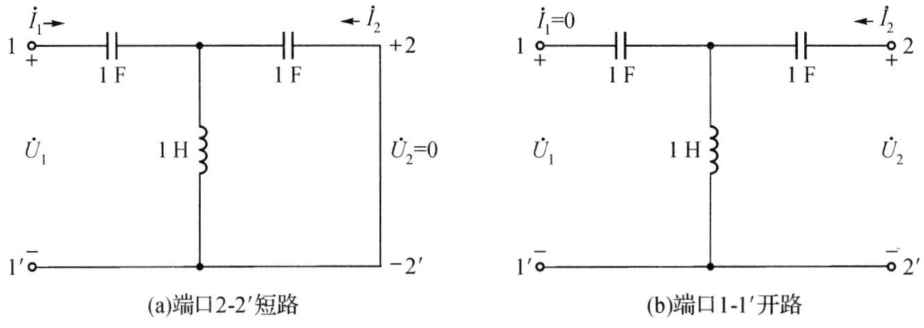

图 12.4.4 实验方法确定 h 参数

设端口 1-1′施加正弦激励有效值电压相量 $\dot{U}_1$,其角频率为 ω,得到端口 1-1′电压与电流关系方程:

$$\dot{U}_1=(1/\mathrm{j}\omega+\mathrm{j}\omega(1/\mathrm{j}\omega)/(\mathrm{j}\omega+1/\mathrm{j}\omega))\dot{I}_1=[(1-2\omega^2)/(\mathrm{j}\omega(1-\omega^2))]\dot{I}_1$$

$$\dot{I}_2=-\dot{I}_1(\mathrm{j}\omega/(\mathrm{j}\omega+1/\mathrm{j}\omega))=\dot{I}_1(\omega^2/(1-\omega^2))$$

于是得到参数

$$h_{11}=\dot{U}_1/\dot{I}_1|_{\dot{U}_2=0}=(1-2\omega^2)/(\mathrm{j}\omega(1-\omega^2))$$

$$h_{21}=\dot{I}_2/\dot{I}_1|_{\dot{U}_2=0}=\omega^2/(1-\omega^2)$$

然后把如图 12.4.3 所示二端口网络端口 1 - 1′开路，即令 $\dot{I}_1=0$，如图 12.4.4(b)所示。

设端口 2 - 2′施加正弦激励有效值电压相量 $\dot{U}_2$，其角频率为 ω，得到端口 2 - 2′电压与电流关系方程：

$$\dot{U}_2=(1/\mathrm{j}\omega+\mathrm{j}\omega)\dot{I}_2=((1-\omega^2)/\mathrm{j}\omega)\dot{I}_2$$

$$\dot{U}_1=\mathrm{j}\omega\dot{I}_2=[\mathrm{j}\omega\mathrm{j}\omega/(1-\omega^2)]\dot{U}_2=[-\omega^2/(1-\omega^2)]\dot{U}_2$$

于是得到参数

$$h_{12}=\dot{U}_1/\dot{U}_2=-\omega^2/(1-\omega^2)$$

$$h_{22}=\dot{I}_2/\dot{U}_2=\mathrm{j}\omega/(1-\omega^2)$$

当然，我们可以应用列写如图 12.4.3 所示二端口网络端口处电压与电流的关系方程方法确定 h 参数。

对于如图 12.4.3 所示二端口网络，其端口 1 - 1′处电压与电流的关系方程为

$$\dot{U}_1=(1/\mathrm{j}\omega)\dot{I}_1+\mathrm{j}\omega(\dot{I}_1+\dot{I}_2)$$

对于如图 12.4.3 所示二端口网络，其端口 2 - 2′处电压与电流的关系方程为

$$\dot{U}_2=(1/\mathrm{j}\omega)\dot{I}_2+\mathrm{j}\omega(\dot{I}_1+\dot{I}_2)$$

进一步整理，得到 $\dot{U}_1=(1-2\omega^2)/[\mathrm{j}\omega(1-\omega^2)]\dot{I}_1-\omega^2/(1-\omega^2)\dot{U}_2$

$$\dot{I}_2=\omega^2/(1-\omega^2)\dot{I}_1+\mathrm{j}\omega/(1-\omega^2)\dot{U}_2$$

我们知道二端口混合参数方程为式(12.4.1)与式(12.4.2)，即

$$\dot{U}_1=h_{11}\dot{I}_1+h_{12}\dot{U}_2$$

$$\dot{I}_2=h_{21}\dot{I}_1+h_{22}\dot{U}_2$$

通过比较，我们得到混合参数

$$h_{11}=(1-2\omega^2)/(\mathrm{j}\omega(1-\omega^2))$$

$$h_{12}=-\omega^2/(1-\omega^2)$$

$$h_{21}=\omega^2/(1-\omega^2)$$

$$h_{22}=\mathrm{j}\omega/(1-\omega^2)$$

【例 12.4.2】 求如图 12.4.4 所示理想变压器的 z 参数、y 参数与 h 参数(如果存在的话)。

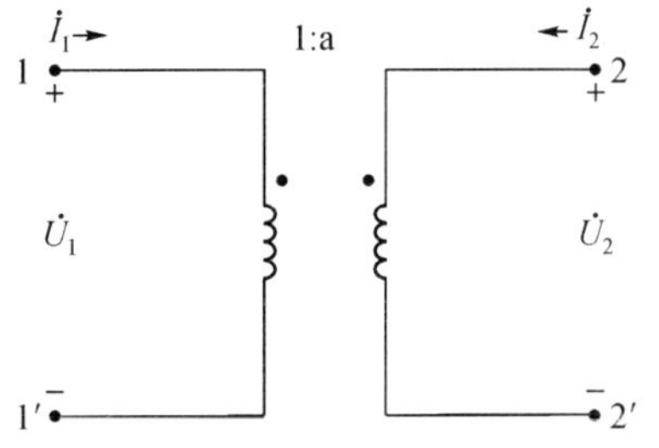

图 12.4.4 理想变压器

解：我们知道理想变压器的端口电压关系为

$$\dot{U}_1=\dot{U}_2/a$$

理想变压器的端口电流关系为

$$\dot{I}_1=-a\dot{I}_2$$

由于端口电压与电流之间不存在关系，因此理想变压器既没有 z 参数，也没有 y 参数，但是存在 h 参数。把理想变压器的端口电压关系与端口电流关系进行整

理，得到

$$\dot{U}_1=(1/a)\dot{U}_2$$

$$\dot{I}_2=(-1/a)\dot{I}_1$$

我们知道二端口混合参数方程为式(12.4.1)与(12.4.2)，即

$$\dot{U}_1=h_{11}\dot{I}_1+h_{12}\dot{U}_2$$

$$\dot{I}_2=h_{21}\dot{I}_1+h_{22}\dot{U}_2$$

进行比较，得到理想变压器的 h 参数：

$$h_{11}=0$$

$$h_{12}=1/a$$

$$h_{21}=-1/a$$

$$h_{22}=0$$

可以看出理想变压器是可逆二端口，满足 $h_{12}=-h_{21}$；但是，理想变压器不是对称二端口，只满足 $h_{12}=-h_{21}$，不满足 $z_{11}z_{22}-h_{12}h_{21}=1$。

12.4.3　h 参数等效电路

我们知道二端口的 h 参数方程是式(12.4.1)与式(12.4.2)，即

$$\dot{U}_1=h_{11}\dot{I}_1+h_{12}\dot{U}_2$$

$$\dot{I}_2=h_{21}\dot{I}_1+h_{22}\dot{U}_2$$

第一个方程为 KVL 方程，第一个方程为 KCL 方程，因此，如果知道二端口的 h 参数，可以构成一个 h 参数等效电路如图 12.4.5 所示。

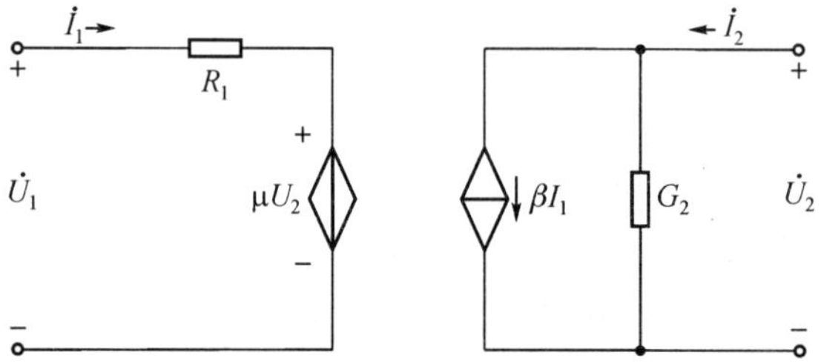

图 12.4.5　h 参数等效电路

根据如图 12.4.5 所示二端口，列写输入口 KVL 方程与输出口 KCL 方程，得到

$$\dot{U}_1=R_1\dot{I}_1+\mu\dot{U}_2$$

$$\dot{I}_2=\beta\dot{I}_1+G_2\dot{U}_2$$

与二端口的 h 参数方程式(12.4.1)与式(12.4.2)进行比较，得到如图 12.4.5 所示等效电路的参数：$R_1=h_{11}$，$\mu=h_{12}$，$\beta=h_{21}$，$G_2=h_{22}$。

12.5　二端口的传输参数

12.5.1　传输参数方程

在如图 12.5.1 所示二端口网络端口电压与电流的参考方向下，即向网络内，$\dot{U}_1$ 与 $\dot{I}_1$ 为关联方向，$\dot{U}_2$ 与 $\dot{I}_2$ 为关联方向。为了便于描述传输关系，我们取电压 $\dot{U}_2$ 与电流 $(-\dot{I}_2)$ 为自变量，取电压 $\dot{U}_1$ 与电流 $\dot{I}_1$ 为因变量。注意电流 $(-\dot{I}_2)$ 的方向与 $\dot{I}_2$ 的方向相反，如图 12.5.1 所示。

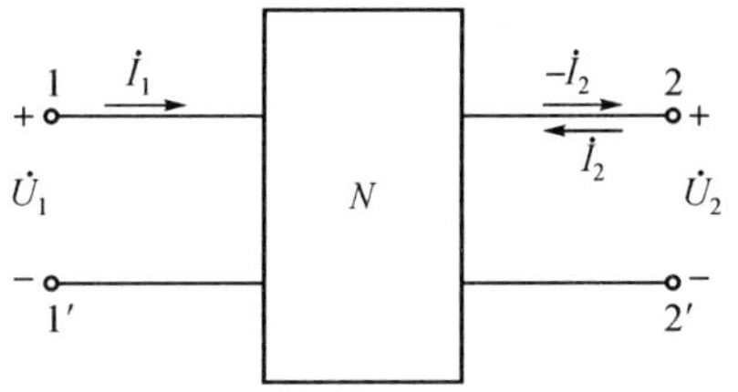

图 12.5.1　二端口

得到二端口传输参数方程

$$\dot{U}_1 = t_{11}\dot{U}_2 + t_{12}(-\dot{I}_2) \tag{12.5.1}$$

$$\dot{I}_1 = t_{21}\dot{U}_2 + t_{22}(-\dot{I}_2) \tag{12.5.2}$$

把二端口混合参数方程写成矩阵形式为

$$\begin{bmatrix} \dot{U}_1 \\ \dot{I}_1 \end{bmatrix} = \begin{bmatrix} t_{11} & t_{12} \\ t_{21} & t_{22} \end{bmatrix} \begin{bmatrix} \dot{U}_2 \\ -\dot{I}_2 \end{bmatrix} \tag{12.5.3}$$

式(12.5.3)中矩阵

$$\begin{bmatrix} t_{11} & t_{12} \\ t_{21} & t_{22} \end{bmatrix}$$

称为二端口网络传输参数矩阵（简称 t 参数矩阵），其中 t_{11}、t_{12}、t_{21}、t_{22} 称为二端口网络的传输参数（Transmission Parameters），简称 t 参数。

传输参数矩阵也可以写成

$$t = \begin{bmatrix} t_{11} & t_{12} \\ t_{21} & t_{22} \end{bmatrix} = \begin{bmatrix} A & B \\ C & D \end{bmatrix} \tag{12.5.4}$$

因此，传输参数又称为 $ABCD$ 参数。

一个二端口网络端口电压与电流的关系可以应用 t 参数描述。

12.5.2　传输参数的确定

我们仍然可以应用上面几节介绍的实验法与列写二端口网络端口电压与电流的关系方程确定 t 参数，只是在实验法中要采用开路与短路相结合的实验方法确定 h 参数，具体步骤如下。

首先，把如图 12.5.1 所示二端口的端口 2－2′开路，即令 $\dot{I}_2=0$，如图 12.5.2(a)所示。

于是，二端口 t 参数方程为

$$\dot{U}_1 = t_{11}\dot{U}_2 \tag{12.5.5}$$

$$\dot{I}_1 = t_{21}\dot{U}_2 \tag{12.5.6}$$

得到 t 参数

$$t_{11} = \dot{U}_1/\dot{U}_2 \big|_{I_2=0} \tag{12.5.7}$$

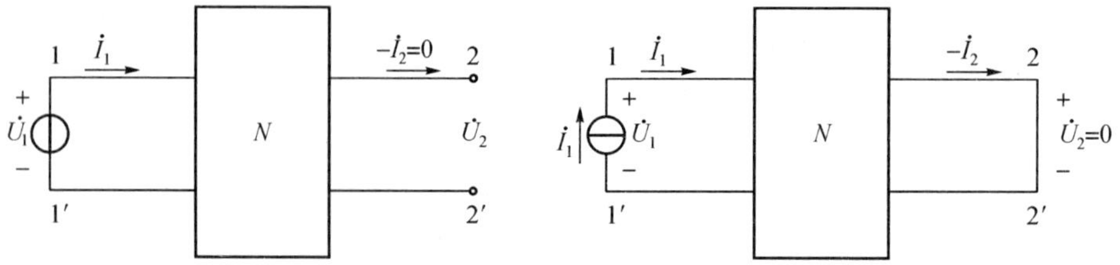

(a)端口2-2′开路　　(b)端口2-2′短路

图 12.5.2　开路与短路实验确定 t 参数

$$t_{21}=\dot{I}_1/\dot{U}_2\,|_{I_2=0} \tag{12.5.8}$$

其中 t_{11} 为电压增益，无单位；t_{21} 为为导纳，单位为西门子(S)。

其次，把如图 12.5.1 所示二端口的端口 2－2′短路，即令 $\dot{U}_2=0$，如图 12.5.2(b)所示。

于是，二端口 t 参数方程为

$$\dot{U}_1=t_{12}(-\dot{I}_2) \tag{12.5.9}$$

$$\dot{I}_1=t_{22}(-\dot{I}_2) \tag{12.5.10}$$

得到 t 参数

$$t_{12}=\dot{U}_1/(-\dot{I}_2)\,|_{U_2=0} \tag{12.5.11}$$

$$t_{22}=\dot{I}_1/(-\dot{I}_2)\,|_{U_2=0} \tag{12.5.12}$$

其中 t_{12} 为阻抗，单位为欧姆(Ω)；t_{22} 为电流增益，无单位。

对于可逆二端口，可以证明 $t_{11}t_{22}-t_{12}t_{21}=1$，即 t 参数中只有三个参数是独立的。注意不是 $t_{12}=t_{21}$。

对于对称二端口，可以证明 $t_{11}t_{22}-t_{12}t_{21}=1$，$t_{11}=t_{22}$，即 t 参数中只有两个参数是独立的。

【例 12.5.2】　应用实验法求如图 12.5.3 所示二端口的 t 参数。

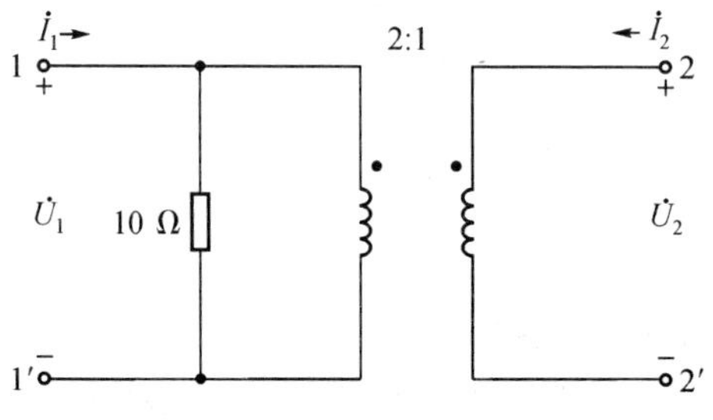

图 12.5.3　例 12.5.2 二端口

解：首先，把如图 12.5.3 所示二端口的端口 2－2′开路，即令 $\dot{I}_2=0$。

于是

$$\dot{U}_1=2\dot{U}_2$$

$$\dot{I}_1=1/10\dot{U}_1=1/5\dot{U}_2$$

得到 t 参数

$$t_{11}=\dot{U}_1/\dot{U}_2\,|_{I_2=0}=2$$

$$t_{21}=\dot{I}_1/\dot{U}_2\,|_{I_2=0}=1/5=0.2\ \text{s}$$

其次，把如图 12.5.3 所示二端口的端口 2－2′短路，即令 $\dot{U}_2=0$。

于是

$$\dot{U}_1=0$$

$$\dot{I}_1=-1/2\dot{I}_2$$

得到 t 参数

$$t_{12}=\dot{U}_1/(-\dot{I}_2)|_{\dot{U}_2=0}=0$$

$$t_{22}=\dot{I}_1/(-\dot{I}_2)|_{\dot{U}_2=0}=1/2=0.5$$

图 12.5.3 所示二端口的 t 参数为：$t_{11}=2$，$t_{12}=0$，$t_{21}=0.2\ \mathrm{s}$，$t_{22}=0.5$。

当然，我们可以应用列写图 12.5.3 所示二端口网络端口处电压与电流的关系方程方法确定 h 参数。图 12.5.3 所示二端口由理想变压器与其输入口并联电阻构成。

对于该二端口，有　$\dot{U}_1=2\dot{U}_2$

$$\dot{I}_1=\dot{U}_1/10+(-\dot{I}_2/2)=2\dot{U}_1/10-\dot{I}_2/2=0.2\dot{U}_1-0.5\dot{I}_2$$

我们知道二端口的 t 参数方程为　$\dot{U}_1=t_{11}\dot{U}_2-t_{12}\dot{I}_2$

$$\dot{I}_1=t_{21}\dot{U}_2-t_{22}\dot{I}_2$$

进行比较，得到图 12.5.3 所示二端口的 t 参数为：$t_{11}=2$，$t_{12}=0$，$t_{21}=0.2$，$t_{22}=0.5$。

12.5.3　二端口级联

如果第一个二端口的输出口是第二个二端口的输入口的连接方式，称为二端口级联，如图 12.5.4 所示。

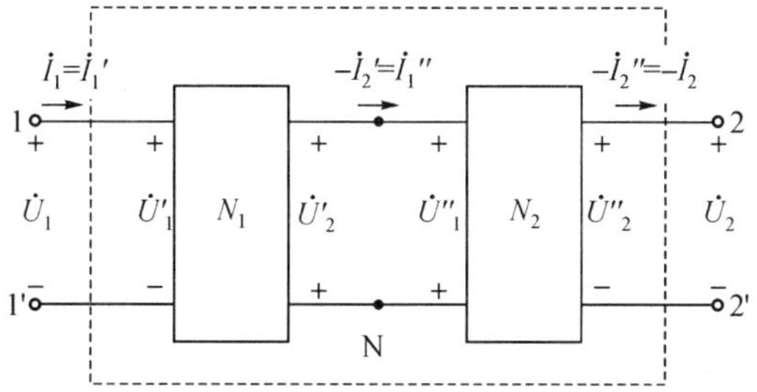

图 12.5.4　二端口级联

二端口级联时，有　$\dot{U}_1=\dot{U}'_1$　(12.5.14)

$$\dot{U}_2'=\dot{U}''_1 \tag{12.5.15}$$

$$\dot{U}''_2=\dot{U}_2 \tag{12.5.16}$$

$$\dot{I}_1=\dot{I}'_1 \tag{12.5.17}$$

$$-\dot{I}_2'=\dot{I}''_1 \tag{12.5.18}$$

$$-\dot{I}''_2=-\dot{I}_2 \tag{12.5.19}$$

对于二端口 N_1，有

$$\begin{bmatrix}\dot{U}'_1\\ \dot{I}'_1\end{bmatrix}=\begin{bmatrix}t'_{11} & t'_{12}\\ t'_{21} & t'_{22}\end{bmatrix}\begin{bmatrix}\dot{U}'_2\\ -\dot{I}'_2\end{bmatrix} \tag{12.5.20}$$

对于二端口 N_2，有

$$\begin{bmatrix}\dot{U}''_1\\ \dot{I}''_1\end{bmatrix}=\begin{bmatrix}t''_{11} & t''_{12}\\ t''_{21} & t''_{22}\end{bmatrix}\begin{bmatrix}\dot{U}''_2\\ -\dot{I}''_2\end{bmatrix} \tag{12.5.21}$$

对于二端口 N，有

$$\begin{bmatrix}\dot{U}_1\\ \dot{I}_1\end{bmatrix}=\begin{bmatrix}t_{11} & t_{12}\\ t_{21} & t_{22}\end{bmatrix}\begin{bmatrix}\dot{U}_2\\ -\dot{I}_2\end{bmatrix}$$

$$=\begin{bmatrix}\dot{U}'_1\\ \dot{I}'_1\end{bmatrix}=\begin{bmatrix}t'_{11} & t'_{12}\\ t'_{21} & t'_{22}\end{bmatrix}\begin{bmatrix}\dot{U}'_2\\ -\dot{I}'_2\end{bmatrix}=\begin{bmatrix}t'_{11} & t'_{12}\\ t'_{21} & t'_{22}\end{bmatrix}\begin{bmatrix}\dot{U}''_2\\ \dot{I}''_1\end{bmatrix}$$

$$=\begin{bmatrix}t'_{11} & t'_{12}\\ t'_{21} & t'_{22}\end{bmatrix}\begin{bmatrix}t''_{11} & t''_{12}\\ t''_{21} & t''_{22}\end{bmatrix}\begin{bmatrix}\dot{U}''_2\\ -\dot{I}''_2\end{bmatrix}$$

$$=\begin{bmatrix}t'_{11} & t'_{12}\\ t'_{21} & t'_{22}\end{bmatrix}\begin{bmatrix}t''_{11} & t''_{12}\\ t''_{21} & t''_{22}\end{bmatrix}\begin{bmatrix}\dot{U}_2\\ -\dot{I}_2\end{bmatrix} \tag{12.5.22}$$

因此，

$$\begin{bmatrix}t_{11} & t_{12}\\ t_{21} & t_{22}\end{bmatrix}=\begin{bmatrix}t'_{11} & t'_{12}\\ t'_{21} & t'_{22}\end{bmatrix}\begin{bmatrix}t''_{11} & t''_{12}\\ t''_{21} & t''_{22}\end{bmatrix} \tag{12.5.23}$$

即

$$t_{11}=t'_{11}t''_{11}+t'_{12}t''_{21} \tag{12.5.24}$$

$$t_{12}=t'_{11}t''_{12}+t'_{12}t''_{22} \tag{12.5.25}$$

$$t_{21}=t'_{21}t''_{11}+t'_{22}t''_{21} \tag{12.5.26}$$

$$t_{22}=t'_{21}t''_{12}+t'_{22}t''_{22} \tag{12.5.27}$$

【例 12.5.3】 求如图 12.5.5 所示二端口的 t 参数。

解：我们可以把图 12.5.5 所示二端口处理为电阻 R 与理想变压器的两个二端口的级联，如图 12.5.6 所示中虚线所示。

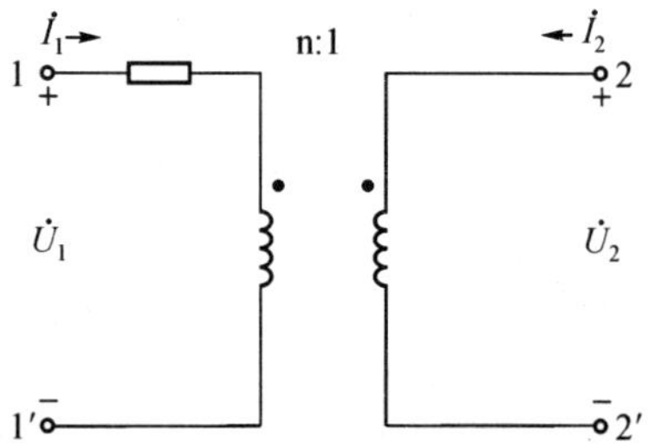

图 12.5.5 例 12.5.3 电路

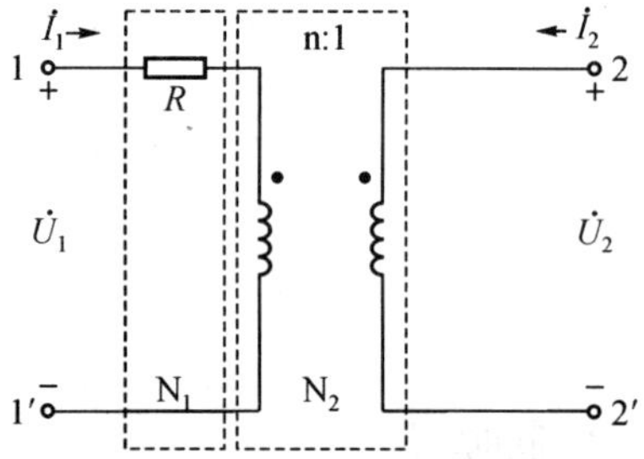

图 12.5.6 二端口级联

对于二端口 N_1，有 $t''=\begin{bmatrix}1 & R\\ 0 & 1\end{bmatrix}$

对于二端口 N_2，有 $t''=\begin{pmatrix}n & 0\\ n & \frac{1}{n}\end{pmatrix}$

对于二端口 N_1 与 N_2 的级联，有 $t=t't''$

$$=\begin{pmatrix}1 & R\\ 0 & 1\end{pmatrix}\begin{pmatrix}n & 0\\ n & \frac{1}{n}\end{pmatrix}=\begin{pmatrix}n & \frac{R}{n}\\ 0 & \frac{1}{n}\end{pmatrix}$$

12.6 端接二端口

12.6.1 二端口的输入阻抗

在工程上，大多数二端口，例如放大器、滤波器等都是在其输入端口连接信号源（一般用内阻抗 Z_S 串联电压源 $\dot{U}_S$ 表示），在其输出端口连接负载 Z_L，如图 12.6.1 所示，我们称之为二端口的端口连接，简称端接。

由二端口网络的输入端口看进去的阻抗称为输入阻抗或策动点阻抗，用 Z_{in} 表示，即

$$Z_{in}=\dot{U}_1/\dot{I}_1 \tag{12.6.1}$$

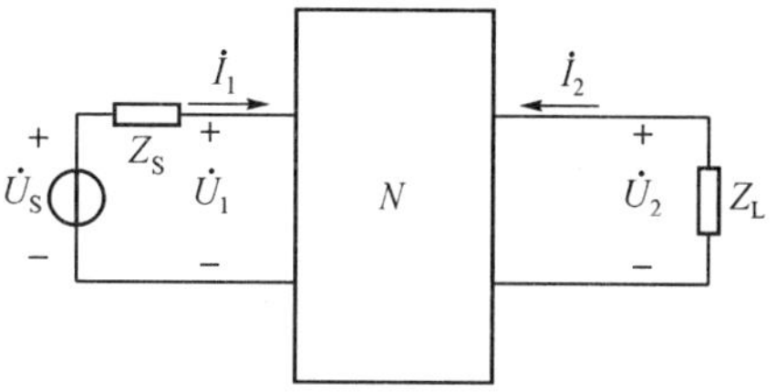

图 12.6.1 二端口的端接

由如图 12.6.1 所示端接二端口可以得到二端口 N 传输参数方程：

$$\dot{U}_1=t_{11}\dot{U}_2-t_{12}\dot{I}_2 \tag{12.6.2}$$

$$\dot{I}_1=t_{21}\dot{U}_2-t_{22}\dot{I}_2 \tag{12.6.3}$$

负载特性方程为

$$\dot{U}_2=-Z_L\dot{I}_2 \tag{12.6.4}$$

根据输入阻抗定义式(12.6.1)，得到

$$Z_{in}=\dot{U}_1/\dot{I}_1=(t_{11}\dot{U}_2-t_{12}\dot{I}_2)/(t_{21}\dot{U}_2-t_{22}\dot{I}_2) \tag{12.6.5}$$

把式(12.6.4)代入式(12.6.5)，得到

$$\begin{aligned}Z_{in}&=(t_{11}(-Z_L\dot{I}_2)-t_{12}\dot{I}_2)/(t_{21}(-Z_L\dot{I}_2)-t_{22}\dot{I}_2)\\&=(t_{11}Z_L+t_{12})/(t_{21}Z_L+t_{22})\end{aligned} \tag{12.6.6}$$

式(12.6.6)表明：

(1)端接二端口的输入阻抗不仅与二端口网络的参数有关，而且还与端接的负载阻抗 Z_L 有关。

(2)对于不同的二端口网络，端接同一个负载阻抗 Z_L，一般情况下输入阻抗 Z_{in} 是不相等的；对于同一个二端网络，端接不同的负载阻抗 Z_L，输入阻抗 Z_{in} 也是不相等的。因此，二端口具有变换阻抗的作用。

12.6.2 二端口的输出阻抗

如果把如图 12.6.1 所示端接二端口的电压源与负载阻抗移去，但输入端口处仍然保留电压源内阻抗 Z_S，如图 12.6.2 所示，这时输出端口电压 $\dot{U}_2$ 和电流 $\dot{I}_2$ 之比称为二端口的输出阻抗 Z_{out}，

即
$$Z_{out}=\dot{U}_2/\dot{I}_2 \tag{12.6.7}$$

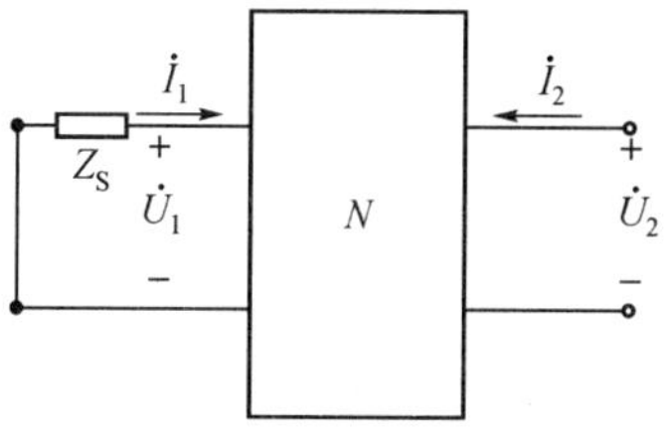

图 12.6.2 输出阻抗定义

我们知道，图 12.6.2 中端接二端口 N 的传输参数方程为

$$\dot{U}_1=t_{11}\dot{U}_2-t_{12}\dot{I}_2$$

$$\dot{I}_1=t_{21}\dot{U}_2-t_{22}\dot{I}_2$$

输入端口伏安特性为 $\dot{U}_1=-Z_S\dot{I}_1$ (12.6.8)

输出阻抗定义为式(12.6.7),即 $Z_{out}=\dot{U}_2/\dot{I}_2$

由输入端口伏安特性,得到

$$-Z_S=\dot{U}_1/\dot{I}_1=(t_{11}\dot{U}_2-t_{12}\dot{I}_2)/(t_{21}\dot{U}_2-t_{22}\dot{I}_2) \quad (12.6.9)$$

根据输出阻抗定义为式(12.6.7),得到 $\dot{U}_2=Z_{out}\dot{I}_2$ (12.6.10)

把式(12.6.10)代入式(12.6.9),得到

$$-Z_S=(t_{11}(Z_{out}\dot{I}_2)-t_{12}\dot{I}_2)/(t_{21}(Z_{out}\dot{I}_2)-t_{22}\dot{I}_2)$$
$$=(t_{11}Z_{out}-t_{12})/(t_{21}Z_{out}-t_{22})$$

因此, $t_{11}Z_{out}-t_{12}=-Z_S(t_{21}Z_{out}-t_{22})$

解得 $Z_{out}=(t_{22}Z_S+t_{12})/(t_{21}Z_S+t_{11})$ (12.6.11)

式(12.6.11)表明:

(1)端接二端口的输出阻抗 Z_{out} 不仅与二端口网络的参数有关,而且与端接的电源的内阻抗 Z_S 有关。

(2)对于不同的二端口网络,端接同一个内阻抗 Z_S,一般情况下输出阻抗 Z_{out} 是不相等的;对于同一个二端网络,端接不同的内阻抗 Z_S,输出阻抗 Z_{out} 也是不相等的。因此,二端口具有变换阻抗的作用。

12.6.3 二端口的特性阻抗

由前面知识,我们知道连接二端口的输入阻抗 Z_{in} 不仅与二端口网络的参数有关,而且与端接的负载阻抗 Z_L 有关,即

$$Z_{in}=(t_{11}Z_L+t_{12})/(t_{21}Z_L+t_{22})$$

一般情况下端接二端口的输入阻抗 Z_{in} 与负载阻抗 Z_L 是不相等的。

我们又知道输出阻抗 Z_{out} 不仅与二端口网络的参数有关,而且与端接的电源的内阻抗 Z_S 有关,即

$$Z_{out}=(t_{22}Z_S+t_{12})/(t_{21}Z_S+t_{11})$$

一般情况下端接二端口的输出阻抗 Z_{out} 与电源的内阻抗 Z_S 是不相等的。

如果二端口对称,选择适当的电源内阻抗 Z_S 与负载阻抗 Z_L,使它们满足

$$Z_{in}=Z_{out}=Z_S=Z_L=Z_C \quad (12.6.12)$$

则称 Z_C 为对称二端口的特性阻抗(也称为重复阻抗)。

由式(12.6.11),得到

$$Z_C=Z_{out}=(t_{22}Z_S+t_{12})/(t_{21}Z_S+t_{11}) \quad (12.6.13)$$

由式(12.6.6),得到

$$Z_C=Z_{in}=(t_{11}Z_L+t_{12})/(t_{21}Z_L+t_{22}) \quad (12.6.14)$$

考虑到对称二端口,$t_{11}=t_{22}$,同时令 $Z_C=Z_{out}=Z_{in}=Z_S=Z_L$

解得 $Z_C=\sqrt{\dfrac{t_{12}}{t_{21}}}=\sqrt{\dfrac{B}{C}}$ (12.6.15)

由式(12.6.15)可知：对称二端口的特性阻抗 Z_C 仅由二端口本身的参数来确定，与端接负载阻抗 Z_L 或电源内阻抗 Z_S 无关。

式(12.6.15)给出计算特性阻抗 Z_C 的公式，我们还可以应用实验方法确定对称二端口的特性阻抗 Z_C，其步骤如下：

首先把对称二端口的输出口开路，即令 $Z_L=\infty$，

由式(12.6.14)得到
$$Z_{in\infty}=t_{11}/t_{21} \tag{12.6.16}$$

其次把对称二端口的输出口短路，即令 $Z_L=0$，

由式(12.6.14)得到
$$Z_{in0}=t_{12}/t_{22} \tag{12.6.17}$$
$$Z_{in\infty}Z_{in0}=(t_{11}/t_{21})(t_{12}/t_{22})$$

对称二端口，$t_{11}=t_{22}$

于是
$$Z_{in\infty}Z_{in0}=t_{12}/t_{21}=Z_C^2 \tag{12.6.18}$$

即特性阻抗为
$$Z_C=\sqrt{Z_{in}Z_{in0}} \tag{12.6.19}$$

同样可以令对称二端口的输入口开路，即令 $Z_S=\infty$，测量输出阻抗 $Z_{out\infty}$；然后令称二端口的输入口短路，即令 $Z_S=0$，测量输出阻抗 Z_{out0}；可以证明特性阻抗为
$$Z_C=\sqrt{Z_{out\infty}Z_{out0}} \tag{12.6.20}$$

式(12.6.19)与式(12.6.20)是确定对称二端口特性阻抗的两个实验公式，因此一般称 $Z_{in\infty}$、Z_{in0}，$Z_{out\infty}$、Z_{out0} 为实验参数。

【例 12.6.1】 求如图 12.6.3 所示端接对称二端口 N 的特性阻 Z_C。

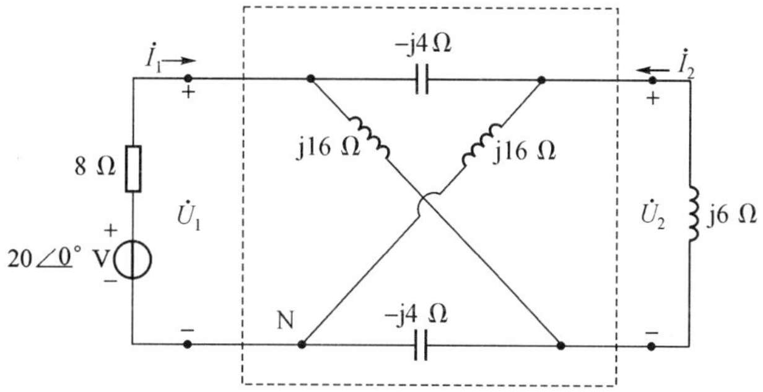

图 12.6.3　例 12.6.1 端接对称二端口

解：我们应用实验法确定 Z_C。

令对称二端口 N 输出口开路，得到
$$Z_{in\infty}=(\mathrm{j}16-\mathrm{j}4)/2=\mathrm{j}6\ \Omega$$

令对称二端口 N 输出口短路，得到
$$Z_{in0}=2\times(\mathrm{j}16\times(-\mathrm{j}4)/(\mathrm{j}16-\mathrm{j}4))=-\mathrm{j}(32/3)\ \Omega$$

把实验参数 $Z_{in\infty}$ 与 Z_{in0} 代入式(12.6.19)，得到
$$Z_C=\sqrt{Z_{in}Z_{in0}}=\sqrt{(\mathrm{j}6)(-\mathrm{j}(32/3))}=\sqrt{64}=8\ \Omega$$

当然，此题也可以首先计算对称二端口的 N 的 t 参数 t_{12} 与 t_{21}，然后代入式(12.6.15)计算 Z_C，结果与上述开路与短路实验法结果相同，留给读者自我练习。

【例 12.6.2】 电路如图 12.6.4 所示，图中 $R_1=10\ \Omega$，$R_2=15\ \Omega$，电流源有效值相量 $\dot{I}_S=1\underline{/0^\circ}$ A，二端口 N_1 的 t 参数为

$$t_1=\begin{bmatrix}0.5 & \mathrm{j}25\\ \mathrm{j}0.02 & 1\end{bmatrix}$$

确定负载阻抗 Z_L，使其获得最大功率，并计算此最大功率。

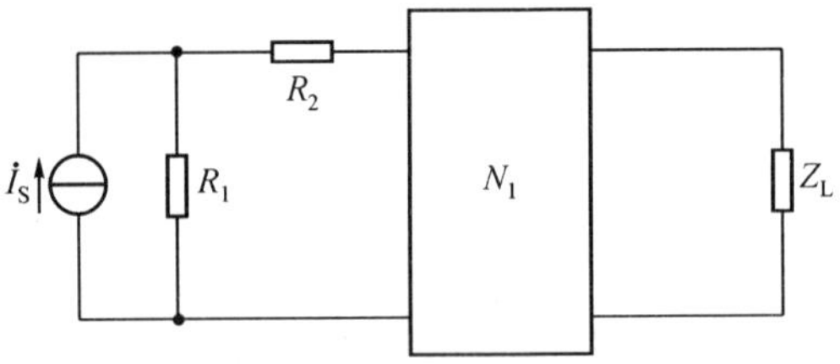

图 12.6.4　例 12.6.2 电路

解：方法 1　应用二端口级联与戴维宁定理。

把如图 12.6.4 所示电路看成二端口 N_2 与 N_1 级联构成二端口 N，如图 12.6.5 所示。

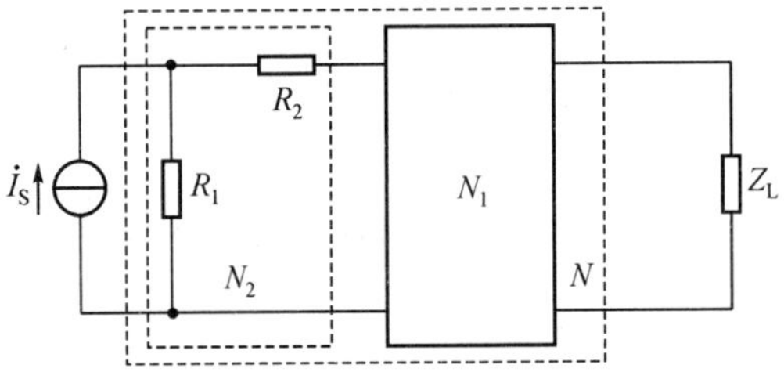

图 12.6.5　二端口 N_2 与 N_1 级联

已知二端口 N_1 的 t 参数为 t_1。

对于二端口 N_2，有

$$\begin{bmatrix}\dot{U}'_1\\ I'_1\end{bmatrix}=\begin{bmatrix}t'_{11} & t'_{12}\\ t'_{21} & t'_{22}\end{bmatrix}\begin{bmatrix}\dot{U}'_2\\ -\dot{I}'_2\end{bmatrix}$$

令 $\dot{I}_2{}'=0$，得到

$$t'_{11}=\dot{U}_1{}'/\dot{U}_2{}'=1$$

$$t'_{21}=\dot{I}_1{}'/\dot{U}_2{}'=\dot{I}_S/R_1 \quad I_S=1/R_1=0.1\ \mathrm{S}$$

令 $\dot{U}_2{}'=0$，得到

$$t'_{12}=\dot{U}_1{}'/(-\dot{I}_2{}')=R_2=15\ \Omega$$

$$t'_{22}=\dot{I}_1{}'/(-\dot{I}_2{}')=\dot{I}_1{}'/\dot{I}_1{}'(R_1/(R_1+R_2))=(10+15)/10=2.5$$

即二端口 N_2 的 t 参数 t_2 为

$$t_2=\begin{bmatrix}1 & 15\\ 0.1 & 25\end{bmatrix}$$

于是，二端口 N 的 t 参数为

$$t_2 \cdot t_1=\begin{bmatrix}1 & 15\\0.1 & 2.5\end{bmatrix}\begin{bmatrix}0.5 & j25\\j0.02 & 1\end{bmatrix}=\begin{bmatrix}0.5+j0.3 & 15+j2.5\\0.05+j0.05 & 2.5+j2.5\end{bmatrix}$$

得到二端口 N 的 t 参数方程为(注意 $\dot{I}_1=\dot{I}_S$)：

$$\begin{bmatrix}\dot{U}_1\\\dot{I}_S\end{bmatrix}=\begin{bmatrix}0.5+j0.3 & 15+j2.5\\0.05+j0.05 & 2.5+j2.5\end{bmatrix}\begin{bmatrix}\dot{U}_2\\-\dot{I}_2\end{bmatrix}$$

根据戴维南定理,二端口 N 输入端连接电流源电路用戴维南支路等效需要计算开路电压与等效阻抗。

令 $\dot{I}_2=0$,得到

$$\dot{I}_S=(0.05+j0.05)\dot{U}_{2OC}$$

因此,戴维宁等效电压　$\dot{U}_{th}=\dot{U}_{2OC}=\dot{I}_S/(0.05+j0.05)$

$$=1\angle 0^\circ/(0.05+j0.05)=10\sqrt{2}\angle -45^\circ\ \text{V}$$

令 $\dot{U}_2=0$,得到　$\dot{I}_S=(2.5+j2.5)(-\dot{I}_{2SC})$

因此,　$-\dot{I}_{2SC}=\dot{I}_S/(2.5+j2.5)=1/(2.5+j2.5)$ A

戴维宁等效阻抗　$Z_{th}=\dot{U}_{2OC}/-\dot{I}_{2SC}=(10\sqrt{2}\angle -45^\circ)(2.5+j2.5)=50\ \Omega$

根据最大功率传递定理得知,当 $Z_L=Z_{th}^*=50\ \Omega$ 时,Z_L 获得最大功率。

最大功率为　$P_{MAX}=|\dot{U}_{th}|^2/(4R_{th}^*)=(10\sqrt{2})^2/(4\times 50)=1$ W

方法 2　应用等效变换与等效电路概念。

首先对图 12.6.5 所示二端口 N_1 的左侧电路进行等效变换,把 R_1 并联 $\dot{I}_S$ 等效变换为 R_1 串联 $\dot{U}_S$,得到如图 12.6.6(a)所示等效电路,其中 $\dot{U}_S=R_1\dot{I}_S=10\angle 0^\circ$ V,$R=R_1+R_2=10+15=25\ \Omega$。

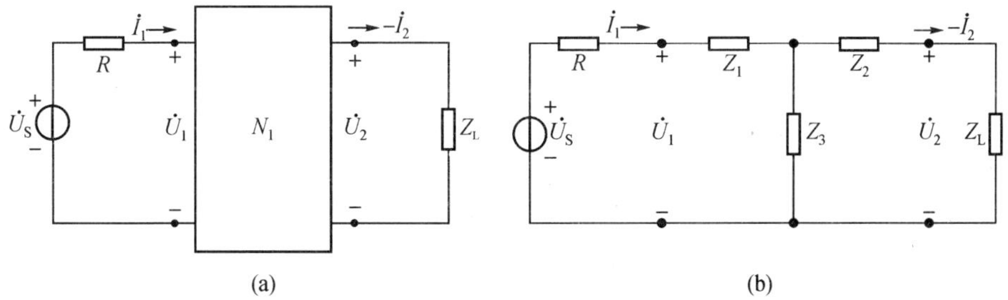

图 12.6.6　等效电路

已知二端口 N_1 的 t 参数为　$t_1=\begin{bmatrix}0.5 & j25\\j0.02 & 1\end{bmatrix}$

由于 $t_{11}t_{22}-t_{12}t_{21}=05\times 1-(j25)(j0.02)=1$,因此,可以判断二端口 N_1 为可逆二端口,其内部不含受控源,设其等效电路结构如图 12.6.6(b)中 T 型电路所示。

对于如图 12.6.6(b)所示电路,有

$$\dot{U}_1=Z_1\dot{I}_1+Z_3(\dot{I}_1+\dot{I}_2)=(Z_1+Z_3)\dot{I}_1+Z_3\dot{I}_2$$

$$\dot{U}_2=Z_2\dot{I}_2+Z_3(\dot{I}_1+\dot{I}_2)=Z_3\dot{I}_1+(Z_2+Z_3)\dot{I}_2$$

由第 2 个方程解得　　$\dot{I}_1=(1/Z_3)\dot{U}_2+(1+Z_2/Z_3)(-\dot{I}_2)$

把上面结果代入第 1 个方程，得到

$$\begin{aligned}\dot{U}_1&=(Z_1+Z_3)((1/Z_3)\dot{U}_2+(1+Z_2/Z_3)(-\dot{I}_2))+Z_3\dot{I}_2\\&=(1+Z_1/Z_3)\dot{U}_2+((Z_1+Z_3)(1+Z_2/Z_3)-Z_3)(-\dot{I}_2)\end{aligned}$$

与二端口 N_1 的 t 参数方程比较，得到

$$1+Z_1/Z_3=0.5$$
$$1/Z_3=\text{j}0.02$$
$$1+Z_2/Z_3=1$$

解出
$$Z_3=1/\text{j}0.02=-\text{j}50\ \Omega$$
$$Z_1=(0.5-1)Z_3=\text{j}25\ \Omega$$
$$Z_2=0$$

由上述结果可以看出：二端口 N_1 是电抗网络，不消耗有功功率。

由戴维宁定理知道：如果二端口 N_1 的输入阻抗 $Z_{in}=R=25\ \Omega$，则其获得最大功率。由于二端口 N_1 不消耗有功功率，因此，此最大功率为负载电阻 Z_L 获得。

二端口 N_1 的输入阻抗为

$$\begin{aligned}Z_{in}&=(t_{11}Z_L+t_{12})/(t_{21}Z_L+t_{22})\\&=(0.5R_L+\text{j}25))/(\text{j}0.02)R_L+1)\end{aligned}$$

令 $Z_{in}=R=25\ \Omega$，得到

$$0.5R_L+\text{j}25=((\text{j}0.02)R_L+1)(25)=25+\text{j}0.5R_L$$
$$0.5R_L=25$$

解得
$$R_L=50\ \Omega$$

Z_L 获得的最大功率为

$$P_{MAX}=U_S^2/(4R)=10^2/(4\times25)=1\ \text{W}$$

当然还可以由如图 12.6.6(b)所示二端口 N_1 的输出口应用戴维宁定理进行求解，计算开路电压 U_{2OC} 与输出阻抗 Z_{out}，然后令 $Z_L=Z_{out}^*$（共轭复数），最后计算最大功率 P_{max}。留给读者做自我练习。

12.7　二端口参数之间换算

前面各节介绍了二端口常用的四种参数：z 参数、y 参数、h 参数、t 参数。如果我们知道二端口的四种参数之中的一种参数，例如 z 参数，可以通过换算得到该二端口的其他参数。

下面通过举例说明。

【例 12.7.1】　已知某二端口的 z 参数，应用 z 参数表示该二端口的 y 参数与 t 参数。

解：二端口 z 参数方程为

$$\dot{U}_1=z_{11}\dot{I}_1+z_{12}\dot{I}_2$$
$$\dot{U}_2=z_{21}\dot{I}_1+z_{22}\dot{I}_2$$

写成矩阵形式

$$\begin{bmatrix}\dot{U}_1\\ \dot{U}_2\end{bmatrix}=\begin{bmatrix}z_{11} & z_{12}\\ z_{21} & z_{22}\end{bmatrix}\begin{bmatrix}\dot{I}_1\\ \dot{I}_2\end{bmatrix}$$

解上述矩阵，得到

$$\begin{bmatrix}\dot{I}_1\\ \dot{I}_2\end{bmatrix}=\begin{bmatrix}z_{11} & z_{12}\\ z_{21} & z_{22}\end{bmatrix}^{-1}\begin{bmatrix}\dot{U}_1\\ \dot{U}_2\end{bmatrix}=\begin{bmatrix}y_{11} & y_{12}\\ y_{21} & y_{22}\end{bmatrix}\begin{bmatrix}\dot{U}_1\\ \dot{U}_2\end{bmatrix}$$

因此，得到结论：二端口 z 参数矩阵的逆矩阵是 y 参数矩阵，二端口 y 参数矩阵的逆矩阵是 z 参数矩阵，互为求逆，即

$$y=z^{-1}$$

$$z=y^{-1}$$

设

$$\triangle z=\begin{vmatrix}z_{11} & z_{12}\\ z_{21} & z_{22}\end{vmatrix}=z_{11}z_{22}-z_{12}z_{21}$$

$$\begin{bmatrix}z_{11} & z_{12}\\ z_{21} & z_{22}\end{bmatrix}^{-1}=\frac{1}{\triangle z}\begin{bmatrix}z_{22} & -z_{12}\\ -z_{21} & z_{11}\end{bmatrix}$$

于是得到应用二端口 z 参数表示的二端口 y 参数

$$y_{11}=z_{22}/\triangle z$$

$$y_{12}=-z_{12}/\triangle z$$

$$y_{21}=-z_{21}/\triangle z$$

$$y_{22}=z_{11}/\triangle z$$

下面讨论如何应用二端口 z 参数表示的二端口 t 参数

二端口 z 参数方程为

$$\dot{U}_1=z_{11}\dot{I}_1+z_{12}\dot{I}_2$$

$$\dot{U}_2=z_{21}\dot{I}_1+z_{22}\dot{I}_2$$

由第 2 个方程式解得　$\dot{I}_1=\dot{U}_2/z_{21}-(z_{22}/z_{21})\dot{I}_2$

把解得结果代入第 1 方程式，得到

$$\begin{aligned}\dot{U}_1&=z_{11}(\dot{U}_2/z_{21}-(z_{22}/z_{21})\dot{I}_2)+z_{12}\dot{I}_2\\&=(z_{11}/z_{21})\dot{U}_2-((z_{11}z_{22}-z_{12}z_{21})/z_{21})\dot{I}_2\end{aligned}$$

我们知道二端口 t 参数方程为

$$\dot{U}_1=t_{11}\dot{U}_2-t_{12}\dot{I}_2$$

$$\dot{I}_1=t_{21}\dot{U}_2-t_{22}\dot{I}_2$$

进行比较，得到应用 z 参数表示的 t 参数：

$$t_{11}=z_{11}/z_{21}$$

$$t_{12}=(z_{11}z_{22}-z_{12}z_{21})/z_{21}$$

$$t_{21}=1/z_{21}$$

$$t_{22}=z_{22}/z_{21}$$

通过上面分析，我们可以看出，如果已知一个二端口的任意参数，即已知 z 参数、y 参数、h 参数、t 参数中任意一个，便可以通过等效换算，应用已知参数表示其他另外三个参数。

表 12－1 列出了二端口常用的四种参数之间的换算关系，供读者查用。

表 12-1　二端口常用的四种参数之间的换算关系

参数名	用 z 参数表示	用 y 参数表示	用 h 参数表示	用 t 参数表示
z 参数	z_{11}　z_{12} z_{21}　z_{22}	$y_{22}/\Delta y$　$-y_{12}/\Delta y$ $-y_{21}/\Delta y$　$y_{11}/\Delta y$	$\Delta h/h_{22}$　h_{12}/h_{22} $-h_{21}/h_{22}$　$1/h_{22}$	t_{11}/t_{21}　$\Delta t/t_{21}$ $1/t_{21}$　t_{22}/t_{21}
y 参数	$z_{22}/\Delta z$　$-z_{12}/\Delta z$ $-z_{21}/\Delta z$　$z_{11}/\Delta z$	y_{11}　y_{12} y_{21}　y_{22}	$1/h_{11}$　$-h_{12}/h_{11}$ h_{21}/h_{11}　$\Delta h/h_{11}$	t_{22}/t_{12}　$-\Delta t/t_{12}$ $-1/t_{12}$　t_{11}/t_{12}
h 参数	$\Delta z/z_{22}$　z_{12}/z_{22} $-z_{21}/z_{22}$　$1/z_{22}$	$1/y_{11}$　$-y_{12}/y_{11}$ y_{21}/y_{11}　$\Delta y/y_{11}$	h_{11}　h_{12} h_{21}　h_{22}	t_{12}/t_{22}　$\Delta t/t_{22}$ $1/t_{22}$　t_{11}/t_{22}
t 参数	z_{11}/z_{21}　$\Delta z/z_{21}$ $1/z_{21}$　z_{22}/z_{21}	$-y_{22}/y_{21}$　$-1/y_{21}$ $-\Delta y/y_{21}$　$-y_{11}/y_{21}$	$-\Delta h/h_{21}$　$-h_{11}/h_{21}$ $-h_{22}/h_{21}$　$-1/h_{21}$	t_{11}　t_{12} t_{21}　t_{22}
互易网络	$z_{12}=z_{21}$	$y_{12}=y_{21}$	$h_{12}=-h_{21}$	$\Delta t=1$
对称网络	$z_{12}=z_{21}$ $z_{11}=z_{22}$	$y_{12}=y_{21}$ $y_{11}=y_{22}$	$h_{12}=-h_{21}$ $\Delta h=1$	$\Delta t=1$ $t_{11}=t_{22}$

表中：

$$\Delta z=\begin{vmatrix} z_{11} & z_{12} \\ z_{21} & z_{22} \end{vmatrix}=z_{11}z_{22}-z_{12}z_{21}$$

$$\Delta y=\begin{vmatrix} y_{11} & y_{12} \\ y_{21} & y_{22} \end{vmatrix}=y_{11}y_{22}-y_{12}y_{21}$$

$$\Delta h=\begin{vmatrix} h_{11} & h_{12} \\ h_{21} & h_{22} \end{vmatrix}=h_{11}h_{22}-h_{12}h_{21}$$

$$\Delta t=\begin{vmatrix} t_{11} & t_{12} \\ t_{21} & t_{22} \end{vmatrix}=t_{11}t_{22}-t_{12}t_{21}$$

12.8　小结

(1)为了掌握本章所介绍的应用二端口参数描述电路的分析方法，必须牢记描述每个二端口的参数方程及其参数的定义端。

(2)应用导纳(y)参数分析二端口网络的方程为：

$$\dot{I}_1=y_{11}\dot{U}_1+y_{12}\dot{U}_2$$

$$\dot{I}_2=y_{21}\dot{U}_1+y_{22}\dot{U}_2$$

式中：

$$y_{11}=(\dot{I}_1/\dot{U}_1)|_{\dot{U}_2=0}$$

$$y_{12}=(\dot{I}_1/\dot{U}_2)|_{\dot{U}_1=0}$$

$$y_{21}=(\dot{I}_2/\dot{U}_1)|_{\dot{U}_2=0}$$

$$y_{22}=(\dot{I}_2/\dot{U}_2)|_{\dot{U}_1=0}$$

(3)应用阻抗(z)参数分析二端口网络的方程为：

$$\dot{U}_1 = z_{11}\dot{I}_1 + z_{12}\dot{I}_2$$

$$\dot{U}_2 = z_{21}\dot{I}_1 + z_{22}\dot{I}_2$$

式中：

$$z_{11} = (\dot{U}_1/\dot{I}_1)|_{\dot{I}_2=0}$$

$$z_{12} = (\dot{U}_1/\dot{I}_2)|_{\dot{I}_1=0}$$

$$z_{21} = (\dot{U}_2/\dot{I}_1)|_{\dot{I}_2=0}$$

$$z_{22} = (\dot{U}_2/\dot{I}_2)|_{\dot{I}_1=0}$$

(4)应用混合(h)参数分析二端口网络的方程为：

$$\dot{U}_1 = h_{11}\dot{I}_1 + h_{12}\dot{U}_2$$

$$\dot{I}_2 = h_{21}\dot{I}_1 + h_{22}\dot{U}_2$$

式中：

$$h_{11} = (\dot{U}_1/\dot{I}_1)|_{\dot{U}_2=0}$$

$$h_{12} = (\dot{U}_1/\dot{U}_2)|_{\dot{I}_1=0}$$

$$h_{21} = (\dot{I}_2/\dot{I}_1)|_{\dot{U}_2=0}$$

$$h_{22} = (\dot{I}_2/\dot{U}_2)|_{\dot{I}_1=0}$$

(5)应用传输(t)参数分析二端口网络的方程为：

$$\dot{U}_1 = t_{11}\dot{U}_2 + t_{12}(-\dot{I}_2)$$

$$\dot{I}_1 = t_{21}\dot{U}_2 + t_{12}(-\dot{I}_2)$$

式中：

$$t_{11} = (\dot{U}_1/\dot{U}_2)|_{\dot{I}_2=0}$$

$$t_{12} = (\dot{U}_1/-\dot{I}_2)|_{\dot{U}_2=0}$$

$$t_{21} = (\dot{I}_1/\dot{U}_2)|_{\dot{I}_2=0}$$

$$t_{22} = (\dot{I}_1/-\dot{I}_2)|_{\dot{U}_2=0}$$

(6)y、z、h、t 参数的确定可以根据上述定义进行计算或测量后进行计算，也可以应用对二端口网络的端口列写电压与电流之间关系方程方法确定 y、z、h、t 参数。该方法是首先列写二端口网络的端口伏安方程，然后进行整理，得到 y、z、h、t 参数的方程形式，再与上述定义的标准的 y、z、h、t 参数方程进行比较，得到需要的 y、z、h、t 参数。还可以应用 y、z、h、t 参数之间换算关系，确定需要的参数，这主要取决于电路分析的需要，可以查看参数换算表 12-1。

(7)二端口网络的 y、z、h、t 参数等效电路可以根据已知的 y、z、h、t 参数构成，等效电路并非唯一，只要满足要求即可。

(8)当两个二端口网络 N_1(z 参数为 z_1)与 N_2(z 参数为 z_2)串联构成二端口网络 N 时，二端口网络 N 的 z 参数为

$$z = z_1 + z_2$$

(9)当两个二端口网络 N_1(y 参数为 y_1)与 N_2(y 参数为 y_2)并联构成二端口网络 N 时，二端口网络 N 的 y 参数为

$$y = y_1 + y_2$$

(10) 当两个二端口网络 N_1(t 参数为 t_1)与 N_2(t 参数为 t_2)级联构成二端口网络 N 时，二端口网络 N 的 t 参数为

$$t=t_1 t_2$$

(11)二端口网络的特性阻抗概念在电子通讯技术中非常重要，定义为对称二端口网络且满足下式的阻抗 Z_C

$$Z_{in}=Z_{out}=Z_S=Z_L=Z_C$$

我们可以根据上述定义确定对称二端口网络的阻抗 Z_C。如果已知对称二端口网络的 t 参数，则

$$Z_C=\sqrt{\frac{t_{12}}{t_{21}}}=\sqrt{\frac{B}{C}}$$

我们也可以应用实验法确定对称二端口网络的阻抗 Z_C

$$Z_C=\sqrt{Z_{in}-Z_{in0}}$$

习　题　12

12-9-1　求如图 12-9-1 所示二端口的 y、z 和 t 参数矩阵。

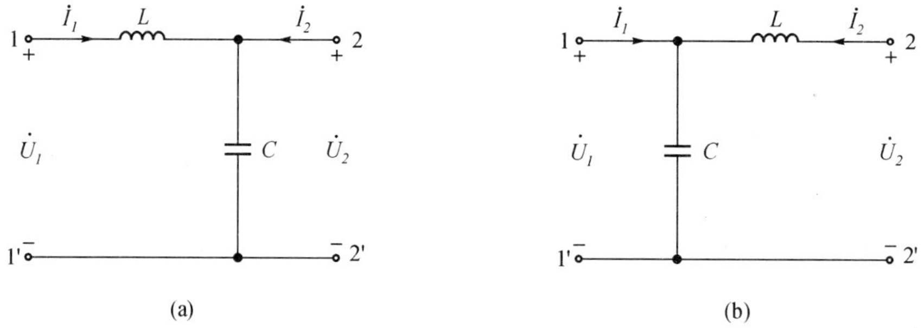

图 12-9-1　习题 12-9-1 电路

12-9-2　求如图 12-9-2 所示二端口网络的 y 参数。

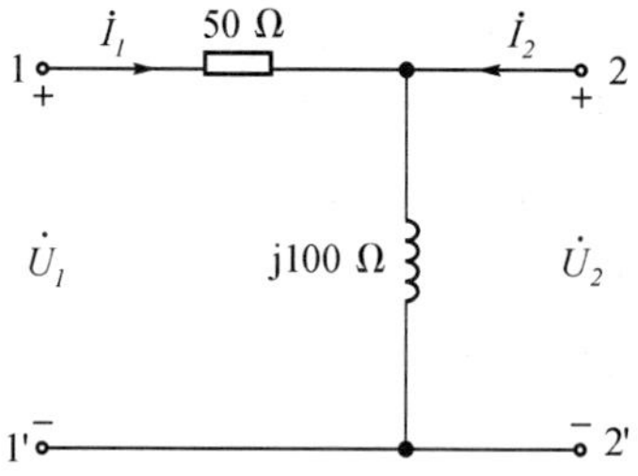

图 12-9-2　习题 12-9-2 电路

12-9-3　求如图 12-9-3 所示二端口网络的 y 和 z 参数矩阵。

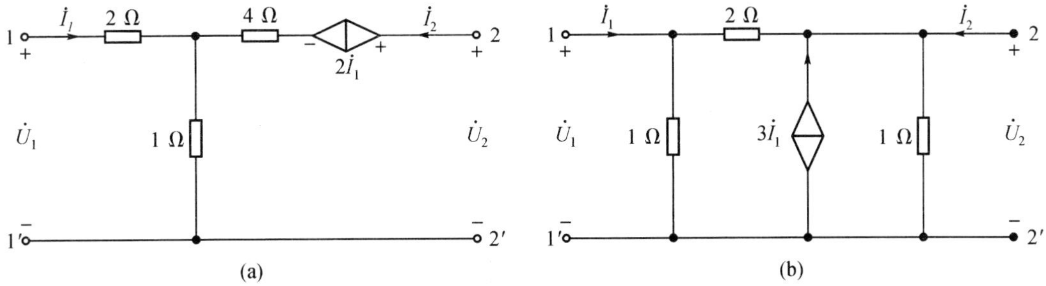

图 12-9-3 习题 12-9-3 电路

12-9-4 求如图 12-9-4 所示二端口网络的 y_{11} 和 y_{12}。

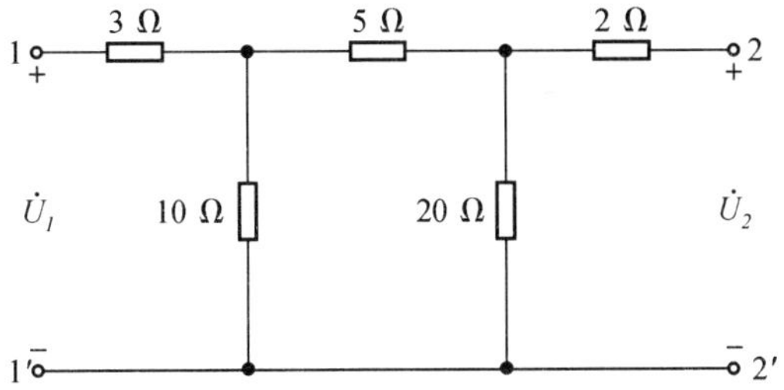

图 12-9-4 习题 12-9-4 电路

12-9-5 求如图 12-9-5 所示电路的 h 参数及 t 参数。

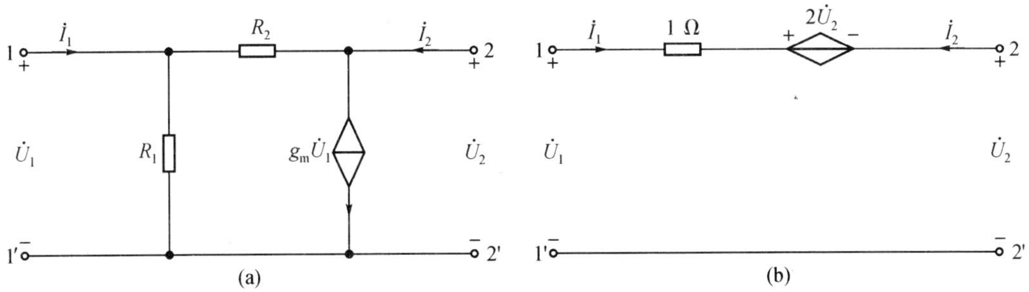

图 12-9-5 习题 12-9-5 电路

12-9-6 如图 12-9-6 所示为正弦稳态二端口网络(电源频率为 ω),求 y 参数矩阵。

12-9-7 已知如图 12-9-7 所示二端口网络的 y 参数为 $\begin{bmatrix} 0.4 & -0.002 \\ -5 & 0.04 \end{bmatrix}$S,求(1)电压增益,电流增益;(2)$Z_{in}$,$Z_{out}$。

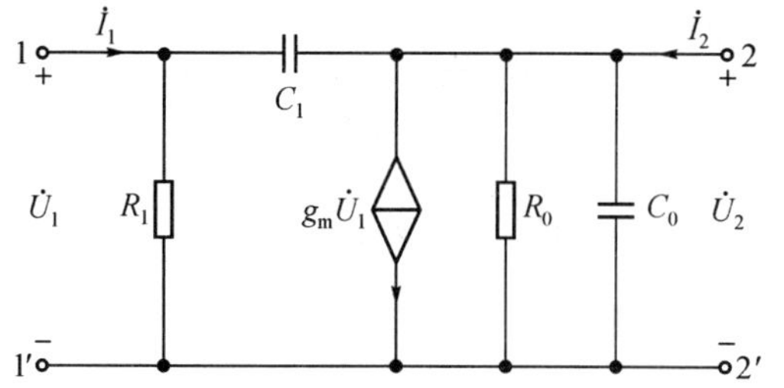

图 12-9-6　习题 12-9-6 电路

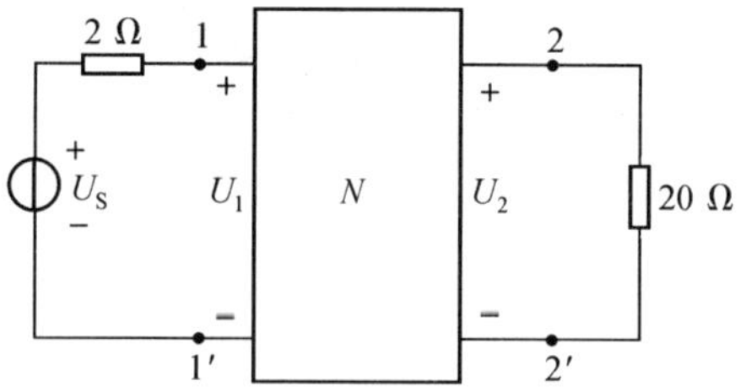

图 12-9-7　习题 12-9-7 电路

12-9-8　电路如图 12-9-8 所示，已知 N_R 是二端口网络，其 T 参数矩阵为 $\begin{bmatrix} 2 & 30 \\ 0.1 & 2 \end{bmatrix}$，且有 $R_1=6R_0$，即输入端口的入端电阻关系，求 R。

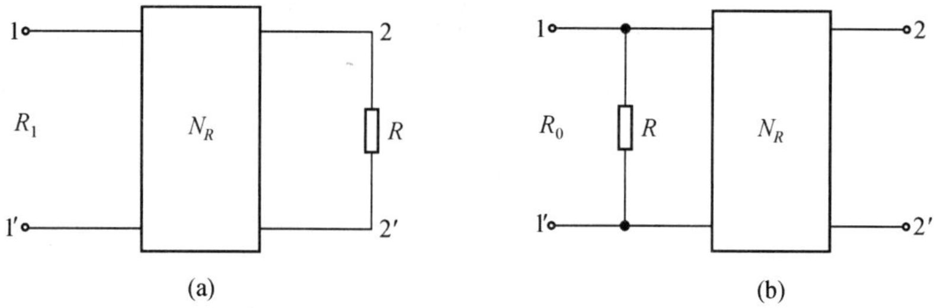

图 12-9-8　习题 12-9-8 电路

12-9-9　求如图 12-9-9 所示电路二端口网络的 z 参数矩阵。

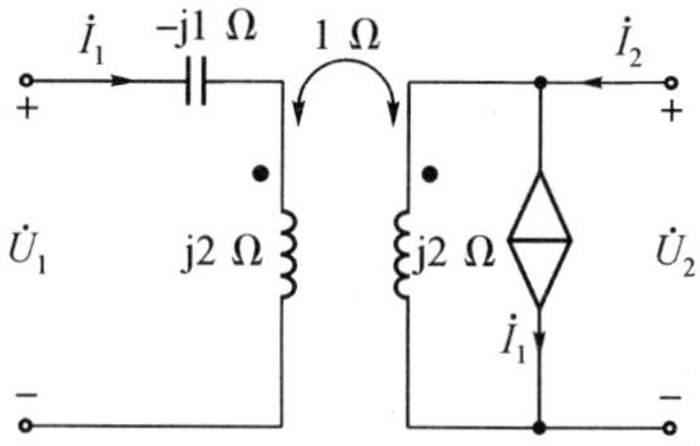

图 12-9-9　习题 12-9-9 电路

12-9-10　求如图 12-9-10 所示二端口的混合参数(h)矩阵。

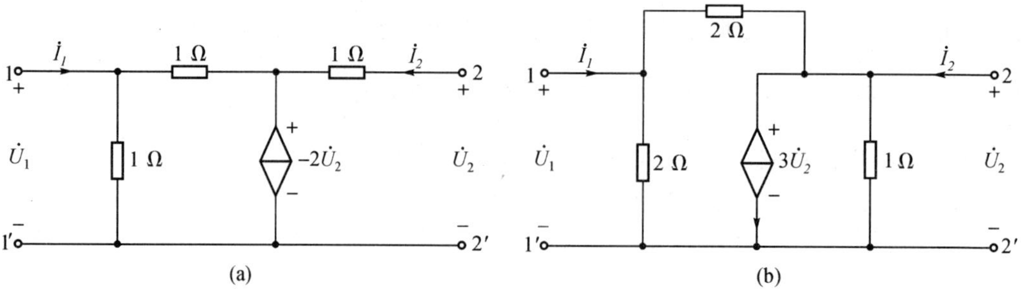

图 12-9-10　习题 12-9-10 电路

12-9-11　如图 12-9-11 所示二端口网络 N，已知当 $I_1=1$ A，$I_2=2$ A 时，$U_1=10$ V，

$U_2=0$；当 $I_1=0$ A，$I_2=3$ A 时，$U_1=6$ V，$U_2=6$ V，求该网络 N 的 y 参数矩阵。

12－9－12　电路如图 12－9－12 所示，二端口网络 N 的 z 参数矩阵为 $Z=\begin{bmatrix} j3 & 6 \\ 6 & j6 \end{bmatrix}$，求 U_2。

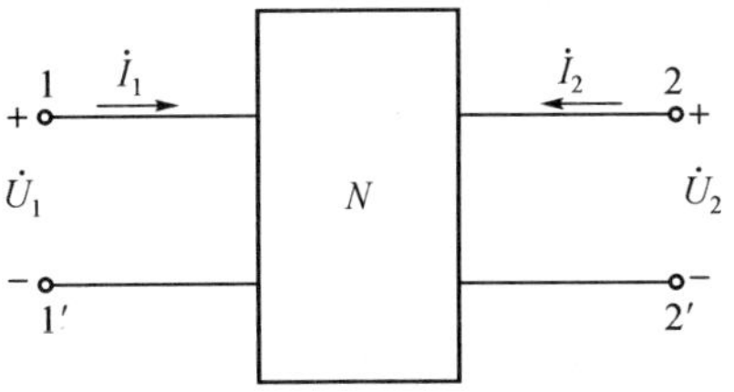

图 12－9－11　习题 12－9－11 电路

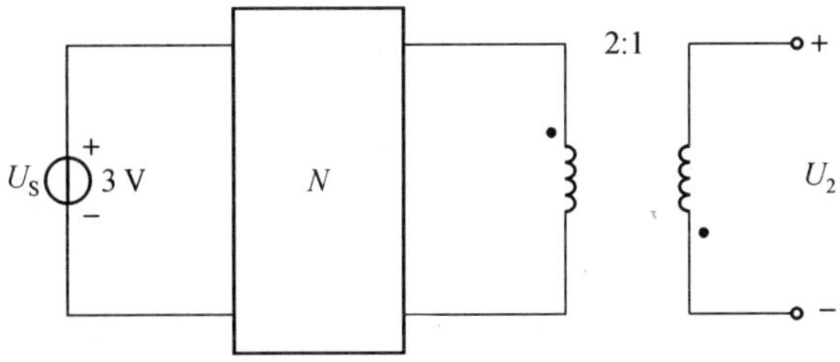

图 12－9－12　习题 12－9－12 电路

12－9－13　求如图 12－9－13 所示由两个二端口 N_1、N_2 串联组成的复合二端口的 z 参数矩阵。

12－9－14　求如图 12－9－14 所示双 T 电路的 y 参数。

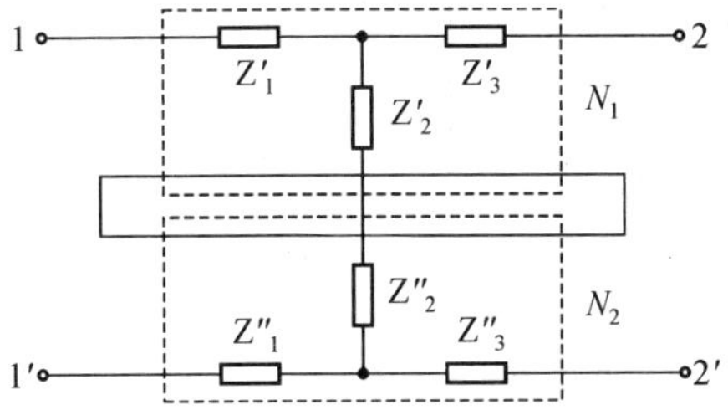

图 12－9－13　习题 12－9－13 电路

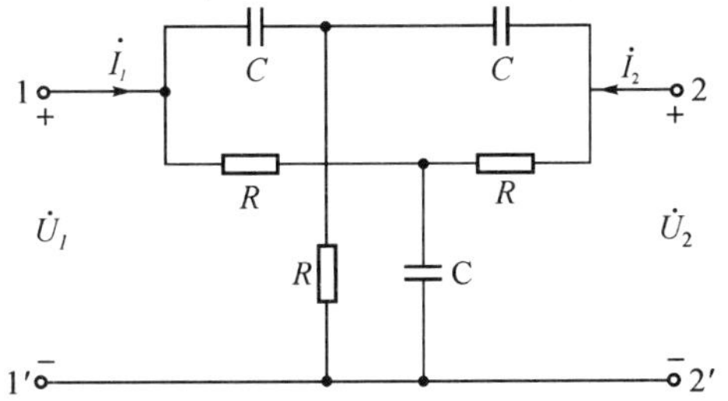

图 12－9－14　习题 12－9－14 电路

12－9－15　如图 12－9－15 所示电路中，N_1 的电阻参数矩阵 $R=\begin{bmatrix} 6 & 2 \\ 2 & 8 \end{bmatrix}\Omega$，$N_2$ 的传输参数矩阵 $t=\begin{bmatrix} 1.5 & 5\ \Omega \\ 0.25\ \text{S} & 1.5 \end{bmatrix}$。端口 3－3′处开路，求(1) N_1 的梯形等效电路和 N_2 的等效入端电阻 R_1；(2)电压 U_2 和 U_3。

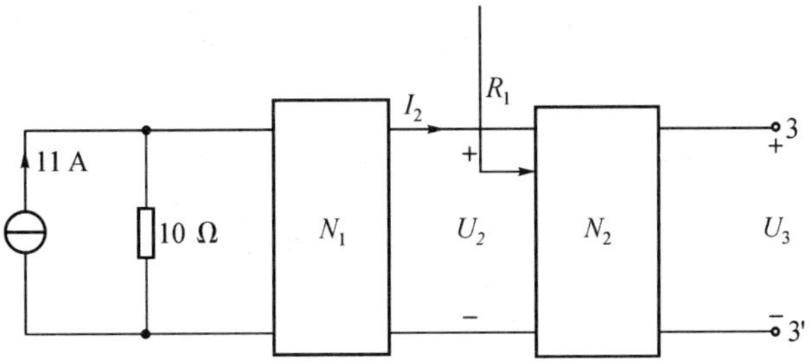

图 12－9－15　习题 12－9－15 电路

12－9－16　如图 12－9－16 所示电路中，二端口网络 N 的传输参数矩阵 $t=\begin{bmatrix} 3 & 8 \\ 0.25 & 1 \end{bmatrix}$，$R_2=4\ \Omega$ 时，$U_2=2$ V。求 $R_2=6\ \Omega$ 时 I_1 和 U_2 的值。

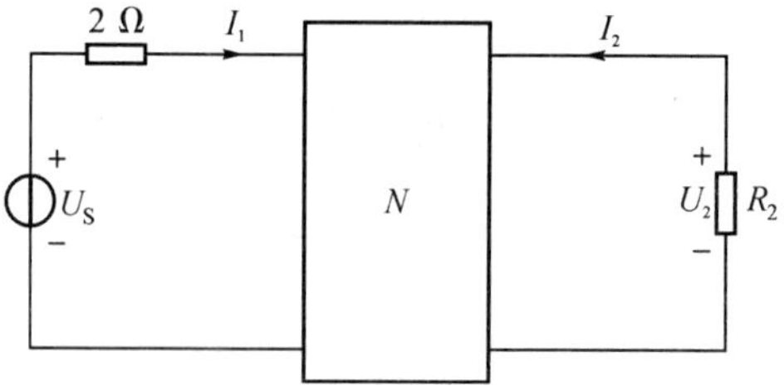

图 12 - 9 - 16　习题 12 - 9 - 16 电路

12 - 9 - 17　如图 12 - 9 - 17 所示的级联的二端口网络，其中已知 N_a 的传输参数 $t_a=\begin{bmatrix}4/3 & 2\\1/6 & 1\end{bmatrix}$，$N_b$ 为电阻性对称二端口网络，当 3 - 3′端短路时，$I_1=5.5$ A，$I_3=-2$ A。则(1)求 N_b 的传输参数矩阵 t_b；(2)若 3 - 3′端接一电阻 R，问 R 为多少时，它可获得最大功率？此时 P_{max} 为多少？

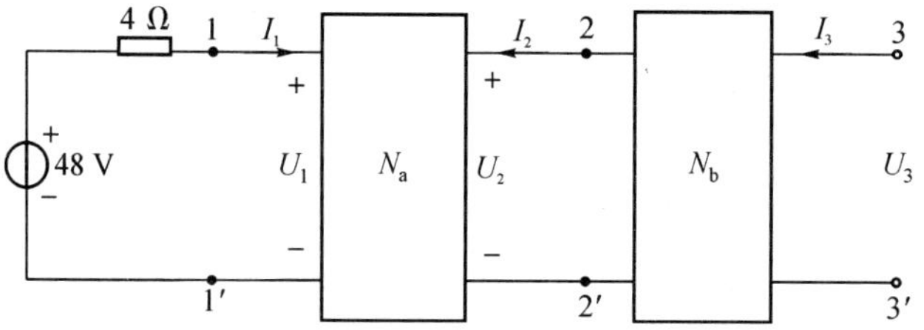

图 12 - 9 - 17　习题 12 - 9 - 17 电路

12 - 9 - 18　已知如图 12 - 9 - 18 所示二端口网络的 z 参数方程为 $\begin{pmatrix}\dot{U}_1\\\dot{U}_2\end{pmatrix}=\begin{bmatrix}12 & 5\\8 & 10\end{bmatrix}\begin{bmatrix}\dot{I}_1\\\dot{I}_2\end{bmatrix}$。求从 a、b 端向左看进去的戴维宁等效电路及 a、b 端口能向外输出的最大功率。

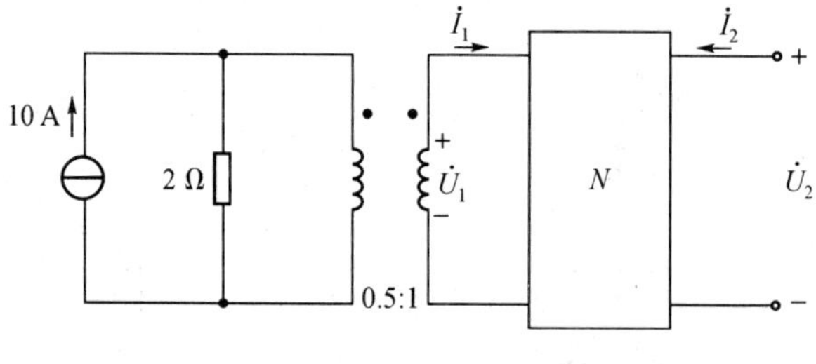

图 12 - 9 - 18　习题 12 - 9 - 18 电路

附　录

附录 A　美《Engineering Circuit Analysis, Sixth Edition》（工程电路分析，第六版）目录

前言	PROFACE
第 1 章　电路分析和电气工程	Circuit analysis and Electrical Engineering
1.1　引言	Introduction
1.2　全书概览	Overview of the Text
1.3　电路分析与工程的关系	Relationship of Circuit Analysis to Engineering
1.4　分析与设计	Analysis and Design
1.5　计算机辅助分析	Computer-Aided Analysis
1.6　成功解决问题的策略	Successful Problem-Solving Strategies
1.7　推荐读物	Recommended Reading
第 2 章　基本电路元件与电路	Basic Components and Electric Circuit
2.1　引言	Introduction
2.2　单位和标度	Units and Scales
2.3　电荷、电流、电压与功率	Charge, Current, Voltage, and Power
2.4　电压源与电流源	Voltage and Current Sources
2.5　欧姆定律	Ohm's Law
2.6　本章小结	Summary and Review
第 3 章　电压与电流定律	Voltage and Current Laws
3.1　引言	Introduction
3.2　结点、路径、回路与支路	Nodea, Paths, Loops, and Branches
3.3　基尔霍夫电流定律	Kirchhoff's Current Law
3.4　基尔霍夫电压定律	Kirchhoff's Voltage Law
3.5　单回路电路	The Single-Loop Circuit
3.6　单结点对电路	The Single Node-Pair Circuit
3.7　独立源串联与并联	Series and Parallel Connected Indep. Sources
3.8　电阻串联与并联	Resistors in Series and Parallel
3.9　分压与分流	Voltage and Current Division
3.10　本章小结	Summary and Review
第 4 章　基本结点与网孔分析	Basic Nodal and Mesh Analysis
4.1　引言	Introduction
4.2　结点分析法	Nodal Analysis
4.3　超结点	The Supernode
4.4　网孔分析法	Mesh Analysis

4.5　超网孔	The Supermesh
4.6　结点法与网孔法比较	Nodal vs. Mesh Analysis: A Comparison
4.7　计算机辅助电路分析	Computer-Aided Circuit Analysis
4.8　本章小结	Summary and Review
第 5 章　常用的电路分析方法	Useful Circuit Analysis Techniques
5.1　引言	Introduction
5.2　线性与叠加性	Linearity and Superposition
5.3　电源变换	Source Transformations
5.4　戴维南与诺顿等效电路	Thedenin and Norton Equivalent circuits
5.5　最大功率传输	Maxmum Power Transfer
5.6　△-Y 转换	Delta-Wye conversion
5.7　选择方法:各种方法比较	Selecting an Approach: A Comparison of Various Techniques
5.8　本章小结	Summary and Review
第 6 章　运算放大器	The Operational Amplifier
6.1　引言	Introduction
6.2　背景	Background
6.3　理想运算放大器	The Ideal Op. Amp.
6.4　级联	Cascaded Stages
6.5　运算放大器的更详细模型	A More Detailed Model for the Op. Amp.
6.6　实际考虑	Practical Considerations
6.7　本章小结	Summary and Review
第 7 章　电容与电感	Capacitors and Inductors
7.1　引言	Introduction
7.2　电容	Capacitor
7.3　电感	Inductor
7.4　电感与电容组合	Inductance and Capacitance Combinations
7.5　线性结果	Consequences of Linearity
7.6　含电容的简式运算放大器	Simple Op. Amp. Circuit with Capacitors
7.7　对偶性	Duality
7.8　应用 Pspice　模拟电感与电容	Modeling Capacitors and Inductors with Pspice
7.9　本章小结	Summary and Review
第 8 章　基本 RL 与 RC 电路	Basic RL and RC Circuits
8.1　引言	Introduction
8.2　无激励 RL 电路	The Source-Free RL Circuit
8.3　指数响应性质	Properties of the Exponential Response
8.4　无激励 RC 电路	The Source-Free RC Circuit
8.5　更通用的直观法	A More General Perspective
8.6　单位阶跃函数	The Unit-Step Function
8.7　激励 RL 电路	Driven RL Circuit

8.8 自然与强迫响应	Natural and Forced Response
8.9 激励 RC 电路	Driven RC Circuit
8.10 本章小结	Summary and Review
第 9 章 RLC 电路	The RLC Circuit
9.1 引言	Introduction
9.2 无激励并联电路	The Source-Free Parallel Circuit
9.3 过阻尼并联 RLC 电	The Overdamped Parallel RLC Circuit
9.4 临界阻尼	Critical Damping
9.5 欠阻尼并联 RLC 电路	The Underdamped Parallel RLC Circuit
9.6 无激励串联 RLC 电路	The Source-Free Series RLC Circuit
9.7 RLC 电路完全响应	The Complete Response of the RLC Circuit
9.8 无损耗 LC 电路	The Lossless LC Circuit
9.9 本章小结	Summary and Review
第 10 章 正弦稳态分析	Sinusoidal Steady-State Analysis
10.1 引言	Introduction
10.2 正弦量特点	Characteristics of Sinusoids
10.3 对正弦函数的强迫响应	Forced Response to Sinusoidal Functions
10.4 复激励函数	The Complex Forcing Function
10.5 相量	The Phasor
10.6 R、L 与 C 的相量伏安关系	Phasor Relationships for R, L and C
10.7 阻抗	Impedance
10.8 导纳	Admittance
10.9 结点和网孔分析	Nodal and Mesh Analysis
10.10 叠加性、电源变换与戴维南定理	Superposition, Source Transformations, and Thevenin's Theorem
10.11 相量图	Phasor Diagrams
10.12 本章小结	Summary and Review
第 11 章 交流功率电路分析	AC Power Circuit Analysis
11.1 引言	Introduction
11.2 瞬时功率	Instantaneous Power
11.3 平均功率	Average Power
11.4 电流与电压有效值	Effective Value of Current and Voltage
11.5 视在功率与功率因数	Apparent Power and Power Factor
11.6 复功率	Complex Power
11.7 功率术语比较	Comparison of Power Terminology
11.8 本章小结	Summary and Review
第 12 章 多相电路	Polyphase Circuits
12.1 引言	Introduction
12.2 多相系统	Polyphase Systems

12. 3　单相三线制	Single-Phase Three-Wtre Systems
12. 4　三相 Y-Y　连接	Three-Phase Y-Y Connection
12. 5　三角(△)连接	The Delta(△)Connection
12. 6　三相系统功率测量	Power Measuremen in Three-Phase Systems
12. 7　本章小结	Summary and Review
第 13 章　磁耦合电路	Magnetically Coupled Circuits
13. 1　引言	Introduction
13. 2　互感	Mutual Inductance
13. 3　能量研究	Energy Considerations
13. 4　线性变压器	The Linea Transformer
13. 5　理想变压器	The Ideal　Transformer
13. 6　本章小结	Summary and Review
第 14 章　复频率与拉普拉斯变换	Complex Frequency and the Laplace Transform
14. 1　引言	Introduction
14. 2　复频率	Complex Frequency
14. 3　阻尼正弦激励函数	The Damped Sinusoidal Forcing Function
14. 4　拉普拉斯变换定义	Definition of the Laplace Transform
14. 5　简单时间函数的拉普拉斯变换	Laplace Transform of Simple Time-function
14. 6　反变换方法	Inverse Transform Techniques
14. 7　拉普拉斯基本定理	Basic Theorems for the Laplace Transform
14. 8　初始值与终值定理	The Initial-Value and Final-Value Theorems
14. 9　本章小结	Summary and Review
第 15 章　S 域电路分析	Circuit Analysis in the S-Domain
15. 1　引言	Introduction
15. 2　阻抗和导纳	Z(s)与 Y(s)
15. 3　s 域结点法与网孔法	Nodal and Mesh Analysis in the s-Domain
15. 4　其他的电路分析方法	Additional Circuit Analysis Techniques
15. 5　极点、零点与传递函数	Poles, Zeros, and Transfer Functions
15. 6　卷积	Convolution
15. 7　复频面	The Complex Frequency Plane
15. 8　自然响应与 s 平面	Natural Response and the s-Plane
15. 9　综合电压比 $H(s)=V_{out}/V_{in}$方法	A Technique for Synthesizing the Voltage Ratio $H(s)=V_{out}/V_{in}$
15. 10　本章小结	Summary and Review
第 16 章　频率响应	Frequency Respose
16. 1　引言	Introduction
16. 2　并联谐振	Parallel Resonance
16. 3　进一步分析并联谐振	More about Parallel Resonance
16. 4　串联谐振	Series Resonance

16.5	其他谐振形式	Other Resonant Forms
16.6	标一化	Scaling
16.7	波特图	Bode Diagrams
16.8	滤波器	Filters
16.9	本章小结	Summary and Review
第 17 章	二端口网络	Two-Port Networks
17.1	引言	Introduction
17.2	一口网络	One-Port Networks
17.3	导纳参数	Admittance Parameters
17.4	等效网络	Some Equivalent Networks
17.5	阻抗参数	Impedance Parameters
17.6	混合参数	Hybrid Parameters
17.7	传输参数	Transmission Parameters
17.8	本章小结	Summary and Review
第 18 章	傅立叶电路分析	Fourier Circuit Analysis
18.1	引言	Introduction
18.2	傅立叶级数的三角函数形式	Trigonometric Form of the Fourier Series
18.3	对称性的应用	The Use of Symmetry
18.4	周期激励函数的完全响应	Complete Response to Periodic Forcing Function
18.5	傅立叶级数的复数形式	Complex Form of the Fourier Series
18.6	傅立叶变换的定义	Definition of the Fourier Transform
18.7	傅立叶变换的性质	Some Properties of the Fourier Transform
18.8	一些简单时间函数的傅立叶变换对	Fourier Transform Pairs for Some Simple Time Function
18.9	周期时间函数的傅立叶变换	The Fourier Transform of a General Periodic Time Functions
18.10	频域中系统函数与响应	The System Function and Response in the Frequency Domain
18.11	系统函数的物理意义	The Physical Significance of the System Function
18.12	本章小结	Summary and Review
第 19 章	状态变量分析法	State-Variable Analysis
19.1	引言	Introduction
19.2	状态变量与正常形式方程	State-Variables and Normal-Form Equations
19.3	列写正常形式方程组	Writing a Set of Normal-Form Equations
19.4	应用矩阵形式	The Use of the Matrix Notation
19.5	一阶方程的求解	Solution of the First-Order Equation
19.6	矩阵方程的求解	The Solution of the Matrix Equation
19.7	考察状态变换矩阵	A Further Look at State-transition Matrix
19.8	本章小结	Summary and Review

附录 1	网络拓扑介绍	An Introduction to network Topology
附录 2	联立方程求解	Solution of Simultaneous Equations
附录 3	戴维南定理的证明	A Proof of Thevenin's Theorem
附录 4	Pspice 指导	A Pspice Tutorial
附录 5	复数	Complex Numbers
附录 6	简单 MATLAB 指导	A Brief MATLAB Tutorial
附录 7	拉普拉斯变换定理	Additional Laplace Transform Thorems
附录 8	奇数习题答案	Answers to Odd-Numbered Problems

附录 B

国际制基本单位表(Tabel 2.1 SI Basic Units)

基本量(Base Quantity)	计量单位名称(Name)	符号(Symbol)
长度(Length)	米(meter)	m
质量(Mass)	千克(kilogram)	kg
时间(Time)	秒(second)	s
电流(Electric Current)	安培(ampere)	A
热力学温度 (Thermodynamic Temperature)	开尔文(kelvin)	K
物质的量(Amount of Substance)	摩尔(mole)	mol
光强度(Luminous Intensity)	坎德拉(candela)	cd

部分国际制词冠(Tabel 2.2 SI Prefixes)

因数(Facttor)	名称(Name)	符号(Symbol)
10^{9}	吉咖(giga)	G
10^{6}	兆(mega)	M
10^{3}	千(kilo)	k
10^{-3}	毫(milli)	m
10^{-6}	微(micro)	μ
10^{-9}	纳诺(nano)	n
10^{-12}	皮可(pico)	p

习题答案

1

1-2-1 吸收 10 mW；吸收 $10\sin^2 100t$ mW；发出 10 mW；发出 10 mW。

1-2-2 $u_a=10$ V；$i_b=-1$ A；$i_c=1$ A；$i_d=1$ A。

1-2-3 发出功率 40 W。

1-2-4 $P_{发出}=P_{吸收}=110$ W，满足功率平衡。

1-3-1 元件 A 是电源，可能是下"＋"上"－"极性 60 V 的电压源或是电流方向向下、大小为 0.4 A 的电流源，发出的功率 16 W。

1-3-2 －5 W。

1-4-1 $u=1$ V，受控源是负载，$R=1/8=0.125$ Ω。

1-4-2 $P_{5\Omega}$：吸收 20 W；P_{2A}：发出 92 W；P_{2I1}：发出 144 W；P_{36V}：吸收 216 W。

1-5-1 (a)$i=1$ A，$u=40$ V；(b)$i=9$ A，$u=-40$ V；(c)$i=1$ A，$u=40$ V；(d)$i=2$ A，$u=-20$ V。

1-5-2 U_1 减小，U_2 不变，U_3 减小。

1-6-1 $I_1=6$ A；$I_2=4$ A；$I_3=1$ A；$I_4=4$ A；$I_5=2$ A。

1-6-2 $u_1=-10$ V；$u_2=8$ V；$u_3=-18$ V。

1-6-4 $R=15$ Ω。

1-8-1 －90 V，1 A。

1-8-2 $u_1=-36$ V，$u_2=13$ V，$u_3=-49$ V。

1-8-3 $i_1=4$ A，$u_1=8$ V，$u_S=32$ V。

1-8-4 $i=-2$ A，$u=30$ V，电流源发出功率 20 W，10 V 电压源发出功率 10 W；10 Ω 电阻吸收功率 10 W，20 Ω 电阻吸收功率 20 W。

1-8-5 $u_S=13$ V，$R=10$ Ω，电压源发出功率 23.4 W，10 Ω、5 Ω、15 Ω、5 Ω 与 R 的吸收功率分别为 6.4 W、5 W、0.6 W、5 W 与 6.4 W。

1-8-6 $i=2$ A，54 V 电压源发出功率 108 W，2 A 电流源发出功率 84 W，$5i$ 受控源发出功率 540 W，1 Ω 电阻吸收功率 144 W，3 Ω 电阻吸收功率 588 W。

1-8-7 －3 A；4 V，－1 V；－10 W，2 W，9 W，－4 W，3 W；1 号与 4 号元件。

1-8-8 $R=10$ Ω。

1-8-9 $R=15$ Ω，$i=-4$ A。

1-8-10 $U=-1.3$ V，$U=-1.3$ V。

1-8-11 $I_0=-2$ A。

1-8-12 $I_1=2$ A，$I_2=3$ A，$I_3=-4$ A。

1-8-13 $U_S=9.5$ V。

1-8-14 $U_S=0$ 或 $U_S=24$ V。

1-8-15 $U=6$ V。

1-8-16 $I_1=14.95$ mA，$U=5.06$ V。

1-8-17 $u_S=175$ V。

1-8-18 $i_1=i_2=-2$ A。

1-8-19 －1.98 W。

1-8-20 $I_1=I_3=1$ A，$I_2=I_6=0.5$ A，$I_4=1.5$ A，$I_5=0$，$V_S=4$ V。

2

2-2-1　4 Ω。

2-2-2　3 Ω;3 Ω。

2-2-3　$2R$。

2-3-1　$u/2$,$u/4$,$u/8$,$u/16$。

2-5-1　2 A,1 A,10 V。

2-5-2　10 A,10 A,100 V,100 V。

2-6-1　76 V,8 A;−10 V,0 A;10 V,9 A;10 V,9 A。

2-7-1　5 Ω,0 Ω,−5 Ω。

2-9-1　2　1.6 Ω。

2-9-2　14 Ω。

2-9-3　7/8 Ω。

2-9-4　9 Ω,0.5 A。

2-9-5　4 Ω,0 Ω,6 Ω,2 Ω。

2-9-6　160 Ω,20 Ω,16 Ω,4 Ω。

2-9-7　24 kΩ,475 kΩ,2 MΩ,2.5 MΩ。

2-9-8　1 A电流源并联1 Ω,2 V电压源,3 A电流源并联3 Ω。

2-9-9　1 V电压源串联1 Ω,2 A电流源并联2 Ω,3 V电压源串联3 Ω。

2-9-10　$u=-20$ V,$i=0$;$u=0$,$i=-2$ A。

2-9-11　6 V　串联1.5 Ω。

2-9-12　(1)3 A,4 Ω;(2)2 A,8 W;(3)4/3 W,8/3 W,8 W。

2-9-14　(1)1 A。

2-9-15　1/8。

2-9-16　6 A。

2-9-17　(a)$(1-\mu)R_1+R_2$;(b)$R_1+(1+\beta)R_2$。

2-9-18　0.3。

2-9-19　0.4 Ω。

3

3-2-1　1 V,2 V,3 V;8 A电流源发出的功率−8 W,3 A电流源发出的功率3 W,25 A电流源发出的功率75 W。

3-3-1　1.75 A,0.375 A,−1.5 A,0.625 A;60 V电压源发出功率105 W,40 V电压源发出功率15 W,10 V电压源发出功率−15 W。

3-4-1　12 A、8 A、4 A。

3-6-1　$i_1=0.23$ A,$i_2=0.024$ A,$i_3=0.21$ A,$i_4=0.23$ A,$i_5=-0.023$ A,$i_6=-0.21$ A,$u_1=1.85$ V,$u_2=0.15$ V,$u_3=4.15$ V。

3-6-2　−0.956 A。

3-6-3　(a)$u_1=58.5$ V,$u_2=64.4$ V;(b)543 W。

3-6-4　−28 V。

3-6-5　276.25 V。

3-6-6　148.1 V,178.3 W。

3-6-9　$i_1=\dfrac{10}{11}$ A,$i_2=-\dfrac{10}{11}$ A,$i_3=\dfrac{20}{11}$ A,$i_4=\dfrac{12}{11}$ A　$i_1=1.89$ A,$i_2=0.65$ A,$i_3=1.24$ A,

i_4=2.26 A　i_5=−1.61 A。

3-6-10　2.79 A。

3-6-11　−5.69 kΩ。

3-6-12　−1.636 A。

3-6-13　133.2 W。

3-6-14　I_S=9 A,I_o=−3 A。

3-6-15　i_1=120.6 mA,i_2=4.694 A。

3-6-16　i=3 A,u=10 V。

3-6-17　1.035 V,以右侧为+参考点。

3-6-18　−5 V。

3-6-19　$P_{2\,A}$=4 W,$P_{6\,A}$=−8.4 W。

4

4-1-1　2.1 A,1.9 A。

4-1-2　−10 A,18 V。

4-1-3　11.147 5 V,−1.393 4 V。

4-3-1　0.08 W;8 Ω,0.125 W。

4-5-1　4.167 A,0.333 V。

4-5-2　37.5 A,40 A。

4-5-3　1.68 A,0.96 V。

4-5-4　1 A。

4-5-5　1.4 A。

4-5-6　戴维南等效支路为 8 V 电压源串联−9 Ω 电阻。

4-5-7　660 mA。

4-5-8　−0.45 mA,−4.5 V。

4-5-9　0.07 A。

4-5-10　9/8 Ω,3 V。

4-5-11　1.5 mA,−70 V。

4-5-12　10 V,5 kΩ。

4-5-13　0 A 电源与 10.64 Ω 电阻并联。

4-5-14　23.73 V,100 mA,237.3 Ω。

4-5-15　69.3 V 电源与 7.32 Ω 电阻串联;59.5 V 电源与 16.59 电阻串联。

4-5-16　9 Ω,16 W。

4-5-17　5 Ω,28.8 W。

4-5-18　0 Ω 或 2 Ω。

4-5-19　1.6 Ω,0.025 W。

5

5-5-1　−2.2 V。

5-5-2　21.1 V。

5-5-3　$-2(2+2\sin 3t)$;−5.648 V。

5-5-4　一种可能的解 R_1=100 Ω,R_f=23.69 kΩ。

5-5-5　$U_{out}=\left(\frac{R_3}{R_2+R_3}\right)\left(\frac{R_f}{R_1}+1\right)U_2-U_1\frac{R_f}{R_1}$。

5-5-6　33.3 Ω。

5-5-7　$-R_2R_3(R_4+R_5)/R_1(R_2R_4+R_2R_5+R_3R_4)$。

5-5-8　$R_2R_4(R_1R_2+R_2R_3+R_3R_1)$。

5-5-9　5.5 V。

5-5-10　$u_o=(2R_F/R_1)u_i$。

5-5-11　5.5 V。

5-5-12　−2.5 V。

5-5-13　929 mV。

5-5-14　5 kΩ。

6

6-2-1

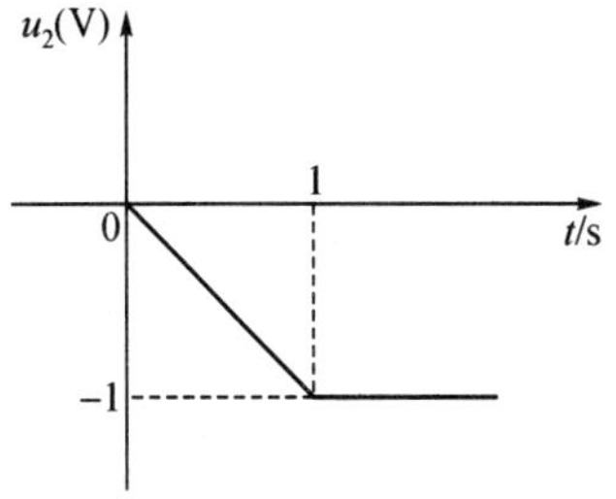

6-9-1　$-0.12\sin 400t$ mA；6.4 μJ；$400(1-e^{-100t})$ V；$500-400e^{-100t}$ V。

6-9-2　40^- ms；20^+，40^+ ms；2.5 J。

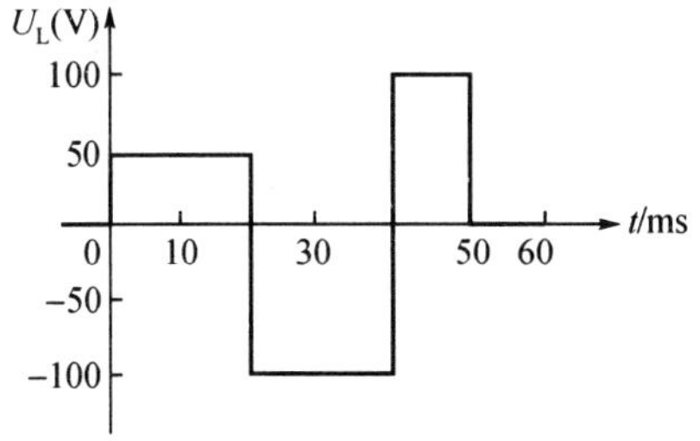

6-9-3　2 A；5.63 J；1 A。

6-9-4　100 V；60 V。

6-9-5　20.5 mJ；9.16 J；3.28 J。

6-9-6　4.286 μF。

6-9-7　$-6.4e^{-80t}$ mA；$80e^{-80t}-60$ V；$20e^{-80t}+60$ V。

6-9-8　9.2 V；$2.4\sin 10^3 t$ V。

6-9-9　$2e^{-400t}$ A；36.6 mA；1.733 ms。

6-9-10　1.289 mA；7.71 mA。

6-9-11　$192e^{-125t}$ V；18.42 ms。

6-9-12　2.68 A；1.889 A。

6-9-13　(a)$400e^{-750t}$ mA，$t>0$；(b)见图。

6-9-14　(a)20 mA；(b)$20e^{-10^4 t}-2e^{-5\times10^3 t}$ mA。

6-9-15　10 A；$8+2e^{-10t}$ A。

6-9-16　$-6\times10^{-3}e^{-4000t}$ A。

6-9-17　$i_L(t)=0.5-0.5e^{-200t}$ A。

6-9-18　$i_L(t)=(2t-1/4)e^{-4t}+1/4$ A。

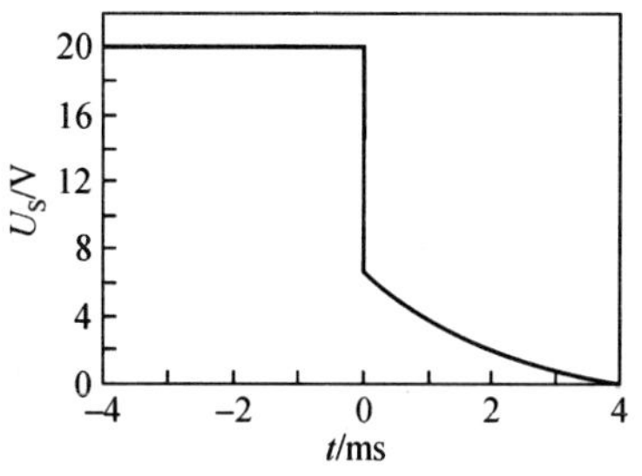

6-9-19 $\{(1-e^{-1.2t})\varepsilon(t)-[1-e^{-1.2(t-1)}]\varepsilon(t)\}$ A。

6-9-20 $(5-e^{-3t}+2e^{-1/3t})$ A。

7

7-5-1 $-20e^{-10t}+60e^{-40t}$ V。

7-5-2 $166.5e^{-8t}-41.63e^{-2t}$ V。

7-5-3 $2.025e^{-50t}-0.025e^{-450t}$ A。

7-5-4 $i_L=1.01982e^{-10t}\sin(49.974t+78.684°)$ A$(t\geqslant 0)$$u_C=-200.1027e^{-10t}$ $\sin(49.974t)$V。$(t\geqslant 0)$

7-5-5 $\dot{U}_S=5\angle 36.9°$ V。

7-5-6 (a)$2.5e^{-500t}-22.5e^{-1500t}$ mA;(b) $-2.5e^{-5000t}+22.5e^{-1500t}$ mA。

7-5-7 $u_C(t)=(8e^{-2t}-2e^{-8t})$V,$i(t)=(4e^{2t}-4e^{-8t})$A。

7-5-8 (1)$R=2\ \Omega,\tau=0.5$ s,$C=0.25$ F;(2) $U_C(t)=2.5$ V。

7-5-9 $u_C=6$ V,$i_C=-0.6$ A,$i_L=0.1$ A,$u_L=-6$ V。

7-5-10 $i(t)=8.2\times 10^6e^{-5\times 10^4t}\sin(3.05\times 10^3t)$A,$6.42\times 10^6$ A,4.62 μs。

7-5-11 $u_C(t)=e^{-5000t}(200\cos 10^4t+100\sin 10^4t)$,$i_{SW}(t)=10-e^{-5000t}$ $(10\cos 10^4t-7.5\sin 10^4t)$ mA。

7-5-12 $i_L=5-4.472e^{-t}\sin(2t+63.44°)$ A。

7-5-13 $u_C=14e^{-2t}-10e^{-8t}$V,$u_C=14e^{-2t}-10e^{-8t}$V。

7-5-14 $u_C(t)=(1+t/s)e^{-t/s}\varepsilon(t)$V。

7-5-15 1.5 Ω,28.1 J。

7-5-16 $5-500te^{-200t}$ A。

7-5-17 (a)0;(b)0;(c)923 mA;(d)−1.027 A。

7-5-18 $[10-e^{-4t}(20\sin 2t+10\cos 2t)]\varepsilon(t)$。

7-5-19 $e^{-4000t}(2\cos 2000t-4\sin 2000t)$A。

8

8-1-1 (1)$10\sqrt{2}$ V、15.9 Hz、0.063 s、53.1°;(2)0.369 s。

8-1-2 $\varphi=90°$或 $i_2(t)$超前;$i_1(t)$90°。

8-2-1 不能,因为该交流电路的有效值为 1 000 V,最大值为 $1000\sqrt{2}$ V,超过了电容所能承受的最高电压。

8-3-1 $u(t)=25\sqrt{2}\cos(200\pi+\frac{\pi}{6})$ V。

8-3-2 $5\angle 53.1°$ A。

8-4-1 $I=0.25$ A,$i=0.35\cos(314t+\frac{\pi}{6})$ A。

8-4-2 $i_L=10\sqrt{2}\cos(1000t-\frac{\pi}{2})$ A。

8-5-1 $i_4=0$。

8-7-1 $15\angle -\frac{\pi}{4}$ A,(2)$311\angle 20°$(3)$339.9\angle 61.51°$ mV。

8-7-2 $i(t)=10\cos(100\pi t+\frac{\pi}{4})$ A;$I=5\sqrt{2}\angle\frac{\pi}{4}$ A。

8-7-3 $10\sqrt{2}\cos(\omega t-126.9^\circ)$ V。

8-7-4 (1)0.02 S;(2)$-$j50 Ω;(3)$I=0.42\underline{/115^\circ}$ A;(4)$i(t)=0.6\cos(4\,000t+115^\circ)$ A。

8-7-5 $i_1(t)=3\sqrt{2}\cos 2t$ A,$i_2(t)=12\sqrt{2}\cos(2t-90^\circ)$ A,$i_3(t)=8\sqrt{2}\cos(2t+90^\circ)$ A,$i(t)=5\sqrt{2}\cos(2t-36.9^\circ)$ A。

8-7-6 $u_1(t)=36\sqrt{2}\cos 2t$ V,$u_2(t)=48\sqrt{2}\cos(2t-90^\circ)$ V,$u_3(t)=48\sqrt{2}\cos(2t+90^\circ)$ V,$u(t)=36\sqrt{2}\cos 2t$ V。

8-7-7 $C=1/60$ F。

8-7-8 $u_S=10\sqrt{2}\cos 10t$ V。

8-7-9 $\dot{I}_2=4.58\underline{/-160.9^\circ}$ A,$i_2=6.48\cos(\omega t-160.9^\circ)$ A。

8-7-10 -30 V。

8-7-11 0,$u_{ab}=380\sqrt{2}\cos(\omega t+40^\circ)$ V,$u_{bc}=380\sqrt{2}\cos(\omega t-80^\circ)$ V。

8-7-12 (a)44.72 V,(b)50 V。

8-7-13 图(a) $U_1=0$ V,$U_2=25$ V,图(b)中 $U_1=0$ V,$U_2=0$ V,$U_3=25$ V。

8-7-14 (1)0.707 A,40.31 A。

8-7-17 $R=18.7$ Ω,$u_2(t)=14.2\cos(100t-61.8^\circ)$ V。

9

9-1-1 (a)$\underline{/-53.1^\circ}$ Ω $\underline{/53.1^\circ}$S (b)2 Ω 0.5 S。

9-1-2 $i=11\sqrt{2}\cos(314t+75^\circ)$ A。

9-2-1 $\dot{U}_{ab}=0$。

9-2-2 $i_S(t)=\frac{4}{3}\cos(\omega t+90^\circ)$ A。

9-3-1 $I_0=2.36\underline{/-45^\circ}$ A。

9-3-2 $\dot{V}_{OC}=3\underline{/90^\circ}$ V,$Z_{eq}=10\underline{/53.1^\circ}$ Ω。

9-4-1 $I_L=7$ A。

9-4-2 $\dot{I}=8.94\underline{/63.45^\circ}$ A。

9-5-1 $P_R=100\sqrt{3}$ W、$Q_L=-200$ var、$Q_C=200$ var、$S=200$ V·A、$S=100\sqrt{3}+$j100 V·A。

9-5-2 (1)$Z_{th}=5.76-$j1.67;(2)$|Z_{th}|=6$ Ω;(3)$P_{Lmax1}=16$ W,$P_{Lmax2}=15.33$ W。

9-6-1 50,10 Ω,796 μH,3 120 pF。

9-6-2 5×10^6 rad/s,25 kΩ,50,10^5 rad/s。

9-8-1 $R=5$ Ω。

9-8-2 $R'=20$ Ω,$C'=0.5$ μF。

9-8-3 $Z_2=1$ Ω。

9-8-4 $G=0.5$ S,$L=2$ H。

9-8-5 $Z=(2.06+\text{j}0.03)$ Ω,$I_1=0.79\underline{/11.57^\circ}$ A,$I_2=0.35\underline{/75^\circ}$ A。

9-8-6 $i(t)=1.08\sqrt{2}\cos(500t+40.6^\circ)$ A。

9-8-7 $C=20$ μF。

9-8-8 $\dot{I}=2.82\underline{/8.17^\circ}$ A,$\dot{V}_{CD}=10\underline{/-73.7^\circ}$ V。

9-8-9 $u_1(t)=0.369\cos(t-61.4^\circ)+0.64\cos(2t-0.61^\circ)$ V。

9-8-10 $\dot{I}_1=16.3\underline{/3.9^\circ}$ A,$\dot{I}_2=14.1\underline{/17.1^\circ}$ A,$\dot{I}=18\underline{/-46.1^\circ}$ A,$\dot{V}=209\underline{/-9.3^\circ}$ V。

9-8-11 $\dot{I}=22.63\underline{/-66.33^\circ}$ A。

9-8-12 $10\angle 0^\circ$ A, $7.07\angle 145^\circ$ A, $\dot{I}=15.8\angle 18.43^\circ$ A。

9-8-13 电压 $v(t)$ 超前电流 $i(t)$。

9-8-14 8.92 kV·A, 0.597, 268.5 μF。

9-8-15 $R=750\ \Omega$, $X_L=375\ \Omega$。

9-8-16 $\dot{U}=2\angle 0^\circ$ V, 1 W, 2 W。

9-8-17 $Z_L=3+j3\ \Omega$, $P_{L\max}=1.5$ W。

9-8-18 3 A, 1.6 Ω, 1.2 H, 0.003 F。

9-8-19 可以，$\omega_0=\dfrac{1}{\sqrt{3LC}}$。

9-8-20 $\dot{I}_R=10\angle 0^\circ$ A, $\dot{I}_L=0.318\angle -90^\circ$ A, $\dot{I}_C=0.318\angle 90^\circ$ A, $\dot{I}=10\angle 0^\circ$ A。

10

10-1-1 1-2′, 1-3′, 2-3′。

10-1-2 2-3。

10-2-1 $\dot{I}_1=2.963\angle -61.13^\circ$ A, $\dot{I}_2=2.504\angle -106.88^\circ$ A, $\dot{I}_1=2.166\angle -5.27^\circ$ A。

10-2-2 $Z_0=3\ \Omega$。

10-3-1 $\dot{I}_1=5\sqrt{2}\angle -45^\circ$ A, $\dot{I}_2=2.5\angle 0^\circ$ A, $\dot{V}_2=20\angle 0^\circ$ V。

10-3-2 $Z_L=7.5-j6\ \Omega$, $P_{\max}=0.83$ W。

10-4-1 $1/\sqrt{5}$。

10-4-2 $\dot{V}_2=0.5\angle 0^\circ$ V。

10-6-1 6 H, 4 H。

10-6-2 $Z=0.2+j0.6\ \Omega$; $Z=-j\ \Omega$; $Z=0.25+j0.75\ \Omega$。

10-6-3 $0<t<2$ s, $u_2=1$ V; $2\text{s}<t<3\text{s}$, $u_2=-2$ V; $\dot{U}=\sqrt{2}$ V。

10-6-4 $i_S=8\sqrt{2}\cos 5t$ A。

10-6-5 (1) $9\sqrt{2}\angle 45^\circ\ \Omega$, (2) $6\sqrt{2}\cos(3t+165^\circ)$ V。

10-6-6 $136.4\angle -119.7^\circ$ V, $311.1\angle 22.38^\circ$ V; 33.33 μF。

10-6-7 $i_2=20\cos(t-45^\circ)$ A。

10-6-8 $\dot{I}=5\sqrt{2}\angle 45^\circ$ A, $\dot{I}_1=5\angle 90^\circ$ A, $\dot{I}_2=5\angle 0^\circ$ A, $P_2=100$ W。

10-6-9 $\dot{V}_{OC}=13.4\angle 10.3^\circ$ V, $\dot{I}_{SC}=2.78\angle -33.69^\circ$ A。

10-6-10 $\dot{I}_1=0.076\angle -35.8^\circ$ A, $\dot{I}_2=0.019\angle -21.8^\circ$ A。

10-6-11 $5.37+j0.33\ \Omega$, $2.23\cos(2t-3.49^\circ)$ A。

10-6-12 (1) $\dot{I}_1=0.6\angle 35.1^\circ-$ A, $\dot{U}_{ab}=2.4\angle 36.9^\circ$ V; (2) $\dot{I}_1=1\angle 0^\circ$ A, $\dot{U}_{ab}=2\angle 0^\circ$ V。

10-6-13 $\dot{I}_1=9.8\angle -78.7^\circ$ A, $\dot{U}_2=27.6\angle 56.3^\circ$ V。

10-6-14 $\dot{U}_2=1\angle 0^\circ$ V。

10-6-15 $n=0.447$。

10-6-16 (1) $I_1=12.5$ A, $I_2=25$ A (2) $Z_L=5\ \Omega$。

10-6-17 $R_{ab}=10\ \Omega$。

11

11-6-1 30.08 A, 17.37 A。

11-6-2 Y形连接：$I_a=22\angle{-53.1^\circ}$ A，$P=8\ 688$ W；△形连接：$\dot{I}_a=65.8\angle{-83.1^\circ}$ A，$P=26\ 064$ W。

11-6-3 $Z=2.54+j1.9\ \Omega$。

11-6-4 1.042 kW，$81.29\angle{143.9^\circ}$ V。

11-6-5 (1)$P=116.16$ W；(2)$\dot{U}_{AN'}=-\dot{U}_{BN'}=190\angle{30^\circ}$ V，$U_{CN'}=0$，$\dot{I}_A=-\dot{I}_B=19\angle{-6.87^\circ}$ A，$\dot{I}_C=0$，$P=577$ W；(3)$\dot{U}_{AN'}=380\angle{-30^\circ}$ V，$\dot{U}_{BN'}=380\angle{-90^\circ}$ V，$U_{CN'}=0$，$U_{CN'}=0$，$\dot{I}_A=38\angle{-66.87^\circ}$ A，$\dot{I}_B=38\angle{-126.87^\circ}$ A，$\dot{I}_C=65.82\angle{83.13^\circ}$ A，
$P=23\ 104$ W。

11-6-6 $6.803\angle{-96.14^\circ}$ A。

11-6-7 $\dot{I}_A=13.914\angle{-18.44^\circ}$ A，$\dot{I}_{AB}=7.63\angle{120^\circ}$ A。

11-6-8 (1) W_1：0，W_2：3 939 W（设$\dot{U}_{AB}=380\angle{30^\circ}$ V）；(2) W_1，W_2：1 313 W。

11-6-9 只有 K_1 打开时：A_3 读数不变，A_1 和 A_2 读数 $10/\sqrt{3}$ A，只有 K_2 打开时：A_3 读数为 0，A_1 和 A_2 读数为 $15/\sqrt{3}$ A。

11-6-10 31.815 kW。

11-6-11 22 A，1 228.2 V。

11-6-12 S打开时：$\dot{I}'_A=3.11\angle{45^\circ}$— A。

11-6-13 17.33 kW，电流表 1 读数 54.85 A，电流表 2 读数 0 A。

11-6-14 (1)750.32 var；(2)$\frac{\sqrt{3}}{2}$；(3)$250+j144.34\ \Omega$。

11-6-15 $\dot{I}_A=3.593\angle{-60.66^\circ}$ A，$P=1\ 161.87$ W。

11-6-16 $P_1=4\ 320$ W，$P_2=1\ 002$ W；5 322 W。

11-6-17 (1)表 A_1 读数为 65.82 A，表 A_2 读数为 0，功率表 25 631 W，总功率 28 493 W；
(2)表 A_2 读数为 40.5 A，功率表 5 446 W。

11-6-18 (1)$\lambda=0.866$，$Z=22\angle{30^\circ}\ \Omega$；(2)$P_1=3\ 800$ W，$P_2=1\ 900$ W；(3)$C=31.1\ \mu F$，
$P_1=3\ 390.75$ W，$P_2=2\ 309$ W。

12

12-9-2 $\begin{pmatrix} \frac{1}{50} & -\frac{1}{50} \\ -\frac{1}{50} & \frac{1}{50}+\frac{1}{j100} \end{pmatrix}$。

12-9-3 (a)$Y=\begin{pmatrix} \frac{5}{3} & -\frac{4}{3} \\ -\frac{4}{3} & \frac{5}{3} \end{pmatrix}$ S，$Z=\begin{pmatrix} \frac{5}{3} & \frac{4}{3} \\ \frac{4}{3} & \frac{5}{3} \end{pmatrix}\ \Omega$；(b)$Y=\begin{pmatrix} \frac{3}{4} & -\frac{1}{4} \\ -\frac{1}{4} & \frac{3}{4} \end{pmatrix}$ S，$Z=\begin{pmatrix} \frac{3}{2} & \frac{1}{2} \\ \frac{1}{2} & \frac{3}{2} \end{pmatrix}\ \Omega$。

12-9-4 141.8 mS，−76.6 mS。

12-9-5 (a)$H=\begin{pmatrix} \frac{R_1R_2}{R_1+R_2} & \frac{R_1}{R_1R_2} \\ \frac{g_mR_2-1}{R_1+R_2}R_1 & \frac{1+g_mR_2}{R_1+R_2} \end{pmatrix}$，$T=\begin{pmatrix} \frac{1}{1-g_mR_2} & \frac{R_2}{1-g_mR_2} \\ \frac{1+g_mR_1}{(1-g_mR_2)R_1} & \frac{R_1R_2}{(1-g_mR_2)R_1} \end{pmatrix}$。

12-9-6 $Y=\begin{pmatrix} \frac{1}{R_1}+j\omega C & -j\omega C \\ g_m-j\omega C & \frac{1}{R_0}+j\omega(C_1+C_2) \end{pmatrix}$。

12-9-7 (1)55.6，−9.62；(2)3.46 Ω，34.6 Ω。

12-9-8 3 Ω。

12-9-9 $z=\begin{bmatrix} 0 & \mathrm{j} \\ -\mathrm{j} & \mathrm{j}2 \end{bmatrix}\Omega$。

12-9-10 $h=\begin{pmatrix} 1 & \frac{1}{2} \\ \frac{5}{2} & \frac{11}{4} \end{pmatrix}$。

12-9-11 $y=\begin{pmatrix} \frac{1}{10} & -\frac{1}{10} \\ \frac{1}{5} & \frac{3}{10} \end{pmatrix}\mathrm{S}$。

12-9-12 $3\angle 90^\circ$ V

12-9-14 $y=\begin{pmatrix} \frac{\mathrm{j}\omega C(\mathrm{j}\omega RC+1)}{\mathrm{j}2\omega RC+1}+\frac{\mathrm{j}\omega RC+1}{\mathrm{j}\omega R^2C+2R} & \frac{-\omega^2RC^2}{\mathrm{j}2\omega RC+1}+\frac{1}{\mathrm{j}\omega R^2C+2R} \\ \frac{-\omega^2RC^2}{\mathrm{j}2\omega RC+1}+\frac{1}{\mathrm{j}\omega R^2C+2R} & \frac{\mathrm{j}\omega C(\mathrm{j}\omega RC+1)}{\mathrm{j}2\omega RC+1}+\frac{\mathrm{j}\omega RC+1}{\mathrm{j}\omega R^2C+2R} \end{pmatrix}$。

12-9-15 (1)6 Ω；(2)$U_2=6$ V，$U_3=4$ V。

12-9-16 $U_2=\frac{72}{31}$ V，$I_1=\frac{30}{31}$ A。

12-9-17 (1)$T_b=\begin{bmatrix} 1.5 & 7.5\ \Omega \\ 1/6\ \mathrm{s} & 1.5 \end{bmatrix}$；(2)$R=R_1=6\ \Omega$，$P_{max}=6$ W。

12-9-18 $U_{OC}=16$ V，$R=8\ \Omega$，$P_{max}=8$ W。

参 考 文 献

[1] L. O. Chua, C. A. Desoer, E. S. Kuh . Linear and Non Linear Circuits[M]. McGraw—Hill Inc. ,1987

[2] William H. Hayt, Jr. , Jack E. Kemmerly. Engineering Circuit Analysis[M]. 6th ed. McGraw—Hill Inc. ,2002

[3] D. A. Calahan, A. B. Macnee, E. L. McMahon. Introduction to Moden Circuit Analysis [M]. Holt, Rinehart & Winston, Inc. ,1974

[4] C. A. 荻苏尔，葛守仁著. 林争辉译. 电路基本理论[M]. 北京：人民教育出版社，1979

[5] 邱关源主编. 电路(第四版)[M]. 北京：高等教育出版社，1999

[6] 李瀚荪编. 电路分析基础(第三版)[M]. 北京：高等教育出版社，1994

[7] 俞大光编. 电工基础[M]. 北京：高等教育出版社，1965

[8] 吴锡龙编. 电路分析导论[M]. 北京：高等教育出版社，1987

[9] 胡翔骏主编. 电路基础[M]. 北京：高等教育出版社，1996

[10] 裴留庆编. 电路理论基础[M]. 北京：北京师范大学出版社，1983

[11] 孙宪君主编. 电路[M]. 北京：兵器工业出版社，1992